올림포스
유형편
공통수학2

구독하고 EBS 콘텐츠
무·제·한으로 즐기세요!

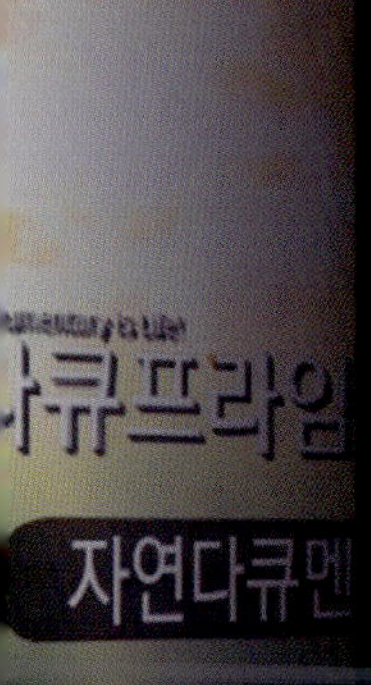

- 주요서비스

오디오 어학당	애니키즈	클래스ⓔ 지식·강연	다큐멘터리 EBS	세상의 모든 기행
오디오e지식	EBR 경제·경영	명의 헬스케어	 BOX 독립다큐·애니	평생학교

오디오어학당 PDF 무료 대방출! 지금 바로 확인해 보세요!

- 카테고리

애니메이션 · 어학 · 다큐 · 경제 · 경영 · 예술 · 인문 · 리더십 · 산업동향
테크놀로지 · 건강정보 · 실용 · 자기계발 · 역사 · 독립영화 · 독립애니메이션

올림포스 유형편

공통수학 2

이 책의 구성과 특징

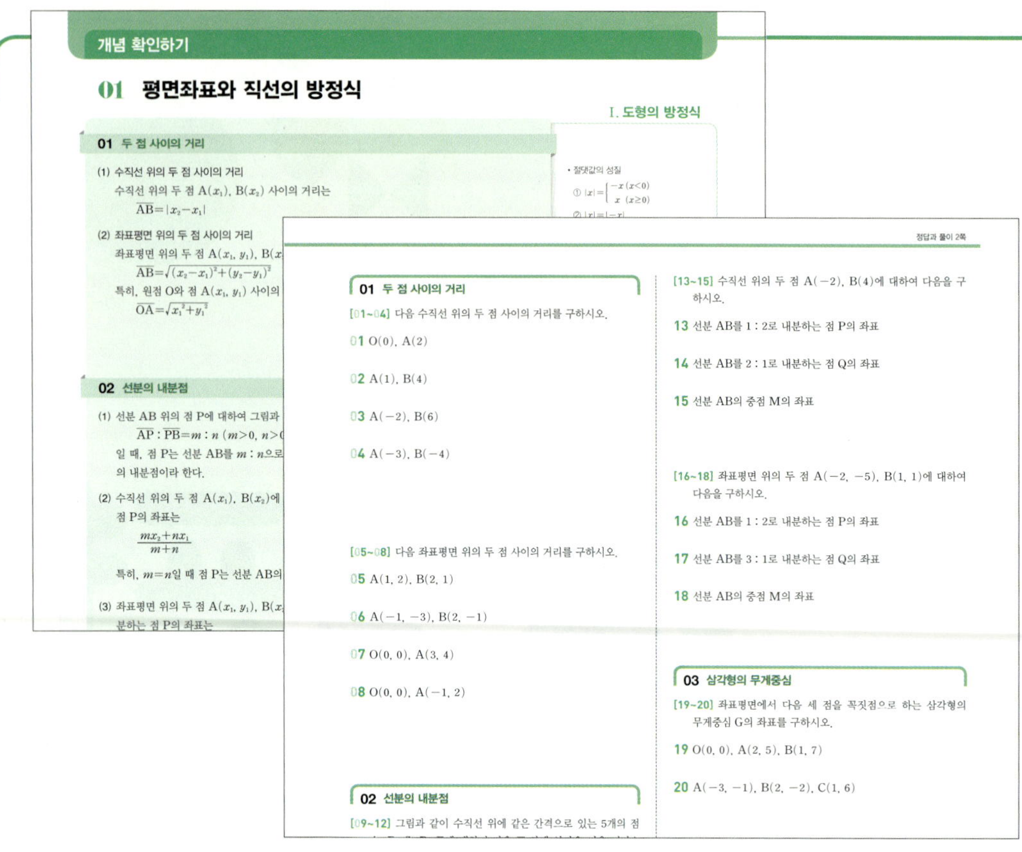

개념 확인하기

핵심 개념 정리

교과서의 내용을 철저히 분석하여 핵심 개념만을 꼼꼼하게 정리하고, 설명, 참고, 예 등의 추가 자료를 제시하였습니다.

개념 확인 문제

학습한 내용을 바로 적용하여 풀 수 있는 기본적인 문제를 제시하여 핵심 개념을 제대로 파악했는지 확인할 수 있도록 구성하였습니다.

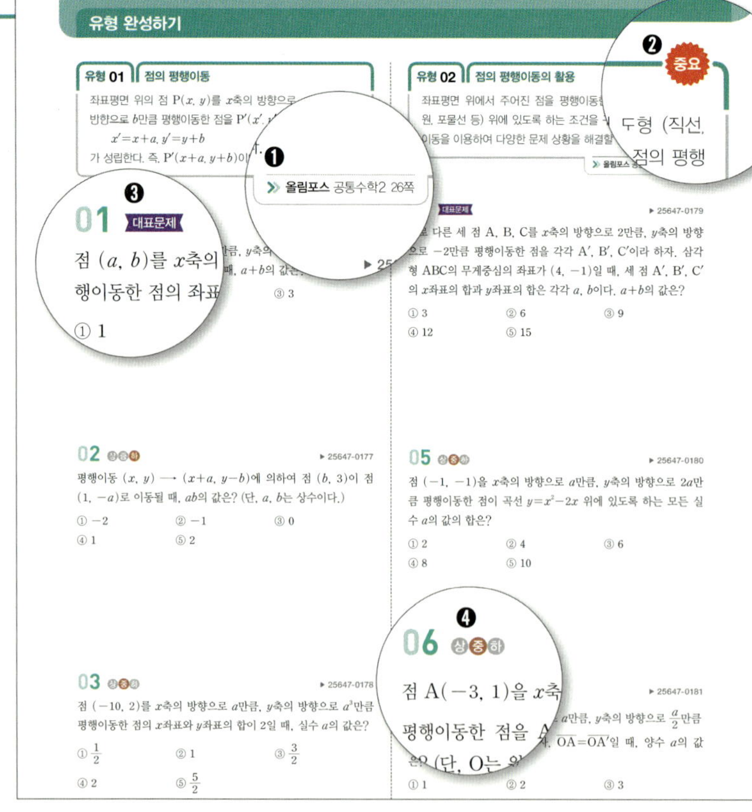

유형 완성하기

핵심 유형 정리

각 유형에 따른 핵심 개념 및 해결 전략을 제시하여 해당 유형을 완벽히 학습할 수 있도록 하였습니다.

❶ 올림포스 공통수학1 55쪽

올림포스의 '기본 유형 익히기' 쪽수와 연계하였습니다.

❷ 중요

핵심 유형 중 시험 출제율이 70% 이상인 유형은 중요 유형으로 선별하여 반드시 익힐 수 있도록 하였습니다.

❸ 대표문제

각 유형에서 가장 자주 출제되는 문제를 대표문제로 선정하였습니다.

❹ 상 중 하

각 문제마다 상, 중, 하 3단계로 난이도를 표시하였습니다.

01 `내신기출` ▶ 25647-0085

세 점 $A(-1, 0)$, $B(3, 2)$, $C(1, a)$를 꼭짓점으로 하는 삼각형 ABC가 $\angle C=90°$인 직각삼각형이 되도록 하는 모든 실수 a의 값의 합을 구하시오.

02 ▶ 25647-0086

$\overline{BC}=6$인 삼각형 ABC의 무게중심을 G라 하자. $\overline{AG}=2$일 때, $\dfrac{\overline{AB}^2+\overline{AC}^2}{\overline{GB}^2+\overline{GC}^2}$의 값을 구하시오.

03 ▶ 25647-0087

세 점 $A(-2, 0)$, $B(4, -2)$, $C(2, 2)$를 꼭짓점으로 하는 삼각형 ABC의 내접원이 변 AB와 점 D에서 접할 때, 점 D의 좌표를 구하시오.

04 ▶ 25647-0088

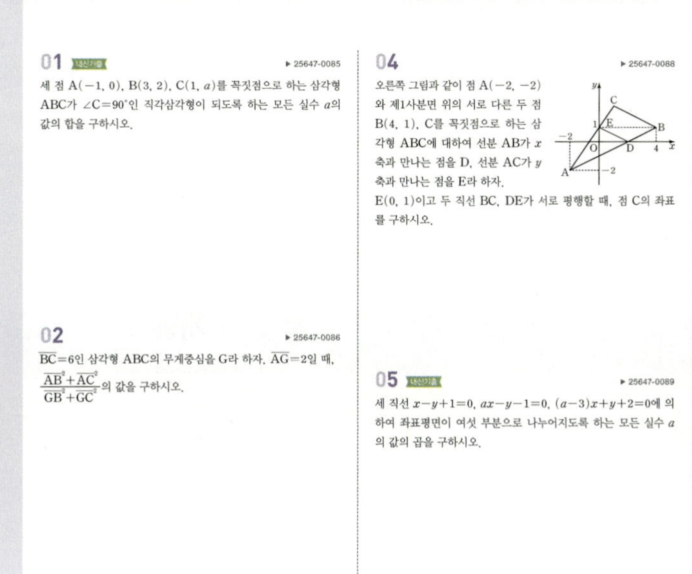

오른쪽 그림과 같이 점 $A(-2, -2)$와 제1사분면 위의 서로 다른 두 점 $B(4, 1)$, C를 꼭짓점으로 하는 삼각형 ABC에 대하여 선분 AB가 x축과 만나는 점을 D, 선분 AC가 y축과 만나는 점을 E라 하자. $E(0, 1)$이고 두 직선 BC, DE가 서로 평행할 때, 점 C의 좌표를 구하시오.

05 `내신기출` ▶ 25647-0089

세 직선 $x-y+1=0$, $ax-y-1=0$, $(a-3)x+y+2=0$에 의하여 좌표평면이 여섯 부분으로 나누어지도록 하는 모든 실수 a의 값의 곱을 구하시오.

06 ▶ 25647-0090

오른쪽 그림과 같이 두 점 $A(0, 1)$, $B(\sqrt{3}, 0)$에서 직선 $y=-\sqrt{3}x-1$에 내린 수선의 발을 각각 C, D라 할 때, 네 점 A, B, C, D를 꼭짓점으로 하는 사각형의 넓이를 구하시오.

---

01 ▶ 25647-0091

세 점 $A(2, 1)$, $B(0, -1)$, $C(a, 0)$을 꼭짓점으로 하는 삼각형 ABC가 이등변삼각형이 되도록 하는 모든 a의 값의 곱을 구하시오.

02 ▶ 25647-0092

좌표평면 위의 8개의 서로 다른 점 A, B, C, D, E, F, G, H가 다음 조건을 만족시킨다.

> (가) 네 점 A, B, C, D의 x좌표의 합과 y좌표의 합은 모두 8이고, 사각형 ABCD는 직사각형이다.
> (나) 네 점 E, F, G, H의 x좌표의 합과 y좌표의 합은 각각 16, 20이고, 사각형 EFGH는 평행사변형이다.

두 사각형 ABCD, EFGH의 넓이를 동시에 이등분하는 직선을 l이라 할 때, 직선 l과 x축 및 y축으로 둘러싸인 부분의 넓이는?

① 1 ② $\dfrac{1}{2}$ ③ $\dfrac{1}{3}$ ④ $\dfrac{1}{4}$ ⑤ $\dfrac{1}{5}$

03 ▶ 25647-0093

서로 다른 네 점 P_1, P_2, P_3, P_4가 있다. 4 이하의 모든 자연수 n에 대하여 점 P_n과 두 직선 $y=0$, $y=\dfrac{4}{3}x$ 사이의 거리가 모두 2일 때, 네 점 P_1, P_2, P_3, P_4를 꼭짓점으로 하는 사각형의 넓이를 구하시오.

04 ▶ 25647-0094

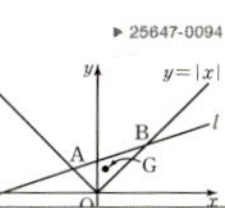

오른쪽 그림과 같이 $0<m<1$인 실수 m에 대하여 직선 $l: y=m(x+4)$가 함수 $y=|x|$의 그래프와 만나는 두 점을 A, B라 하고, 삼각형 OAB의 무게중심을 G라 하자. 선분 AB의 길이가 $\sqrt{10}$일 때, 점 G와 직선 l 사이의 거리를 구하시오.
(단, 점 A의 x좌표는 음수이고, O는 원점이다.)

이 책의 차례

학생
인공지능 DANCHOOQ
푸리봇 문|제|검|색
EBSi 사이트와 EBSi 고교강의 APP 하단의 AI 학습도우미 푸리봇을 통해 문항코드를 검색하면 푸리봇이 해당 문제의 해설과 해설 강의를 찾아 줍니다. 사진 촬영으로도 검색할 수 있습니다.
문제별 문항코드 확인
[25647 - 0001]
1. 아래 그래프를 이해한 내용으로 가장 적절한 것은?
문항코드 검색
25647 - 0001
사진 촬영 검색
선생님
EBS 교사지원센터
교재 관련 자|료|제|공
교재의 문항 한글(HWP) 파일과 교재이미지, 강의자료를 무료로 제공합니다.
한글다운로드
교재이미지
강의자료
· 교사지원센터(teacher.ebsi.co.kr)에서 '교사인증' 이후 이용하실 수 있습니다.
· 교사지원센터에서 제공하는 자료는 교재별로 다를 수 있습니다.

I

도형의 방정식

01 평면좌표와 직선의 방정식

01 두 점 사이의 거리

(1) 수직선 위의 두 점 사이의 거리

수직선 위의 두 점 $A(x_1)$, $B(x_2)$ 사이의 거리는

$$\overline{AB}=|x_2-x_1|$$

(2) 좌표평면 위의 두 점 사이의 거리

좌표평면 위의 두 점 $A(x_1,\ y_1)$, $B(x_2,\ y_2)$ 사이의 거리는

$$\overline{AB}=\sqrt{(x_2-x_1)^2+(y_2-y_1)^2}$$

특히, 원점 O와 점 $A(x_1,\ y_1)$ 사이의 거리는

$$\overline{OA}=\sqrt{x_1{}^2+y_1{}^2}$$

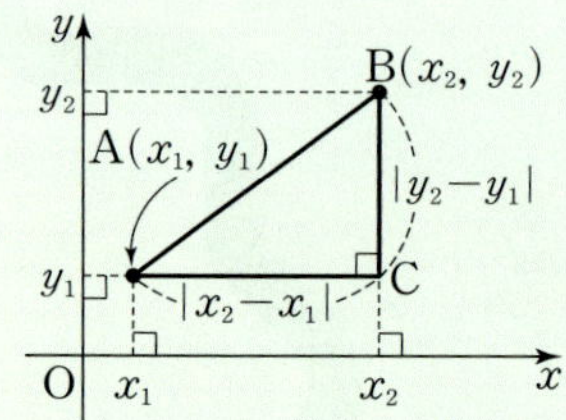

- 절댓값의 성질

  ① $|x|=\begin{cases}-x\ (x<0)\\ x\ \ (x\geq0)\end{cases}$

  ② $|x|=|-x|$

- 위 절댓값의 성질 ①에 의하여 수직선 위의 두 점 $A(x_1)$, $B(x_2)$ 사이의 거리는 두 수 x_1, x_2 중 작지 않은 수에서 나머지 수를 뺀 것과 같다. 또한, 절댓값의 성질 ②에 의하여

  $$|x_2-x_1|=|x_1-x_2|$$

  이므로 빼는 순서를 바꿔도 된다.

02 선분의 내분점

(1) 선분 AB 위의 점 P에 대하여 그림과 같이

$$\overline{AP}:\overline{PB}=m:n\ (m>0,\ n>0)$$

일 때, 점 P는 선분 AB를 $m:n$으로 내분한다고 하고, 점 P를 선분 AB의 내분점이라 한다.

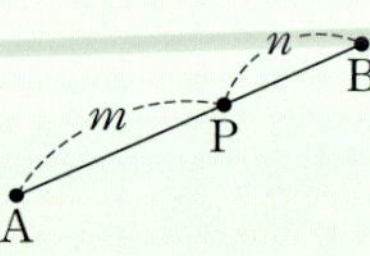

(2) 수직선 위의 두 점 $A(x_1)$, $B(x_2)$에 대하여 선분 AB를 $m:n\ (m>0,\ n>0)$으로 내분하는 점 P의 좌표는

$$\frac{mx_2+nx_1}{m+n}$$

특히, $m=n$일 때 점 P는 선분 AB의 중점이고 이 점의 좌표는 $\dfrac{x_1+x_2}{2}$이다.

(3) 좌표평면 위의 두 점 $A(x_1,\ y_1)$, $B(x_2,\ y_2)$에 대하여 선분 AB를 $m:n\ (m>0,\ n>0)$으로 내분하는 점 P의 좌표는

$$\left(\frac{mx_2+nx_1}{m+n},\ \frac{my_2+ny_1}{m+n}\right)$$

특히, $m=n$일 때 점 P는 선분 AB의 중점이고 이 점의 좌표는 $\left(\dfrac{x_1+x_2}{2},\ \dfrac{y_1+y_2}{2}\right)$이다.

- 선분 AB를 내분하는 점 P는 선분 AB 위에 있다.

- $m>0$, $n>0$, $m\neq n$일 때, 선분 AB를 $m:n$으로 내분하는 점을 P, 선분 AB를 $n:m$으로 내분하는 점을 Q라 하면 두 점 P, Q는 서로 다른 점이다.

03 삼각형의 무게중심

(1) 좌표평면 위의 세 점 $A(x_1,\ y_1)$, $B(x_2,\ y_2)$, $C(x_3,\ y_3)$을 꼭짓점으로 하는 삼각형 ABC의 무게중심 G의 좌표는

$$\left(\frac{x_1+x_2+x_3}{3},\ \frac{y_1+y_2+y_3}{3}\right)$$

(2) 삼각형 ABC의 세 변 AB, BC, CA를 $m:n\ (m>0,\ n>0)$으로 내분하는 점을 각각 P, Q, R이라 할 때, 삼각형 PQR의 무게중심은 삼각형 ABC의 무게중심과 일치한다.

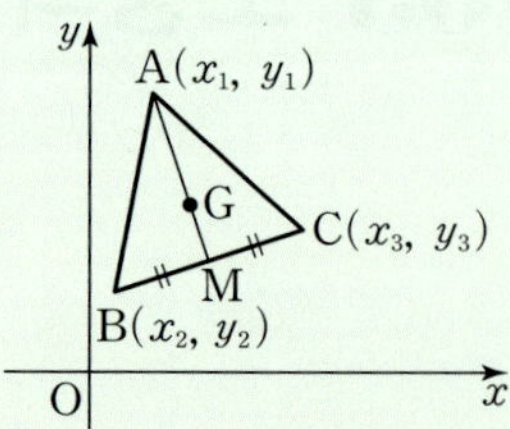

- 삼각형 ABC의 무게중심은 세 중선의 교점이다.

  무게중심 G는 점 A와 선분 BC의 중점 M을 이은 선분 AM을 $2:1$로 내분하는 점이다. 즉, $\overline{AG}:\overline{GM}=2:1$이다.

01 두 점 사이의 거리

[01~04] 다음 수직선 위의 두 점 사이의 거리를 구하시오.

01 $O(0)$, $A(2)$

02 $A(1)$, $B(4)$

03 $A(-2)$, $B(6)$

04 $A(-3)$, $B(-4)$

[05~08] 다음 좌표평면 위의 두 점 사이의 거리를 구하시오.

05 $A(1, 2)$, $B(2, 1)$

06 $A(-1, -3)$, $B(2, -1)$

07 $O(0, 0)$, $A(3, 4)$

08 $O(0, 0)$, $A(-1, 2)$

02 선분의 내분점

[09~12] 그림과 같이 수직선 위에 같은 간격으로 있는 5개의 점 A, B, C, D, E에 대하여 다음 □ 안에 알맞은 것을 써넣으시오.

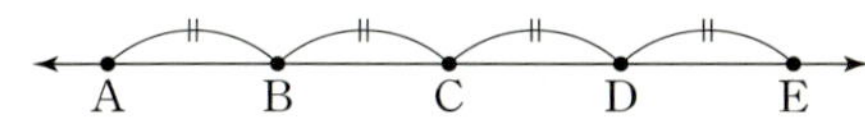

09 선분 AE를 1 : 3으로 내분하는 점은 점 □이다.

10 선분 AD를 1 : 2로 내분하는 점은 점 □이다.

11 선분 AE의 중점은 점 □이다.

12 선분 BD의 중점은 점 □이다.

[13~15] 수직선 위의 두 점 $A(-2)$, $B(4)$에 대하여 다음을 구하시오.

13 선분 AB를 1 : 2로 내분하는 점 P의 좌표

14 선분 AB를 2 : 1로 내분하는 점 Q의 좌표

15 선분 AB의 중점 M의 좌표

[16~18] 좌표평면 위의 두 점 $A(-2, -5)$, $B(1, 1)$에 대하여 다음을 구하시오.

16 선분 AB를 1 : 2로 내분하는 점 P의 좌표

17 선분 AB를 3 : 1로 내분하는 점 Q의 좌표

18 선분 AB의 중점 M의 좌표

03 삼각형의 무게중심

[19~20] 좌표평면에서 다음 세 점을 꼭짓점으로 하는 삼각형의 무게중심 G의 좌표를 구하시오.

19 $O(0, 0)$, $A(2, 5)$, $B(1, 7)$

20 $A(-3, -1)$, $B(2, -2)$, $C(1, 6)$

[21~25] 좌표평면 위의 세 점 $A(-1, 1)$, $B(1, -2)$, $C(3, 4)$에 대하여 다음을 구하시오.

21 삼각형 ABC의 무게중심 G의 좌표

22 선분 AB의 중점 M_1의 좌표

23 선분 BC의 중점 M_2의 좌표

24 선분 CA의 중점 M_3의 좌표

25 삼각형 $M_1M_2M_3$의 무게중심 G′의 좌표

04 직선의 방정식

(1) 좌표평면 위의 점 $A(x_1,\ y_1)$을 지나고 기울기가 m인 직선의 방정식은
$$y-y_1=m(x-x_1)$$

(2) 좌표평면 위의 서로 다른 두 점 $A(x_1,\ y_1)$, $B(x_2,\ y_2)$를 지나는 직선의 방정식은

① $x_1 \neq x_2$일 때, 두 점 A, B를 지나는 직선의 기울기는 $\dfrac{y_2-y_1}{x_2-x_1}$이므로

$$y-y_1=\frac{y_2-y_1}{x_2-x_1}(x-x_1)$$

② $x_1=x_2$일 때, $x=x_1$

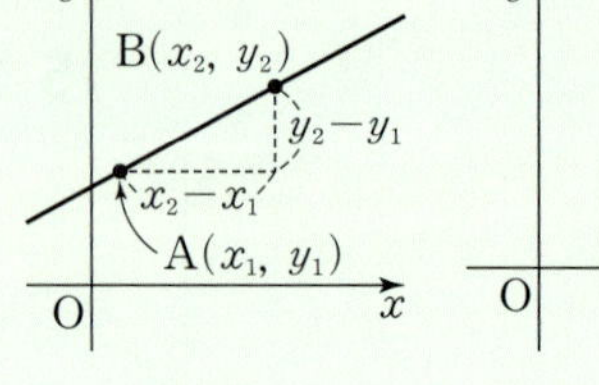
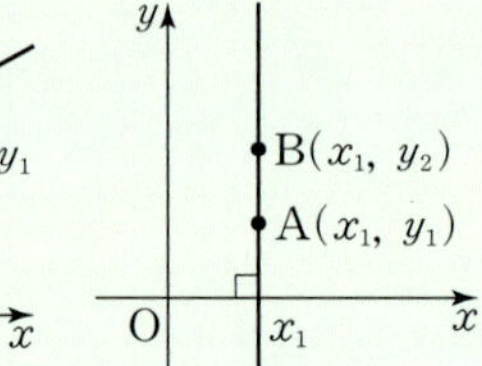

(3) x절편이 a이고, y절편이 b인 직선의 방정식은
$$\frac{x}{a}+\frac{y}{b}=1 \ (\text{단},\ ab \neq 0)$$

(4) x, y에 대한 일차방정식 $ax+by+c=0$이 나타내는 도형은

① $b \neq 0$이면 $y=-\dfrac{a}{b}x-\dfrac{c}{b}$인 직선이다.

② $b=0$이면 $a \neq 0$이므로 $x=-\dfrac{c}{a}$인 직선이다.

・(직선의 기울기)
$=\dfrac{(y\text{의 값의 증가량})}{(x\text{의 값의 증가량})}$

・한 점 $A(x_1,\ y_1)$을 지나고 x축과 평행한 직선은 기울기가 0이므로 이 직선의 방정식은 $y=y_1$이다.

・방정식 $y=mx+n$은 직선 $x=1$ 또는 y축 (직선 $x=0$) 등 y축과 평행한 직선을 나타낼 수 없지만 방정식 $ax+by+c=0$은 좌표평면 위의 모든 직선을 나타낼 수 있다.

05 두 직선의 위치 관계

위치 관계 ＼ 두 직선	$\begin{cases} y=mx+n \\ y=m'x+n' \end{cases}$	$\begin{cases} ax+by+c=0 \ (abc \neq 0) \\ a'x+b'y+c'=0 \ (a'b'c' \neq 0) \end{cases}$
평행	$m=m',\ n \neq n'$	$\dfrac{a}{a'}=\dfrac{b}{b'} \neq \dfrac{c}{c'}$
일치	$m=m',\ n=n'$	$\dfrac{a}{a'}=\dfrac{b}{b'}=\dfrac{c}{c'}$
수직	$mm'=-1$	$aa'+bb'=0$
한 점에서 만난다.	$m \neq m'$	$\dfrac{a}{a'} \neq \dfrac{b}{b'}$

・두 직선이 평행: 두 직선의 기울기가 같고, y절편이 다르다.
두 직선이 일치: 두 직선의 기울기와 y절편이 모두 같다.
두 직선이 수직: 두 직선의 기울기의 곱이 -1이다.
두 직선이 한 점에서 만남: 두 직선의 기울기가 다르다.

06 점과 직선 사이의 거리

좌표평면 위의 점 $P(x_1,\ y_1)$과 직선 $ax+by+c=0$ 사이의 거리 d는
$$d=\frac{|ax_1+by_1+c|}{\sqrt{a^2+b^2}}$$

특히, 원점 O와 직선 $ax+by+c=0$ 사이의 거리 d는
$$d=\frac{|c|}{\sqrt{a^2+b^2}}$$

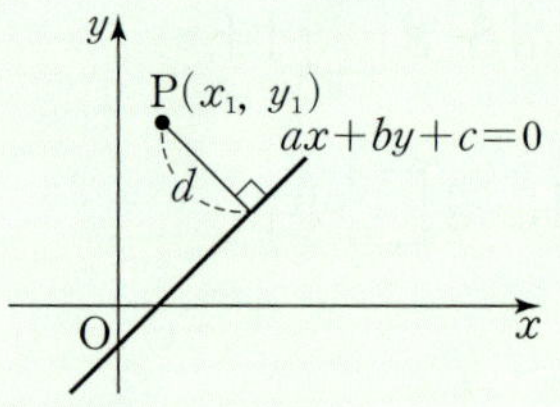

참고 평행한 두 직선 $ax+by+c=0$, $ax+by+c'=0$ 사이의 거리는 직선 $ax+by+c=0$ 위의 한 점 $(x_1,\ y_1)$과 직선 $ax+by+c'=0$ 사이의 거리와 같다.

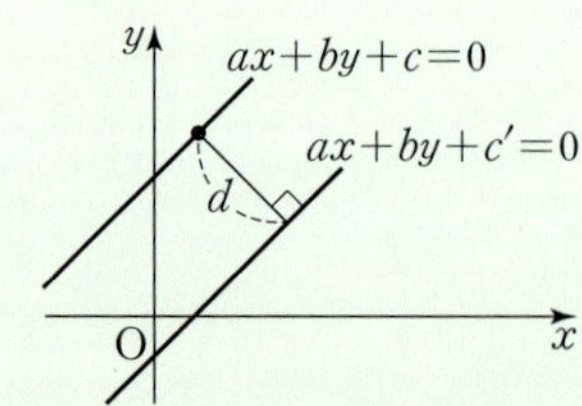

・평행한 두 직선 사이의 거리는 어느 한 직선 위의 한 점을 잡고 나머지 직선에 대하여 점과 직선 사이의 거리 공식을 활용하여 구한다.
이때 한 점은 보통 x축 또는 y축과 만나는 점을 사용하면 편리하다.

04 직선의 방정식

[26~29] 다음 직선의 방정식을 구하시오.

26 x절편이 1이고 기울기가 2인 직선

27 y절편이 3이고 기울기가 -1인 직선

28 점 $(1, -2)$를 지나고 기울기가 $\dfrac{1}{2}$인 직선

29 점 $(\sqrt{3}, 1)$을 지나고 x축의 양의 방향과 이루는 각의 크기가 $60°$인 직선

[30~33] 다음 두 점을 지나는 직선의 방정식을 구하시오.

30 $(0, 0)$, $(1, 3)$

31 $(-2, -1)$, $(2, 3)$

32 $(1, 2)$, $(1, 5)$

33 $(-5, 3)$, $(4, 3)$

[34~37] 세 실수 a, b, c가 다음을 만족시킬 때, 직선 $ax+by+c=0$이 지나는 사분면을 모두 구하시오.

34 $a>0$, $b>0$, $c>0$

35 $a<0$, $b<0$, $c>0$

36 $a=0$, $b>0$, $c>0$

37 $a>0$, $b=0$, $c<0$

05 두 직선의 위치 관계

[38~41] 점 $(1, 2)$를 지나고 다음 직선에 평행한 직선의 방정식을 구하시오.

38 $y=2x+2$

39 $x+2y+3=0$

40 $x=3$

41 $y=-4$

[42~45] 점 $(-1, 1)$을 지나고 다음 직선에 수직인 직선의 방정식을 구하시오.

42 $y=-x+5$

43 $2x-y+1=0$

44 $x=1$

45 $y=2$

06 점과 직선 사이의 거리

[46~47] 점 $(3, 4)$와 다음 직선 사이의 거리를 구하시오.

46 $y=x-2$

47 $4x+3y-4=0$

[48~49] 원점과 다음 직선 사이의 거리를 구하시오.

48 $y=-x+1$

49 $x+\sqrt{3}y+1=0$

유형 01 | 두 점 사이의 거리

(1) 수직선 위의 두 점 $A(x_1)$, $B(x_2)$ 사이의 거리는
$$\overline{AB} = |x_2 - x_1|$$
(2) 좌표평면 위의 두 점 $A(x_1, y_1)$, $B(x_2, y_2)$ 사이의 거리는
$$\overline{AB} = \sqrt{(x_2 - x_1)^2 + (y_2 - y_1)^2}$$

≫ **올림포스** 공통수학2 9쪽

01 대표문제 ▶ 25647-0001

두 점 $A(2, -3)$, $B(a, 1)$ 사이의 거리가 5가 되도록 하는 모든 a의 값의 합은?

① -4 ② -2 ③ 0
④ 2   ⑤ 4

02 상중하 ▶ 25647-0002

수직선 위의 두 점 $A(a^3 - 3a)$, $B(-1)$ 사이의 거리가 1이 되도록 하는 a의 개수는?

① 1   ② 2   ③ 3
④ 4   ⑤ 5

03 상중하 ▶ 25647-0003

점 $A(1, \sqrt{3})$과 제1사분면 위의 점 $B(1, k)$에 대하여 $\overline{OA} = \overline{AB}$일 때, $\overline{OB}^2$의 값은? (단, O는 원점이다.)

① $8 + \sqrt{3}$ ② $8 + 2\sqrt{3}$ ③ $8 + 3\sqrt{3}$
④ $8 + 4\sqrt{3}$ ⑤ $8 + 5\sqrt{3}$

유형 02 | 같은 거리에 있는 점

수직선 또는 좌표평면 위의 두 점 사이의 거리를 구하는 식을 이용한다.
이때 점의 좌표는 다음과 같이 나타낸다.
(1) x축 위의 점 ➡ $(a, 0)$
(2) y축 위의 점 ➡ $(0, a)$
(3) 직선 $y = mx + n$ 위의 점 ➡ $(a, ma + n)$

≫ **올림포스** 공통수학2 9쪽

04 대표문제 ▶ 25647-0004

두 점 $A(-1, 2)$, $B(2, 0)$과 직선 $y = 2x - \dfrac{3}{2}$ 위의 점 $P(a, b)$에 대하여 $\overline{AP} = \overline{BP}$일 때, $a + b$의 값은?

① 6   ② 7   ③ 8
④ 9   ⑤ 10

05 상중하 ▶ 25647-0005

두 점 $A(-1, 0)$, $B(1, 1)$로부터 같은 거리에 있는 x축 위의 점을 $P(a, b)$, y축 위의 점을 $Q(c, d)$라 할 때, $\dfrac{c+d}{a+b}$의 값은?

① 1   ② $\dfrac{3}{2}$ ③ 2
④ $\dfrac{5}{2}$ ⑤ 3

06 상중하 ▶ 25647-0006

세 점 $A(-2, -1)$, $B(0, 3)$, $C(1, 2)$를 꼭짓점으로 하는 삼각형 ABC의 외접원의 넓이는?

① 5π ② 6π ③ 7π
④ 9π ⑤ 10π

유형 03 | 두 점 사이의 거리의 활용: 식의 값 또는 선분의 길이의 합

주어진 식 또는 문제 상황을 두 점 사이의 거리와 관련지어 추론한 후 문제를 해결한다.

>> **올림포스** 공통수학2 9쪽

07 대표문제 ▶ 25647-0007

두 실수 a, b에 대하여

$$\sqrt{(a+2)^2+b^2}+\sqrt{(a-1)^2+(b+3)^2}$$

의 최솟값은?

① 4 　　② $\sqrt{17}$ 　　③ $3\sqrt{2}$
④ $\sqrt{19}$ 　　⑤ $2\sqrt{5}$

08 상중하 ▶ 25647-0008

수직선 위의 서로 다른 세 점 $A(-2)$, $B(3)$, $P(x)$에 대하여

$$\overline{PA}+\overline{PB}=7$$

을 만족시키는 모든 x의 값의 합은?

① -2 　　② -1 　　③ 0
④ 1 　　⑤ 2

09 상중하 ▶ 25647-0009

좌표평면 위의 서로 다른 다섯 점 $A(0,0)$, $B(4,0)$, $C(6,8)$, $D(0,3)$, P에 대하여 $\overline{PA}+\overline{PB}+\overline{PC}+\overline{PD}$의 최솟값을 구하시오.

유형 04 | 두 점 사이의 거리의 활용: 선분의 길이의 제곱의 합

(1) 선분의 길이의 제곱의 합의 최솟값은 이차함수의 식으로 나타내어 구할 수 있다.

(2) 삼각형 ABC에서 변 BC의 중점을 M이라 할 때, 다음 식이 성립한다.

$$\overline{AB}^2+\overline{AC}^2=2(\overline{AM}^2+\overline{BM}^2)$$

>> **올림포스** 공통수학2 9쪽

10 대표문제 ▶ 25647-0010

두 점 $A(-1,2)$, $B(3,-2)$와 x축 위의 점 P에 대하여 $\overline{AP}^2+\overline{BP}^2$의 최솟값은?

① 16 　　② 20 　　③ 24
④ 28 　　⑤ 32

11 상중하 ▶ 25647-0011

수직선 위의 서로 다른 네 점 $A(-4)$, $B(-3)$, $C(4)$, $P(x)$에 대하여 $\overline{PA}^2+\overline{PB}^2+\overline{PC}^2$의 값은 $x=x_1$일 때 최솟값 m을 갖는다. x_1+m의 값은?

① 31 　　② 33 　　③ 35
④ 37 　　⑤ 39

12 상중하 ▶ 25647-0012

세 점 A, B, C를 꼭짓점으로 하는 삼각형 ABC의 넓이가 6이고 $\overline{BC}=4$일 때, $\overline{AB}^2+\overline{AC}^2$의 최솟값은?

① 20 　　② 22 　　③ 24
④ 26 　　⑤ 28

유형 05 두 점 사이의 거리의 활용: 삼각형의 모양 (중요)

(1) 삼각형의 세 꼭짓점의 좌표가 주어진 경우
　➡ 세 변의 길이를 구하여 삼각형의 모양을 판단할 수 있다.

(2) 삼각형의 모양이 주어진 경우
　➡ 주어진 모양의 삼각형이 되도록 꼭짓점의 좌표를 구한다.

≫ **올림포스** 공통수학2 9쪽

13 대표문제　▶ 25647-0013

세 점 $A(-1, -1)$, $B(\sqrt{3}, -\sqrt{3})$, $C(1, 1)$을 꼭짓점으로 하는 삼각형 ABC의 넓이는?

① $\sqrt{11}$　　　② $2\sqrt{3}$　　　③ $\sqrt{13}$
④ $\sqrt{14}$　　　⑤ $\sqrt{15}$

14 상중하　▶ 25647-0014

세 점 $A(0, 1)$, $B(1, -1)$, $C(4, 3)$을 꼭짓점으로 하는 삼각형은 어떤 삼각형인가?

① 정삼각형
② $\overline{AB}=\overline{BC}$인 이등변삼각형
③ $\overline{BC}=\overline{CA}$인 이등변삼각형
④ $\angle A=90°$인 직각삼각형
⑤ $\angle B=90°$인 직각삼각형

15 상중하　▶ 25647-0015

양수 a에 대하여 세 점 $A(a, 0)$, $B(0, 1)$, $C(2, 1)$을 꼭짓점으로 하는 삼각형이 이등변삼각형이 되도록 하는 모든 a의 값의 합은?

① $1+\sqrt{3}$　　　② $2+\sqrt{3}$　　　③ $3+\sqrt{3}$
④ $4+\sqrt{3}$　　　⑤ $5+\sqrt{3}$

유형 06 두 점 사이의 거리의 활용: 실생활

주어진 상황을 수직선 또는 좌표평면 위의 점으로 나타낸 후, 두 점 사이의 거리를 이용한다.

참고　(거리)＝(속력)×(시간)

≫ **올림포스** 공통수학2 9쪽

16 대표문제　▶ 25647-0016

집에서 동쪽으로 3 km, 북쪽으로 2 km 떨어진 지점에 학교가 있고, 집에서 서쪽으로 1 km, 북쪽으로 4 km 떨어진 지점에 도서관이 있다. 학교에서 도서관까지의 직선거리가 a km일 때, 상수 a의 값을 구하시오.

17 상중하　▶ 25647-0017

그림과 같이 직선 도로 위에 80 km 떨어져 있는 두 자동차 A, B가 동시에 출발하여 각각 시속 30 km, 20 km의 일정한 속력으로 동쪽을 향해 움직일 때, 두 자동차 A, B가 만나는 시각은 출발 후 몇 시간이 지났을 때인가?

(단, 자동차의 크기는 고려하지 않는다.)

① 4시간　　　② 5시간　　　③ 6시간
④ 7시간　　　⑤ 8시간

18 상중하　▶ 25647-0018

그림과 같이 수직으로 만나는 두 길 위의 교차점 O에서 사람 A는 서쪽으로 7 km 떨어진 지점에 있고, 사람 B는 남쪽으로 6 km 떨어진 지점에 있다. A는 시속 2 km의 일정한 속력으로 동쪽을 향해 움직이고, B는 시속 1 km의 일정한 속력으로 북쪽을 향해 움직인다. 두 사람 A, B가 동시에 출발했을 때, A, B 사이의 거리가 가장 가까워질 때는 출발 후 몇 시간이 지났을 때인가? (단, 길의 폭은 고려하지 않는다.)

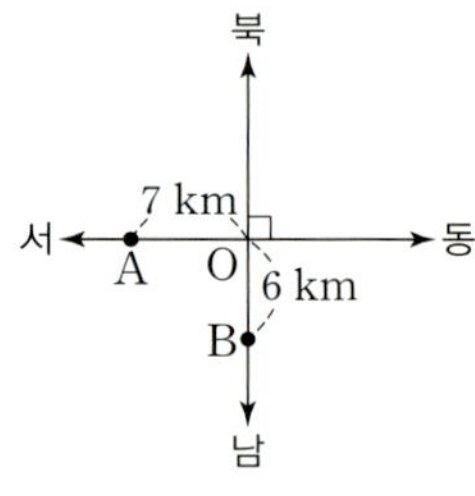

① 3시간　　　② 4시간　　　③ 5시간
④ 6시간　　　⑤ 7시간

유형 07 | 선분의 내분점

좌표평면 위의 두 점 $A(x_1, y_1)$, $B(x_2, y_2)$에 대하여 선분 AB를 $m : n$ $(m>0, n>0)$으로 내분하는 점 P의 좌표는

$$\left(\frac{mx_2+nx_1}{m+n},\ \frac{my_2+ny_1}{m+n} \right)$$

참고 선분 AB의 중점 M의 좌표는 $\left(\dfrac{x_1+x_2}{2},\ \dfrac{y_1+y_2}{2} \right)$

» 올림포스 공통수학2 9쪽

19 대표문제
▶ 25647-0019

두 점 $A(-2, 1)$, $B(7, 7)$에 대하여 선분 AB를 $1 : 2$로 내분하는 점을 P, 선분 AB의 중점을 M이라 할 때, 선분 PM의 길이는?

① $\sqrt{3}$
② $\dfrac{\sqrt{13}}{2}$
③ $\dfrac{\sqrt{14}}{2}$

④ $\dfrac{\sqrt{15}}{2}$
⑤ 2

20 상중하
▶ 25647-0020

두 점 $A(a, 4a)$, $B(2, 4)$에 대하여 선분 AB를 $3 : 1$로 내분하는 점이 직선 $y=2x-1$ 위에 있을 때, a의 값은?

① -2
② -1
③ 0
④ 1
⑤ 2

21 상중하
▶ 25647-0021

서로 다른 두 점 $A(a, b)$, $B(c, d)$에 대하여 선분 AB를 $2 : 3$으로 내분하는 점을 C, 선분 AB를 $3 : 2$로 내분하는 점을 D라 하자. 선분 CD의 중점이 $\left(\dfrac{5}{2}, -1 \right)$일 때, $(a+c)-(b+d)$의 값은?

① 1
② 3
③ 5
④ 7
⑤ 9

유형 08 | 조건이 주어진 경우의 선분의 내분점

선분의 내분점이 특정한 사분면 위의 점이면 x좌표와 y좌표의 부호를 고려하여 구한다.

(1) 제1사분면 위의 점: $(x$좌표$)>0$, $(y$좌표$)>0$
(2) 제2사분면 위의 점: $(x$좌표$)<0$, $(y$좌표$)>0$
(3) 제3사분면 위의 점: $(x$좌표$)<0$, $(y$좌표$)<0$
(4) 제4사분면 위의 점: $(x$좌표$)>0$, $(y$좌표$)<0$

» 올림포스 공통수학2 9쪽

22 대표문제
▶ 25647-0022

두 점 $A(2, 8)$, $B(-6, -1)$과 $0<t<1$인 실수 t에 대하여 선분 AB를 $t : (1-t)$로 내분하는 점이 제2사분면 위에 있도록 하는 모든 실수 t의 값의 범위는 $\alpha<t<\beta$이다. $\alpha\beta$의 값은?

① $\dfrac{1}{9}$
② $\dfrac{2}{9}$
③ $\dfrac{1}{3}$

④ $\dfrac{4}{9}$
⑤ $\dfrac{5}{9}$

23 상중하
▶ 25647-0023

두 양수 a, m에 대하여 두 점 $A(a, -1)$, $B(-a, 3)$을 이은 선분 AB를 $1 : m$으로 내분하는 점을 P라 하자. 점 P가 x축 위의 점이고 $\overline{OP}=2$일 때, $a+m$의 값을 구하시오.

(단, O는 원점이다.)

24 상중하
▶ 25647-0024

두 점 $A(-1, -2)$, $B(10, 2)$에 대하여 선분 AB를 $1 : m$으로 내분하는 점을 P, 선분 AB를 $1 : (m+1)$로 내분하는 점을 Q라 하자. 두 점 P, Q가 모두 제4사분면 위에 있도록 하는 자연수 m의 개수를 구하시오.

유형 09 선분의 연장선 위의 점과 내분

선분의 연장선 위의 점은 선분의 길이의 비와 선분의 내분점을 이용하여 해결한다.

>> **올림포스** 공통수학2 9쪽

25 대표문제

▶ 25647-0025

두 점 $A(0, 3)$, $B(4, 0)$과 선분 AB의 연장선 위의 점 $C(a, b)$에 대하여 $\overline{AC}=1$일 때, $a+b$의 값은?

① $\dfrac{11}{5}$ ② $\dfrac{12}{5}$ ③ $\dfrac{13}{5}$

④ $\dfrac{14}{5}$ ⑤ 3

26 상중하

▶ 25647-0026

두 점 $A(-4, 5)$, $B(-3, -1)$과 선분 AB의 연장선 위의 점 $C(a, b)$에 대하여 $\overline{AB}=\overline{BC}$일 때, ab의 값을 구하시오.

27 상중하

▶ 25647-0027

두 점 $A(-2, 0)$, $B(4, 3)$과 직선 AB 위의 점 $C(a, b)$에 대하여
$$\overline{AC}^2-3\times\overline{AC}\times\overline{BC}+2\times\overline{BC}^2=0$$
이 성립할 때, $a+b$의 최댓값과 최솟값을 각각 M, m이라 하자. Mm의 값은?

① 30 ② 35 ③ 40

④ 45 ⑤ 50

유형 10 선분의 내분점의 활용 중요

선분의 길이, 도형의 넓이 등의 주어진 조건과 선분의 내분점을 활용하여 문제를 해결한다.

>> **올림포스** 공통수학2 9쪽

28 대표문제

▶ 25647-0028

서로 다른 네 점 A, B, C, D가 다음 조건을 만족시킬 때, $\dfrac{\overline{AC}}{\overline{AB}}+\dfrac{\overline{BD}}{\overline{BC}}$의 값은?

> (가) 점 B는 선분 AC를 $1:2$로 내분하는 점이다.
> (나) 점 C는 선분 DA를 $2:3$으로 내분하는 점이다.

① 5 ② 6 ③ 7

④ 8 ⑤ 9

29 상중하

▶ 25647-0029

세 점 $A(-3, -1)$, $B(4, 0)$, $C(0, 2)$와 직선 BC 위의 점 $D(a, b)$에 대하여 삼각형 ABD의 넓이가 삼각형 ABC의 넓이의 2배일 때, $|a|+|b|$의 값은?

(단, 점 D는 제2사분면 위에 있다.)

① 2 ② 4 ③ 6

④ 8 ⑤ 10

30 상중하

▶ 25647-0030

넓이가 24인 삼각형 ABC에 대하여 두 점 D, E가 다음 조건을 만족시킬 때, 네 점 A, C, D, E를 꼭짓점으로 하는 사각형의 넓이를 구하시오.

> (가) 점 D는 선분 AB의 중점이다.
> (나) 점 E는 선분 BC를 $1:2$로 내분하는 점이다.

유형 11 | 삼각형의 무게중심

좌표평면 위의 세 점 $A(x_1, y_1)$, $B(x_2, y_2)$, $C(x_3, y_3)$을 꼭짓점으로 하는 삼각형 ABC의 무게중심 G의 좌표는
$$\left(\frac{x_1+x_2+x_3}{3}, \frac{y_1+y_2+y_3}{3} \right)$$

올림포스 공통수학2 10쪽

31 대표문제
▶ 25647-0031

양수 t에 대하여 삼각형 ABC의 세 변 AB, BC, CA를 $1:t$로 내분하는 점이 각각 $D(-2, 1)$, $E(-1, -3)$, $F(6, 5)$이다. 삼각형 ABC의 무게중심을 G라 할 때, 선분 OG의 길이는?
(단, O는 원점이다.)

① 1
② $\sqrt{2}$
③ $\sqrt{3}$
④ 2
⑤ $\sqrt{5}$

32 상중하
▶ 25647-0032

서로 다른 세 점 $A(3, 2)$, B, C에 대하여 삼각형 ABC의 무게중심을 $G(a, b)$라 하자. 선분 BC의 중점의 좌표가 $(-2, 1)$일 때, $a+b$의 값은?

① $\dfrac{1}{3}$
② $\dfrac{2}{3}$
③ 1
④ $\dfrac{4}{3}$
⑤ $\dfrac{5}{3}$

33 상중하
▶ 25647-0033

서로 다른 세 점 $A(3, 4)$, B, C에 대하여 삼각형 ABC의 무게중심은 원점이다. 삼각형 OBC의 무게중심의 좌표를 (a, b)라 할 때, ab의 값은? (단, O는 원점이다.)

① $\dfrac{1}{3}$
② $\dfrac{2}{3}$
③ 1
④ $\dfrac{4}{3}$
⑤ $\dfrac{5}{3}$

유형 12 | 선분의 내분점의 활용 – 평행사변형, 마름모

(1) 평행사변형: 마주 보는 두 쌍의 대변이 각각 서로 평행한 사각형으로 두 대각선의 중점이 같다.
(2) 마름모: 네 변의 길이가 모두 같은 사각형으로 두 대각선의 중점이 같고 서로 수직이다.

올림포스 공통수학2 10쪽

34 대표문제
▶ 25647-0034

세 점 $A(-2, 1)$, $B(-1, -3)$, $C(4, -2)$와 제1사분면 위의 점 $D(a, b)$를 꼭짓점으로 하는 사각형 ABCD가 평행사변형이다. 삼각형 BCD의 무게중심의 좌표를 (c, d)라 할 때, $ac+bd$의 값을 구하시오.

35 상중하
▶ 25647-0035

세 점 $A(-1, 0)$, $B(-2, -3)$, $C(3, -2)$와 제1사분면 위의 점 D를 꼭짓점으로 하는 사각형 ABCD가 평행사변형일 때, 선분 BD의 길이는?

① $5\sqrt{2}$
② $2\sqrt{13}$
③ $3\sqrt{6}$
④ $2\sqrt{14}$
⑤ $\sqrt{58}$

36 상중하
▶ 25647-0036

서로 다른 네 점 $A(-2, 0)$, B, C, D에 대하여 사각형 ABCD가 마름모이고 다음 조건을 만족시킬 때, 마름모 ABCD의 한 변의 길이는?

(가) 삼각형 ABC의 무게중심의 좌표는 $(-2, -4)$이다.
(나) 삼각형 ABD의 무게중심의 좌표는 $\left(-\dfrac{2}{3}, -\dfrac{4}{3} \right)$이다.

① $6\sqrt{2}$
② $2\sqrt{19}$
③ $4\sqrt{5}$
④ $2\sqrt{21}$
⑤ $2\sqrt{22}$

유형 13 │ 각의 이등분선의 성질

삼각형 ABC에서 $\angle$A의 이등분선이 변 BC와 만나는 점을 D라 하면

$$\overline{AB} : \overline{AC} = \overline{BD} : \overline{CD}$$

가 성립한다. 즉, 점 D는 선분 BC를 $\overline{AB} : \overline{AC}$로 내분하는 점이다.

➤➤ **올림포스** 공통수학2 10쪽

37 대표문제
▶ 25647-0037

세 점 A$(2, -2)$, B$(3, 0)$, C$(-1, 4)$를 꼭짓점으로 하는 삼각형 ABC에 대하여 $\angle$A의 이등분선이 변 BC와 만나는 점을 D라 할 때, 삼각형 OBD의 넓이는? (단, O는 원점이다.)

① $\dfrac{1}{2}$ ② 1 ③ $\dfrac{3}{2}$

④ 2 ⑤ $\dfrac{5}{2}$

38 상중하
▶ 25647-0038

세 점 O$(0, 0)$, A$(1, 0)$, B$(1, 2)$를 꼭짓점으로 하는 삼각형 OAB에 대하여 $\angle$AOB의 이등분선이 변 AB와 만나는 점을 D라 할 때, $\overline{OD}^2$의 값은?

① $\dfrac{4-\sqrt{5}}{2}$ ② $\dfrac{5-\sqrt{5}}{2}$ ③ $\dfrac{6-\sqrt{5}}{2}$

④ $\dfrac{7-\sqrt{5}}{2}$ ⑤ $\dfrac{8-\sqrt{5}}{2}$

39 상중하
▶ 25647-0039

세 점 O$(0, 0)$, A$(3, 0)$, B$(0, 4)$를 꼭짓점으로 하는 삼각형 OAB의 무게중심을 G라 하고, 삼각형 OAB의 내각인 $\angle$A의 이등분선이 선분 OB와 만나는 점을 C라 하자. 삼각형 GBC의 무게중심의 좌표가 (a, b)일 때, $\dfrac{b}{a}$의 값은?

① $\dfrac{13}{2}$ ② $\dfrac{20}{3}$ ③ $\dfrac{41}{6}$

④ 7 ⑤ $\dfrac{43}{6}$

유형 14 │ 직선의 방정식

(1) 좌표평면 위의 한 점 A(x_1, y_1)을 지나고 기울기가 m인 직선의 방정식은 $y - y_1 = m(x - x_1)$

(2) 좌표평면 위의 서로 다른 두 점 A(x_1, y_1), B(x_2, y_2)를 지나는 직선의 방정식은

① $x_1 \neq x_2$일 때, $y - y_1 = \dfrac{y_2 - y_1}{x_2 - x_1}(x - x_1)$

② $x_1 = x_2$일 때, $x = x_1$

(3) x절편이 a이고, y절편이 b인 직선의 방정식은

$$\dfrac{x}{a} + \dfrac{y}{b} = 1 \ (단, ab \neq 0)$$

➤➤ **올림포스** 공통수학2 10쪽

40 대표문제
▶ 25647-0040

두 점 A$(-4, -2)$, B$(2, 1)$에 대하여 선분 AB를 $1 : 2$로 내분하는 점을 지나고 기울기가 3인 직선의 방정식을 구하시오.

41 상중하
▶ 25647-0041

x절편이 4, y절편이 2인 직선 위에 점 $(a^3, -a)$가 있을 때, a의 값은?

① $\dfrac{1}{2}$ ② 1 ③ $\dfrac{3}{2}$

④ 2 ⑤ $\dfrac{5}{2}$

42 상중하
▶ 25647-0042

두 점 A$\left(-4, -\dfrac{1}{2}\right)$, B$\left(4, \dfrac{7}{2}\right)$에 대하여 선분 AB를 $1 : m$으로 내분하는 점 P의 x좌표와 y좌표가 모두 정수가 되도록 하는 양수 m의 최솟값은?

① $\dfrac{1}{6}$ ② $\dfrac{1}{7}$ ③ $\dfrac{1}{8}$

④ $\dfrac{1}{9}$ ⑤ $\dfrac{1}{10}$

유형 15 | 직선 $ax+by+c=0$의 개형

직선 $ax+by+c=0$에서 세 실수 a, b, c의 부호에 따라 이 직선의 기울기, x절편, y절편의 부호를 알 수 있고, 이를 이용하여 직선의 개형을 추측할 수 있다.

>> **올림포스** 공통수학2 10쪽

43 대표문제
▶ 25647-0043

세 실수 a, b, c에 대하여 $ab>0$, $bc<0$일 때, 직선 $ax+by+c=0$의 개형은?

① 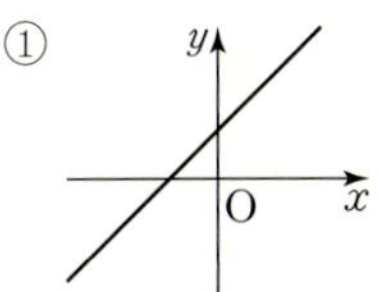

② 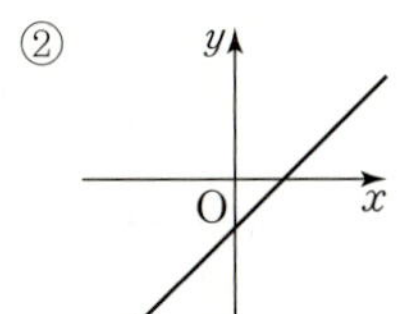

③ 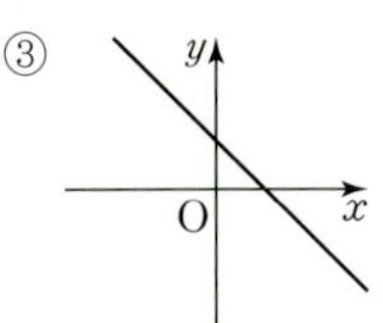

④ 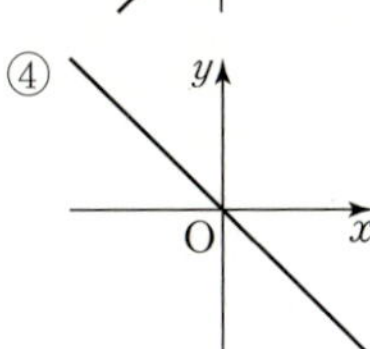

⑤ 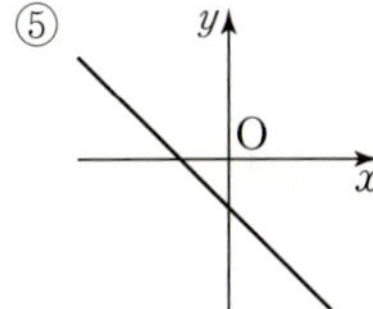

44 상중하
▶ 25647-0044

두 실수 a, b에 대하여 직선 $ax+ay+b=0$이 제1사분면을 지날 때, 직선 $ax+by-a=0$이 지나지 <u>않는</u> 사분면을 구하시오.

45 상중하
▶ 25647-0045

세 실수 a, b, c에 대하여 직선 $ax+by+c=0$에 대한 **보기**의 설명 중 옳은 것만을 있는 대로 고른 것은?

┤ 보기 ├

ㄱ. $a\neq0$, $b\neq0$, $c=0$이면 두 개의 사분면만을 지난다.

ㄴ. $ac>0$, $b=0$이면 제2사분면과 제3사분면을 지난다.

ㄷ. $ab>0$, $ac>0$이면 제4사분면을 지나지 않는다.

① ㄱ　　　② ㄴ　　　③ ㄷ

④ ㄱ, ㄴ　　　⑤ ㄴ, ㄷ

유형 16 | 도형의 넓이를 이등분하는 직선

도형의 성질과 선분의 내분점을 이용하여 도형의 넓이를 이등분하는 직선의 방정식을 구할 수 있다.

>> **올림포스** 공통수학2 10쪽

46 대표문제
▶ 25647-0046

직선 $y=m(x+2)$가 세 점 A$(-2,\ 0)$, B$(1,\ -2)$, C$(3,\ 6)$을 꼭짓점으로 하는 삼각형 ABC의 넓이를 이등분할 때, 상수 m의 값을 구하시오.

47 상중하
▶ 25647-0047

오른쪽 그림과 같이 좌표평면 위에 있는 두 직사각형 ABCD와 EFGH의 넓이를 동시에 이등분하는 직선의 y절편은?

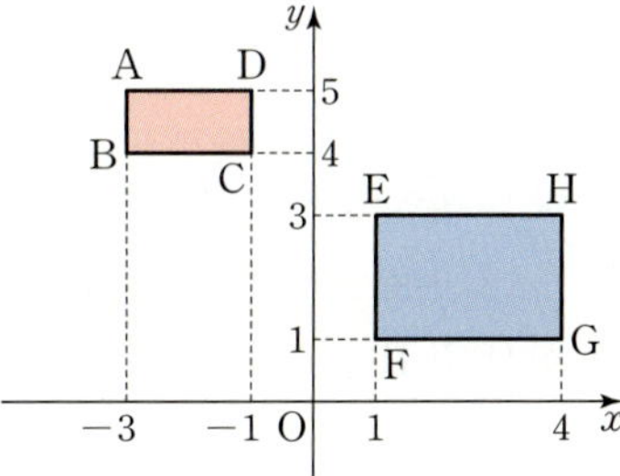

① $\dfrac{61}{18}$　　　② $\dfrac{31}{9}$

③ $\dfrac{7}{2}$　　　④ $\dfrac{32}{9}$

⑤ $\dfrac{65}{18}$

48 상중하
▶ 25647-0048

세 점 A$(-2,\ -1)$, B$(4,\ -1)$, C$(2,\ 3)$을 꼭짓점으로 하는 삼각형 ABC의 넓이가 두 직선 $x=a$, $y=b$에 의하여 각각 이등분될 때, $(a+2)(3-b)$의 값은? (단, a, b는 상수이다.)

① $\sqrt{6}$　　　② $2\sqrt{6}$　　　③ $3\sqrt{6}$

④ $4\sqrt{6}$　　　⑤ $5\sqrt{6}$

유형 17 | 정점을 지나는 직선

주어진 직선의 방정식을 임의의 실수로 묶어 정리하면 항등식의 성질을 이용하여 이 실수의 값에 관계없이 직선이 항상 지나는 점을 찾을 수 있다.

>> **올림포스** 공통수학2 10쪽

유형 18 | 정점을 지나는 직선의 활용 (중요)

좌표평면 위에 정점을 지나는 직선을 그린 후, 정점을 기준으로 기울기가 다른 직선을 그려 보면서 조건을 만족시키는 실수의 값 또는 범위를 구할 수 있다.

>> **올림포스** 공통수학2 10쪽

---

49 대표문제
▶ 25647-0049

직선 $(k+1)x+(4k+1)y+k-2=0$이 실수 k의 값에 관계없이 항상 지나는 점의 좌표를 (a, b)라 할 때, $a+b$의 값은?

① -2 ② -1 ③ 0

④ 1 ⑤ 2

52 대표문제
▶ 25647-0052

두 직선 $x+y=1$, $kx+y+k-10=0$이 제1사분면에서 만나도록 하는 정수 k의 최댓값과 최솟값을 각각 M, m이라 할 때, $M+m$의 값은?

① 11 ② 12 ③ 13

④ 14 ⑤ 15

---

50 상중하
▶ 25647-0050

직선 $(k^2+2k)x+(2k^2+k)y-3k=0$이 실수 k의 값에 관계없이 항상 점 P를 지날 때, 선분 OP의 길이는?

(단, O는 원점이다.)

① 1 ② $\sqrt{2}$ ③ $\sqrt{3}$

④ 2 ⑤ $\sqrt{5}$

53 상중하
▶ 25647-0053

두 점 A$(1, 11)$, B$(2, 3)$에 대하여 선분 AB와 직선 $kx-y+k+2=0$이 만나도록 하는 실수 k의 최댓값과 최솟값을 각각 M, m이라 할 때, Mm의 값은?

① $\dfrac{1}{2}$ ② 1 ③ $\dfrac{3}{2}$

④ 2 ⑤ $\dfrac{5}{2}$

---

51 상중하
▶ 25647-0051

직선 $3x+y+1=0$ 위의 임의의 점 P(a, b)에 대하여 직선 $ax+by-3=0$이 항상 점 Q(c, d)를 지날 때, cd의 값은?

① 18 ② 21 ③ 24

④ 27 ⑤ 30

54 상중하
▶ 25647-0054

네 점 A$(1, 1)$, B$(4, 1)$, C$(4, 4)$, D$(1, 4)$와 두 정수 a, b에 대하여 직선 $kx+y-ka-b=0$이 실수 k의 값에 관계없이 사각형 ABCD와 항상 서로 다른 두 점에서 만날 때, $a+b$의 최댓값과 최솟값을 각각 M, m이라 하자. $M+m$의 값은?

① 2 ② 4 ③ 6

④ 8 ⑤ 10

유형 19 | 두 직선의 평행과 수직

(1) 평행한 두 직선은 기울기가 서로 같고, y절편이 다르다.

(2) 수직인 두 직선의 기울기의 곱은 -1이다.

(3) 두 직선 $ax+by+c=0$, $a'x+b'y+c'=0$
$(abc\neq0,\ a'b'c'\neq0)$에 대하여

① 평행: $\dfrac{a}{a'}=\dfrac{b}{b'}\neq\dfrac{c}{c'}$

② 수직: $aa'+bb'=0$

>> **올림포스** 공통수학2 11쪽

55 대표문제
▶ 25647-0055

두 점 A$(-3,\ 4)$, B$(5,\ -12)$에 대하여 선분 AB를 $1:3$으로 내분하는 점을 지나고 직선 AB에 수직인 직선의 방정식을 구하시오.

56 상중하
▶ 25647-0056

두 직선 $ax+3y-2=0$, $2x-y+1=0$이 서로 평행할 때, 상수 a의 값은?

① -6 ② -3 ③ 0

④ 3 ⑤ 6

57 상중하
▶ 25647-0057

$ab\neq0$인 두 상수 a, b에 대하여 두 직선 $ax+y+b=0$, $bx-3y+a=0$이 서로 만나지 않을 때, 세 직선 $ax+by=0$, $bx+ay=0$, $x=1$로 둘러싸인 부분의 넓이는?

① $\dfrac{1}{3}$ ② $\dfrac{2}{3}$ ③ 1

④ $\dfrac{4}{3}$ ⑤ $\dfrac{5}{3}$

58 상중하
▶ 25647-0058

두 직선 $ax+(a-2)y-1=0$, $(a^2-2a)x-y+1=0$이 서로 수직이 되도록 하는 모든 실수 a의 값의 곱은?

① -4 ② -2 ③ 0

④ 2 ⑤ 4

59 상중하
▶ 25647-0059

두 정수 a, b에 대하여 직선 $y=ax+1$이 직선 $y=(ab+10)x+2$와 평행하고, 직선 $2x-by+2b=0$과 수직일 때, $a+b$의 값은?

① -2 ② -1 ③ 0

④ 1 ⑤ 2

60 상중하
▶ 25647-0060

두 직선 $x-2y-2=0$, $kx+y-4k-1=0$이 x축의 양의 방향과 이루는 각의 크기를 각각 $\alpha°$, $\beta°$라 하자. $\beta°-\alpha°=90°$일 때, 두 직선과 x축으로 둘러싸인 부분의 넓이는? (단, k는 상수이다.)

① 1 ② $\dfrac{5}{4}$ ③ $\dfrac{3}{2}$

④ $\dfrac{7}{4}$ ⑤ 2

유형 20 | 세 직선의 위치 관계

세 직선이 모두 평행할 조건, 세 직선 중 두 직선이 평행할 조건, 세 직선이 한 점에서 만날 조건 등을 구하여 주어진 상황을 해결할 수 있다.

≫ **올림포스** 공통수학2 11쪽

61 대표문제
▶ 25647-0061

세 직선 $x-y=0$, $2x-y+1=0$, $ax+y-4=0$이 삼각형을 이루지 않도록 하는 모든 실수 a의 값의 합은?

① -2 　　　② -4 　　　③ -6
④ -8 　　　⑤ -10

62 상중하
▶ 25647-0062

세 직선 $y=ax-1$, $y=(a^2-2)x+2$, $y=(6-a^2)x+4$에 의하여 좌표평면이 네 부분으로 나누어지도록 하는 상수 a의 값은?

① -2 　　　② -1 　　　③ 0
④ 1 　　　⑤ 2

63 상중하
▶ 25647-0063

세 직선 $2x+y-3=0$, $2x+3y+3=0$, $(a+1)x-a^2y-1=0$으로 둘러싸인 부분이 직각삼각형이 되도록 하는 모든 실수 a의 값의 합은?

① $\dfrac{8}{3}$ 　　　② 3 　　　③ $\dfrac{10}{3}$
④ $\dfrac{11}{3}$ 　　　⑤ 4

유형 21 | 수직이등분선의 방정식

(1) 두 점 A, B를 이은 선분 AB의 수직이등분선은 선분 AB의 중점을 지나고 직선 AB와 수직인 직선이다.
(2) 삼각형의 외심은 세 변의 수직이등분선의 교점이다.

≫ **올림포스** 공통수학2 11쪽

64 대표문제
▶ 25647-0064

직선 $x+2y-4=0$이 x축, y축과 만나는 점을 각각 A, B라 하자. 선분 AB의 수직이등분선의 방정식이 $2x+ay+b=0$일 때, ab의 값을 구하시오. (단, a, b는 상수이다.)

65 상중하
▶ 25647-0065

세 점 $O(0, 0)$, $A(4, 1)$, $B(2, 2)$에 대하여 삼각형 OAB의 무게중심을 G라 하자. 두 점 $P(a, b)$, $Q(a+c, b+c)$에 대하여 선분 PQ의 수직이등분선이 점 G를 지날 때, $a+b+c$의 값은? (단, $c \neq 0$)

① 1 　　　② 2 　　　③ 3
④ 4 　　　⑤ 5

66 상중하
▶ 25647-0066

세 점 $A(-2, 4)$, $B(-2, 2)$, $C(2, 0)$에 대하여 점 P가 삼각형 ABC의 외심일 때, 사각형 PABC의 넓이는?

① 4 　　　② 5 　　　③ 6
④ 7 　　　⑤ 8

유형 22 ‖ 두 직선의 교점을 지나는 직선의 방정식

서로 다른 두 직선 $ax+by+c=0$, $a'x+b'y+c'=0$이
점 A에서 만날 때, 점 A를 지나는 직선의 방정식은
$$ax+by+c+k(a'x+b'y+c')=0 \ (k는 실수)$$
로 나타낼 수 있다.

>> **올림포스** 공통수학2 11쪽

67 대표문제
▶ 25647-0067

두 직선 $x+2y-5=0$, $2x+y+2=0$의 교점과 점 $(2, 1)$을 지나는 직선의 y절편은?

① $\dfrac{11}{5}$ ② $\dfrac{12}{5}$ ③ $\dfrac{13}{5}$

④ $\dfrac{14}{5}$ ⑤ 3

68 상중하
▶ 25647-0068

두 직선 $3x-2y+3=0$, $x+4y-13=0$의 교점을 지나고 직선 $x+y=0$과 수직인 직선이 x축, y축과 만나는 점을 각각 A, B라 할 때, 삼각형 OAB의 넓이는? (단, O는 원점이다.)

① 1 ② 2 ③ 3

④ 4 ⑤ 5

69 상중하
▶ 25647-0069

두 양수 a, b에 대하여 두 직선 $2x-y+a=0$, $x+2y+b=0$의 교점을 지나고 직선 $x-3y+5=0$과 평행한 직선이 점 $(5, 1)$을 지난다. $a^2+b^2=10$일 때, $a+b$의 값을 구하시오.

유형 23 ‖ 점과 직선 사이의 거리

(1) 점 $P(x_1, y_1)$과 직선 $ax+by+c=0$ 사이의 거리는
$$\dfrac{|ax_1+by_1+c|}{\sqrt{a^2+b^2}}$$
(2) 원점 O와 직선 $ax+by+c=0$ 사이의 거리는
$$\dfrac{|c|}{\sqrt{a^2+b^2}}$$

>> **올림포스** 공통수학2 11쪽

70 대표문제
▶ 25647-0070

점 $(a, 2)$와 직선 $3x+4y+a=0$ 사이의 거리가 4가 되도록 하는 모든 a의 값의 합은?

① -4 ② -2 ③ 0

④ 2 ⑤ 4

71 상중하
▶ 25647-0071

x절편이 3, y절편이 1인 직선을 l이라 하자. 점 $A(-1, -2)$와 직선 l 위의 점 P에 대하여 선분 AP의 길이의 최솟값은?

① $2\sqrt{2}$ ② 3 ③ $\sqrt{10}$

④ $\sqrt{11}$ ⑤ $2\sqrt{3}$

72 상중하
▶ 25647-0072

점 $A(a, a^2)$과 직선 $y=2x+1$ 사이의 거리와
점 $B(a+1, (a+1)^2)$과 직선 $y=2x+1$ 사이의 거리가 같도록 하는 모든 a의 값의 합은?

① $\dfrac{1}{2}$ ② 1 ③ $\dfrac{3}{2}$

④ 2 ⑤ $\dfrac{5}{2}$

유형 24 ｜ 수선의 발

점 A에서 직선 l에 내린 수선의 발을 H라 하면 직선 AH와 직선 l이 수직임을 이용하여 점 H의 좌표를 구할 수 있다. 이때 선분 AH의 길이는 점 A와 직선 l 사이의 거리이다.

》 올림포스 공통수학2 11쪽

73 대표문제
▶ 25647-0073

점 $A(2, -3)$에서 직선 $y=x+2$에 내린 수선의 발을 $H(a, b)$라 할 때, a^2+b^2의 값은?

① $\dfrac{1}{2}$ ② 1 ③ $\dfrac{3}{2}$

④ 2 ⑤ $\dfrac{5}{2}$

74 상중하
▶ 25647-0074

두 점 $A(1, 6)$, $B(4, 0)$에서 직선 $y=mx+5$에 내린 수선의 발이 일치할 때, 원점과 직선 $y=mx+5$ 사이의 거리는? (단, m은 상수이다.)

① 4 ② $3\sqrt{2}$ ③ $2\sqrt{5}$

④ $\sqrt{22}$ ⑤ $2\sqrt{6}$

75 상중하
▶ 25647-0075

원점 O에서 직선 $(2k+1)x+(k+1)y+1-2k=0$에 내린 수선의 발을 H라 할 때, 선분 OH의 길이는 H의 좌표가 (a, b)일 때 최댓값 M을 갖는다. $ab+M$의 값은? (단, k는 실수이다.)

① -6 ② -7 ③ -8

④ -9 ⑤ -10

유형 25 ｜ 삼각형의 넓이

좌표평면에서 삼각형 ABC의 넓이는 두 점 사이의 거리 공식과 점과 직선 사이의 거리 공식을 이용하여 구할 수 있다.

참고 삼각형 ABC의 넓이를 S, 점 A와 직선 BC 사이의 거리를 h라 하면

$$S=\dfrac{1}{2}\times\overline{BC}\times h$$

》 올림포스 공통수학2 11쪽

76 대표문제
▶ 25647-0076

점 $A(-1, 3)$과 직선 $y=x-4$ 위의 서로 다른 두 점 B, C에 대하여 $\overline{AB}=\overline{AC}=5\sqrt{2}$일 때, 삼각형 ABC의 넓이는?

① 22 ② 24 ③ 26

④ 28 ⑤ 30

77 상중하
▶ 25647-0077

세 점 $O(0, 0)$, $A(4, 1)$, $B(a, 3a)$에 대하여 삼각형 OAB의 넓이가 5가 되도록 하는 양수 a의 값을 구하시오.

78 상중하
▶ 25647-0078

양수 k에 대하여 세 직선

$$3x+y-12=0, \quad x-2y+3=0, \quad kx+8y+3k=0$$

으로 둘러싸인 삼각형의 넓이가 21이다. 이 삼각형의 무게중심의 좌표를 (a, b)라 할 때, $a+b$의 값은?

① $\dfrac{1}{3}$ ② $\dfrac{2}{3}$ ③ 1

④ $\dfrac{4}{3}$ ⑤ $\dfrac{5}{3}$

유형 26 평행한 두 직선 사이의 거리 

평행한 두 직선 l, l' 사이의 거리는 직선 l 위의 한 점 A와 직선 l' 사이의 거리를 점과 직선 사이의 거리 공식을 이용하여 구한다.

>> **올림포스** 공통수학2 11쪽

79 대표문제
▶ 25647-0079

평행한 두 직선 $x+y+4=0$, $x+y+k=0$ 사이의 거리가 $5\sqrt{2}$ 가 되도록 하는 모든 실수 k의 값의 합은?

① 6   ② 7   ③ 8
④ 9   ⑤ 10

80 상중하
▶ 25647-0080

두 점 A$(1,\ 0)$, B$(0,\ 2)$와 제1사분면 위의 두 점 C, D를 꼭짓점으로 하는 사각형 ABCD가 정사각형일 때, 직선 CD의 y절편은?

① 5   ② 6   ③ 7
④ 8   ⑤ 9

81 상중하
▶ 25647-0081

네 직선
$$2x-y+1=0,\ 2x-y+3=0,\ x+2y=0,\ x+2y-6=0$$
으로 둘러싸인 부분의 넓이는?

① 2   ② $\dfrac{11}{5}$ ③ $\dfrac{12}{5}$
④ $\dfrac{13}{5}$ ⑤ $\dfrac{14}{5}$

유형 27 조건을 만족시키는 점이 나타내는 방정식

구하는 점의 좌표가 주어진 경우에는 구하는 점에 대한 조건을 이용하여 관련된 식을 구한다.
구하는 점의 좌표가 주어지지 않은 경우에는 구하고자 하는 점의 좌표를 $(x,\ y)$로 놓고, x와 y 사이의 관계식을 구한다.

>> **올림포스** 공통수학2 11쪽

82 대표문제
▶ 25647-0082

직선 $y=2x+5$ 위의 점 A와 두 점 B$(-1,\ 0)$, C$(3,\ 8)$에 대하여 삼각형 ABC의 무게중심 G가 나타내는 도형의 방정식은 $y=ax+b$이다. $a+b$의 값은? (단, a, b는 상수이다.)

① 1   ② 3   ③ 5
④ 7   ⑤ 9

83 상중하
▶ 25647-0083

제2사분면 위의 점 A에 대하여 점 A와 직선 $y=x$ 사이의 거리를 d_1, 점 A와 직선 $y=x-2$ 사이의 거리를 d_2라 하자.
$d_2=3d_1$일 때, 점 A가 나타내는 도형은 직선 $y=ax+b$의 일부분이다. $a+b$의 값은? (단, a, b는 상수이다.)

① 1   ② 2   ③ 3
④ 4   ⑤ 5

84 상중하
▶ 25647-0084

두 직선 $y=0$, $y=\dfrac{12}{5}(x+3)$이 이루는 각을 이등분하는 직선 중 제1사분면을 지나는 직선을 l이라 하자. 직선 l의 y절편은?

① 1   ② 2   ③ 3
④ 4   ⑤ 5

01 내신기출 ▶ 25647-0085

세 점 $A(-1, 0)$, $B(3, 2)$, $C(1, a)$를 꼭짓점으로 하는 삼각형 ABC가 $\angle C = 90°$인 직각삼각형이 되도록 하는 모든 실수 a의 값의 합을 구하시오.

02 ▶ 25647-0086

$\overline{BC} = 6$인 삼각형 ABC의 무게중심을 G라 하자. $\overline{AG} = 2$일 때, $\dfrac{\overline{AB}^2 + \overline{AC}^2}{\overline{GB}^2 + \overline{GC}^2}$의 값을 구하시오.

03 ▶ 25647-0087

세 점 $A(-2, 0)$, $B(4, -2)$, $C(2, 2)$를 꼭짓점으로 하는 삼각형 ABC의 내접원이 변 AB와 점 D에서 접할 때, 점 D의 좌표를 구하시오.

04 ▶ 25647-0088

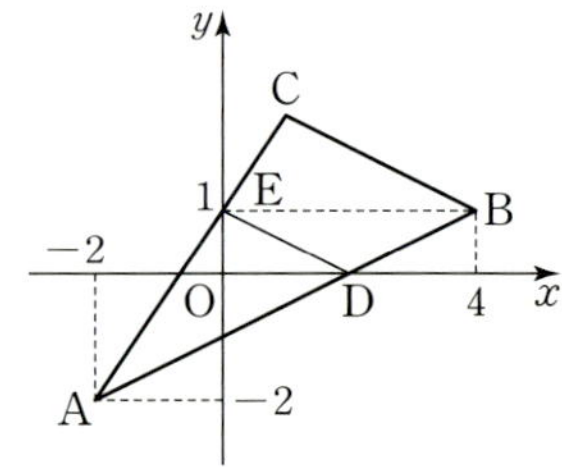

오른쪽 그림과 같이 점 $A(-2, -2)$와 제1사분면 위의 서로 다른 두 점 $B(4, 1)$, C를 꼭짓점으로 하는 삼각형 ABC에 대하여 선분 AB가 x축과 만나는 점을 D, 선분 AC가 y축과 만나는 점을 E라 하자.

$E(0, 1)$이고 두 직선 BC, DE가 서로 평행할 때, 점 C의 좌표를 구하시오.

05 내신기출 ▶ 25647-0089

세 직선 $x-y+1=0$, $ax-y-1=0$, $(a-3)x+y+2=0$에 의하여 좌표평면이 여섯 부분으로 나누어지도록 하는 모든 실수 a의 값의 곱을 구하시오.

06 ▶ 25647-0090

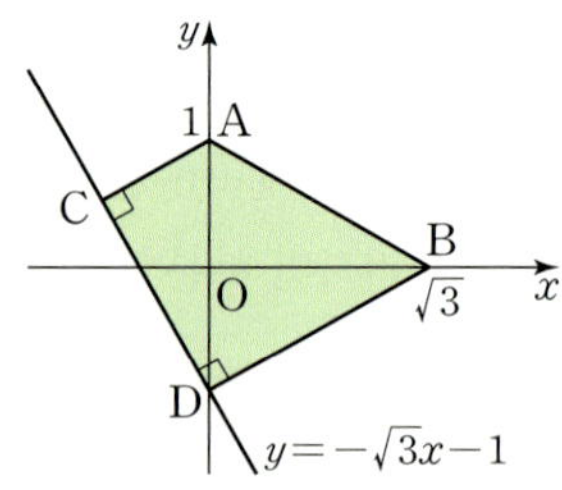

오른쪽 그림과 같이 두 점 $A(0, 1)$, $B(\sqrt{3}, 0)$에서 직선 $y = -\sqrt{3}x - 1$에 내린 수선의 발을 각각 C, D라 할 때, 네 점 A, B, C, D를 꼭짓점으로 하는 사각형의 넓이를 구하시오.

▶ 25647-0091

01 세 점 $A(2, 1)$, $B(0, -1)$, $C(a, 0)$을 꼭짓점으로 하는 삼각형 ABC가 이등변삼각형이 되도록 하는 모든 a의 값의 곱을 구하시오.

▶ 25647-0092

02 좌표평면 위의 8개의 서로 다른 점 A, B, C, D, E, F, G, H가 다음 조건을 만족시킨다.

> (가) 네 점 A, B, C, D의 x좌표의 합과 y좌표의 합은 모두 8이고, 사각형 ABCD는 직사각형이다.
> (나) 네 점 E, F, G, H의 x좌표의 합과 y좌표의 합은 각각 16, 20이고, 사각형 EFGH는 평행사변형이다.

두 사각형 ABCD, EFGH의 넓이를 동시에 이등분하는 직선을 l이라 할 때, 직선 l과 x축 및 y축으로 둘러싸인 부분의 넓이는?

① 1　　　　② $\dfrac{1}{2}$　　　　③ $\dfrac{1}{3}$　　　　④ $\dfrac{1}{4}$　　　　⑤ $\dfrac{1}{5}$

▶ 25647-0093

03 서로 다른 네 점 P_1, P_2, P_3, P_4가 있다. 4 이하의 모든 자연수 n에 대하여 점 P_n과 두 직선 $y=0$, $y=\dfrac{4}{3}x$ 사이의 거리가 모두 2일 때, 네 점 P_1, P_2, P_3, P_4를 꼭짓점으로 하는 사각형의 넓이를 구하시오.

▶ 25647-0094

04 오른쪽 그림과 같이 $0<m<1$인 실수 m에 대하여 직선 $l\colon y=m(x+4)$가 함수 $y=|x|$의 그래프와 만나는 두 점을 A, B라 하고, 삼각형 OAB의 무게중심을 G라 하자. 선분 AB의 길이가 $\sqrt{10}$일 때, 점 G와 직선 l 사이의 거리를 구하시오.

(단, 점 A의 x좌표는 음수이고, O는 원점이다.)

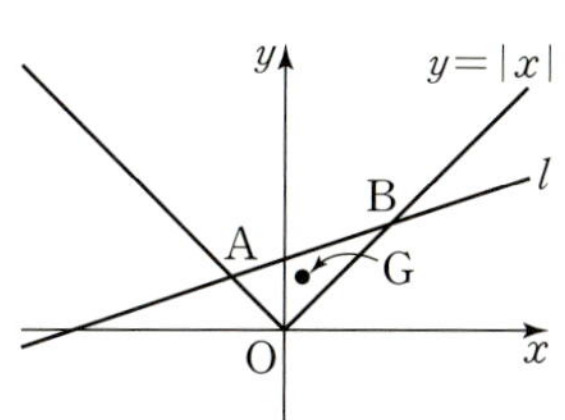

02 원의 방정식

01 원의 방정식

(1) 중심의 좌표와 반지름의 길이가 주어진 원의 방정식
① 중심이 원점이고 반지름의 길이가 r인 원의 방정식은 $x^2+y^2=r^2$
② 중심이 점 (a, b)이고 반지름의 길이가 r인 원의 방정식은 $(x-a)^2+(y-b)^2=r^2$

(2) 좌표축에 접하는 원의 방정식
① 중심이 점 (a, b)이고 x축에 접하는 원의 방정식은 $(x-a)^2+(y-b)^2=b^2$
② 중심이 점 (a, b)이고 y축에 접하는 원의 방정식은 $(x-a)^2+(y-b)^2=a^2$
③ x축과 y축에 동시에 접하는 원의 방정식은
$(x-a)^2+(y-a)^2=a^2$ 또는 $(x-a)^2+(y+a)^2=a^2$

• x축과 y축에 동시에 접하는 원의 중심은 직선 $y=x$ 또는 직선 $y=-x$ 위에 있다.

02 이차방정식 $x^2+y^2+Ax+By+C=0$이 나타내는 도형

x, y에 대한 이차방정식 $x^2+y^2+Ax+By+C=0$은 중심이 점 $\left(-\dfrac{A}{2}, -\dfrac{B}{2}\right)$이고 반지름의 길이가 $\dfrac{\sqrt{A^2+B^2-4C}}{2}$ $(A^2+B^2-4C>0)$인 원을 나타낸다.

• 원의 방정식은 x^2과 y^2의 계수가 같고 xy항이 없는 x, y에 대한 이차방정식이다.

03 원과 직선의 위치 관계

(1) 판별식을 이용한 원 $x^2+y^2=r^2$과 직선 $y=mx+n$의 위치 관계
$y=mx+n$을 $x^2+y^2=r^2$에 대입하여 얻은 x에 대한 이차방정식 $x^2+(mx+n)^2=r^2$, 즉 $(m^2+1)x^2+2mnx+n^2-r^2=0$의 판별식을 D라 할 때, D의 부호에 따라 원과 직선의 위치 관계는 다음과 같다.
① $D>0$이면 서로 다른 두 점에서 만난다.
② $D=0$이면 한 점에서 만난다.(접한다.)
③ $D<0$이면 만나지 않는다.

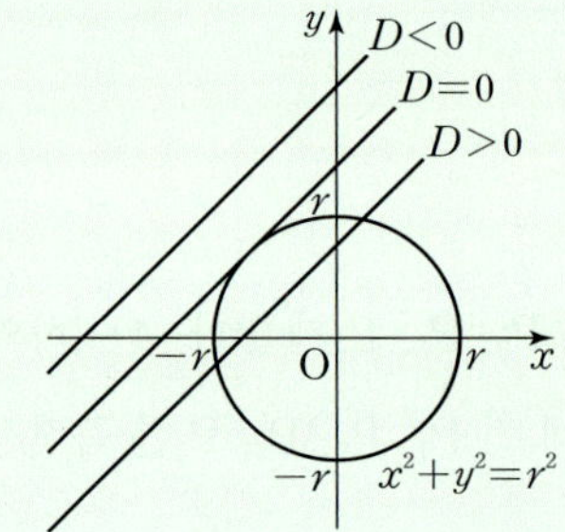

(2) 원의 중심과 직선 사이의 거리를 이용한 원과 직선의 위치 관계
반지름의 길이가 r인 원의 중심과 직선 사이의 거리를 d라 할 때, 원과 직선의 위치 관계는 다음과 같다.
① $d<r$이면 서로 다른 두 점에서 만난다.
② $d=r$이면 한 점에서 만난다.(접한다.)
③ $d>r$이면 만나지 않는다.

• 원과 직선의 위치 관계는 이차방정식의 판별식 또는 원의 중심과 직선 사이의 거리를 이용하여 알 수 있다. 두 가지 방법 중 상황에 맞게 편리한 방법을 이용하여 위치 관계를 파악한다.

04 원의 접선의 방정식

(1) 기울기가 주어진 원의 접선의 방정식
원 $x^2+y^2=r^2$에 접하고 기울기가 m인 직선의 방정식은 $y=mx\pm r\sqrt{m^2+1}$
(2) 접점이 주어진 원의 접선의 방정식
원 $x^2+y^2=r^2$ 위의 점 $P(x_1, y_1)$에서 접하는 직선의 방정식은 $x_1x+y_1y=r^2$

• 원 밖의 한 점에서 원에 그을 수 있는 접선은 두 개다. 이때 접선의 방정식은 다음 세 가지 방법으로 구할 수 있다.
① 원 위의 점에서의 접선의 방정식을 이용하는 방법
② 원의 중심과 접선 사이의 거리가 반지름의 길이와 같음을 이용하는 방법
③ 판별식을 이용하는 방법

01 원의 방정식

[01~04] 다음 원의 방정식을 구하시오.

01 중심이 점 $(1, 2)$이고 반지름의 길이가 3인 원

02 중심이 점 $(0, 1)$이고 x축에 접하는 원

03 중심이 점 $(-1, 2)$이고 y축에 접하는 원

04 중심이 점 $(3, -3)$이고 x축과 y축에 동시에 접하는 원

[05~08] 다음 방정식이 나타내는 원의 중심의 좌표와 반지름의 길이를 각각 구하시오.

05 $x^2+y^2=9$

06 $(x-1)^2+(y+3)^2=4$

07 $(x+3)+y^2=25$

08 $(x-4)^2+(y-4)^2=16$

02 이차방정식 $x^2+y^2+Ax+By+C=0$이 나타내는 도형

[09~11] 다음 방정식이 나타내는 원의 중심의 좌표와 반지름의 길이를 각각 구하시오.

09 $x^2+y^2+4x=0$

10 $x^2+y^2-6x+8y=0$

11 $x^2+y^2+4x+6y+3=0$

[12~13] 다음 방정식이 나타내는 도형이 원이 되도록 하는 실수 k의 값의 범위를 구하시오.

12 $x^2+y^2-6x+6y+k=0$

13 $x^2+y^2+2kx-4y+5=0$

03 원과 직선의 위치 관계

[14~16] 원 $x^2+y^2=4$와 직선 $y=x+k$의 위치 관계가 다음과 같을 때, 이차방정식의 판별식을 이용하여 실수 k의 값 또는 범위를 구하시오.

14 서로 다른 두 점에서 만난다.

15 한 점에서 만난다. (접한다.)

16 만나지 않는다.

[17~19] 원 C와 직선 l의 방정식이 각각 다음과 같을 때, 원 C의 중심과 직선 l 사이의 거리를 이용하여 원 C와 직선 l이 만나는 서로 다른 점의 개수를 구하시오.

17 $C: x^2+y^2=1,\ l: x-y+1=0$

18 $C: (x-1)^2+y^2=10,\ l: 3x-y+7=0$

19 $C: x^2+y^2+2x-4y=0,\ l: x+2y+6=0$

04 원의 접선의 방정식

[20~21] 다음 직선의 방정식을 구하시오.

20 원 $x^2+y^2=4$에 접하고 기울기가 2인 직선

21 원 $x^2+y^2=3$에 접하고 기울기가 $-\sqrt{2}$인 직선

[22~23] 다음 접선의 방정식을 구하시오.

22 원 $x^2+y^2=5$ 위의 점 $(1, -2)$에서 그은 접선

23 원 $x^2+y^2=1$ 위의 점 $(0, 1)$에서 그은 접선

유형 01 원의 방정식

(1) 중심이 원점이고 반지름의 길이가 r인 원의 방정식은 $x^2+y^2=r^2$이다.
(2) 중심이 점 (a, b)이고 반지름의 길이가 r인 원의 방정식은 $(x-a)^2+(y-b)^2=r^2$이다.

▷ **올림포스** 공통수학2 18쪽

01 대표문제
▶ 25647-0095

중심이 직선 $y=x-3$ 위에 있고 두 점 $(0, 0)$, $(4, 0)$을 지나는 원을 C라 할 때, **보기**에서 옳은 것만을 있는 대로 고른 것은?

보기
ㄱ. 원 C의 중심은 점 $(2, -1)$이다.
ㄴ. 원 C는 점 $(0, -2)$를 지난다.
ㄷ. 원 C의 넓이는 5π이다.

① ㄱ ② ㄴ ③ ㄱ, ㄴ
④ ㄴ, ㄷ ⑤ ㄱ, ㄴ, ㄷ

02 상중하
▶ 25647-0096

중심이 x축 위에 있고 두 점 $(4, 3)$, $(5, -2)$를 지나는 원의 넓이는?

① 11π ② 12π ③ 13π
④ 14π ⑤ 15π

03 상중하
▶ 25647-0097

네 점 $A(-1, 0)$, $B(3, 0)$, $C(0, 2-\sqrt{7})$, $D(0, 2+\sqrt{7})$을 지나는 원의 반지름의 길이는?

① $\sqrt{6}$ ② $\sqrt{7}$ ③ $2\sqrt{2}$
④ 3 ⑤ $\sqrt{10}$

유형 02 $x^2+y^2+Ax+By+C=0$ 꼴의 원의 방정식

x, y에 대한 이차방정식 $x^2+y^2+Ax+By+C=0$은 중심이 점 $\left(-\dfrac{A}{2}, -\dfrac{B}{2}\right)$이고 반지름의 길이가 $\dfrac{\sqrt{A^2+B^2-4C}}{2}$ $(A^2+B^2-4C>0)$인 원을 나타낸다.

▷ **올림포스** 공통수학2 18쪽

04 대표문제
▶ 25647-0098

방정식 $x^2+y^2+10x-6y+k=0$이 원을 나타낼 때, 이 원의 넓이가 16π보다 작도록 하는 자연수 k의 개수는?

① 15 ② 16 ③ 17
④ 18 ⑤ 19

05 상중하
▶ 25647-0099

방정식 $x^2+y^2+2x-6y+k=0$이 나타내는 도형을 C라 할 때, **보기**에서 옳은 것만을 있는 대로 고른 것은?

(단, k는 상수이다.)

보기
ㄱ. $k=0$이면 도형 C의 넓이는 10π이다.
ㄴ. $k=1$이면 도형 C는 y축과 접한다.
ㄷ. $k=-1$이면 도형 C는 제4사분면을 지난다.

① ㄱ ② ㄴ ③ ㄷ
④ ㄱ, ㄷ ⑤ ㄱ, ㄴ, ㄷ

06 상중하
▶ 25647-0100

x, y에 대한 이차방정식
$$k^2x^2+(3k-2)y^2+8x-16y-10k=0$$
이 나타내는 도형이 서로 다른 두 점 $(0, 5)$, $(0, a)$를 지나는 원일 때, $a+k$의 값은? (단, k는 상수이다.)

① -2 ② -1 ③ 0
④ 1 ⑤ 2

유형 03 지름의 양 끝점이 주어진 원의 방정식

두 점 A, B를 지름의 양 끝점으로 하는 원의 방정식은 다음을 이용하여 구한다.

(1) 원의 중심은 선분 AB의 중점이다.

(2) 원의 반지름의 길이는 $\dfrac{1}{2}\overline{AB}$이다.

> **참고** 원의 반지름의 길이는 선분 AB의 중점과 점 A (또는 점 B) 사이의 거리를 통해 구할 수도 있다.

>> **올림포스** 공통수학2 18쪽

07 대표문제　▶ 25647-0101

두 점 $A(-8, 1)$, $B(4, 11)$을 지름의 양 끝점으로 하는 원이 x축과 서로 다른 두 점 C, D에서 만날 때, 선분 CD의 길이는?

① 6　　　　② 7　　　　③ 8

④ 9　　　　⑤ 10

08 상중하　▶ 25647-0102

두 점 $A(3, 1)$, $B(-1, 7)$을 지름의 양 끝점으로 하는 원의 방정식이 $x^2+y^2+ax+by+c=0$일 때, $a+b+c$의 값은?

(단, a, b, c는 상수이다.)

① -6　　　　② -3　　　　③ 0

④ 3　　　　⑤ 6

09 상중하　▶ 25647-0103

직선 $3x-4y-24=0$이 x축, y축과 만나는 점을 각각 A, B라 하자. 두 점 A, B를 지름의 양 끝점으로 하는 원이 직선 $x=k$와 서로 다른 두 점에서 만나도록 하는 정수 k의 개수는?

① 6　　　　② 7　　　　③ 8

④ 9　　　　⑤ 10

유형 04 x축 또는 y축에 접하는 원의 방정식

(1) x축에 접하는 원은

　　(반지름의 길이)=|원의 중심의 y좌표|

　　이므로 이 원의 방정식은 $(x-a)^2+(y-b)^2=b^2$의 꼴이다.

(2) y축에 접하는 원은

　　(반지름의 길이)=|원의 중심의 x좌표|

　　이므로 이 원의 방정식은 $(x-a)^2+(y-b)^2=a^2$의 꼴이다.

>> **올림포스** 공통수학2 18쪽

10 대표문제　▶ 25647-0104

방정식 $x^2+y^2+2kx+4y+2-k=0$이 나타내는 원이 x축에 접하도록 하는 모든 실수 k의 값의 곱은?

① -2　　　　② -1　　　　③ 0

④ 1　　　　⑤ 2

11 상중하　▶ 25647-0105

중심이 점 (a, b)이고 반지름의 길이가 r인 원이 y축과 점 $(0, -1)$에서 접하고 점 $(3, 0)$을 지날 때, $a+b+r$의 값은?

(단, r은 상수이다.)

① 2　　　　② $\dfrac{7}{3}$　　　　③ $\dfrac{8}{3}$

④ 3　　　　⑤ $\dfrac{10}{3}$

12 상중하　▶ 25647-0106

다음 조건을 만족시키는 모든 원의 반지름의 길이의 합을 구하시오.

> (가) 중심이 직선 $y=x-2$ 위에 있다.
> (나) x축과 접한다.
> (다) 점 $(6, 2)$를 지난다.

유형 05 ┃ x축과 y축에 동시에 접하는 원의 방정식

x축과 y축에 동시에 접하는 원은
(반지름의 길이)=|원의 중심의 x좌표|
    =|원의 중심의 y좌표|
이므로 이 원의 방정식은
$(x-a)^2+(y-a)^2=a^2$ 또는 $(x-a)^2+(y+a)^2=a^2$
의 꼴이다. 이때 원의 중심은 직선 $y=x$ 또는 직선 $y=-x$
위에 있다.

>> **올림포스** 공통수학2 18쪽

13 대표문제
▶ 25647-0107

중심이 직선 $y=2x-6$ 위에 있고, x축과 y축에 동시에 접하는
모든 원의 반지름의 길이의 합을 구하시오.

14 상중하
▶ 25647-0108

점 $(3, 1)$을 지나고 x축과 y축에 동시에 접하는 두 원의 중심 사
이의 거리는?

① $\sqrt{3}$ ② $2\sqrt{3}$ ③ $3\sqrt{3}$
④ $4\sqrt{3}$ ⑤ $5\sqrt{3}$

15 상중하
▶ 25647-0109

중심이 곡선 $y=\dfrac{1}{2}x^2+\dfrac{1}{2}x-1$ 위에 있고, x축과 y축에 동시에
접하는 모든 원의 반지름의 길이의 곱은?

① 3 ② 4 ③ 6
④ 8 ⑤ 10

유형 06 ┃ 세 점을 지나는 원(삼각형의 외접원)의 방정식 (중요)

서로 다른 세 점 A, B, C를 지나는 원(삼각형 ABC의 외접
원)의 방정식은 다음 두 가지 방법으로 구할 수 있다.
(1) 원의 중심과 세 점 A, B, C 사이의 거리가 모두 같음을
    이용하여 원의 중심과 반지름의 길이를 구한다.
(2) 삼각형 ABC의 외접원의 중심(외심)은 세 변의 수직이등
    분선의 교점임을 이용하여 원의 중심을 구한다.

>> **올림포스** 공통수학2 18쪽

16 대표문제
▶ 25647-0110

세 점 $A(0, 4)$, $B(-3, 3)$, $C(4, 2)$에 대하여 삼각형 ABC의
외접원의 방정식이 $x^2+y^2+ax+by+c=0$일 때, $a+b+c$의
값은? (단, a, b, c는 상수이다.)

① -21 ② -22 ③ -23
④ -24 ⑤ -25

17 상중하
▶ 25647-0111

세 점 $O(0, 0)$, $A(-2, -2)$, $B(6, -2)$를 지나는 원이 직선
$y=-4$와 두 점 C, D에서 만날 때, $\overline{CD}^2$의 값을 구하시오.

18 상중하
▶ 25647-0112

세 직선 $x-y+1=0$, $x+y-3=0$, $3x-y-5=0$으로 둘러싸
인 삼각형의 외접원의 방정식이 $x^2+y^2+ax+by+c=0$일 때,
$|a|+|b|+|c|$의 값은? (단, a, b, c는 상수이다.)

① 5 ② 10 ③ 15
④ 20 ⑤ 25

>> 올림포스 공통수학2 18쪽

유형 07 | 원의 둘레의 길이 또는 넓이를 이등분하는 직선의 방정식

원의 중심을 지나는 직선은 원의 둘레의 길이와 넓이를 이등분한다.

19 대표문제
▶ 25647-0113

원 C: $x^2+y^2+2x-6y+1=0$의 넓이를 이등분하는 직선 l에 대하여 직선 l과 원 C가 만나는 두 점을 P, Q라 하자. 원 C 위의 점 R에 대하여 세 점 P, Q, R을 꼭짓점으로 하는 삼각형의 넓이의 최댓값은?

① 6   ② 7   ③ 8
④ 9   ⑤ 10

20 상중하
▶ 25647-0114

직선 l이 두 원

$$x^2+y^2+4x-2y+4=0, \quad (x-3)^2+(y-11)^2=2$$

의 둘레의 길이를 모두 이등분할 때, 직선 l과 x축 및 y축으로 둘러싸인 부분의 넓이는?

① $\dfrac{21}{4}$ ② $\dfrac{11}{2}$ ③ $\dfrac{23}{4}$

④ 6   ⑤ $\dfrac{25}{4}$

21 상중하
▶ 25647-0115

원 $x^2+y^2-4x-4=0$의 넓이가 두 직선 $y=ax-1$, $y=bx+c$에 의하여 사등분될 때, $a+b+c$의 값은?

(단, a, b, c는 상수이다.)

① $\dfrac{1}{2}$ ② 1   ③ $\dfrac{3}{2}$

④ 2   ⑤ $\dfrac{5}{2}$

유형 08 | 원 위의 점과 원 밖의 점 사이의 거리

중심이 점 C이고, 반지름의 길이가 r인 원 위의 점 A와 원 밖의 점 P에 대하여 선분 AP의 길이의 최댓값과 최솟값은 각각 $\overline{CP}+r$, $\overline{CP}-r$이다.

>> 올림포스 공통수학2 18쪽

22 대표문제
▶ 25647-0116

양수 k에 대하여 원 $x^2+y^2-10x+24y+k=0$ 위의 점 A와 원점 사이의 거리의 최솟값이 4일 때, k의 값은?

① 80   ② 82   ③ 84
④ 86   ⑤ 88

23 상중하
▶ 25647-0117

원 $(x-1)^2+(y+4)^2=10$ 위의 점 A(a, b)에 대하여 $(a+1)^2+(b-2)^2$의 최댓값은?

① 60   ② 70   ③ 80
④ 90   ⑤ 100

24 상중하
▶ 25647-0118

원 $(x+3)^2+(y-4)^2=1$ 위의 점 A와 원 $x^2+y^2-2x-14y+41=0$ 위의 점 B에 대하여 선분 AB의 길이의 최댓값과 최솟값을 각각 M, m이라 할 때, $M+m$의 값은?

① 10   ② 12   ③ 14
④ 16   ⑤ 18

유형 09 | 조건을 만족시키는 점이 나타내는 방정식 〔중요〕

구하는 점의 좌표가 주어진 경우에는 구하는 점에 대한 조건을 이용하여 관련된 식을 구한다.

구하는 점의 좌표가 주어지지 않은 경우에는 구하고자 하는 점의 좌표를 (x, y)로 놓고, x와 y 사이의 관계식을 구한다.

》 올림포스 공통수학2 18쪽

---

25 대표문제
▶ 25647-0119

서로 다른 세 점 $A(-2, -2)$, $B(4, 1)$, P에 대하여

$$\overline{PA} : \overline{PB} = 1 : 2$$

를 만족시키는 점 P가 나타내는 도형의 넓이는?

① 10π　　　② 15π　　　③ 20π

④ 25π　　　⑤ 30π

---

26 〔상중하〕
▶ 25647-0120

서로 다른 세 점 $A(-1, -2)$, $B(2, 4)$, P에 대하여

$$\overline{PA}^2 + \overline{PB}^2 = \overline{AB}^2$$

을 만족시키는 점 P가 나타내는 도형은 원 C의 일부분이다. 원 C의 둘레의 길이는?

① $\sqrt{41}\,\pi$　　　② $\sqrt{42}\,\pi$　　　③ $\sqrt{43}\,\pi$

④ $2\sqrt{11}\,\pi$　　　⑤ $3\sqrt{5}\,\pi$

---

27 〔상중하〕
▶ 25647-0121

두 점 $A(0, -4)$, $B(12, 0)$과 원 $x^2 + y^2 = \dfrac{9}{10}$ 위를 움직이는 점 P에 대하여 삼각형 PAB의 무게중심을 G라 할 때, 선분 OG의 길이의 최댓값은? (단, O는 원점이다.)

① $\dfrac{13}{10}\sqrt{10}$　　　② $\dfrac{4}{3}\sqrt{10}$　　　③ $\dfrac{41}{30}\sqrt{10}$

④ $\dfrac{7}{5}\sqrt{10}$　　　⑤ $\dfrac{43}{30}\sqrt{10}$

유형 10 | 두 원의 교점을 지나는 원의 방정식

두 원 $x^2 + y^2 + ax + by + c = 0$, $x^2 + y^2 + a'x + b'y + c' = 0$의 두 교점을 지나는 원의 방정식은

$$x^2 + y^2 + ax + by + c + k(x^2 + y^2 + a'x + b'y + c') = 0$$

(단, $k \neq -1$인 실수)

》 올림포스 공통수학2 18쪽

---

28 대표문제
▶ 25647-0122

원 C가 두 원

$$x^2 + y^2 + 3x - 5y + 2 = 0, \quad x^2 + y^2 + 4y - 4 = 0$$

의 두 교점과 원점을 지날 때, 원 C의 반지름의 길이는?

① 1　　　② $\sqrt{2}$　　　③ $\sqrt{3}$

④ 2　　　⑤ $\sqrt{5}$

---

29 〔상중하〕
▶ 25647-0123

중심의 x좌표가 1인 원 C가 두 원

$$x^2 + y^2 - 1 = 0, \quad x^2 + y^2 - 4x - 4y + 4 = 0$$

의 두 교점을 지날 때, 원 C의 넓이를 구하시오.

---

30 〔상중하〕
▶ 25647-0124

두 원

$$(x-2)^2 + (y-3)^2 = 1, \quad x^2 + y^2 - 12 = 0$$

의 두 교점을 지나고 y축에 접하는 모든 원의 반지름의 길이의 곱은?

① 5　　　② $\dfrac{16}{3}$　　　③ $\dfrac{17}{3}$

④ 6　　　⑤ $\dfrac{19}{3}$

유형 11 ▎두 원의 교점을 지나는 직선의 방정식

서로 다른 두 점 A, B에서 만나는 두 원
$$x^2+y^2+ax+by+c=0,\quad x^2+y^2+a'x+b'y+c'=0$$
에 대하여 두 점 A, B를 지나는 직선의 방정식은
$$x^2+y^2+ax+by+c-(x^2+y^2+a'x+b'y+c')=0$$

≫ 올림포스 공통수학2 18쪽

31 대표문제
▶ 25647-0125

두 원 $x^2+y^2+ax+3y-2=0$, $x^2+y^2-2x-ay-4=0$의 두 교점을 지나는 직선의 y절편이 $-\dfrac{4}{5}$일 때, 상수 a의 값은?

① -1 ② $-\dfrac{1}{2}$ ③ 0

④ $\dfrac{1}{2}$ ⑤ 1

32 상중하
▶ 25647-0126

두 원 $x^2+y^2+3x-6y-1=0$, $x^2+y^2-x+2y-13=0$의 두 교점을 지나는 직선과 x축 및 y축으로 둘러싸인 부분의 넓이는?

① 2 ② $\dfrac{9}{4}$ ③ $\dfrac{5}{2}$

④ $\dfrac{11}{4}$ ⑤ 3

33 상중하
▶ 25647-0127

원 $(x-3)^2+(y+1)^2=a$가 원 $(x+2)^2+y^2=1$의 둘레의 길이를 이등분할 때, 양수 a의 값은?

① 21 ② 23 ③ 25

④ 27 ⑤ 29

유형 12 ▎현의 길이

반지름의 길이가 r인 원의 중심 C에서 현에 내린 수선의 발을 H라 하면
$$(\text{현의 길이})=2\sqrt{r^2-\overline{\text{CH}}^2}$$

≫ 올림포스 공통수학2 18쪽

34 대표문제
▶ 25647-0128

두 원 $C_1 \colon x^2+y^2=4$, $C_2 \colon (x-a)^2+y^2=4$에 대하여 원 C_1이 원 C_2의 중심을 지날 때, 두 원 C_1, C_2의 공통인 현의 길이는?

(단, $a>0$)

① $2\sqrt{2}$ ② 3 ③ $\sqrt{10}$

④ $\sqrt{11}$ ⑤ $2\sqrt{3}$

35 상중하
▶ 25647-0129

원 $(x-1)^2+(y-2)^2=9$와 직선 $2x-y+5=0$이 만나는 서로 다른 두 점을 A, B라 할 때, 선분 AB의 길이는?

① 1 ② 2 ③ 3

④ 4 ⑤ 5

36 상중하
▶ 25647-0130

그림과 같이 원 $x^2+y^2-2x-2y-23=0$ 위의 서로 다른 두 점 A, B에 대하여 선분 AB를 접는 선으로 하여 호 AB를 접었더니 접힌 호가 x축과 y축에 동시에 접할 때, 선분 AB의 길이는?

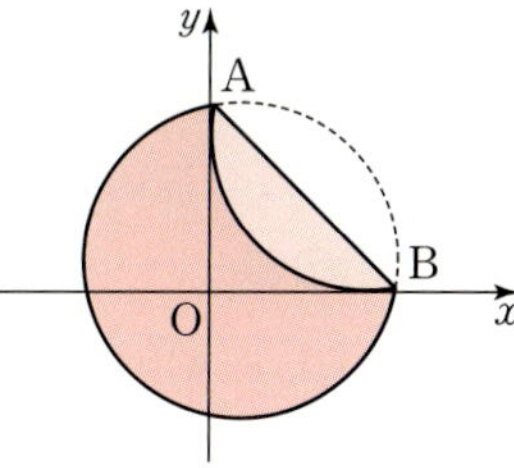

(단, 두 점 A, B는 제1사분면 위에 있다.)

① 8 ② $2\sqrt{17}$ ③ $6\sqrt{2}$

④ $2\sqrt{19}$ ⑤ $4\sqrt{5}$

유형 13 | 원 위의 점과 직선 사이의 거리   중요

중심이 점 C이고 반지름의 길이가 r인 원과 직선 l이 만나지 않을 때, 이 원 위의 점 A에서 직선 l에 내린 수선의 발을 H라 하면 직선 l 위의 점 P에 대하여 선분 AP의 길이의 최솟값은 $\overline{CH}-r$이다.

> **참고** 점 $(x_1,\ y_1)$과 직선 $ax+by+c=0$ 사이의 거리는
> $$\frac{|ax_1+by_1+c|}{\sqrt{a^2+b^2}}$$

>> **올림포스** 공통수학2 19쪽

37 대표문제   ▶ 25647-0131

원 $x^2+y^2-3x+2y+1=0$ 위의 점 A와 직선 $4x+3y+12=0$ 위의 점 P에 대하여 선분 AP의 길이의 최솟값은?

① $\dfrac{1}{2}$ ② 1 ③ $\dfrac{3}{2}$

④ 2 ⑤ $\dfrac{5}{2}$

38 상중하   ▶ 25647-0132

원 $x^2+y^2=4$ 위의 점 A와 직선 $x-y+4\sqrt{2}=0$ 사이의 거리가 자연수가 되도록 하는 서로 다른 점 A의 개수는?

① 6 ② 7 ③ 8

④ 9 ⑤ 10

39 상중하   ▶ 25647-0133

두 점 $A(0,\ -4)$, $B(\sqrt{3},\ -7)$과 원 $x^2+y^2-4y=0$ 위의 점 P에 대하여 삼각형 PAB의 넓이의 최댓값과 최솟값을 각각 M, m이라 할 때, $M+m$의 값은?

① $6\sqrt{3}$ ② $7\sqrt{3}$ ③ $8\sqrt{3}$

④ $9\sqrt{3}$ ⑤ $10\sqrt{3}$

유형 14 | 원과 직선이 서로 다른 두 점에서 만날 때

원과 직선이 서로 다른 두 점에서 만날 조건은 다음 두 가지 방법으로 구할 수 있다.

(1) 직선의 방정식을 원의 방정식에 대입하여 얻은 이차방정식의 판별식을 D라 할 때, $D>0$임을 이용한다.

(2) 원의 반지름의 길이를 r이라 하고, 원의 중심과 직선 사이의 거리를 d라 할 때, $d<r$임을 이용한다.

>> **올림포스** 공통수학2 19쪽

40 대표문제   ▶ 25647-0134

원 $x^2+y^2-4x-2y-2=0$과 직선 $y=2x+k$가 서로 다른 두 점에서 만나도록 하는 정수 k의 개수는?

① 11 ② 12 ③ 13

④ 14 ⑤ 15

41 상중하   ▶ 25647-0135

원 $x^2+y^2=r^2$과 직선 $5x-12y+30=0$이 서로 다른 두 점에서 만나도록 하는 자연수 r의 최솟값은?

① 1 ② 2 ③ 3

④ 4 ⑤ 5

42 상중하   ▶ 25647-0136

원 $x^2+y^2-6x-4y+10=0$과 직선 $nx-2y-n-2=0$이 서로 다른 두 점에서 만나도록 하는 정수 n의 최댓값과 최솟값을 각각 M, m이라 할 때, $M-m$의 값은?

① 20 ② 21 ③ 22

④ 23 ⑤ 24

유형 15 │ 원과 직선이 접할 때

원과 직선이 접할 조건은 다음 두 가지 방법으로 구할 수 있다.
(1) 직선의 방정식을 원의 방정식에 대입하여 얻은 이차방정식의 판별식을 D라 할 때, $D=0$임을 이용한다.
(2) 원의 반지름의 길이를 r이라 하고, 원의 중심과 직선 사이의 거리를 d라 할 때, $d=r$임을 이용한다.

≫ **올림포스** 공통수학2 19쪽

43 대표문제
▶ 25647-0137

원 $x^2+y^2+4x-6y+5=0$과 직선 $2x-2y+k=0$이 접하도록 하는 모든 실수 k의 값의 합은?

① 16 　　　② 18 　　　③ 20
④ 22 　　　⑤ 24

44 상중하
▶ 25647-0138

중심이 점 $(1, 2)$이고 직선 $2x-y+5=0$에 접하는 원이 y축과 만나는 서로 다른 두 점을 A, B라 할 때, 선분 AB의 길이는?

① 1 　　　② 2 　　　③ 3
④ 4 　　　⑤ 5

45 상중하
▶ 25647-0139

직선 $3x-4y+5=0$과 x축 및 y축에 동시에 접하는 모든 원의 반지름의 길이의 합은?

① 1 　　　② 3 　　　③ 5
④ 7 　　　⑤ 9

유형 16 │ 원과 직선이 만날 때

원과 직선이 만날 조건은 원과 직선이 서로 다른 두 점에서 만나거나 접해야 한다.

≫ **올림포스** 공통수학2 19쪽

46 대표문제
▶ 25647-0140

직선 $2x-y+k=0$이 원 $x^2+y^2-8x-10y+36=0$과 만나도록 하는 정수 k의 개수는?

① 5 　　　② 7 　　　③ 9
④ 11 　　　⑤ 13

47 상중하
▶ 25647-0141

중심이 점 (a, a)이고 반지름의 길이가 $\dfrac{1}{2}$인 원이 직선 $4x-3y+2=0$과 만나도록 하는 a의 최댓값과 최솟값을 각각 M, m이라 할 때, $M-m$의 값은?

① 1 　　　② 2 　　　③ 3
④ 4 　　　⑤ 5

48 상중하
▶ 25647-0142

x, y에 대한 방정식
$$|x^2+y^2-r^2|+|3x-y+20|=0$$
을 만족시키는 두 실수 x, y가 존재하도록 하는 한 자리의 자연수 r의 개수는?

① 3 　　　② 4 　　　③ 5
④ 6 　　　⑤ 7

유형 17 | 원과 직선이 만나지 않을 때

원과 직선이 만나지 않을 조건은 다음 두 가지 방법으로 구할 수 있다.

(1) 직선의 방정식을 원의 방정식에 대입하여 얻은 이차방정식의 판별식을 D라 할 때, $D<0$임을 이용한다.

(2) 원의 반지름의 길이를 r이라 하고, 원의 중심과 직선 사이의 거리를 d라 할 때, $d>r$임을 이용한다.

>> **올림포스** 공통수학2 19쪽

49 대표문제　▶ 25647-0143

원 $(x-4)^2+(y-2)^2=3$과 직선 $y=\dfrac{1}{2}x+k$가 만나지 않도록 하는 자연수 k의 최솟값을 구하시오.

50 상중하　▶ 25647-0144

중심이 점 $(1,\ 2)$이고 반지름의 길이가 $\sqrt{17}$인 원과 직선 $y=4x+k$가 만나지 않을 때, 자연수 k의 최솟값을 구하시오.

51 상중하　▶ 25647-0145

두 점 $A(0,\ -4)$, $B(k,\ 2k-4)$를 지름의 양 끝점으로 하는 원과 직선 $x+2y-12=0$이 만나지 않도록 하는 모든 자연수 k의 값의 합은?

① 3　　　　② 6　　　　③ 9

④ 12　　　⑤ 15

유형 18 | 기울기가 주어진 원의 접선의 방정식

원 $x^2+y^2=r^2$에 접하고 기울기가 m인 접선의 방정식은
$$y=mx\pm r\sqrt{m^2+1}$$

>> **올림포스** 공통수학2 19쪽

52 대표문제　▶ 25647-0146

원 $x^2+y^2=4$에 접하고 직선 $x-3y+5=0$과 평행한 직선 중 제2사분면을 지나는 직선의 방정식을 $y=mx+n$이라 할 때, $\dfrac{n}{m}$의 값은? (단, m, n은 상수이다.)

① $\sqrt{10}$　　　　② $\dfrac{4}{3}\sqrt{10}$　　　　③ $\dfrac{5}{3}\sqrt{10}$

④ $2\sqrt{10}$　　　⑤ $\dfrac{7}{3}\sqrt{10}$

53 상중하　▶ 25647-0147

원 $x^2+y^2=2$에 접하고 기울기가 -2인 두 직선이 y축과 만나는 점을 각각 A, B라 할 때, $\overline{AB}^2$의 값은?

① 25　　　　② 30　　　　③ 35

④ 40　　　⑤ 45

54 상중하　▶ 25647-0148

원 C: $x^2+y^2=4$에 대하여 원 C에 접하고 x축의 양의 방향과 이루는 각의 크기가 $60°$인 서로 다른 두 직선을 각각 l_1, l_2라 하고, 원 C에 접하고 x축의 양의 방향과 이루는 각의 크기가 $120°$인 서로 다른 두 직선을 각각 l_3, l_4라 하자. 네 직선 l_1, l_2, l_3, l_4로 둘러싸인 부분의 넓이는?

(단, 두 직선 l_1, l_3의 y절편은 모두 양수이다.)

① $\dfrac{16}{3}\sqrt{3}$　　　　② $\dfrac{20}{3}\sqrt{3}$　　　　③ $8\sqrt{3}$

④ $\dfrac{28}{3}\sqrt{3}$　　　⑤ $\dfrac{32}{3}\sqrt{3}$

유형 19 ‖ 접점이 주어진 원의 접선의 방정식

원 $x^2+y^2=r^2$ 위의 점 $\mathrm{P}(x_1,\ y_1)$에서의 접선의 방정식은
$x_1x+y_1y=r^2$

>> **올림포스** 공통수학2 19쪽

55 대표문제
▶ 25647-0149

원 $x^2+y^2=25$ 위의 점 $(3,\ -4)$에서의 접선이
원 $(x-a)^2+y^2=4$와 만나도록 하는 모든 정수 a의 값의 합은?

① 50　　　　② 52　　　　③ 54
④ 56　　　　⑤ 58

56 상중하
▶ 25647-0150

원 $x^2+y^2=10$ 위의 점 $(a,\ b)$에서의 접선이 점 $(1,\ 7)$을 지날
때, $a+b$의 값은? (단, 점 $(a,\ b)$는 제1사분면 위의 점이다.)

① 2　　　　② 4　　　　③ 6
④ 8　　　　⑤ 10

57 상중하
▶ 25647-0151

원 $x^2+y^2=13$ 위의 두 점 $\mathrm{A}(2,\ -3)$, $\mathrm{B}(3,\ 2)$에서의 접선을
각각 l, m이라 할 때, 두 직선 l, m과 직선 AB로 둘러싸인 부
분의 넓이는?

① 5　　　　② $\dfrac{11}{2}$　　　　③ 6
④ $\dfrac{13}{2}$　　　　⑤ 7

유형 20 ‖ 원 밖의 한 점에서 그은 접선의 방정식

원 밖의 한 점에서 원에 그은 접선의 방정식은 다음 세 가지
방법으로 구할 수 있다.
(1) 원 위의 점에서의 접선의 방정식을 이용하는 방법
(2) 원의 중심과 접선 사이의 거리가 반지름의 길이와 같음을
　　이용하는 방법
(3) 판별식을 이용하는 방법

>> **올림포스** 공통수학2 19쪽

58 대표문제
▶ 25647-0152

점 $(2,\ 3)$에서 원 $x^2+y^2=1$에 그은 두 접선의 기울기의 곱은?

① 2　　　　② $\dfrac{7}{3}$　　　　③ $\dfrac{8}{3}$
④ 3　　　　⑤ $\dfrac{10}{3}$

59 상중하
▶ 25647-0153

점 $\mathrm{P}(-3,\ 0)$에서 원 $x^2+y^2=6$에 그은 두 접선의 접점을 각각
A, B라 하자. 삼각형 PAB의 무게중심의 좌표가 $(a,\ b)$일 때,
$|a+b|$의 값을 구하시오. (단, 점 A의 y좌표는 양수이다.)

60 상중하
▶ 25647-0154

점 $(0,\ 2)$에서 원 $C:x^2+y^2=1$에 그은 두 접선과 직선 $y=k$로
둘러싸인 삼각형의 넓이가 $3\sqrt{3}$일 때, 모든 실수 k의 값의 곱을
구하시오. (단, $k\neq2$)

유형 21 | **원 밖의 한 점에서 그은 두 접선이 서로 수직일 때**

중심이 점 C인 원 밖의 한 점 P에서 원에 그은 두 접선의 접점을 각각 A, B라 할 때, 두 접선이 서로 수직이면 네 점 P, C, A, B를 꼭짓점으로 하는 사각형은 정사각형이다.

>> **올림포스** 공통수학2 19쪽

61 대표문제 ▶ 25647-0155

4보다 큰 실수 a에 대하여 점 $A(a, 0)$에서 원 $x^2+y^2=16$에 그은 두 접선이 서로 수직일 때, a의 값은?

① $\sqrt{30}$ ② $4\sqrt{2}$ ③ $\sqrt{34}$
④ 6 ⑤ $\sqrt{38}$

62 상중하 ▶ 25647-0156

원 $(x+1)^2+(y-1)^2=32$ 밖의 점 A에서 이 원에 그은 두 접선이 서로 수직일 때, 점 A가 나타내는 도형의 넓이는?

① 60π ② 64π ③ 68π
④ 72π ⑤ 76π

63 상중하 ▶ 25647-0157

원 $x^2+y^2=5$ 밖의 제1사분면 위에 있는 점 $A(a, b)$에서 이 원에 그은 두 접선 l, m의 기울기가 각각 2, $-\dfrac{1}{2}$일 때, 두 접선 l, m과 y축으로 둘러싸인 부분의 넓이는?

① $\dfrac{43}{4}$ ② 11 ③ $\dfrac{45}{4}$
④ $\dfrac{23}{2}$ ⑤ $\dfrac{47}{4}$

유형 22 | **접선의 길이**

중심이 점 C이고, 반지름의 길이가 r인 원 밖의 점 P에서 원에 그은 접선의 한 접점을 A라 하면
$$\overline{PA}=\sqrt{\overline{PC}^2-r^2}$$

>> **올림포스** 공통수학2 19쪽

64 대표문제 ▶ 25647-0158

원점 O에서 원 $x^2+y^2-6x-8y+15=0$에 그은 접선의 한 접점을 A라 할 때, 선분 OA의 길이는?

① $\sqrt{11}$ ② $2\sqrt{3}$ ③ $\sqrt{13}$
④ $\sqrt{14}$ ⑤ $\sqrt{15}$

65 상중하 ▶ 25647-0159

원 $C: x^2+y^2=r^2$ 밖의 점 P에서 원 C에 그은 접선의 한 접점을 A라 하자. 원점 O에 대하여
$$\overline{OP}=r+1, \quad \overline{PA}=\sqrt{7}$$
일 때, 원 C의 둘레의 길이는? (단, $r>0$)

① 6π ② 7π ③ 8π
④ 9π ⑤ 10π

66 상중하 ▶ 25647-0160

점 $P(0, 4)$에서 중심이 점 C인 원 $x^2+y^2+6x-4y+9=0$에 그은 두 접선의 접점을 각각 A, B라 할 때, 네 점 P, C, A, B를 꼭짓점으로 하는 사각형의 둘레의 길이는?

(단, 점 A의 x좌표는 점 B의 x좌표보다 작다.)

① 10 ② 11 ③ 12
④ 13 ⑤ 14

유형 23 ▌ 원과 원(또는 도형)에 동시에 접하는 접선의 방정식

한 원에 접하는 직선의 방정식을 구한 후, 나머지 원(또는 도형)에 접할 조건을 판별식 또는 점과 직선 사이의 거리를 이용하여 구한다.

≫ 올림포스 공통수학2 19쪽

67 [대표문제] ▶ 25647-0161

원 $x^2+y^2=10$ 위의 점 $(-3,\ 1)$에서의 접선이 원 $x^2+y^2+20x+k=0$에 접할 때, 상수 k의 값은?

① 40 ② 45 ③ 50

④ 55 ⑤ 60

68 [상중하] ▶ 25647-0162

양수 n과 상수 k에 대하여 직선 $y=2x+n$이 원 $x^2+y^2=5$와 곡선 $y=-x^2+2x+k$에 동시에 접할 때, nk의 값은?

① 5 ② 10 ③ 15

④ 20 ⑤ 25

69 [상중하] ▶ 25647-0163

두 양수 $m,\ n$에 대하여 직선 $y=mx+n$이 두 원 $x^2+y^2=1$, $(x-5)^2+y^2=4$와 동시에 접할 때, $m+n$의 값은?

① $\sqrt{6}$ ② $\dfrac{\sqrt{6}}{2}$ ③ $\dfrac{\sqrt{6}}{3}$

④ $\dfrac{\sqrt{6}}{4}$ ⑤ $\dfrac{\sqrt{6}}{5}$

유형 24 ▌ 두 접점을 지나는 직선의 방정식

원 $x^2+y^2=r^2$ 밖의 점 $(a,\ b)$에서 이 원에 그은 두 접선의 접점을 각각 A, B라 할 때, 두 점 A, B를 지나는 직선의 방정식은 $ax+by=r^2$이다.

≫ 올림포스 공통수학2 19쪽

70 [대표문제] ▶ 25647-0164

다음은 원 $x^2+y^2=4$ 밖의 점 $(3,\ 5)$에서 이 원에 그은 두 접선의 접점을 각각 A, B라 할 때, 두 점 A, B를 지나는 직선의 방정식을 구하는 과정이다.

두 점 A, B의 좌표를 각각 $(x_1,\ y_1)$, $(x_2,\ y_2)$라 하자.
원 $x^2+y^2=4$ 위의 점 $A(x_1,\ y_1)$에서의 접선의 방정식은
$x_1x+y_1y=4$
이 접선이 점 $(3,\ 5)$를 지나므로
$3x_1+5y_1=4$ ······ ㉠
원 $x^2+y^2=4$ 위의 점 $B(x_2,\ y_2)$에서의 접선의 방정식은
$\boxed{\quad (가) \quad}$
이 접선이 점 $(3,\ 5)$를 지나므로
$\boxed{\quad (나) \quad}$ ······ ㉡
이때 두 점 A, B를 지나는 직선은 유일하고, ㉠, ㉡에서 직선
$\boxed{\quad (다) \quad}$는 두 점 $A(x_1,\ y_1)$, $B(x_2,\ y_2)$를 모두 지난다.
따라서 원 $x^2+y^2=4$ 밖의 점 $(3,\ 5)$에서 이 원에 그은 두 접선의 접점인 A, B를 지나는 직선의 방정식은 $\boxed{\quad (다) \quad}$
이다.

위의 (가), (나), (다)에 들어갈 식으로 알맞은 것은?

	(가)	(나)	(다)
①	$x_2x-y_2y=4$	$3x_2-5y_2=4$	$3x-5y=4$
②	$x_2x-y_2y=4$	$3x_2+5y_2=4$	$3x+5y=4$
③	$x_2x+y_2y=4$	$3x_2-5y_2=4$	$3x-5y=4$
④	$x_2x+y_2y=4$	$3x_2+5y_2=4$	$3x-5y=4$
⑤	$x_2x+y_2y=4$	$3x_2+5y_2=4$	$3x+5y=4$

71 [상중하] ▶ 25647-0165

원 $x^2+y^2=24$ 밖의 점 $(2,\ -8)$에서 이 원에 그은 두 접선의 접점을 각각 A, B라 할 때, 직선 AB와 x축 및 y축으로 둘러싸인 도형의 넓이는?

① 12 ② 14 ③ 16

④ 18 ⑤ 20

01
▶ 25647-0166

원 $x^2+y^2+6x-8y+19=0$ 위의 점 $P(a, b)$에 대하여 $\sqrt{a^2+b^2}$의 최댓값과 최솟값을 각각 M, m이라 할 때, Mm의 값을 구하시오.

02 내신기출
▶ 25647-0167

중심이 원 $(x-1)^2+(y+2)^2=17$ 위에 있고, x축과 y축에 동시에 접하는 모든 원의 반지름의 길이의 합을 구하시오.

03
▶ 25647-0168

점 $P(0, 1)$과 원 $(x-3)^2+(y-7)^2=9$ 위의 점 A에 대하여 선분 PA를 $1:2$로 내분하는 점이 나타내는 도형을 C라 하자. 도형 C 위의 서로 다른 두 점 B, C에 대하여 선분 BC의 길이의 최댓값을 구하시오.

04 내신기출
▶ 25647-0169

원 $(x-k)^2+(y-2k)^2=9$가 직선 $y=x+6$과 서로 다른 두 점에서 만나고, 직선 $y=x+9$와 만나지 않도록 하는 모든 정수 k의 값의 합을 구하시오.

05
▶ 25647-0170

원 $x^2+y^2=10$ 위의 두 점 $A(1, 3)$, $B(3, 1)$에서의 두 접선이 만나는 점을 P라 할 때, 네 점 O, A, B, P를 꼭짓점으로 하는 사각형의 넓이를 구하시오. (단, O는 원점이다.)

06
▶ 25647-0171

두 원 $x^2+y^2-2=0$, $x^2+y^2-8y-2=0$에 동시에 접하고 기울기가 양수인 직선의 x절편을 구하시오.

▶ 25647-0172

01 두 점 O(0, 0), A(4, 0)과 원 $x^2+y^2-4x-6y+9=0$ 위의 점 P(a, b)에 대하여 세 점 O, A, P를 꼭짓점으로 하는 삼각형이 직각삼각형일 때, $a+b$의 최댓값과 최솟값을 각각 M, m이라 하자. $M+m$의 값은?

① $\dfrac{21-2\sqrt{7}}{2}$ ② $\dfrac{21-\sqrt{7}}{2}$ ③ $\dfrac{21}{2}$ ④ $\dfrac{21+\sqrt{7}}{2}$ ⑤ $\dfrac{21+2\sqrt{7}}{2}$

▶ 25647-0173

02 그림과 같이 점 P(6, 0)을 지나고 기울기가 양수인 직선이 원 $x^2+y^2=16$과 서로 다른 두 점 A, B에서 만난다. 원점 O에 대하여 삼각형 OAB가 정삼각형일 때, 두 점 A, B의 x좌표의 곱과 y좌표의 곱은 각각 t, s이다. $t+s$의 값을 구하시오.

(단, $\overline{\text{PA}}>\overline{\text{PB}}$)

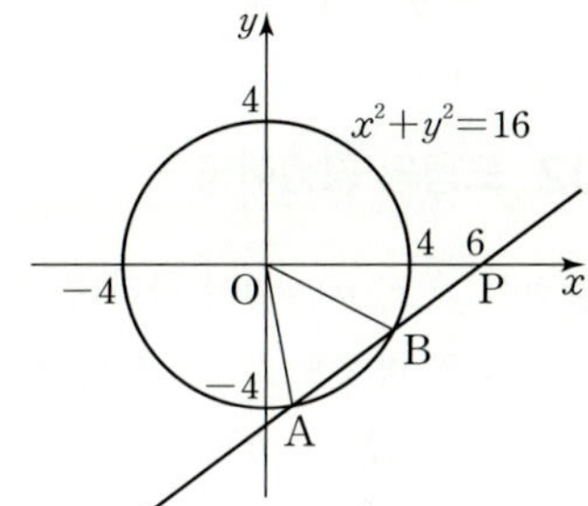

▶ 25647-0174

03 두 원 C_1, C_2가 다음 조건을 만족시킬 때, 두 원 C_1, C_2가 겹치는 부분의 넓이는?

> (가) 두 원 C_1, C_2는 모두 두 직선 $y=x-\sqrt{2}$, $y=x+\sqrt{2}$에 동시에 접한다.
> (나) 원 C_1이 원 C_2의 중심을 지난다.

① $\dfrac{4\pi-\sqrt{3}}{6}$ ② $\dfrac{2\pi-\sqrt{3}}{3}$ ③ $\dfrac{4\pi-3\sqrt{3}}{6}$ ④ $\dfrac{2\pi-2\sqrt{3}}{3}$ ⑤ $\dfrac{4\pi-5\sqrt{3}}{6}$

▶ 25647-0175

04 그림과 같이 원 $x^2+y^2=13$ 밖의 점 P(5, -1)에서 이 원에 그은 두 접선의 접점을 각각 A, B라 하자. 삼각형 PAB의 넓이가 $\dfrac{q}{p}$일 때, $p+q$의 값을 구하시오. (단, 점 A는 제1사분면 위의 점이고 p와 q는 서로소인 자연수이다.)

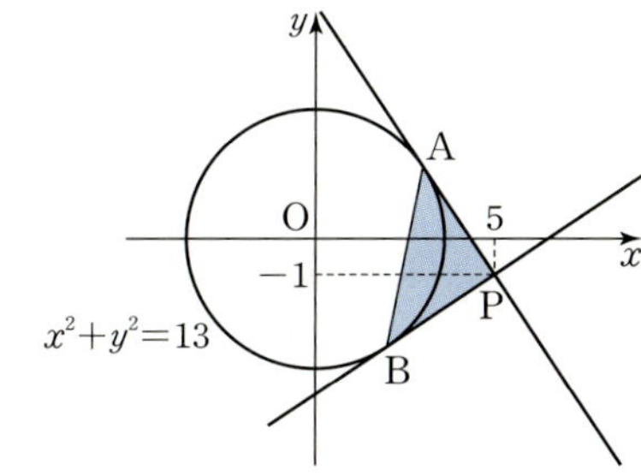

03 도형의 이동

01 점의 평행이동

좌표평면 위의 점 $P(x, y)$를 x축의 방향으로 a만큼, y축의 방향으로 b만큼 평행이동한 점을 $P'(x', y')$이라 하면
$$x' = x + a, \quad y' = y + b$$
가 성립한다. 즉, $P'(x+a, y+b)$이다.

참고 점 (x, y)를 x축의 방향으로 a만큼, y축의 방향으로 b만큼 평행이동하는 것을
$$(x, y) \longrightarrow (x+a, y+b)$$
와 같이 나타내기도 한다.

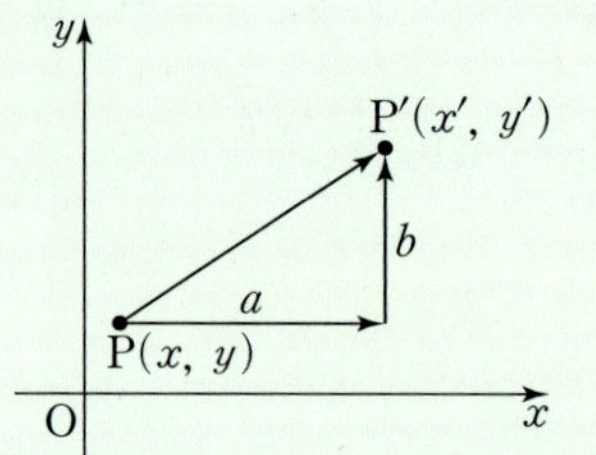

- 도형을 일정한 방향으로 일정한 거리만큼 옮기는 것을 평행이동이라 한다.

- a만큼 평행이동한다는 것은 $a > 0$이면 양의 방향으로 $|a|$만큼, $a < 0$이면 음의 방향으로 $|a|$만큼 이동함을 의미한다.

02 도형의 평행이동

방정식 $f(x, y) = 0$이 나타내는 도형을 x축의 방향으로 a만큼, y축의 방향으로 b만큼 평행이동한 도형의 방정식은
$$f(x-a, y-b) = 0$$

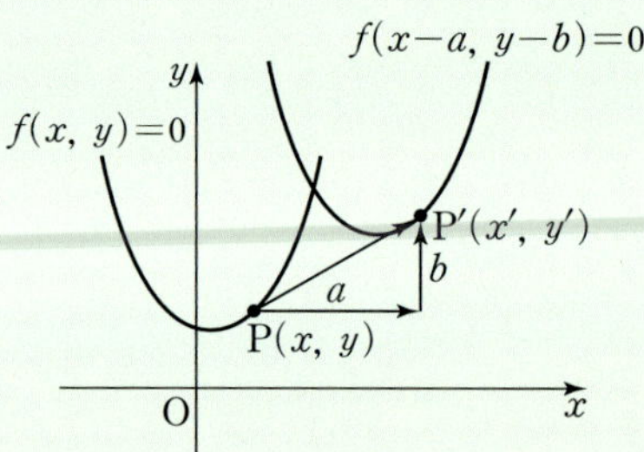

- $f(x-a, y-b) = 0$은 $f(x, y) = 0$에서 x 대신 $x-a$, y 대신 $y-b$를 대입한 것과 같다.

03 점의 대칭이동

좌표평면 위의 점 $P(x, y)$를
(1) x축에 대하여 대칭이동한 점의 좌표는 $(x, -y)$
(2) y축에 대하여 대칭이동한 점의 좌표는 $(-x, y)$
(3) 원점에 대하여 대칭이동한 점의 좌표는 $(-x, -y)$
(4) 직선 $y=x$에 대하여 대칭이동한 점의 좌표는 (y, x)

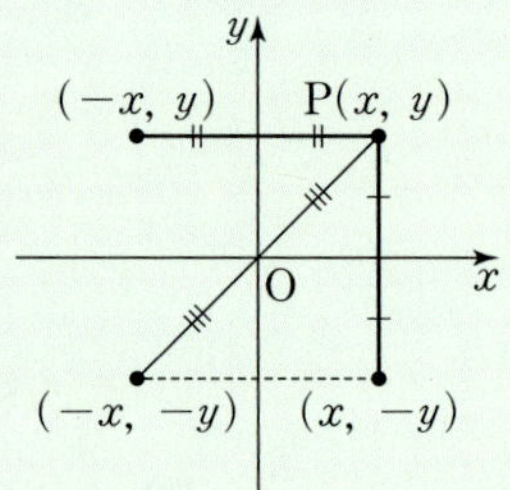

[x축, y축, 원점에 대한 대칭이동]

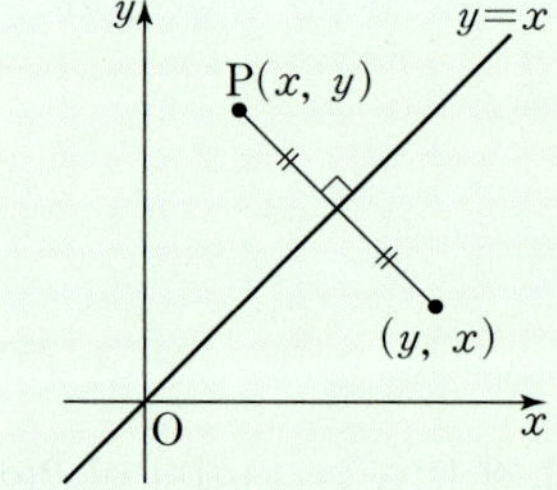

[직선 $y=x$에 대한 대칭이동]

- 도형을 한 점 또는 한 직선에 대하여 대칭인 도형으로 이동하는 것을 대칭이동이라 한다.

- 도형을 x축에 대하여 대칭이동한 후, 다시 y축에 대하여 대칭이동하면 원점에 대하여 대칭이동한 것과 같다.

04 도형의 대칭이동

방정식 $f(x, y) = 0$이 나타내는 도형을
(1) x축에 대하여 대칭이동한 도형의 방정식은 $f(x, -y) = 0$
(2) y축에 대하여 대칭이동한 도형의 방정식은 $f(-x, y) = 0$
(3) 원점에 대하여 대칭이동한 도형의 방정식은 $f(-x, -y) = 0$
(4) 직선 $y=x$에 대하여 대칭이동한 도형의 방정식은 $f(y, x) = 0$

- $f(x, -y) = 0$은 $f(x, y) = 0$에서 y 대신 $-y$를 대입한 것과 같다.

01 점의 평행이동

[01~03] 다음 점을 x축의 방향으로 3만큼, y축의 방향으로 -2만큼 평행이동한 점의 좌표를 구하시오.

01 $(0, 0)$

02 $(1, 2)$

03 $(-1, 3)$

[04~05] 평행이동 $(x, y) \longrightarrow (x-2, y+5)$에 의하여 다음 점이 옮겨지는 점의 좌표를 구하시오.

04 $(1, 1)$

05 $(2, -5)$

02 도형의 평행이동

[06~08] 다음 방정식이 나타내는 도형을 x축의 방향으로 -1만큼, y축의 방향으로 4만큼 평행이동한 도형의 방정식을 구하시오.

06 $x+2y-2=0$

07 $(x-3)^2+(y-2)^2=4$

08 $y=2(x+1)^2-7$

[09~11] 평행이동 $(x, y) \longrightarrow (x+1, y-2)$에 의하여 다음 방정식이 나타내는 도형이 옮겨지는 도형의 방정식을 구하시오.

09 $y=2x-3$

10 $x^2+y^2-2x+2y+1=0$

11 $y=x^2+3x-1$

03 점의 대칭이동

[12~15] 점 $(3, 2)$를 다음에 대하여 대칭이동한 점의 좌표를 구하시오.

12 x축

13 y축

14 원점

15 직선 $y=x$

04 도형의 대칭이동

[16~19] 직선 $2x-3y+4=0$을 다음에 대하여 대칭이동한 도형의 방정식을 구하시오.

16 x축

17 y축

18 원점

19 직선 $y=x$

[20~23] 원 $(x+1)^2+(y+3)^2=10$을 다음에 대하여 대칭이동한 도형의 방정식을 구하시오.

20 x축

21 y축

22 원점

23 직선 $y=x$

[24~26] 곡선 $y=-(x+2)^2+4$를 다음에 대하여 대칭이동한 도형의 방정식을 구하시오.

24 x축

25 y축

26 원점

유형 01 　점의 평행이동

좌표평면 위의 점 $P(x, y)$를 x축의 방향으로 a만큼, y축의 방향으로 b만큼 평행이동한 점을 $P'(x', y')$이라 하면
$$x'=x+a,\ y'=y+b$$
가 성립한다. 즉, $P'(x+a, y+b)$이다.

>> **올림포스** 공통수학2 26쪽

01 대표문제
▶ 25647-0176

점 (a, b)를 x축의 방향으로 2만큼, y축의 방향으로 -3만큼 평행이동한 점의 좌표가 $(1, 1)$일 때, $a+b$의 값은?

① 1 　　② 2 　　③ 3
④ 4 　　⑤ 5

02 상중하
▶ 25647-0177

평행이동 $(x, y) \longrightarrow (x+a, y-b)$에 의하여 점 $(b, 3)$이 점 $(1, -a)$로 이동될 때, ab의 값은? (단, a, b는 상수이다.)

① -2 　　② -1 　　③ 0
④ 1 　　⑤ 2

03 상중하
▶ 25647-0178

점 $(-10, 2)$를 x축의 방향으로 a만큼, y축의 방향으로 a^3만큼 평행이동한 점의 x좌표와 y좌표의 합이 2일 때, 실수 a의 값은?

① $\dfrac{1}{2}$ 　　② 1 　　③ $\dfrac{3}{2}$
④ 2 　　⑤ $\dfrac{5}{2}$

유형 02 　점의 평행이동의 활용 　중요

좌표평면 위에서 주어진 점을 평행이동한 점이 도형 (직선, 원, 포물선 등) 위에 있도록 하는 조건을 구하거나 점의 평행이동을 이용하여 다양한 문제 상황을 해결할 수 있다.

>> **올림포스** 공통수학2 26쪽

04 대표문제
▶ 25647-0179

서로 다른 세 점 A, B, C를 x축의 방향으로 2만큼, y축의 방향으로 -2만큼 평행이동한 점을 각각 A′, B′, C′이라 하자. 삼각형 ABC의 무게중심의 좌표가 $(4, -1)$일 때, 세 점 A′, B′, C′의 x좌표의 합과 y좌표의 합은 각각 a, b이다. $a+b$의 값은?

① 3 　　② 6 　　③ 9
④ 12 　　⑤ 15

05 상중하
▶ 25647-0180

점 $(-1, -1)$을 x축의 방향으로 a만큼, y축의 방향으로 $2a$만큼 평행이동한 점이 곡선 $y=x^2-2x$ 위에 있도록 하는 모든 실수 a의 값의 합은?

① 2 　　② 4 　　③ 6
④ 8 　　⑤ 10

06 상중하
▶ 25647-0181

점 $A(-3, 1)$을 x축의 방향으로 a만큼, y축의 방향으로 $\dfrac{a}{2}$만큼 평행이동한 점을 A′이라 하자. $\overline{OA}=\overline{OA'}$일 때, 양수 a의 값은? (단, O는 원점이다.)

① 1 　　② 2 　　③ 3
④ 4 　　⑤ 5

유형 03 ｜ 도형의 평행이동: 직선

직선 $ax+by+c=0$을 x축의 방향으로 m만큼, y축의 방향으로 n만큼 평행이동한 직선의 방정식은
$$a(x-m)+b(y-n)+c=0$$
이때 직선의 기울기는 변하지 않는다.

≫ **올림포스** 공통수학2 26쪽

07 대표문제
▶ 25647-0182

직선 $3x-y+1=0$을 x축의 방향으로 a만큼, y축의 방향으로 a^2만큼 평행이동하면 직선 $3x-y+5=0$과 일치한다. 모든 실수 a의 값의 합은?

① 1 　　　　② 3 　　　　③ 5
④ 7 　　　　⑤ 9

08 상중하
▶ 25647-0183

직선 $ax-2y-6=0$을 x축의 방향으로 1만큼, y축의 방향으로 b만큼 평행이동하면 점 $(1, 1)$을 지나고 기울기가 2인 직선과 일치할 때, $a+b$의 값은? (단, a, b는 상수이다.)

① 6 　　　　② 7 　　　　③ 8
④ 9 　　　　⑤ 10

09 상중하
▶ 25647-0184

직선 $l: y=2x+3$을 x축의 방향으로 1만큼, y축의 방향으로 a만큼 평행이동한 직선을 l'이라 하자. 두 직선 l, l' 사이의 거리가 $2\sqrt{5}$일 때, 양수 a의 값은?

① 4 　　　　② 8 　　　　③ 12
④ 16 　　　　⑤ 20

유형 04 ｜ 도형의 평행이동: 원

원 $(x-a)^2+(y-b)^2=r^2$을 x축의 방향으로 m만큼, y축의 방향으로 n만큼 평행이동한 원에 대하여
(1) 원의 중심은 점 (a, b)에서 점 $(a+m, b+n)$으로 이동한다.
(2) 원의 반지름의 길이는 변하지 않는다.

≫ **올림포스** 공통수학2 26쪽

10 대표문제
▶ 25647-0185

｜보기｜에서 원 $x^2+y^2-x+3y+\dfrac{1}{2}=0$을 평행이동하여 일치할 수 있는 것만을 있는 대로 고른 것은?

┌─── ｜ 보기 ｜ ───┐
ㄱ. $(x-1)^2+(y+1)^2=2$
ㄴ. $x^2+y^2+2x-2y=0$
ㄷ. $x^2+y^2-4x-6y+10=0$
ㄹ. $x^2+y^2+3x+5y+\dfrac{13}{2}=0$
└────────────┘

① ㄱ, ㄴ 　　　② ㄴ, ㄷ 　　　③ ㄷ, ㄹ
④ ㄱ, ㄴ, ㄷ 　　　⑤ ㄱ, ㄴ, ㄹ

11 상중하
▶ 25647-0186

점 $(-1, 5)$를 점 $(0, 0)$으로 옮기는 평행이동에 의하여 원 $x^2+y^2=1$이 원 $x^2+y^2+ax+by+c=0$으로 옮겨질 때, $a+b+c$의 값은? (단, a, b, c는 상수이다.)

① 31 　　　　② 33 　　　　③ 35
④ 37 　　　　⑤ 39

12 상중하
▶ 25647-0187

원 $x^2+y^2+20x+90=0$을 x축의 방향으로 a만큼 평행이동한 원이 직선 $x+3y-5=0$에 접하도록 하는 모든 실수 a의 값의 합을 구하시오.

유형 05 | 도형의 평행이동: 포물선

포물선 $y=ax^2+bx+c$를 x축의 방향으로 m만큼, y축의 방향으로 n만큼 평행이동한 포물선의 방정식은
$$y-n=a(x-m)^2+b(x-m)+c$$
포물선의 꼭짓점의 좌표를 (p, q)라 하면 점 (p, q)는 점 $(p+m, q+n)$으로 이동한다.
이때 x^2의 계수는 변하지 않는다.

>> **올림포스** 공통수학2 26쪽

13 대표문제
▶ 25647-0188

곡선 $y=x^2+4x-1$을 x축의 방향으로 1만큼, y축의 방향으로 a만큼 평행이동한 곡선이 x축과 점 $(b, 0)$에서 접할 때, $a+b$의 값은? (단, a는 상수이다.)

① 2   ② 4   ③ 6
④ 8   ⑤ 10

14 상중하
▶ 25647-0189

곡선 $y=2x^2-3x$를 x축의 방향으로 a만큼, y축의 방향으로 $2a$만큼 평행이동한 곡선이 직선 $y=x$와 접할 때, 상수 a의 값은?

① $\dfrac{1}{2}$ ② 1   ③ $\dfrac{3}{2}$
④ 2   ⑤ $\dfrac{5}{2}$

15 상중하
▶ 25647-0190

포물선 $y=2x^2+4x-1$을 포물선 $y=2x^2-6$으로 옮기는 평행이동에 의하여 원 $C: x^2+y^2-4x-6y+3=0$이 원 C'으로 옮겨진다. 원 C 위의 점 A와 원 C' 위의 점 A$'$에 대하여 선분 AA$'$의 길이의 최댓값은?

① $\sqrt{10}$ ② $2\sqrt{10}$ ③ $3\sqrt{10}$
④ $4\sqrt{10}$ ⑤ $5\sqrt{10}$

유형 06 | 평행이동의 활용

다양한 도형(직선, 원, 포물선 등)을 평행이동하였을 때, 두 도형이 접하거나 만나는 등의 상황에 맞게 조건을 구할 수 있다.

>> **올림포스** 공통수학2 26쪽

16 대표문제
▶ 25647-0191

원 $C: x^2+y^2=5$ 위의 점 $(-1, 2)$에서의 접선을 y축의 방향으로 k만큼 평행이동한 직선이 원 C와 서로 다른 두 점 A(a, b), B(c, d)에서 만난다. $a+c=\dfrac{6}{5}$일 때, $\dfrac{b+d}{k}$의 값을 구하시오. (단, k는 상수이다.)

17 상중하
▶ 25647-0192

직선 $y=kx+1$을 x축의 방향으로 1만큼, y축의 방향으로 -7만큼 평행이동한 직선을 l이라 하자. 실수 k의 값에 관계없이 직선 l이 원 $x^2+y^2+ax+by=0$의 넓이를 이등분할 때, $a+b$의 값은? (단, a, b는 상수이다.)

① 2   ② 4   ③ 6
④ 8   ⑤ 10

18 상중하
▶ 25647-0193

곡선 $y=x^2-\dfrac{17}{4}$을 x축의 방향으로 a만큼 평행이동한 곡선이 직선 $y=-x$와 서로 다른 두 점 A, B에서 만난다. 선분 AB의 중점이 원점일 때, 선분 AB의 길이는? (단, a는 상수이다.)

① $\sqrt{2}$ ② $2\sqrt{2}$ ③ $3\sqrt{2}$
④ $4\sqrt{2}$ ⑤ $5\sqrt{2}$

유형 07 | 점의 대칭이동

좌표평면 위의 점 $P(x, y)$를 아래의 점 또는 직선에 대하여 대칭이동한 점의 좌표는 다음과 같다.

(1) x축: $(x, -y)$ (2) y축: $(-x, y)$

(3) 원점: $(-x, -y)$ (4) 직선 $y=x$: (y, x)

>> **올림포스** 공통수학2 27쪽

19 대표문제 ▶ 25647-0194

점 $(a, a+2)$를 x축에 대하여 대칭이동한 후, 직선 $y=x$에 대하여 대칭이동한 점이 직선 $y=\dfrac{1}{2}x-2$ 위에 있을 때, a의 값은?

① -2 ② -1 ③ 0

④ 1 ⑤ 2

20 상중하 ▶ 25647-0195

좌표평면 위의 점 A를 x축, y축, 원점에 대하여 대칭이동한 점을 각각 B, C, D라 하자. $\overline{AB}=2$, $\overline{AC}=4$일 때, 선분 AD의 길이는?

① $2\sqrt{2}$ ② $2\sqrt{3}$ ③ 4

④ $2\sqrt{5}$ ⑤ $2\sqrt{6}$

21 상중하 ▶ 25647-0196

제1사분면 위의 점 $A(a, b)$를 x축과 원점에 대하여 대칭이동한 점을 각각 B, C라 하자. 삼각형 ABC의 넓이가 14이고 $a^2+b^2=22$일 때, a^3+b^3의 값은?

① 80 ② 85 ③ 90

④ 95 ⑤ 100

유형 08 | 도형의 대칭이동: 직선

방정식 $f(x, y)=0$이 나타내는 도형을 아래의 점 또는 직선에 대하여 대칭이동한 도형의 방정식은 다음과 같다.

(1) x축: $f(x, -y)=0$ (2) y축: $f(-x, y)=0$

(3) 원점: $f(-x, -y)=0$ (4) 직선 $y=x$: $f(y, x)=0$

>> **올림포스** 공통수학2 27쪽

22 대표문제 ▶ 25647-0197

직선 l: $2x-y-1=0$을 y축에 대하여 대칭이동한 직선을 l'이라 할 때, 두 직선 l, l'과 직선 $y=3$으로 둘러싸인 삼각형의 넓이는?

① 6 ② 7 ③ 8

④ 9 ⑤ 10

23 상중하 ▶ 25647-0198

직선 $ax+by+1=0$을 직선 $y=x$에 대하여 대칭이동한 직선의 x절편과 y절편이 각각 1, 3일 때, $a+b$의 값은?

(단, a, b는 상수이다.)

① $-\dfrac{1}{3}$ ② $-\dfrac{2}{3}$ ③ -1

④ $-\dfrac{4}{3}$ ⑤ $-\dfrac{5}{3}$

24 상중하 ▶ 25647-0199

직선 l: $x-y+2=0$을 원점에 대하여 대칭이동한 직선을 l'이라 하자. 원 C가 두 직선 l, l'에 동시에 접할 때, 원 C의 넓이는?

① π ② 2π ③ 3π

④ 4π ⑤ 5π

유형 09 | 도형의 대칭이동: 원, 포물선

원과 포물선의 대칭이동은 각각 원의 중심과 포물선의 꼭짓점의 대칭이동으로 바꾸어 생각할 수 있다.
이때 원의 반지름의 길이와 포물선의 x^2의 계수의 절댓값은 변하지 않는다.

>> **올림포스** 공통수학2 27쪽

25 [대표문제]
▶ 25647-0200

원 $x^2+y^2+6x-8y+12=0$을 직선 $y=x$에 대하여 대칭이동한 원이 x축과 서로 다른 두 점 A, B에서 만난다. 선분 AB의 길이는?

① 1 ② 2 ③ 3
④ 4 ⑤ 5

26 (상)(중)(하)
▶ 25647-0201

포물선 $C: y=2x^2-x+1$을 x축에 대하여 대칭이동한 포물선을 C'이라 하자. 포물선 C 위의 점 P와 포물선 C' 위의 점 P′에 대하여 선분 PP′의 길이의 최솟값은?

① 1 ② $\dfrac{5}{4}$ ③ $\dfrac{3}{2}$
④ $\dfrac{7}{4}$ ⑤ 2

27 (상)(중)(하)
▶ 25647-0202

점 $(1, -1)$을 지나는 원 $C: x^2+y^2+ax+by-3=0$을 x축과 직선 $y=x$에 대하여 대칭이동한 원을 각각 C_1, C_2라 하자. 두 원 C_1, C_2가 서로 다른 두 점에서 만나고, 이 두 점을 지나는 직선의 기울기가 $\dfrac{1}{5}$일 때, $a+b$의 값은? (단, a, b는 상수이다.)

① 1 ② 2 ③ 3
④ 4 ⑤ 5

유형 10 | 대칭이동의 활용

다양한 도형(직선, 원, 포물선 등)을 대칭이동하였을 때, 두 도형이 접하거나 만나는 등의 상황에 맞게 조건을 구할 수 있다.

>> **올림포스** 공통수학2 27쪽

28 [대표문제]
▶ 25647-0203

원 $C: x^2+y^2-2x-1=0$을 y축에 대하여 대칭이동한 원을 C'이라 할 때, 두 원 C, C'이 겹치는 부분의 넓이는?

① $\pi-2$ ② $\pi-1$ ③ π
④ $\pi+1$ ⑤ $\pi+2$

29 (상)(중)(하)
▶ 25647-0204

원 $C: x^2+y^2+4x+2y+4=0$이 직선 $x=-2$와 만나는 서로 다른 두 점을 A, B라 하자. 원 C를 y축에 대하여 대칭이동한 원 위의 점 P에 대하여 삼각형 PAB의 넓이의 최댓값은?

(단, 점 A의 y좌표는 점 B의 y좌표보다 크다.)

① 1 ② 2 ③ 3
④ 4 ⑤ 5

30 (상)(중)(하)
▶ 25647-0205

곡선 $y=\dfrac{1}{4}x^2+\dfrac{3}{2}x+k$를 원점에 대하여 대칭이동한 곡선이 원 $x^2+y^2-6x+2y+6=0$과 서로 다른 두 점 A, B에서 만난다. $\overline{AB}=4$일 때, 상수 k의 값은?

① $\dfrac{3}{2}$ ② $\dfrac{7}{4}$ ③ 2
④ $\dfrac{9}{4}$ ⑤ $\dfrac{5}{2}$

유형 11 평행이동과 대칭이동 

점 (또는 도형)의 평행이동과 대칭이동을 연달아 할 때에는 이동하는 순서에 유의하여 점의 좌표 (또는 도형의 방정식)을 구한다.

>> **올림포스** 공통수학2 27쪽

31 대표문제
▶ 25647-0206

원 C: $x^2+y^2+2x-4y+1=0$을 직선 $y=x$에 대하여 대칭이동한 후, x축의 방향으로 a만큼, y축의 방향으로 b만큼 평행이동한 원이 원 C와 일치할 때, $|a|+|b|$의 값은?

(단, a, b는 상수이다.)

① 3   ② 6   ③ 9

④ 12   ⑤ 15

32 상중하
▶ 25647-0207

기울기가 2이고 y절편이 a인 직선을 x축의 방향으로 2만큼 평행이동한 후, 원점에 대하여 대칭이동한 직선이 점 $(a^2, 5)$를 지나도록 하는 모든 실수 a의 값의 합은?

① -1 ② $-\dfrac{1}{2}$ ③ 0

④ $\dfrac{1}{2}$ ⑤ 1

33 상중하
▶ 25647-0208

포물선 $y=x^2+4x+10$을 원점에 대하여 대칭이동한 후, y축의 방향으로 a만큼 평행이동한 포물선이 x축과 점 $(b, 0)$에서 접할 때, $a+b$의 값은? (단, a는 상수이다.)

① 2   ② 4   ③ 6

④ 8   ⑤ 10

34 상중하
▶ 25647-0209

양수 a에 대하여 직선 l: $y=x+a$를 y축에 대하여 대칭이동한 후, x축의 방향으로 3만큼 평행이동한 직선을 l'이라 하자. 두 직선 l, l'과 x축으로 둘러싸인 부분의 넓이가 4일 때, a의 값은?

① $\dfrac{1}{2}$ ② $\dfrac{3}{2}$ ③ $\dfrac{5}{2}$

④ $\dfrac{7}{2}$ ⑤ $\dfrac{9}{2}$

35 상중하
▶ 25647-0210

원 C: $x^2+y^2+6x+8y+24=0$을 x축의 방향으로 a만큼, y축의 방향으로 a^2만큼 평행이동한 후, 직선 $y=x$에 대하여 대칭이동한 원을 C'이라 하자. 원 C'이 직선 $x=1$ 또는 직선 $y=2$와 접하도록 하는 모든 양수 a의 값의 곱은?

① $48\sqrt{2}$ ② $48\sqrt{3}$ ③ 96

④ $48\sqrt{5}$ ⑤ $48\sqrt{6}$

36 상중하
▶ 25647-0211

직선 l: $y=x+4$를 직선 $y=x$에 대하여 대칭이동한 후, x축의 방향으로 -1만큼, y축의 방향으로 1만큼 평행이동한 직선을 l'이라 하자. 직선 l'과 x축 및 y축에 동시에 접하는 서로 다른 모든 원의 반지름의 길이의 합은?

① $1+2\sqrt{2}$ ② $2+2\sqrt{2}$ ③ $3+2\sqrt{2}$

④ $4+2\sqrt{2}$ ⑤ $5+2\sqrt{2}$

유형 12 | 방정식 $f(x, y)=0$이 나타내는 도형의 이동

좌표평면 위의 두 도형 사이의 관계를 평행이동과 대칭이동을 이용하여 나타낼 수 있다.

>> **올림포스** 공통수학2 27쪽

37 대표문제
▶ 25647-0212

방정식 $f(x, y)=0$이 나타내는 도형은 세 점 $O(0, 0)$, $A(1, 0)$, $B(0, 1)$을 꼭짓점으로 하는 삼각형이다. 방정식 $f(-x+a, y-b)=0$이 나타내는 도형이 세 점 $P(-2, 2)$, $Q(-3, 1)$, $R(-2, 1)$을 꼭짓점으로 하는 삼각형일 때, $a+b$의 값을 구하시오. (단, a, b는 상수이다.)

38 상중하
▶ 25647-0213

방정식 $f(x, y)=0$이 나타내는 도형이 네 점 $O(0, 0)$, $A(1, 0)$, $B(1, 2)$, $C(0, 2)$를 꼭짓점으로 하는 사각형일 때, 두 방정식 $f(x, y)=0$, $f(y, x)=0$이 나타내는 도형이 겹치는 부분의 넓이를 구하시오.

39 상중하
▶ 25647-0214

오른쪽 그림에서 직사각형 A를 나타내는 방정식이 $f(x, y)=0$일 때, **보기**에서 직사각형 B를 나타내는 방정식만을 있는 대로 고른 것은?

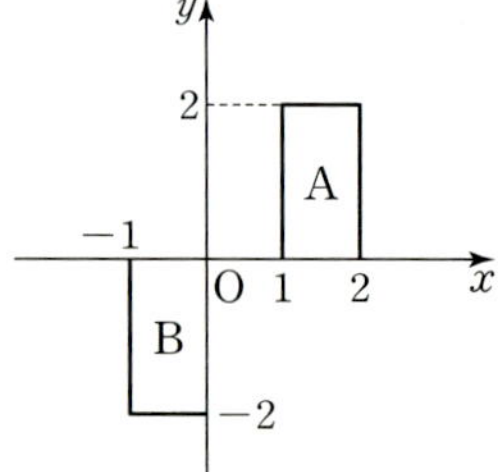

보기

ㄱ. $f(x+2, y+2)=0$
ㄴ. $f(x+2, -y)=0$
ㄷ. $f(-x+1, y+2)=0$
ㄹ. $f(y+2, x+2)=0$

① ㄱ, ㄴ ② ㄴ, ㄷ ③ ㄱ, ㄴ, ㄷ
④ ㄱ, ㄴ, ㄹ ⑤ ㄴ, ㄷ, ㄹ

유형 13 | 점에 대한 대칭이동

점에 대한 대칭이동은 주로 원점에 대한 대칭이동을 묻는 문항이 출제되고, 원점 이외의 점에 대한 대칭이동은 빈칸을 완성하는 형태의 문항으로 출제되기도 한다.

>> **올림포스** 공통수학2 27쪽

40 대표문제
▶ 25647-0215

다음은 직선 $2x-y+3=0$을 점 $P(2, 1)$에 대하여 대칭이동한 직선의 방정식을 평행이동을 이용하여 구하는 과정이다.

점 $P(2, 1)$과 직선 $2x-y+3=0$을 x축의 방향으로 -2만큼, y축의 방향으로 -1만큼 평행이동한 점의 좌표와 직선의 방정식은 각각 $(0, 0)$, ☐(가)☐ 이다.

직선 ☐(가)☐ 를 원점 $(0, 0)$에 대하여 대칭이동한 직선의 방정식은 ☐(나)☐ 이다.

직선 ☐(나)☐ 를 x축의 방향으로 2만큼, y축의 방향으로 1만큼 평행이동한 직선의 방정식은 ☐(다)☐ 이다.

따라서 직선 $2x-y+3=0$을 점 $P(2, 1)$에 대하여 대칭이동한 직선의 방정식은 ☐(다)☐ 이다.

위의 (가), (나), (다)에 알맞은 식을 각각 구하시오.

41 상중하
▶ 25647-0216

점 $A(2, 3)$을 원점에 대하여 대칭이동한 점을 B라 하자. 점 A와 직선 $x=k$ 사이의 거리와 점 B와 직선 $x=k$ 사이의 거리의 합이 6이 되도록 하는 모든 실수 k의 값의 곱을 구하시오.

42 상중하
▶ 25647-0217

중심이 점 $(-3, -1)$이고 반지름의 길이가 1인 원 C를 원점에 대하여 대칭이동한 원을 C'이라 하자. 두 원 C, C'에 동시에 접하는 직선의 기울기의 최댓값은?

① $\dfrac{1}{4}$ ② $\dfrac{1}{2}$ ③ $\dfrac{3}{4}$
④ 1 ⑤ $\dfrac{5}{4}$

유형 14 | 직선에 대한 대칭이동

x축 (직선 $y=0$), y축 (직선 $x=0$), 직선 $y=x$ 이외의 직선에 대한 대칭이동은 빈칸을 완성하는 형태의 문항으로 출제되기도 한다.

>> **올림포스** 공통수학2 27쪽

43 대표문제

▶ 25647-0218

다음은 점 $A(2, 1)$을 직선 $y=2x$에 대하여 대칭이동한 점의 좌표를 구하는 과정이다.

점 A를 직선 $y=2x$에 대하여 대칭이동한 점을 $A'(a, b)$라 하자.
선분 AA'의 중점은 직선 $y=2x$ 위에 있으므로
$2a-b=$ [(가)]   ······ ㉠
또, 직선 AA'과 직선 $y=2x$는 서로 수직이므로 두 직선의 기울기의 곱은 -1이다.
$a+2b=$ [(나)]   ······ ㉡
㉠, ㉡을 연립하여 풀면 $a=$ [(다)], $b=$ [(라)]
따라서 구하는 점의 좌표는 ([(다)], [(라)])이다.

위의 (가), (나), (다), (라)에 알맞은 수를 각각 p, q, r, s라 할 때, $(p+q)\times(r+s)$의 값은?

① $\dfrac{1}{5}$ ② $\dfrac{3}{5}$ ③ 1

④ $\dfrac{7}{5}$ ⑤ $\dfrac{9}{5}$

44 상중하

▶ 25647-0219

다음은 직선 $y=-2x$를 직선 $y=x+1$에 대하여 대칭이동한 직선의 방정식을 평행이동을 이용하여 구하는 과정이다.

두 직선 $y=-2x$, $y=x+1$을 x축의 방향으로 1만큼 평행이동한 직선의 방정식은 각각
[(가)], $y=x$
직선 [(가)]를 직선 $y=x$에 대하여 대칭이동한 후, x축의 방향으로 -1만큼 평행이동한 직선의 방정식은 [(나)]이다.
따라서 직선 $y=-2x$를 직선 $y=x+1$에 대하여 대칭이동한 직선의 방정식은 [(나)]이다.

위의 (가), (나)에 알맞은 식을 각각 구하시오.

유형 15 | 대칭이동을 이용한 거리의 최솟값 

서로 다른 세 점 A, B, C에 대하여
$$\overline{AC}+\overline{BC}\geq\overline{AB}$$
   (단, 등호는 점 C가 선분 AB 위에 있을 때 성립한다.)
를 이용하여 한 점을 주어진 직선 (x축, y축, 직선 $y=x$ 등)에 대하여 대칭이동한 후, 두 선분의 길이의 합의 최솟값, 도형의 둘레의 길이의 최솟값 등을 구할 수 있다.

>> **올림포스** 공통수학2 27쪽

45 대표문제

▶ 25647-0220

두 점 $A(-1, 1)$, $B(3, 2)$와 x축 위의 점 P에 대하여 $\overline{AP}+\overline{BP}$의 최솟값은?

① $2\sqrt{6}$ ② 5 ③ $\sqrt{26}$

④ $3\sqrt{3}$ ⑤ $2\sqrt{7}$

46 상중하

▶ 25647-0221

그림과 같이 두 점 $A(-2, 1)$, $B(-1, 1)$과 서로 다른 두 점 $P(a, 0)$, $Q(0, b)$에 대하여 $\overline{AP}+\overline{PQ}+\overline{QB}$의 최솟값은?

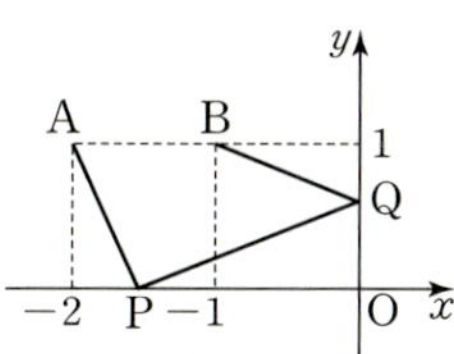

① $\sqrt{11}$ ② $2\sqrt{3}$ ③ $\sqrt{13}$

④ $\sqrt{14}$ ⑤ $\sqrt{15}$

47 상중하

▶ 25647-0222

세 점 $A(4, 0)$, $B(7, 4)$, $C(a, a)$에 대하여 삼각형 ABC의 둘레의 길이의 최솟값은?

① 11 ② 12 ③ 13

④ 14 ⑤ 15

48 (상)(중)(하) ▶ 25647-0223

그림과 같이 세 점 $A(-2, 2)$, $B(0, 2)$, $C(3, 2)$와 x축 위의 서로 다른 두 점 P, Q에 대하여 $\overline{AP}+\overline{PB}+\overline{BQ}+\overline{QC}$는 $\overline{PQ}=k$일 때, 최솟값 m을 갖는다. $m-k$의 값은?

(단, 점 P의 x좌표는 음수이고, 점 Q의 x좌표는 양수이다.)

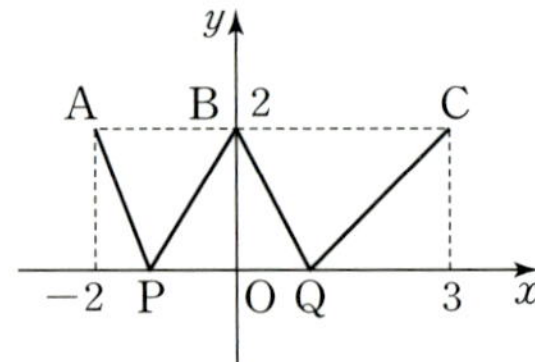

① $2+2\sqrt{5}$ ② $\dfrac{5}{2}+2\sqrt{5}$ ③ $3+2\sqrt{5}$

④ $\dfrac{7}{2}+2\sqrt{5}$ ⑤ $4+2\sqrt{5}$

49 (상)(중)(하) ▶ 25647-0224

점 $A(3, 1)$과 원 $x^2+y^2-6x-8y+20=0$ 위의 점 B가 있다. y축 위의 점 P에 대하여 $\overline{AP}+\overline{PB}$의 최솟값은?

① $\sqrt{5}$ ② $2\sqrt{5}$ ③ $3\sqrt{5}$
④ $4\sqrt{5}$ ⑤ $5\sqrt{5}$

50 (상)(중)(하) ▶ 25647-0225

그림과 같이 두 점 $A(0, 2)$, $B(5, 2)$와 x축 위의 두 점 $P(a, 0)$, $Q(a+2, 0)$에 대하여 사각형 APQB의 둘레의 길이는 $a=k$일 때, 최솟값 m을 갖는다. km의 값을 구하시오.

(단, $0<a<3$)

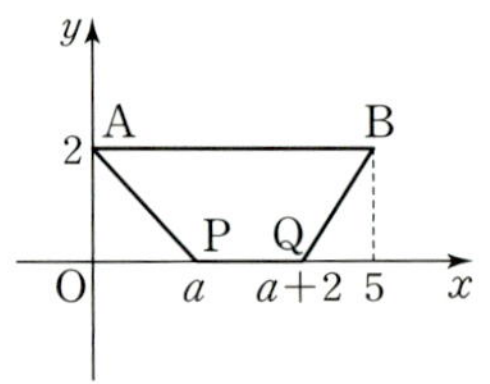

유형 16 ┃ 조건을 만족시키는 점이 나타내는 방정식

구하는 점의 좌표가 주어진 경우에는 구하는 점에 대한 조건과 평행이동 또는 대칭이동을 이용하여 관련된 식을 구한다.
구하는 점의 좌표가 주어지지 않은 경우에는 구하고자 하는 점의 좌표를 (x, y)로 놓고 x와 y 사이의 관계식을 구한다.

≫ 올림포스 공통수학2 27쪽

51 대표문제 ▶ 25647-0226

점 $A(-1, 2)$를 직선 $y=x$에 대하여 대칭이동한 점을 B라 할 때, $\overline{AP}:\overline{BP}=\sqrt{2}:1$을 만족시키는 점 P가 나타내는 도형의 넓이는?

① 30π ② 32π ③ 34π
④ 36π ⑤ 38π

52 (상)(중)(하) ▶ 25647-0227

두 실수 a, b에 대하여 점 $(-1, 0)$을 x축의 방향으로 a만큼, y축의 방향으로 b만큼 평행이동한 점이 직선 $y=2x$ 위에 있을 때, 점 (a, b)가 나타내는 도형과 x축 및 y축으로 둘러싸인 부분의 넓이는?

① $\dfrac{1}{2}$ ② 1 ③ $\dfrac{3}{2}$
④ 2 ⑤ $\dfrac{5}{2}$

53 (상)(중)(하) ▶ 25647-0228

원 $x^2+y^2-4x-4y+7=0$ 위의 점 A를 y축에 대하여 대칭이동한 점을 B라 하자. 삼각형 OAB의 무게중심의 좌표를 (a, b)라 할 때, $a+b$의 최댓값은? (단, O는 원점이다.)

① $\dfrac{5}{3}$ ② 2 ③ $\dfrac{7}{3}$
④ $\dfrac{8}{3}$ ⑤ 3

01
▶ 25647-0229

두 정수 a, b에 대하여 점 $(-1, -1)$을 x축의 방향으로 a만큼, y축의 방향으로 b만큼 평행이동한 점이 원 $x^2+y^2-4x+3=0$ 위의 점일 때, ab의 최댓값과 최솟값을 각각 M, m이라 하자. $M+m$의 값을 구하시오.

02 내신기출
▶ 25647-0230

원 $x^2+y^2-2x-2y-2=0$을 x축의 방향으로 a만큼, y축의 방향으로 b만큼 평행이동한 원이 x축과 y축에 동시에 접하도록 하는 두 실수 a, b의 모든 순서쌍 (a, b)를 구하시오.

03
▶ 25647-0231

원 $x^2+y^2+4x-2y+4=0$을 y축에 대하여 대칭이동한 원을 C라 하자. 원 C 위의 점 (a, b)에 대하여 $\dfrac{b}{a+1}$의 최댓값을 구하시오.

04
▶ 25647-0232

포물선 $y=ax^2$을 x축에 대하여 대칭이동한 후, x축의 방향으로 2만큼, y축의 방향으로 1만큼 평행이동한 포물선을 C라 하자. 포물선 $y=ax^2$과 포물선 C가 오직 한 점에서만 만나도록 하는 양수 a의 값을 구하시오.

05 내신기출
▶ 25647-0233

점 $A(4, 2)$와 직선 $y=x$ 위의 점 B와 x축 위의 점 C에 대하여 삼각형 ABC의 둘레의 길이의 최솟값을 구하시오.

06
▶ 25647-0234

두 점 $A(4, 1)$, $B(1, 4)$와 x축 위의 점 P와 y축 위의 점 Q가 있다. 네 점 A, B, P, Q를 꼭짓점으로 하는 사각형의 둘레의 길이의 최솟값을 구하시오.

▶ 25647-0235

01 두 실수 a, b에 대하여 직선 $3x+4y=0$을 x축의 방향으로 a만큼, y축의 방향으로 b만큼 평행이동한 직선을 l이라 하자. 점 $A(0, 1)$과 직선 l 사이의 거리가 $\dfrac{14}{5}$일 때, a^2+b^2의 최솟값을 구하시오.

▶ 25647-0236

02 곡선 C: $y=x^2-4x+1$을 x축에 대하여 대칭이동한 후, x축의 방향으로 a만큼, y축의 방향으로 b만큼 평행이동한 곡선을 C'이라 하면 두 곡선 C, C'이 오직 한 점 $A(4, 1)$에서만 만난다. 직선 $y=k$가 곡선 C 또는 곡선 C'과 만나는 서로 다른 점의 개수가 3이 되도록 하는 모든 실수 k의 값의 합은? (단, a, b는 상수이다.)

① 1　　　　② 3　　　　③ 5　　　　④ 7　　　　⑤ 9

▶ 25647-0237

03 중심이 점 $(1, 3)$인 원 C와 직선 $y=x$가 서로 다른 두 점에서 만나고, 이 두 점 사이의 거리는 $2\sqrt{2}$이다. 원 C를 직선 $y=x$에 대하여 대칭이동한 원을 C'이라 할 때, 원 C 위의 점 A와 원 C' 위의 점 A$'$에 대하여 선분 AA$'$의 길이의 최댓값은?

① 4　　　　② $4+\dfrac{\sqrt{2}}{2}$　　　　③ $4+\sqrt{2}$　　　　④ $4+\dfrac{3}{2}\sqrt{2}$　　　　⑤ $4+2\sqrt{2}$

▶ 25647-0238

04 $|a|\leq 5$, $|b|\leq 5$인 두 정수 a, b에 대하여 함수 $y=|x|$의 그래프를 x축의 방향으로 a만큼, y축의 방향으로 b만큼 평행이동한 함수의 그래프가 원 $x^2+y^2-6x-2y+9=0$의 중심을 지나고 이 원의 넓이를 이등분할 때, 두 수 a, b의 모든 순서쌍 (a, b)의 개수를 구하시오.

II

집합과 명제

04 집합

01 집합의 뜻과 표현

(1) **집합과 원소**: 어떤 조건에 의하여 그 대상을 명확하게 구분할 수 있는 것들의 모임을 집합이라 하고, 그 집합을 이루고 있는 대상 하나하나를 그 집합의 원소라고 한다.

(2) **집합과 원소의 관계**
  ① a가 집합 A의 원소일 때, a는 집합 A에 속한다고 하고, 기호로 $a \in A$와 같이 나타낸다.
  ② b가 집합 A의 원소가 아닐 때, b는 집합 A에 속하지 않는다고 하고, 기호로 $b \notin A$와 같이 나타낸다.

(3) **집합을 나타내는 방법**
  ① **원소나열법**: 집합에 속하는 모든 원소를 { } 안에 나열하여 집합을 나타내는 방법
  ② **조건제시법**: 집합에 속하는 모든 원소들이 공통으로 가지는 성질을 조건으로 제시하여 집합을 나타내는 방법
  ③ **벤 다이어그램**: 원, 사각형 등의 도형을 이용한 그림으로 집합을 나타내는 방법

• 집합의 원소를 나열하여 나타낼 때, 같은 원소는 중복하여 쓰지 않는다. 또 원소를 쓰는 순서는 상관이 없다.

02 집합의 원소의 개수

(1) 원소가 유한개인 집합을 유한집합이라 하고, 유한집합 A의 원소의 개수를 기호로 $n(A)$와 같이 나타낸다.
(2) 원소가 하나도 없는 집합을 공집합이라 하고, 기호로 $\varnothing$과 같이 나타낸다.

03 집합 사이의 포함 관계

(1) **부분집합**
  ① 집합 A의 모든 원소가 집합 B에 속할 때, 집합 A를 집합 B의 부분집합이라 하고, 기호로 $A \subset B$와 같이 나타낸다.
  ② 집합 A가 집합 B의 부분집합이 아닐 때, 기호로 $A \not\subset B$와 같이 나타낸다.

(2) **부분집합의 성질**: 임의의 세 집합 A, B, C에 대하여
  ① $\varnothing \subset A$, $A \subset A$
  ② $A \subset B$이고 $B \subset C$이면 $A \subset C$이다.

(3) **서로 같은 두 집합**: 두 집합 A, B에 대하여 $A \subset B$이고 $B \subset A$일 때, 두 집합 A, B는 서로 같다고 하고, 기호로 $A = B$와 같이 나타낸다.

(4) **진부분집합**: 두 집합 A, B에 대하여 $A \subset B$이고 $A \neq B$일 때, 집합 A를 집합 B의 진부분집합이라고 한다.

• $A \subset B$
 A는 B의 부분집합

• 공집합 $\varnothing$는 모든 집합의 부분집합이고, 모든 집합은 자기 자신을 부분집합으로 갖는다.

• $A \subset B$의 형태

04 부분집합의 개수

집합 A의 원소의 개수가 n $(n \geq 1)$일 때,
① 집합 A의 부분집합의 개수는 2^n이다.
② 집합 A의 진부분집합의 개수는 $2^n - 1$이다.
③ 집합 A의 부분집합으로 k개의 특정한 원소를 반드시 포함하는(포함하지 않는) 부분집합의 개수는 2^{n-k}이다. (단, $1 \leq k < n$)

• k개의 특정한 원소를 포함하고 l개의 특정한 원소를 포함하지 않는 부분집합의 개수는
2^{n-k-l} (단, $2 \leq k+l < n$)

01 집합의 뜻과 표현

[01~04] 다음 중 집합인 것은 ◯를, 집합이 아닌 것은 ×를 ( ) 안에 써넣으시오.

01 10에 가까운 수의 모임 ( )

02 6 이하의 소수의 모임 ( )

03 수학 문제를 잘 푸는 학생의 모임 ( )

04 날개가 2개인 곤충의 모임 ( )

[05~08] 15의 양의 약수의 집합을 A라 할 때, 다음 □ 안에 기호 $\in$, $\notin$ 중 알맞은 것을 써넣으시오.

05 1 □ A　　　　06 4 □ A

07 5 □ A　　　　08 10 □ A

[09~11] 21의 양의 약수의 집합을 A라 할 때, 다음 방법으로 집합 A를 나타내시오.

09 원소나열법　　　　10 조건제시법

11 벤 다이어그램

02 집합의 원소의 개수

[12~14] 다음 집합 A에 대하여 $n(A)$의 값을 구하시오.

12 $A=\varnothing$

13 $A=\{1,\ 2,\ 3,\ 4\}$

14 $A=\{x\,|\,x$는 $-1<x<3$인 정수$\}$

03 집합 사이의 포함 관계

[15~16] 다음 두 집합 A, B의 포함 관계를 기호 $\subset$로 나타내시오.

15 $A=\{0,\ 1\}$, $B=\{0,\ 1,\ 2\}$

16 $A=\{x\,|\,x$는 3의 양의 배수$\}$, $B=\{x\,|\,x$는 6의 양의 배수$\}$

[17~19] 다음 집합의 부분집합을 모두 구하시오.

17 $\varnothing$　　　　　　　　18 $\{0\}$

19 $\{a,\ b\}$

[20~21] 다음 두 집합 A, B 사이의 관계를 기호 $=$ 또는 $\neq$로 나타내시오.

20 $A=\{x\,|\,x$는 10 보다 작은 소수$\}$,
$B=\{2,\ 3,\ 5,\ 7\}$

21 $A=\{x\,|\,(x-1)(x-3)=0\}$,
$B=\{x\,|\,x$는 5 이하의 홀수인 자연수$\}$

04 부분집합의 개수

[22~25] 집합 $A=\{1,\ 2,\ 3,\ 4,\ 5\}$에 대하여 다음을 구하시오.

22 집합 A의 부분집합의 개수

23 집합 A의 진부분집합의 개수

24 집합 A의 부분집합 중 1을 반드시 원소로 갖는 부분집합의 개수

25 집합 A의 부분집합 중 2, 4를 원소로 갖지 않는 부분집합의 개수

05 집합의 연산

① 교집합: $A \cap B = \{x \mid x \in A$ 그리고 $x \in B\}$
② 합집합: $A \cup B = \{x \mid x \in A$ 또는 $x \in B\}$
③ 전체집합: 어떤 집합에 대하여 그 부분집합을 생각할 때, 처음의 집합을 전체집합이라고 하고, 기호 U로 나타낸다.
④ 여집합: $A^C = \{x \mid x \in U$ 그리고 $x \notin A\}$ (단, U는 전체집합)
⑤ 차집합: $A - B = \{x \mid x \in A$ 그리고 $x \notin B\}$

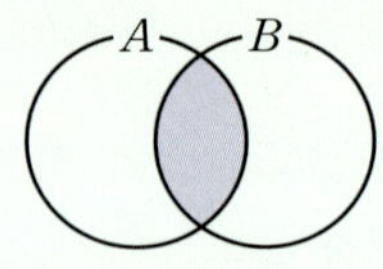 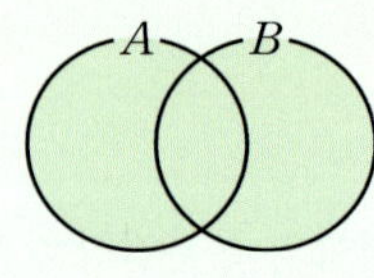 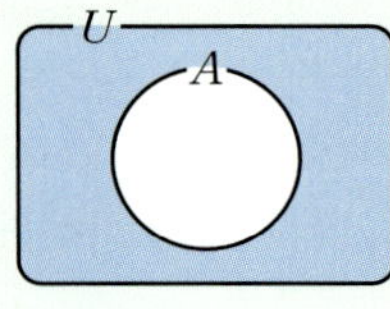 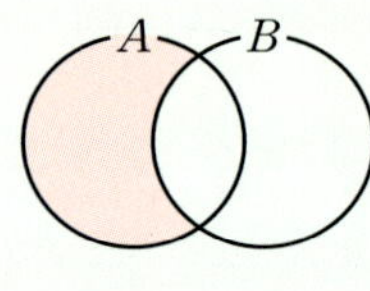

$A \cap B$ $A \cup B$ A^C $A - B$

- 집합 A는 집합 $A \cup B$의 부분집합이고, 집합 B도 집합 $A \cup B$의 부분집합이다.

- 집합 $A \cap B$는 집합 A의 부분집합이고, 집합 B의 부분집합이다.

- $A \cap B = \varnothing$일 때, 두 집합 A와 B는 서로소라고 한다.

06 집합의 연산에 대한 성질

전체집합 U의 두 부분집합 A, B에 대하여
① $A \cup A = A$, $A \cap A = A$
② $A \cup \varnothing = A$, $A \cap \varnothing = \varnothing$
③ $A \cup U = U$, $A \cap U = A$
④ $U^C = \varnothing$, $\varnothing^C = U$
⑤ $A \cup A^C = U$, $A \cap A^C = \varnothing$
⑥ $(A^C)^C = A$
⑦ $A - B = A \cap B^C = A - (A \cap B) = (A \cup B) - B$

- $A \subset B$이면
  ① $A \cup B = B$
  ② $A \cap B = A$

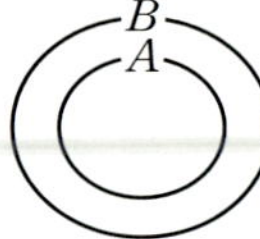

07 집합의 연산법칙

전체집합 U의 세 부분집합 A, B, C에 대하여
① 교환법칙: $A \cup B = B \cup A$, $A \cap B = B \cap A$
② 결합법칙: $(A \cup B) \cup C = A \cup (B \cup C)$, $(A \cap B) \cap C = A \cap (B \cap C)$
③ 분배법칙: $A \cap (B \cup C) = (A \cap B) \cup (A \cap C)$, $A \cup (B \cap C) = (A \cup B) \cap (A \cup C)$
④ 드모르간의 법칙: $(A \cup B)^C = A^C \cap B^C$, $(A \cap B)^C = A^C \cup B^C$

- 결합법칙이 성립하므로 괄호를 생략하여 나타내기도 한다.
$(A \cup B) \cup C = A \cup (B \cup C)$
$\qquad = A \cup B \cup C$
$(A \cap B) \cap C = A \cap (B \cap C)$
$\qquad = A \cap B \cap C$

08 유한집합의 원소의 개수

두 유한집합 A, B에 대하여
① $n(A \cup B) = n(A) + n(B) - n(A \cap B)$
  특히, 두 집합 A, B가 서로소이면 $n(A \cap B) = 0$이므로 $n(A \cup B) = n(A) + n(B)$
② $n(A^C) = n(U) - n(A)$ (단, U는 전체집합)
③ $n(A - B) = n(A) - n(A \cap B) = n(A \cup B) - n(B)$

> **참고** 세 유한집합 A, B, C에 대하여
> $n(A \cup B \cup C) = n(A) + n(B) + n(C) - n(A \cap B) - n(B \cap C) - n(C \cap A) + n(A \cap B \cap C)$

05 집합의 연산

[26~27] 다음 두 집합 A, B에 대하여 두 집합 $A\cap B$, $A\cup B$를 구하시오.

26 $A=\{1, 2, 3, 4\}$, $B=\{2, 4, 6\}$

27 $A=\{x \mid x$는 10 이하의 완전제곱수$\}$,
$B=\{x \mid x$는 8의 양의 약수$\}$

[28~29] 전체집합 $U=\{1, 2, 3, 4, 5, 6\}$의 두 부분집합 A, B 가 다음과 같을 때, 각 집합의 여집합을 구하시오.

28 $A=\{1, 2, 4\}$

29 $B=\{x \mid x$는 6의 양의 약수$\}$

[30~31] 다음 두 집합 A, B에 대하여 집합 $A-B$를 구하시오.

30 $A=\{1, 3, 5, 7\}$, $B=\{2, 3, 4\}$

31 $A=\{x \mid 1\leq x<3\}$, $B=\{x \mid x>2\}$

06 집합의 연산에 대한 성질

[32~35] 전체집합 U의 부분집합 A에 대하여 다음 □ 안에 알맞은 집합을 써넣으시오.

32 $A\cap\varnothing=\boxed{}$ **33** $A\cup A^C=\boxed{}$

34 $A\cap U=\boxed{}$ **35** $A\cup U=\boxed{}$

[36~39] 전체집합 U의 공집합이 아닌 서로 다른 두 부분집합 A, B에 대하여 $A\subset B$일 때, 다음의 참, 거짓을 판별하시오.

36 $A\cap B=A$ **37** $A\cup B=A$

38 $A-B=\varnothing$ **39** $B^C-A^C=\varnothing$

07 집합의 연산법칙

[40~47] 전체집합 $U=\{x \mid x$는 7 이하의 자연수$\}$의 두 부분집합 $A=\{1, 3, 5, 7\}$, $B=\{2, 3, 4, 5\}$에 대하여 다음 집합을 구하시오.

40 $A\cap B$

41 $A\cup B$

42 A^C

43 B^C

44 $A-B$

45 $B-A$

46 $A^C\cap B^C$

47 $A^C\cup B^C$

08 유한집합의 원소의 개수

[48~53] 전체집합 U의 두 부분집합 A, B에 대하여
$$n(U)=25,\ n(A)=14,\ n(B)=11,\ n(A\cap B)=4$$
일 때, 다음을 구하시오.

48 $n(A^C)$

49 $n(B-A)$

50 $n(A\cap B^C)$

51 $n(A\cup B)$

52 $n(A^C\cap B^C)$

53 $n(A^C\cup B^C)$

유형 01 | 집합과 원소

(1) 어떤 조건에 의하여 그 대상을 명확하게 구분할 수 있는 것들의 모임을 집합이라 하고, 그 집합을 이루고 있는 대상 하나하나를 그 집합의 원소라고 한다.
(2) a가 집합 A의 원소일 때, 기호로 $a \in A$와 같이 나타낸다.
(3) b가 집합 A의 원소가 아닐 때, 기호로 $b \notin A$와 같이 나타낸다.

≫ 올림포스 공통수학2 39쪽

01 대표문제 ▶ 25647-0239

다음 중 집합인 것은?

① 축구를 좋아하는 학생의 모임
② 작은 분수의 모임
③ 태양계 행성의 모임
④ 인구가 많은 도시의 모임
⑤ 춤을 잘 추는 학생의 모임

02 상중하 ▶ 25647-0240

8 보다 작은 짝수인 자연수 전체의 집합을 A라 할 때, 다음 중 옳은 것은?

① $0 \in A$ ② $3 \in A$ ③ $4 \in A$
④ $6 \notin A$ ⑤ $8 \in A$

03 상중하 ▶ 25647-0241

정수 전체의 집합을 Z, 유리수 전체의 집합을 Q, 실수 전체의 집합을 R이라 할 때, 다음 중 옳은 것은?

① $\sqrt{4} \notin Z$ ② $\dfrac{1}{2} \notin Q$ ③ $\sqrt{2} \in Q$
④ $\pi \notin Q$ ⑤ $2+\sqrt{3} \notin R$

유형 02 | 집합을 나타내는 방법

(1) 원소나열법: 집합에 속하는 모든 원소를 { } 안에 나열하여 집합을 나타내는 방법
(2) 조건제시법: 집합에 속하는 모든 원소들이 공통으로 가지는 성질을 조건으로 제시하여 집합을 나타내는 방법
(3) 벤 다이어그램: 원, 사각형 등의 도형을 이용한 그림으로 집합을 나타내는 방법

≫ 올림포스 공통수학2 39쪽

04 대표문제 ▶ 25647-0242

오른쪽 벤 다이어그램으로 나타낸 집합 A를 조건제시법으로 바르게 나타낸 것은?

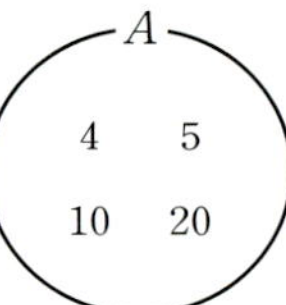

① $A = \{x \mid x$는 20의 양의 약수$\}$
② $A = \{x \mid x$는 짝수인 20의 양의 약수$\}$
③ $A = \{x \mid x$는 3 이상의 20의 양의 약수$\}$
④ $A = \{x \mid x$는 4의 양의 배수$\}$
⑤ $A = \{x \mid x$는 20 이하의 4의 양의 배수$\}$

05 상중하 ▶ 25647-0243

다음 중 집합 $A = \{x \mid x = 2^a \times 3^b,\ a,\ b$는 자연수$\}$의 원소가 아닌 것은?

① 18 ② 24 ③ 48
④ 72 ⑤ 60

06 상중하 ▶ 25647-0244

두 집합 $A = \{1,\ 2,\ 3,\ 4,\ 5\}$, $B = \{2,\ 4\}$에 대하여 집합 $C = \{2x-1 \mid x \in A,\ x \notin B\}$의 모든 원소의 합은?

① 11 ② 13 ③ 15
④ 17 ⑤ 19

유형 03 | 집합의 원소의 개수

원소가 유한개인 집합을 유한집합이라 하고, 유한집합 A의 원소의 개수를 기호로 $n(A)$와 같이 나타낸다.

>> **올림포스** 공통수학2 39쪽

07 대표문제
▶ 25647-0245

집합 $A=\{(x,\ y)\ |\ x^2+y^2\leq 4,\ x$와 y는 정수$\}$에 대하여 $n(A)$의 값은?

① 11 　　② 12 　　③ 13
④ 14 　　⑤ 15

08 상중하
▶ 25647-0246

두 집합

$A=\{x^2\ |\ x$는 20 이하의 자연수$\}$,

$B=\{x\ |\ x$는 3의 배수, $x\in A\}$

에 대하여 $n(B)$의 값은?

① 5 　　② 6 　　③ 7
④ 8 　　⑤ 9

09 상중하
▶ 25647-0247

자연수 m에 대하여 두 집합

$A=\{x\ |\ x$는 10 이하의 소수$\}$

$B=\left\{x\ \middle|\ x=\dfrac{k}{m},\ x$는 자연수$\right\}$

가 있다. $n(A)<n(B)$가 되도록 하는 자연수 k의 최솟값을 구하시오.

유형 04 | 기호 $\in$, $\subset$의 사용

(1) a가 집합 A의 원소일 때, 기호로 $a\in A$와 같이 나타낸다.
(2) 집합 A가 집합 B의 부분집합일 때, 기호로 $A\subset B$와 같이 나타낸다.

>> **올림포스** 공통수학2 40쪽

10 대표문제
▶ 25647-0248

오른쪽 벤 다이어그램의 두 집합 A, B에 대하여 다음 중 옳지 <u>않은</u> 것은?

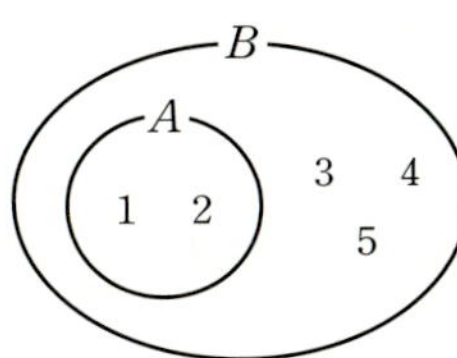

① $1\in B$ 　　② $5\notin A$
③ $\{2\}\subset A$ 　　④ $\{2,\ 3\}\subset A$
⑤ $\{2,\ 3,\ 4\}\subset B$

11 상중하
▶ 25647-0249

집합 $A=\{1,\ 2,\ \{3\}\}$에 대하여 다음 중 옳은 것은?

① $\{2\}\in A$ 　　② $\{3\}\subset A$ 　　③ $\{1,\ 2\}\in A$
④ $\{2,\ \{3\}\}\subset A$ 　　⑤ $\{1,\ 2,\ 3\}\subset A$

12 상중하
▶ 25647-0250

집합 $A=\{\varnothing,\ 1,\ \{1\}\}$에 대하여 **| 보기 |** 에서 옳은 것만을 있는대로 고른 것은?

| 보기 |
ㄱ. $\varnothing\subset A$ 　　ㄴ. $\{1\}\in A$ 　　ㄷ. $\{1,\ \{1\}\}\subset A$

① ㄱ 　　② ㄱ, ㄴ 　　③ ㄱ, ㄷ
④ ㄴ, ㄷ 　　⑤ ㄱ, ㄴ, ㄷ

유형 05 | 집합 사이의 포함 관계 　중요

집합 A의 모든 원소가 집합 B에 속할 때, 기호로 $A \subset B$와 같이 나타낸다.

▶▶ 올림포스 공통수학2 *40쪽*

---

13 대표문제
▶ 25647-0251

세 집합 $A=\{-1, 0, 1\}$, $B=\{x^2-1 \mid x \in A\}$, $C=\{x \mid x^3+1=0, x$는 실수$\}$에 대하여 세 집합 A, B, C의 포함 관계로 옳은 것은?

① $A \subset B \subset C$ ② $A \subset C \subset B$ ③ $B \subset A \subset C$

④ $B \subset C \subset A$ ⑤ $C \subset B \subset A$

---

14 상중하
▶ 25647-0252

집합 $X=\{0, 1, 2\}$에 대하여 두 집합

$$A=\{2x-y \mid x \in X, y \in X\}, \quad B=\{xy \mid x \in X, y \in X\}$$

를 벤 다이어그램으로 바르게 나타낸 것은?

① 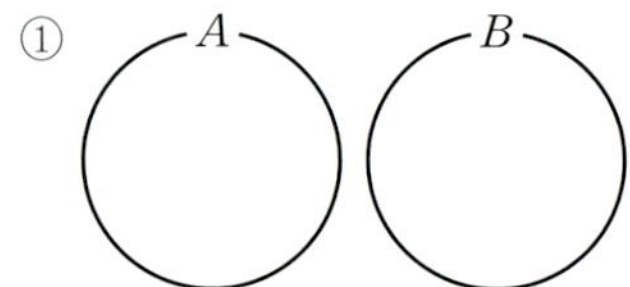   ② 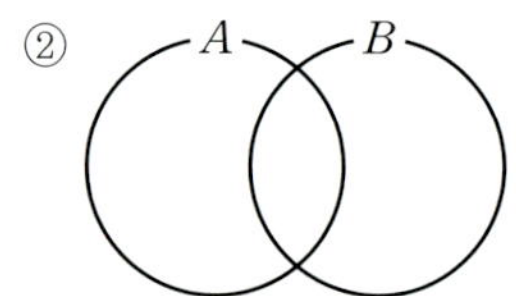

③ 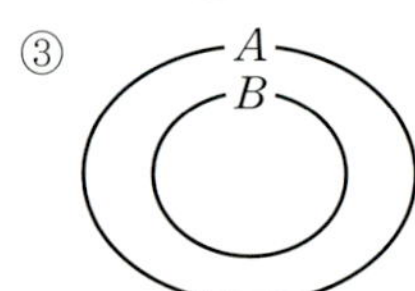   ④ 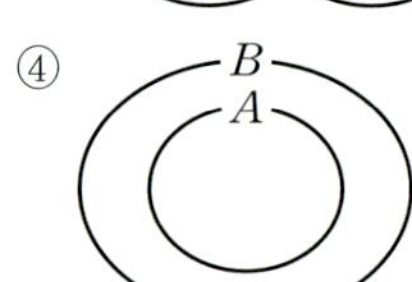

⑤ 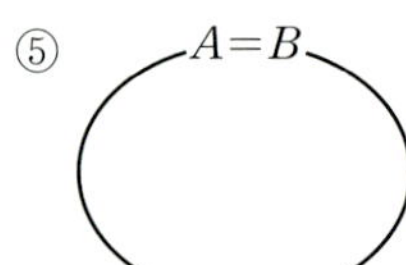

---

15 상중하
▶ 25647-0253

두 집합 $A=\{2, a\}$, $B=\{1, a^2+1, -a+7\}$에 대하여 $A \subset B$가 성립하도록 하는 상수 a의 값은?

① -3 ② -1 ③ 1

④ 3 ⑤ 5

---

16 상중하
▶ 25647-0254

두 집합 $A=\{x \mid -3 \leq x \leq -k\}$, $B=\{x \mid 2k \leq x \leq 8\}$에 대하여 $A \subset B$가 성립하도록 하는 실수 k의 최댓값과 최솟값의 곱을 구하시오.

---

17 상중하
▶ 25647-0255

세 집합 $A=\left\{x \mid x \geq \dfrac{a}{2}\right\}$, $B=\{x \mid x>4\}$, $C=\{x \mid x \geq 2a\}$에 대하여 $C \subset B \subset A$가 성립하도록 하는 정수 a의 개수는?

① 5 ② 6 ③ 7

④ 8 ⑤ 9

유형 06 ∥ 부분집합

(1) 집합 A의 모든 원소가 집합 B에 속할 때, 집합 A를 집합 B의 부분집합이라 한다.
(2) $A \subset B$이고 $A \neq B$일 때, 집합 A를 집합 B의 진부분집합이라 한다.

≫ **올림포스** 공통수학2 40쪽

18 대표문제
▶ 25647-0256

집합 $A = \{x \mid x$는 12의 양의 약수$\}$에 대하여 집합 A의 진부분집합 X의 모든 원소의 합의 최댓값은?

① 21　　　　② 23　　　　③ 25
④ 25　　　　⑤ 27

19 상중하
▶ 25647-0257

집합 $A = \{1, 2, 3, 4, 5, 6, 7\}$에 대하여 다음 조건을 만족시키는 집합 X의 개수를 구하시오.

(가) $X \subset A$이고 $n(X) \geq 3$이다.
(나) 집합 X의 모든 원소의 곱은 홀수이다.

20 상중하
▶ 25647-0258

집합 $A = \{1, 2, 3\}$에 대하여 집합 $P = \{X \mid X \subset A\}$라 할 때, **보기**에서 옳은 것만을 있는 대로 고른 것은?

┤ 보기 ├
ㄱ. $\varnothing \in P$
ㄴ. $A \subset P$
ㄷ. $\{\{1, 2\}, \{3\}\} \subset P$

① ㄱ　　　　② ㄴ　　　　③ ㄷ
④ ㄱ, ㄷ　　　　⑤ ㄴ, ㄷ

유형 07 ∥ 서로 같은 집합

두 집합 A, B에 대하여 $A \subset B$이고 $B \subset A$일 때, 두 집합 A, B는 서로 같다고 하고, 기호로 $A = B$와 같이 나타낸다.

≫ **올림포스** 공통수학2 40쪽

21 대표문제
▶ 25647-0259

두 집합 $A = \{-1, a^2 - 2a - 6\}$, $B = \{2, a^2 + a - 3\}$에 대하여 $A = B$가 성립할 때, 상수 a의 값은?

① -2　　　　② -1　　　　③ 0
④ 1　　　　⑤ 2

22 상중하
▶ 25647-0260

두 집합 $A = \{x \mid x^2 - ax + 12 = 0\}$, $B = \{b, 6\}$에 대하여 $A = B$일 때, $a + b$의 값은? (단, a, b는 상수이다.)

① 6　　　　② 7　　　　③ 8
④ 9　　　　⑤ 10

23 상중하
▶ 25647-0261

두 집합 $A = \{1, a, a^2 - 1\}$, $B = \{a + 5, -a + 4, 2a - 3\}$에 대하여 두 집합 A, B가 서로 같을 때, 상수 a의 값을 구하시오.

유형 08 | 부분집합의 개수

집합 A의 원소의 개수가 n $(n \geq 1)$일 때,

(1) 집합 A의 부분집합의 개수는 2^n이다.

(2) 집합 A의 진부분집합의 개수는 $2^n - 1$이다.

(3) 집합 A의 부분집합으로 k개의 특정한 원소를 반드시 포함하는(포함하지 않는) 부분집합의 개수는 2^{n-k}이다. (단, $1 \leq k < n$)

>> **올림포스** 공통수학2 40쪽

24 대표문제

▶ 25647-0262

집합 A의 부분집합의 개수와 집합 B의 진부분집합의 개수의 합이 191일 때, $n(A) + n(B)$의 값은?

① 11 ② 12 ③ 13
④ 14 ⑤ 15

25 상중하

▶ 25647-0263

집합 $A = \{x \,|\, x$는 12의 양의 약수$\}$에 대하여 $1 \in X$, $12 \notin X$를 만족시키는 집합 A의 부분집합 X의 개수를 구하시오.

26 상중하

▶ 25647-0264

집합 $A = \{1,\ 2,\ 3,\ 4,\ 5,\ 6\}$의 부분집합 중 2 또는 3을 원소로 갖는 부분집합의 개수는?

① 24 ② 30 ③ 36
④ 42 ⑤ 48

27 상중하

▶ 25647-0265

집합 $A = \{1,\ 2,\ 3,\ 4,\ 5,\ 6,\ 7\}$의 공집합이 아닌 부분집합 중 모든 원소가 홀수인 부분집합의 개수를 구하시오.

28 상중하

▶ 25647-0266

두 집합 $A = \{1,\ 2,\ 3,\ 4,\ 5\}$, $B = \{4,\ 5,\ 6,\ 7\}$에 대하여 $x \in B$, $x \in X$를 만족시키는 자연수 x의 개수가 1이 되도록 하는 집합 A의 부분집합 X의 개수를 구하시오.

29 상중하

▶ 25647-0267

5 이상의 자연수 k에 대하여 집합
$$A = \{x \,|\, x$는 k 이하의 소수$\}$$
가 있다. 집합 A의 부분집합 중에서 2, 5를 반드시 포함하고, 3을 포함하지 않는 부분집합의 개수가 16이 되도록 하는 모든 k의 값의 합은?

① 31 ② 33 ③ 35
④ 37 ⑤ 39

유형 09 조건이 있는 부분집합의 개수 　중요

세 집합 A, B, X에 대하여
$$A \subset X \subset B$$
를 만족시키는 집합 X의 개수는 집합 B의 부분집합 중 집합 A의 모든 원소를 원소로 갖는 집합의 개수이다.

》 **올림포스** 공통수학2 40쪽

30 대표문제
▶ 25647-0268

두 집합
$$A = \{x \mid 8보다 작은 짝수인 자연수\},$$
$$B = \{x \mid x는 12의 양의 약수\}$$
에 대하여 $A \subset X \subset B$를 만족시키는 집합 X의 개수를 구하시오.

31 상중하
▶ 25647-0269

오른쪽 벤 다이어그램의 두 집합 A, B에 대하여 $A \subset X \subset B$를 만족시키는 집합 X 중에서 7을 포함하지 않는 집합의 개수는?

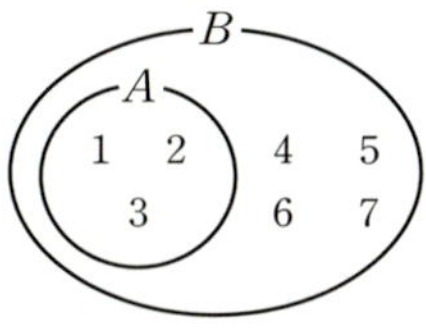

① 2　　② 4　　③ 8
④ 16　　⑤ 32

32 상중하
▶ 25647-0270

4 이상의 자연수 k에 대하여 집합 $A = \{x \mid x는 k \text{ 이하의 자연수}\}$가 있다.
$$k \notin X, \ \{2, 4\} \subset X \subset A$$
를 만족시키는 집합 X의 개수가 64일 때, k의 값을 구하시오.

33 상중하
▶ 25647-0271

세 집합
$$A = \{x \mid 10보다 작은 자연수\},$$
$$B = \{x \mid 10보다 작은 홀수인 자연수\},$$
$$C = \{4, 8\}$$
에 대하여 $B \subset X$, $C \not\subset X \subset A$를 만족시키는 집합 X의 개수는?

① 10　　② 12　　③ 14
④ 16　　⑤ 18

34 상중하
▶ 25647-0272

집합 $A = \{1, 2, 3, 4, 5, 6, 7, 8\}$에 대하여 다음 조건을 만족시키는 집합 X의 개수를 구하시오.

(가) $\{1\} \subset X \subset A$
(나) $x \in X$이면 $\dfrac{12}{x}$는 자연수이다.

35 상중하
▶ 25647-0273

집합 $A = \{1, 2, 3, 4, 5, 6, 7\}$의 공집합이 아닌 부분집합 중 다음 조건을 만족시키는 집합 X의 개수는?

(가) 집합 X의 모든 원소의 곱이 짝수이다.
(나) 집합 X의 모든 원소의 합은 24 이하이다.

① 104　　② 107　　③ 110
④ 113　　⑤ 116

유형 10 ｜ 교집합과 합집합

(1) 두 집합 A, B에 공통으로 속하는 모든 원소로 이루어진 집합을 A와 B의 교집합이라 하고, 기호로 $A \cap B$와 같이 나타낸다.

즉, $A \cap B = \{x \mid x \in A$ 그리고 $x \in B\}$

(2) 두 집합 A, B의 모든 원소로 이루어진 집합을 A와 B의 합집합이라 하고, 기호로 $A \cup B$와 같이 나타낸다.

즉, $A \cup B = \{x \mid x \in A$ 또는 $x \in B\}$

>> **올림포스** 공통수학2 41쪽

36 대표문제 ▶ 25647-0274

두 집합 $A = \{a,\ a+2\}$, $B = \{2a-1,\ a^2,\ 6\}$에 대하여 $A \cap B = \{4\}$일 때, 집합 $A \cup B$의 모든 원소의 합을 구하시오.

(단, a는 상수이다.)

37 상중하 ▶ 25647-0275

두 집합

$A = \{x \mid x$는 18의 양의 약수$\}$,

$B = \{x \mid x$는 30의 양의 약수$\}$

에 대하여 $A \cap B = \{x \mid x$는 k의 양의 약수$\}$가 성립하도록 하는 자연수 k의 값을 구하시오.

38 상중하 ▶ 25647-0276

모든 원소의 합이 a인 집합 A와 모든 원소의 합이 b인 집합 B에 대하여

$A \cup B = \{1,\ 3,\ 5,\ 7\}$, $A \cap B = \{5\}$

일 때, $a+b$의 값은? (단, a, b는 상수이다.)

① 15   ② 17   ③ 19
④ 21   ⑤ 23

유형 11 ｜ 여집합과 차집합

(1) 전체집합 U의 원소 중에서 집합 A에 속하지 않는 모든 원소로 이루어진 집합을 A의 여집합이라 하고, 기호로 A^C와 같이 나타낸다.

즉, $A^C = \{x \mid x \in U$ 그리고 $x \notin A\}$

(2) 집합 A에는 속하지만 집합 B에는 속하지 않는 모든 원소로 이루어진 집합을 A에 대한 B의 차집합이라 하고, 기호로 $A-B$와 같이 나타낸다.

즉, $A - B = \{x \mid x \in A$ 그리고 $x \notin B\}$

>> **올림포스** 공통수학2 41쪽

39 대표문제 ▶ 25647-0277

전체집합 U의 두 부분집합 A, B에 대하여

$A \cup B = \{2,\ 4,\ 6,\ 8\}$, $B^C = \{4,\ 5,\ 6,\ 7\}$

일 때, 집합 $A - B$의 모든 원소의 합을 구하시오.

40 상중하 ▶ 25647-0278

전체집합 $U = \{x \mid x$는 12 이하의 자연수$\}$의 두 부분집합

$A = \{x \mid x$는 12의 양의 약수$\}$,

$B = \{2x-1 \mid x$는 6 이하의 자연수$\}$

에 대하여 집합 $A^C - B$의 모든 원소의 합은?

① 12   ② 14   ③ 16
④ 18   ⑤ 20

41 상중하 ▶ 25647-0279

두 집합 $A = \{1,\ 2,\ 4,\ a+b\}$, $B = \{2,\ 5,\ a-b\}$에 대하여 $A - B = \{4\}$일 때, ab의 값은? (단, a, b는 상수이다.)

① 6   ② 7   ③ 8
④ 9   ⑤ 10

유형 12 서로소인 두 집합

두 집합 A, B가 서로소이면
(1) $A \cap B = \varnothing$
(2) $A - B = A$, $B - A = B$
(3) $A \subset B^C$, $B \subset A^C$

≫ 올림포스 공통수학2 41쪽

42 대표문제
▶ 25647-0280

다음 중 두 집합 A, B가 서로소인 것은?

① $A = \{3, 4, 5\}$, $B = \{2, 4, 6, 8\}$
② $A = \{x \mid x$는 9의 양의 약수$\}$,
　$B = \{x \mid x$는 5의 양의 약수$\}$
③ $A = \{x \mid x < 2\}$, $B = \{x \mid x^2 - 4 = 0\}$
④ $A = \{x \mid x$는 20 이하의 3의 양의 배수$\}$,
　$B = \{x \mid x$는 20 이하의 7의 양의 배수$\}$
⑤ $A = \{x \mid x$는 10 이하의 소수$\}$,
　$B = \{2^x \mid x$는 자연수$\}$

43 상중하
▶ 25647-0281

두 집합 $A = \{x \mid x^2 - x - 2 \leq 0\}$, $B = \{x \mid x \leq k\}$가 서로소일 때, 정수 k의 최댓값은?

① -2 　　② -1 　　③ 0
④ 1 　　⑤ 2

44 상중하
▶ 25647-0282

집합 $A = \{1, 2, 3, 4, 5, 6\}$의 부분집합 중 집합 $B = \{1, 4, 7\}$과 서로소인 집합의 개수를 구하시오.

45 상중하
▶ 25647-0283

정수 전체의 집합의 세 부분집합
　　$A = \{-1, 0, 1\}$,
　　$B = \{x + y \mid x \in A, y \in A\}$,
　　$C = \{xy \mid x \in A, y \in A\}$
에 대하여 **보기**에서 서로소인 두 집합인 것만을 있는 대로 고른 것은?

| 보기 |
ㄱ. A, B 　　　ㄴ. A^C, C 　　　ㄷ. B, C^C

① ㄱ 　　② ㄴ 　　③ ㄷ
④ ㄱ, ㄴ 　　⑤ ㄴ, ㄷ

46 상중하
▶ 25647-0284

다음 조건을 만족시키는 전체집합 $U = \{1, 2, 3, 4, 5\}$의 두 부분집합 A, B에 대하여 집합 A의 모든 원소가 홀수일 때, 집합 B의 모든 원소의 합의 최솟값을 구하시오.

(가) $n(A \cup B) = 5$이고 $n(B) = 3$이다.
(나) 두 집합 A와 B는 서로소이다.

유형 13 | 벤 다이어그램으로 나타낸 집합

벤 다이어그램으로 나타낸 집합을 집합의 연산 기호를 이용하여 표현한다.

▶ **올림포스** 공통수학2 41쪽

47 대표문제
▶ 25647-0285

세 집합 A, B, C의 원소를 벤 다이어그램으로 나타내면 오른쪽 그림과 같다. 집합 $(A-B) \cup (C-A)$의 모든 원소의 합을 구하시오.

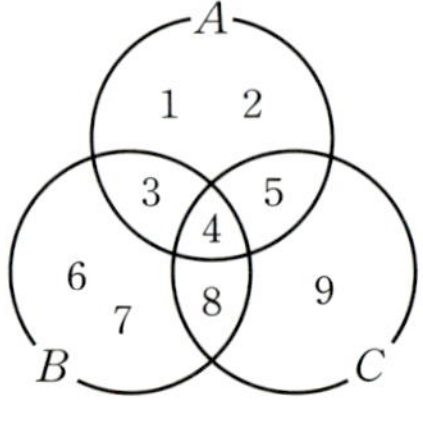

48 상중하
▶ 25647-0286

다음 중 오른쪽 벤 다이어그램의 색칠한 부분을 나타내는 집합과 항상 같은 집합은?

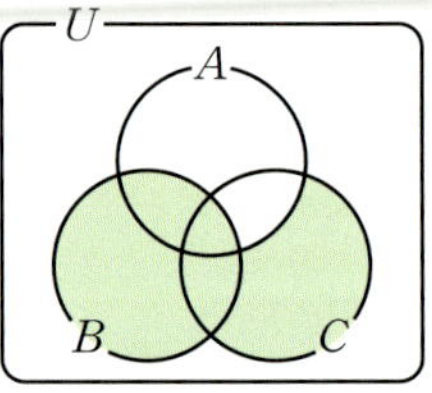

① $A \cap (B \cup C)$ ② $A \cup (B \cap C)$
③ $A \cap (B-C)$ ④ $A-(B \cap C)$
⑤ $B \cup (C-A)$

49 상중하
▶ 25647-0287

세 집합

$A=\{x \mid x는\ 10보다\ 작은\ 자연수\}$,
$B=\{x \mid x는\ 18의\ 약수\}$,
$C=\{x \mid x는\ 8\ 이하의\ 짝수인\ 자연수\}$

에 대하여 오른쪽 벤 다이어그램의 색칠한 부분을 나타내는 집합의 모든 원소의 합은?

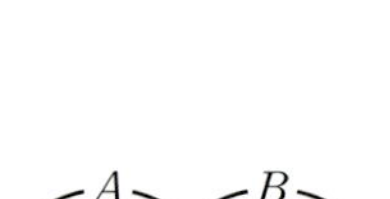

① 11   ② 12
③ 13   ④ 14
⑤ 15

50 상중하
▶ 25647-0288

전체집합 U의 공집합이 아닌 두 부분집합 A, B에 대하여 두 집합 A, B^C이 서로소일 때, **보기**에서 항상 옳은 것만을 있는 대로 고른 것은?

| 보기 |
ㄱ. $A \subset B$
ㄴ. $(A-B)^C=U$
ㄷ. $(A \cup B^C) \cap B=A$

① ㄱ   ② ㄴ   ③ ㄱ, ㄴ
④ ㄴ, ㄷ   ⑤ ㄱ, ㄴ, ㄷ

51 상중하
▶ 25647-0289

전체집합 $U=\{x \mid x는\ 10\ 이하의\ 자연수\}$의 두 부분집합 A, B에 대하여

$A=\{2, 4, 6, 8, 10\}$,
$(A-B) \cup (B-A)=\{1, 4, 7, 10\}$

일 때, 집합 $(A \cup B)^C$의 모든 원소의 합은?

① 17   ② 19   ③ 21
④ 23   ⑤ 25

52 상중하
▶ 25647-0290

전체집합 $U=\{1, 2, 3, 4, 5, 6, 7\}$의 두 부분집합 A, B에 대하여

$n(A \cap B)=1$, $(A \cup B^C)-(A \cap B^C)=\{1, 2, 3\}$

을 만족시키는 두 집합 A, B의 모든 순서쌍 (A, B)의 개수를 구하시오.

유형 14 집합의 연산에 대한 성질과 포함 관계 

전체집합 U의 두 부분집합 A, B에 대하여
(1) $A \cup A = A$, $A \cap A = A$
(2) $A \cup \varnothing = A$, $A \cap \varnothing = \varnothing$
(3) $A \cup U = U$, $A \cap U = A$
(4) $U^C = \varnothing$, $\varnothing^C = U$
(5) $A \cup A^C = U$, $A \cap A^C = \varnothing$
(6) $(A^C)^C = A$
(7) $A - B = A \cap B^C = A - (A \cap B) = (A \cup B) - B$

» **올림포스** 공통수학2 41쪽

53 대표문제 ▶ 25647-0291

전체집합 U의 서로 다른 두 부분집합 A, B에 대하여 다음 중 옳지 <u>않은</u> 것은?

① $(A \cap B) \subset A$ ② $A - U = \varnothing$ ③ $U - A = A^C$
④ $A^C \cap B = A - B$ ⑤ $(B - A) \subset B$

54 상중하 ▶ 25647-0292

전체집합 U의 두 부분집합 A, B에 대하여 다음 중 항상 옳은 것은?

① $A \cup \varnothing = \varnothing$ ② $B \cap B^C = B$
③ $U - (A \cap B) = A \cup B$ ④ $A - B^C = A \cap B$
⑤ $A \cup B = U$

55 상중하 ▶ 25647-0293

전체집합 U의 두 부분집합 A, B에 대하여
$$(A \cup B) - (A \cap B) = \varnothing$$
일 때, 다음 중 항상 옳은 것은?

① $A^C \subset B$ ② $B^C \subset A$ ③ $A = B$
④ $A \cap B = \varnothing$ ⑤ $A = B^C$

56 상중하 ▶ 25647-0294

자연수 전체의 집합의 두 부분집합
$$A = \{x \mid x\text{는 15의 양의 배수}\},$$
$$B = \{x \mid x\text{는 } k\text{의 양의 배수}\}$$
에 대하여 $A \cap B^C = \varnothing$이 되도록 하는 2 이상의 모든 자연수 k의 값의 합은?

① 21 ② 23 ③ 25
④ 27 ⑤ 27

57 상중하 ▶ 25647-0295

전체집합 U의 두 부분집합 A, B에 대하여 $A \cup B = A$일 때, **보기**에서 항상 옳은 것만을 있는 대로 고른 것은?

보기
ㄱ. $A^C \cap B = \varnothing$
ㄴ. $(A \cap B)^C = U - A$
ㄷ. $(B - A) \cup (A^C - B^C) = \varnothing$

① ㄱ ② ㄷ ③ ㄱ, ㄴ
④ ㄱ, ㄷ ⑤ ㄴ, ㄷ

58 상중하 ▶ 25647-0296

전체집합 U의 두 부분집합 A, B에 대하여
$$\{(A \cap B) \cup (A - B)\} \cap B = A$$
일 때, **보기**에서 항상 옳은 것만을 있는 대로 고른 것은?

보기
ㄱ. $A - B = \varnothing$ ㄴ. $A \cup B = A$ ㄷ. $A^C \cap B^C = A^C$

① ㄱ ② ㄷ ③ ㄱ, ㄴ
④ ㄱ, ㄷ ⑤ ㄴ, ㄷ

유형 15 ｜ 집합의 연산과 부분집합의 개수 **[중요]**

(1) 집합의 연산

    ① $A \cup B = \{x \mid x \in A$ 또는 $x \in B\}$

    ② $A \cap B = \{x \mid x \in A$ 그리고 $x \in B\}$

    ③ $A - B = \{x \mid x \in A$ 그리고 $x \notin B\}$

    ④ $A^C = \{x \mid x \in U$ 그리고 $x \notin A\}$

(2) 집합 A의 원소의 개수가 $n \, (n \geq 1)$일 때,

    ① 집합 A의 부분집합의 개수는 2^n이다.

    ② 집합 A의 진부분집합의 개수는 $2^n - 1$이다.

    ③ 집합 A의 부분집합으로 k개의 특정한 원소를 반드시 포함하는(포함하지 않는) 부분집합의 개수는 2^{n-k}이다. (단, $1 \leq k < n$)

▶ **올림포스** 공통수학2 41쪽

59 [대표문제] ▶ 25647-0297

전체집합 $U = \{1, 2, 3, 4, 5, 6, 7\}$에 대하여 다음 조건을 만족시키는 집합 U의 부분집합 X의 개수를 구하시오.

> 집합 $A = \{1, 3, 5\}$에 대하여 $A - X = A$이다.

60 (상)(중)(하) ▶ 25647-0298

두 집합 $A = \{1, 2, 3, 4, 5, 6\}$, $B = \{1, 2, 4, 5\}$에 대하여
$$A \cap X = X, \ (A - B) \cup X = X$$
를 만족시키는 집합 X의 개수는?

① 2   ② 4   ③ 8

④ 16   ⑤ 32

61 (상)(중)(하) ▶ 25647-0299

다음 조건을 만족시키는 집합 X의 개수는?

> (가) 집합 X는 집합 $\{1, 2, 3, 4, 5, 6\}$의 부분집합이다.
> (나) $\{1, 2, 3, 4\} \cap X = \{4\}$

① 1   ② 2   ③ 4

④ 8   ⑤ 16

62 (상)(중)(하) ▶ 25647-0300

전체집합 $U = \{x \mid x$는 10 이하의 자연수$\}$의 두 부분집합
$$A = \{x \mid x$는 4의 양의 약수$\},$$
$$B = \{x \mid x$는 10 이하의 3의 양의 배수$\}$$
에 대하여 $A \cup X = B^C \cap X$를 만족시키는 집합 U의 부분집합 X의 개수를 구하시오.

63 (상)(중)(하) ▶ 25647-0301

전체집합 $U = \{x \mid x$는 15 이하의 자연수$\}$의 두 부분집합 A, B에 대하여
$$A = \{x \mid x$는 12의 양의 약수$\},$$
$$B = \{x \mid x$는 15 이하의 홀수인 자연수$\}$$
일 때, $A \cup X = B \cup X$를 만족시키는 집합 U의 부분집합 X의 개수를 구하시오.

유형 16 | 집합의 연산법칙 (중요)

(1) 교환법칙: $A \cup B = B \cup A$, $A \cap B = B \cap A$
(2) 결합법칙: $(A \cup B) \cup C = A \cup (B \cup C)$,
$(A \cap B) \cap C = A \cap (B \cap C)$
(3) 분배법칙: $A \cap (B \cup C) = (A \cap B) \cup (A \cap C)$,
$A \cup (B \cap C) = (A \cup B) \cap (A \cup C)$
(4) 드모르간의 법칙: 전체집합 U의 두 부분집합 A, B에 대하여
$(A \cup B)^c = A^c \cap B^c$, $(A \cap B)^c = A^c \cup B^c$

>> **올림포스** 공통수학2 42쪽

64 대표문제 ▶ 25647-0302

세 집합 A, B, C에 대하여
$A = \{x \mid x$는 10 이하의 소수$\}$,
$B \cup C = \{x \mid x$는 6과 서로소인 10 이하의 자연수$\}$
일 때, 집합 $(A \cap B) \cup (A \cap C)$의 모든 원소의 합은?

① 12   ② 14   ③ 16
④ 18   ⑤ 20

65 상중하 ▶ 25647-0303

세 집합 A, B, C에 대하여
$A \cap B = \{1, 3, 5\}$, $C = \{2, 3, 4\}$
일 때, 집합 $A \cap (B \cap C)$의 원소는?

① 1   ② 2   ③ 3
④ 4   ⑤ 5

66 상중하 ▶ 25647-0304

전체집합 $U = \{1, 2, 3, 4, 5, 6, 7\}$의 두 부분집합 A, B에 대하여
$A - B = \{4, 5\}$,
$(A \cap B)^c \cap (A \cup B^c) = \{4, 5, 6, 7\}$
일 때, 집합 $A \cup B$의 모든 원소의 합을 구하시오.

67 상중하 ▶ 25647-0305

전체집합 $U = \{x \mid x$는 10 이하의 자연수$\}$의 두 부분집합
$A = \{1, 3, 5, 7, 9\}$, $B = \{3, 4, 7, 8\}$에 대하여 집합
$(A \cup B) \cap (A^c \cup B^c)$의 모든 원소의 합은?

① 21   ② 23   ③ 25
④ 27   ⑤ 29

68 상중하 ▶ 25647-0306

전체집합 $U = \{x \mid x$는 10 이하의 자연수$\}$의 세 부분집합 A, B, C에 대하여
$A = \{1, 2, 3, 6, 9\}$, $B \cap C = \{3, 9\}$
일 때, 집합 $(A \cap B^c) \cup (A \cap C^c)$의 모든 원소의 합은?

① 6   ② 9   ③ 12
④ 15   ⑤ 18

69 상중하 ▶ 25647-0307

전체집합 U의 세 부분집합 A, B, C에 대하여 **보기**에서 항상 옳은 것만을 있는 대로 고른 것은?

┌ 보기 ┐
ㄱ. $(A - B) - C = A - (B \cup C)$
ㄴ. $(A - B) \cup (A - C) = A - (B \cup C)$
ㄷ. $(A \cap B) - (A \cap C) = (A \cap B) - C$
└────┘

① ㄱ   ② ㄷ   ③ ㄱ, ㄴ
④ ㄱ, ㄷ   ⑤ ㄴ, ㄷ

유형 17 | 배수와 약수를 나타내는 집합

세 자연수 m, n, k에 대하여
(1) k의 양의 배수의 집합을 A_k라 하면 m과 n의 공배수를 원소로 갖는 집합은 $A_m \cap A_n$이다.
(2) k의 양의 약수의 집합을 B_k라 하면 m과 n의 공약수를 원소로 갖는 집합은 $B_m \cap B_n$이다.

>> **올림포스** 공통수학2 42쪽

70 대표문제
▶ 25647-0308

자연수 k에 대하여 집합
$$A_k = \{x \mid x는\ 100\ 이하의\ k의\ 양의\ 배수\}$$
라 할 때, $n(A_6 \cap A_8)$의 값은?

① 4 ② 6 ③ 8
④ 10 ⑤ 12

71 상중하
▶ 25647-0309

자연수 k의 양의 배수를 원소로 하는 집합을 A_k라 하자.
$$A_n \subset (A_2 \cap A_3),\ (A_{24} \cup A_{36}) \subset A_n$$
을 만족시키는 모든 자연수 n의 값의 합은?

① 12 ② 15 ③ 18
④ 21 ⑤ 24

72 상중하
▶ 25647-0310

자연수 k에 대하여 집합
$$A_k = \{x \mid x는\ k의\ 양의\ 약수\}$$
라 할 때, 집합 $(A_8 \cup A_9) \cap A_{12}$의 모든 원소의 합을 구하시오.

73 상중하
▶ 25647-0311

자연수 n에 대하여 집합
$$A_n = \{x \mid x는\ n의\ 양의\ 약수\}$$
라 할 때, **보기**에서 옳은 것만을 있는 대로 고른 것은?

| 보기 |

ㄱ. $A_4 \cap A_6 = A_2$
ㄴ. $A_4 \cup A_8 = A_8$
ㄷ. $(A_3 \cup A_4) \subset A_{12}$

① ㄱ ② ㄴ ③ ㄱ, ㄴ
④ ㄴ, ㄷ ⑤ ㄱ, ㄴ, ㄷ

74 상중하
▶ 25647-0312

두 자연수 m, n에 대하여 두 집합
$$A_m = \{x \mid x는\ m의\ 양의\ 약수\},$$
$$B_n = \{x \mid x는\ n의\ 양의\ 배수\}$$
라 할 때, 다음 조건을 만족시키는 모든 자연수 k의 값의 합을 구하시오.

(가) 집합 $A_{12} \cap A_{18}$은 집합 A_k의 부분집합이다.
(나) 집합 $B_6 \cap B_8$은 집합 B_k의 부분집합이다.

유형 18 ‖ 집합으로 나타낸 방정식 또는 부등식의 해

이차방정식 $ax^2+bx+c=0$ $(a>0)$이 서로 다른 두 실근 α, β $(\alpha<\beta)$를 갖는다고 하면

(1) $\{x \mid ax^2+bx+c=0\}=\{\alpha,\ \beta\}$

(2) $\{x \mid ax^2+bx+c<0\}=\{x \mid \alpha<x<\beta\}$

(3) $\{x \mid ax^2+bx+c>0\}=\{x \mid x<\alpha$ 또는 $x>\beta\}$

>> **올림포스** 공통수학2 41쪽

75 대표문제
▶ 25647-0313

실수 전체의 집합의 두 부분집합
$$A=\{x \mid x^2-2x-8=0\},\quad B=\{x \mid x^2+ax+a-1=0\}$$
에 대하여 $A-B=\{4\}$일 때, 집합 $A\cup B$의 모든 원소의 합을 구하시오. (단, a는 상수이다.)

76 상중하
▶ 25647-0314

실수 전체의 집합의 두 부분집합
$$A=\{x \mid x^2+3x-4\leq0\},\quad B=\{x \mid x^2+8x+12\leq0\}$$
에 대하여 집합 $A\cap B$의 원소의 최솟값을 m, 집합 $A\cup B$의 원소의 최댓값을 M이라 할 때, $m+M$의 값은?

① -5 ② -3 ③ -1

④ 1 ⑤ 3

77 상중하
▶ 25647-0315

실수 전체의 집합 R의 두 부분집합
$$A=\{x \mid x^2-2x-8>0\},\quad B=\{x \mid x^2+ax+b\leq0\}$$
이 다음 조건을 만족시킬 때, ab의 값을 구하시오.

(단, a, b는 상수이다.)

(가) $A\cup B=R$

(나) $A\cap B=\{x \mid 4<x\leq7\}$

유형 19 ‖ 새롭게 정의된 집합의 연산

새롭게 정의된 집합의 연산이 주어진 경우 집합의 연산법칙 또는 벤 다이어그램을 이용하여 정리한다.

>> **올림포스** 공통수학2 42쪽

78 대표문제
▶ 25647-0316

두 집합 $A=\{-1,\ 0,\ 1\}$, $B=\{1,\ 2\}$에 대하여 연산 $\blacklozenge$를
$$A\blacklozenge B=\{ab \mid a\in A,\ b\in B\}$$
라 정의할 때, 집합 $(A\blacklozenge B)\blacklozenge B$의 원소의 개수는?

① 5 ② 6 ③ 7

④ 8 ⑤ 9

79 상중하
▶ 25647-0317

전체집합 U의 두 부분집합 A, B에 대하여 연산 $\circledcirc$를
$$A\circledcirc B=A\cap(A^c\cup B^c)$$
로 정의한다. 전체집합 U의 세 부분집합
$$A=\{1,\ 2,\ 4,\ 8\},\ B=\{1,\ 2,\ 3,\ 4,\ 5\},\ C=\{2,\ 3,\ 5,\ 7\}$$
에 대하여 집합 $A\circledcirc(B\circledcirc C)$의 모든 원소의 합을 구하시오.

80 상중하
▶ 25647-0318

두 집합 A, B에 대하여 연산 $\triangle$를
$$A\triangle B=(A\cup B)-(A\cap B)$$
로 정의한다.
$$A=\{1,\ 3,\ 5,\ 7\},\quad A\triangle B=\{1,\ 2,\ 3,\ 4,\ 5\}$$
일 때, 집합 B의 모든 원소의 합은?

① 11 ② 12 ③ 13

④ 14 ⑤ 15

유형 20 유한집합의 원소의 개수 `중요`

두 유한집합 A, B에 대하여
(1) $n(A \cup B) = n(A) + n(B) - n(A \cap B)$
(2) $n(A^C) = n(U) - n(A)$ (단, U는 전체집합)
(3) $n(A - B) = n(A) - n(A \cap B) = n(A \cup B) - n(B)$

>> **올림포스** 공통수학2 42쪽

---

81 대표문제
▶ 25647-0319

전체집합 U의 두 부분집합 A, B에 대하여
$$n(U) = 30,\ n(A) = 12,\ n(B - A) = 7$$
일 때, $n(A^C \cap B^C)$의 값은?

① 11 ② 12 ③ 13
④ 14 ⑤ 15

---

82 상중하
▶ 25647-0320

전체집합 U의 두 부분집합 A, B에 대하여 $A \subset B^C$이고
$n(A) = 12$, $n(A \cup B) = 20$일 때, $n(B)$의 값은?

① 4 ② 6 ③ 8
④ 10 ⑤ 12

---

83 상중하
▶ 25647-0321

전체집합 U의 두 부분집합 A, B에 대하여
$$n(U) = 20,\ n(A^C \cap B^C) = 7,\ n((A-B) \cup (B-A)) = 11$$
일 때, $n(A \cap B)$의 값을 구하시오.

---

84 상중하
▶ 25647-0322

전체집합 U의 두 부분집합 A, B에 대하여
$$n(U) = 24,\ n(A \cap B) = 6,\ n(A^C \cap B^C) = 9$$
일 때, $n(A) + n(B)$의 값을 구하시오.

---

85 상중하
▶ 25647-0323

전체집합 U의 두 부분집합 A, B에 대하여 A와 B^C은 서로소이고
$$n(U) = 30,\ n(A) = 16,\ n(B^C) = 9$$
일 때, $n(B - A)$는?

① 5 ② 6 ③ 7
④ 8 ⑤ 9

---

86 상중하
▶ 25647-0324

세 집합 A, B, C에 대하여 B와 C는 서로소이고
$$n(A \cup B \cup C) = 20,\ n(A) = 11,\ n(C) = 6,\ n(B - A) = 8$$
일 때, $n(A \cap C)$의 값은?

① 2 ② 3 ③ 4
④ 5 ⑤ 6

유형 21 | 유한집합의 원소의 개수의 활용 〔중요〕

주어진 조건에서 전체집합 U와 그 부분집합 A, B를 정하고, 주어진 조건을 만족시키는 집합의 원소의 개수를 구한다.

≫ 올림포스 공통수학2 42쪽

87 대표문제
▶ 25647-0325

어느 학급의 학생 25명 중에서 디지털 카메라를 갖고 있는 학생이 9명, 폴라로이드 카메라를 갖고 있는 학생이 14명, 디지털 카메라와 폴라로이드 카메라 중 어느 것도 갖고 있지 않은 학생이 8명일 때, 디지털 카메라와 폴라로이드 카메라를 모두 갖고 있는 학생 수는?

① 6 　　　　② 7 　　　　③ 8
④ 9 　　　　⑤ 10

88 상중하
▶ 25647-0326

어느 동호회 회원 중에서 스키를 탈 수 있는 회원은 21명, 스키와 보드를 모두 탈 수 있는 회원은 11명, 스키 또는 보드를 탈 수 있는 회원은 29명일 때, 보드를 탈 수 있는 회원 수는?

① 15 　　　　② 17 　　　　③ 19
④ 21 　　　　⑤ 23

89 상중하
▶ 25647-0327

어느 학교의 방과후학교에 개설된 세 강좌 A, B, C 중 적어도 한 강좌를 수강한 학생 100명을 대상으로 방과후학교 수강 여부를 조사하였더니 강좌 A를 수강한 학생은 35명, 강좌 B를 수강한 학생은 39명, 강좌 C를 수강한 학생은 43명, 세 강좌 A, B, C를 모두 수강한 학생은 없었다. 세 강좌 A, B, C 중 한 강좌만 수강한 학생 수를 구하시오.

유형 22 | 유한집합의 원소의 개수의 최댓값과 최솟값 〔중요〕

전체집합 U의 두 부분집합 A, B에 대하여
(1) $n(A \cap B)$가 최대이면 $n(A \cup B)$가 최소이다.
(2) $n(A \cap B)$가 최소이면 $n(A \cup B)$가 최대이다.

≫ 올림포스 공통수학2 42쪽

90 대표문제
▶ 25647-0328

전체집합 U의 두 부분집합 A, B에 대하여
$$n(U)=30, \quad n(A)=21, \quad n(B)=17$$
일 때, $n(A \cap B)$의 최댓값과 최솟값의 합은?

① 21 　　　　② 23 　　　　③ 25
④ 27 　　　　⑤ 29

91 상중하
▶ 25647-0329

어느 아파트의 주민 50명을 대상으로 두 편의점 A, B를 이용해 본 경험이 있는지 조사하였더니 편의점 A를 이용해 본 주민이 37명, 편의점 B를 이용해 본 주민이 23명이었다. 두 편의점 A, B를 모두 이용해 본 주민 수의 최솟값을 구하시오.

92 상중하
▶ 25647-0330

어느 수학 동호회 회원 27명을 대상으로 두 경시대회 A, B에 대한 참가 신청을 받았다. 경시대회 A에 참가 신청을 한 학생의 수와 경시대회 B에 참가 신청을 한 학생의 수의 합이 32일 때, 두 경시대회 A, B에 모두 참가 신청을 한 학생 수의 최댓값과 최솟값의 합은?

① 21 　　　　② 23 　　　　③ 25
④ 27 　　　　⑤ 29

01
▶ 25647-0331

다음 조건을 만족시키는 100 이하의 모든 자연수 n의 값의 합을 구하시오.

> (가) 집합 S의 모든 원소는 자연수이다.
> (나) $x\in S$이면 $\dfrac{n}{x}\in S$이다.
> (다) 집합 S의 원소의 개수는 3보다 큰 홀수이다.

02 내신기출
▶ 25647-0332

두 집합
$$A=\{k,\ k+2\},\quad B=\{x\,|\,x^2-3x-4\leq0\}$$
에 대하여 $A\subset B$가 성립하도록 하는 모든 정수 k의 값의 합을 구하시오.

03 내신기출
▶ 25647-0333

전체집합 $U=\{x\,|\,x$는 8 이하의 자연수$\}$의 두 부분집합 $A=\{1,\ 2,\ 4\}$, $B=\{2,\ 4,\ 8\}$에 대하여 $A\cup X=B\cup X$를 만족시키는 집합 U의 부분집합 X의 개수를 구하시오.

04
▶ 25647-0334

자연수 전체의 집합의 부분집합 A가 다음 조건을 만족시킨다.

> $\{1,\ 2,\ 3\}\subset A$이고 $n(A)=4$이다.

집합 A의 부분집합 중 원소의 개수가 2인 모든 부분집합을 각각 A_1, A_2, A_3, $\cdots$, A_m이라 하고, 집합 X의 모든 원소의 합을 $S(X)$라 하자.
$S(A_1)+S(A_2)+S(A_3)+\cdots+S(A_m)=36$일 때, $S(A)$의 값을 구하시오. (단, m은 자연수이다.)

05
▶ 25647-0335

두 집합
$$A=\left\{x\,\middle|\,\dfrac{21}{x}\text{은 자연수},\ x\text{는 자연수}\right\},$$
$$B=\{x\,|\,(x-k)(x-2k)\leq0\}$$
이 서로소가 되도록 하는 20 이하의 모든 자연수 k의 값의 합을 구하시오.

06

▶ 25647-0336

전체집합 $U=\{1,\ 2,\ 3,\ 4,\ 5,\ 6\}$의 두 부분집합 A, B에 대하여
$$A=\{1,\ 2,\ 3,\ 4\},\ (A\cup B)\cap(A^C\cup B^C)=\{2,\ 4,\ 6\}$$
일 때, 집합 $A\cap B$의 모든 원소의 합을 구하시오.

07

▶ 25647-0337

자연수 k에 대하여 집합
$$A_k=\{x\mid x\text{는 } k\text{의 양의 배수}\}$$
라 할 때, $(A_3\cap A_4)\subset A_n$, $A_3\cap A_n=A_{3n}$을 모두 만족시키는 2 이상의 모든 자연수 n의 값의 합을 구하시오.

08

▶ 25647-0338

실수 전체의 집합의 두 부분집합
$$A=\{x\mid x^2-7x-18\le 0\},$$
$$B=\{x\mid (x-a)(x-a^2)>0\}$$
에 대하여 $A\cap B^C=A$가 되도록 하는 실수 a의 최댓값을 구하시오.

09

▶ 25647-0339

전체집합 U의 세 부분집합 A, B, C에 대하여 B와 C가 서로소 이고,
$$n(U)=30,\ n(A^C\cap C^C)=12,\ n(A^C\cap B)=7$$
일 때, $n(A\cup B\cup C)$의 값을 구하시오.

10 내신기출

▶ 25647-0340

어느 대학의 대학별 고사에 참여한 학생 50명을 대상으로 출제된 A, B 두 문제의 해결 여부를 조사하였더니, A 문제를 해결한 학생은 26명, B 문제를 해결한 학생은 31명이었다. B 문제만 해결한 학생 수의 최댓값과 최솟값의 합을 구하시오.

▶ 25647-0341

01 집합 $A=\{x\,|\,x$와 k는 서로소, x는 9 이하의 자연수$\}$에 대하여 $n(A)=7$이 되도록 하는 200 이하의 모든 자연수 k의 값의 합을 구하시오.

▶ 25647-0342

02 전체집합 $U=\{1,\ 2,\ 3,\ 4,\ 5,\ 6\}$에 대하여 다음 조건을 만족시키는 집합 U의 부분집합 X의 개수는?

> 두 집합 $A=\{1,\ 2,\ 4\}$, $B=\{2,\ 3,\ 4\}$에 대하여
> $$A\cup X=X,\ (B-A)\cup X=X$$
> 이다.

① 2　　　　② 4　　　　③ 8　　　　④ 16　　　　⑤ 32

▶ 25647-0343

03 두 집합
$$A=\{x\,|\,x$는 100 이하의 홀수인 자연수$\}$$
$$B=\{x\,|\,x$는 14와 서로소인 자연수$\}$$
에 대하여 다음 조건을 만족시키는 공집합이 아닌 집합 X의 개수를 구하시오.

> (가) $x\in X$이면 $x\in A$이다.
> (나) $x\in B$이면 $x\notin X$이다.

▶ 25647-0344

04 실수 전체의 집합의 두 부분집합
$$A=\{x\,|\,x^2-4x+3\geq0\},\ B=\{x\,|\,x^2+ax+b<0\}$$
에 대하여 $A\cup B=\{x\,|\,x$는 모든 실수$\}$, $A\cap B=\{x\,|\,-1<x\leq1\}$일 때, $a+b$의 값은? (단, a, b는 상수이다.)

① -5　　　　② -3　　　　③ -1　　　　④ 1　　　　⑤ 3

▶ 25647-0345

05 세 집합

$A=\{x\,|\,x$는 한 자리의 소수$\}$,

$B=\{x\,|\,x$는 k의 양의 약수$\}$,

$C=\{x\,|\,x$는 k 이하의 7의 양의 배수$\}$

가 있다. 집합 $A\cap B$의 모든 원소의 합이 9이고 $6\leq n(A\cup C)\leq12$가 성립하도록 하는 모든 자연수 k의 값의 합은?

① 66 　　　　② 72 　　　　③ 78 　　　　④ 84 　　　　⑤ 90

▶ 25647-0346

06 집합 $U=\{x\,|\,x$는 10 이하의 자연수$\}$의 공집합이 아닌 두 부분집합 A, B가 다음 조건을 만족시킨다.

> (가) 두 집합 A, B는 서로소이고, 두 집합 A^{C}, B^{C}도 서로소이다.
> (나) 집합 A의 모든 원소는 집합 B의 모든 원소와 서로소이다.

$3\in B$일 때, 집합 A의 모든 원소의 합의 최댓값은?

① 8 　　　　② 10 　　　　③ 12 　　　　④ 14 　　　　⑤ 16

▶ 25647-0347

07 두 집합 A, B에 대하여

$n(A)=25$, $n(B)=18$, $n(A-B)+n(B-A)\leq31$

일 때, $n(A\cup B)$의 최댓값과 최솟값의 합을 구하시오.

▶ 25647-0348

08 어느 고등학교에서는 미적분Ⅱ, 기하, 경제수학 중 적어도 한 과목을 이수하도록 교육과정이 편성되어 있다. 이 고등학교 졸업생 100명을 대상으로 조사한 결과가 다음과 같을 때, 미적분Ⅱ, 기하, 경제수학 중 두 과목만을 이수한 학생의 수를 구하시오.

> (가) 기하를 이수한 모든 학생은 미적분Ⅱ를 이수하였다.
> (나) 경제수학을 이수한 학생 중 기하를 이수한 학생은 없다.
> (다) 미적분Ⅱ, 기하, 경제수학 중 한 과목만을 이수한 학생은 38명이었다.

05 명제

01 명제와 조건

(1) **명제**: 참인지 거짓인지를 분명하게 판별할 수 있는 문장이나 식을 명제라 한다.

(2) **조건**: 미지수를 포함하는 문장이나 식이 미지수의 값에 따라 참, 거짓이 정해질 때, 그 문장이나 식을 조건이라 한다.

(3) **진리집합**: 전체집합 U에서 조건이 참이 되게 하는 모든 원소의 집합을 그 조건의 진리집합이라 한다.

02 명제와 조건의 부정

(1) 명제 또는 조건 p에 대하여 'p가 아니다.'를 명제 또는 조건 p의 부정이라 하고, 기호로 $\sim p$와 같이 나타낸다.

(2) 명제 p가 참이면 $\sim p$는 거짓이고, 명제 p가 거짓이면 $\sim p$는 참이다.

(3) 조건 p의 진리집합이 P이면 $\sim p$의 진리집합은 P^C이다.

(4) 두 조건 p, q에 대하여 'p 또는 q'의 부정은 '$\sim p$ 그리고 $\sim q$'이고
'p 그리고 q'의 부정은 '$\sim p$ 또는 $\sim q$'이다.

- $\sim p$의 부정은 p이다.
➡ $\sim(\sim p)=p$

03 명제 $p \longrightarrow q$의 참, 거짓

(1) 두 조건 p, q로 이루어진 명제 'p이면 q이다.'를 기호로 $p \longrightarrow q$와 같이 나타내고, p를 가정, q를 결론이라 한다.

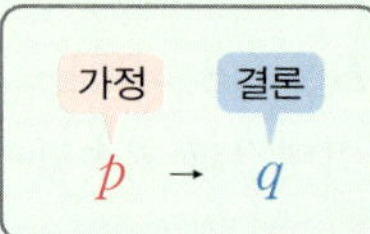

(2) 명제 $p \longrightarrow q$에서 두 조건 p, q의 진리집합을 각각 P, Q라 할 때,
① 명제 $p \longrightarrow q$가 참이면 $P \subset Q$이고, $P \subset Q$이면 명제 $p \longrightarrow q$는 참이다.
② 명제 $p \longrightarrow q$가 거짓이면 $P \not\subset Q$이고, $P \not\subset Q$이면 명제 $p \longrightarrow q$는 거짓이다.

- 명제 $p \longrightarrow q$가 거짓임을 보일 때는 가정 p는 만족시키지만 결론 q는 만족시키지 않는 예를 찾으면 된다. 이와 같은 예를 반례라고 한다.

04 '모든' 또는 '어떤'이 들어 있는 명제

(1) 전체집합 U에 대하여 조건 p의 진리집합을 P라 할 때,
① $P=U$이면 '모든 x에 대하여 p이다.'는 참이다.
② $P \neq U$이면 '모든 x에 대하여 p이다.'는 거짓이다.
③ $P \neq \varnothing$이면 '어떤 x에 대하여 p이다.'는 참이다.
④ $P = \varnothing$이면 '어떤 x에 대하여 p이다.'는 거짓이다.
(2) '모든' 또는 '어떤'이 들어 있는 명제의 부정
① 조건 p에 대하여 '모든 x에 대하여 p이다.'의 부정은 '어떤 x에 대하여 $\sim p$이다.'이다.
② 조건 p에 대하여 '어떤 x에 대하여 p이다.'의 부정은 '모든 x에 대하여 $\sim p$이다.'이다.

- '모든'이 들어 있는 명제는 반례가 단 하나만 존재해도 거짓이다.
- '어떤'이 들어 있는 명제는 그것을 만족시키는 예가 단 하나만 존재해도 참이다.

01 명제와 조건

[01~04] 다음 중 명제인 것은 ◯를, 명제가 아닌 것은 ×를 (　) 안에 써넣으시오.

01 $1+3=4$　　　　　　　　(　　　)

02 $x^2=1$　　　　　　　　(　　　)

03 수학은 재밌다.　　　　　　(　　　)

04 짝수인 소수는 없다.　　　　(　　　)

[05~08] 전체집합 $U=\{x\,|\,x$는 10 이하의 자연수$\}$에 대하여 다음 조건의 진리집합을 구하시오.

05 p: x는 3의 배수이다.　　**06** p: x는 소수이다.

07 p: $x^2-4x+3=0$　　　**08** p: $x^2-2x-8\leq0$

02 명제와 조건의 부정

[09~11] 다음 명제의 부정을 구하시오.

09 -2는 정수이다.

10 $x=1$ 또는 $x=3$

11 8은 4의 양의 약수도 아니고 3의 양의 배수도 아니다.

[12~14] 전체집합 $U=\{x\,|\,x$는 10 이하의 자연수$\}$에 대하여 조건 p가 'p: x는 8의 양의 약수이다.'일 때, 다음을 구하시오.

12 p의 진리집합

13 $\sim p$

14 $\sim p$의 진리집합

03 명제 $p \longrightarrow q$의 참, 거짓

[15~17] 다음 명제의 가정과 결론을 말하시오.

15 $x=1$이면 $x^2=1$이다.

16 4의 배수이면 8의 배수이다.

17 x가 홀수이면 x^2은 홀수이다.

[18~20] 다음 명제의 참, 거짓을 판별하시오.

18 $-1<x<1$이면 $0\leq x<2$이다.

19 x가 4의 양의 약수이면 x는 8의 양의 약수이다.

20 $x^2+y^2>0$이면 $x\neq0$, $y\neq0$이다.

04 '모든' 또는 '어떤'이 들어 있는 명제

[21~22] 다음 명제의 참, 거짓을 판별하시오.

21 모든 실수 x에 대하여 $x^2-x+1>0$이다.

22 어떤 실수 x에 대하여 $x^2<0$이다.

[23~24] 다음 명제의 부정을 말하시오.

23 모든 자연수 x에 대하여 $x^2\leq0$이다.

24 어떤 자연수 x에 대하여 $x^2=4$이다.

[25~26] 다음 명제의 부정을 말하고, 그것의 참, 거짓을 판별하시오.

25 모든 실수 x에 대하여 $2x+4<6$이다.

26 어떤 실수 x에 대하여 $x^2+1>0$이다.

05 명제의 역과 대우

(1) 역: 명제 $p \longrightarrow q$에 대하여 가정과 결론의 위치를 서로 바꾸어 놓은 명제 $q \longrightarrow p$를 명제 $p \longrightarrow q$의 역이라 한다.

(2) 대우: 명제 $p \longrightarrow q$에 대하여 가정과 결론을 각각 부정하고 위치를 서로 바꾸어 놓은 명제 $\sim q \longrightarrow \sim p$를 명제 $p \longrightarrow q$의 대우라 한다.

(3) 명제와 그 대우의 참, 거짓
① 명제 $p \longrightarrow q$가 참이면 그 대우 $\sim q \longrightarrow \sim p$도 참이다.
② 명제 $p \longrightarrow q$가 거짓이면 그 대우 $\sim q \longrightarrow \sim p$도 거짓이다.

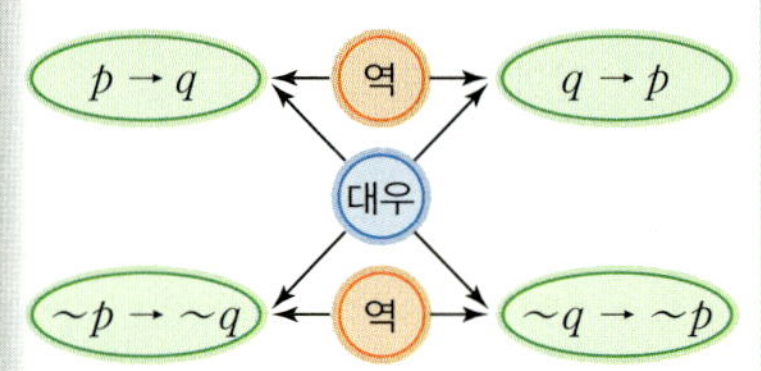

- 명제와 그 대우의 참, 거짓은 항상 일치한다.
- 명제 $p \longrightarrow q$가 참이라고 해서 그 명제의 역 $q \longrightarrow p$가 반드시 참인 것은 아니다.

06 충분조건과 필요조건

(1) 명제 $p \longrightarrow q$가 참인 것을 기호로 $p \Longrightarrow q$와 같이 나타내고, p는 q이기 위한 충분조건, q는 p이기 위한 필요조건이라 한다.

(2) 명제 $p \longrightarrow q$에 대하여 $p \Longrightarrow q$이고 $q \Longrightarrow p$일 때, 이것을 기호로 $p \Longleftrightarrow q$와 같이 나타내고, p는 q이기 위한 필요충분조건이라 한다.

(3) 두 조건 p, q의 진리집합을 각각 P, Q라 할 때,
① $P \subset Q$이면 p는 q이기 위한 충분조건, q는 p이기 위한 필요조건이다.
② $P = Q$이면 p는 q이기 위한 필요충분조건이다.

p이기 위한 필요조건

$$p \implies q$$

q이기 위한 충분조건

07 명제의 증명

(1) 대우를 이용한 증명법: 명제 $p \longrightarrow q$가 참이면 그 대우 $\sim q \longrightarrow \sim p$도 참이므로 명제 $p \longrightarrow q$가 참임을 증명할 때 그 대우 $\sim q \longrightarrow \sim p$가 참임을 증명하면 된다.

(2) 귀류법: 어떤 명제를 증명하는 과정에서 명제의 결론을 부정하여 가정 또는 이미 알려진 사실에 모순됨을 보여서 그 결론이 성립함을 보여 주는 증명 방법을 귀류법이라 한다.

(3) 삼단논법: 세 조건 p, q, r에 대하여 명제 $p \longrightarrow q$가 참이고 명제 $q \longrightarrow r$가 참이면 명제 $p \longrightarrow r$는 참이다.

- 정의: 용어의 뜻을 명확하게 정한 것
- 증명: 이미 알려진 사실이나 성질을 이용하여 어떤 명제가 참임을 논리적으로 밝히는 것
- 정리: 참임이 증명된 명제 중에서 기본이 되고, 또 다른 명제를 증명할 때 이용할 수 있는 것

08 절대부등식

(1) 절대부등식: 부등식의 문자에 어떤 실수를 대입하여도 항상 성립하는 부등식을 절대부등식이라 한다.

(2) 부등식의 증명에 이용되는 실수의 성질: a, b가 실수일 때
① $a > b \Longleftrightarrow a - b > 0$ ② $a^2 \geq 0$
③ $a^2 + b^2 = 0 \Longleftrightarrow a = b = 0$ ④ $a > 0$, $b > 0$일 때, $a > b \Longleftrightarrow a^2 > b^2$
⑤ $|a|^2 = a^2$, $|a||b| = |ab|$, $|a| \geq a$

(3) 여러 가지 절대부등식: a, b가 실수일 때
① $a^2 \pm ab + b^2 \geq 0$ (단, 등호는 $a = b = 0$일 때 성립한다.)
② $|a| + |b| \geq |a + b|$ (단, 등호는 $ab \geq 0$일 때 성립한다.)
③ 산술평균과 기하평균의 관계
$a > 0$, $b > 0$일 때, $\dfrac{a+b}{2} \geq \sqrt{ab}$ (단, 등호는 $a = b$일 때 성립한다.)

- **실수의 대소 관계**
두 실수 a, b에 대하여
① $a - b > 0$이면 $a > b$
② $a - b = 0$이면 $a = b$
③ $a - b < 0$이면 $a < b$

05 명제의 역과 대우

[27~28] 다음 명제의 역, 대우를 말하고, 각각 참, 거짓을 판별하시오.

27 정삼각형이면 이등변삼각형이다.

28 x가 소수이면 x는 홀수이다.

[29~32] 명제
'$a^2+b^2=0$이면 $a=0$이고 $b=0$이다.'
에 대하여 다음 물음에 답하시오. (단, a, b는 실수이다.)

29 역을 구하시오.

30 역의 참, 거짓을 판별하시오.

31 대우를 구하시오.

32 대우의 참, 거짓을 판별하시오.

06 충분조건과 필요조건

[33~35] 두 조건 p, q가 다음과 같을 때, □ 안에 알맞은 것을 써넣으시오.

33 p: x는 3의 양의 약수, q: x는 6의 양의 약수
➡ p는 q이기 위한 ☐ 조건이다.

34 p: $-1 \le x \le 1$, q: $|x| < 1$
➡ p는 q이기 위한 ☐ 조건이다.

35 p: $x=0$이고 $y=0$, q: $x^2+y^2=0$
➡ p는 q이기 위한 ☐ 조건이다.

07 명제의 증명

36 다음은 $\sqrt{2}$가 무리수임을 귀류법을 이용하여 증명하는 과정이다.

> $\sqrt{2}$가 ☐(가) 라고 가정하면
>
> $$\sqrt{2} = \frac{b}{a} \quad (a,\ b는\ 서로소인\ 자연수)$$
>
> 로 놓을 수 있으므로 $2 = \dfrac{b^2}{a^2}$, 즉 $b^2 = 2a^2$이다.
>
> 이때, b^2이 짝수이므로 b도 ☐(나) 이다.
>
> $b = 2k$ (k는 자연수)로 놓으면
>
> $4k^2 = 2a^2$이므로 $a^2 = 2k^2$
>
> a^2이 짝수이므로 a도 ☐(나) 이다.
>
> 따라서 a, b가 ☐(다) 라는 가정에 모순이므로 $\sqrt{2}$는 무리수이다.

위의 과정에서 (가), (나), (다)에 알맞은 것을 써넣으시오.

08 절대부등식

37 다음은 $a>0$, $b>0$일 때, $\dfrac{a+b}{2} \ge \sqrt{ab}$가 성립함을 증명하는 과정이다.

> $$\frac{a+b}{2} - \sqrt{ab} = \frac{a+b-2\sqrt{ab}}{2}$$
>
> $$= \frac{(\sqrt{a})^2 - \boxed{\text{(가)}} + (\sqrt{b})^2}{2}$$
>
> $$= \frac{(\boxed{\text{(나)}})^2}{2} \ge 0$$
>
> 따라서 $\dfrac{a+b}{2} \ge \sqrt{ab}$이고 등호는 ☐(다) 일 때 성립한다.

위의 과정에서 (가), (나), (다)에 알맞은 것을 써넣으시오.

유형 01 ▎ 명제와 조건

(1) 명제: 참, 거짓을 분명하게 판별할 수 있는 문장이나 식을 명제라 한다.
(2) 조건: 미지수를 포함하는 문장이나 식이 미지수의 값에 따라 참, 거짓이 결정될 때, 그 문장이나 식을 조건이라 한다.

▶ **올림포스** 공통수학2 51쪽

01 대표문제
▶ 25647-0349

다음 중 명제인 것은?

① 한라산은 높다.
② $x<1$ 또는 $x>3$
③ 6은 7에 가까운 수이다.
④ x는 2 보다 큰 자연수이다.
⑤ 10은 3의 배수이다.

02 상중하
▶ 25647-0350

다음 중 조건인 것은?

① 유리수는 무리수가 아니다.
② $4+3\neq7$
③ n이 정수이면 n^2은 자연수이다.
④ $2x+3=1$
⑤ $x>3$이면 $x>1$이다.

03 상중하
▶ 25647-0351

┃보기┃에서 명제인 것의 개수는?

┃ 보기 ┃
ㄱ. $1+3<5$　　　　ㄴ. $4x-3=7$
ㄷ. $x^2=1$이면 $x=1$이다.　　ㄹ. 동위각의 크기는 서로 같다.
ㅁ. 서울은 살기 좋은 도시이다.

① 1　　　　② 2　　　　③ 3
④ 4　　　　⑤ 5

유형 02 ▎ 명제와 조건의 부정

(1) 명제 p가 참이면 $\sim p$는 거짓이고, 명제 p가 거짓이면 $\sim p$는 참이다.
(2) 조건 p의 진리집합이 P이면 $\sim p$의 진리집합은 P^C이다.

▶ **올림포스** 공통수학2 51쪽

04 대표문제
▶ 25647-0352

조건 '$x\leq0$ 또는 $x\geq2$'의 부정을 옳게 나타낸 것은?

① $\varnothing$　　　　　　　② $0<x<2$
③ $0\leq x\leq2$　　　　　④ $x>0$ 또는 $x<2$
⑤ $x\geq0$ 또는 $x\leq2$

05 상중하
▶ 25647-0353

┃보기┃에서 부정이 참인 것만을 있는 대로 고른 것은?

┃ 보기 ┃
ㄱ. $\dfrac{2}{3}$는 정수이다.
ㄴ. 2는 소수이다.
ㄷ. 16은 3의 배수이다.

① ㄱ　　　　② ㄴ　　　　③ ㄷ
④ ㄱ, ㄷ　　　⑤ ㄴ, ㄷ

06 상중하
▶ 25647-0354

조건 '어느 동아리의 회원 중 남학생은 많아야 8명이다.'의 부정을 옳게 나타낸 것은?

① 어느 동아리의 회원 중 여학생은 많아야 8명이다.
② 어느 동아리의 회원 중 남학생은 적어도 8명이다.
③ 어느 동아리의 회원 중 여학생은 적어도 8명이다.
④ 어느 동아리의 회원 중 남학생은 적어도 9명이다.
⑤ 어느 동아리의 회원 중 여학생은 적어도 9명이다.

유형 03 | 조건과 진리집합

전체집합 U에서 조건이 참이 되게 하는 모든 원소의 집합을 그 조건의 진리집합이라 한다.

두 조건 p, q의 진리집합을 각각 P, Q라 할 때

(1) $\sim p$의 진리집합은 P^C

(2) 'p 또는 q'의 진리집합은 $P \cup Q$

(3) 'p 그리고 q'의 진리집합은 $P \cap Q$

>> **올림포스** 공통수학2 51쪽

07 대표문제
▶ 25647-0355

전체집합 $U = \{x \,|\, x$는 자연수$\}$에 대하여 조건 p가

$$p:\ x^2 - 4x - 12 < 0$$

일 때, 조건 p의 진리집합의 원소의 개수는?

① 3　　　　　② 4　　　　　③ 5

④ 6　　　　　⑤ 7

08 상중하
▶ 25647-0356

실수 전체의 집합에서 두 조건

$$p:\ x \geq -2, \quad q:\ x \geq 3$$

의 진리집합을 각각 P, Q라 할 때, 다음 중 조건 '$-2 \leq x < 3$'의 진리집합을 나타내는 것은?

① $P \cap Q$　　　　② $P \cup Q$　　　　③ $P - Q$

④ $Q - P$　　　　⑤ $P \cup Q^C$

09 상중하
▶ 25647-0357

전체집합 $U = \{x \,|\, x$는 10 이하의 자연수$\}$에 대하여 두 조건 p, q가

$$p:\ x^2 - 12x + 32 > 0, \quad q:\ x^2 - 4x + 3 = 0$$

일 때, 조건 '$\sim p$ 또는 q'의 진리집합의 원소의 개수를 구하시오.

유형 04 | 거짓인 명제의 반례

명제 $p \longrightarrow q$에서 조건 p는 참이 되게 하지만 조건 q는 거짓이 되게 하는 예가 하나라도 존재하면 그 명제는 거짓이 되는데, 이와 같은 예를 반례라고 한다.

>> **올림포스** 공통수학2 52쪽

10 대표문제
▶ 25647-0358

전체집합 U에 대하여 두 조건 p, q의 진리집합을 각각 P, Q라 할 때, 명제 'p이면 $\sim q$이다.'가 거짓임을 보이는 모든 원소로만 이루어진 집합은?

① $P \cap Q$　　　　② $P \cup Q$　　　　③ $P - Q$

④ $Q - P$　　　　⑤ $P \cup Q^C$

11 상중하
▶ 25647-0359

전체집합 U에 대하여 두 조건 p, q의 진리집합을 각각 P, Q라 하자. 두 집합 P, Q가 오른쪽 벤 다이어그램과 같을 때, 명제 $q \longrightarrow p$가 거짓임을 보이는 모든 원소의 합은?

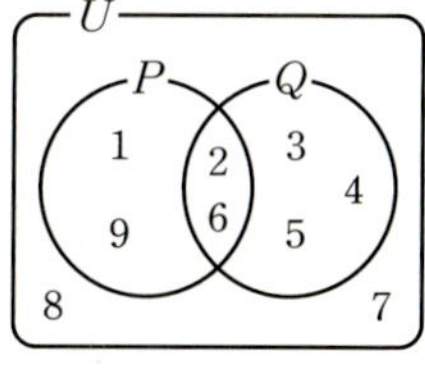

① 8　　　　　② 10　　　　　③ 12

④ 14　　　　　⑤ 16

12 상중하
▶ 25647-0360

전체집합 $U = \{x \,|\, x$는 10 이하의 자연수$\}$에 대하여 두 조건 p, q가

$$p:\ x$는 8의 양의 약수이다.,$$
$$q:\ x$는 소수이다.$$

일 때, 명제 $\sim p \longrightarrow q$가 거짓임을 보이는 모든 원소의 합을 구하시오.

유형 05 | 명제의 참, 거짓

두 조건 p, q의 진리집합을 각각 P, Q라 할 때,
(1) $P \subset Q$이면 명제 $p \longrightarrow q$는 참이다.
(2) $P \not\subset Q$이면 명제 $p \longrightarrow q$는 거짓이다.

» **올림포스** 공통수학2 52쪽

13 대표문제 ▶ 25647-0361

두 조건 p, q에 대하여 **보기**에서 명제 $p \longrightarrow q$가 참인 것만을 있는 대로 고른 것은?

보기

ㄱ. p: $x^2 = 1$　　　　　　q: $x = 1$
ㄴ. p: x는 4의 양의 약수　　q: x는 4 이하의 자연수
ㄷ. p: x는 3의 양의 배수　　q: x는 6의 양의 배수

① ㄱ　　　　② ㄴ　　　　③ ㄷ
④ ㄱ, ㄴ　　⑤ ㄴ, ㄷ

14 상중하 ▶ 25647-0362

x에 대한 두 조건 p, q가

　p: x는 6 이하의 소수이다.
　q: x는 n의 양의 약수이다.

일 때, 명제 $p \longrightarrow q$가 참이 되도록 하는 100 이하의 자연수 n의 개수를 구하시오.

15 상중하 ▶ 25647-0363

두 자연수 a, b에 대하여 **보기**에서 참인 명제만을 있는 대로 고른 것은?

보기

ㄱ. $a + b$가 소수이면 a와 b 중 적어도 하나는 홀수이다.
ㄴ. ab가 짝수이면 a와 b 중 적어도 하나는 짝수이다.
ㄷ. $\dfrac{b}{a}$가 홀수이면 a와 b 중 적어도 하나는 홀수이다.

① ㄱ　　　　② ㄴ　　　　③ ㄱ, ㄴ
④ ㄴ, ㄷ　　⑤ ㄱ, ㄴ, ㄷ

유형 06 | 명제의 참, 거짓과 진리집합 사이의 포함 관계

두 조건 p, q의 진리집합을 각각 P, Q라 할 때,
(1) $P \subset Q$이면 명제 $p \longrightarrow q$는 참이다.
(2) 명제 $p \longrightarrow q$가 참이면 $P \subset Q$이다.

» **올림포스** 공통수학2 52쪽

16 대표문제 ▶ 25647-0364

전체집합 U에 대하여 두 조건 p, q의 진리집합을 각각 P, Q라 하자. $P^C \cup Q = Q$일 때, 다음 중 항상 참인 명제는?

① $p \longrightarrow \sim q$　　② $\sim p \longrightarrow \sim q$　　③ $q \longrightarrow p$
④ $q \longrightarrow \sim p$　　⑤ $\sim q \longrightarrow p$

17 상중하 ▶ 25647-0365

전체집합 U에 대하여 세 조건 p, q, r의 진리집합을 각각 P, Q, R이라 하자. 세 집합 P, Q, R가 오른쪽 벤 다이어그램과 같을 때, 다음 중 항상 참인 명제는?

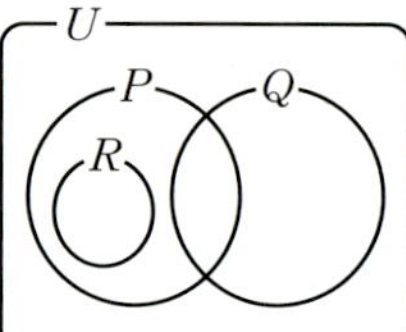

① $p \longrightarrow \sim q$　　② $p \longrightarrow r$
③ $q \longrightarrow \sim p$　　④ $r \longrightarrow q$　　⑤ $r \longrightarrow \sim q$

18 상중하 ▶ 25647-0366

전체집합 U에 대하여 세 조건 p, q, r의 진리집합을 각각 P, Q, R이라 하자.

$$P \cap Q = P, \quad Q \cup R^C = R^C$$

일 때, 다음 중 항상 참인 명제는?

① $p \longrightarrow \sim q$　　② $p \longrightarrow r$　　③ $q \longrightarrow r$
④ $\sim q \longrightarrow p$　　⑤ $r \longrightarrow \sim p$

19 (상)(중)(하) ▶ 25647-0367

전체집합 U에 대하여 세 조건 p, q, r의 진리집합을 각각 P, Q, R이라 하자. 두 명제 $\sim p \longrightarrow \sim q$, $q \longrightarrow r$가 모두 참일 때, 다음 중 항상 옳은 것은?

① $P \cup (Q \cap R) = Q$　　　　② $P \cap (Q \cup R) = R$
③ $Q \cup (P \cap R) = P$　　　　④ $P \cap Q \cap R = Q$
⑤ $P \cup Q \cup R = P$

20 (상)(중)(하) ▶ 25647-0368

전체집합 $U = \{x \mid x$는 10 이하의 자연수$\}$에 대하여 두 조건 p, q의 진리집합을 각각 P, Q라 하자. 조건 p가
　　p: x는 12의 양의 약수이다.
일 때, 명제 $p \longrightarrow q$가 참이 되도록 하는 집합 Q의 개수는?

① 4　　　　　② 8　　　　　③ 16
④ 32　　　　⑤ 64

21 (상)(중)(하) ▶ 25647-0369

전체집합 U에 대하여 두 조건 p, q의 진리집합을 각각 P, Q라 하자.
　　$P \cap Q = \varnothing$, $P \cup Q = U$
일 때, | 보기 |에서 참인 명제만을 있는 대로 고른 것은?

| 보기 |
ㄱ. $p \longrightarrow \sim q$　　　　ㄴ. $\sim p \longrightarrow \sim q$
ㄷ. $q \longrightarrow p$　　　　ㄹ. $\sim q \longrightarrow p$

① ㄱ, ㄴ　　　② ㄱ, ㄹ　　　③ ㄴ, ㄷ
④ ㄴ, ㄹ　　　⑤ ㄷ, ㄹ

유형 **07** | 명제가 참이 되도록 하는 미지수 구하기 중요

두 조건 p, q의 진리집합을 각각 P, Q라 할 때, 명제 $p \longrightarrow q$가 참이 되도록 하는 미지수의 값을 구하기 위해서는 $P \subset Q$가 되도록 하는 값을 구한다.

>> **올림포스** 공통수학2 52쪽

22 대표문제 ▶ 25647-0370

x에 대한 두 조건
$$p: -3 \leq x \leq a, \quad q: -a \leq x < \frac{a}{3} + 12$$
에 대하여 명제 $p \longrightarrow q$가 참이 되도록 하는 정수 a의 개수는?
(단, $a > -3$)

① 11　　　　② 13　　　　③ 15
④ 17　　　　⑤ 19

23 (상)(중)(하) ▶ 25647-0371

명제 '$3 - a \leq x < 4$이면 $-2 < x < a+1$이다.'가 참이 되도록 하는 모든 정수 a의 값의 합은? (단, $a > -1$)

① 5　　　　　② 6　　　　　③ 7
④ 8　　　　　⑤ 9

24 (상)(중)(하) ▶ 25647-0372

x에 대한 두 조건

$$p: |x-a|>3, \quad q: |x-7|\leq\frac{a}{2}$$

에 대하여 명제 $\sim p \longrightarrow q$가 참이 되도록 하는 모든 자연수 a의 값의 합을 구하시오.

25 (상)(중)(하) ▶ 25647-0373

x에 대한 세 조건

$$p: 5<x<8, \quad q: x\geq a, \quad r: |x|>a^2$$

에 대하여 두 명제 $p \longrightarrow q$, $p \longrightarrow \sim r$이 모두 참이 되도록 하는 모든 자연수 a의 값의 합을 구하시오.

26 (상)(중)(하) ▶ 25647-0374

x에 대한 두 조건

$$p: -2\leq x\leq k, \quad q: x\leq 1 \text{ 또는 } x\geq 4$$

에 대하여 명제 $\sim p \longrightarrow q$가 거짓임을 보이는 자연수가 3뿐일 때, 실수 k의 값의 범위는?

① $1\leq k<2$ ② $k\geq 2$ ③ $2\leq k<3$

④ $k\geq 3$ ⑤ $3\leq k<4$

유형 08 '모든' 또는 '어떤'을 포함한 명제 〔중요〕

전체집합 U에 대하여 조건 p의 진리집합을 P라 할 때,

(1) $P=U$이면 '모든 x에 대하여 p이다.'는 참이다.

(2) $P\neq\varnothing$이면 '어떤 x에 대하여 p이다.'는 참이다.

≫ **올림포스** 공통수학2 52쪽

27 〔대표문제〕 ▶ 25647-0375

전체집합 $U=\{x \mid x$는 6의 약수$\}$에 대하여 $x\in U$일 때, 다음 중 거짓인 명제는?

① 모든 x에 대하여 $x+1<8$이다.

② 어떤 x에 대하여 $3x-1>12$이다.

③ 모든 x에 대하여 $x^2-1\geq 0$이다.

④ 어떤 x에 대하여 $x^2+1\leq 2$이다.

⑤ 모든 x에 대하여 $x^2-x>0$이다.

28 (상)(중)(하) ▶ 25647-0376

두 집합 A, B가 그림과 같을 때, 다음 명제 중 거짓인 것은?

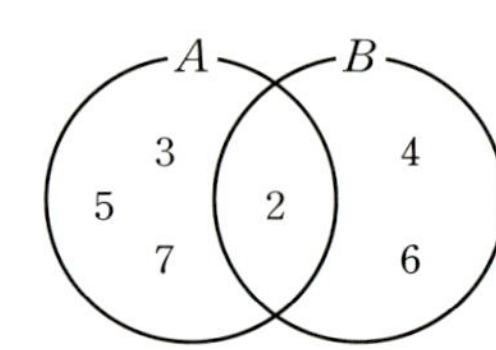

① 집합 A의 어떤 원소는 짝수이다.

② 집합 A의 모든 원소는 소수이다.

③ 집합 B의 어떤 원소는 홀수이다.

④ 집합 B의 어떤 원소는 소수이다.

⑤ 집합 B의 모든 원소는 짝수이다.

29 (상)(중)(하) ▶ 25647-0377

보기에서 참인 명제만을 있는 대로 고른 것은?

〔 보기 〕

ㄱ. 어떤 실수 x에 대하여 $x^2-3x+1=0$이다.

ㄴ. 모든 실수 x에 대하여 $x^2-x+1>0$이다.

ㄷ. 어떤 무리수 x에 대하여 x^2은 유리수이다.

① ㄴ   ② ㄱ, ㄴ   ③ ㄱ, ㄷ

④ ㄴ, ㄷ   ⑤ ㄱ, ㄴ, ㄷ

유형 09 | '모든' 또는 '어떤'이 들어 있는 명제의 부정

(1) 조건 p에 대하여 '모든 x에 대하여 p이다.'의 부정은 '어떤 x에 대하여 $\sim p$이다.'이다.
(2) 조건 p에 대하여 '어떤 x에 대하여 p이다.'의 부정은 '모든 x에 대하여 $\sim p$이다.'이다.

≫ 올림포스 공통수학2 52쪽

30 대표문제
▶ 25647-0378

명제 '모든 실수 x에 대하여 $x^2-x>0$이다.'의 부정은?

① 어떤 실수 x에 대하여 $x^2-x>0$이다.
② 모든 실수 x에 대하여 $x^2-x\leq0$이다.
③ 어떤 실수 x에 대하여 $x^2-x<0$이다.
④ 모든 실수 x에 대하여 $x^2-x<0$이다.
⑤ 어떤 실수 x에 대하여 $x^2-x\leq0$이다.

31 상중하
▶ 25647-0379

다음 명제의 부정이 참이 되도록 하는 실수 k의 최댓값을 구하시오.

모든 실수 x에 대하여 $x^2+6x+k>0$이다.

32 상중하
▶ 25647-0380

보기 에서 부정이 참인 명제만을 있는 대로 고른 것은?

┌── 보기 ──┐

ㄱ. 어떤 실수 x에 대하여 $x^2+2x+3\leq0$이다.
ㄴ. 모든 실수 x, y에 대하여 $x^2+y^2\geq0$이다.
ㄷ. 어떤 양수 x에 대하여 $x+\dfrac{1}{x}\leq2$이다.

① ㄱ ② ㄴ ③ ㄷ
④ ㄱ, ㄷ ⑤ ㄴ, ㄷ

유형 10 | 명제의 역과 대우

(1) 역: 명제 $q\longrightarrow p$를 명제 $p\longrightarrow q$의 역이라 한다.
(2) 대우: 명제 $\sim q\longrightarrow\sim p$를 명제 $p\longrightarrow q$의 대우라 한다.
(3) 명제와 그 대우의 참, 거짓
 ① 명제 $p\longrightarrow q$가 참이면 그 대우 $\sim q\longrightarrow\sim p$도 참이다.
 ② 명제 $p\longrightarrow q$가 거짓이면 그 대우 $\sim q\longrightarrow\sim p$도 거짓이다.

≫ 올림포스 공통수학2 53쪽

33 대표문제
▶ 25647-0381

다음 중 그 역이 참인 명제는? (단, a, b는 실수이다.)

① $a^2+b^2=0$이면 $a=0$ 또는 $b=0$이다.
② ab가 홀수이면 $a+b$가 짝수이다.
③ $a\leq1$이고 $b\leq1$이면 $a+b\leq2$이다.
④ $ab=0$이면 $a=0$이고 $b=0$이다.
⑤ $a>0$, $b>0$이면 $a+b>0$이다.

34 상중하
▶ 25647-0382

두 조건 p, q에 대하여 명제 $q\longrightarrow\sim p$의 역이 참일 때, 다음 중 항상 참인 명제는?

① $p\longrightarrow\sim q$ ② $\sim p\longrightarrow\sim q$ ③ $q\longrightarrow p$
④ $q\longrightarrow\sim p$ ⑤ $\sim q\longrightarrow p$

35 (상)중하
▶ 25647-0383

x에 대한 두 조건

$$p: -2 < x < 4, \quad q: x^2 - 2ax + a^2 - 1 < 0$$

에 대하여 명제 $p \longrightarrow q$의 역이 참이 되도록 하는 실수 a의 최댓값과 최솟값의 합은?

① -2 ② -1 ③ 0

④ 1 ⑤ 2

36 (상)중하
▶ 25647-0384

┃보기┃에서 대우가 참인 명제만을 있는 대로 고른 것은?

(단, x, y는 실수이다.)

┃ 보기 ┃

ㄱ. $x > y$이면 $\dfrac{1}{x} < \dfrac{1}{y}$이다.

ㄴ. $xy > 0$이면 $|x+y| = |x| + |y|$이다.

ㄷ. $x+y$가 유리수이면 x, y는 모두 유리수이다.

① ㄱ   ② ㄴ   ③ ㄷ

④ ㄱ, ㄷ   ⑤ ㄴ, ㄷ

37 (상)중하
▶ 25647-0385

┃보기┃에서 역과 대우가 모두 참인 명제만을 있는 대로 고른 것은? (단, x, y는 실수이다.)

┃ 보기 ┃

ㄱ. $-1 < x < 2$이면 $x^2 - 2x < 0$이다.

ㄴ. $x^2 + y^2 = 0$이면 $x = 0$이고 $y = 0$이다.

ㄷ. $x \leq y$이면 $|x-y| \neq x - y$이다.

① ㄱ   ② ㄴ   ③ ㄷ

④ ㄱ, ㄷ   ⑤ ㄴ, ㄷ

유형 11 ┃ 명제의 대우를 이용한 미지수 결정 ⬤중요

두 조건 p, q의 진리집합을 각각 P, Q라 할 때

명제 $p \longrightarrow q$가 참이면 그 대우 $\sim q \longrightarrow \sim p$도 참이므로

$$P \subset Q, \quad Q^C \subset P^C$$

이 성립한다.

≫ 올림포스 공통수학2 53쪽

38 대표문제
▶ 25647-0386

명제 '$x^2 - 7x + 4a \neq 0$이면 $x \neq a + 1$이다.'가 참이 되도록 하는 모든 실수 a의 값의 합은?

① 1 ② 2 ③ 3

④ 4 ⑤ 5

39 (상)중하
▶ 25647-0387

두 실수 x, y에 대하여 명제

'$2x + 3y \geq k$이면 $x \geq 1$ 또는 $y \geq 4$이다.'

가 참이 되도록 하는 실수 k의 최솟값은?

① 10 ② 12 ③ 14

④ 16 ⑤ 18

40 (상)중하
▶ 25647-0388

x에 대한 두 조건

$$p: x^2 - 4x - 12 \geq 0, \quad q: |x-a| > 2$$

에 대하여 명제 $p \longrightarrow q$가 참이 되도록 하는 모든 정수 a의 값의 합은?

① 5 ② 6 ③ 7

④ 8 ⑤ 9

유형 12 ┃ 삼단논법

세 조건 p, q, r에 대하여 명제 $p \longrightarrow q$가 참이고 명제 $q \longrightarrow r$가 참이면 명제 $p \longrightarrow r$는 참이다.

>> **올림포스** 공통수학2 53쪽

41 대표문제
▶ 25647-0389

세 조건 p, q, r에 대하여 두 명제 $p \longrightarrow {\sim}r$, ${\sim}q \longrightarrow r$이 모두 참일 때, 다음 중 항상 참인 명제는?

① $p \longrightarrow r$　　② $q \longrightarrow r$　　③ ${\sim}q \longrightarrow {\sim}p$
④ $r \longrightarrow q$　　⑤ ${\sim}r \longrightarrow {\sim}q$

42 상중하
▶ 25647-0390

네 조건 p, q, r, s에 대하여 두 명제 $p \longrightarrow {\sim}s$, $q \longrightarrow r$이 모두 참일 때, 다음 중 명제 $s \longrightarrow r$이 참임을 보이기 위해 반드시 필요한 참인 명제는?

① $p \longrightarrow r$　　② $q \longrightarrow s$　　③ ${\sim}q \longrightarrow p$
④ $r \longrightarrow s$　　⑤ $s \longrightarrow p$

43 상중하
▶ 25647-0391

네 조건 p, q, r, s에 대하여 세 명제

$$p \longrightarrow {\sim}s, \quad q \longrightarrow s, \quad r \longrightarrow q$$

가 모두 참일 때, **┃보기┃**에서 항상 참인 명제만을 있는 대로 고른 것은?

┃ **보기** ┃
ㄱ. $p \longrightarrow {\sim}q$　　ㄴ. ${\sim}s \longrightarrow {\sim}r$　　ㄷ. ${\sim}r \longrightarrow p$

① ㄱ　　② ㄱ, ㄴ　　③ ㄱ, ㄷ
④ ㄴ, ㄷ　　⑤ ㄱ, ㄴ, ㄷ

44 상중하
▶ 25647-0392

어느 학급의 학생들에 대한 다음 두 명제가 모두 참일 때, 항상 참인 명제는?

(가) 여학생은 아이스크림을 좋아한다.
(나) 남학생은 피구를 좋아하지 않는다.

① 여학생은 피구를 좋아한다.
② 남학생은 아이스크림을 좋아하지 않는다.
③ 아이스크림을 좋아하는 학생은 피구를 좋아한다.
④ 피구를 좋아하는 학생은 아이스크림을 좋아한다.
⑤ 아이스크림을 좋아하지 않는 학생은 여학생이다.

45 상중하
▶ 25647-0393

앞면에 숫자 1, 2, 3, 4가 하나씩 적혀 있고 뒷면에 숫자 5가 모두 적혀 있는 4장의 카드가 모두 앞면이 보이도록 놓여 있다. 다음 조건을 모두 만족시키도록 카드를 뒤집는다.

(가) 1이 적힌 카드를 뒤집으면 4가 적힌 카드도 뒤집는다.
(나) 2가 적힌 카드를 뒤집지 않으면 4가 적힌 카드도 뒤집지 않는다.
(다) 3이 적힌 카드를 뒤집으면 1이 적힌 카드도 뒤집는다.

뒤집은 서로 다른 카드의 장 수가 2일 때, 보이는 면에 적혀 있는 모든 수들의 합을 구하시오.

유형 13 | 충분조건과 필요조건

(1) 명제 $p \longrightarrow q$가 참인 것을 기호로 $p \Longrightarrow q$와 같이 나타내고, p는 q이기 위한 충분조건, q는 p이기 위한 필요조건이라 한다.

(2) 명제 $p \longrightarrow q$에 대하여 $p \Longrightarrow q$이고 $q \Longrightarrow p$일 때, 이것을 기호로 $p \Longleftrightarrow q$와 같이 나타내고, p는 q이기 위한 필요충분조건이라 한다.

> **올림포스** 공통수학2 53쪽

46 대표문제

▶ 25647-0394

두 조건 p, q에 대하여 다음 중 p는 q이기 위한 필요조건이지만 충분조건이 아닌 것은? (단, x, y, z는 실수이다.)

① p: $x<1$ q: $x \le 2$

② p: $x \ge 1$이고 $y \ge 1$ q: $x+y \ge 2$

③ p: $0<x<2$ q: $x^2-2x<0$

④ p: $xz=yz$ q: $x=y$

⑤ p: $x<y$ q: $|x|<|y|$

47 상중하

▶ 25647-0395

전체집합 U의 두 부분집합 A, B에 대하여
$$(A \cup B) \cap (A \cup B^C) = A \cap B$$
가 성립하기 위한 필요충분조건인 것은?

① $A \cap B = \varnothing$ ② $A \cup B = U$ ③ $A \subset B$

④ $B \subset A$ ⑤ $A = B$

48 상중하

▶ 25647-0396

두 조건 p, q에 대하여 **보기**에서 p는 q이기 위한 충분조건이지만 필요조건이 아닌 것만을 있는 대로 고른 것은? (단, a, b, c는 실수이다.)

보기

ㄱ. p: $a^2<b^2$ q: $0<a<b$

ㄴ. p: $a>1$, $b>1$ q: $(a-1)(b-1)>0$

ㄷ. p: $a>b$이고 $b>c$ q: $a>c$

① ㄱ   ② ㄴ   ③ ㄱ, ㄴ

④ ㄴ, ㄷ   ⑤ ㄱ, ㄴ, ㄷ

49 상중하

▶ 25647-0397

두 조건 p, q에 대하여 조건 p가
$$p: x=y=0$$
일 때, **보기**에서 p가 q이기 위한 필요충분조건인 조건 q를 있는 대로 고른 것은? (단, x, y는 실수이다.)

보기

ㄱ. q: $xy=0$ ㄴ. q: $|x|+|y|=0$

ㄷ. q: $x^2(y^2+1)+y^2(x^2+1)=0$

① ㄱ   ② ㄴ   ③ ㄷ

④ ㄱ, ㄴ   ⑤ ㄴ, ㄷ

50 상중하

▶ 25647-0398

자연수 k의 양의 약수의 집합을 A_k라 하자. 다음 조건을 만족시키는 모든 자연수 n의 값의 합을 구하시오.

(가) $x \in A_{36}$은 $x \in A_{6n}$이기 위한 충분조건이지만 필요조건은 아니다.

(나) $x \in A_{36}$은 $x \in A_n$이기 위한 필요조건이지만 충분조건은 아니다.

유형 14 ‖ 충분조건, 필요조건과 진리집합 〔중요〕

두 조건 p, q의 진리집합을 각각 P, Q라 할 때,
(1) $P \subset Q$이면 p는 q이기 위한 충분조건, q는 p이기 위한 필요조건이다.
(2) $P = Q$이면 p는 q이기 위한 필요충분조건이다.

>> **올림포스** 공통수학2 53쪽

51 [대표문제]
▶ 25647-0399

전체집합 U에 대하여 두 조건 p, q의 진리집합을 각각 P, Q라 하자. p가 q이기 위한 필요조건일 때, 다음 중 항상 옳은 것은?

① $P \cap Q = P$ ② $P \cup Q = Q$ ③ $P - Q = \varnothing$
④ $Q - P = \varnothing$ ⑤ $P^C \cup Q = U$

52 (상)(중)(하)
▶ 25647-0400

전체집합 U에 대하여 세 조건 p, q, r의 진리집합을 각각 P, Q, R이라 하자. 세 집합 P, Q, R이 오른쪽 벤 다이어그램과 같을 때, **보기**에서 항상 옳은 것만을 있는 대로 고른 것은?

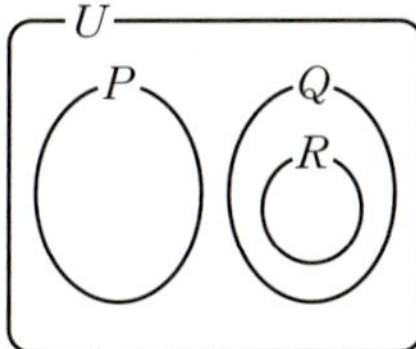

┤ 보기 ├
ㄱ. p는 $\sim q$이기 위한 충분조건이다.
ㄴ. $\sim p$는 q이기 위한 필요조건이다.
ㄷ. r은 q이기 위한 필요충분조건이다.

① ㄱ   ② ㄴ   ③ ㄱ, ㄴ
④ ㄴ, ㄷ   ⑤ ㄱ, ㄴ, ㄷ

53 (상)(중)(하)
▶ 25647-0401

전체집합 U에 대하여 세 조건 p, q, r의 진리집합을 각각 P, Q, R이라 하자. $Q \cap (P \cup R^C) = \varnothing$이 성립할 때, 다음 중 항상 옳은 것은?

① p는 q이기 위한 충분조건이다.
② r은 $\sim p$이기 위한 필요조건이다.
③ q는 r이기 위한 필요충분조건이다.
④ $\sim q$는 p이기 위한 충분조건이다.
⑤ $\sim p$는 q이기 위한 필요조건이다.

유형 15 ‖ 충분조건과 필요조건이 되도록 하는 미지수 구하기 〔중요〕

두 조건 p, q의 진리집합을 각각 P, Q라 할 때,
(1) p는 q이기 위한 충분조건, q는 p이기 위한 필요조건
   ➡ $P \subset Q$
(2) p는 q이기 위한 필요조건, q는 p이기 위한 충분조건
   ➡ $Q \subset P$
(3) p는 q이기 위한 필요충분조건 ➡ $P = Q$

>> **올림포스** 공통수학2 53쪽

54 [대표문제]
▶ 25647-0402

x에 대한 세 조건
$$p: -2 \leq x < 3, \quad q: x \geq a, \quad r: 0 \leq x < b$$
에 대하여 q는 p이기 위한 필요조건이고, r은 p이기 위한 충분조건일 때, 실수 a의 최댓값과 양수 b의 최댓값의 합을 구하시오.

55 (상)(중)(하)
▶ 25647-0403

두 실수 a, b에 대하여 $x - a \neq 0$은 $x^2 - 8x + b \neq 0$이기 위한 필요충분조건일 때, $a + b$의 값을 구하시오.

56 (상)(중)(하) ▶ 25647-0404

x에 대한 두 조건

$\quad p: a \leq x \leq a+k, \ q: x<3 \ 또는 \ x>7$

에 대하여 $\sim p$가 q이기 위한 충분조건이 되도록 하는 양수 k의 최솟값을 구하시오. (단, a는 상수이다.)

유형 16 | 충분조건, 필요조건과 삼단논법

세 조건 p, q, r에 대하여 p는 q이기 위한 충분조건이고, q는 r이기 위한 충분조건이면 p는 r이기 위한 충분조건이다.

즉, $p \Longrightarrow q$이고 $q \Longrightarrow r$이면 $p \Longrightarrow r$이다.

≫ **올림포스** 공통수학2 53쪽

---

57 대표문제 ▶ 25647-0405

세 조건 p, q, r에 대하여 p는 q이기 위한 충분조건이고, r은 $\sim p$이기 위한 필요조건일 때, 다음 중 항상 참인 명제는?

① $\sim p \longrightarrow q$ ② $q \longrightarrow p$ ③ $\sim q \longrightarrow r$
④ $r \longrightarrow q$ ⑤ $\sim r \longrightarrow \sim p$

---

58 (상)(중)(하) ▶ 25647-0406

세 조건 p, q, r에 대하여 두 명제

$\quad p \longrightarrow r, \ \sim q \longrightarrow \sim r$

가 모두 참일 때, **보기**에서 항상 옳은 것만을 있는 대로 고른 것은?

┤ 보기 ├

ㄱ. r은 p이기 위한 충분조건이다.
ㄴ. q는 r이기 위한 필요조건이다.
ㄷ. p는 q이기 위한 필요충분조건이다.

① ㄱ ② ㄴ ③ ㄷ
④ ㄱ, ㄴ ⑤ ㄴ, ㄷ

---

59 (상)(중)(하) ▶ 25647-0407

네 조건 p, q, r, s에 대하여 p는 r이기 위한 충분조건, $\sim r$은 q이기 위한 필요조건, s는 q이기 위한 필요충분조건일 때, **보기**에서 항상 참인 명제만을 있는 대로 고른 것은?

┤ 보기 ├

ㄱ. $q \longrightarrow p$ ㄴ. $r \longrightarrow \sim s$ ㄷ. $s \longrightarrow \sim p$

① ㄱ ② ㄴ ③ ㄷ
④ ㄱ, ㄴ ⑤ ㄴ, ㄷ

유형 17 | 명제의 증명

(1) 대우를 이용한 증명법: 명제 $p \longrightarrow q$가 참임을 증명할 때 그 대우 $\sim q \longrightarrow \sim p$가 참임을 보이면 된다.

(2) 귀류법: 어떤 명제를 증명하는 과정에서 명제의 결론을 부정하여 가정 또는 이미 알려진 사실에 모순됨을 보여서 그 결론이 성립함을 보여 주는 증명 방법을 귀류법이라 한다.

≫ **올림포스** 공통수학2 54쪽

---

60 대표문제 ▶ 25647-0408

다음은 세 자연수 a, b, c에 대하여 명제 '$a^2+b^2=c^2$이면 a, b, c 중 적어도 하나는 짝수이다.'가 참임을 대우를 이용하여 증명하는 과정이다.

주어진 명제의 대우는

'a, b, c가 모두 ┌ (가) ┐이면 $a^2+b^2 \neq c^2$이다.'

이다.

a, b, c가 모두 ┌ (가) ┐이면 a^2+b^2은 ┌ (나) ┐이고 c^2은 ┌ (다) ┐이므로 $a^2+b^2 \neq c^2$이다.

따라서 주어진 명제의 대우가 참이므로 주어진 명제도 참이다.

위의 과정에서 (가), (나), (다)에 알맞은 것을 써넣으시오.

61 (상)(중)(하)

▶ 25647-0409

다음은 자연수 n에 대하여 명제 'n^2이 3의 배수이면 n도 3의 배수이다.'가 참임을 대우를 이용하여 증명하는 과정이다.

주어진 명제의 대우는

'n이 3의 배수가 아니면 n^2도 3의 배수가 아니다.'이다.

n이 3의 배수가 아니면

$n=3k-2$ 또는 $n=$ [(가)] (k는 자연수)

로 나타낼 수 있다.

(i) $n=3k-2$일 때

　$n^2=3($ [(나)] $)+1$

(ii) $n=$ [(가)] 일 때

　$n^2=3($ [(다)] $)+1$

(i), (ii)에서 n^2은 3의 배수가 아니다.

따라서 주어진 명제의 대우가 참이므로 주어진 명제도 참이다.

위의 과정에서 (가), (나), (다)에 알맞은 식을 각각 $f(k)$, $g(k)$, $h(k)$라 할 때, $\dfrac{f(2)g(3)}{h(4)}$의 값을 구하시오.

62 (상)(중)(하)

▶ 25647-0410

다음은 자연수 n에 대하여 $\sqrt{n^2+2n}$이 무리수임을 증명하는 과정이다.

$\sqrt{n^2+2n}$이 유리수라 가정하면

$\sqrt{n^2+2n}=\dfrac{q}{p}$ (p, q는 서로소인 자연수)로 놓을 수 있다.

양변을 제곱하면 $n^2+2n=\dfrac{q^2}{p^2}$　$\cdots\cdots$ ㉠

그런데 ㉠의 좌변은 자연수이고 p와 q는 서로소이므로

$p^2=$ [(가)]　$\cdots\cdots$ ㉡

㉡을 ㉠에 대입하면 $n^2+2n=q^2$

$(n+1+q)(n+1-q)=$ [(나)]

즉, $n+q=0$, $n-q=0$ 또는

$n+q+$ [(다)] $=0$, $n-q+$ [(다)] $=0$　$\cdots\cdots$ ㉢

㉢을 만족시키는 두 자연수 n, q가 존재하지 않으므로 모순이다.

따라서 자연수 n에 대하여 $\sqrt{n^2+2n}$이 무리수이다.

위의 과정에서 (가), (나), (다)에 알맞은 수를 각각 a, b, c라 할 때, $a+b+c$의 값을 구하시오.

63 (상)(중)(하)

▶ 25647-0411

다음은 두 자연수 a, b에 대하여 명제 'a, b가 모두 홀수이면 x에 대한 방정식 $x^2+ax+b=0$은 유리수 근을 갖지 않는다.'가 참임을 증명하는 과정이다.

주어진 방정식이 0을 근으로 갖는다고 하면 $b=0$이므로 0은 근이 아니다.

주어진 방정식이 유리수 근을 갖는다고 가정하면

$x=\dfrac{n}{m}$ (m, n은 서로소인 정수, $m>0$, $n\neq0$)

으로 놓을 수 있다.

$\left(\dfrac{n}{m}\right)^2+a\times\dfrac{n}{m}+b=0$에서 $n^2=-m(an+bm)$이므로

m은 n^2의 약수이다.

m, n이 서로소이므로 $m=$ [(가)] 이다.

$b=-($ [(나)] $)-n(a-1)$

에서 b가 짝수이므로 모순이다.

따라서 주어진 방정식은 유리수 근을 갖지 않는다.

위의 과정에서 (가)에 알맞은 수를 k, (나)에 알맞은 식을 $f(n)$이라 할 때, $f(2k)$의 값은?

① 2　　　　② 4　　　　③ 6

④ 8　　　　⑤ 10

유형 18 | 절대부등식의 증명

(1) 절대부등식: 부등식의 문자에 어떤 실수를 대입하여도 항상 성립하는 부등식을 절대부등식이라 한다.

(2) 부등식의 증명에 이용되는 실수의 성질

a, b가 실수일 때

① $a > b \iff a - b > 0$

② $a^2 \geq 0$

③ $a^2 + b^2 = 0 \iff a = b = 0$

④ $a > 0$, $b > 0$일 때, $a > b \iff a^2 > b^2$

⑤ $|a|^2 = a^2$, $|a||b| = |ab|$, $|a| \geq a$

》 올림포스 공통수학2 54쪽

---

64 대표문제

▶ 25647-0412

다음은 세 실수 a, b, c에 대하여 부등식
$$a^2 + b^2 + c^2 \geq ab + bc + ca$$
가 성립함을 증명하는 과정이다.

$$a^2 + b^2 + c^2 - (ab + bc + ca)$$
$$= \boxed{\text{(가)}} \times \{(a-b)^2 + (b-c)^2 + (c-a)^2\}$$
a, b, c가 실수이므로
$$(a-b)^2 \geq 0, \ (b-c)^2 \geq 0, \ (c-a)^2 \geq 0$$
따라서 $a^2 + b^2 + c^2 \geq ab + bc + ca$
이때 등호는 $\boxed{\text{(나)}}$ 일 때 성립한다.

위의 과정에서 (가), (나)에 알맞은 것은?

	(가)	(나)
①	$\dfrac{1}{2}$	$a \geq b \geq c$
②	$\dfrac{1}{2}$	$a = b = c$
③	$\dfrac{1}{2}$	$a \leq b \leq c$
④	2	$a \geq b \geq c$
⑤	2	$a = b = c$

---

65 상중하

▶ 25647-0413

다음은 두 실수 a, b에 대하여 부등식
$$|a| + |b| \geq |a+b|$$
가 성립함을 증명하는 과정이다.

$$(|a| + |b|)^2 - (|a+b|)^2 = 2(\boxed{\text{(가)}}) \geq 0$$
이므로 $(|a| + |b|)^2 \geq (|a+b|)^2$
$|a| + |b| \geq 0$, $|a+b| \geq 0$이므로 $|a| + |b| \geq |a+b|$
이때 등호는 $\boxed{\text{(나)}}$ 일 때 성립한다.

위의 과정에서 (가), (나)에 알맞은 것은?

	(가)	(나)
①	$ab - |ab|$	$ab \geq 0$
②	$ab - |ab|$	$ab \leq 0$
③	$|ab| - ab$	$ab \geq 0$
④	$|ab| - ab$	$ab \neq 0$
⑤	$|ab| - ab$	$ab \leq 0$

---

66 상중하

▶ 25647-0414

다음은 네 실수 a, b, x, y에 대하여 부등식
$$(a^2 + b^2)(x^2 + y^2) \geq (ax + by)^2$$
이 성립함을 증명하는 과정이다.

$$(a^2 + b^2)(x^2 + y^2) - (ax + by)^2$$
$$= (bx)^2 - 2 \times bx \times (\boxed{\text{(가)}}) + (\boxed{\text{(가)}})^2$$
$$= (\boxed{\text{(나)}})^2 \geq 0$$
따라서 $(a^2 + b^2)(x^2 + y^2) \geq (ax + by)^2$
이때 등호는 $\boxed{\text{(다)}}$ 일 때 성립한다.

위의 과정에서 (가), (나), (다)에 알맞은 것은? (단, $ab \neq 0$이다.)

	(가)	(나)	(다)
①	ay	$ax - by$	$\dfrac{x}{a} = \dfrac{y}{b}$
②	ay	$bx - ay$	$\dfrac{x}{b} = \dfrac{y}{a}$
③	ay	$bx - ay$	$\dfrac{x}{a} = \dfrac{y}{b}$
④	by	$ax - by$	$\dfrac{x}{a} = \dfrac{y}{b}$
⑤	by	$bx - ay$	$\dfrac{x}{b} = \dfrac{y}{a}$

유형 19 | 산술평균과 기하평균의 관계 

$a>0$, $b>0$일 때,

$$\frac{a+b}{2} \geq \sqrt{ab} \ \text{(단, 등호는 } a=b \text{일 때 성립한다.)}$$

>> **올림포스** 공통수학2 54쪽

67 대표문제 ▶ 25647-0415

두 양수 x, y에 대하여 $\left(x+\dfrac{2}{y}\right)\left(y+\dfrac{8}{x}\right)$의 최솟값은?

① 12   ② 14   ③ 16
④ 18   ⑤ 20

68 상중하 ▶ 25647-0416

양수 a에 대하여 $\left(4a-\dfrac{1}{a}\right)\left(a-\dfrac{4}{a}\right)$의 최솟값을 m, 그때의 a의 값을 k라 할 때, $m+k$의 값은?

① -8 ② -7 ③ -6
④ -5 ⑤ -4

69 상중하 ▶ 25647-0417

$a>2$인 실수 a에 대하여 $4a+\dfrac{9}{a-2} \geq k$가 항상 성립하도록 하는 실수 k의 최댓값은?

① 12   ② 14   ③ 16
④ 18   ⑤ 20

70 상중하 ▶ 25647-0418

두 양수 a, b에 대하여 $ab=12$일 때, $a+3b$의 최솟값은?

① 8   ② 10   ③ 12
④ 14   ⑤ 16

71 상중하 ▶ 25647-0419

두 양수 x, y에 대하여 $3x+4y=12$일 때, xy의 최댓값을 M, 그때의 x, y의 값을 각각 a, b라 하자. $M+a+b$의 값은?

① $\dfrac{9}{2}$ ② 5   ③ $\dfrac{11}{2}$
④ 6   ⑤ $\dfrac{13}{2}$

72 상중하 ▶ 25647-0420

세 양수 a, b, c에 대하여 $(a+2b+3c)\left(\dfrac{1}{a+2b}+\dfrac{3}{c}\right)$의 최솟값을 구하시오.

유형 **20** | 절대부등식의 활용

두 양수의 곱의 최댓값, 합의 최솟값을 구할 때, 산술평균과 기하평균의 관계를 이용한다.

>> 올림포스 공통수학2 54쪽

73 대표문제

▶ 25647-0421

두 양수 a, b에 대하여 직선 $a(x-2)+b(y-1)=0$이 x축, y축과 만나는 점을 각각 A, B라 할 때, 삼각형 OAB의 넓이의 최솟값은? (단, O는 원점이다.)

① 1 ② 2 ③ 3
④ 4 ⑤ 5

74 상중하

▶ 25647-0422

길이가 126 m인 노끈을 이용하여 오른쪽 그림과 같이 합동인 4개의 직사각형 구역으로 나누어진 영역을 표시하려고 한다. 영역 전체의 넓이의 최댓값은? (단, 노끈의 굵기와 매듭의 길이는 고려하지 않는다.)

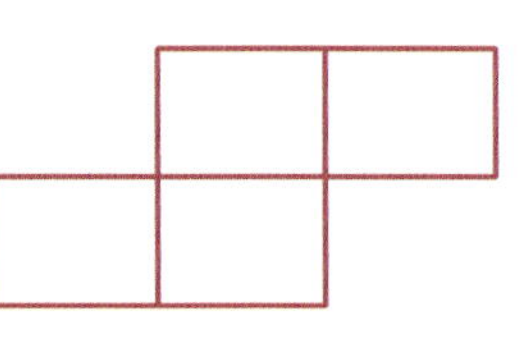

① 354 m^2 ② 362 m^2 ③ 370 m^2
④ 378 m^2 ⑤ 386 m^2

75 상중하

▶ 25647-0423

오른쪽 그림과 같이 $\overline{AB}=4$, $\overline{BC}=2$, $\angle B=\dfrac{\pi}{2}$인 삼각형 ABC에 외접하는 원이 있다. 점 B를 포함하지 않는 호 AC 위의 점 P에 대하여 사각형 ABCP의 넓이의 최댓값은?

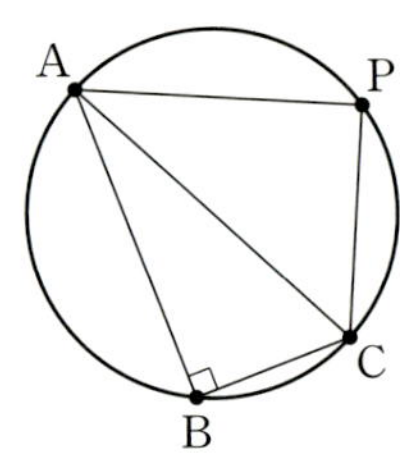

① 8 ② 9 ③ 10
④ 11 ⑤ 12

76 상중하

▶ 25647-0424

오른쪽 그림과 같이 한 변의 길이가 6인 정삼각형 ABC의 내부의 점 P와 직선 BC 사이의 거리가 $\sqrt{3}$이다. 점 P에서 두 선분 AB, AC에 내린 수선의 발을 각각 Q, R이라 할 때, $\overline{PQ}^2+\overline{PR}^2$의 최솟값을 구하시오.

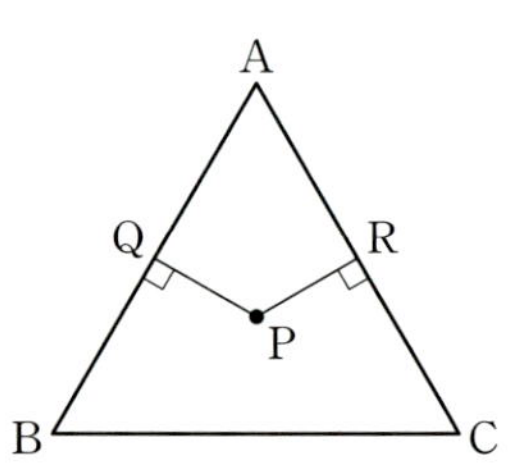

01 내신기출
▶ 25647-0425

전체집합 $U=\{x\,|\,x$는 20 이하의 자연수$\}$에 대하여 두 조건 p, q가 각각

　　p: x는 3의 양의 배수, q: x는 4의 양의 배수

일 때, 조건 '~p이고 q'의 진리집합의 모든 원소의 합을 구하시오.

02
▶ 25647-0426

두 실수 x, y에 대하여 명제

　　'$x+y<5$이면 $x<2$ 또는 $y<k$이다.'

가 참일 때, 실수 k의 최솟값을 구하시오.

03
▶ 25647-0427

명제 '$x^2-(a+3)x+3a>0$이면 $x^2-8x+12>0$이다.'의 역이 참이 되도록 하는 모든 정수 a의 값의 합을 구하시오.

04 내신기출
▶ 25647-0428

두 명제

　　'어떤 실수 x에 대하여 $x^2-ax+a<0$이다.'
　　'모든 실수 x에 대하여 $x^2+2ax+4\geq0$이다.'

의 부정이 모두 참이 되도록 하는 정수 a의 개수를 구하시오.

05
▶ 25647-0429

어느 경시대회에 참가한 세 학생 A, B, C에 대한 다음 세 명제가 모두 참일 때, 반드시 대상 수상자에 포함되는 학생을 구하시오.

> (가) A는 대상 수상자가 아니다.
> (나) B가 대상 수상자이면 공동 수상한 학생이 있다.
> (다) 대상 수상자는 A, B, C 중에 있다.

정답과 풀이 79쪽

06
▶ 25647-0430

x에 대한 두 조건

$$p:\ x-2\neq0,\ q:\ x^2-ax+8\neq0$$

에 대하여 p가 q이기 위한 필요조건일 때, 상수 a의 값을 구하시오.

07 내신기출
▶ 25647-0431

x에 대한 세 조건

$$p:\ |x-3|\leq a,\ q:\ x>b,\ r:\ |x|>7$$

에 대하여 p는 $\sim r$이기 위한 충분조건이고 $\sim q$는 $\sim r$이기 위한 필요조건일 때, 양수 a의 최댓값을 M, 실수 b의 최솟값을 m이라 하자. $M+m$의 값을 구하시오.

08
▶ 25647-0432

$a>b>0$인 두 양수 a, b에 대하여

$$\sqrt{a-b}>\sqrt{a}-\sqrt{b}$$

가 성립함을 보이시오.

09
▶ 25647-0433

$x>-1$인 실수 x에 대하여 $\dfrac{x^2+8}{x+1}$의 최솟값을 구하시오.

10 내신기출
▶ 25647-0434

넓이가 $32\ \mathrm{cm}^2$인 직사각형 모양의 종이를 접어서 두 밑면이 없는 정사각기둥 모양의 상자를 만들려고 한다. 이 상자의 모서리 12개의 길이의 합의 최솟값을 구하시오.

(단, 종이의 두께는 고려하지 않는다.)

▶ 25647-0435

01 전체집합 U에 대하여 두 조건

$$p: x^2-2x-3\leq0, \quad q: |x-5|>3$$

의 진리집합을 각각 P, Q라 할 때, 함수 $f(x)$를

$$f(x)=\begin{cases} 2 & (x\in P \text{ 또는 } x\in Q) \\ 1 & (x\notin P,\ x\notin Q) \end{cases}$$

라 하자. $2f(k)+f(2k)=4$를 만족시키는 모든 정수 k의 값의 합은?

① 22 ② 24 ③ 26 ④ 28 ⑤ 30

▶ 25647-0436

02 두 명제

'$x\leq-1$인 어떤 실수 x에 대하여 $x^2-ax\leq0$이다.'

'$x>2$인 모든 실수 x에 대하여 $x+a>0$이다.'

가 모두 참이 되도록 하는 정수 a의 개수를 구하시오.

▶ 25647-0437

03 **┃보기┃**에서 역과 대우가 모두 참인 명제만을 있는 대로 고르시오. (단, x, y는 실수이다.)

┃ 보기 ┃

ㄱ. $x>1$, $y>1$이면 $x+y>2$이다.

ㄴ. $x^2+y^2>0$이면 $x\neq0$ 또는 $y\neq0$이다.

ㄷ. $xy=0$이면 $x^2-xy+y^2=0$이다.

▶ 25647-0438

04 어느 학급의 학생들에 대한 다음 세 명제가 모두 참일 때, 항상 참인 명제는?

(가) 새싹을 보는 걸 좋아하는 학생은 수학을 좋아한다.

(나) 비오는 날을 좋아하는 학생은 새싹을 보는 걸 좋아한다.

(다) 새싹을 보는 걸 좋아하지 않는 학생은 음악을 좋아하지 않는다.

① 비오는 날을 좋아하는 학생은 음악을 좋아한다.

② 수학을 좋아하는 학생은 비오는 날을 좋아한다.

③ 음악을 좋아하는 학생은 수학을 좋아하지 않는다.

④ 수학을 좋아하지 않는 학생은 음악을 좋아하지 않는다.

⑤ 새싹을 보는 걸 좋아하는 학생은 비오는 날을 좋아한다.

▶ 25647-0439

05 두 조건 p, q에 대하여 조건 q가 $q\colon (a-2)(b-2)(c-2)>0$일 때, $N(p)$를 다음과 같이 정의하자.

> p가 q이기 위한 충분조건이지만 필요조건이 아니면 $N(p)=1$
> p가 q이기 위한 필요조건이지만 충분조건이 아니면 $N(p)=2$
> p가 q이기 위한 필요충분조건이면 $N(p)=4$

두 조건 p_1, p_2가

 p_1: a, b, c 중 적어도 하나는 2보다 크다.

 p_2: a, b, c 모두 2보다 크다.

일 때, $N(p_1)+N(p_2)$의 값을 구하시오. (단, a, b, c는 실수이다.)

▶ 25647-0440

06 ▌보기▐에서 항상 성립하는 것만을 있는 대로 고른 것은? (단, a, b는 실수이다.)

> ▌보기▐
>
> ㄱ. $a^2+b^2 \geq ab$ ㄴ. $|a-b| \geq |a|-|b|$ ㄷ. $a^2+b^2+1 \geq 2(a+b-ab)$

① ㄱ ② ㄱ, ㄴ ③ ㄱ, ㄷ ④ ㄴ, ㄷ ⑤ ㄱ, ㄴ, ㄷ

▶ 25647-0441

07 오른쪽 그림과 같이 한 변의 길이가 6인 정삼각형 ABC의 내부의 한 점 P에 대하여 점 P를 지나고 변 AB와 평행한 직선이 변 BC와 만나는 점을 D, 점 P를 지나고 변 AC와 평행한 직선이 변 BC와 만나는 점을 E라 하자. 또, 점 P를 지나고 변 BC와 평행한 직선이 두 변 AB, AC와 만나는 점을 각각 F, G라 하자. 두 삼각형 AFG, PDE의 넓이의 곱의 최댓값이 $\dfrac{q}{p}$일 때, $p+q$의 값을 구하시오. (단, p와 q는 서로소인 자연수이다.)

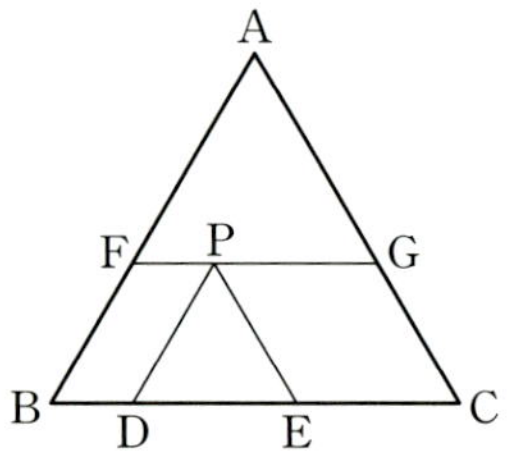

함수와 그래프

06 함수

01 함수

(1) 대응

두 집합 X, Y에 대하여 집합 X의 원소에 집합 Y의 원소를 짝 지어 주는 것을 집합 X에서 집합 Y로의 대응이라 한다. 또 집합 X의 원소 x에 집합 Y의 원소 y가 짝 지어지면 x에 y가 대응한다고 하며 이것을 기호로 $x \longrightarrow y$와 같이 나타낸다.

(2) 함수

두 집합 X, Y에 대하여 집합 X의 각 원소에 집합 Y의 원소가 오직 하나씩 대응할 때, 이 대응을 집합 X에서 집합 Y로의 함수라 하고 기호로 $f : X \longrightarrow Y$와 같이 나타낸다.

① **정의역**: 집합 X

② **공역**: 집합 Y

③ **함숫값**: 정의역 X의 원소 x에 공역 Y의 원소 y가 대응할 때 기호로 $y = f(x)$와 같이 나타내고, $f(x)$를 함수 f의 x에서의 함숫값이라 한다.

④ **치역**: 함숫값 전체의 집합, 즉 $\{f(x) \,|\, x \in X\}$

이때 함수 f의 치역은 공역 Y의 부분집합이다.

> **참고** 함수 $y = f(x)$의 정의역이나 공역이 주어지지 않을 때, 정의역은 함수 $f(x)$가 정의되는 실수 전체의 집합이고, 공역은 실수 전체의 집합으로 한다.

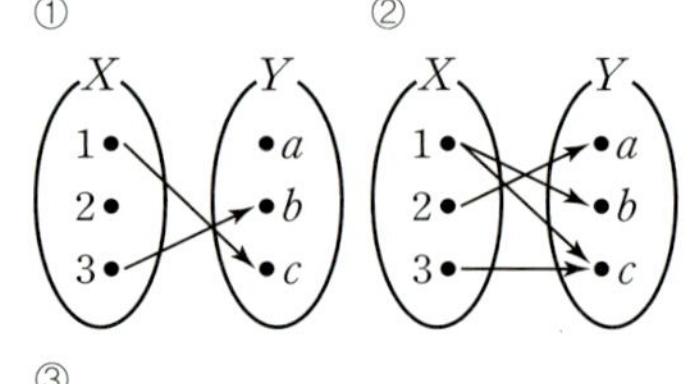

• ①, ②는 함수가 아니고, ③은 함수이다.

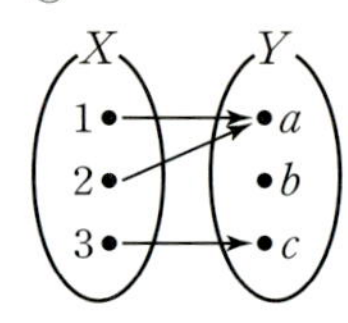

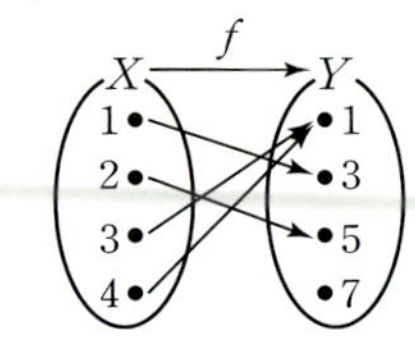

• 함수 f가 다음과 같을 때

① 정의역 $X = \{1, 2, 3, 4\}$

② 공역 $Y = \{1, 3, 5, 7\}$

③ 함숫값
$f(1) = 3$, $f(2) = 5$,
$f(3) = 1$, $f(4) = 1$

④ 치역 $\{1, 3, 5\}$

02 서로 같은 함수

두 함수 f, g에 대하여 다음 두 조건을 모두 만족시킬 때 두 함수 f, g는 서로 같다고 하며 기호로 $f = g$와 같이 나타낸다.

(ⅰ) 두 함수의 정의역과 공역이 각각 같다.

(ⅱ) 정의역의 모든 원소 x에 대하여 $f(x) = g(x)$이다.

> **참고** 정의역이 $\{0, 1\}$이고 공역이 실수 전체의 집합인 두 함수 $f(x) = x$, $g(x) = x^2$에 대하여
> $$f(0) = g(0) = 0, \quad f(1) = g(1) = 1$$
> 이므로 두 함수는 서로 같은 함수이다.

03 함수의 그래프

(1) 함수 $f : X \longrightarrow Y$에서 정의역 X의 원소 x와 그에 대응하는 함숫값 $f(x)$의 순서쌍 $(x, f(x))$ 전체의 집합
$$\{(x, f(x)) \,|\, x \in X\}$$
를 함수 f의 그래프라 한다.

(2) 함수 $y = f(x)$의 정의역과 공역이 모두 실수 전체의 집합이면 이 함수의 그래프는 y축에 평행한 모든 직선과 오직 한 점에서 만난다.

• 함수의 그래프는 정의역의 각 원소 a에 대하여 y축에 평행한 직선 $x = a$와 오직 한 점에서 만난다.

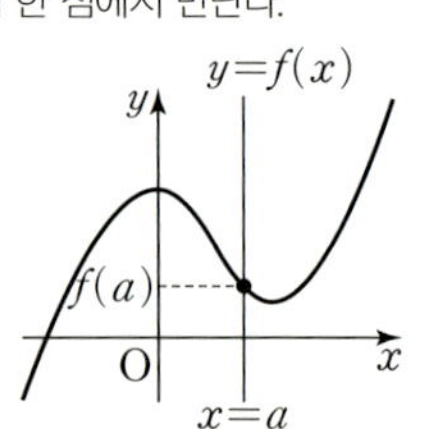

01 함수

[01~04] 다음의 집합 X에서 집합 Y로의 대응 중 함수인 것은 ○를, 함수가 아닌 것은 ×를 ( ) 안에 써넣으시오.

01 ( )   **02** ( )

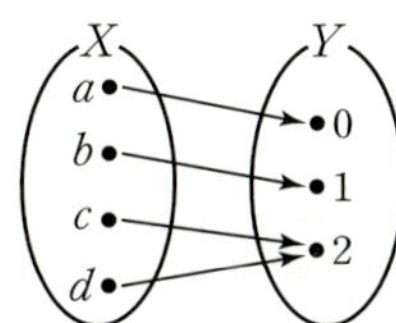

03 ( )   **04** ( )

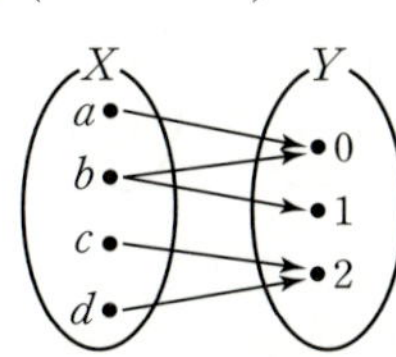 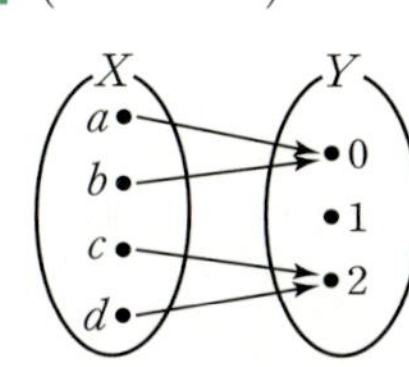

[05~10] 다음 함수의 정의역, 공역, 치역을 구하시오.

05   **06**

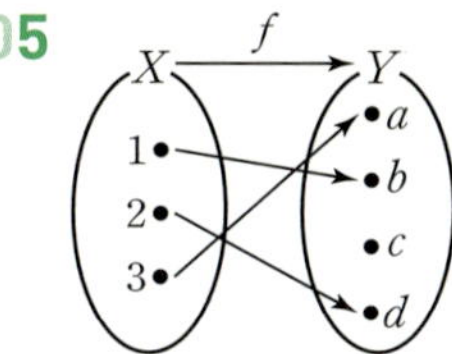 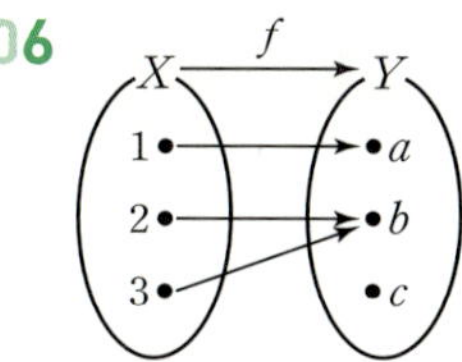

정의역:
공역:
치역:

정의역:
공역:
치역:

07   **08**

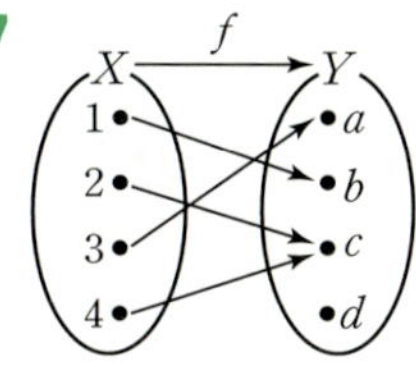 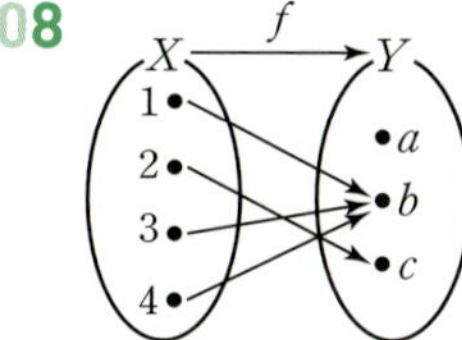

정의역:
공역:
치역:

정의역:
공역:
치역:

09 $y=2x+1$ **10** $y=x^2+1$

정의역:
공역:
치역:

정의역:
공역:
치역:

02 서로 같은 함수

[11~14] 정의역이 $\{-1, 1\}$인 두 함수 f, g에 대하여 다음 두 함수가 서로 같으면 ○, 서로 같지 않으면 ×를 ( ) 안에 써넣으시오.

11 $f(x)=x$, $g(x)=x^3$ ( )

12 $f(x)=x^2$, $g(x)=x^4$ ( )

13 $f(x)=x^2+2x$, $g(x)=2x+1$ ( )

14 $f(x)=(x+1)(x-1)$, $g(x)=x(x-1)$ ( )

03 함수의 그래프

[15~16] 정의역이 다음과 같은 함수 $y=x+1$의 그래프를 좌표평면 위에 그리시오.

15 $\{-1, 0, 1\}$ **16** 실수 전체의 집합

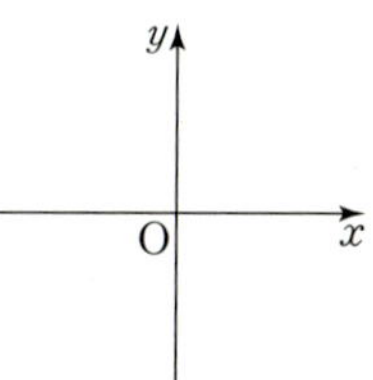 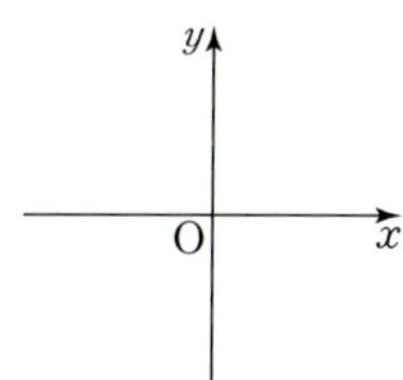

[17~20] 다음의 그래프가 함수의 그래프이면 ○, 함수의 그래프가 아니면 ×를 ( ) 안에 써넣으시오.

17 ( )   **18** ( )

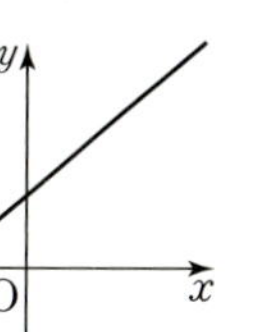 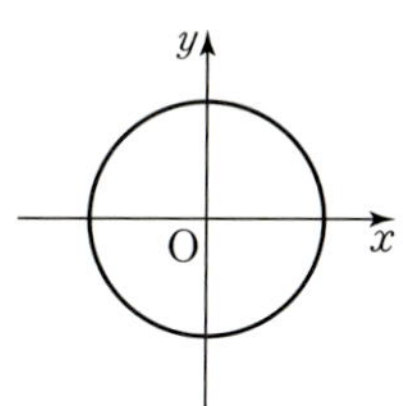

19 ( )   **20** ( )

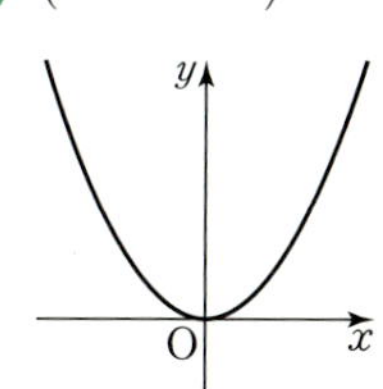 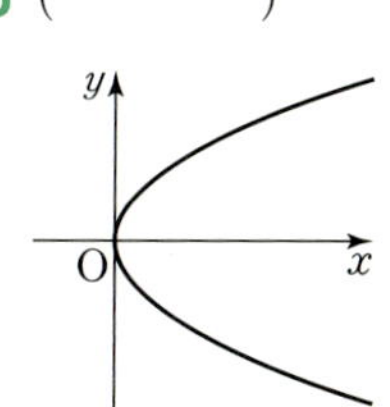

04 여러 가지 함수

(1) 일대일함수

정의역의 서로 다른 두 원소에 대한 함숫값이 서로 다를 때, 즉 함수 $f: X \longrightarrow Y$가 정의역 X
의 임의의 두 원소 x_1, x_2에 대하여

$$x_1 \neq x_2 \text{이면} f(x_1) \neq f(x_2)$$

일 때, 함수 f를 일대일함수라 한다.

(2) 일대일대응

함수 $f: X \longrightarrow Y$가 다음 두 조건을 모두 만족시킬 때 함수 f를 일대일대응이라 한다.

(ⅰ) 일대일함수이다.

(ⅱ) 치역과 공역이 같다.

(3) 항등함수

함수 $f: X \longrightarrow X$와 같이 정의역과 공역이 같고, 정의역의 각 원소에 자기 자신이 대응할 때, 즉

$$f(x) = x$$

일 때, 함수 f를 X에서의 항등함수라 한다.

(4) 상수함수

함수 $f: X \longrightarrow Y$에서 정의역 X의 모든 원소에 공역 Y의 단 하나의 원소가 대응할 때, 즉

$$f(x) = c \ (c \in Y)$$

일 때, 함수 f를 상수함수라 한다.

- 함수 f는 일대일함수가 아니다.
  함수 g는 일대일함수이지만, 일대일대응은 아니다.
  함수 h는 일대일대응이다.

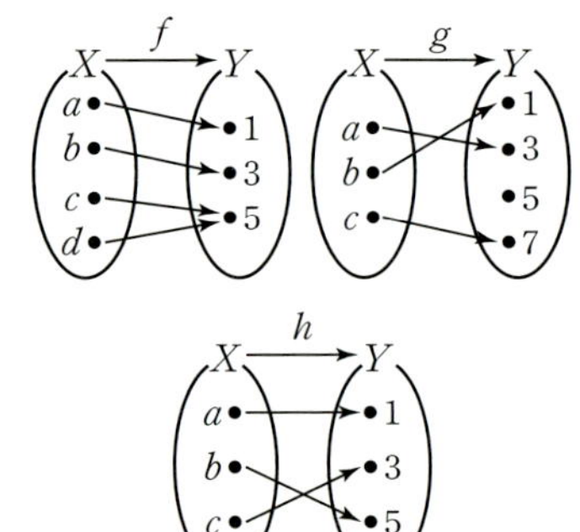

- 함수 f는 항등함수이고, 함수 g는 상수함수이다.

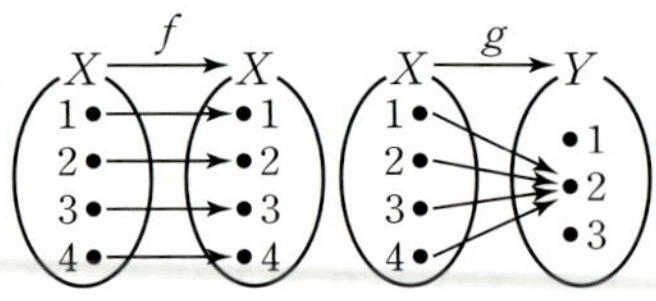

05 합성함수

(1) 합성함수

두 함수 $f: X \longrightarrow Y$, $g: Y \longrightarrow Z$가 주어질 때 집합 X의 각 원소 x에 $f(x)$를 대응시키고,
다시 이 $f(x)$에 $g(f(x))$를 대응시키면 집합 X를 정의역, 집합 Z를 공역으로 하는 새로운 함
수를 정의할 수 있다. 이 함수를 f와 g의 합성함수라 하고 기호로

$$g \circ f$$

와 같이 나타낸다. 즉,

$$g \circ f: X \longrightarrow Z,$$
$$(g \circ f)(x) = g(f(x))$$

(2) 합성함수의 성질

세 함수 f, g, h에 대하여

① 일반적으로 $g \circ f \neq f \circ g$로 함수의 합성에서 교환법칙이 성립하지 않는다.

② $(f \circ g) \circ h = f \circ (g \circ h)$로 함수의 합성에서 결합법칙이 성립한다.

③ $f \circ I_X = f$, $I_Y \circ f = f$ (단, I_X는 X에서의 항등함수, I_Y는 Y에서의 항등함수이다.)

- 두 함수 f, g가 다음과 같을 때

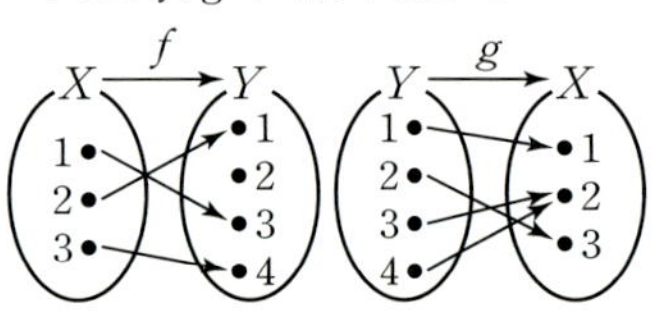

$$(g \circ f)(1) = g(f(1)) = g(3) = 2$$
$$(g \circ f)(2) = g(f(2)) = g(1) = 1$$
$$(g \circ f)(3) = g(f(3)) = g(4) = 2$$

04 여러 가지 함수

[21~24] ┃보기┃의 함수 중에서 다음에 해당하는 것만을 있는 대로 고르시오.

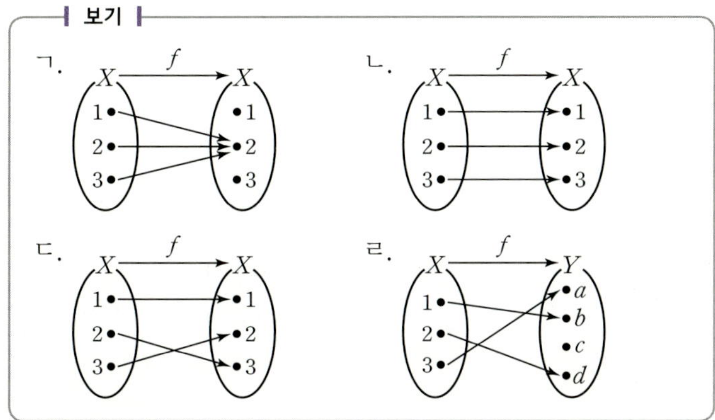

21 일대일함수

22 일대일대응

23 항등함수

24 상수함수

[25~28] 정의역이 $\{x \mid 0 \le x \le 2\}$, 공역이 $\{y \mid 0 \le y \le 2\}$인 ┃보기┃의 함수 중에서 다음에 해당하는 것만을 있는 대로 고르시오.

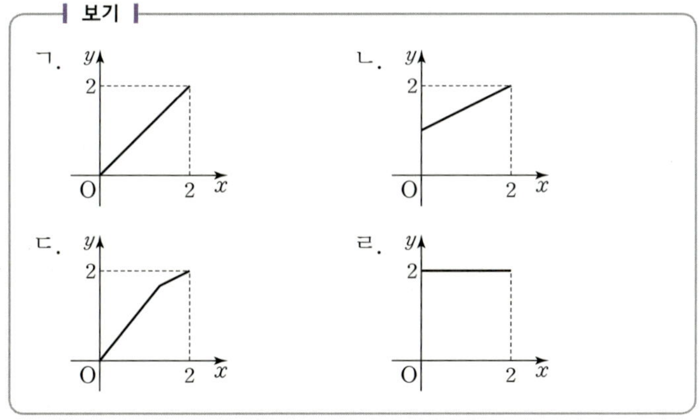

25 일대일함수

26 일대일대응

27 항등함수

28 상수함수

[29~32] 정의역과 공역이 모두 실수 전체의 집합인 ┃보기┃의 함수 중에서 다음에 해당하는 것만을 있는 대로 고르시오.

┃보기┃
ㄱ. $y=x$　　　　ㄴ. $y=-x+2$
ㄷ. $y=-1$　　　　ㄹ. $y=(x-1)^2-4$

29 일대일함수

30 일대일대응

31 항등함수

32 상수함수

05 합성함수

[33~34] 두 함수 $f \colon X \longrightarrow X$, $g \colon X \longrightarrow X$가 그림과 같을 때, 다음 합성함수를 그림으로 나타내시오.

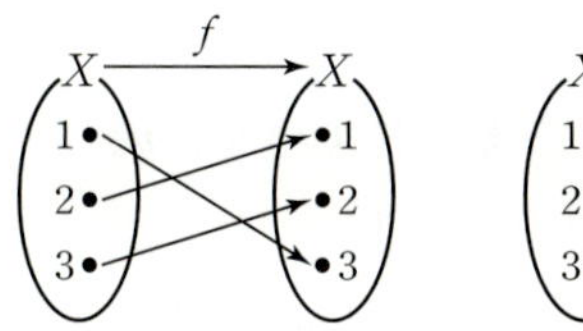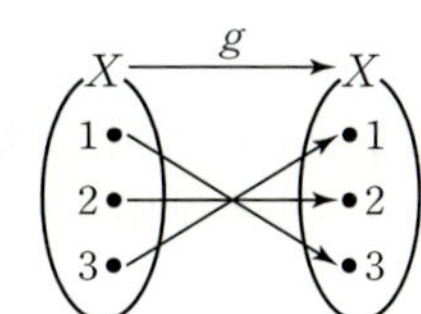

33 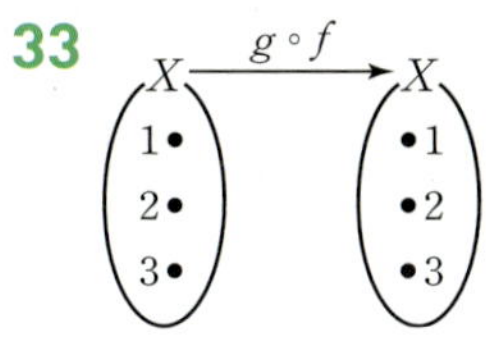

34 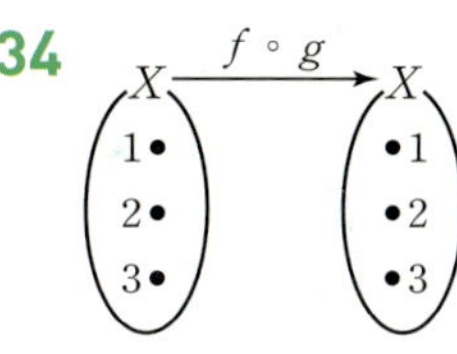

[35~40] 두 함수 $f(x)=2x$, $g(x)=x^2$에 대하여 다음을 구하시오.

35 $(f \circ g)(1)$

36 $(g \circ f)(1)$

37 $(f \circ f)(1)$

38 $(g \circ g)(1)$

39 $(f \circ g)(x)$

40 $(g \circ f)(x)$

06 역함수

(1) 역함수

함수 $f: X \longrightarrow Y$가 일대일대응일 때, 집합 Y의 각 원소 y에 $f(x)=y$를 만족시키는 집합 X의 원소 x를 대응시키는 함수를 f의 역함수라 하고, 기호로 f^{-1}와 같이 나타낸다. 즉

$$f^{-1}: Y \longrightarrow X, \ x=f^{-1}(y)$$

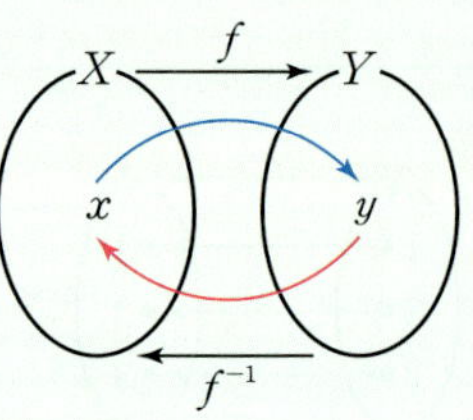

(2) 역함수 구하기

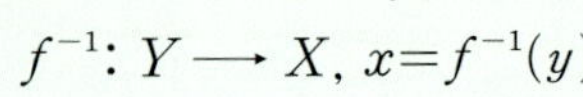

$$y=f(x) \xrightarrow[x를\ y에\ 대한\ 식으로\ 나타내기]{} x=f^{-1}(y) \xrightarrow[x와\ y를\ 서로\ 바꾸기]{} y=f^{-1}(x)$$

(3) 역함수의 성질

함수 $f: X \longrightarrow Y$가 일대일대응일 때, 그 역함수 $f^{-1}: Y \longrightarrow X$에 대하여

① $(f^{-1} \circ f)(x)=x \ (x \in X)$, $(f \circ f^{-1})(y)=y \ (y \in Y)$

② $(f^{-1})^{-1}=f$

③ 함수 $g: Y \longrightarrow Z$가 일대일대응일 때 그 역함수 g^{-1}에 대하여

$$(g \circ f)^{-1}=f^{-1} \circ g^{-1}$$

> **참고** 일반적으로 $f^{-1} \circ f \neq f \circ f^{-1}$이지만 일대일대응 $f: X \longrightarrow X$에서는 $f^{-1} \circ f=f \circ f^{-1}$이다.

(4) 역함수의 그래프

① 함수 $y=f(x)$의 그래프와 그 역함수 $y=f^{-1}(x)$의 그래프는 직선 $y=x$에 대하여 대칭이다.

② 함수 $y=f(x)$의 그래프와 직선 $y=x$의 교점은 함수 $y=f(x)$의 그래프와 그 역함수 $y=f^{-1}(x)$의 그래프의 교점이다.

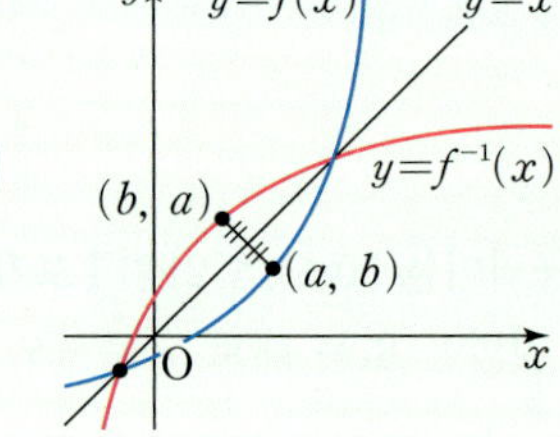

> **참고** 함수 $f(x)=\dfrac{1}{2}x-1$의 그래프와 그 역함수의 그래프의 교점은 함수 $f(x)=\dfrac{1}{2}x-1$의 그래프와 직선 $y=x$의 교점과 일치한다.
>
> $\dfrac{1}{2}x-1=x$에서 $\dfrac{1}{2}x=-1$, $x=-2$이므로 함수 $f(x)=\dfrac{1}{2}x-1$의 그래프와 그 역함수의 그래프의 교점의 좌표는 $(-2,\ -2)$이다.

07 절댓값 기호를 포함한 함수의 그래프

(1) $y=|f(x)|$의 그래프는 다음과 같은 순서로 그린다.

　(ⅰ) $y=f(x)$의 그래프를 그린다.

　(ⅱ) $y \geq 0$인 부분은 그대로 두고, $y<0$인 부분을 x축에 대하여 대칭이동한다.

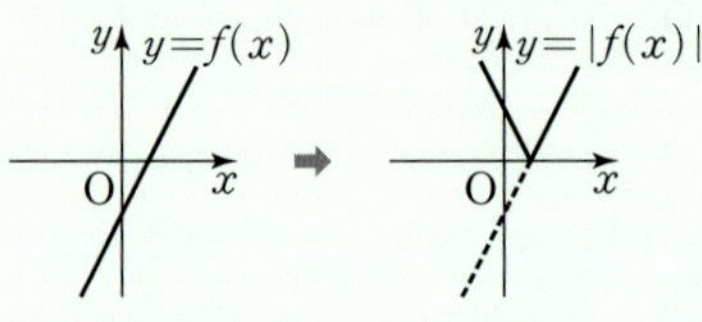

(2) $y=f(|x|)$의 그래프는 다음과 같은 순서로 그린다.

　(ⅰ) $y=f(x)$의 그래프를 그린다.

　(ⅱ) $x \geq 0$인 부분은 그대로 두고 $x<0$인 부분은 없앤다.

　(ⅲ) $x \geq 0$인 부분을 y축에 대하여 대칭이동한다.

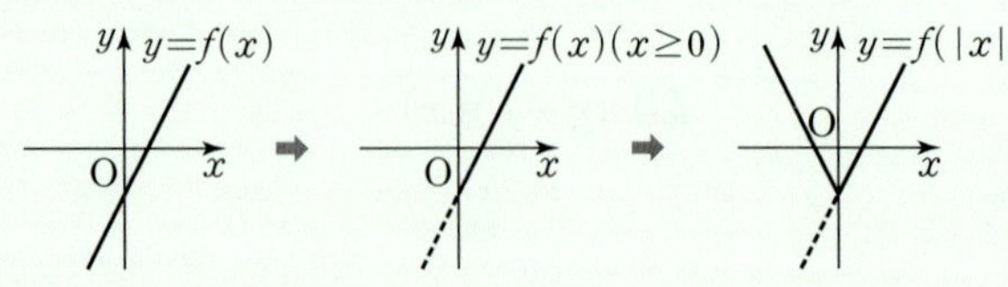

・함수 f가 일대일대응이면 역함수가 존재하고, 함수 f와 그 역함수 f^{-1}에 대하여

$f(a)=b$이면 $f^{-1}(b)=a$

・함수 $f(x)=2x-1$의 역함수를 구하면

➡ $y=2x-1$에서

$2x=y+1$, $x=\dfrac{1}{2}y+\dfrac{1}{2}$

x와 y를 서로 바꾸면

$y=\dfrac{1}{2}x+\dfrac{1}{2}$

이므로 $f^{-1}(x)=\dfrac{1}{2}x+\dfrac{1}{2}$

・$y=|f(x)|=\begin{cases} f(x) & (f(x) \geq 0) \\ -f(x) & (f(x)<0) \end{cases}$

함수 $y=|(x+1)(x-1)|$의 그래프는

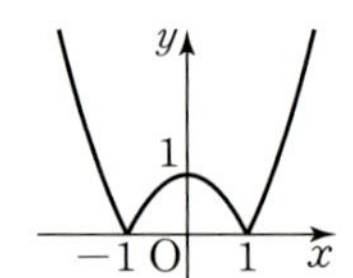

・$y=f(|x|)=\begin{cases} f(x) & (x \geq 0) \\ f(-x) & (x<0) \end{cases}$

06 역함수

41 ┃보기┃의 함수 중에서 역함수가 존재하는 함수를 고르시오.

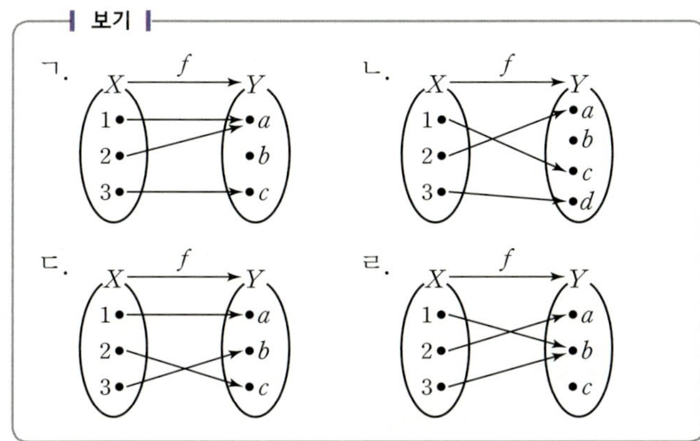

42 ┃보기┃의 함수 중에서 역함수가 존재하는 함수만을 있는 대로 고르시오.

┃보기┃

ㄱ. $y=x+1$ ㄴ. $y=-2x+3$
ㄷ. $y=x^2+1$ ㄹ. $y=3$

[43~46] 오른쪽 그림과 같은 함수 $f\colon X \longrightarrow Y$에 대하여 다음을 구하시오.

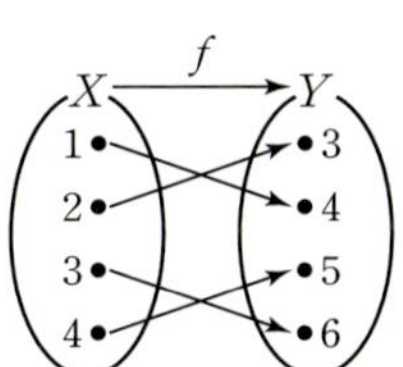

43 $f^{-1}(3)$

44 $f^{-1}(4)$

45 $f^{-1}(5)$

46 $f^{-1}(6)$

[47~48] 함수 $f(x)=2x+5$에 대하여 다음을 구하시오.

47 $f^{-1}(1)$

48 $f^{-1}(-4)$

[49~50] 다음 함수의 역함수를 구하시오.

49 $y=3x-1$

50 $y=\dfrac{1}{2}x+7$

[51~54] 오른쪽 그림과 같은 함수 $f\colon X \longrightarrow X$에 대하여 다음을 구하시오.

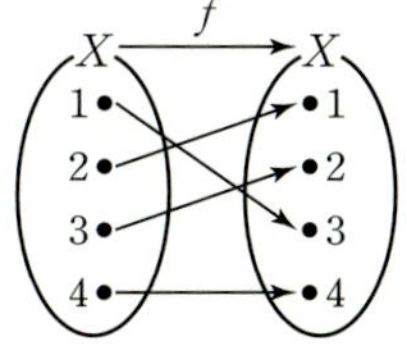

51 $f^{-1}(4)$

52 $(f^{-1} \circ f)(2)$

53 $(f \circ f^{-1})(1)$

54 $(f^{-1})^{-1}(3)$

[55~56] 함수 $y=f(x)$의 그래프가 그림과 같을 때, 직선 $y=x$를 이용하여 역함수 $y=f^{-1}(x)$의 그래프를 그리시오.

55
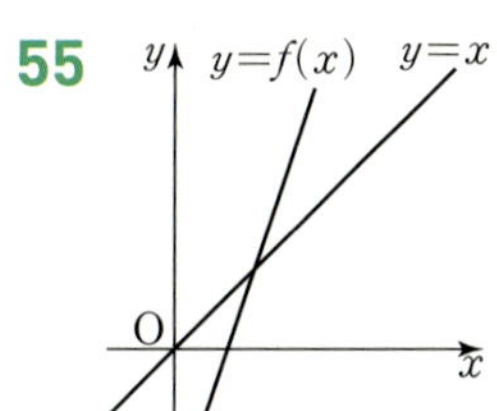

56
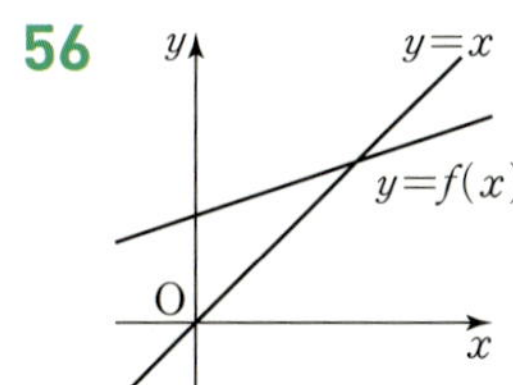

07 절댓값 기호를 포함한 함수의 그래프

[57~58] 함수 $y=f(x)$의 그래프가 오른쪽 그림과 같을 때, 다음 함수의 그래프를 그리시오.

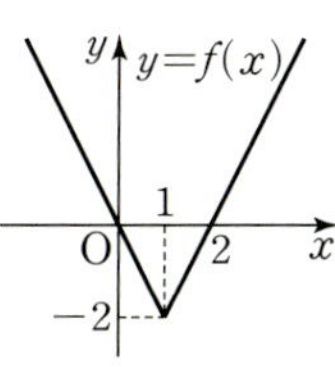

57 $y=|f(x)|$

58 $y=f(|x|)$

유형 01 함수의 뜻

(1) 집합 X의 각 원소에 집합 Y의 원소가 오직 하나씩 대응할 때, 이 대응을 집합 X에서 집합 Y로의 함수라 한다.
(2) 다음의 경우는 함수가 아니다.
 ① 집합 X의 어떤 원소에 대응하는 집합 Y의 원소가 없는 경우
 ② 집합 X의 어떤 원소에 집합 Y의 원소가 2개 이상 대응하는 경우

≫ **올림포스** 공통수학2 67쪽

01 대표문제
▶ 25647-0442

두 집합 $X=\{-1,\ 0,\ 1\}$, $Y=\{0,\ 1,\ 2\}$에 대하여 **보기**에서 X에서 Y로의 함수인 것만을 있는 대로 고른 것은?

┤ 보기 ├
ㄱ. $f(x)=|x|$　　　　　ㄴ. $g(x)=x^2+1$
ㄷ. $h(x)=-x+1$

① ㄱ　　　　　② ㄱ, ㄴ　　　　　③ ㄱ, ㄷ
④ ㄴ, ㄷ　　　　　⑤ ㄱ, ㄴ, ㄷ

02 상중하
▶ 25647-0443

집합 $X=\{1,\ 2,\ 3,\ 4,\ 5\}$에 대하여
$$f(x)=-(x-3)^2+a$$
가 X에서 X로의 함수가 되도록 하는 상수 a의 값은?

① 1　　　　　② 3　　　　　③ 5
④ 7　　　　　⑤ 9

03 상중하
▶ 25647-0444

두 집합 $X=\{x\,|\,-2\le x\le1\}$, $Y=\{y\,|\,2\le y\le5\}$에 대하여 $f(x)=m(x-3)+4$가 X에서 Y로의 함수가 되도록 하는 모든 실수 m의 값의 범위를 구하시오.

유형 02 함숫값 구하기

함수 $f:X\longrightarrow Y$에서 정의역 X의 원소 x에 공역 Y의 원소 y가 대응할 때 기호로
$$y=f(x)$$
와 같이 나타내고, $f(x)$를 함수 f의 x에서의 함숫값이라 한다.

≫ **올림포스** 공통수학2 67쪽

04 대표문제
▶ 25647-0445

실수 전체의 집합에서 정의된 함수
$$f(x)=\begin{cases} x-2 & (x\text{는 유리수}) \\ x^2+4 & (x\text{는 무리수}) \end{cases}$$
에 대하여 $f(3)+f(\sqrt{2})$의 값은?

① 6　　　　　② 7　　　　　③ 8
④ 9　　　　　⑤ 10

05 상중하
▶ 25647-0446

실수 전체의 집합에서 정의된 함수
$$f(x)=\begin{cases} -x-2 & (x<0) \\ 2x+3 & (x\ge0) \end{cases}$$
에 대하여 $f(-1)+f(1)$의 값은?

① 2　　　　　② 4　　　　　③ 6
④ 8　　　　　⑤ 10

06 상중하
▶ 25647-0447

자연수 전체의 집합에서 정의된 함수 f를
$$f(x)=(x^2\text{을 5로 나눈 나머지})$$
라 할 때, $f(11)+f(428)$의 값은?

① 2　　　　　② 3　　　　　③ 4
④ 5　　　　　⑤ 6

유형 03 ‖ 함수의 정의역, 공역, 치역

함수 $f : X \longrightarrow Y$에서

(1) 정의역: 집합 X

(2) 공역: 집합 Y

(3) 치역: 함숫값 전체의 집합, 즉 $\{f(x) \mid x \in X\}$

>> 올림포스 공통수학2 67쪽

07 대표문제
▶ 25647-0448

함수 $f(x) = ax - 3$의 정의역이 $\{x \mid 1 \leq x \leq 2\}$, 공역이 $\{y \mid -2 \leq y \leq 2\}$일 때, 가능한 정수 a의 개수는?

① 1   ② 2   ③ 3

④ 4   ⑤ 5

08 상중하
▶ 25647-0449

집합 $X = \{x \mid -2 \leq x \leq 3\}$에 대하여 X에서 X로의 함수 $f(x) = ax + b$의 공역과 치역이 일치하도록 하는 두 실수 a, b에 대하여 ab의 최솟값을 구하시오.

09 상중하
▶ 25647-0450

자연수 전체의 집합에서 정의된 함수 f를
$$f(x) = (3^x \text{을 } 10 \text{으로 나눈 나머지})$$
라 할 때, 함수 f의 치역의 원소의 개수는?

① 3   ② 4   ③ 5

④ 6   ⑤ 7

유형 04 ‖ 조건식을 이용하여 함숫값 구하기

주어진 조건식의 x, y에 적당한 숫자를 대입하여 함숫값을 구한다.

>> 올림포스 공통수학2 67쪽

10 대표문제
▶ 25647-0451

함수 $f(x)$가 임의의 두 실수 x, y에 대하여
$$f(x+y) = f(x) + f(y)$$
를 만족시킨다. $f(2) = -4$일 때, $f(-1)$의 값은?

① 1   ② 2   ③ 3

④ 4   ⑤ 5

11 상중하
▶ 25647-0452

임의의 두 정수 a, b에 대하여 함수 f가
$$f(a+b) = f(a) + f(b) + 2ab$$
를 만족시킬 때, $f(-2) + f(-1) + f(1) + f(2)$의 값을 구하시오.

12 상중하
▶ 25647-0453

양의 실수 전체의 집합에서 정의된 함수 f가 임의의 두 양수 x, y에 대하여
$$f(xy) = f(x) + f(y), \quad f(2) = 1$$
을 만족시킬 때, $f(8) \times f\left(\dfrac{1}{2}\right)$의 값은?

① -1 ② -2 ③ -3

④ -4 ⑤ -5

유형 05 서로 같은 함수

서로 같은 함수 f와 g, 즉 $f=g$
$\Longleftrightarrow$ (i) 두 함수의 정의역과 공역이 각각 같다.
$\quad$ (ii) 정의역의 모든 원소 x에 대하여 $f(x)=g(x)$이다.

>> **올림포스** 공통수학2 67쪽

13 대표문제
▶ 25647-0454

집합 $X=\{1, 2\}$를 정의역으로 하는 두 함수 $f(x)=2x+1$, $g(x)=x^2+ax+b$에 대하여 $f=g$일 때, ab의 값을 구하시오.
(단, a, b는 상수이다.)

14 상중하
▶ 25647-0455

집합 $X=\{a, b\}$를 정의역으로 하는 두 함수
$$f(x)=x^3-3x, \ g(x)=3x^2+x-12$$
에 대하여 $f=g$가 성립할 때, $a+b$의 최댓값은?
(단, a, b는 서로 다른 실수이다.)

① 3 　　② 4 　　③ 5
④ 6 　　⑤ 7

15 상중하
▶ 25647-0456

두 집합 $X=\{1, 2, 3\}$, $Y=\{1, 2, 3, 4\}$에 대하여
두 함수 $f: X \longrightarrow Y$, $g: X \longrightarrow Y$를
$$f(x)=x^2-4x+5, \ g(x)=a|x-2|+b$$
라 하자. 두 함수 f와 g가 서로 같을 때, a^2+b^2의 값은?
(단, a, b는 상수이다.)

① 2 　　② 4 　　③ 6
④ 8 　　⑤ 10

유형 06 함수의 그래프

(1) 함수 $f: X \longrightarrow Y$에서 정의역 X의 원소 x와 그에 대응하는 함숫값 $f(x)$의 순서쌍 $(x, f(x))$ 전체의 집합 $\{(x, f(x)) \mid x \in X\}$를 함수 f의 그래프라 한다.
(2) 함수의 그래프는 정의역의 각 원소 a에 대하여 y축에 평행한 직선 $x=a$와 오직 한 점에서 만난다.

>> **올림포스** 공통수학2 68쪽

16 대표문제
▶ 25647-0457

함수 f의 그래프가 다음과 같을 때, 함수 f의 치역의 모든 원소의 합을 구하시오.

$$G=\{(-3, 1), (0, 3), (2, 4), (4, 0)\}$$

17 상중하
▶ 25647-0458

집합 $X=\{-1, 0, 1, 2\}$에서 정의된 함수 f의 그래프가 오른쪽 그림과 같을 때, $f(-1)+f(2)$의 값은?

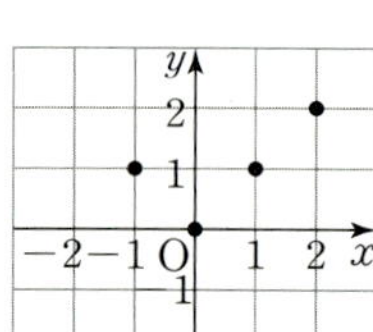

① 1 　　② 2
③ 3 　　④ 4
⑤ 5

18 상중하
▶ 25647-0459

집합 $X=\{-3, -1, 0, 1, 3\}$에서 정의된 함수 $f(x)=|ax+1|+b$ $(a \neq 0)$가 있다. 오른쪽 그림은 함수 $y=f(x)$의 그래프의 일부분이다. $f(-3)+f(0)$의 값은?

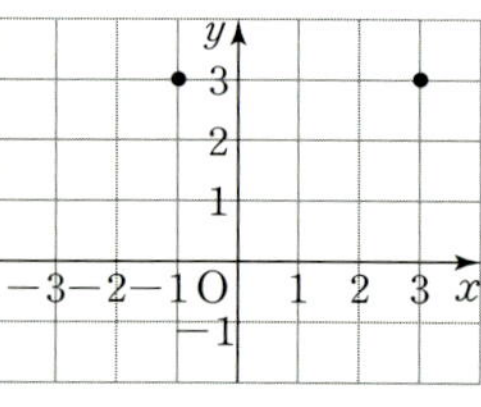

(단, a, b는 상수이다.)

① 6 　　② 7 　　③ 8
④ 9 　　⑤ 10

유형 07 ┃ 일대일함수

(1) 함수 $f: X \longrightarrow Y$가 일대일함수이다.
  $\Longleftrightarrow$ 정의역 X의 임의의 두 원소 x_1, x_2에 대하여
    $x_1 \neq x_2$이면 $f(x_1) \neq f(x_2)$
(2) 일대일함수의 그래프는 치역의 각 원소 b에 대하여 x축에
  평행한 직선 $y=b$와 오직 한 점에서 만난다.

  ≫ **올림포스** 공통수학2 68쪽

19 대표문제
▶ 25647-0460

두 집합 $X=\{1, 2, 3, 4\}$, $Y=\{1, 2, 3, 5, 6\}$에 대하여 함수 f는 X에서 Y로의 일대일함수이다.
$$f(1)=3, \ f(2)f(3)=6$$
일 때, $f(2)+f(4)$의 최솟값을 구하시오.

20 상중하
▶ 25647-0461

┃보기┃의 정의역과 공역이 모두 실수 전체의 집합인 함수의 그래프 중에서 일대일함수의 그래프인 것만을 있는 대로 고른 것은?

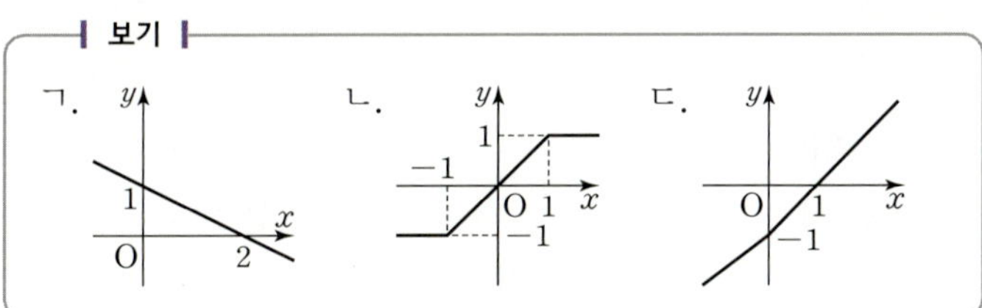

① ㄱ
② ㄱ, ㄴ
③ ㄱ, ㄷ
④ ㄴ, ㄷ
⑤ ㄱ, ㄴ, ㄷ

21 상중하
▶ 25647-0462

두 집합 $X=\{x \mid -1 \leq x \leq 1\}$, $Y=\{y \mid 0 \leq y \leq 4\}$에 대하여 ┃보기┃의 X에서 Y로의 함수 f 중에서 일대일함수인 것만을 있는 대로 고른 것은?

┃ 보기 ┃

ㄱ. $f(x)=1-x$ ㄴ. $f(x)=(1-x)^2$
ㄷ. $f(x)=1-x^3$

① ㄱ
② ㄱ, ㄴ
③ ㄱ, ㄷ
④ ㄴ, ㄷ
⑤ ㄱ, ㄴ, ㄷ

유형 08 ┃ 일대일대응

함수 $f: X \longrightarrow Y$가 일대일대응이다.
  $\Longleftrightarrow$ (ⅰ) 함수 f가 일대일함수이다.
    (ⅱ) 치역과 공역이 서로 같다.

  ≫ **올림포스** 공통수학2 68쪽

22 대표문제
▶ 25647-0463

┃보기┃의 정의역과 공역이 모두 실수 전체의 집합인 함수 중에서 일대일대응인 것만을 있는 대로 고르시오.

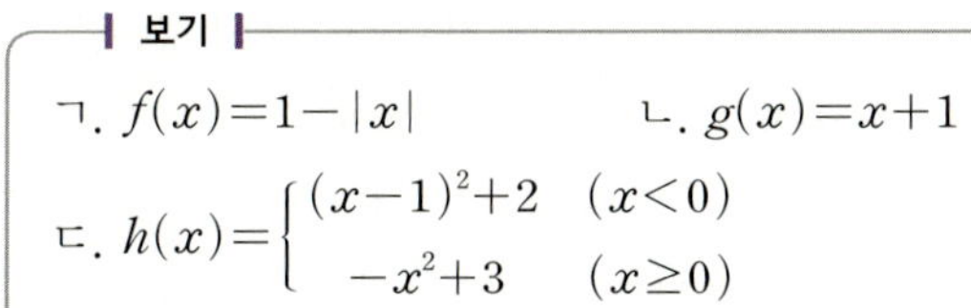
┃ 보기 ┃
ㄱ. $f(x)=1-|x|$ ㄴ. $g(x)=x+1$
ㄷ. $h(x)=\begin{cases} (x-1)^2+2 & (x<0) \\ -x^2+3 & (x \geq 0) \end{cases}$

23 상중하
▶ 25647-0464

┃보기┃의 정의역과 공역이 모두 실수 전체의 집합인 함수의 그래프 중에서 일대일대응의 그래프인 것만을 있는 대로 고른 것은?

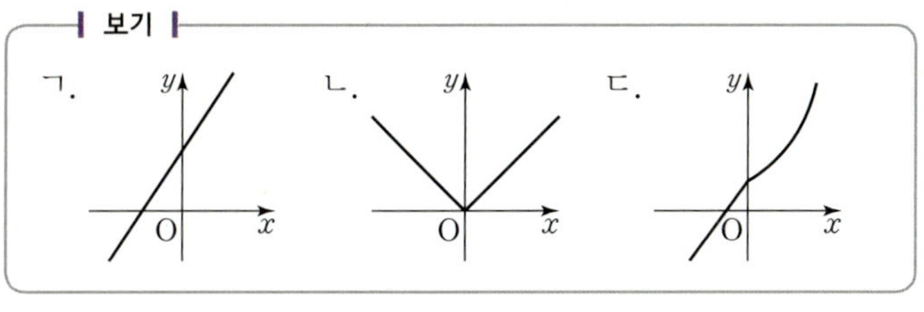

① ㄱ
② ㄱ, ㄴ
③ ㄱ, ㄷ
④ ㄴ, ㄷ
⑤ ㄱ, ㄴ, ㄷ

24 상중하
▶ 25647-0465

집합 $X=\{1, 2, 3, 4, 5\}$에 대하여 함수 $f: X \longrightarrow X$는 일대일대응이다. $1 \leq n \leq 3$인 모든 자연수 n에 대하여 $f(n)f(n+2)$의 값이 짝수일 때, $f(2)+f(4)$의 최솟값은?

① 3
② 4
③ 5
④ 6
⑤ 7

유형 09 | 일대일대응이 되기 위한 조건 （중요）

함수 f가 다음 두 조건을 만족시키면 일대일대응이다.

(i) 일대일함수이다.

(ii) 정의역이 $\{x\,|\,a\leq x\leq b\}$일 때, 공역과 치역이
$\{y\,|\,f(a)\leq y\leq f(b)\}$ 또는 $\{y\,|\,f(b)\leq y\leq f(a)\}$

》 **올림포스** 공통수학2 68쪽

25 [대표문제] ▶ 25647-0466

집합 $X=\{x\,|\,x\geq k\}$에 대하여 X에서 X로의 함수 $f(x)=x^2-4x$가 일대일대응이 되도록 하는 상수 k의 값은?

① 1   ② 2   ③ 3

④ 4   ⑤ 5

26 （상）（중）（하） ▶ 25647-0467

실수 전체의 집합에서 정의된 함수
$$f(x)=-ax+|x+2|-3$$
이 일대일대응이 되도록 하는 자연수 a의 최솟값은?

① 1   ② 2   ③ 3

④ 4   ⑤ 5

27 （상）（중）（하） ▶ 25647-0468

정의역과 공역이 각각 실수 전체의 집합인 함수 f가
$$f(x)=\begin{cases}(7-a)x+b & (x<2) \\ x+a & (x\geq 2)\end{cases}$$
일 때, 함수 f가 일대일대응이 되도록 하는 두 정수 a, b에 대하여 $a+b$의 최댓값을 구하시오.

유형 10 | 항등함수와 상수함수

(1) 항등함수: 함수 $f\colon X\longrightarrow X$에 대하여
$$f(x)=x$$

(2) 상수함수: 함수 $f\colon X\longrightarrow Y$에 대하여
$$f(x)=c \ (\text{단, } c는 c\in Y인 상수이다.})$$

》 **올림포스** 공통수학2 68쪽

28 [대표문제] ▶ 25647-0469

집합 $X=\{1,\ 2,\ 3,\ 4,\ 5\}$를 정의역으로 하는 두 함수 f, g가 다음 조건을 만족시킨다.

> (가) f는 항등함수이고, g는 상수함수이다.
> (나) $f(3)=g(5)$

$f(4)+g(2)$의 값을 구하시오.

29 （상）（중）（하） ▶ 25647-0470

1이 아닌 서로 다른 두 실수 a, b에 대하여 집합 $X=\{1,\ a,\ b\}$가 있다. X에서 X로의 함수 $f(x)=x^3-2x^2-4x+c$가 항등함수일 때, $a^2+b^2+c^2$의 값을 구하시오. (단, c는 상수이다.)

30 （상）（중）（하） ▶ 25647-0471

공집합이 아닌 집합 X에 대하여 X에서 X로의 함수 $f(x)=2x^3-2x^2-3x$가 항등함수가 되는 집합 X의 개수는?

① 3   ② 7   ③ 9

④ 12   ⑤ 15

유형 11 ｜ 함수의 개수

두 집합 X, Y의 원소의 개수가 각각 m, n일 때

(1) X에서 Y로의 함수의 개수: n^m

(2) X에서 Y로의 일대일함수의 개수:
$${}_n\mathrm{P}_m=n(n-1)(n-2)\times\cdots\times(n-m+1)\ (단,\ n\geq m)$$

(3) X에서 Y로의 일대일대응의 개수:
$$n!=n(n-1)(n-2)\times\cdots\times2\times1\ (단,\ n=m)$$

(4) X에서 Y로의 상수함수의 개수: n

» **올림포스** 공통수학2 68쪽

31 대표문제
▶ 25647-0472

집합 $X=\{1,\ 2,\ 3\}$에 대하여 X에서 X로의 함수 중 일대일대응의 개수는 a, 항등함수의 개수는 b, 상수함수의 개수는 c이다. $a+b+c$의 값은?

① 6 　　　　② 7 　　　　③ 8
④ 9 　　　　⑤ 10

32 상중하
▶ 25647-0473

집합 $X=\{1,\ 2,\ 3,\ 4\}$에서 집합 Y로의 상수함수의 개수가 3일 때, X에서 Y로의 함수의 개수를 구하시오.

33 상중하
▶ 25647-0474

집합 $X=\{-2,\ -1,\ 0,\ 1,\ 2\}$에 대하여 다음 조건을 만족시키는 X에서 X로의 함수 f의 개수를 구하시오.

(가) 집합 X의 임의의 원소 x에 대하여 $f(-x)=f(x)$이다.
(나) 치역의 원소의 개수는 2 이상이고, 치역의 모든 원소의 합은 1이다.

유형 12 ｜ 합성함수의 함숫값

(1) $(g\circ f)(x)=g(f(x))$

(2) $(f\circ g)(x)=f(g(x))$

» **올림포스** 공통수학2 69쪽

34 대표문제
▶ 25647-0475

두 함수 $f:X\longrightarrow X$, $g:X\longrightarrow X$가 그림과 같을 때 $(g\circ f)(1)+(f\circ g)(2)$의 값은?

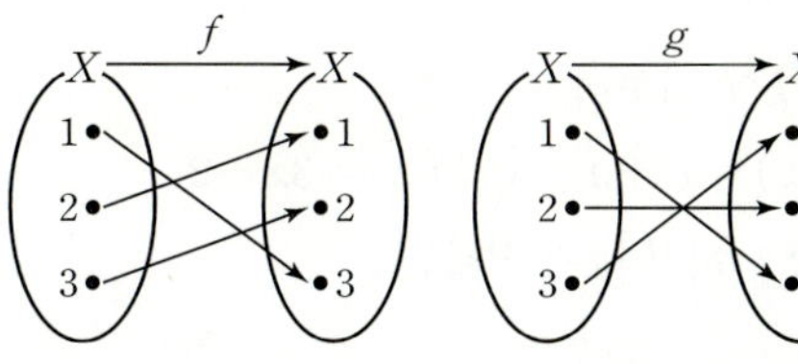

① 2 　　　　② 3 　　　　③ 4
④ 5 　　　　⑤ 6

35 상중하
▶ 25647-0476

두 함수 $f(x)=2x+1$, $g(x)=x^2-3$에 대하여 $(g\circ f)(2)$의 값은?

① 21 　　　　② 22 　　　　③ 23
④ 24 　　　　⑤ 25

36 상중하
▶ 25647-0477

두 함수
$$f(x)=-\frac{1}{2}x+3,\quad g(x)=\begin{cases} x^2-4 & (x<4) \\ 2x+5 & (x\geq4) \end{cases}$$
에 대하여 $(g\circ f)(-2)+(g\circ f)(2)$의 값은?

① 11 　　　　② 12 　　　　③ 13
④ 14 　　　　⑤ 15

유형 13 　합성함수의 성질　(중요)

합성이 가능한 네 함수 f, g, h, I에 대하여

① $g \circ f \neq f \circ g$

② $(f \circ g) \circ h = f \circ (g \circ h)$

③ $f \circ I_X = f$, $I_Y \circ f = f$

(단, I_X는 X에서의 항등함수, I_Y는 Y에서의 항등함수이다.)

>> 올림포스 공통수학2 69쪽

37 　대표문제　　▶ 25647-0478

세 함수 f, g, h에 대하여

$$(f \circ g)(x) = x^2 + x + 4, \quad h(x) = 3x - 2$$

일 때, $(f \circ (g \circ h))(1)$의 값은?

① 6　　　② 7　　　③ 8

④ 9　　　⑤ 10

38 　(상)(중)(하)　　▶ 25647-0479

두 함수

$$f(x) = 3x - 1, \quad g(x) = -x + 3$$

에 대하여 $(f \circ g)(2) - (g \circ f)(2)$의 값을 구하시오.

39 　(상)(중)(하)　　▶ 25647-0480

두 함수 f, g에 대하여

$$(g \circ f)(x) = 2x + 2, \quad ((f \circ g) \circ f)(x) = 2x + 1$$

일 때, $f(3)$의 값은?

① 1　　　② 2　　　③ 3

④ 4　　　⑤ 5

유형 14 　$f \circ g = g \circ f$가 성립하는 경우

(1) 정의역이 실수 전체의 집합일 때: $f(g(x)) = g(f(x))$ 에서 동류항의 계수를 비교한다.

(2) 정의역이 실수 전체의 집합이 아닐 때: 정의역의 모든 x 에 대하여 함숫값을 비교한다.

>> 올림포스 공통수학2 69쪽

40 　대표문제　　▶ 25647-0481

실수 전체의 집합에서 정의된 두 함수

$$f(x) = 2x - 5, \quad g(x) = ax + 1$$

에 대하여 $g \circ f = f \circ g$가 성립하도록 하는 상수 a의 값은?

① $\dfrac{1}{5}$　　　② $\dfrac{2}{5}$　　　③ $\dfrac{3}{5}$

④ $\dfrac{4}{5}$　　　⑤ 1

41 　(상)(중)(하)　　▶ 25647-0482

정의역이 $X = \{0, 2\}$인 두 함수 $f(x) = ax + 2$, $g(x) = x^2 + bx$ 에 대하여 $f \circ g = g \circ f$가 성립할 때, $a + b$의 값은?

(단, a, b는 상수이고, $a \neq 0$이다.)

① -4　　　② -2　　　③ 0

④ 2　　　⑤ 4

42 　(상)(중)(하)　　▶ 25647-0483

두 함수 $f(x) = ax + 2$, $g(x) = ax + b$에 대하여 $f \circ g = g \circ f$가 성립하기 위한 필요충분조건은? (단, a, b는 상수이다.)

① $a = 1$ 그리고 $b = -1$　　　② $a = 1$ 또는 $b = -1$

③ $a = 1$ 그리고 $b = 2$　　　④ $a = 1$ 또는 $b = 2$

⑤ $a = 2$ 그리고 $b = 1$

올림포스 공통수학2 69쪽

유형 15 ❙ 여러 가지 합성함수

(1) $(g \circ f)(x) = g(f(x))$

(2) $(f \circ g)(x) = f(g(x))$

(3) $(f \circ f)(x) = f(f(x))$

(4) $(g \circ g)(x) = g(g(x))$

---

43 대표문제

▶ 25647-0484

함수 $f(x) = \begin{cases} x^2 - 2x & (x < 2) \\ 2x - 7 & (x \geq 2) \end{cases}$ 에 대하여 $(f \circ f)(3)$의 값은?

① 1 ② 2 ③ 3

④ 4 ⑤ 5

---

44 상중하

▶ 25647-0485

두 함수 f, g에 대하여

$$g(x) = \frac{x+3}{2}, \quad (f \circ g)(x) = 5x + 1$$

일 때, $f(2)$의 값은?

① 2 ② 4 ③ 6

④ 8 ⑤ 10

---

45 상중하

▶ 25647-0486

두 함수

$$f(x) = 2x - 3, \quad g(x) = x - 1$$

가 있다. 함수 $h(x) = ax + b$가 $(f \circ h)(x) = g(x)$를 만족시킬 때, ab의 값은? (단, a, b는 상수이다.)

① $\frac{1}{2}$ ② 1 ③ $\frac{3}{2}$

④ 2 ⑤ $\frac{5}{2}$

---

46 상중하

▶ 25647-0487

두 함수 $f(x) = 2x - 3$, $g(x) = 3x + 4$에 대하여 $(h \circ f)(x) = g(x)$를 만족시키는 함수 $h(x)$를 구하시오.

---

47 상중하

▶ 25647-0488

함수 $f(x) = \begin{cases} 2x + a & (|x| < 2) \\ 3x + 10 & (|x| \geq 2) \end{cases}$

에 대하여 $(f \circ f \circ f)(-3) = 4$일 때, 상수 a의 값은?

① -5 ② -4 ③ -3

④ -2 ⑤ -1

---

48 상중하

▶ 25647-0489

집합 $X = \{1, 2, 3, 4, 5\}$에 대하여 X에서 X로의 함수 f가 일대일대응이고, 다음 조건을 만족시킨다.

(가) $f(5) = 3$
(나) $(f \circ f)(1) = 2$, $(f \circ f)(2) = 4$

$f(4) + (f \circ f)(3)$의 값은?

① 3 ② 4 ③ 5

④ 6 ⑤ 7

유형 16 | 그래프와 합성함수

$(f \circ f)(a)=b$를 만족시키는 상수 a의 값 찾기

(ⅰ) $f(f(a))=b$에서 $f(a)=k$라 한다.

(ⅱ) $f(k)=b$를 만족시키는 k의 값을 모두 구한다.

(ⅲ) (ⅱ)에서 구한 k의 값에 대하여 $f(a)=k$를 만족시키는 a
의 값을 모두 구한다.

>> **올림포스** 공통수학2 69쪽

49 대표문제

▶ 25647-0490

함수 $y=f(x)$의 그래프와 직선
$y=x$가 오른쪽 그림과 같을 때,
$(f \circ f)(c)$의 값은?

(단, $f(a)=0$)

① a ② b

③ c ④ d

⑤ e

50 상중하

▶ 25647-0491

집합 $X=\{1, 2, 3, 4, 5\}$에 대하여 X에
서 X로의 함수 f의 그래프가 오른쪽 그
림과 같을 때
$(f \circ f)(2)+(f \circ f \circ f)(3)$의 값은?

① 6   ② 7

③ 8   ④ 9

⑤ 10

51 상중하

▶ 25647-0492

집합 $X=\{x \,|\, 0 \leq x \leq 5\}$에 대하여 X에
서 X로의 함수 f의 그래프가 오른쪽 그
림과 같을 때, $(f \circ f \circ f)(2)$의 값은?

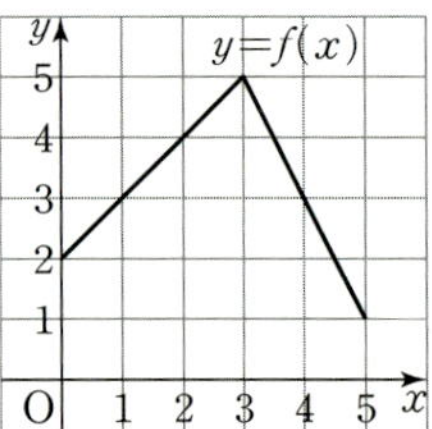

① 1   ② 2

③ 3   ④ 4

⑤ 5

52 상중하

▶ 25647-0493

집합 $X=\{x \,|\, 0 \leq x \leq 5\}$에 대하여 X에
서 X로의 함수 f의 그래프가 오른쪽 그
림과 같을 때, $(f \circ f)(a)=3$을 만족시
키는 실수 a의 개수는?

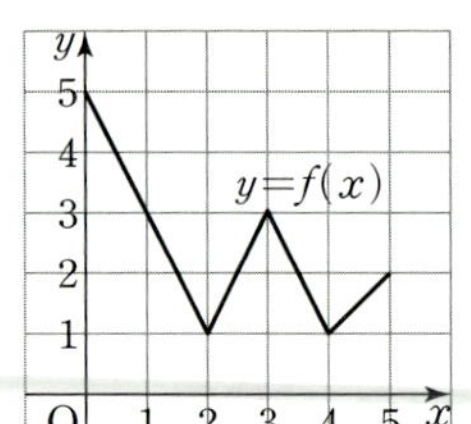

① 3   ② 4

③ 5   ④ 6

⑤ 7

53 상중하

▶ 25647-0494

집합 $X=\{x \,|\, 0 \leq x \leq 4\}$에 대하여 X
에서 X로의 함수

$$f(x)=\begin{cases} 2x & (0 \leq x < 2) \\ 8-2x & (2 \leq x \leq 4) \end{cases}$$

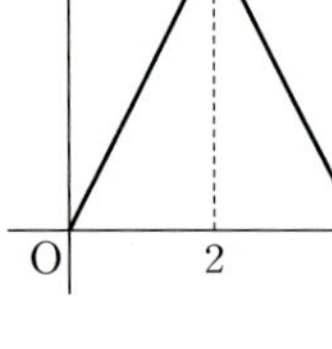

의 그래프는 오른쪽 그림과 같다.
$(f \circ f)(a)=2$를 만족시키는 실수 a의
개수는?

① 3   ② 4   ③ 5

④ 6   ⑤ 7

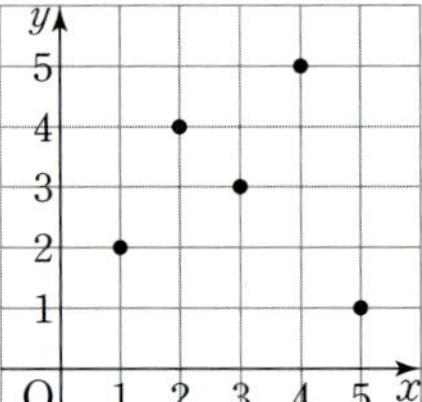

유형 17 ‖ f^n 꼴의 합성함수 값의 추정

함수 f에 대하여 $f^1=f$, $f^{n+1}=f \circ f^n$ (n은 자연수)일 때, $f^n(a)$의 값 구하기

➡ $f^1(a)$, $f^2(a)$, $f^3(a)$, …를 직접 구하여 규칙을 찾아 $f^n(a)$의 값을 추정한다.

➤➤ **올림포스** 공통수학2 69쪽

54 대표문제
▶ 25647-0495

집합 $X=\{x \mid 0 \le x \le 4\}$에 대하여 X에서 X로의 함수 f의 그래프가 오른쪽 그림과 같다.

$$f^1=f, \ f^{n+1}=f \circ f^n \ (n\text{은 자연수})$$

로 정의할 때, $f^{314}(4)$의 값은?

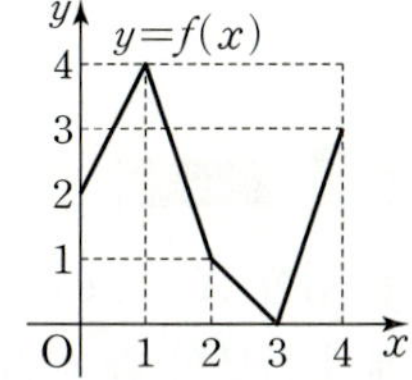

① 0   ② 1   ③ 2

④ 3   ⑤ 4

55 상중하
▶ 25647-0496

집합 $X=\{1, \ 2, \ 3, \ 4\}$에 대하여 X에서 X로의 함수 f가 오른쪽 그림과 같고,

$$f^1=f, \ f^{n+1}=f \circ f^n \ (n\text{은 자연수})$$

로 정의할 때, $f^{35}(1)+f^{36}(4)$의 값은?

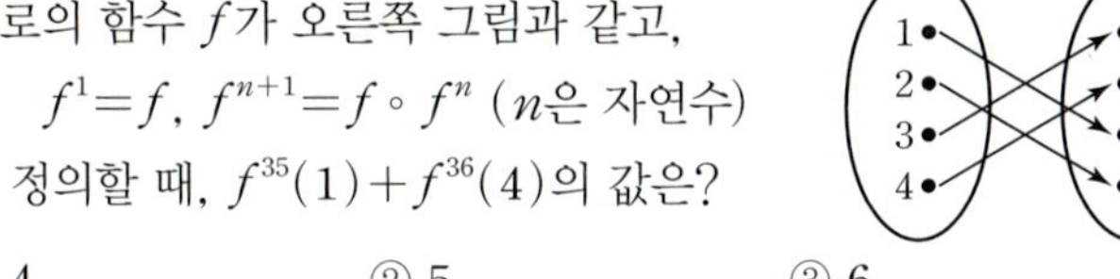

① 4   ② 5   ③ 6

④ 7   ⑤ 8

56 상중하
▶ 25647-0497

함수 $f(x)=x+2$에 대하여

$$f^1=f, \ f^{n+1}=f \circ f^n \ (n\text{은 자연수})$$

로 정의할 때, $f^5(1)$의 값을 구하시오.

57 상중하
▶ 25647-0498

함수 $f(x)=3x$에 대하여

$$f^1=f, \ f^{n+1}=f \circ f^n \ (n\text{은 자연수})$$

로 정의하자. $f^4(x)=ax$일 때, 상수 a의 값을 구하시오.

58 상중하
▶ 25647-0499

함수 $f(x)=\begin{cases} 2x+3 & (x<10) \\ f(x-10) & (x \ge 10) \end{cases}$에 대하여

$$f^1=f, \ f^{n+1}=f \circ f^n \ (n\text{은 자연수})$$

로 정의할 때, $f^{10}(1)+f^{20}(1)$의 값을 구하시오.

59 상중하
▶ 25647-0500

집합 $X=\{1, \ 2, \ 3, \ 4\}$에 대하여 X에서 X로의 함수 f가 다음 조건을 만족시킨다.

> (가) $f(1)=2$, $f(3)=3$
> (나) 집합 X의 임의의 원소 x에 대하여
> $(f \circ f \circ f)(x)=x$이다.

$f^1=f$, $f^{n+1}=f \circ f^n$ (n은 자연수)로 정의할 때, $f^{1234}(1)+f^{5678}(2)$의 값은?

① 3   ② 4   ③ 5

④ 6   ⑤ 7

유형 18 | 역함수의 함숫값

함수 f의 역함수 f^{-1}에 대하여
$$f^{-1}(b)=a \Longleftrightarrow f(a)=b$$

>> **올림포스** 공통수학2 70쪽

60 대표문제
▶ 25647-0501

두 함수 $f: X \longrightarrow X$, $g: X \longrightarrow X$가 그림과 같다.

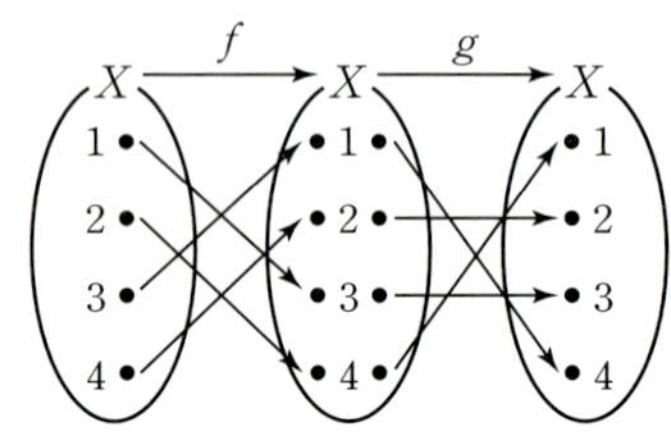

$f^{-1}(2)+(f^{-1} \circ g^{-1})(4)$의 값을 구하시오.

61 상중하
▶ 25647-0502

함수 $f(x)=2x+a$에 대하여 $f(2)=-3$, $f^{-1}(3)=b$일 때, $a+b$의 값은? (단, a, b는 상수이다.)

① -2　　　　② -1　　　　③ 0
④ 1　　　　⑤ 2

62 상중하
▶ 25647-0503

함수 f가
$$f(x)=\begin{cases} x^2-1 & (x<0) \\ -x^2-1 & (x \geq 0) \end{cases}$$
일 때, $f^{-1}(-2)+f^{-1}(3)$의 값은?

① -2　　　　② -1　　　　③ 0
④ 1　　　　⑤ 2

유형 19 | 역함수가 존재하기 위한 조건 중요

(1) 함수 f의 역함수가 존재하기 위한 필요충분조건:
　　함수 f가 일대일대응
(2) 연속으로 이어진 그래프를 갖는 함수 f가 다음 두 조건을
　　만족시키면 일대일대응이다.
　　① 일대일함수이다.
　　② 정의역이 $\{x \mid a \leq x \leq b\}$일 때, 공역과 치역이
　　　$\{y \mid f(a) \leq y \leq f(b)\}$ 또는 $\{y \mid f(b) \leq y \leq f(a)\}$

>> **올림포스** 공통수학2 70쪽

63 대표문제
▶ 25647-0504

두 집합 $X=\{x \mid 1 \leq x \leq 3\}$, $Y=\{y \mid -1 \leq y \leq 5\}$에 대하여 X에서 Y로의 함수 $f(x)=ax+b$의 역함수가 존재할 때, ab의 최솟값을 구하시오. (단, a, b는 상수이다.)

64 상중하
▶ 25647-0505

두 집합 $X=\{x \mid -2 \leq x \leq 2\}$, $Y=\{y \mid a \leq y \leq 3\}$에 대하여 X에서 Y로의 함수 $f(x)=-2x+b$의 역함수가 존재할 때, $a+b$의 값은? (단, a, b는 상수이다.)

① -2　　　　② -4　　　　③ -6
④ -8　　　　⑤ -10

65 상중하
▶ 25647-0506

실수 전체의 집합을 정의역으로 하는 함수
$$f(x)=\begin{cases} (a-2)x^2+1 & (x<0) \\ x+1 & (x \geq 0) \end{cases}$$
의 역함수가 존재하도록 하는 모든 실수 a의 값의 범위를 구하시오.

66 (상)(중)(하)
▶ 25647-0507

집합 $X=\{x\,|\,x\leq a\}$에 대하여 X에서 X로의 함수
$f(x)=-x^2-x+8$의 역함수가 존재하도록 하는 상수 a의 값을
구하시오.

67 (상)(중)(하)
▶ 25647-0508

실수 전체의 집합에서 정의된 함수 $f(x)=2x-1-k|x-3|$의
역함수가 존재하도록 하는 정수 k의 개수는?

① 1 　　　② 3 　　　③ 5
④ 7 　　　⑤ 9

68 (상)(중)(하)
▶ 25647-0509

정의역과 공역이 모두 실수 전체의 집합인 함수

$$f(x)=\begin{cases} 2x+5 & (x<0) \\ (a-1)x+b & (x\geq 0) \end{cases}$$

의 역함수가 존재할 때, 두 정수 a, b에 대하여 $a+b$의 최솟값을
구하시오.

유형 20 ┃ 역함수 구하기

$$y=f(x) \xrightarrow{\;x를\;y에\;대한\;식으로\;나타내기\;} x=f^{-1}(y)$$
$$\xrightarrow{\;x와\;y를\;서로\;바꾸기\;} y=f^{-1}(x)$$

▶▶ **올림포스** 공통수학2 70쪽

69 대표문제
▶ 25647-0510

함수 $f(x)=2x-2$의 역함수가 $f^{-1}(x)=ax+b$일 때, ab의 값
은? (단, a, b는 상수이다.)

① $\dfrac{1}{2}$ 　　　② 1 　　　③ $\dfrac{3}{2}$

④ 2 　　　⑤ $\dfrac{5}{2}$

70 (상)(중)(하)
▶ 25647-0511

정의역이 $\{x\,|\,x\geq 1\}$인 함수 $f(x)=5x+2$의 역함수 f^{-1}의 정
의역은 $\{x\,|\,x\geq a\}$이고, $f^{-1}(x)=bx+c$일 때, abc의 값은?
(단, a, b, c는 상수이다.)

① $-\dfrac{12}{25}$ 　　　② $-\dfrac{14}{25}$ 　　　③ $-\dfrac{16}{25}$

④ $-\dfrac{18}{25}$ 　　　⑤ $-\dfrac{4}{5}$

71 (상)(중)(하)
▶ 25647-0512

함수 $f(x)=\begin{cases} 2x+1 & (x\leq 1) \\ \dfrac{1}{2}x+\dfrac{5}{2} & (x>1) \end{cases}$의 역함수가

$$f^{-1}(x)=\begin{cases} \dfrac{1}{2}x+a & (x\leq c) \\ 2x+b & (x>c) \end{cases}$$

일 때, $a+b+c$의 값을 구하시오. (단, a, b, c는 상수이다.)

유형 21 | 합성함수와 역함수 [중요]

(1) $(f^{-1} \circ g)(k)$의 값을 구하는 경우
  ➡ $f^{-1}(g(k))=a$로 놓고, $f(a)=g(k)$임을 이용한다.
(2) $(f \circ g^{-1})(k)$의 값을 구하는 경우
  ➡ $(f \circ g^{-1})(k)=f(g^{-1}(k))$에서 $g^{-1}(k)=a$로 놓고,
  $g(a)=k$를 만족시키는 a의 값을 구한다.

≫ 올림포스 공통수학2 70쪽

72 대표문제
▶ 25647-0513

두 함수 f, g를 그림과 같이 정의할 때,
$(f^{-1} \circ g)(1)+(f \circ g^{-1})(3)$의 값은?

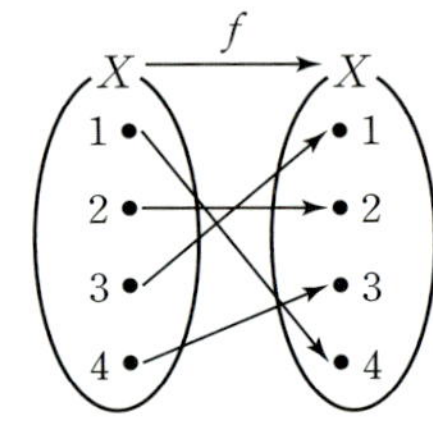 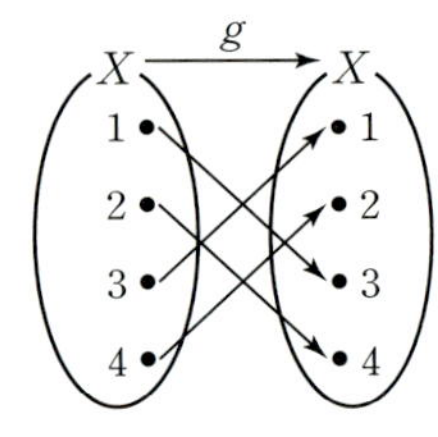

① 4　　　　② 5　　　　③ 6
④ 7　　　　⑤ 8

73 상중하
▶ 25647-0514

실수 전체의 집합에서 정의된 두 함수
$$f(x)=3x-2, \ g(x)=2x^2-x$$
에 대하여 $(g \circ f^{-1})(4)$의 값을 구하시오.

74 상중하
▶ 25647-0515

함수 f가 일대일대응이고 모든 실수 x에 대하여
$$f(2x+5)=-3x+1$$
을 만족시킬 때, $f^{-1}(4)$의 값은?

① 1　　　　② 2　　　　③ 3
④ 4　　　　⑤ 5

75 상중하
▶ 25647-0516

함수 $y=f(x)$의 그래프가 오른쪽 그림과
같을 때, $(f^{-1} \circ f^{-1})(2)$의 값은?

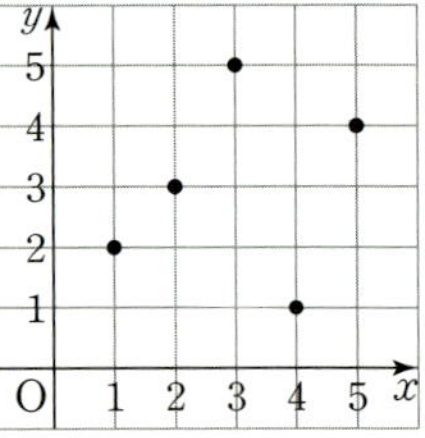

① 1　　　　② 2
③ 3　　　　④ 4
⑤ 5

76 상중하
▶ 25647-0517

역함수가 존재하는 함수 $y=f(x)$의 그
래프와 직선 $y=x$가 오른쪽 그림과 같
을 때, $(f^{-1} \circ f^{-1})(e)$의 값은?

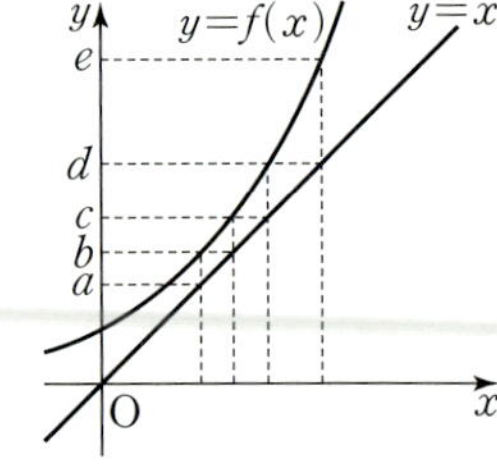

① a　　　　② b
③ c　　　　④ d
⑤ e

77 상중하
▶ 25647-0518

집합 $X=\{1, 2, 3\}$에 대하여 X에서 X로의 두 함수 f, g가 모
두 일대일대응이고
$$f(1)=3, \ f(2)=1,$$
$$(g \circ f)(3)=3, \ (f \circ g)(3)=3$$
을 만족시킬 때, $g(1)+(g^{-1} \circ f)(2)$의 값은?

① 2　　　　② 3　　　　③ 4
④ 5　　　　⑤ 6

유형 22 역함수의 성질

두 함수 f, g의 역함수가 각각 f^{-1}, g^{-1}일 때,
(1) $(f^{-1})^{-1}=f$
(2) $(f^{-1}\circ f)(x)=x \ (x\in X)$, $(f\circ f^{-1})(y)=y \ (y\in Y)$
(3) $(g\circ f)^{-1}=f^{-1}\circ g^{-1}$

>> **올림포스** 공통수학2 70쪽

78 대표문제
▶ 25647-0519

함수 $f(x)=3x-5$와 역함수가 존재하는 함수 g에 대하여
$(g\circ (f\circ g)^{-1})(a)=2$를 만족시키는 상수 a의 값은?

① 1 　　　　② 2 　　　　③ 3
④ 4 　　　　⑤ 5

79 상중하
▶ 25647-0520

함수 f의 역함수가 $f^{-1}(x)=\dfrac{1}{3}x-\dfrac{2}{3}$일 때, 함수 f를 구하시오.

80 상중하
▶ 25647-0521

두 함수 f, g에 대하여 $f(x)=-2x+3$, $g(x)=3x+1$일 때,
$(f^{-1}\circ g^{-1})(4)$의 값은?

① $\dfrac{1}{3}$ 　　　　② $\dfrac{2}{3}$ 　　　　③ 1
④ $\dfrac{4}{3}$ 　　　　⑤ $\dfrac{5}{3}$

81 상중하
▶ 25647-0522

두 함수 $f(x)=2x+3$, $g(x)=-2x-1$에 대하여 함수
$h(x)=ax+b$가 $(f\circ g^{-1})(x)=h^{-1}(x)$를 만족시킬 때, $a+b$
의 값은? (단, a, b는 상수이다.)

① 1 　　　　② 2 　　　　③ 3
④ 4 　　　　⑤ 5

82 상중하
▶ 25647-0523

역함수가 존재하는 두 함수 f, g에 대하여
$(g\circ f^{-1})(x)=\dfrac{1}{3}x+4$일 때, $(f\circ g^{-1})(5)$의 값은?

① 1 　　　　② 2 　　　　③ 3
④ 4 　　　　⑤ 5

83 상중하
▶ 25647-0524

역함수가 존재하는 함수 f에 대하여 $g(x)=f(3-2x)$일 때, 함
수 g의 역함수는?

① $g^{-1}(x)=\dfrac{3}{2}f^{-1}(x)+\dfrac{1}{2}$

② $g^{-1}(x)=\dfrac{1}{2}f^{-1}(x)+\dfrac{3}{2}$

③ $g^{-1}(x)=\dfrac{1}{2}f^{-1}(x)-\dfrac{3}{2}$

④ $g^{-1}(x)=-\dfrac{1}{2}f^{-1}(x)+\dfrac{3}{2}$

⑤ $g^{-1}(x)=-\dfrac{1}{2}f^{-1}(x)-\dfrac{3}{2}$

유형 23 그래프와 역함수 ^{중요}

(1) 함수 $y=f(x)$의 그래프가 점 (a, b)를 지나면 그 역함수 $y=f^{-1}(x)$의 그래프는 점 (b, a)를 지난다.

(2) 함수 $y=f(x)$의 그래프와 그 역함수 $y=f^{-1}(x)$의 그래프는 직선 $y=x$에 대하여 대칭이다.

(3) 함수 $y=f(x)$의 그래프와 직선 $y=x$의 교점은 함수 $y=f(x)$의 그래프와 그 역함수 $y=f^{-1}(x)$의 그래프의 교점이다.

>> **올림포스** 공통수학2 70쪽

84 대표문제 ▶ 25647-0525

함수 $f(x)=3x+4$의 그래프와 그 역함수 $y=f^{-1}(x)$의 그래프가 점 (a, b)에서 만날 때, $a+b$의 값을 구하시오.

85 상중하 ▶ 25647-0526

함수 $f(x)=x^2-2x$ $(x\geq1)$와 그 역함수 $f^{-1}(x)$에 대하여 두 함수 $y=f(x)$와 $y=f^{-1}(x)$의 그래프의 교점의 좌표를 (a, b)라 할 때, $a+b$의 값은?

① 2 　　　 ② 4 　　　 ③ 6
④ 8 　　　 ⑤ 10

86 상중하 ▶ 25647-0527

함수 $f(x)=\dfrac{1}{2}x^2-3x+a$ $(x\geq3)$의 그래프와 그 역함수 $y=f^{-1}(x)$의 그래프가 서로 다른 2개의 점에서 만나도록 하는 모든 실수 a의 값의 범위를 구하시오.

87 상중하 ▶ 25647-0528

함수 $f(x)=x^2-6x+12$ $(x\geq3)$의 그래프와 그 역함수 $y=f^{-1}(x)$의 그래프가 만나는 두 점을 각각 P, Q라 할 때, 선분 PQ의 길이는?

① $\sqrt{2}$ 　　　 ② $\sqrt{3}$ 　　　 ③ 2
④ $2\sqrt{2}$ 　　　 ⑤ $2\sqrt{3}$

88 상중하 ▶ 25647-0529

함수 $f(x)=\begin{cases} 2x-2 & (x\leq2) \\ (x-2)^2+2 & (x>2) \end{cases}$ 의 그래프와 그 역함수 $y=f^{-1}(x)$의 그래프의 두 교점 사이의 거리는?

① $\sqrt{2}$ 　　　 ② 2 　　　 ③ $2\sqrt{2}$
④ 3 　　　 ⑤ $3\sqrt{2}$

89 상중하 ▶ 25647-0530

함수 $f(x)=1-x$에 대하여 함수 $y=f(x)$의 그래프와 직선 $y=x$의 교점을 원소로 갖는 집합을 A, 함수 $y=f(x)$와 그 역함수 $y=f^{-1}(x)$의 그래프의 교점을 원소로 갖는 집합을 B라 할 때, |보기|에서 옳은 것만을 있는 대로 고른 것은?

┌─ 보기 ├─
ㄱ. 집합 A의 원소의 개수는 1이다.
ㄴ. 집합 B의 원소의 개수는 1이다.
ㄷ. 두 집합 A, B는 서로 같다.

① ㄱ 　　　 ② ㄱ, ㄴ 　　　 ③ ㄱ, ㄷ
④ ㄴ, ㄷ 　　　 ⑤ ㄱ, ㄴ, ㄷ

유형 24 **절댓값 기호를 포함한 함수의 그래프**

(1) $y=|f(x)|$의 그래프

$y=f(x)$의 그래프의

$(y \geq 0$인 부분$) + \left(\begin{array}{l} y<0\text{인 부분을 } x\text{축에 대하여} \\ \text{대칭이동한 부분} \end{array}\right)$

(2) $y=f(|x|)$의 그래프

$y=f(x)$의 그래프의

$(x \geq 0$인 부분$) + \left(\begin{array}{l} x \geq 0\text{인 부분을 } y\text{축에 대하여} \\ \text{대칭이동한 부분} \end{array}\right)$

(3) **절댓값 기호를 포함한 함수의 그래프 그리는 방법**

(i) 절댓값 기호 안의 식의 값을 0으로 하는 x의 값을 구한다.

(ii) (i)에서 구한 값을 경계로 구간을 나누어 절댓값 기호를 포함하지 않은 식으로 나타낸다.

(iii) 각 구간에서 (ii)의 식의 그래프를 그린다.

>> **올림포스** 공통수학2 68, 69쪽

90 대표문제
▶ 25647-0531

함수 $f(x)=|x^2-4|$에 대하여 방정식 $f(x)=a$가 서로 다른 네 실근을 가질 때, 정수 a의 개수는?

① 1 ② 2 ③ 3
④ 4 ⑤ 5

91 상충하
▶ 25647-0532

함수 $f(x)=|2x+3|-|2x-3|$의 최댓값을 M, 최솟값을 m이라 할 때, $M-m$의 값은?

① 6 ② 12 ③ 18
④ 24 ⑤ 30

92 상충하
▶ 25647-0533

함수 $f(x)=|2x-4|$에 대하여 $(f \circ f)(a)=2$를 만족시키는 실수 a의 개수를 구하시오.

93 상충하
▶ 25647-0534

함수 $y=|2x-3|$의 그래프와 직선 $y=m(x+1)-2$가 서로 다른 두 점에서 만나도록 하는 모든 실수 m의 값의 범위를 구하시오.

94 상충하
▶ 25647-0535

함수 $f(x)=x^2-4x+3$에 대하여 $g(x)=f(|x|)$라 하자. 함수 $y=g(x)$의 그래프와 직선 $y=k$가 만나는 서로 다른 점의 개수를 $h(k)$라 할 때, $h(1)+h(2)+h(3)$의 값을 구하시오.

95 상충하
▶ 25647-0536

서로 다른 네 실수 a, b, c, d에 대하여 집합 $X=\{a, b, c, d\}$를 정의역, 정수 전체의 집합을 공역으로 하는 함수 $f(x)=|x^2-5x-1|$가 상수함수일 때, 함수 $f(x)$의 치역은 $\{k\}$이다. 정수 k의 개수를 구하시오.

01

▶ 25647-0537

$n(X)=2$인 집합 X를 정의역으로 하는 두 함수
$f(x)=2x^3-4x^2$, $g(x)=3x^2-3x$에 대하여 $f=g$이다. 함수
f의 치역의 모든 원소의 합을 S라 할 때, S의 최댓값을 구하시오.

02

▶ 25647-0538

함수 $f(x)$가 모든 실수 x에 대하여 $2f(x)+f(-x)=2x+1$을
만족시킬 때, $f(1)+f(2)+f(3)$의 값을 구하시오.

03 내신기출

▶ 25647-0539

함수 $f(x)=\dfrac{1}{2}x+1$과 실수 전체의 집합에서 정의된 함수 $g(x)$
가 $(g \circ f)(x)=\dfrac{1}{2}x^2-x-1$을 만족시킬 때, 함수 $g(x)$는 $x=a$
일 때 최솟값 m을 갖는다. $a+m$의 값을 구하시오.

04 내신기출

▶ 25647-0540

정의역과 공역이 각각 실수 전체의 집합인 함수 f가

$$f(x)=\begin{cases} x+2 & (x<1) \\ ax^2+bx+5 & (x\geq 1) \end{cases}$$

이다. 함수 f의 역함수 f^{-1}가 존재하도록 하는 두 실수 a, b에 대
하여 a의 값이 최소일 때, 함수 f를 g라 하자. $g(2)$의 값을 구하
시오. (단, $a\neq 0$)

05

▶ 25647-0541

집합 $X=\{1,\ 2,\ 3,\ 4\}$에 대하여 X에서 X로의 함수 f 중에서
$f=f^{-1}$를 만족시키는 함수 f의 개수를 구하시오.

06

▶ 25647-0542

함수 $f(x)=x^2\ (x\geq 0)$과 그 역함수 $y=f^{-1}(x)$의 그래프의 교
점 중 원점이 아닌 점을 $\mathrm{A}(a,\ b)$라 하자. 함수 $y=f(x)$의 그래
프와 직선 $y=x$로 둘러싸인 부분의 넓이가 $\dfrac{1}{6}$일 때, 함수
$y=f(x)$의 그래프와 함수 $y=f^{-1}(x)$의 그래프로 둘러싸인 부
분의 넓이를 S_1, 함수 $y=f^{-1}(x)$의 그래프와 직선 $y=b$ 및 y축
으로 둘러싸인 부분의 넓이를 S_2라 하자. S_1+S_2의 값을 구하시
오.

▶ 25647-0543

01 집합 $U=\{1,\ 2,\ 3,\ 4,\ 5,\ 6\}$의 두 부분집합 $X,\ Y$가 다음 조건을 만족시킨다.

> (가) $X\cup Y=U,\ X\cap Y=\varnothing$
> (나) $\{1,\ 2\}\subset X\subset\{1,\ 2,\ 3,\ 4,\ 5\}$

가능한 모든 집합 $X,\ Y$에 대하여 X에서 Y로의 함수 중 집합 X의 임의의 두 원소 $x_1,\ x_2$에 대하여 $x_1\neq x_2$이면 $f(x_1)\neq f(x_2)$를 만족시키는 함수로 가능한 것의 개수는?

① 24   ② 26   ③ 28   ④ 30   ⑤ 32

▶ 25647-0544

02 그림과 같이 대칭축이 $x=2$이고 x좌표가 양수인 서로 다른 두 점에서 x축과 만나는 이차함수 $y=f(x)$에 대하여 방정식 $(f\circ f)(x-1)=0$의 서로 다른 모든 실근의 합을 구하시오.

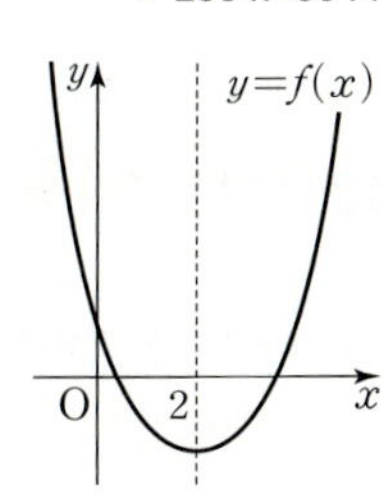

▶ 25647-0545

03 함수 $f(x)=\begin{cases}\dfrac{1}{4}x-1 & (x<0)\\[2mm] 2x-1 & (x\geq0)\end{cases}$ 과 그 역함수 $f^{-1}(x)$에 대하여 방정식 $\{f(x)\}^2=f(x)f^{-1}(x)$를 만족시키는 모든 실수 x의 값의 합은?

① $\dfrac{1}{6}$ ② $\dfrac{1}{3}$ ③ $\dfrac{1}{2}$ ④ $\dfrac{2}{3}$ ⑤ $\dfrac{5}{6}$

07 유리함수와 무리함수

01 유리식의 뜻과 연산

(1) 유리식: 두 다항식 A, $B(B \neq 0)$에 대하여 $\dfrac{A}{B}$의 꼴로 나타낸 식

(2) 유리식의 성질: 세 다항식 A, B, $C(B \neq 0,\ C \neq 0)$에 대하여

  ① $\dfrac{A}{B} = \dfrac{A \times C}{B \times C}$ ② $\dfrac{A}{B} = \dfrac{A \div C}{B \div C}$

(3) 유리식의 연산: 네 다항식 A, B, C, $D(C \neq 0,\ D \neq 0)$에 대하여

  ① 유리식의 덧셈과 뺄셈: $\dfrac{A}{C} \pm \dfrac{B}{C} = \dfrac{A \pm B}{C}$, $\dfrac{A}{C} \pm \dfrac{B}{D} = \dfrac{AD \pm BC}{CD}$ (복부호동순)

  ② 유리식의 곱셈과 나눗셈: $\dfrac{A}{C} \times \dfrac{B}{D} = \dfrac{AB}{CD}$, $\dfrac{A}{C} \div \dfrac{B}{D} = \dfrac{A}{C} \times \dfrac{D}{B} = \dfrac{AD}{BC}$ (단, $B \neq 0$)

(1) $\dfrac{x}{x+1}$, $\dfrac{x+1}{3}$은 모두 유리식이고, 이 중 $\dfrac{x+1}{3}$은 다항식이다.

(2) $\dfrac{x+1}{x^2-1} = \dfrac{x+1}{(x-1)(x+1)}$
$= \dfrac{1}{x-1}$

(3) $\dfrac{3}{x-1} + 2 = \dfrac{3}{x-1} + \dfrac{2(x-1)}{x-1}$
$= \dfrac{3+2(x-1)}{x-1}$
$= \dfrac{2x+1}{x-1}$

02 유리함수

(1) 유리함수: 함수 $y = f(x)$에서 $f(x)$가 x에 대한 유리식인 함수

(2) 다항함수: 유리함수 $y = f(x)$ 중에서 $f(x)$가 x에 대한 다항식인 함수

• $y = x+2$, $y = x^2$, $y = \dfrac{1}{2x}$, $y = \dfrac{x}{x+1}$는 모두 유리함수이고, 이 중 $y = x+2$, $y = x^2$은 다항함수이다.

03 유리함수 $y = \dfrac{k}{x}$ $(k \neq 0)$의 그래프

(1) 정의역과 치역은 모두 0이 아닌 실수 전체의 집합이다.

(2) $k > 0$이면 그래프는 제1사분면과 제3사분면에 있고, $k < 0$이면 그래프는 제2사분면과 제4사분면에 있다.

(3) 원점 및 두 직선 $y = x$, $y = -x$에 대하여 대칭이다.

(4) 점근선은 x축 (직선 $y=0$)과 y축 (직선 $x=0$)이다.

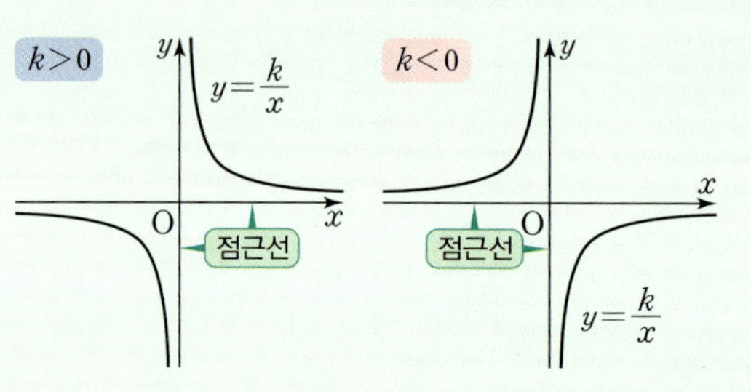

04 유리함수 $y = \dfrac{ax+b}{cx+d}$ $(ad-bc \neq 0,\ c \neq 0)$의 그래프

$y = \dfrac{ax+b}{cx+d}$ $(ad-bc \neq 0,\ c \neq 0)$을 $y = \dfrac{k}{x-p} + q$ $(k \neq 0)$의 꼴로 변형하여 그래프를 그린다.

유리함수 $y = \dfrac{k}{x-p} + q$ $(k \neq 0)$의 그래프는

(1) 유리함수 $y = \dfrac{k}{x}$ $(k \neq 0)$의 그래프를 x축의 방향으로 p만큼, y축의 방향으로 q만큼 평행이동한 것이다.

(2) 정의역은 $\{x \,|\, x \neq p$인 실수$\}$, 치역은 $\{y \,|\, y \neq q$인 실수$\}$이다.

(3) 점 $(p,\ q)$에 대하여 대칭이다.

  또, 점 $(p,\ q)$를 지나고 기울기가 ± 1인 직선 $y = \pm(x-p) + q$에 대하여 대칭이다.

(4) 점근선은 두 직선 $x = p$, $y = q$이다.

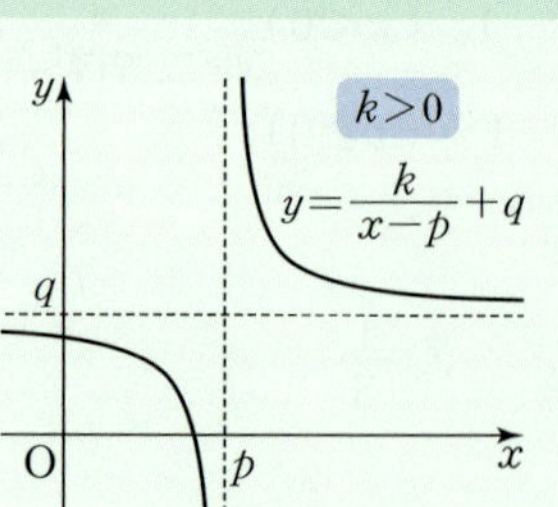

• 유리함수 $y = \dfrac{3}{x-1} + 2$의 그래프

(1) 유리함수 $y = \dfrac{3}{x}$의 그래프를 x축의 방향으로 1만큼, y축의 방향으로 2만큼 평행이동한 것이다.

(2) 정의역: $\{x \,|\, x \neq 1$인 실수$\}$
치역: $\{y \,|\, y \neq 2$인 실수$\}$

(3) 점근선의 방정식: $x = 1$, $y = 2$

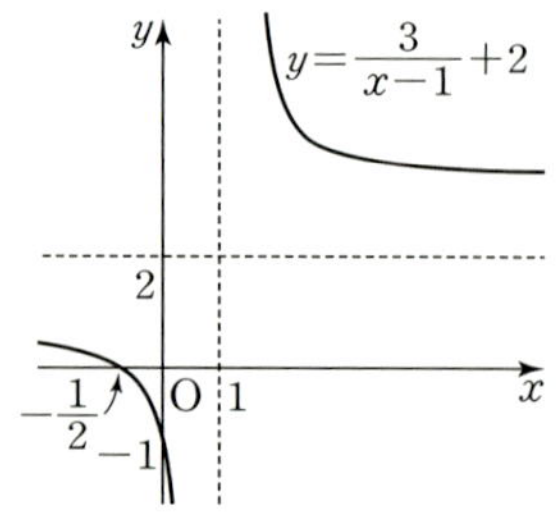

01 유리식의 뜻과 연산

[01~02] 다음에 해당하는 것을 **보기**에서 있는 대로 고르시오.

> **보기**
>
> ㄱ. $2x+5$ ㄴ. $\dfrac{3x-2}{4}$ ㄷ. $\dfrac{1}{x+1}$
>
> ㄹ. $\dfrac{3x-1}{2x+4}$ ㅁ. $x+\dfrac{1}{x}$ ㅂ. $x^2+\dfrac{1}{3}$

01 다항식

02 다항식이 아닌 유리식

[03~05] 다음 식을 간단히 하시오.

03 $\dfrac{x}{x^2+x}$

04 $\dfrac{x+2}{x^2-x-6}$

05 $\dfrac{x^2+x-2}{x^2-2x-8}$

[06~08] 다음 식을 계산하시오.

06 $\dfrac{x}{x-1}+\dfrac{2}{x+1}$

07 $\dfrac{1}{x-2}-\dfrac{1}{x+2}$

08 $\dfrac{(x-1)(x+4)}{(x+1)(x+5)}\times\dfrac{x-4}{x-1}\div\dfrac{x+4}{x+5}$

02 유리함수

[09~10] 다음에 해당하는 것을 **보기**에서 있는 대로 고르시오.

> **보기**
>
> ㄱ. $y=-x+3$ ㄴ. $y=-\dfrac{1}{x}$ ㄷ. $y=\dfrac{x-4}{3}$
>
> ㄹ. $y=x^3+2x^2$ ㅁ. $y=\dfrac{3x-2}{x+4}$ ㅂ. $y=\dfrac{3}{x}+4$

09 다항함수

10 다항함수가 아닌 유리함수

[11~12] 다음 함수의 정의역을 구하시오.

11 $y=\dfrac{1}{x-2}$

12 $y=\dfrac{x+1}{x+3}$

03 유리함수 $y=\dfrac{k}{x}\ (k\neq0)$의 그래프

[13~14] 다음 유리함수의 그래프를 그리시오.

13 $y=\dfrac{2}{x}$

14 $y=-\dfrac{1}{x}$

04 유리함수 $y=\dfrac{ax+b}{cx+d}\ (ad-bc\neq0,\ c\neq0)$의 그래프

[15~16] 다음 유리함수의 그래프를 그리고, 점근선의 방정식을 구하시오.

15 $y=\dfrac{2}{x-3}-1$

16 $y=\dfrac{2x-3}{x-1}$

05 무리식의 뜻과 연산

(1) 무리식: 근호 안에 문자가 포함된 식 중에서 유리식으로 나타낼 수 없는 식

(2) 제곱근의 성질

$$① \ (\sqrt{a})^2 = a, \ \sqrt{a^2} = |a| = \begin{cases} -a \ (a<0) \\ a \ \ \ (a\geq 0) \end{cases}$$

$$② \ a>0, \ b>0 \text{이면 } \sqrt{a}\sqrt{b} = \sqrt{ab}, \ \frac{\sqrt{a}}{\sqrt{b}} = \sqrt{\frac{a}{b}}$$

(3) 분모의 유리화: $a>0, \ b>0$일 때

$$① \ \frac{a}{\sqrt{b}} = \frac{a\sqrt{b}}{\sqrt{b}\sqrt{b}} = \frac{a\sqrt{b}}{b}$$

$$② \ \frac{c}{\sqrt{a}+\sqrt{b}} = \frac{c(\sqrt{a}-\sqrt{b})}{(\sqrt{a}+\sqrt{b})(\sqrt{a}-\sqrt{b})} = \frac{c(\sqrt{a}-\sqrt{b})}{a-b} \ (\text{단, } a\neq b)$$

- $\sqrt{x+1}, \ \dfrac{1}{\sqrt{2x+3}}$ 은 무리식이고, $\sqrt{(x+1)^2} = |x+1|$ 은 무리식이 아니다.

- $\dfrac{1}{\sqrt{x+1}-\sqrt{x}}$
$= \dfrac{\sqrt{x+1}+\sqrt{x}}{(\sqrt{x+1}-\sqrt{x})(\sqrt{x+1}+\sqrt{x})}$
$= \dfrac{\sqrt{x+1}+\sqrt{x}}{(x+1)-x}$
$= \sqrt{x+1}+\sqrt{x}$

06 무리함수

(1) 무리함수: 함수 $y=f(x)$에서 $f(x)$가 x에 대한 무리식인 함수

(2) 무리함수에서 정의역이 주어지지 않을 때에는 근호 안의 식의 값이 0 또는 양수가 되도록 하는 (무리식의 값이 실수가 되도록 하는) 실수 전체의 집합을 정의역으로 한다.

- 함수 $y=\sqrt{x-2}$의 정의역은 $\{x|x\geq 2\}$이다.

07 무리함수 $y=\sqrt{ax} \ (a\neq 0)$의 그래프

(1) 무리함수 $y=\sqrt{ax} \ (a\neq 0)$의 그래프

① $a>0$일 때, 정의역은 $\{x|x\geq 0\}$, 치역은 $\{y|y\geq 0\}$이다.
$a<0$일 때, 정의역은 $\{x|x\leq 0\}$, 치역은 $\{y|y\geq 0\}$이다.

② $y=\sqrt{ax} \ (a\neq 0)$의 역함수가 $y=\dfrac{x^2}{a} \ (x\geq 0)$이므로 함수

$y=\dfrac{x^2}{a} \ (x\geq 0)$의 그래프와 직선 $y=x$에 대하여 대칭이다.

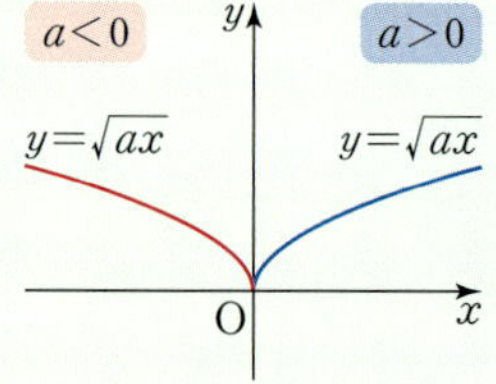

(2) 무리함수 $y=-\sqrt{ax} \ (a\neq 0)$의 그래프

① $a>0$일 때, 정의역은 $\{x|x\geq 0\}$, 치역은 $\{y|y\leq 0\}$이다.
$a<0$일 때, 정의역은 $\{x|x\leq 0\}$, 치역은 $\{y|y\leq 0\}$이다.

② $y=\sqrt{ax} \ (a\neq 0)$의 그래프와 x축에 대하여 대칭이다.

- 무리함수 $y=\sqrt{ax}$의 그래프는 $a>0$일 때 $x\geq 0$인 부분에서 그려지고, a의 값이 커질수록 그래프는 x축에서 멀어진다.

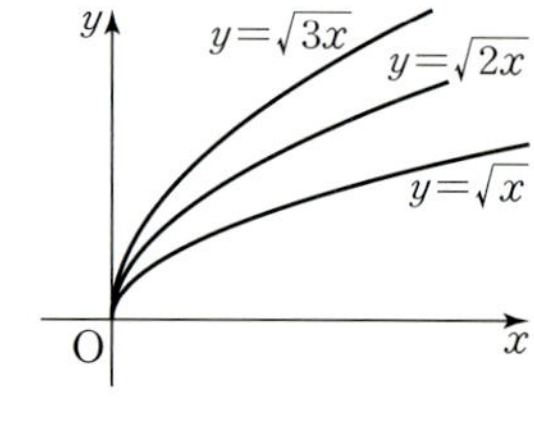

08 무리함수 $y=\sqrt{ax+b}+c \ (a\neq 0)$의 그래프

$y=\sqrt{ax+b}+c \ (a\neq 0)$을 $y=\sqrt{a(x-p)}+q \ (a\neq 0)$의 꼴로 변형하여 그래프를 그린다.
무리함수 $y=\sqrt{a(x-p)}+q \ (a\neq 0)$의 그래프는

(1) 무리함수 $y=\sqrt{ax} \ (a\neq 0)$의 그래프를 x축의 방향으로 p만큼, y축의 방향으로 q만큼 평행이동한 것이다.

(2) $a>0$일 때, 정의역은 $\{x|x\geq p\}$, 치역은 $\{y|y\geq q\}$이다.
$a<0$일 때, 정의역은 $\{x|x\leq p\}$, 치역은 $\{y|y\geq q\}$이다.

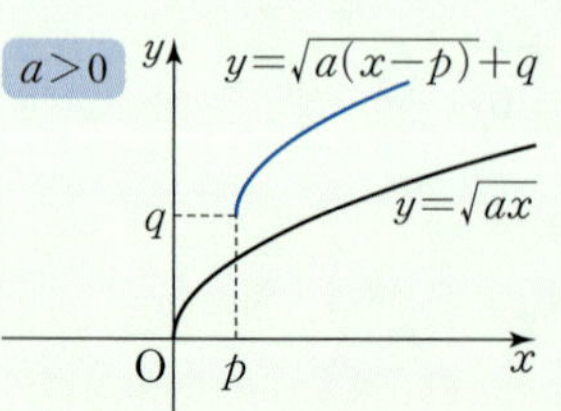

- 함수
$y=\sqrt{2x+4}+1=\sqrt{2(x+2)}+1$의 그래프는 함수 $y=\sqrt{2x}$의 그래프를 x축의 방향으로 -2만큼, y축의 방향으로 1만큼 평행이동한 것이다.

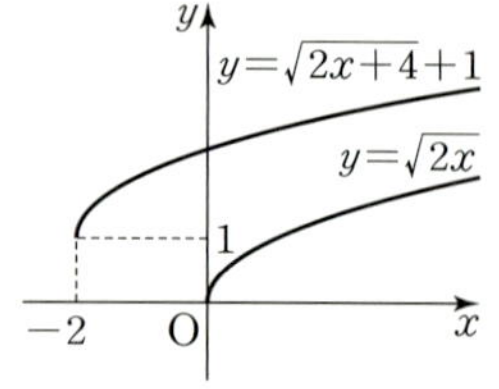

05 무리식의 뜻과 연산

[17~19] 다음 무리식의 값이 실수가 되도록 하는 실수 x의 값의 범위를 구하시오.

17 $\sqrt{x-3}$

18 $\sqrt{x-3}+\sqrt{4-x}$

19 $\sqrt{x-3}+\dfrac{1}{\sqrt{4-x}}$

[20~22] 다음 식의 분모를 유리화하시오.

20 $\dfrac{1}{\sqrt{2x-1}}$

21 $\dfrac{1}{\sqrt{x+1}-\sqrt{x-1}}$

22 $\dfrac{\sqrt{x-1}+1}{\sqrt{x-1}-1}$

06 무리함수

23 무리함수인 것만을 ┃보기┃에서 있는 대로 고르시오.

┃ 보기 ┃
ㄱ. $y=\sqrt{2x-5}$
ㄴ. $y=x+\sqrt{x}$
ㄷ. $y=\sqrt{x^2+4x+4}$

[24~25] 다음 함수의 정의역을 구하시오.

24 $y=\sqrt{2x-3}$

25 $y=\sqrt{4-x^2}$

07 무리함수 $y=\sqrt{ax}\ (a\neq0)$의 그래프

[26~29] 다음은 두 함수 $y=\sqrt{x}$, $y=\sqrt{2x}$의 그래프와 이 그래프를 각각 x축, y축, 원점에 대하여 대칭이동한 함수의 그래프이다. 다음 함수의 그래프를 찾으시오.

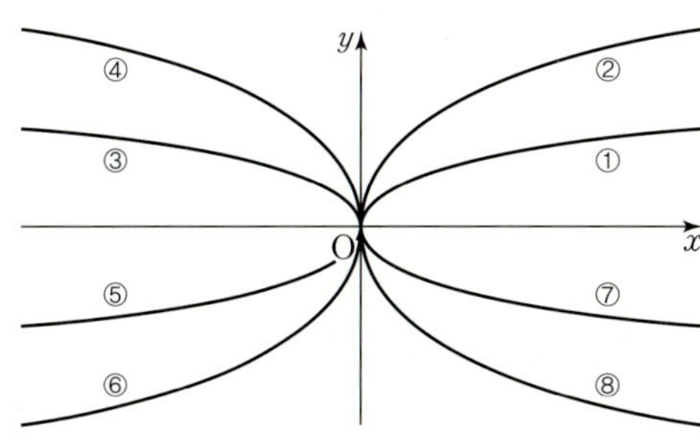

26 $y=\sqrt{x}$ ( )

27 $y=\sqrt{-2x}$ ( )

28 $y=-\sqrt{-x}$ ( )

29 $y=-\sqrt{2x}$ ( )

08 무리함수 $y=\sqrt{ax+b}+c\ (a\neq0)$의 그래프

[30~33] 다음 무리함수의 그래프를 그리고, 정의역과 치역을 각각 구하시오.

30 $y=\sqrt{x-3}$

31 $y=\sqrt{x}-2$

32 $y=-\sqrt{x-1}+1$

33 $y=-\sqrt{3-x}-2$

유형 01 유리식의 연산

네 다항식 A, B, C, D ($B \neq 0$, $C \neq 0$, $D \neq 0$)에 대하여

(1) $\dfrac{A}{B} = \dfrac{A \times C}{B \times C}$, $\dfrac{A}{B} = \dfrac{A \div C}{B \div C}$

(2) $\dfrac{A}{C} + \dfrac{B}{C} = \dfrac{A+B}{C}$, $\dfrac{A}{C} - \dfrac{B}{C} = \dfrac{A-B}{C}$

$\dfrac{A}{C} + \dfrac{B}{D} = \dfrac{AD+BC}{CD}$, $\dfrac{A}{C} - \dfrac{B}{D} = \dfrac{AD-BC}{CD}$

(3) $\dfrac{A}{C} \times \dfrac{B}{D} = \dfrac{AB}{CD}$,

$\dfrac{A}{C} \div \dfrac{B}{D} = \dfrac{A}{C} \times \dfrac{D}{B} = \dfrac{AD}{BC}$

>> **올림포스** 공통수학2 80쪽

01 대표문제
▶ 25647-0546

$\dfrac{1}{x+1} + \dfrac{1}{x-1} - \dfrac{1}{x^2-1}$ 을 계산하시오.

02 상중하
▶ 25647-0547

$\dfrac{x-1}{x^2+2x-3} \times \dfrac{x^2-9}{x+2} \div \dfrac{x(x-3)}{x+1}$ 을 계산하시오.

03 상중하
▶ 25647-0548

함수 $f(x) = \dfrac{2 - \dfrac{2}{x-1}}{1 + \dfrac{1}{x-1}}$ 에 대하여 $f(a)=1$을 만족시키는 상수

a의 값을 구하시오. (단, $a \neq 0$, $a \neq 1$)

유형 02 유리식과 항등식

유리식의 연산을 이용하여 양변의 식을 간단히 정리한 후 동류항끼리 계수를 비교한다.

>> **올림포스** 공통수학2 80쪽

04 대표문제
▶ 25647-0549

$x \neq -2$, $x \neq 1$인 모든 실수 x에 대하여

$\dfrac{4x-1}{x^2+x-2} = \dfrac{a}{x-1} + \dfrac{b}{x+2}$ 가 성립할 때, ab의 값은?

(단, a, b는 상수이다.)

① 1 　　　　 ② 2 　　　　 ③ 3

④ 4 　　　　 ⑤ 5

05 상중하
▶ 25647-0550

$x \neq -1$인 모든 실수 x에 대하여

$\dfrac{x-2}{x^3+1} = \dfrac{a}{x+1} + \dfrac{bx-1}{x^2-x+1}$

이 성립할 때, ab의 값은? (단, a, b는 상수이다.)

① -5 　　　　 ② -4 　　　　 ③ -3

④ -2 　　　　 ⑤ -1

06 상중하
▶ 25647-0551

$x \neq -1$, $x \neq 0$, $x \neq 1$인 모든 실수 x에 대하여

$\dfrac{4x-2}{x^3-x} = \dfrac{a}{x-1} + \dfrac{b}{x} + \dfrac{c}{x+1}$

가 성립할 때, abc의 값은? (단, a, b, c는 상수이다.)

① -10 　　　　 ② -8 　　　　 ③ -6

④ -4 　　　　 ⑤ -2

유형 03 ‖ 유리식의 변형 (부분분수로 나누기)

$$\frac{1}{AB}=\frac{1}{B-A}\left(\frac{1}{A}-\frac{1}{B}\right)\ (단,\ AB\neq 0,\ A\neq B)$$

>> **올림포스** 공통수학2 80쪽

07 대표문제
▶ 25647-0552

다음 식의 분모를 0으로 만들지 않는 모든 실수 x에 대하여

$$\frac{1}{(x+2)(x+4)}+\frac{1}{(x+4)(x+6)}=\frac{a}{(x+2)(x+6)}$$

가 성립할 때, 상수 a의 값은?

① 1 　　　　② 2 　　　　③ 3

④ 4 　　　　⑤ 5

08 상중하
▶ 25647-0553

다음 식의 분모를 0으로 만들지 않는 모든 실수 x에 대하여

$$\frac{1}{x(x+1)}+\frac{2}{(x+1)(x+3)}+\frac{3}{(x+3)(x+6)}$$
$$=\frac{a}{x(x+6)}$$

가 성립할 때, 상수 a의 값은?

① 2 　　　　② 4 　　　　③ 6

④ 8 　　　　⑤ 10

09 상중하
▶ 25647-0554

함수 $f(x)=4x^2-1$에 대하여

$$\frac{1}{f(1)}+\frac{1}{f(2)}+\frac{1}{f(3)}+\cdots+\frac{1}{f(10)}=\frac{q}{p}$$일 때, $p+q$의 값을 구하시오. (단, p와 q는 서로소인 자연수이다.)

유형 04 ‖ 유리식의 값 구하기 (1)

(1) $x^2+\dfrac{1}{x^2}=\left(x+\dfrac{1}{x}\right)^2-2$

(2) $x^3+\dfrac{1}{x^3}=\left(x+\dfrac{1}{x}\right)^3-3\left(x+\dfrac{1}{x}\right)$

(3) $x^3-\dfrac{1}{x^3}=\left(x-\dfrac{1}{x}\right)^3+3\left(x-\dfrac{1}{x}\right)$

>> **올림포스** 공통수학2 80쪽

10 대표문제
▶ 25647-0555

$x+\dfrac{1}{x}=-1$일 때, $\left(x^2+\dfrac{1}{x^2}\right)-\left(x^3+\dfrac{1}{x^3}\right)$의 값은?

① -5 　　　　② -4 　　　　③ -3

④ -2 　　　　⑤ -1

11 상중하
▶ 25647-0556

$x^2-4x+1=0$일 때, $x^2-2x+3-\dfrac{2}{x}+\dfrac{1}{x^2}$의 값은?

① 6 　　　　② 7 　　　　③ 8

④ 9 　　　　⑤ 10

12 상중하
▶ 25647-0557

$x^2+2xy-y^2=0$일 때, $\dfrac{y^3}{x^3}-\dfrac{x^3}{y^3}$의 값을 구하시오. (단, $xy\neq 0$)

유형 05 ‖ 유리식의 값 구하기 (2)

(1) $\dfrac{x}{a}=\dfrac{y}{b} \iff x=ak,\ y=bk$ (단, $k\neq0$)

(2) $x:y=a:b \iff x=ak,\ y=bk$ (단, $k\neq0$)

>> **올림포스** 공통수학2 80쪽

13 대표문제
▶ 25647-0558

0이 아닌 두 실수 $x,\ y$에 대하여 $\dfrac{x}{2}=\dfrac{y}{3}$일 때, $\dfrac{xy}{x^2+y^2}$의 값을 구하시오.

14 상중하
▶ 25647-0559

세 실수 $x,\ y,\ z$에 대하여 $x:y=1:2$, $y:z=3:5$일 때, $\dfrac{x+3y}{2y-z}$의 값은?

① $\dfrac{21}{2}$ ② $\dfrac{23}{2}$ ③ $\dfrac{25}{2}$

④ $\dfrac{27}{2}$ ⑤ $\dfrac{29}{2}$

15 상중하
▶ 25647-0560

세 실수 $x,\ y,\ z$에 대하여 $x:(y-3):2z=1:2:3$일 때, $\dfrac{y+2z-3}{3-x-y}$의 값을 구하시오.

유형 06 ‖ 유리함수 $y=\dfrac{k}{x}\ (k\neq0)$의 그래프

(1) 정의역과 치역은 모두 0이 아닌 실수 전체의 집합이다.

(2) $k>0$이면 그래프는 제1사분면과 제3사분면에 있고, $k<0$이면 그래프는 제2사분면과 제4사분면에 있다.

(3) 원점 및 두 직선 $y=x$, $y=-x$에 대하여 대칭이다.

(4) 점근선은 x축 (직선 $y=0$)과 y축 (직선 $x=0$)이다.

>> **올림포스** 공통수학2 80쪽

16 대표문제
▶ 25647-0561

함수 $f(x)=-\dfrac{2}{x}$의 그래프에 대한 **보기**의 설명 중 옳은 것만을 있는 대로 고른 것은?

보기

ㄱ. 제2사분면을 지난다.

ㄴ. 점근선은 x축과 y축이다.

ㄷ. 함수 $y=\dfrac{2}{x}$의 그래프와 원점에 대하여 대칭이다.

① ㄱ ② ㄱ, ㄴ ③ ㄱ, ㄷ

④ ㄴ, ㄷ ⑤ ㄱ, ㄴ, ㄷ

17 상중하
▶ 25647-0562

두 함수 $f(x)=\dfrac{3}{x}$, $g(x)=\dfrac{1}{x}$의 그래프와 직선 $x=a$가 만나는 점을 각각 A, B라 하자. 직선 $y=g(a)$와 함수 $y=f(x)$의 그래프가 만나는 점을 C라 할 때, 삼각형 ABC의 넓이는? (단, $a>0$)

① $\dfrac{1}{2}$ ② 1 ③ $\dfrac{3}{2}$

④ 2 ⑤ $\dfrac{5}{2}$

18 상중하
▶ 25647-0563

함수 $f(x)=\dfrac{1}{x}\ (x>0)$의 그래프와 원 $x^2+y^2=4$가 만나는 두 점 사이의 거리는?

① 1 ② $\sqrt{2}$ ③ 2

④ $2\sqrt{2}$ ⑤ 4

유형 07 | 유리함수 $y=\dfrac{k}{x-p}+q\,(k\neq0)$의 그래프 **중요**

유리함수 $y=\dfrac{k}{x-p}+q\,(k\neq0)$의 그래프는

(1) 유리함수 $y=\dfrac{k}{x}$의 그래프를 x축의 방향으로 p만큼, y축의 방향으로 q만큼 평행이동한 것이다.

(2) 정의역: $\{x\,|\,x\neq p$인 실수$\}$

치역: $\{y\,|\,y\neq q$인 실수$\}$

(3) 점근선의 방정식: $x=p,\ y=q$

≫ 올림포스 공통수학2 80쪽

19 대표문제
▶ 25647-0564

유리함수 $y=\dfrac{5}{2x+3}-4$의 그래프는 유리함수 $y=\dfrac{k}{x}$의 그래프를 x축의 방향으로 p만큼, y축의 방향으로 q만큼 평행이동한 것이다. kpq의 값을 구하시오. (단, k, p, q는 상수이다.)

20 (상)(중)(하)
▶ 25647-0565

유리함수 $y=\dfrac{a}{x+1}+b$의 그래프는 유리함수 $y=\dfrac{1}{x}$의 그래프를 x축의 방향으로 c만큼, y축의 방향으로 -2만큼 평행이동한 것이다. abc의 값은? (단, a, b, c는 상수이다.)

① -4　　　② -2　　　③ -1

④ 1　　　⑤ 2

21 (상)(중)(하)
▶ 25647-0566

함수 $f(x)=\dfrac{3}{x+2}-1$의 정의역은 $\{x\,|\,x\neq p$인 실수$\}$, 치역은 $\{y\,|\,y\neq q$인 실수$\}$이다. 이 함수의 그래프가 점 $(0,\ a)$를 지날 때, $p+q+a$의 값은? (단, p, q는 상수이다.)

① $-\dfrac{5}{2}$　　　② -2　　　③ $-\dfrac{3}{2}$

④ -1　　　⑤ $-\dfrac{1}{2}$

22 (상)(중)(하)
▶ 25647-0567

유리함수 $y=\dfrac{k}{x-p}+q\,(k\neq0)$의 그래프가 점 $(0,\ -3)$을 지나고 점근선의 방정식이 $x=-1$, $y=2$일 때, $k+p+q$의 값은? (단, k, p, q는 상수이다.)

① -6　　　② -5　　　③ -4

④ -3　　　⑤ -2

23 (상)(중)(하)
▶ 25647-0568

함수 $f(x)=-\dfrac{3}{x-2}-1$에 대한 **보기**의 설명 중 옳은 것만을 있는 대로 고른 것은?

| 보기 |

ㄱ. 정의역은 $\{x\,|\,x\neq-2$인 실수$\}$, 치역은 $\{y\,|\,y\neq-1$인 실수$\}$이다.

ㄴ. 함수 f의 그래프는 점 $(-1,\ 0)$을 지난다.

ㄷ. 함수 $y=\dfrac{3}{x}$의 그래프를 평행이동하면 함수 f의 그래프와 일치시킬 수 있다.

① ㄱ　　　② ㄴ　　　③ ㄱ, ㄷ

④ ㄴ, ㄷ　　　⑤ ㄱ, ㄴ, ㄷ

24 (상)(중)(하)
▶ 25647-0569

보기의 함수의 그래프 중 평행이동 또는 대칭이동하여 함수 $y=\dfrac{1}{x-2}$의 그래프와 일치하는 것만을 있는 대로 고른 것은?

(단, 대칭이동은 x축, y축, 원점, 직선 $y=x$에 대한 대칭이동으로 제한한다.)

| 보기 |

ㄱ. $y=-\dfrac{1}{x-1}$

ㄴ. $y=\dfrac{1}{x+2}-1$

ㄷ. $y=\dfrac{3}{x-1}+1$

① ㄱ　　　② ㄱ, ㄴ　　　③ ㄱ, ㄷ

④ ㄴ, ㄷ　　　⑤ ㄱ, ㄴ, ㄷ

유형 08 | 유리함수 $y=\dfrac{ax+b}{cx+d}$ $(ad-bc\neq0,\ c\neq0)$의 그래프

(1) 유리함수 $y=\dfrac{ax+b}{cx+d}$의 그래프는 $y=\dfrac{k}{x-p}+q$의 꼴로 변형한 후 그린다.

(2) 정의역은 $\left\{x\,\middle|\,x\neq-\dfrac{d}{c}$인 실수$\right\}$, 치역은 $\left\{y\,\middle|\,y\neq\dfrac{a}{c}$인 실수$\right\}$ 이다.

(3) 점근선의 방정식은 $x=-\dfrac{d}{c}$, $y=\dfrac{a}{c}$이다.

≫ 올림포스 공통수학2 81쪽

25 대표문제
▶ 25647-0570

함수 $f(x)=\dfrac{3x+2}{x+4}$에 대한 **보기**의 설명 중 옳은 것만을 있는 대로 고르시오.

| 보기 |

ㄱ. 정의역은 $\{x\,|\,x\neq-4$인 실수$\}$, 치역은 $\{y\,|\,y\neq3$인 실수$\}$이다.

ㄴ. 함수 f의 그래프는 함수 $y=-\dfrac{10}{x}$의 그래프를 평행이동하여 일치시킬 수 있다.

ㄷ. 함수 f의 그래프는 두 점 $\left(-\dfrac{2}{3},\ 0\right)$, $\left(0,\ \dfrac{1}{2}\right)$을 지난다.

26 상중하
▶ 25647-0571

유리함수 $y=\dfrac{ax+3}{x+b}$의 그래프를 x축의 방향으로 -1만큼, y축의 방향으로 2만큼 평행이동한 그래프가 원점에 대하여 대칭일 때, $a+b$의 값을 구하시오. (단, a, b는 상수이다.)

27 상중하
▶ 25647-0572

유리함수 $y=\dfrac{5-2x}{x-1}$의 그래프를 x축의 방향으로 m만큼, y축의 방향으로 n만큼 평행이동하면 유리함수 $y=\dfrac{2x-3}{x-3}$의 그래프와 일치한다. $m+n$의 값은? (단, m, n은 상수이다.)

① 6   ② 7   ③ 8
④ 9   ⑤ 10

유형 09 | 유리함수의 그래프와 식
중요

그래프의 점근선의 방정식이 $x=p$, $y=q$이고 그래프가 점 $(a,\ b)$를 지나는 유리함수의 식 구하기

➡ $y=\dfrac{k}{x-p}+q\ (k\neq0)$으로 놓고, 이 식에 $x=a$, $y=b$를 대입하여 k의 값을 구한다.

≫ 올림포스 공통수학2 81쪽

28 대표문제
▶ 25647-0573

원점을 지나는 함수 $y=\dfrac{k}{x-p}+q$의 그래프가 그림과 같을 때, kpq의 값은? (단, k, p, q는 상수이다.)

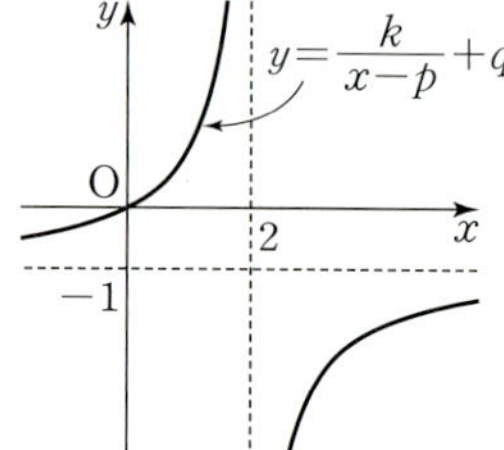

① 2   ② 4   ③ 6
④ 8   ⑤ 10

29 상중하
▶ 25647-0574

점 $(0,\ -2)$를 지나는 유리함수 $f(x)=\dfrac{ax+b}{cx+2}$의 그래프가 그림과 같을 때, $a+b+c$의 값을 구하시오. (단, a, b, c는 상수이다.)

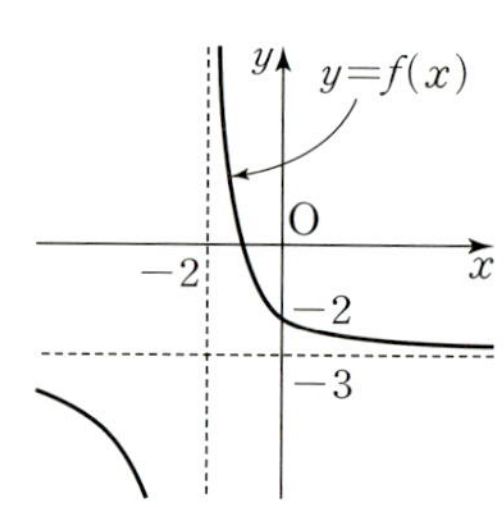

30 상중하
▶ 25647-0575

점 $(-2,\ 0)$을 지나는 함수 $y=f(x)$의 그래프가 그림과 같을 때, 다음 함수 중 그 그래프를 평행이동하여 함수 $y=f(x)$의 그래프와 일치시킬 수 있는 것은?

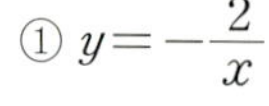
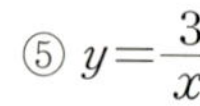

① $y=-\dfrac{2}{x}$ ② $y=-\dfrac{1}{x}$

③ $y=\dfrac{1}{x}$ ④ $y=\dfrac{2}{x}$

⑤ $y=\dfrac{3}{x}$

유형 10 │ 유리함수의 그래프의 대칭성

유리함수 $y=\dfrac{k}{x-p}+q\ (k\neq0)$의 그래프는

(1) 점 $(p,\,q)$에 대하여 대칭이다.
(2) 직선 $y=\pm(x-p)+q$에 대하여 대칭이다.

>> **올림포스** 공통수학2 81쪽

31 대표문제
▶ 25647-0576

유리함수 $y=\dfrac{ax+4}{x-3}$의 그래프가 직선 $y=x+1$에 대하여 대칭일 때, 상수 a의 값은?

① 1 　　　② 2 　　　③ 3
④ 4 　　　⑤ 5

32 상중하
▶ 25647-0577

유리함수 $y=\dfrac{ax+2}{x-1}$의 그래프가 두 직선 $y=x+3a,\ y=-x+b$에 대하여 모두 대칭일 때, ab의 값은? (단, a, b는 상수이다.)

① $-\dfrac{1}{2}$ 　　　② $-\dfrac{1}{4}$ 　　　③ $-\dfrac{1}{6}$
④ $-\dfrac{1}{8}$ 　　　⑤ $-\dfrac{1}{10}$

33 상중하
▶ 25647-0578

유리함수 $y=\dfrac{ax+b}{x+c}$의 그래프가 점 $(-3,\,2)$에 대하여 대칭이고 점 $(1,\,-2)$를 지날 때, $a+b+c$의 값은?
(단, a, b, c는 상수이다.)

① -5 　　　② -4 　　　③ -3
④ -2 　　　⑤ -1

유형 11 │ 유리함수의 그래프가 지나는 사분면 

유리함수 $y=\dfrac{k}{x-p}+q\ (k\neq0)$의 그래프를 그린 후 점근선의 방정식과 적절한 함숫값 ($x=0$에서의 함숫값 등)의 부호를 이용하여 그래프가 지나는 사분면을 파악한다.

>> **올림포스** 공통수학2 81쪽

34 대표문제
▶ 25647-0579

함수 $y=\dfrac{2x-1}{x-1}$의 그래프가 지나는 사분면을 모두 구하시오.

35 상중하
▶ 25647-0580

유리함수 $f(x)=\dfrac{k}{x-2}+1\ (k\neq0)$의 그래프가 모든 사분면을 지나도록 하는 정수 k의 최솟값은?

① 1 　　　② 2 　　　③ 3
④ 4 　　　⑤ 5

36 상중하
▶ 25647-0581

유리함수 $f(x)=\dfrac{2}{1-x}+a$의 그래프가 모든 사분면을 지나도록 하는 모든 실수 a의 값의 범위를 구하시오.

유형 12 유리함수의 최댓값과 최솟값

주어진 정의역의 범위에서 유리함수 $y=f(x)$의 그래프를 그린 후, y의 최댓값과 최솟값을 찾는다.

>> **올림포스** 공통수학2 81쪽

37 대표문제
▶ 25647-0582

$-2 \leq x \leq 2$에서 함수 $f(x)=-\dfrac{5}{x-3}-4$의 최댓값을 M, 최솟값을 m이라 할 때, $M+m$의 값은?

① -2 ② -1 ③ 0
④ 1 ⑤ 2

38 상중하
▶ 25647-0583

$2 \leq x \leq 4$에서 함수 $f(x)=\dfrac{x+a}{x-1}$의 최솟값이 2일 때, 최댓값은? (단, $a>0$)

① $\dfrac{5}{2}$ ② 3 ③ $\dfrac{7}{2}$
④ 4 ⑤ $\dfrac{9}{2}$

39 상중하
▶ 25647-0584

함수 $f(x)=\dfrac{ax-7}{x-b}$의 그래프의 점근선의 방정식은 $x=5$, $y=2$이다. $0 \leq x \leq 2$에서 이 함수의 최댓값을 M, 최솟값을 m이라 할 때, $M-m$의 값은? (단, a, b는 상수이다.)

① $\dfrac{1}{5}$ ② $\dfrac{2}{5}$ ③ $\dfrac{3}{5}$
④ $\dfrac{4}{5}$ ⑤ 1

유형 13 유리함수의 그래프와 직선의 위치 관계

유리함수 $y=f(x)$의 그래프와 직선 $y=g(x)$의 위치 관계
(1) 방정식 $f(x)=g(x)$, 즉 $f(x)-g(x)=0$에 적당한 다항식을 곱해 이차방정식으로 만든 후 판별식을 이용하여 위치 관계를 파악한다.
(2) 직선 $y=g(x)$가 항상 지나는 점을 이용하여 위치 관계를 파악한다.

>> **올림포스** 공통수학2 81쪽

40 대표문제
▶ 25647-0585

함수 $y=\dfrac{2}{x}+1$의 그래프와 직선 $y=m(x+1)+1$이 오직 한 점에서만 만날 때, 상수 m의 값을 구하시오.

41 상중하
▶ 25647-0586

함수 $y=\dfrac{2x-7}{x-2}$의 그래프와 직선 $y=3x+k$가 만나지 않도록 하는 정수 k의 개수는?

① 5 ② 7 ③ 9
④ 11 ⑤ 13

42 상중하
▶ 25647-0587

함수 $y=\dfrac{x+2}{x-2}$의 그래프와 직선 $y=mx+1$이 만나지 않도록 하는 정수 m의 개수는?

① 1 ② 2 ③ 3
④ 4 ⑤ 5

유형 14 │ 유리함수의 합성

(1) $(g \circ f)(x) = g(f(x))$

(2) $f, f \circ f, f \circ f \circ f, \cdots$를 차례로 구해 보면서 규칙성을 찾는다.

>> **올림포스** 공통수학2 81쪽

43 대표문제
▶ 25647-0588

두 함수 $f(x) = \dfrac{2x}{x+1}$, $g(x) = \dfrac{x}{x-1}$에 대하여

$(g \circ f)(x) = \dfrac{ax+b}{x+c}$일 때, $a+b+c$의 값은?

(단, a, b, c는 상수이다.)

① 1 ② 2 ③ 3
④ 4 ⑤ 5

44 상중하
▶ 25647-0589

두 함수 $f(x)$, $g(x)$에 대하여

$$f(x) = \dfrac{x-1}{x-3}, \quad g(x) = (f \circ f)(x)$$

일 때, 함수 $y=g(x)$의 그래프의 점근선의 방정식을 모두 구하시오.

45 상중하
▶ 25647-0590

$x>0$일 때 두 함수 $f(x) = \dfrac{2}{x}$, $g(x) = \dfrac{x-3}{x+1}$에 대하여

$(h \circ f)(x) = g(x)$를 만족시키는 함수 $h(x)$를 구하시오.

46 상중하
▶ 25647-0591

함수 $f(x) = \dfrac{x-3}{x+1}$에 대하여

$$f^1 = f, \quad f^{n+1} = f \circ f^n \ (n\text{은 자연수})$$

로 정의할 때, $f^{10}(2)$의 값을 구하시오.

유형 15 │ 유리함수의 역함수

유리함수 $y = \dfrac{ax+b}{cx+d} \ (ad-bc \neq 0, \ c \neq 0)$의 역함수 구하기

① x를 y에 대한 식으로 나타낸다. ➡ $x = \dfrac{-dy+b}{cy-a}$

② x와 y를 서로 바꾼다. ➡ $y = \dfrac{-dx+b}{cx-a}$

>> **올림포스** 공통수학2 81쪽

47 대표문제
▶ 25647-0592

함수 $y = \dfrac{x+3}{1-x}$의 역함수가 $y = \dfrac{ax+b}{x+c}$일 때, $a+b+c$의 값은?

(단, a, b, c는 상수이다.)

① -2 ② -1 ③ 0
④ 1 ⑤ 2

48 상중하
▶ 25647-0593

함수 $f(x) = \dfrac{2x}{x+1}$에 대하여 $f^{-1}(4)$의 값은?

① -2 ② -1 ③ 0
④ 1 ⑤ 2

49 상중하
▶ 25647-0594

함수 $f(x) = \dfrac{2x+5}{x-a}$의 역함수가 $f^{-1}(x) = \dfrac{3x+c}{x+b}$일 때,

$a+b+c$의 값은? (단, a, b, c는 상수이다.)

① 6 ② 7 ③ 8
④ 9 ⑤ 10

유형 16 유리함수 $y=\dfrac{k}{x-a}+b\,(k\neq0)$의 역함수의 성질 

(1) 두 유리함수 f, g에 대하여
$g(f(x))=x$이면 $g=f^{-1}$

(2) 유리함수 $y=f(x)$의 그래프가 직선 $y=x$에 대하여 대칭이면 f의 역함수는 자기자신이다. 즉,
$f=f^{-1}$

(3) 유리함수 $y=f(x)$의 그래프의 점근선의 방정식이 $x=p$, $y=q$이면 역함수 $y=f^{-1}(x)$의 그래프의 점근선의 방정식은 $x=q$, $y=p$이다.

> **올림포스** 공통수학2 81쪽

50 대표문제
▶ 25647-0595

유리함수 $f(x)=\dfrac{2x-3}{x+a}$에 대하여 $f=f^{-1}$일 때, 상수 a의 값은?

① -2 ② -1 ③ 0
④ 1 ⑤ 2

51 상중하
▶ 25647-0596

두 함수 $f(x)=\dfrac{5x-1}{x+3}$, g에 대하여 $(f\circ g)(x)=x$를 만족시킬 때, $g(3)$의 값을 구하시오.

52 상중하
▶ 25647-0597

함수 $f(x)=\dfrac{3x-4}{x-1}$의 그래프를 x축의 방향으로 a만큼, y축의 방향으로 b만큼 평행이동한 함수를 g라 하자. $(g\circ f)(x)=x$를 만족시킬 때, $a+b$의 값은? (단, a, b는 상수이다.)

① -3 ② -1 ③ 0
④ 2 ⑤ 3

53 상중하
▶ 25647-0598

함수 $f(x)=-\dfrac{1}{x-4}-2$의 역함수 $y=f^{-1}(x)$의 그래프에 대한 **보기**의 설명 중 옳은 것만을 있는 대로 고른 것은?

> **보기**
> ㄱ. 점 $(-1, 5)$를 지난다.
> ㄴ. 점근선의 방정식은 $x=-2$, $y=4$이다.
> ㄷ. 점 $(2, -4)$에 대하여 대칭이다.

① ㄱ ② ㄴ ③ ㄷ
④ ㄱ, ㄴ ⑤ ㄱ, ㄷ

54 상중하
▶ 25647-0599

함수 $f(x)=\dfrac{5}{x}$에 대하여 $(f^{-1}\circ f^{-1}\circ f^{-1})(3)$의 값을 구하시오.

55 상중하
▶ 25647-0600

두 함수 $f(x)=\dfrac{4-x}{2x-1}$, $g(x)=\dfrac{x-1}{2x+1}$에 대하여 $h=f\circ(g\circ f)^{-1}$라 할 때, $h\left(\dfrac{1}{3}\right)$의 값은?

① 1 ② 2 ③ 3
④ 4 ⑤ 5

유형 17 | 무리식의 값이 실수가 되기 위한 조건

무리식의 값이 실수가 되기 위한 조건

(1) $\sqrt{A}$ 가 실수 $\Longleftrightarrow A \geq 0$

(2) $\dfrac{1}{\sqrt{A}}$ 이 실수 $\Longleftrightarrow A > 0$

≫ **올림포스** 공통수학2 82쪽

56 대표문제
▶ 25647-0601

두 무리식 $\sqrt{x+2}$, $\sqrt{8-2x}$ 의 값이 모두 실수가 되도록 하는 정수 x 의 개수는?

① 3 ② 4 ③ 5
④ 6 ⑤ 7

57 상중하
▶ 25647-0602

두 무리식 $\sqrt{4-x^2}$, $\dfrac{1}{\sqrt{x+1}}$ 의 값이 모두 실수가 되도록 하는 정수 x 의 개수는?

① 3 ② 4 ③ 5
④ 6 ⑤ 7

58 상중하
▶ 25647-0603

무리식 $\sqrt{2x^2+3x+a}$ 의 값이 항상 실수가 되도록 하는 정수 a 의 최솟값은?

① 1 ② 2 ③ 3
④ 4 ⑤ 5

유형 18 | 무리식의 연산

(1) 제곱근의 성질: 실수 a 에 대하여 $\sqrt{a^2} = |a|$

(2) 분모의 유리화: $a > 0$, $b > 0$일 때

① $\dfrac{a}{\sqrt{b}} = \dfrac{a\sqrt{b}}{\sqrt{b}\sqrt{b}} = \dfrac{a\sqrt{b}}{b}$

② $\dfrac{c}{\sqrt{a}+\sqrt{b}} = \dfrac{c(\sqrt{a}-\sqrt{b})}{(\sqrt{a}+\sqrt{b})(\sqrt{a}-\sqrt{b})}$

$\qquad = \dfrac{c(\sqrt{a}-\sqrt{b})}{a-b}$ (단, $a \neq b$)

≫ **올림포스** 공통수학2 82쪽

59 대표문제
▶ 25647-0604

$\dfrac{1}{1+\sqrt{x+1}} + \dfrac{1}{1-\sqrt{x+1}}$ 을 간단히 하면?

① $-\dfrac{2}{x}$ ② $-\dfrac{1}{x}$ ③ $\dfrac{1}{x}$
④ $\dfrac{2}{x}$ ⑤ $\dfrac{4}{x}$

60 상중하
▶ 25647-0605

$\dfrac{1}{\sqrt{2-x}+\sqrt{x+2}} + \dfrac{1}{\sqrt{2-x}-\sqrt{x+2}}$ 을 간단히 하면?

① $-\dfrac{2\sqrt{2-x}}{x}$ ② $-\dfrac{\sqrt{2-x}}{x}$
③ $-\dfrac{\sqrt{2-x}}{2x}$ ④ $\dfrac{\sqrt{2-x}}{2x}$
⑤ $\dfrac{\sqrt{2-x}}{x}$

61 상중하
▶ 25647-0606

함수 $f(x) = \dfrac{1}{\sqrt{x+1}-\sqrt{x}} + \dfrac{1}{\sqrt{x+1}+\sqrt{x}}$ 에 대하여 $f(a) > 7$ 을 만족시키는 자연수 a 의 최솟값은?

① 11 ② 12 ③ 13
④ 14 ⑤ 15

유형 **19** 무리식의 값

(1) 주어진 식을 간단히 한 후, 수를 대입하여 식의 값을 구한다.

(2) $x=\sqrt{a}+\sqrt{b}$, $y=\sqrt{a}-\sqrt{b}$의 꼴이 주어지면 $x+y$, $x-y$, xy의 값을 이용할 수 있도록 주어진 식을 변형한다.

>> **올림포스** 공통수학2 82쪽

62 대표문제
▶ 25647-0607

$x=\sqrt{2}$일 때, $\dfrac{x+2}{x+1}$의 값은?

① $\sqrt{2}-1$ ② $\sqrt{2}$ ③ $2\sqrt{2}-1$

④ $\sqrt{2}+1$ ⑤ $2\sqrt{2}$

63 상중하
▶ 25647-0608

$\sqrt{x}+\dfrac{1}{\sqrt{x}}=\sqrt{5}$일 때, $x^2+\dfrac{1}{x^2}$의 값은?

① 6 ② 7 ③ 8

④ 9 ⑤ 10

64 상중하
▶ 25647-0609

$x=\sqrt{3}+1$, $y=\sqrt{3}-1$일 때, $\dfrac{\sqrt{x}-\sqrt{y}}{\sqrt{x}+\sqrt{y}}+\dfrac{\sqrt{x}+\sqrt{y}}{\sqrt{x}-\sqrt{y}}$의 값은?

① $\dfrac{\sqrt{3}}{2}$ ② $\sqrt{3}$ ③ $\dfrac{3\sqrt{3}}{2}$

④ $2\sqrt{3}$ ⑤ $\dfrac{5\sqrt{3}}{3}$

유형 **20** 무리함수의 정의역과 치역

(1) 무리함수 $y=\sqrt{ax+b}+c$ $(a\neq0)$에서

① $a>0$일 때

정의역: $\left\{x\,\middle|\,x\geq-\dfrac{b}{a}\right\}$, 치역: $\{y\,|\,y\geq c\}$

② $a<0$일 때

정의역: $\left\{x\,\middle|\,x\leq-\dfrac{b}{a}\right\}$, 치역: $\{y\,|\,y\geq c\}$

(2) 무리함수 $y=-\sqrt{ax+b}+c$ $(a\neq0)$에서

① $a>0$일 때

정의역: $\left\{x\,\middle|\,x\geq-\dfrac{b}{a}\right\}$, 치역: $\{y\,|\,y\leq c\}$

② $a<0$일 때

정의역: $\left\{x\,\middle|\,x\leq-\dfrac{b}{a}\right\}$, 치역: $\{y\,|\,y\leq c\}$

>> **올림포스** 공통수학2 83쪽

65 대표문제
▶ 25647-0610

무리함수 $y=\sqrt{ax+b}+3$의 정의역이 $\{x\,|\,x\leq1\}$, 치역이 $\{y\,|\,y\geq b\}$일 때, $a-b$의 값을 구하시오.

(단, a, b는 상수이고, $a\neq0$이다.)

66 상중하
▶ 25647-0611

함수 $y=\sqrt{5x+6}-3$의 정의역이 $\{x\,|\,x\geq a\}$, 치역이 $\{y\,|\,y\geq b\}$일 때, $a-b$의 값은? (단, a, b는 상수이다.)

① $\dfrac{7}{5}$ ② $\dfrac{9}{5}$ ③ $\dfrac{11}{5}$

④ $\dfrac{13}{5}$ ⑤ 3

67 상중하
▶ 25647-0612

무리함수 $y=-\sqrt{ax+7}+3$의 그래프가 점 $(-1, 2)$를 지나고 정의역이 $\{x\,|\,x\geq b\}$, 치역이 $\{y\,|\,y\leq c\}$일 때, $a+b+c$의 값은?

(단, a, b, c는 상수이고, $a\neq0$이다.)

① $\dfrac{15}{2}$ ② $\dfrac{23}{3}$ ③ $\dfrac{47}{6}$

④ 8 ⑤ $\dfrac{49}{6}$

유형 21 무리함수 $y=\sqrt{a(x-p)}+q\ (a\neq0)$ 의 그래프 중요

무리함수 $y=\sqrt{a(x-p)}+q\ (a\neq0)$의 그래프는
(1) 무리함수 $y=\sqrt{ax}$의 그래프를 x축의 방향으로 p만큼, y축의 방향으로 q만큼 평행이동한 것이다.
(2) $a>0$일 때 정의역: $\{x\,|\,x\geq p\}$, 치역: $\{y\,|\,y\geq q\}$
$a<0$일 때 정의역: $\{x\,|\,x\leq p\}$, 치역: $\{y\,|\,y\geq q\}$

» **올림포스** 공통수학2 83쪽

68 대표문제 ▶ 25647-0613

함수 $y=-\sqrt{6-3x}+2$의 그래프에 대한 **보기**의 설명 중 옳은 것만을 있는 대로 고른 것은?

---| 보기 |---
ㄱ. 평행이동하면 함수 $y=-\sqrt{3x}$의 그래프와 일치시킬 수 있다.
ㄴ. 정의역은 $\{x\,|\,x\leq2\}$, 치역은 $\{y\,|\,y\leq2\}$이다.
ㄷ. x축과 점 $\left(\dfrac{2}{3},\,0\right)$에서 만난다.

① ㄱ   ② ㄴ   ③ ㄱ, ㄷ
④ ㄴ, ㄷ   ⑤ ㄱ, ㄴ, ㄷ

69 상중하 ▶ 25647-0614

함수 $y=\sqrt{ax}$의 그래프를 x축의 방향으로 b만큼, y축의 방향으로 c만큼 평행이동하면 함수 $y=\sqrt{2x+3}+5$의 그래프와 일치한다. $a+b+c$의 값은? (단, a, b, c는 상수이다.)

① $\dfrac{11}{2}$ ② $\dfrac{13}{2}$ ③ $\dfrac{15}{2}$
④ $\dfrac{17}{2}$ ⑤ $\dfrac{19}{2}$

70 상중하 ▶ 25647-0615

함수 $y=\sqrt{2x+5}$의 그래프를 x축의 방향으로 3만큼, y축의 방향으로 2만큼 평행이동한 후, x축에 대하여 대칭이동하면 함수 $y=-\sqrt{ax+b}+c$의 그래프와 일치한다. $a+b+c$의 값은?
(단, a, b, c는 상수이다.)

① -2 ② -1 ③ 0
④ 1 ⑤ 2

71 상중하 ▶ 25647-0616

함수 $y=\sqrt{3x+1}-2$의 그래프를 y축의 방향으로 a만큼 평행이동한 후, 원점에 대하여 대칭이동한 그래프의 식을 $y=f(x)$라 하자. 함수 $y=f(x)$의 그래프가 원점을 지날 때, 상수 a의 값은?

① -3 ② -1 ③ 1
④ 3 ⑤ 5

72 상중하 ▶ 25647-0617

보기의 함수 중 그 그래프를 평행이동 또는 대칭이동하여 함수 $y=\sqrt{2x}$의 그래프와 일치하는 것만을 있는 대로 고른 것은?
(단, 대칭이동은 x축, y축, 원점, 직선 $y=x$에 대한 대칭이동으로 제한한다.)

---| 보기 |---
ㄱ. $y=2\sqrt{x-1}$ ㄴ. $y=\sqrt{2-x}+1$
ㄷ. $y=-\sqrt{2x+1}-3$ ㄹ. $y=-\sqrt{3-2x}+1$

① ㄱ, ㄴ   ② ㄱ, ㄷ   ③ ㄴ, ㄷ
④ ㄴ, ㄹ   ⑤ ㄷ, ㄹ

73 상중하 ▶ 25647-0618

두 함수 $y=\sqrt{x}$, $y=\sqrt{x+4}$의 그래프와 x축 및 직선 $y=2$로 둘러싸인 부분의 넓이는?

① 4 ② 6 ③ 8
④ 10 ⑤ 12

유형 22 | 무리함수의 그래프와 식

(1) 무리함수 $y=\pm\sqrt{a(x-p)}+q\,(a\neq0)$의 그래프의 성질을 이용하여 그래프의 식을 구한다.
(2) 무리함수의 정의역과 치역을 이용하여 그래프의 개형을 그린다.

> **올림포스** 공통수학2 83쪽

74 대표문제
▶ 25647-0619

무리함수 $y=\sqrt{ax+b}+c\,(a\neq0)$의 그래프가 그림과 같을 때, $a+b+c$의 값을 구하시오.
(단, a, b, c는 상수이다.)

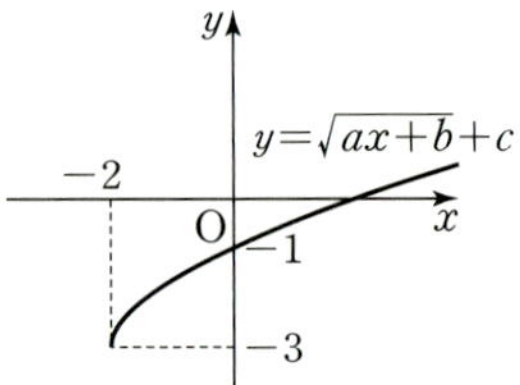

75 상중하
▶ 25647-0620

무리함수 $f(x)=-\sqrt{a(x-b)}+c$ $(a\neq0)$의 그래프가 그림과 같을 때, 함수 $g(x)=\sqrt{c(x-b)}+a$의 그래프의 개형은? (단, a, b, c는 상수이다.)

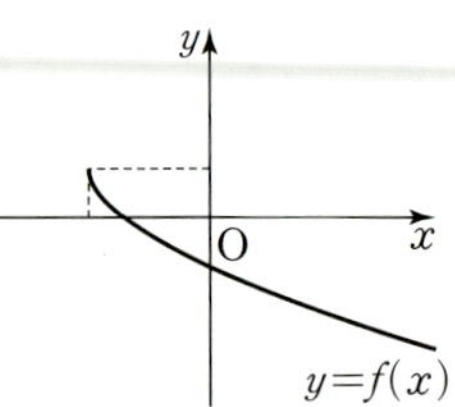

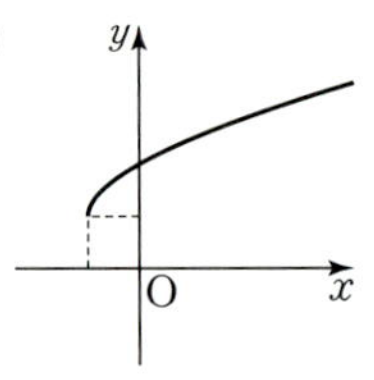

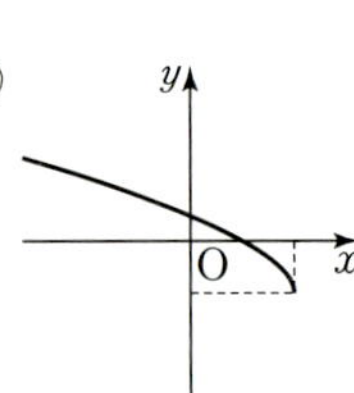

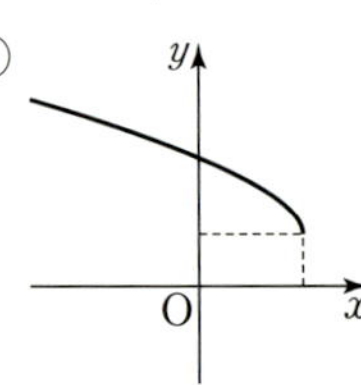

76 상중하
▶ 25647-0621

무리함수 $f(x)=\sqrt{a(x-b)}+c$의 그래프가 그림과 같을 때, 유리함수 $g(x)=\dfrac{ax+b}{x+c}$의 그래프가 지나는 사분면을 모두 구하시오.
(단, a, b, c는 상수이다.)

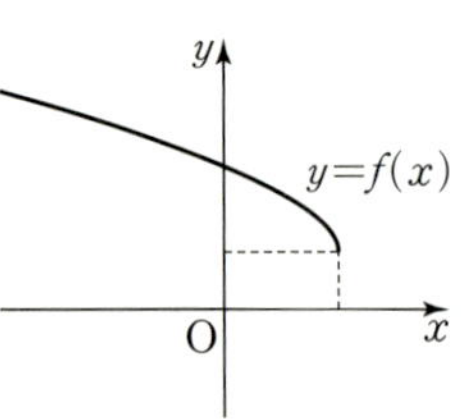

유형 23 | 무리함수의 그래프가 지나는 사분면

무리함수 $y=\pm\sqrt{a(x-p)}+q\,(a\neq0)$의 정의역과 치역, 그리고 적절한 함숫값 ($x=0$에서의 함숫값 등)의 부호를 이용하여 그래프가 지나는 사분면을 파악한다.

> **올림포스** 공통수학2 83쪽

77 대표문제
▶ 25647-0622

함수 $y=\sqrt{4-2x}-1$의 그래프가 지나는 사분면을 모두 구하시오.

78 상중하
▶ 25647-0623

함수 $f(x)=\sqrt{x+3}+a$의 그래프가 지나는 사분면이 제1, 2, 3 사분면이 되도록 하는 정수 a의 개수는?

① 1　　　　② 2　　　　③ 3
④ 4　　　　⑤ 5

79 상중하
▶ 25647-0624

유리함수 $y=\dfrac{ax+b}{x+c}$의 그래프가 그림과 같을 때, 무리함수 $y=\sqrt{ax+b}+c$의 그래프가 지나는 사분면을 모두 구하시오. (단, a, b, c는 상수이다.)

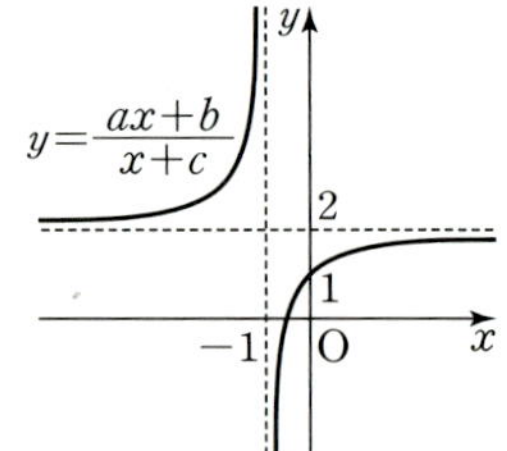

유형 24 | 무리함수의 최댓값과 최솟값

무리함수 $f(x)=\pm\sqrt{a(x-p)}+q \ (a\neq0)$의 정의역이 $\{x|\alpha\leq x\leq\beta\}$이면 $f(\alpha)$, $f(\beta)$ 중 큰 값이 최댓값, 작은 값이 최솟값이다.

≫ 올림포스 공통수학2 83쪽

80 대표문제
▶ 25647-0625

정의역이 $\{x|1\leq x\leq9\}$인 함수 $y=-\sqrt{2x+7}-3$의 최댓값을 M, 최솟값을 m이라 할 때, $M-m$의 값은?

① 2　　　　② 4　　　　③ 6
④ 8　　　　⑤ 10

81 상중하
▶ 25647-0626

정의역이 $\{x|-1\leq x\leq4\}$인 무리함수 $f(x)=\sqrt{a-x}+5$의 최댓값이 8일 때, 함수 $f(x)$의 최솟값은? (단, a는 상수이다.)

① 3　　　　② 4　　　　③ 5
④ 6　　　　⑤ 7

82 상중하
▶ 25647-0627

무리함수 $f(x)=\sqrt{ax+b} \ (a<0)$에 대하여 $f(1)=2$이고, $-4\leq x\leq2$에서 함수 $f(x)$의 최솟값이 $\sqrt{2}$일 때, 함수 $f(x)$의 최댓값은? (단, a, b는 상수이다.)

① $\sqrt{11}$　　　　② $2\sqrt{3}$　　　　③ $\sqrt{13}$
④ $\sqrt{14}$　　　　⑤ $\sqrt{15}$

유형 25 | 무리함수의 그래프와 직선의 위치 관계　중요

무리함수 $y=f(x)$의 그래프와 직선 $y=g(x)$의 위치 관계
(1) 그래프를 그려서 위치 관계를 파악한다.
(2) 접하는 경우를 구하기 위해서는 $f(x)=g(x)$, 즉 이차방정식 $\{f(x)\}^2=\{g(x)\}^2$의 판별식을 D라 할 때, $D=0$ 이어야 함을 이용한다.

≫ 올림포스 공통수학2 83쪽

83 대표문제
▶ 25647-0628

함수 $y=\sqrt{3x-2}$의 그래프와 직선 $y=\dfrac{1}{2}x+k$가 서로 다른 두 점에서 만나도록 하는 모든 실수 k의 값의 범위를 구하시오.

84 상중하
▶ 25647-0629

함수 $y=\sqrt{4-2x}$의 그래프와 직선 $y=-x+k$가 오직 한 점에서만 만나도록 하는 실수 k의 값의 범위를 구하시오.

85 상중하
▶ 25647-0630

함수 $y=-\sqrt{3-2x}+4$의 그래프와 직선 $y=k(x+1)+2$가 서로 다른 두 점에서 만나도록 하는 모든 실수 k의 값의 범위가 $a<k\leq b$일 때, $b-a$의 값은? (단, a, b는 상수이다.)

① $\dfrac{1}{5}$　　　　② $\dfrac{2}{5}$　　　　③ $\dfrac{3}{5}$
④ $\dfrac{4}{5}$　　　　⑤ 1

유형 26 무리함수의 합성

두 함수 f, g에 대하여 f의 치역이 g의 정의역의 부분집합이면 합성함수 $g \circ f$를 정의할 수 있다. 이때
$$(g \circ f)(x) = g(f(x))$$

>> **올림포스** 공통수학2 83쪽

86 대표문제
▶ 25647-0631

두 함수 $f(x) = \sqrt{x-1} - 2$, $g(x) = \sqrt{3x+6} + 4$에 대하여 $(g \circ f)(10)$의 값은?

① 6　　　　　② 7　　　　　③ 8

④ 9　　　　　⑤ 10

87 상중하
▶ 25647-0632

두 함수 $f(x) = \sqrt{x+2} - 1$, $g(x) = \sqrt{x+1} - 2$에 대하여 $(g \circ f)(a) = 2$일 때, 상수 a의 값을 구하시오.

88 상중하
▶ 25647-0633

함수 $f(x) = \begin{cases} \dfrac{x}{x-2} & (x<2) \\ \sqrt{2x-4} & (x \geq 2) \end{cases}$ 에 대하여 $(f \circ f)(3)$의 값은?

① $-1 - 3\sqrt{2}$　　② $-2 - 2\sqrt{2}$　　③ $-1 - 2\sqrt{2}$

④ $-2 - \sqrt{2}$　　⑤ $-1 - \sqrt{2}$

유형 27 무리함수의 역함수

무리함수 $y = \sqrt{x+a} + b$의 역함수 구하기
① x를 y에 대한 식으로 나타낸다. ➡ $x = (y-b)^2 - a$
② x와 y를 서로 바꾼다. ➡ $y = (x-b)^2 - a$
③ 역함수의 정의역은 $\{x \,|\, x \geq b\}$이다.

>> **올림포스** 공통수학2 83쪽

89 대표문제
▶ 25647-0634

함수 $y = -\sqrt{-2x+4} + 3$의 역함수가 $y = ax^2 + bx + c \ (x \leq d)$일 때, $abcd$의 값을 구하시오.

(단, a, b, c, d는 상수이다.)

90 상중하
▶ 25647-0635

함수 $f(x) = \sqrt{2x+6}$의 역함수를 $g(x)$라 하자. 함수 $y = g(x)$의 그래프와 직선 $y = \dfrac{1}{2}x$의 교점의 좌표를 (a, b)라 할 때, ab의 값은?

① $\dfrac{1}{2}$　　　　② 2　　　　③ $\dfrac{9}{2}$

④ 8　　　　⑤ $\dfrac{25}{2}$

91 상중하
▶ 25647-0636

함수 $f(x) = \sqrt{3x+6} - 2$의 그래프와 그 역함수 $y = f^{-1}(x)$의 그래프가 두 점 P, Q에서 만날 때, 두 점 P, Q 사이의 거리는?

① $\sqrt{2}$　　　　② $2\sqrt{2}$　　　　③ $3\sqrt{2}$

④ $4\sqrt{2}$　　　　⑤ $5\sqrt{2}$

유형 28 | 무리함수, 유리함수의 합성함수와 역함수 ^{중요}

두 함수 f, g의 역함수가 각각 f^{-1}, g^{-1}일 때

(1) $(f^{-1})^{-1}=f$

(2) $(f^{-1} \circ f)(x)=x \ (x \in X)$, $(f \circ f^{-1})(y)=y \ (y \in Y)$

(3) $(g \circ f)^{-1}=f^{-1} \circ g^{-1}$

올림포스 공통수학2 83쪽

92 대표문제 ▶ 25647-0637

정의역이 $\{x \mid x>2\}$인 두 함수

$$f(x)=\frac{2x+1}{x-2}, \ g(x)=\sqrt{x-2}+2$$

에 대하여 $(f \circ (g \circ f)^{-1} \circ f)(3)$의 값을 구하시오.

93 상중하 ▶ 25647-0638

두 함수

$$f(x)=\sqrt{3x+4}, \ g(x)=\sqrt{2x+1}-1$$

에 대하여 $(g^{-1} \circ f)(4)$의 값은?

① 11　　　② 12　　　③ 13

④ 14　　　⑤ 15

94 상중하 ▶ 25647-0639

두 함수

$$f(x)=\frac{2x+5}{x-2}, \ g(x)=\sqrt{2x-4}+2$$

에 대하여 $(f^{-1} \circ g)^{-1}(3)$의 값을 구하시오. (단, $x>2$)

유형 29 | 무리함수의 그래프의 활용 ^{중요}

무리함수 $y=f(x)$의 그래프를 그린 후, 무리함수의 여러 가지 성질을 이용하여 그래프를 분석하고 필요한 값을 찾는다.

올림포스 공통수학2 83쪽

95 대표문제 ▶ 25647-0640

두 함수 $y=\dfrac{x+2}{x-1}$, $y=\sqrt{x+k}$의 그래프가 서로 다른 두 점에서 만나도록 하는 실수 k의 최솟값은?

① 1　　　② 2　　　③ 3

④ 4　　　⑤ 5

96 상중하 ▶ 25647-0641

두 함수

$$f(x)=\sqrt{x+2}-3, \ g(x)=\sqrt{-x+2}+3$$

의 그래프와 두 직선 $x=-2$, $x=2$로 둘러싸인 도형의 넓이를 구하시오.

97 상중하 ▶ 25647-0642

함수 $y=\sqrt{x}$의 그래프 위의 두 점 $P(a, b)$, $Q(c, d)$에 대하여 $b+d=8$일 때, 직선 PQ의 기울기를 구하시오. (단, $0<a<c$)

01 ▶ 25647-0643

양수 x에 대하여 $x^2-2x-1=0$일 때, $x^3+\dfrac{1}{x^3}$의 값을 구하시오.

02 내신기출 ▶ 25647-0644

함수 $f(x)=\dfrac{3x+7}{x+2}$의 그래프를 그리고, 함수 $y=f(x)$의 그래프가 지나는 사분면을 모두 구하시오.

03 ▶ 25647-0645

함수 $f(x)=\dfrac{bx+c}{x-a}$의 그래프가 두 점 $(0,\,-2)$, $(4,\,2)$를 지나고 $f=f^{-1}$일 때, $a+b+c$의 값을 구하시오.

(단, a, b, c는 상수이다.)

04 내신기출 ▶ 25647-0646

무리함수 $y=\sqrt{ax+b}+c$의 그래프가 그림과 같을 때, $a+b+c$의 값을 구하시오.

(단, a, b, c는 상수이고, $a\neq0$이다.)

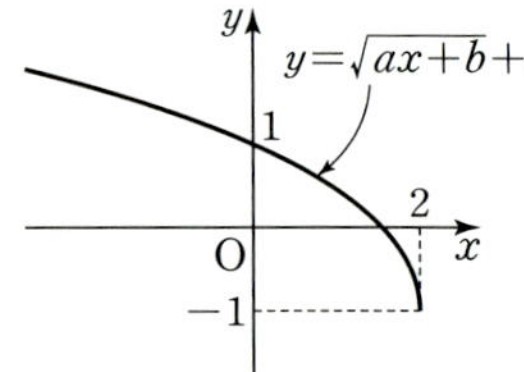

05 ▶ 25647-0647

무리함수 $y=-\sqrt{a-bx}$의 그래프를 x축의 방향으로 a만큼, y축의 방향으로 4만큼 평행이동한 후, y축에 대하여 대칭이동하면 함수 $y=\sqrt{2x+3}+c$의 그래프를 x축에 대하여 대칭이동한 그래프와 일치한다. $a+b+c$의 값을 구하시오.

(단, a, b, c는 상수이고, $a\neq0$이다.)

06 ▶ 25647-0648

실수 k에 대하여 함수 $y=\sqrt{3-2x}$의 그래프와 직선 $y=-x+k$가 만나는 서로 다른 점의 개수를 $g(k)$라 할 때, $g(1)+g(2)+g(3)+\cdots+g(10)$의 값을 구하시오.

▶ 25647-0649

01 함수 $f(x)=\dfrac{3x}{x-3}$의 그래프에 대한 **┃보기┃**의 설명 중 옳은 것만을 있는 대로 고른 것은?

┃ 보기 ┃

ㄱ. 함수 $y=f(x)$의 그래프를 평행이동하여 함수 $y=\dfrac{6}{x}$의 그래프와 일치시킬 수 있다.

ㄴ. 함수 $y=f(x)$의 그래프는 제3사분면을 지나지 않는다.

ㄷ. 함수 $y=f(x)$의 그래프와 그 역함수 $y=f^{-1}(x)$의 그래프는 서로 다른 두 점에서 만난다.

① ㄱ   ② ㄴ   ③ ㄱ, ㄴ   ④ ㄴ, ㄷ   ⑤ ㄱ, ㄴ, ㄷ

▶ 25647-0650

02 오른쪽 그림과 같이 함수 $y=\dfrac{2}{x-1}$ $(x>1)$의 그래프 위의 점 P에서 x축, y축에 내린 수선의 발을 각각 Q, R이라 할 때, $\overline{PQ}+\overline{PR}$의 값은 $x=a$에서 최솟값 m을 가진다. $a+m$의 값은?

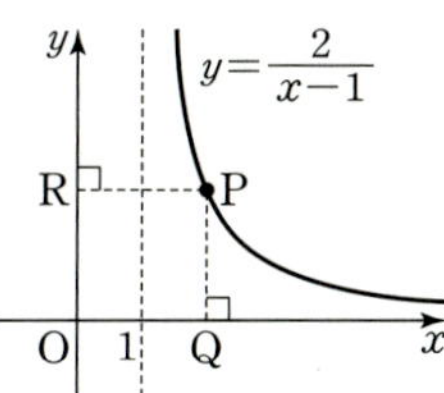

① $2+2\sqrt{2}$ ② $1+3\sqrt{2}$ ③ $2+3\sqrt{2}$ ④ $3+3\sqrt{2}$ ⑤ $2+4\sqrt{2}$

▶ 25647-0651

03 함수 $f(x)=\dfrac{x}{1-x}$에 대하여

$$f^1=f,\ f^{n+1}=f\circ f^n\ (n\text{은 자연수})$$

로 정의할 때, $f^{10}(-1)$의 값은?

① $-\dfrac{1}{7}$ ② $-\dfrac{1}{9}$ ③ $-\dfrac{1}{11}$ ④ $\dfrac{1}{11}$ ⑤ $\dfrac{1}{9}$

▶ 25647-0652

04 함수 $y=\sqrt{2|x-1|}$의 그래프와 직선 $y=x+k$가 서로 다른 세 점에서 만나도록 하는 모든 실수 k의 값의 범위가 $a<k<b$일 때, $a+b$의 값은? (단, a, b는 상수이다.)

① $-\dfrac{5}{2}$ ② -2 ③ $-\dfrac{3}{2}$ ④ -1 ⑤ $-\dfrac{1}{2}$

▶ 25647-0653

05 두 무리함수 $y=\sqrt{kx}$, $y=\sqrt{3x+4}$의 그래프가 그림과 같을 때, 점 $A(a,\ 0)$을 지나고 x축에 수직인 직선이 곡선 $y=\sqrt{3x+4}$와 만나는 점을 D라 하고, 점 $B(2a,\ 0)$을 지나고 x축에 수직인 직선이 곡선 $y=\sqrt{kx}$와 만나는 점을 C라 하자. 사각형 ABCD가 정사각형일 때, $a+k$의 값은? (단, a, k는 상수이고, $a>0$, $0<k\leq3$이다.)

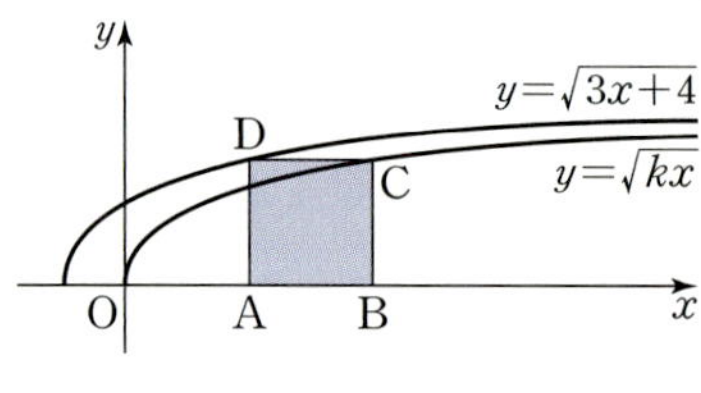

① 5 ② $\dfrac{11}{2}$ ③ 6 ④ $\dfrac{13}{2}$ ⑤ 7

▶ 25647-0654

06 무리함수 $f(x)=k\sqrt{x-1}+3\ (k<0)$의 그래프 위의 점 $P(a,\ b)$에 대하여 $a+b$의 최솟값이 3이 되도록 하는 상수 k의 값은?

① $-\sqrt{5}$ ② -2 ③ $-\sqrt{3}$ ④ $-\sqrt{2}$ ⑤ -1

01 평면좌표와 직선의 방정식

개념 확인하기
본문 7, 9쪽

01 2 **02** 3 **03** 8 **04** 1
05 $\sqrt{2}$ **06** $\sqrt{13}$ **07** 5 **08** $\sqrt{5}$
09 B **10** B **11** C **12** C
13 0 **14** 2 **15** 1 **16** $(-1, -3)$
17 $\left(\dfrac{1}{4}, -\dfrac{1}{2}\right)$ **18** $\left(-\dfrac{1}{2}, -2\right)$
19 $(1, 4)$ **20** $(0, 1)$ **21** $(1, 1)$ **22** $\left(0, -\dfrac{1}{2}\right)$
23 $(2, 1)$ **24** $\left(1, \dfrac{5}{2}\right)$ **25** $(1, 1)$
26 $y = 2x - 2$ **27** $y = -x + 3$
28 $y = \dfrac{1}{2}x - \dfrac{5}{2}$ **29** $y = \sqrt{3}x - 2$
30 $y = 3x$ **31** $y = x + 1$
32 $x = 1$ **33** $y = 3$
34 제2사분면, 제3사분면, 제4사분면
35 제1사분면, 제2사분면, 제4사분면
36 제3사분면, 제4사분면
37 제1사분면, 제4사분면
38 $y = 2x$ **39** $y = -\dfrac{1}{2}x + \dfrac{5}{2}$
40 $x = 1$ **41** $y = 2$
42 $y = x + 2$ **43** $y = -\dfrac{1}{2}x + \dfrac{1}{2}$
44 $y = 1$ **45** $x = -1$
46 $\dfrac{3}{2}\sqrt{2}$ **47** 4
48 $\dfrac{\sqrt{2}}{2}$ **49** $\dfrac{1}{2}$

유형 완성하기
본문 10~23쪽

01 ⑤ **02** ⑤ **03** ④ **04** ④ **05** ③
06 ① **07** ③ **08** ④ **09** 15 **10** ①
11 ④ **12** ④ **13** ② **14** ④ **15** ⑤
16 $2\sqrt{5}$ **17** ⑤ **18** ④ **19** ② **20** ①
21 ④ **22** ② **23** 7 **24** 7 **25** ④
26 14 **27** ③ **28** ① **29** ④ **30** 20
31 ② **32** ③ **33** ④ **34** 4 **35** ②
36 ③ **37** ③ **38** ② **39** ③
40 $y = 3x + 5$ **41** ④ **42** ② **43** ③
44 제2사분면 **45** ④ **46** $\dfrac{1}{2}$ **47** ①
48 ④ **49** ⑤ **50** ⑤ **51** ④ **52** ④
53 ③ **54** ⑤ **55** $y = \dfrac{1}{2}x + \dfrac{1}{2}$ **56** ①
57 ④ **58** ② **59** ① **60** ② **61** ④
62 ⑤ **63** ① **64** 3 **65** ③ **66** ⑤
67 ① **68** ③ **69** 4 **70** ① **71** ④
72 ③ **73** ⑤ **74** ④ **75** ② **76** ②
77 $\dfrac{10}{11}$ **78** ⑤ **79** ③ **80** ③ **81** ③
82 ③ **83** ② **84** ②

서술형 완성하기
본문 24쪽

01 2 **02** $\dfrac{9}{5}$
03 $(1, -1)$ **04** $\left(1, \dfrac{5}{2}\right)$
05 $\dfrac{21}{5}$ **06** $\dfrac{3}{2}\sqrt{3}$

내신 + 수능 고난도 도전
본문 25쪽

01 21 **02** ③ **03** 20 **04** $\dfrac{2}{15}\sqrt{10}$

02 원의 방정식

개념 확인하기
본문 27쪽

01 $(x-1)^2 + (y-2)^2 = 9$ **02** $x^2 + (y-1)^2 = 1$
03 $(x+1)^2 + (y-2)^2 = 1$ **04** $(x-3)^2 + (y+3)^2 = 9$
05 중심의 좌표: $(0, 0)$, 반지름의 길이: 3
06 중심의 좌표: $(1, -3)$, 반지름의 길이: 2
07 중심의 좌표: $(-3, 0)$, 반지름의 길이: 5
08 중심의 좌표: $(4, 4)$, 반지름의 길이: 4
09 중심의 좌표: $(-2, 0)$, 반지름의 길이: 2
10 중심의 좌표: $(3, -4)$, 반지름의 길이: 5
11 중심의 좌표: $(-2, -3)$, 반지름의 길이: $\sqrt{10}$
12 $k < 18$ **13** $k < -1$ 또는 $k > 1$
14 $-2\sqrt{2} < k < 2\sqrt{2}$ **15** $k = \pm 2\sqrt{2}$
16 $k < -2\sqrt{2}$ 또는 $k > 2\sqrt{2}$ **17** 2 **18** 1
19 0 **20** $y = 2x \pm 2\sqrt{5}$
21 $y = -\sqrt{2}x + 3$
22 $x - 2y = 5$ $\left(또는 \ y = \dfrac{1}{2}x - \dfrac{5}{2}\right)$ **23** $y = 1$

유형 완성하기
본문 28~39쪽

01 ⑤ **02** ③ **03** ③ **04** ① **05** ④
06 ④ **07** ⑤ **08** ① **09** ④ **10** ①
11 ② **12** 12 **13** 8 **14** ④ **15** ②
16 ② **17** 80 **18** ④ **19** ④ **20** ⑤
21 ⑤ **22** ⑤ **23** ④ **24** ① **25** ③
26 ⑤ **27** ⑤ **28** ② **29** $\dfrac{\pi}{2}$ **30** ⑤
31 ② **32** ② **33** ④ **34** ③ **35** ④
36 ⑤ **37** ③ **38** ③ **39** ④ **40** ①
41 ⑤ **42** ⑤ **43** ③ **44** ④ **45** ⑤
46 ④ **47** ⑤ **48** ① **49** 2 **50** 16
51 ② **52** ④ **53** ④ **54** ⑤ **55** ④
56 ② **57** ④ **58** ③ **59** $\dfrac{7}{3}$ **60** -5
61 ② **62** ② **63** ⑤ **64** ⑤ **65** ①
66 ① **67** ⑤ **68** ⑤ **69** ② **70** ⑤
71 ④

서술형 완성하기　　　　　　　　　　본문 40쪽

01 19　　　　**02** $5+\sqrt{33}$
03 2　　　　**04** 9
05 5　　　　**06** 2

내신＋수능 고난도 도전　　　　　　　본문 41쪽

01 ②　　**02** 8　　**03** ③　　**04** 15

---

０３ 도형의 이동

개념 확인하기　　　　　　　　　　본문 43쪽

01 $(3, -2)$　**02** $(4, 0)$　**03** $(2, 1)$　**04** $(-1, 6)$
05 $(0, 0)$　**06** $x+2y-9=0$
07 $(x-2)^2+(y-6)^2=4$　**08** $y=2(x+2)^2-3$
09 $y=2x-7$　**10** $x^2+y^2-4x+6y+12=0$
11 $y=x^2+x-5$　**12** $(3, -2)$
13 $(-3, 2)$　**14** $(-3, -2)$
15 $(2, 3)$　**16** $2x+3y+4=0$
17 $2x+3y-4=0$　**18** $2x-3y-4=0$
19 $3x-2y-4=0$　**20** $(x+1)^2+(y-3)^2=10$
21 $(x-1)^2+(y+3)^2=10$　**22** $(x-1)^2+(y-3)^2=10$
23 $(x+3)^2+(y+1)^2=10$　**24** $y=(x+2)^2-4$
25 $y=-(x-2)^2+4$　**26** $y=(x-2)^2-4$

유형 완성하기　　　　　　　　　　본문 44~52쪽

01 ③　**02** ①　**03** ④　**04** ③　**05** ③
06 ④　**07** ②　**08** ③　**09** ③　**10** ⑤
11 ②　**12** 30　**13** ②　**14** ④　**15** ③
16 $\dfrac{3}{5}$　**17** ⑤　**18** ④　**19** ①　**20** ④
21 ③　**22** ④　**23** ④　**24** ②　**25** ④
26 ④　**27** ⑤　**28** ①　**29** ⑤　**30** ④
31 ②　**32** ④　**33** ④　**34** ①　**35** ⑤
36 ④　**37** -1　**38** 1　**39** ③
40 (가): $2x-y+6=0$, (나): $2x-y-6=0$,
　　(다): $2x-y-9=0$
41 -9　**42** ③　**43** ⑤
44 (가): $y=-2x+2$, (나): $x+2y-1=0$
45 ②　**46** ③　**47** ②　**48** ②　**49** ②
50 18　**51** ④　**52** ②　**53** ②

서술형 완성하기　　　　　　　　　　본문 53쪽

01 6
02 $(1, 1), (1, -3), (-3, 1), (-3, -3)$
03 $\dfrac{3}{4}$　　　　**04** $\dfrac{1}{2}$
05 $2\sqrt{10}$　　　　**06** $8\sqrt{2}$

내신＋수능 고난도 도전　　　　　　　본문 54쪽

01 4　　**02** ②　　**03** ⑤　　**04** 8

---

０４ 집합

개념 확인하기　　　　　　　　　　본문 57, 59쪽

01 ×　　**02** ○　　**03** ×　　**04** ○
05 $\in$　　**06** $\not\in$　　**07** $\in$　　**08** $\not\in$
09 $A=\{1, 3, 7, 21\}$
10 $A=\{x \mid x$는 21의 양의 약수$\}$
11 풀이 참조　**12** 0　　**13** 4　　**14** 3
15 $A\subset B$　**16** $B\subset A$　**17** $\varnothing$　**18** $\varnothing, \{0\}$
19 $\varnothing, \{a\}, \{b\}, \{a, b\}$　**20** $A=B$　**21** $A\ne B$
22 32　　**23** 31　　**24** 16　　**25** 8
26 $A\cap B=\{2, 4\}$, $A\cup B=\{1, 2, 3, 4, 6\}$
27 $A\cap B=\{1, 4\}$, $A\cup B=\{1, 2, 4, 8, 9\}$
28 $\{3, 5, 6\}$　　　　**29** $\{4, 5\}$
30 $\{1, 5, 7\}$　　　　**31** $\{x \mid 1\le x\le 2\}$
32 $\varnothing$　　**33** U　　**34** A　　**35** U
36 참　　**37** 거짓　　**38** 참　　**39** 참
40 $\{3, 5\}$　**41** $\{1, 2, 3, 4, 5, 7\}$　　**42** $\{2, 4, 6\}$
43 $\{1, 6, 7\}$　**44** $\{1, 7\}$　**45** $\{2, 4\}$　**46** $\{6\}$
47 $\{1, 2, 4, 6, 7\}$　　**48** 11　　**49** 7
50 10　　**51** 21　　**52** 4　　**53** 21

유형 완성하기　　　　　　　　　　본문 60~75쪽

01 ③　**02** ③　**03** ④　**04** ③　**05** ⑤
06 ③　**07** ③　**08** ②　**09** 12　**10** ④
11 ④　**12** ⑤　**13** ⑤　**14** ③　**15** ③
16 12　**17** ②　**18** ⑤　**19** 5　**20** ④
21 ①　**22** ⑤　**23** 3　**24** ③　**25** 16
26 ⑤　**27** 15　**28** 16　**29** ③　**30** 8
31 ③　**32** 9　**33** ②　**34** 16　**35** ②
36 15　**37** 6　**38** ④　**39** 10　**40** ④
41 ①　**42** ④　**43** ①　**44** 16　**45** ②
46 7　**47** 25　**48** ⑤　**49** ⑤　**50** ⑤
51 ①　**52** 48　**53** ④　**54** ⑤　**55** ③
56 ②　**57** ④　**58** ①　**59** 16　**60** ④
61 ③　**62** 16　**63** 32　**64** ①　**65** ③
66 15　**67** ④　**68** ②　**69** ④　**70** ①
71 ③　**72** 10　**73** ⑤　**74** 42　**75** 1
76 ②　**77** 70　**78** ③　**79** 10　**80** ③
81 ①　**82** ③　**83** 2　**84** 21　**85** ①
86 ④　**87** ①　**88** ③　**89** 83　**90** ③
91 10　**92** ①

서술형 완성하기
본문 76~77쪽

01 297   **02** 2
03 64   **04** 12
05 27   **06** 4
07 6   **08** -3
09 25   **10** 29

내신 + 수능 고난도 도전
본문 78~79쪽

01 210   **02** ②   **03** 127   **04** ①
05 ④   **06** ①   **07** 62   **08** 62

05 명제

개념 확인하기
본문 81, 83쪽

01 ○   **02** ×   **03** ×   **04** ○
05 $\{3, 6, 9\}$ **06** $\{2, 3, 5, 7\}$
07 $\{1, 3\}$ **08** $\{1, 2, 3, 4\}$
09 -2는 정수가 아니다.
10 $x\neq 1$이고 $x\neq 3$
11 8은 4의 양의 약수이거나 3의 양의 배수이다.
12 $\{1, 2, 4, 8\}$
13 x는 8의 양의 약수가 아니다.
14 $\{3, 5, 6, 7, 9, 10\}$
15 가정: $x=1$이다., 결론: $x^2=1$이다.
16 가정: 4의 배수이다., 결론: 8의 배수이다.
17 가정: x는 홀수이다., 결론: x^2은 홀수이다.
18 거짓   **19** 참   **20** 거짓   **21** 참
22 거짓   **23** 어떤 자연수 x에 대하여 $x^2>0$이다.
24 모든 자연수 x에 대하여 $x^2\neq 4$이다.
25 어떤 실수 x에 대하여 $2x+4\geq 6$이다. (참)
26 모든 실수 x에 대하여 $x^2+1\leq 0$이다. (거짓)
27 역: 이등변삼각형이면 정삼각형이다. (거짓)
    대우: 이등변삼각형이 아니면 정삼각형이 아니다. (참)
28 역: x가 홀수이면 x는 소수이다. (거짓)
    대우: x가 홀수가 아니면 x는 소수가 아니다. (거짓)
29 $a=0$이고 $b=0$이면 $a^2+b^2=0$이다.
30 참   **31** $a\neq 0$ 또는 $b\neq 0$이면 $a^2+b^2\neq 0$이다.
32 참   **33** 충분   **34** 필요   **35** 필요충분
36 (가) 유리수   (나) 짝수   (다) 서로소
37 (가) $2\sqrt{ab}$ (나) $\sqrt{a}-\sqrt{b}$ 또는 $\sqrt{b}-\sqrt{a}$ (다) $a=b$

유형 완성하기
본문 84~98쪽

01 ⑤   **02** ④   **03** ③   **04** ②   **05** ④
06 ④   **07** ③   **08** ③   **09** 7   **10** ①
11 ③   **12** 25   **13** ②   **14** 3   **15** ③
16 ⑤   **17** ⑤   **18** ⑤   **19** ④   **20** ④
21 ②   **22** ③   **23** ③   **24** 15   **25** 12
26 ③   **27** ⑤   **28** ③   **29** ⑤   **30** ⑤

31 9   **32** ①   **33** ④   **34** ⑤   **35** ⑤
36 ②   **37** ②   **38** ①   **39** ③   **40** ②
41 ③   **42** ③   **43** ②   **44** ④   **45** 14
46 ④   **47** ③   **48** ③   **49** ⑤   **50** 30
51 ④   **52** ③   **53** ⑤   **54** 1   **55** 20
56 4   **57** ③   **58** ②   **59** ⑤
60 (가) 홀수   (나) 짝수   (다) 홀수   **61** 2   **62** 4
63 ③   **64** ②   **65** ③   **66** ③   **67** ④
68 ①   **69** ⑤   **70** ③   **71** ⑤   **72** 16
73 ④   **74** ④   **75** ②   **76** 6

서술형 완성하기
99~100쪽

01 48   **02** 3
03 20   **04** 2
05 C   **06** 6
07 11   **08** 풀이 참조
09 4   **10** 32 cm

내신 + 수능 고난도 도전
본문 101~102쪽

01 ③   **02** 2   **03** ㄴ   **04** ④
05 3   **06** ⑤   **07** 259

06 함수

개념 확인하기
본문 105, 107, 109쪽

01 ○   **02** ×   **03** ×   **04** ○
05 정의역: $\{1, 2, 3\}$, 공역: $\{a, b, c, d\}$, 치역: $\{a, b, d\}$
06 정의역: $\{1, 2, 3\}$, 공역: $\{a, b, c\}$, 치역: $\{a, b\}$
07 정의역: $\{1, 2, 3, 4\}$, 공역: $\{a, b, c, d\}$, 치역: $\{a, b, c\}$
08 정의역: $\{1, 2, 3, 4\}$, 공역: $\{a, b, c\}$, 치역: $\{b, c\}$
09 정의역: 실수 전체의 집합, 공역: 실수 전체의 집합,
    치역: 실수 전체의 집합
10 정의역: 실수 전체의 집합, 공역: 실수 전체의 집합,
    치역: $\{y \,|\, y\geq 1\}$
11 ○   **12** ○   **13** ○   **14** ×
15 풀이 참조   **16** 풀이 참조   **17** ○   **18** ×
19 ○   **20** ×   **21** ㄴ, ㄷ, ㄹ   **22** ㄴ, ㄷ
23 ㄴ   **24** ㄱ   **25** ㄱ, ㄴ, ㄷ   **26** ㄱ, ㄷ
27 ㄱ   **28** ㄹ   **29** ㄱ, ㄴ   **30** ㄱ, ㄴ
31 ㄱ   **32** ㄷ   **33** 풀이 참조   **34** 풀이 참조
35 2   **36** 4   **37** 4   **38** 1
39 $(f \circ g)(x)=2x^2$ **40** $(g \circ f)(x)=4x^2$
41 ㄷ   **42** ㄱ, ㄴ   **43** 2   **44** 1
45 4   **46** 3   **47** -2 **48** $-\dfrac{9}{2}$
49 $y=\dfrac{1}{3}x+\dfrac{1}{3}$ **50** $y=2x-14$
51 4   **52** 2   **53** 1   **54** 2
55 풀이 참조   **56** 풀이 참조   **57** 풀이 참조   **58** 풀이 참조

유형 완성하기
본문 110~125쪽

01 ⑤   **02** ③   **03** $-\dfrac{1}{5}\leq m\leq\dfrac{2}{5}$ **04** ②

05 ②   **06** ④   **07** ②   **08** -1 **09** ②

10 ②   **11** 10   **12** ③   **13** -3 **14** ③

15 ①   **16** 8   **17** ③   **18** ②   **19** 3

20 ③   **21** ⑤   **22** ㄴ, ㄷ   **23** ③   **24** ①

25 ⑤   **26** ②   **27** 12   **28** 7   **29** 49

30 ②   **31** ⑤   **32** 81   **33** 24   **34** ①

35 ②   **36** ③   **37** ①   **38** 4   **39** ②

40 ④   **41** ②   **42** ④   **43** ③   **44** ③

45 ①   **46** $h(x)=\dfrac{3}{2}x+\dfrac{17}{2}$ **47** ②   **48** ③

49 ①   **50** ③   **51** ⑤   **52** ②   **53** ②

54 ②   **55** ④   **56** 11   **57** 81   **58** 34

59 ①   **60** 7   **61** ①   **62** ②   **63** -24

64 ③   **65** $a<2$ **66** -4 **67** ②   **68** 7

69 ①   **70** ②   **71** $-\dfrac{5}{2}$ **72** ⑤   **73** 6

74 ③   **75** ④   **76** ③   **77** ④   **78** ①

79 $f(x)=3x+2$ **80** ③   **81** ①   **82** ③

83 ④   **84** -4 **85** ③   **86** $\dfrac{15}{2}\leq a<8$

87 ①   **88** ①   **89** ①   **90** ③   **91** ②

92 4   **93** $\dfrac{4}{5}<m<2$ **94** 11   **95** 7

서술형 완성하기
본문 126쪽

01 18   **02** 13

03 0   **04** 5

05 10   **06** $\dfrac{2}{3}$

내신 + 수능 고난도 도전
본문 127쪽

01 ④   **02** 12   **03** ①

---

17 $x\geq 3$ **18** $3\leq x\leq 4$ **19** $3\leq x<4$ **20** $\dfrac{\sqrt{2x+1}}{2x-1}$

21 $\dfrac{\sqrt{x+1}+\sqrt{x-1}}{2}$ **22** $\dfrac{x+2\sqrt{x-1}}{x-2}$

23 ㄱ, ㄴ   **24** $\left\{x\,\middle|\,x\geq\dfrac{3}{2}\right\}$

25 $\{x\,|\,-2\leq x\leq 2\}$ **26** ①   **27** ④

28 ⑤   **29** ⑧   **30** 풀이 참조   **31** 풀이 참조

32 풀이 참조   **33** 풀이 참조

유형 완성하기
본문 132~147쪽

01 $\dfrac{2x-1}{x^2-1}$ **02** $\dfrac{x+1}{x(x+2)}$ **03** 4   **04** ③

05 ⑤   **06** ③   **07** ②   **08** ③   **09** 31

10 ③   **11** ④   **12** 14   **13** $\dfrac{6}{13}$ **14** ①

15 $-\dfrac{5}{3}$ **16** ②   **17** ④   **18** ③   **19** 15

20 ⑤   **21** ①   **22** ③   **23** ②   **24** ②

25 ㄱ, ㄴ, ㄷ   **26** -3 **27** ①   **28** ②

29 -6 **30** ④   **31** ④   **32** ②   **33** ①

34 제 1, 2, 4사분면   **35** ③   **36** $-2<a<0$

37 ①   **38** ④   **39** ②   **40** -8 **41** ④

42 ④   **43** ①   **44** $x=4,\ y=0$

45 $h(x)=\dfrac{-3x+2}{x+2}$ **46** $-\dfrac{1}{3}$ **47** ②

48 ①   **49** ①   **50** ①   **51** 5   **52** ④

53 ②   **54** $\dfrac{5}{3}$ **55** ④   **56** ⑤   **57** ①

58 ②   **59** ①   **60** ②   **61** ②   **62** ②

63 ②   **64** ④   **65** -6 **66** ②   **67** ③

68 ④   **69** ①   **70** ②   **71** ④   **72** ⑤

73 ③   **74** 3   **75** ②   **76** 제1, 2, 3, 4사분면

77 제1, 2, 4사분면   **78** ①   **79** 제1, 2사분면

80 ①   **81** ⑤   **82** ④   **83** $-\dfrac{1}{3}\leq k<\dfrac{7}{6}$

84 $k<2$ 또는 $k=\dfrac{5}{2}$ **85** ④   **86** ②   **87** 254

88 ⑤   **89** $\dfrac{45}{4}$ **90** ③   **91** ③   **92** 27

93 ②   **94** $\dfrac{85}{2}$ **95** ②   **96** 24   **97** $\dfrac{1}{8}$

---

07 유리함수와 무리함수

개념 확인하기
본문 129, 131쪽

01 ㄱ, ㄴ, ㅂ   **02** ㄷ, ㄹ, ㅁ   **03** $\dfrac{1}{x+1}$ **04** $\dfrac{1}{x-3}$

05 $\dfrac{x-1}{x-4}$ **06** $\dfrac{x^2+3x-2}{(x-1)(x+1)}$

07 $\dfrac{4}{(x-2)(x+2)}$ **08** $\dfrac{x-4}{x+1}$

09 ㄱ, ㄷ, ㄹ   **10** ㄴ, ㅁ, ㅂ

11 $\{x\,|\,x\neq 2$인 실수$\}$ **12** $\{x\,|\,x\neq -3$인 실수$\}$

13 풀이 참조   **14** 풀이 참조   **15** 풀이 참조   **16** 풀이 참조

서술형 완성하기
본문 148쪽

01 $10\sqrt{2}$

02 그래프는 풀이 참조, 제1, 2, 3사분면

03 4   **04** 1

05 -1 **06** 2

내신 + 수능 고난도 도전
본문 149~150쪽

01 ②   **02** ③   **03** ③   **04** ③

05 ③   **06** ②

내신과 수능을 모두 책임지는

하루 6개 1등급 영어독해

- 규칙적인 일일 학습으로
영어 1등급 5주 완성

- 최신 기출문제 + 실전 같은
문제 풀이 연습으로
내신과 학력평가, 수능 등급 UP!

- 대학별 최저 등급 기준 충족을 위한
변별력 높은 문항 집중 학습

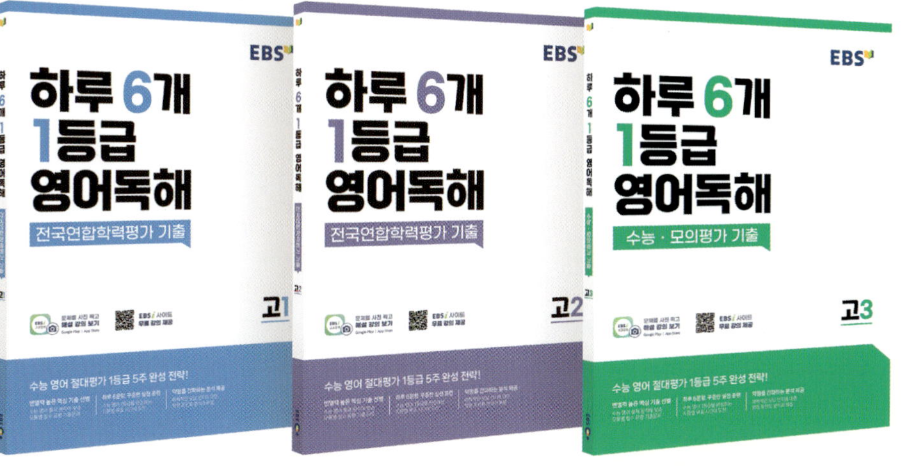

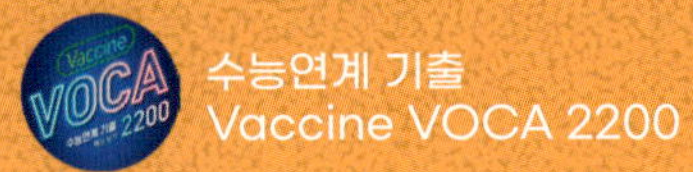

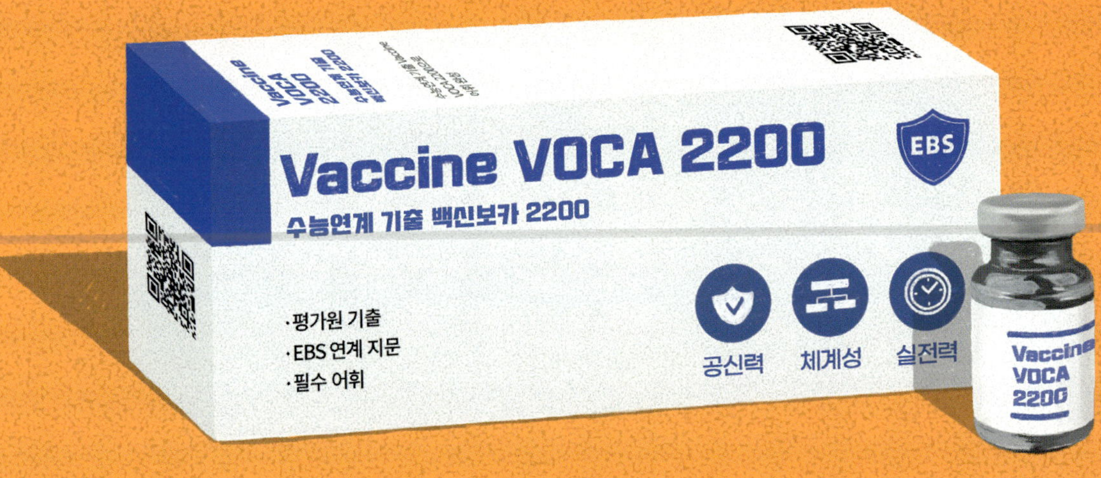

○ 수능 영단어장의 끝판왕!
10개년 수능 빈출 어휘 + 7개년 연계교재 핵심 어휘

○ 수능 적중 어휘 자동암기 3종 세트 제공
휴대용 포켓 단어장 / 표제어 & 예문 MP3 파일 / 수능형 어휘 문항 실전 테스트

올림포스 유형편

학교 시험을 완벽하게 대비하는 유형 기본서

공통수학2

정답과 풀이

'한눈에 보는 정답'
&정답과 풀이 바로가기

올림포스 유형편

공통수학 2

정답과 풀이

Ⅰ. 도형의 방정식

01 평면좌표와 직선의 방정식

개념 확인하기
본문 7, 9쪽

01 2   **02** 3   **03** 8   **04** 1

05 $\sqrt{2}$ **06** $\sqrt{13}$ **07** 5   **08** $\sqrt{5}$

09 B   **10** B   **11** C   **12** C

13 0   **14** 2   **15** 1   **16** $(-1, -3)$

17 $\left(\dfrac{1}{4}, -\dfrac{1}{2}\right)$ **18** $\left(-\dfrac{1}{2}, -2\right)$

19 $(1, 4)$ **20** $(0, 1)$ **21** $(1, 1)$ **22** $\left(0, -\dfrac{1}{2}\right)$

23 $(2, 1)$ **24** $\left(1, \dfrac{5}{2}\right)$ **25** $(1, 1)$

26 $y=2x-2$ **27** $y=-x+3$

28 $y=\dfrac{1}{2}x-\dfrac{5}{2}$ **29** $y=\sqrt{3}x-2$

30 $y=3x$ **31** $y=x+1$

32 $x=1$ **33** $y=3$

34 제2사분면, 제3사분면, 제4사분면

35 제1사분면, 제2사분면, 제4사분면

36 제3사분면, 제4사분면

37 제1사분면, 제4사분면

38 $y=2x$ **39** $y=-\dfrac{1}{2}x+\dfrac{5}{2}$

40 $x=1$ **41** $y=2$

42 $y=x+2$ **43** $y=-\dfrac{1}{2}x+\dfrac{1}{2}$

44 $y=1$ **45** $x=-1$

46 $\dfrac{3}{2}\sqrt{2}$ **47** 4

48 $\dfrac{\sqrt{2}}{2}$ **49** $\dfrac{1}{2}$

---

01 $\overline{OA}=|2-0|=2$

답 2

02 $\overline{AB}=|4-1|=3$

답 3

03 $\overline{AB}=|6-(-2)|=8$

답 8

04 $\overline{AB}=|-4-(-3)|=1$

답 1

05 $\overline{AB}=\sqrt{(2-1)^2+(1-2)^2}=\sqrt{2}$

답 $\sqrt{2}$

06 $\overline{AB}=\sqrt{\{2-(-1)\}^2+\{-1-(-3)\}^2}=\sqrt{13}$

답 $\sqrt{13}$

07 $\overline{OA}=\sqrt{3^2+4^2}=5$

답 5

08 $\overline{OA}=\sqrt{(-1)^2+2^2}=\sqrt{5}$

답 $\sqrt{5}$

09 $\overline{BE}=3\overline{AB}$, 즉 $\overline{AB}:\overline{BE}=1:3$이므로 선분 AE를 $1:3$으로 내분하는 점은 점 B이다.

답 B

10 $\overline{BD}=2\overline{AB}$, 즉 $\overline{AB}:\overline{BD}=1:2$이므로 선분 AD를 $1:2$로 내분하는 점은 점 B이다.

답 B

11 $\overline{AC}=\overline{CE}$이므로 선분 AE의 중점은 점 C이다.

답 C

12 $\overline{BC}=\overline{CD}$이므로 선분 BD의 중점은 점 C이다.

답 C

13 $P\left(\dfrac{1\times4+2\times(-2)}{1+2}\right)$, 즉 $P(0)$

답 0

14 $Q\left(\dfrac{2\times4+1\times(-2)}{2+1}\right)$, 즉 $Q(2)$

답 2

15 $M\left(\dfrac{-2+4}{2}\right)$, 즉 $M(1)$

답 1

16 $P\left(\dfrac{1\times1+2\times(-2)}{1+2}, \dfrac{1\times1+2\times(-5)}{1+2}\right)$, 즉 $P(-1, -3)$

답 $(-1, -3)$

17 $Q\left(\dfrac{3\times1+1\times(-2)}{3+1}, \dfrac{3\times1+1\times(-5)}{3+1}\right)$, 즉 $Q\left(\dfrac{1}{4}, -\dfrac{1}{2}\right)$

답 $\left(\dfrac{1}{4}, -\dfrac{1}{2}\right)$

18 $\mathrm{M}\left(\dfrac{-2+1}{2},\ \dfrac{-5+1}{2}\right)$, 즉 $\mathrm{M}\left(-\dfrac{1}{2},\ -2\right)$

$$\boxed{\text{답}}\ \left(-\dfrac{1}{2},\ -2\right)$$

19 $\mathrm{G}\left(\dfrac{0+2+1}{3},\ \dfrac{0+5+7}{3}\right)$, 즉 $\mathrm{G}(1,\ 4)$

$$\boxed{\text{답}}\ (1,\ 4)$$

20 $\mathrm{G}\left(\dfrac{-3+2+1}{3},\ \dfrac{-1+(-2)+6}{3}\right)$, 즉 $\mathrm{G}(0,\ 1)$

$$\boxed{\text{답}}\ (0,\ 1)$$

21 $\mathrm{G}\left(\dfrac{-1+1+3}{3},\ \dfrac{1+(-2)+4}{3}\right)$, 즉 $\mathrm{G}(1,\ 1)$

$$\boxed{\text{답}}\ (1,\ 1)$$

22 $\mathrm{M}_1\left(\dfrac{-1+1}{2},\ \dfrac{1+(-2)}{2}\right)$, 즉 $\mathrm{M}_1\left(0,\ -\dfrac{1}{2}\right)$

$$\boxed{\text{답}}\ \left(0,\ -\dfrac{1}{2}\right)$$

23 $\mathrm{M}_2\left(\dfrac{1+3}{2},\ \dfrac{-2+4}{2}\right)$, 즉 $\mathrm{M}_2(2,\ 1)$

$$\boxed{\text{답}}\ (2,\ 1)$$

24 $\mathrm{M}_3\left(\dfrac{3+(-1)}{2},\ \dfrac{4+1}{2}\right)$, 즉 $\mathrm{M}_3\left(1,\ \dfrac{5}{2}\right)$

$$\boxed{\text{답}}\ \left(1,\ \dfrac{5}{2}\right)$$

25 $\mathrm{G}'\left(\dfrac{0+2+1}{3},\ \dfrac{-\dfrac{1}{2}+1+\dfrac{5}{2}}{3}\right)$, 즉 $\mathrm{G}'(1,\ 1)$

$$\boxed{\text{답}}\ (1,\ 1)$$

26 $y-0=2(x-1)$, 즉 $y=2x-2$

$$\boxed{\text{답}}\ y=2x-2$$

27 $y-3=-(x-0)$, 즉 $y=-x+3$

$$\boxed{\text{답}}\ y=-x+3$$

28 $y-(-2)=\dfrac{1}{2}(x-1)$, 즉 $y=\dfrac{1}{2}x-\dfrac{5}{2}$

$$\boxed{\text{답}}\ y=\dfrac{1}{2}x-\dfrac{5}{2}$$

29 직선의 기울기는 $\tan 60°=\sqrt{3}$
따라서 구하는 직선의 방정식은
$y-1=\sqrt{3}(x-\sqrt{3})$, 즉 $y=\sqrt{3}x-2$

$$\boxed{\text{답}}\ y=\sqrt{3}x-2$$

30 $y-0=\dfrac{3-0}{1-0}(x-0)$, 즉 $y=3x$

$$\boxed{\text{답}}\ y=3x$$

31 $y-(-1)=\dfrac{3-(-1)}{2-(-2)}\{x-(-2)\}$, 즉 $y=x+1$

$$\boxed{\text{답}}\ y=x+1$$

32 두 점 $(1,\ 2)$, $(1,\ 5)$의 x좌표가 같으므로 구하는 직선의 방정식은 $x=1$

$$\boxed{\text{답}}\ x=1$$

33 두 점 $(-5,\ 3)$, $(4,\ 3)$의 y좌표가 같으므로 구하는 직선의 방정식은 $y=3$

$$\boxed{\text{답}}\ y=3$$

$y-3=\dfrac{3-3}{4-(-5)}\{x-(-5)\}$, 즉 $y=3$

34 기울기가 $-\dfrac{a}{b}<0$이고 y절편이 $-\dfrac{c}{b}<0$이므로 직선은 제2사분면, 제3사분면, 제4사분면을 지난다.

$$\boxed{\text{답}}\ \text{제2사분면, 제3사분면, 제4사분면}$$

35 기울기가 $-\dfrac{a}{b}<0$이고 y절편이 $-\dfrac{c}{b}>0$이므로 직선은 제1사분면, 제2사분면, 제4사분면을 지난다.

$$\boxed{\text{답}}\ \text{제1사분면, 제2사분면, 제4사분면}$$

36 직선 $by+c=0$, 즉 $y=-\dfrac{c}{b}$에서 $-\dfrac{c}{b}<0$이므로 직선은 제3사분면, 제4사분면을 지난다.

$$\boxed{\text{답}}\ \text{제3사분면, 제4사분면}$$

37 직선 $ax+c=0$, 즉 $x=-\dfrac{c}{a}$에서 $-\dfrac{c}{a}>0$이므로 직선은 제1사분면, 제4사분면을 지난다.

$$\boxed{\text{답}}\ \text{제1사분면, 제4사분면}$$

38 기울기가 2이므로
$y-2=2(x-1)$, 즉 $y=2x$

$$\boxed{\text{답}}\ y=2x$$

39 기울기가 $-\dfrac{1}{2}$이므로
$y-2=-\dfrac{1}{2}(x-1)$, 즉 $y=-\dfrac{1}{2}x+\dfrac{5}{2}$

$$\boxed{\text{답}}\ y=-\dfrac{1}{2}x+\dfrac{5}{2}$$

직선 $x+2y+3=0$과 평행한 직선의 방정식을 $x+2y+k=0\ (k\neq3)$
이라 하면 이 직선이 점 $(1,\ 2)$를 지나므로
$1+2\times2+k=0$, $k=-5$
따라서 구하는 직선의 방정식은
$x+2y-5=0$, 즉 $y=-\dfrac{1}{2}x+\dfrac{5}{2}$

40 직선 $x=3$은 y축과 평행한 직선이므로 점 $(1,\ 2)$를 지나고 y축과 평행한 직선의 방정식은 $x=1$이다.

$$\text{답}\ x=1$$

41 직선 $y=-4$는 x축과 평행한 직선이므로 점 $(1,\ 2)$를 지나고 x축과 평행한 직선의 방정식은 $y=2$이다.

$$\text{답}\ y=2$$

42 직선 $y=-x+5$의 기울기가 -1이므로 이 직선과 수직인 직선의 기울기는 1이다.
따라서 점 $(-1,\ 1)$을 지나고 기울기가 1인 직선의 방정식은
$y-1=\{x-(-1)\}$, 즉 $y=x+2$

$$\text{답}\ y=x+2$$

43 직선 $2x-y+1=0$, 즉 $y=2x+1$의 기울기가 2이므로 이 직선과 수직인 직선의 기울기는 $-\dfrac{1}{2}$이다.

따라서 점 $(-1,\ 1)$을 지나고 기울기가 $-\dfrac{1}{2}$인 직선의 방정식은

$y-1=-\dfrac{1}{2}\{x-(-1)\}$, 즉 $y=-\dfrac{1}{2}x+\dfrac{1}{2}$

$$\text{답}\ y=-\dfrac{1}{2}x+\dfrac{1}{2}$$

44 직선 $x=1$은 x축과 수직이다.
따라서 점 $(-1,\ 1)$을 지나고 x축과 평행한 직선의 방정식은 $y=1$이다.

$$\text{답}\ y=1$$

45 직선 $y=2$는 y축과 수직이다.
따라서 점 $(-1,\ 1)$을 지나고 y축과 평행한 직선의 방정식은 $x=-1$이다.

$$\text{답}\ x=-1$$

46 점 $(3,\ 4)$와 직선 $y=x-2$, 즉 $x-y-2=0$ 사이의 거리는

$\dfrac{|3-4-2|}{\sqrt{1^2+(-1)^2}}=\dfrac{3}{\sqrt{2}}=\dfrac{3}{2}\sqrt{2}$

$$\text{답}\ \dfrac{3}{2}\sqrt{2}$$

47 점 $(3,\ 4)$와 직선 $4x+3y-4=0$ 사이의 거리는

$\dfrac{|4\times3+3\times4-4|}{\sqrt{4^2+3^2}}=\dfrac{20}{5}=4$

$$\text{답}\ 4$$

48 원점과 직선 $y=-x+1$, 즉 $x+y-1=0$ 사이의 거리는

$\dfrac{|-1|}{\sqrt{1^2+1^2}}=\dfrac{1}{\sqrt{2}}=\dfrac{\sqrt{2}}{2}$

$$\text{답}\ \dfrac{\sqrt{2}}{2}$$

49 원점과 직선 $x+\sqrt{3}y+1=0$ 사이의 거리는

$\dfrac{|1|}{\sqrt{1^2+(\sqrt{3})^2}}=\dfrac{1}{2}$

$$\text{답}\ \dfrac{1}{2}$$

01 ⑤	**02** ⑤	**03** ④	**04** ④
05 ③	**06** ①	**07** ③	**08** ④
09 15	**10** ①	**11** ④	**12** ④
13 ②	**14** ④	**15** ⑤	**16** $2\sqrt{5}$
17 ⑤	**18** ②	**19** ②	**20** ①
21 ④	**22** ②	**23** 7	**24** 7
25 ④	**26** 14	**27** ③	**28** ①
29 ④	**30** 20	**31** ②	**32** ③
33 ④	**34** 4	**35** ②	**36** ③
37 ③	**38** ②	**39** ③	**40** $y=3x+5$
41 ④	**42** ②	**43** ③	**44** 제2사분면
45 ④	**46** $\dfrac{1}{2}$	**47** ①	**48** ④
49 ⑤	**50** ⑤	**51** ④	**52** ④
53 ③	**54** ⑤	**55** $y=\dfrac{1}{2}x+\dfrac{1}{2}$	
56 ①	**57** ④	**58** ②	**59** ①
60 ②	**61** ④	**62** ⑤	**63** ①
64 3	**65** ③	**66** ⑤	**67** ①
68 ②	**69** 4	**70** ①	**71** ③
72 ③	**73** ⑤	**74** ③	**75** ②
76 ②	**77** $\dfrac{10}{11}$	**78** ⑤	**79** ③
80 ③	**81** ③	**82** ③	**83** ②
84 ②			

01 두 점 $A(2,\ -3)$, $B(a,\ 1)$에 대하여
$\overline{AB}=5$이므로 $\overline{AB}^2=25$
$(a-2)^2+\{1-(-3)\}^2=25$
$a^2-4a-5=0$
$(a+1)(a-5)=0$
$a=-1$ 또는 $a=5$
따라서 모든 a의 값의 합은
$-1+5=4$

$$\text{답}\ ⑤$$

02 두 점 $A(a^3-3a)$, $B(-1)$ 사이의 거리가 1이므로
$\overline{AB}=|-1-(a^3-3a)|$
$\qquad\ =|-a^3+3a-1|=1$
$-a^3+3a-1=-1$ 또는 $-a^3+3a-1=1$
$a^3-3a=0$ 또는 $a^3-3a+2=0$
$a^3-3a=0$에서 $a(a^2-3)=0$이므로
$a=0$ 또는 $a=\pm\sqrt{3}$
$a^3-3a+2=0$에서 $(a+2)(a-1)^2=0$이므로
$a=-2$ 또는 $a=1$
따라서 a의 값은 $0,\ \sqrt{3},\ -\sqrt{3},\ -2,\ 1$이므로 그 개수는 5이다.

$$\text{답}\ ⑤$$

03 두 점 $A(1,\ \sqrt{3})$, $B(1,\ k)$에 대하여
$\overline{OA}=\sqrt{1^2+(\sqrt{3})^2}=2$

$\overline{AB}=|k-\sqrt{3}|$

$\overline{OA}=\overline{AB}$이므로

$2=|k-\sqrt{3}|$

$k-\sqrt{3}=2$ 또는 $k-\sqrt{3}=-2$

즉, $k=2+\sqrt{3}$ 또는 $k=-2+\sqrt{3}$

이때 점 B가 제1사분면 위의 점이므로 $k>0$이어야 한다.

$2+\sqrt{3}>0$, $-2+\sqrt{3}<0$이므로 $k=2+\sqrt{3}$

따라서 $B(1,\ 2+\sqrt{3})$이므로

$\overline{OB}^2=1^2+(2+\sqrt{3})^2=8+4\sqrt{3}$

답 ④

04 점 $P(a,\ b)$가 직선 $y=2x-\dfrac{3}{2}$ 위의 점이므로

$b=2a-\dfrac{3}{2}$, 즉 $P\left(a,\ 2a-\dfrac{3}{2}\right)$

이때 $\overline{AP}=\overline{BP}$에서 $\overline{AP}^2=\overline{BP}^2$이므로

$\{a-(-1)\}^2+\left\{\left(2a-\dfrac{3}{2}\right)-2\right\}^2=(a-2)^2+\left\{\left(2a-\dfrac{3}{2}\right)-0\right\}^2$

$5a^2-12a+\dfrac{53}{4}=5a^2-10a+\dfrac{25}{4}$

$2a=7$, $a=\dfrac{7}{2}$

$b=2a-\dfrac{3}{2}=2\times\dfrac{7}{2}-\dfrac{3}{2}=\dfrac{11}{2}$

따라서 $a+b=\dfrac{7}{2}+\dfrac{11}{2}=9$

답 ④

05 점 $P(a,\ b)$가 x축 위의 점이므로 $b=0$, 즉 $P(a,\ 0)$

이때 $\overline{AP}=\overline{BP}$에서 $\overline{AP}^2=\overline{BP}^2$이므로

$\{a-(-1)\}^2+(0-0)^2=(a-1)^2+(0-1)^2$

$a^2+2a+1=a^2-2a+2$

$4a=1$, $a=\dfrac{1}{4}$

또, 점 $Q(c,\ d)$가 y축 위의 점이므로 $c=0$, 즉 $Q(0,\ d)$

이때 $\overline{AQ}=\overline{BQ}$에서 $\overline{AQ}^2=\overline{BQ}^2$이므로

$\{0-(-1)\}^2+(d-0)^2=(0-1)^2+(d-1)^2$

$d^2+1=d^2-2d+2$

$2d=1$, $d=\dfrac{1}{2}$

따라서 $\dfrac{c+d}{a+b}=\dfrac{0+\dfrac{1}{2}}{\dfrac{1}{4}+0}=2$

답 ③

06 삼각형 ABC의 외접원의 중심을 $P(a,\ b)$라 하면

$\overline{AP}=\overline{BP}=\overline{CP}$, 즉 $\overline{AP}^2=\overline{BP}^2=\overline{CP}^2$

$\overline{AP}^2=\overline{BP}^2$에서

$\{a-(-2)\}^2+\{b-(-1)\}^2=(a-0)^2+(b-3)^2$

$a^2+b^2+4a+2b+5=a^2+b^2-6b+9$

$a+2b=1$ $\qquad$ …… ㉠

$\overline{BP}^2=\overline{CP}^2$에서

$(a-0)^2+(b-3)^2=(a-1)^2+(b-2)^2$

$a^2+b^2-6b+9=a^2+b^2-2a-4b+5$

$a-b=-2$ $\qquad$ …… ㉡

㉠, ㉡을 연립하여 풀면 $a=-1$, $b=1$이므로

$P(-1,\ 1)$

이때 $\overline{AP}=\sqrt{\{-1-(-2)\}^2+\{1-(-1)\}^2}=\sqrt{5}$

따라서 삼각형 ABC의 외접원의 반지름의 길이가 $\sqrt{5}$이므로 그 넓이는

$\pi\times(\sqrt{5})^2=5\pi$

답 ①

07 $P(a,\ b)$, $A(-2,\ 0)$, $B(1,\ -3)$이라 하면

$\overline{AP}=\sqrt{\{a-(-2)\}^2+(b-0)^2}$

$\qquad=\sqrt{(a+2)^2+b^2}$

$\overline{BP}=\sqrt{(a-1)^2+\{b-(-3)\}^2}$

$\qquad=\sqrt{(a-1)^2+(b+3)^2}$

$\overline{AB}=\sqrt{\{1-(-2)\}^2+(-3-0)^2}=3\sqrt{2}$

이때 $\overline{AP}+\overline{BP}\geq\overline{AB}$이므로

$\sqrt{(a+2)^2+b^2}+\sqrt{(a-1)^2+(b+3)^2}\geq3\sqrt{2}$

따라서 구하는 최솟값은 $3\sqrt{2}$이다.

답 ③

참고

점 P가 선분 AB 위에 있을 때 $\overline{AP}+\overline{BP}$는 최솟값을 갖고, 그 값은 선분 AB의 길이와 같다.

08 세 점 $A(-2)$, $B(3)$, $P(x)$에 대하여

$\overline{PA}=|x-(-2)|=|x+2|$,

$\overline{PB}=|x-3|$이므로

$\overline{PA}+\overline{PB}=7$에서

$|x+2|+|x-3|=7$ $\qquad$ …… ㉠

(ⅰ) $x<-2$일 때

$|x+2|=-(x+2)$, $|x-3|=-(x-3)$이므로 ㉠에서

$-(x+2)-(x-3)=7$

$-2x+1=7$

$x=-3$

이때 $-3<-2$이므로 $x=-3$은 방정식 ㉠을 만족시킨다.

(ⅱ) $-2\leq x<3$일 때

$|x+2|=x+2$, $|x-3|=-(x-3)$이므로 ㉠에서

$(x+2)-(x-3)=7$

$0\times x+5=7$

이를 만족시키는 x의 값은 존재하지 않는다.

(ⅲ) $x\geq3$일 때

$|x+2|=x+2$, $|x-3|=x-3$이므로 ㉠에서

$(x+2)+(x-3)=7$

$2x-1=7$

$x=4$

이때 $4\geq3$이므로 $x=4$는 방정식 ㉠을 만족시킨다.

(ⅰ), (ⅱ), (ⅲ)에서 조건을 만족시키는 x의 값은 -3, 4이다.

따라서 모든 x의 값의 합은

$-3+4=1$

답 ④

09 $\overline{AC}=\sqrt{6^2+8^2}=10$

$\overline{BD}=\sqrt{(0-4)^2+(3-0)^2}=5$

$\overline{PA}+\overline{PC}\geq\overline{AC},\ \overline{PB}+\overline{PD}\geq\overline{BD}$이므로

$\overline{PA}+\overline{PB}+\overline{PC}+\overline{PD}\geq\overline{AC}+\overline{BD}$

이때 점 P가 선분 AC 위에 있을 때

$\overline{PA}+\overline{PC}=\overline{AC}$, 점 P가 선분 BD 위에

있을 때 $\overline{PB}+\overline{PD}=\overline{BD}$이다.

따라서 $\overline{PA}+\overline{PB}+\overline{PC}+\overline{PD}$는 점 P가 두 선분 AC, BD의 교점일

때 최소이고, 최솟값은

$\overline{AC}+\overline{BD}=10+5=15$

답 15

10 점 P가 x축 위의 점이므로 P$(a,\ 0)$이라 하자.

$\overline{AP}^2=\{a-(-1)\}^2+(0-2)^2=a^2+2a+5,$

$\overline{BP}^2=(a-3)^2+\{0-(-2)\}^2=a^2-6a+13$

이므로

$\overline{AP}^2+\overline{BP}^2=(a^2+2a+5)+(a^2-6a+13)$

$=2a^2-4a+18$

$=2(a-1)^2+16$

따라서 $\overline{AP}^2+\overline{BP}^2$의 값은 $a=1$일 때 최솟값 16을 갖는다.

답 ①

11 $\overline{PA}^2+\overline{PB}^2+\overline{PC}^2$

$=|x-(-4)|^2+|x-(-3)|^2+|x-4|^2$

$=(x+4)^2+(x+3)^2+(x-4)^2$

$=3x^2+6x+41$

$=3(x+1)^2+38$

따라서 $\overline{PA}^2+\overline{PB}^2+\overline{PC}^2$의 값은 $x=-1$일 때 최솟값 38을 가지므로

$x_1=-1,\ m=38$

$x_1+m=-1+38=37$

답 ④

12 선분 BC의 중점을 원점 O, 직선 BC를 x축으로 하여 삼각형 ABC를 좌표평면 위에 놓으면 $\overline{BC}=4$이므로 두 점 B, C의 좌표는 각각 $(-2,\ 0),\ (2,\ 0)$이다.

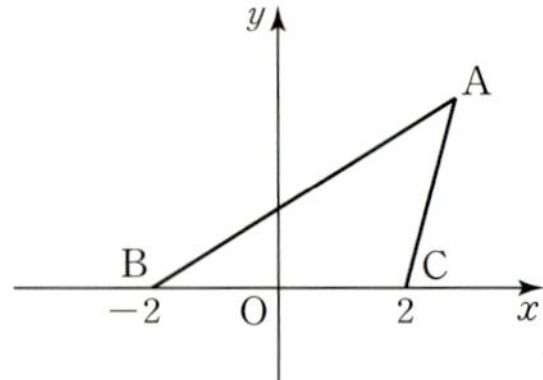

점 A의 좌표를 $(a,\ b)$라 하면 삼각형 ABC의 한 변 BC의 길이가 4이고 삼각형 ABC의 넓이가 6이므로

$\dfrac{1}{2}\times\overline{BC}\times|b|=\dfrac{1}{2}\times4\times|b|=6$

$|b|=3$

$|b|^2=b^2=9$

따라서

$\overline{AB}^2+\overline{AC}^2$

$=\{a-(-2)\}^2+(b-0)^2+(a-2)^2+(b-0)^2$

$=(a+2)^2+9+(a-2)^2+9$

$=2a^2+26$

이므로 $\overline{AB}^2+\overline{AC}^2$의 값은 $a=0$일 때 최솟값 26을 갖는다.

답 ④

선분 BC의 중점을 M이라 하면

$\overline{BM}=\overline{CM}=\dfrac{1}{2}\overline{BC}=\dfrac{1}{2}\times4=2$

이때 $\overline{AB}^2+\overline{AC}^2=2(\overline{AM}^2+\overline{BM}^2)$

$=2(\overline{AM}^2+2^2)$

$=2\overline{AM}^2+8$

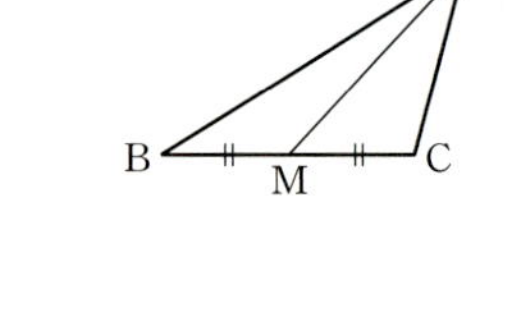

이므로 선분 AM의 길이가 최소일 때 $\overline{AB}^2+\overline{AC}^2$의 값은 최솟값을 갖는다.

한편, 삼각형 ABC의 밑변을 BC라 하고 높이를 h라 하면

$\overline{AM}\geq h$

이때 삼각형 ABC의 넓이가 6이므로

$\dfrac{1}{2}\times\overline{BC}\times h=\dfrac{1}{2}\times4\times h=6,\ h=3$

즉, 선분 AM의 길이의 최솟값은 3이고

$\overline{AB}^2+\overline{AC}^2=2\overline{AM}^2+8\geq2\times3^2+8=26$

따라서 구하는 최솟값은 26이다.

13 $\overline{AB}^2=\{\sqrt{3}-(-1)\}^2+\{-\sqrt{3}-(-1)\}^2=8$

$\overline{BC}^2=(1-\sqrt{3})^2+\{1-(-\sqrt{3})\}^2=8$

$\overline{CA}^2=(-1-1)^2+(-1-1)^2=8$

이므로 $\overline{AB}^2=\overline{BC}^2=\overline{CA}^2=8$

즉, $\overline{AB}=\overline{BC}=\overline{CA}=2\sqrt{2}$

따라서 삼각형 ABC는 한 변의 길이가 $2\sqrt{2}$인 정삼각형이므로 그 넓이는

$\dfrac{\sqrt{3}}{4}\times(2\sqrt{2})^2=2\sqrt{3}$

답 ②

한 변의 길이가 a인 정삼각형의 높이를 h, 넓이를 S라 하면

$h=\dfrac{\sqrt{3}}{2}a,\ S=\dfrac{\sqrt{3}}{4}a^2$

14 $\overline{AB}^2=(1-0)^2+(-1-1)^2=5$

$\overline{BC}^2=(4-1)^2+\{3-(-1)\}^2=25$

$\overline{CA}^2=(0-4)^2+(1-3)^2=20$

따라서 $\overline{BC}^2=\overline{AB}^2+\overline{CA}^2$이므로 삼각형 ABC는 $\angle A=90°$인 직각삼각형이다.

답 ④

15 $\overline{AB}^2=(0-a)^2+(1-0)^2=a^2+1$

$\overline{BC}^2=(2-0)^2+(1-1)^2=4$

$\overline{CA}^2=(a-2)^2+(0-1)^2=a^2-4a+5$

삼각형 ABC가 이등변삼각형이 되려면 $\overline{AB}=\overline{BC}$ 또는 $\overline{BC}=\overline{CA}$ 또는 $\overline{CA}=\overline{AB}$이어야 한다.

(i) $\overline{AB}=\overline{BC}$일 때

$\overline{AB}^2=\overline{BC}^2$이므로 $a^2+1=4,\ a^2=3$

$a>0$이므로 $a=\sqrt{3}$

(ii) $\overline{BC}=\overline{CA}$일 때

$\overline{BC}^2=\overline{CA}^2$이므로 $4=a^2-4a+5$

$a^2-4a+1=0$

$a=2\pm\sqrt{3}$

(iii) $\overline{CA}=\overline{AB}$일 때

$\overline{CA}^2=\overline{AB}^2$이므로 $a^2-4a+5=a^2+1$

$a=1$

(i), (ii), (iii)에서 모든 a의 값은 $\sqrt{3}$, $2+\sqrt{3}$, $2-\sqrt{3}$, 1이므로 그 합은

$\sqrt{3}+(2+\sqrt{3})+(2-\sqrt{3})+1=5+\sqrt{3}$

答 ⑤

16 집의 위치를 원점으로 하여 학교와 도서관을 좌표평면 위에 나타내면 학교의 위치는 $(3, 2)$이고, 도서관의 위치는 $(-1, 4)$이다.

따라서 학교에서 도서관까지의 직선거리는 두 점 $(3, 2)$, $(-1, 4)$ 사이의 거리와 같으므로

$a=\sqrt{(-1-3)^2+(4-2)^2}=2\sqrt{5}$

答 $2\sqrt{5}$

17 자동차 A의 위치를 원점으로 하여 두 자동차 A, B를 수직선 위에 나타내면 두 자동차 A, B의 좌표는 각각 0, 80이다.

이때 두 자동차 A, B가 동시에 출발하여 각각 시속 30 km, 20 km의 일정한 속력으로 동쪽을 향해 움직이므로 t $(t\geq0)$시간 후 두 자동차 A, B의 좌표는 각각 $30t$, $80+20t$이다.

두 자동차 A, B가 t시간 후 만나려면 두 점의 좌표가 같아야 하므로

$30t=80+20t$

$t=8$

따라서 두 자동차 A, B가 만나는 시각은 출발 후 8시간이 지났을 때이다.

答 ⑤

18 교차점 O를 원점, 동서를 x축, 남북을 y축으로 하여 두 사람 A, B를 좌표평면 위에 나타내면 A, B의 좌표는 각각 $(-7, 0)$, $(0, -6)$이다.

A는 시속 2 km의 일정한 속력으로 동쪽을 향해 움직이므로 t $(t\geq0)$시간 후 A의 좌표는 $(-7+2t, 0)$이고, B는 시속 1 km의 일정한 속력으로 북쪽을 향해 움직이므로 t시간 후 B의 좌표는 $(0, -6+t)$이다.

이때 t시간 후 A, B 사이의 거리를 d라 하면

$d=\sqrt{\{0-(-7+2t)\}^2+\{(-6+t)-0\}^2}$

$=\sqrt{5t^2-40t+85}$

$=\sqrt{5(t-4)^2+5}$

따라서 $t=4$일 때 d가 최소이므로 두 사람 A, B 사이의 거리가 가장 가까워질 때는 출발 후 4시간이 지났을 때이다.

答 ②

19 점 P가 선분 AB를 1 : 2로 내분하는 점이므로

$P\left(\dfrac{1\times7+2\times(-2)}{1+2}, \dfrac{1\times7+2\times1}{1+2}\right)$에서 $P(1, 3)$

점 M이 선분 AB의 중점이므로

$M\left(\dfrac{-2+7}{2}, \dfrac{1+7}{2}\right)$에서 $M\left(\dfrac{5}{2}, 4\right)$

따라서 $\overline{PM}=\sqrt{\left(\dfrac{5}{2}-1\right)^2+(4-3)^2}=\dfrac{\sqrt{13}}{2}$

答 ②

$A(-2, 1)$, $B(7, 7)$에서

$\overline{AB}=\sqrt{\{7-(-2)\}^2+(7-1)^2}=3\sqrt{13}$

점 P가 선분 AB를 1 : 2로 내분하는 점이므로

$\overline{AP}=\dfrac{1}{3}\overline{AB}=\dfrac{1}{3}\times3\sqrt{13}=\sqrt{13}$

점 M이 선분 AB의 중점이므로

$\overline{AM}=\dfrac{1}{2}\overline{AB}=\dfrac{3}{2}\sqrt{13}$

따라서 $\overline{PM}=\overline{AM}-\overline{AP}=\dfrac{3}{2}\sqrt{13}-\sqrt{13}=\dfrac{\sqrt{13}}{2}$

20 선분 AB를 3 : 1로 내분하는 점의 좌표는

$\left(\dfrac{3\times2+1\times a}{3+1}, \dfrac{3\times4+1\times4a}{3+1}\right)$에서 $\left(\dfrac{a+6}{4}, a+3\right)$

이 점이 직선 $y=2x-1$ 위에 있으므로

$a+3=2\times\dfrac{a+6}{4}-1$

$2a+6=a+4$

$a=-2$

答 ①

21 점 C는 선분 AB를 2 : 3으로 내분하는 점이므로

$C\left(\dfrac{2\times c+3\times a}{2+3}, \dfrac{2\times d+3\times b}{2+3}\right)$, 즉 $C\left(\dfrac{3a+2c}{5}, \dfrac{3b+2d}{5}\right)$

점 D는 선분 AB를 3 : 2로 내분하는 점이므로

$D\left(\dfrac{3\times c+2\times a}{3+2}, \dfrac{3\times d+2\times b}{3+2}\right)$, 즉 $D\left(\dfrac{2a+3c}{5}, \dfrac{2b+3d}{5}\right)$

선분 CD의 중점을 M이라 하면

$M\left(\dfrac{\frac{3a+2c}{5}+\frac{2a+3c}{5}}{2}, \dfrac{\frac{3b+2d}{5}+\frac{2b+3d}{5}}{2}\right)$,

즉 $M\left(\dfrac{a+c}{2}, \dfrac{b+d}{2}\right)$

따라서 $\dfrac{a+c}{2}=\dfrac{5}{2}$, $\dfrac{b+d}{2}=-1$이므로

$a+c=5$, $b+d=-2$

즉, $(a+c)-(b+d)=5-(-2)=7$

答 ④

두 점 $A(a, b)$, $B(c, d)$에 대하여 선분 AB의 중점을 M이라 하면

$M\left(\dfrac{a+c}{2}, \dfrac{b+d}{2}\right)$

이때 점 C가 선분 AB를 2 : 3으로 내분하는 점이고, 점 D가 선분 AB를 3 : 2로 내분하는 점이므로 선분 CD의 중점은 선분 AB의 중점과 일치한다.

따라서 점 M이 선분 CD의 중점이므로

$\dfrac{a+c}{2}=\dfrac{5}{2}$, $\dfrac{b+d}{2}=-1$

$a+c=5$, $b+d=-2$

따라서 $(a+c)-(b+d)=5-(-2)=7$

22 선분 AB를 $t : (1-t)$로 내분하는 점의 좌표는

$\left(\dfrac{t\times(-6)+(1-t)\times2}{t+(1-t)}, \dfrac{t\times(-1)+(1-t)\times8}{t+(1-t)}\right)$에서

$(2-8t, 8-9t)$

이때 이 점이 제2사분면 위에 있으려면 $2-8t<0$, $8-9t>0$이어야 한다.

$2-8t<0$에서 $t>\dfrac{1}{4}$ $\qquad$ ……㉠

$8-9t>0$에서 $t<\dfrac{8}{9}$ $\qquad$ ……㉡

㉠, ㉡에서 $\dfrac{1}{4}<t<\dfrac{8}{9}$

따라서 $\alpha=\dfrac{1}{4}$, $\beta=\dfrac{8}{9}$이므로

$\alpha\beta=\dfrac{1}{4}\times\dfrac{8}{9}=\dfrac{2}{9}$

답 ②

23 점 P는 선분 AB를 $1:m$으로 내분하는 점이므로

$\mathrm{P}\left(\dfrac{1\times(-a)+m\times a}{1+m},\ \dfrac{1\times 3+m\times(-1)}{1+m}\right)$에서

$\mathrm{P}\left(\dfrac{a(m-1)}{m+1},\ \dfrac{3-m}{m+1}\right)$

이때 점 P가 x축 위의 점이므로

$\dfrac{3-m}{m+1}=0$

$3-m=0$에서 $m=3$이므로 점 P의 좌표는 $\left(\dfrac{a}{2},\ 0\right)$

또한, $\overline{\mathrm{OP}}=2$이고 $a>0$이므로

$\left|\dfrac{a}{2}-0\right|=\dfrac{a}{2}=2$, $a=4$

따라서 $a+m=4+3=7$

답 7

24 점 P는 선분 AB를 $1:m$으로 내분하는 점이므로

$\mathrm{P}\left(\dfrac{1\times 10+m\times(-1)}{1+m},\ \dfrac{1\times 2+m\times(-2)}{1+m}\right)$에서

$\mathrm{P}\left(\dfrac{10-m}{m+1},\ \dfrac{2-2m}{m+1}\right)$

점 Q는 선분 AB를 $1:(m+1)$로 내분하는 점이므로

$\mathrm{Q}\left(\dfrac{1\times 10+(m+1)\times(-1)}{1+(m+1)},\ \dfrac{1\times 2+(m+1)\times(-2)}{1+(m+1)}\right)$에서

$\mathrm{Q}\left(\dfrac{9-m}{m+2},\ \dfrac{-2m}{m+2}\right)$

이때 두 점 P, Q가 모두 제4사분면 위에 있으려면 두 점 P, Q의 x좌표는 모두 양수, y좌표는 모두 음수이어야 한다.

자연수 m에 대하여 두 점 P, Q의 x좌표가 모두 양수이어야 하므로

$\dfrac{10-m}{m+1}>0$에서 $10-m>0$, $m<10$ $\qquad$ ……㉠

$\dfrac{9-m}{m+2}>0$에서 $9-m>0$, $m<9$ $\qquad$ ……㉡

또, 두 점 P, Q의 y좌표가 모두 음수이어야 하므로

$\dfrac{2-2m}{m+1}<0$에서 $2-2m<0$, $m>1$ $\qquad$ ……㉢

$\dfrac{-2m}{m+2}<0$에서 $-2m<0$, $m>0$ $\qquad$ ……㉣

㉠, ㉡, ㉢, ㉣에서 $1<m<9$

따라서 구하는 자연수 m의 값은 $2, 3, 4, \cdots, 8$이므로 그 개수는 7이다.

답 7

25 $\overline{\mathrm{AB}}=\sqrt{(4-0)^2+(0-3)^2}=5$

이때 $\overline{\mathrm{AC}}=1$, 즉 $\overline{\mathrm{AC}}:\overline{\mathrm{AB}}=1:5$이고 점 C는 선분 AB의 연장선 위의 점이므로 점 A는 선분 CB를 $1:5$로 내분하는 점이다.

$\dfrac{1\times 4+5\times a}{1+5}=0$에서 $a=-\dfrac{4}{5}$

$\dfrac{1\times 0+5\times b}{1+5}=3$에서 $b=\dfrac{18}{5}$

따라서 $a+b=-\dfrac{4}{5}+\dfrac{18}{5}=\dfrac{14}{5}$

답 ④

26 $\overline{\mathrm{AB}}=\overline{\mathrm{BC}}$이므로 점 B는 선분 AC의 중점이다.

이때 $\mathrm{A}(-4,\ 5)$, $\mathrm{C}(a,\ b)$에 대하여 선분 AC의 중점의 좌표는

$\left(\dfrac{-4+a}{2},\ \dfrac{5+b}{2}\right)$이므로

$\dfrac{-4+a}{2}=-3$, $\dfrac{5+b}{2}=-1$

$a=-2$, $b=-7$

따라서 $ab=-2\times(-7)=14$

답 14

27 $\overline{\mathrm{AC}}^{2}-3\times\overline{\mathrm{AC}}\times\overline{\mathrm{BC}}+2\times\overline{\mathrm{BC}}^{2}=0$에서

$(\overline{\mathrm{AC}}-\overline{\mathrm{BC}})(\overline{\mathrm{AC}}-2\overline{\mathrm{BC}})=0$

$\overline{\mathrm{AC}}=\overline{\mathrm{BC}}$ 또는 $\overline{\mathrm{AC}}=2\overline{\mathrm{BC}}$

(i) $\overline{\mathrm{AC}}=\overline{\mathrm{BC}}$일 때

$\overline{\mathrm{AC}}:\overline{\mathrm{BC}}=1:1$이므로 점 C는 선분 AB의 중점이다.

$\mathrm{C}\left(\dfrac{-2+4}{2},\ \dfrac{0+3}{2}\right)$에서 $\mathrm{C}\left(1,\ \dfrac{3}{2}\right)$

따라서 $a=1$, $b=\dfrac{3}{2}$이므로

$a+b=1+\dfrac{3}{2}=\dfrac{5}{2}$

(ii) $\overline{\mathrm{AC}}=2\overline{\mathrm{BC}}$일 때

① 점 C가 선분 AB 위의 점이면 $\overline{\mathrm{AC}}:\overline{\mathrm{BC}}=2:1$이므로 점 C는 선분 AB를 $2:1$로 내분하는 점이다.

$\mathrm{C}\left(\dfrac{2\times 4+1\times(-2)}{2+1},\ \dfrac{2\times 3+1\times 0}{2+1}\right)$에서 $\mathrm{C}(2,\ 2)$

따라서 $a=2$, $b=2$이므로

$a+b=2+2=4$

② 점 C가 선분 AB 위의 연장선 위의 점이면 $\overline{\mathrm{AC}}:\overline{\mathrm{BC}}=2:1$이므로 점 B는 선분 AC의 중점이다.

선분 AC의 중점의 좌표는

$\left(\dfrac{-2+a}{2},\ \dfrac{0+b}{2}\right)$에서 $\left(\dfrac{a}{2}-1,\ \dfrac{b}{2}\right)$이므로

$\dfrac{a}{2}-1=4$, $\dfrac{b}{2}=3$

$a=10$, $b=6$

따라서 $a+b=10+6=16$

(i), (ii)에서 $a+b$의 값은 $\dfrac{5}{2}$ 또는 4 또는 16이다.

따라서 $M=16$, $m=\dfrac{5}{2}$이므로

$Mm=16\times\dfrac{5}{2}=40$

답 ③

직선 AB의 방정식은

$$y-0=\frac{3-0}{4-(-2)}\{x-(-2)\}, \text{ 즉 } y=\frac{1}{2}x+1$$

점 $\mathrm{C}(a,\,b)$가 직선 $y=\frac{1}{2}x+1$ 위의 점이므로

$$b=\frac{a}{2}+1, \text{ 즉 } \mathrm{C}\left(a,\,\frac{a}{2}+1\right)$$

$\overline{\mathrm{AC}}^2-3\times\overline{\mathrm{AC}}\times\overline{\mathrm{BC}}+2\times\overline{\mathrm{BC}}^2=0$에서

$$(\overline{\mathrm{AC}}-\overline{\mathrm{BC}})(\overline{\mathrm{AC}}-2\overline{\mathrm{BC}})=0$$

$\overline{\mathrm{AC}}=\overline{\mathrm{BC}}$ 또는 $\overline{\mathrm{AC}}=2\overline{\mathrm{BC}}$

(i) $\overline{\mathrm{AC}}=\overline{\mathrm{BC}}$일 때

$\overline{\mathrm{AC}}^2=\overline{\mathrm{BC}}^2$이므로

$$\{a-(-2)\}^2+\left\{\left(\frac{a}{2}+1\right)-0\right\}^2=(a-4)^2+\left\{\left(\frac{a}{2}+1\right)-3\right\}^2$$

$$\frac{5}{4}a^2+5a+5=\frac{5}{4}a^2-10a+20$$

$$a=1$$

따라서 $a=1$, $b=\frac{a}{2}+1=\frac{1}{2}+1=\frac{3}{2}$이므로

$$a+b=1+\frac{3}{2}=\frac{5}{2}$$

(ii) $\overline{\mathrm{AC}}=2\overline{\mathrm{BC}}$일 때

$\overline{\mathrm{AC}}^2=4\overline{\mathrm{BC}}^2$이므로

$$\{a-(-2)\}^2+\left\{\left(\frac{a}{2}+1\right)-0\right\}^2=4\left[(a-4)^2+\left\{\left(\frac{a}{2}+1\right)-3\right\}^2\right]$$

$$\frac{5}{4}a^2+5a+5=5a^2-40a+80$$

$$a^2-12a+20=0$$

$$(a-2)(a-10)=0$$

$$a=2 \text{ 또는 } a=10$$

$a=2$일 때 $b=\frac{a}{2}+1=\frac{2}{2}+1=2$이므로

$$a+b=2+2=4$$

$a=10$일 때 $b=\frac{a}{2}+1=\frac{10}{2}+1=6$이므로

$$a+b=10+6=16$$

(i), (ii)에서 $a+b$의 값은 $\frac{5}{2}$ 또는 4 또는 16이다.

따라서 $M=16$, $m=\frac{5}{2}$이므로

$$Mm=16\times\frac{5}{2}=40$$

28 조건 (가)에서 점 B가 선분 AC를 $1:2$로 내분하는 점이므로

$$\overline{\mathrm{AB}}=\frac{1}{3}\overline{\mathrm{AC}}, \ \overline{\mathrm{BC}}=\frac{2}{3}\overline{\mathrm{AC}}$$

조건 (나)에서 점 C가 선분 DA를 $2:3$으로 내분하는 점이므로 점 D는 선분 AC의 연장선 위의 점이고

$$\overline{\mathrm{AC}}=\frac{3}{5}\overline{\mathrm{AD}}, \ \overline{\mathrm{CD}}=\frac{2}{5}\overline{\mathrm{AD}}$$

이때 $\overline{\mathrm{AB}}=\frac{1}{3}\overline{\mathrm{AC}}$에서 $\dfrac{\overline{\mathrm{AC}}}{\overline{\mathrm{AB}}}=3$

또한, $\overline{\mathrm{BD}}=\overline{\mathrm{AD}}-\overline{\mathrm{AB}}=\frac{5}{3}\overline{\mathrm{AC}}-\frac{1}{3}\overline{\mathrm{AC}}=\frac{4}{3}\overline{\mathrm{AC}}$이므로

$$\frac{\overline{\mathrm{BD}}}{\overline{\mathrm{BC}}}=\frac{\frac{4}{3}\overline{\mathrm{AC}}}{\frac{2}{3}\overline{\mathrm{AC}}}=2$$

따라서 $\dfrac{\overline{\mathrm{AC}}}{\overline{\mathrm{AB}}}+\dfrac{\overline{\mathrm{BD}}}{\overline{\mathrm{BC}}}=3+2=5$

답 ①

29 삼각형 ABD의 넓이가 삼각형 ABC의 넓이의 2배이고, 점 D는 제2사분면 위의 점이므로 점 C는 선분 BD의 중점이다.

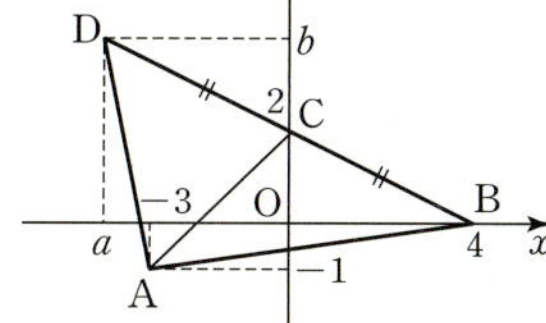

즉, $\dfrac{4+a}{2}=0$, $\dfrac{0+b}{2}=2$

$$a=-4, \ b=4$$

따라서 $|a|+|b|=|-4|+|4|=8$

답 ④

30 삼각형 ABC의 넓이를 S라 하면 $S=24$

조건 (가)에서 점 D가 선분 AB의 중점이므로 삼각형 DBC의 넓이를 S_1이라 하면

$$S_1=\frac{1}{2}S=\frac{1}{2}\times24=12$$

조건 (나)에서 점 E가 선분 BC를 $1:2$로 내분하는 점이므로 삼각형 DBE의 넓이를 S_2라 하면

$$S_2=\frac{1}{3}S_1=\frac{1}{3}\times12=4$$

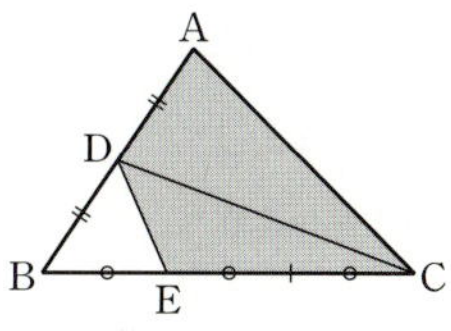

따라서 네 점 A, C, D, E를 꼭짓점으로 하는 사각형의 넓이를 S_3이라 하면

$$S_3=S-S_2=24-4=20$$

답 20

31 삼각형 ABC의 세 변 AB, BC, CA를 $1:t\ (t>0)$으로 내분하는 점이 각각 D, E, F이므로 두 삼각형 ABC, DEF의 무게중심은 일치한다.

따라서 $\mathrm{G}\left(\dfrac{-2+(-1)+6}{3},\ \dfrac{1+(-3)+5}{3}\right)$, 즉 $\mathrm{G}(1,\,1)$이므로

$$\overline{\mathrm{OG}}=\sqrt{1^2+1^2}=\sqrt{2}$$

답 ②

32 선분 BC의 중점을 M이라 하면 $\mathrm{M}(-2,\,1)$이고, 삼각형 ABC의 무게중심 $\mathrm{G}(a,\,b)$는 선분 AM을 $2:1$로 내분하는 점이므로

$$a=\frac{2\times(-2)+1\times3}{2+1}=-\frac{1}{3}$$

$$b=\frac{2\times1+1\times2}{2+1}=\frac{4}{3}$$

따라서 $a+b=-\dfrac{1}{3}+\dfrac{4}{3}=1$

답 ③

33 두 점 B, C의 좌표를 각각 $(x_1,\,y_1)$, $(x_2,\,y_2)$라 하자. 삼각형 ABC의 무게중심이 원점이므로

$$\frac{3+x_1+x_2}{3}=0, \ \frac{4+y_1+y_2}{3}=0 \text{에서}$$

$x_1+x_2=-3, \ y_1+y_2=-4$

삼각형 OBC의 무게중심의 좌표가 (a, b)이므로

$$a=\frac{0+x_1+x_2}{3}=\frac{0-3}{3}=-1$$

$$b=\frac{0+y_1+y_2}{3}=\frac{0-4}{3}=-\frac{4}{3}$$

따라서 $ab=-1\times\left(-\frac{4}{3}\right)=\frac{4}{3}$

답 ④

34

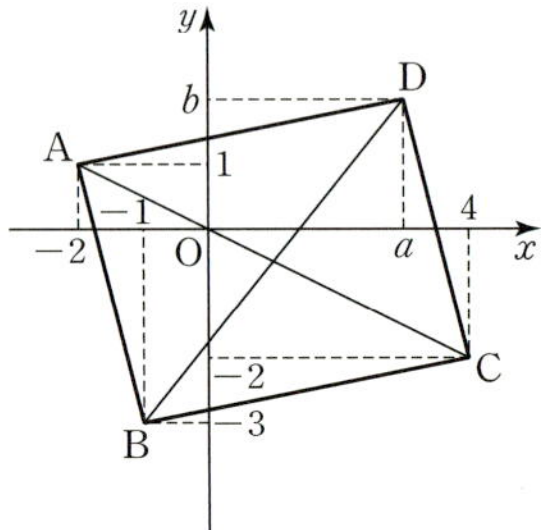

선분 AC의 중점의 좌표는 $\left(\dfrac{-2+4}{2}, \ \dfrac{1+(-2)}{2}\right)$, 즉 $\left(1, \ -\dfrac{1}{2}\right)$

선분 BD의 중점의 좌표는 $\left(\dfrac{-1+a}{2}, \ \dfrac{-3+b}{2}\right)$

이때 사각형 ABCD가 평행사변형이므로 두 대각선 AC, BD의 중점이 같다.

즉, $1=\dfrac{-1+a}{2}, \ -\dfrac{1}{2}=\dfrac{-3+b}{2}$

$a=3, \ b=2$

점 D의 좌표는 $(3, 2)$이므로 삼각형 BCD의 무게중심의 좌표는

$\left(\dfrac{-1+4+3}{3}, \ \dfrac{-3+(-2)+2}{3}\right)$, 즉 $(2, \ -1)$

따라서 $c=2, \ d=-1$이므로

$ac+bd=3\times2+2\times(-1)=4$

답 4

35

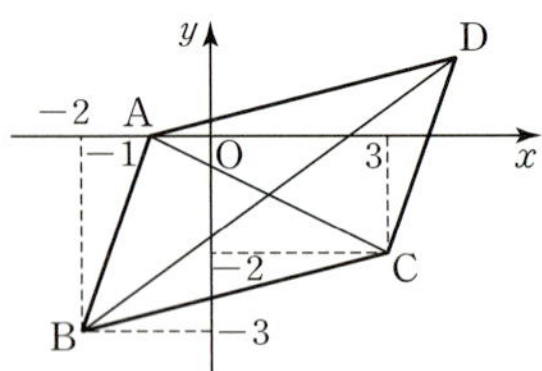

선분 AC의 중점의 좌표는 $\left(\dfrac{-1+3}{2}, \ \dfrac{0+(-2)}{2}\right)$, 즉 $(1, \ -1)$

점 D의 좌표를 (a, b)라 하면 선분 BD의 중점의 좌표는

$\left(\dfrac{-2+a}{2}, \ \dfrac{-3+b}{2}\right)$

이때 사각형 ABCD가 평행사변형이므로 두 대각선 AC, BD의 중점이 같다.

즉, $1=\dfrac{-2+a}{2}, \ -1=\dfrac{-3+b}{2}$

$a=4, \ b=1$, 즉 $D(4, 1)$

따라서 $\overline{BD}=\sqrt{\{4-(-2)\}^2+\{1-(-3)\}^2}=2\sqrt{13}$

답 ②

36

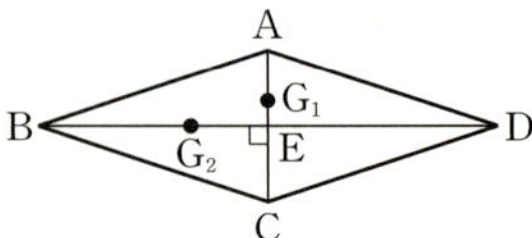

마름모 ABCD의 두 대각선 AC, BD의 교점을 $E(a, b)$라 하고, 삼각형 ABD의 무게중심을 G_1이라 하면 조건 (나)에 의하여

$G_1\left(-\dfrac{2}{3}, \ -\dfrac{4}{3}\right)$

이때 점 G_1은 선분 AE를 $2:1$로 내분하는 점이므로

$\dfrac{2\times a+1\times(-2)}{2+1}=-\dfrac{2}{3}, \ \dfrac{2\times b+1\times0}{2+1}=-\dfrac{4}{3}$

$a=0, \ b=-2$

즉, $E(0, -2)$이고

$\overline{AE}=\sqrt{\{0-(-2)\}^2+(-2-0)^2}=2\sqrt{2}$

또한, 삼각형 ABC의 무게중심을 G_2라 하면 조건 (가)에 의하여

$G_2(-2, -4)$

이때 점 G_2는 선분 BE를 $2:1$로 내분하는 점이고

$\overline{EG_2}=\sqrt{(-2-0)^2+\{-4-(-2)\}^2}=2\sqrt{2}$이므로

$\overline{BE}=3\overline{EG_2}=3\times2\sqrt{2}=6\sqrt{2}$

따라서 마름모 ABCD의 한 변인 선분 AB의 길이는

$\overline{AB}=\sqrt{\overline{AE}^2+\overline{BE}^2}=\sqrt{(2\sqrt{2})^2+(6\sqrt{2})^2}=4\sqrt{5}$

답 ③

다른 풀이

마름모 ABCD의 두 대각선 AC, BD의 교점을 E라 하고, 두 삼각형 ABD, ABC의 무게중심을 각각 G_1, G_2라 하면

$\angle AEB=\angle G_1EG_2=90°$

$\overline{AE}=3\overline{G_1E}, \ \overline{BE}=3\overline{G_2E}$

이므로 두 직각삼각형 ABE, G_1G_2E는 닮음비가 $3:1$인 닮은 도형이다.

즉, $\overline{AB}=3\overline{G_1G_2}$

이때 $\overline{G_1G_2}=\sqrt{\left\{-2-\left(-\dfrac{2}{3}\right)\right\}^2+\left\{-4-\left(-\dfrac{4}{3}\right)\right\}^2}=\dfrac{4\sqrt{5}}{3}$이므로

$\overline{AB}=3\overline{G_1G_2}=3\times\dfrac{4\sqrt{5}}{3}=4\sqrt{5}$

37

$\overline{AB}=\sqrt{(3-2)^2+\{0-(-2)\}^2}=\sqrt{5}$,

$\overline{AC}=\sqrt{(-1-2)^2+\{4-(-2)\}^2}=3\sqrt{5}$

이므로 $\overline{AB}:\overline{AC}=\sqrt{5}:3\sqrt{5}=1:3$

이때 점 D가 $\angle A$의 이등분선이 변 BC와 만나는 점이므로

$\overline{BD}:\overline{CD}=\overline{AB}:\overline{AC}=1:3$

즉, 점 D의 좌표를 (a, b)라 하면 점 D는 선분 BC를 $1:3$으로 내분하는 점이므로

$a=\dfrac{1\times(-1)+3\times3}{1+3}=2, \ b=\dfrac{1\times4+3\times0}{1+3}=1$

즉, $D(2, 1)$

따라서 삼각형 OBD의 넓이는

$\dfrac{1}{2}\times3\times1=\dfrac{3}{2}$

답 ③

38

$\overline{OA}=1, \ \overline{OB}=\sqrt{1^2+2^2}=\sqrt{5}$이므로

$\overline{AD}:\overline{BD}=\overline{OA}:\overline{OB}=1:\sqrt{5}$

즉, 점 D는 선분 AB를 $1:\sqrt{5}$로 내분하는 점이므로

$D\left(\dfrac{1\times1+\sqrt{5}\times1}{1+\sqrt{5}},\ \dfrac{1\times2+\sqrt{5}\times0}{1+\sqrt{5}}\right)$에서 $D\left(1,\ \dfrac{\sqrt{5}-1}{2}\right)$

따라서 $\overline{\mathrm{OD}}^2=1^2+\left(\dfrac{\sqrt{5}-1}{2}\right)^2=\dfrac{5-\sqrt{5}}{2}$

🅐 ②

39 $\overline{\mathrm{OA}}=3,\ \overline{\mathrm{AB}}=\sqrt{(0-3)^2+(4-0)^2}=5$이므로

$\overline{\mathrm{OC}}:\overline{\mathrm{BC}}=\overline{\mathrm{OA}}:\overline{\mathrm{AB}}=3:5$

즉, 점 C는 선분 OB를 $3:5$로 내분하는 점이므로

$C\left(\dfrac{3\times0+5\times0}{3+5},\ \dfrac{3\times4+5\times0}{3+5}\right)$에서 $C\left(0,\ \dfrac{3}{2}\right)$

또, 점 G가 삼각형 OAB의 무게중심이므로

$G\left(\dfrac{0+3+0}{3},\ \dfrac{0+0+4}{3}\right)$에서 $G\left(1,\ \dfrac{4}{3}\right)$

삼각형 GBC의 무게중심의 좌표가 $(a,\ b)$이므로

$a=\dfrac{1+0+0}{3}=\dfrac{1}{3},\quad b=\dfrac{\dfrac{4}{3}+4+\dfrac{3}{2}}{3}=\dfrac{41}{18}$

따라서 $\dfrac{b}{a}=\dfrac{\dfrac{41}{18}}{\dfrac{1}{3}}=\dfrac{41}{6}$

🅐 ③

40 선분 AB를 $1:2$로 내분하는 점의 좌표는

$\left(\dfrac{1\times2+2\times(-4)}{1+2},\ \dfrac{1\times1+2\times(-2)}{1+2}\right)$에서 $(-2,\ -1)$

따라서 점 $(-2,\ -1)$을 지나고 기울기가 3인 직선의 방정식은

$y-(-1)=3\{x-(-2)\}$

$y=3x+5$

🅐 $y=3x+5$

41 x절편이 4, y절편이 2인 직선의 방정식은

$\dfrac{x}{4}+\dfrac{y}{2}=1$

이 직선이 점 $(a^3,\ -a)$를 지나므로

$\dfrac{a^3}{4}+\dfrac{-a}{2}=1$

$a^3-2a-4=0$

$(a-2)(a^2+2a+2)=0$

이때 $a^2+2a+2=(a+1)^2+1>0$이므로 $a=2$

🅐 ④

42 두 점 $A\left(-4,\ -\dfrac{1}{2}\right),\ B\left(4,\ \dfrac{7}{2}\right)$을 지나는 직선의 방정식은

$y-\left(-\dfrac{1}{2}\right)=\dfrac{\dfrac{7}{2}-\left(-\dfrac{1}{2}\right)}{4-(-4)}\{x-(-4)\}$

$y=\dfrac{1}{2}x+\dfrac{3}{2}$ ...... ㉠

이때 점 P는 두 점 A, B가 아닌 선분 AB 위의 점이므로 점 P의 x좌표는 -4보다 크고 4보다 작다.

점 P의 x좌표를 a라 하면 y좌표는 $\dfrac{a+3}{2}$이므로 x좌표와 y좌표가 모두 정수이려면 가능한 a의 값은 $-3,\ -1,\ 1,\ 3$이다.

한편, 점 P가 선분 AB를 $1:m$으로 내분하는 점이므로

$P\left(\dfrac{1\times4+m\times(-4)}{1+m},\ \dfrac{1\times\dfrac{7}{2}+m\times\left(-\dfrac{1}{2}\right)}{1+m}\right)$에서

$P\left(\dfrac{4-4m}{1+m},\ \dfrac{7-m}{2+2m}\right)$

(i) $\dfrac{4-4m}{1+m}=-3$일 때

  $4-4m=-3-3m$이므로 $m=7$

(ii) $\dfrac{4-4m}{1+m}=-1$일 때

  $4-4m=-1-m$이므로 $m=\dfrac{5}{3}$

(iii) $\dfrac{4-4m}{1+m}=1$일 때

  $4-4m=1+m$이므로 $m=\dfrac{3}{5}$

(iv) $\dfrac{4-4m}{1+m}=3$일 때

  $4-4m=3+3m$이므로 $m=\dfrac{1}{7}$

(i)~(iv)에서 m의 최솟값은 $\dfrac{1}{7}$이다.

🅐 ②

43 $ab>0,\ bc<0$이므로 세 수 $a,\ b,\ c$는 모두 0이 아니다.

직선 $ax+by+c=0$에서 $y=-\dfrac{a}{b}x-\dfrac{c}{b}$

이때 $ab>0$에서 두 수 $a,\ b$의 부호가 서로 같으므로

$(기울기)=-\dfrac{a}{b}<0$

$bc<0$에서 두 수 $b,\ c$의 부호가 서로 다르므로

$(y절편)=-\dfrac{c}{b}>0$

따라서 직선 $ax+by+c=0$은 기울기가 음수이고, y절편이 양수이므로 이 직선의 개형은 ③과 같다.

🅐 ③

44 $a=0$이면 방정식 $ax+ay+b=0$이 나타내는 도형은 직선이 아니므로 $a\neq0$이다.

직선 $ax+ay+b=0$에서 $y=-x-\dfrac{b}{a}$이므로 이 직선은 기울기가 -1이고 y절편이 $-\dfrac{b}{a}$이다.

이때 이 직선이 제1사분면을 지나므로 $-\dfrac{b}{a}>0$, 즉 $\dfrac{b}{a}<0$이다.

따라서 두 수 $a,\ b$의 부호가 서로 다르므로

직선 $ax+by-a=0$, 즉 $y=-\dfrac{a}{b}x+\dfrac{a}{b}$에서

$(기울기)=-\dfrac{a}{b}>0,\ (y절편)=\dfrac{a}{b}<0$이다.

따라서 이 직선은 제2사분면을 지나지 않는다.

🅐 제2사분면

45 ㄱ. $a\neq0,\ b\neq0,\ c=0$이므로 직선의 방정식은 $y=-\dfrac{a}{b}x$

따라서 직선 $y=-\dfrac{a}{b}x$는 제1사분면과 제3사분면을 지나는 직선이거나 제2사분면과 제4사분면을 지나는 직선이다. (참)

ㄴ. $b=0$이므로 직선 $ax+by+c=0$에서 $x=-\dfrac{c}{a}$

$ac>0$에서 두 수 a, c의 부호가 서로 같으므로 $-\dfrac{c}{a}<0$

따라서 직선 $x=-\dfrac{c}{a}$는 제2사분면과 제3사분면을 지난다. (참)

ㄷ. $ab>0$, $ac>0$이므로 세 수 a, b, c는 모두 0이 아니다.

직선 $ax+by+c=0$에서 $y=-\dfrac{a}{b}x-\dfrac{c}{b}$

$ab>0$, $ac>0$에서 세 수 a, b, c의 부호가 모두 같으므로

$-\dfrac{a}{b}<0$, $-\dfrac{c}{b}<0$

따라서 직선 $y=-\dfrac{a}{b}x-\dfrac{c}{b}$는 제2, 3, 4사분면을 지난다. (거짓)

이상에서 옳은 것은 ㄱ, ㄴ이다.

답 ④

46 직선 $y=m(x+2)$는 실수 m의 값에 관계없이 점 $A(-2,\ 0)$을 지나므로 이 직선이 삼각형 ABC의 넓이를 이등분하려면 선분 BC의 중점을 지나야 한다.

선분 BC의 중점을 M이라 하면

$M\left(\dfrac{1+3}{2},\ \dfrac{-2+6}{2}\right)$에서 $M(2,\ 2)$

따라서 직선 $y=m(x+2)$가 점 $M(2,\ 2)$를 지나야 하므로

$2=m\times(2+2)$

$m=\dfrac{1}{2}$

답 $\dfrac{1}{2}$

47 직사각형의 넓이는 두 대각선의 교점을 지나는 직선에 의하여 이등분된다.

직사각형 ABCD의 두 대각선의 교점은 선분 AC의 중점이므로

$\left(\dfrac{-3+(-1)}{2},\ \dfrac{5+4}{2}\right)$에서 $\left(-2,\ \dfrac{9}{2}\right)$

직사각형 EFGH의 두 대각선의 교점은 선분 EG의 중점이므로

$\left(\dfrac{1+4}{2},\ \dfrac{3+1}{2}\right)$에서 $\left(\dfrac{5}{2},\ 2\right)$

따라서 두 직사각형 ABCD, EFGH의 넓이를 동시에 이등분하는 직선은 두 점 $\left(-2,\ \dfrac{9}{2}\right)$, $\left(\dfrac{5}{2},\ 2\right)$를 지나는 직선이므로

$y-\dfrac{9}{2}=\dfrac{2-\dfrac{9}{2}}{\dfrac{5}{2}-(-2)}\{x-(-2)\}$

$y=-\dfrac{5}{9}x+\dfrac{61}{18}$

따라서 구하는 y절편은 $\dfrac{61}{18}$이다.

답 ①

48 삼각형 ABC의 넓이는 $\dfrac{1}{2}\times6\times4=12$

두 점 A, C를 지나는 직선의 방정식은

$y-(-1)=\dfrac{3-(-1)}{2-(-2)}\{x-(-2)\}$, $y=x+1$

두 점 B, C를 지나는 직선의 방정식은

$y-(-1)=\dfrac{3-(-1)}{2-4}(x-4)$, $y=-2x+7$

오른쪽 그림에서 직선 $x=a$가 삼각형 ABC의 넓이를 이등분하므로 직선 $x=a$가 두 선분 AC, AB와 만나는 점을 각각 D, E라 하면

$D(a,\ a+1)$, $E(a,\ -1)$

$\overline{DE}=(a+1)-(-1)=a+2$,

$\overline{AE}=a-(-2)=a+2$이므로 삼각형 DAE의 넓이는

$\dfrac{1}{2}\times\overline{DE}\times\overline{AE}=\dfrac{1}{2}(a+2)^2=\dfrac{1}{2}\times12$

$(a+2)^2=12$, $a+2=\pm2\sqrt{3}$

$a=-2\pm2\sqrt{3}$

이때 $-2<a<2$이므로 $a=-2+2\sqrt{3}$

또, 직선 $y=b$가 삼각형 ABC의 넓이를 이등분하므로 직선 $y=b$가 두 선분 AC, BC와 만나는 점을 각각 F, G라 하면

$F(b-1,\ b)$, $G\left(\dfrac{7-b}{2},\ b\right)$

$\overline{FG}=\dfrac{7-b}{2}-(b-1)=\dfrac{3}{2}(3-b)$이고

점 C에서 선분 FG에 내린 수선의 발을 H라 하면

$\overline{CH}=3-b$

이므로 삼각형 CFG의 넓이는

$\dfrac{1}{2}\times\overline{FG}\times\overline{CH}=\dfrac{1}{2}\times\dfrac{3}{2}(3-b)\times(3-b)$

$\qquad\qquad=\dfrac{3}{4}(3-b)^2=\dfrac{1}{2}\times12$

$(3-b)^2=8$, $3-b=\pm2\sqrt{2}$

$b=3\pm2\sqrt{2}$

이때 $-1<b<3$이므로 $b=3-2\sqrt{2}$

따라서 $a+2=2\sqrt{3}$, $3-b=2\sqrt{2}$이므로

$(a+2)(3-b)=2\sqrt{3}\times2\sqrt{2}=4\sqrt{6}$

답 ④

49 $(k+1)x+(4k+1)y+k-2=0$을 k에 대하여 정리하면

$(x+4y+1)k+x+y-2=0$

$x+4y+1=0$, $x+y-2=0$

두 식을 연립하여 풀면

$x=3$, $y=-1$

즉, 직선 $(k+1)x+(4k+1)y+k-2=0$은 실수 k의 값에 관계없이 항상 점 $(3,\ -1)$을 지나므로

$a=3$, $b=-1$

따라서 $a+b=3+(-1)=2$

답 ⑤

50 $(k^2+2k)x+(2k^2+k)y-3k=0$을 k에 대하여 정리하면

$(x+2y)k^2+(2x+y-3)k=0$

$x+2y=0$, $2x+y-3=0$

두 식을 연립하여 풀면

$x=2, y=-1$

즉, 직선 $(k^2+2k)x+(2k^2+k)y-3k=0$은 실수 k의 값에 관계없이
항상 점 $(2, -1)$을 지나므로 $P(2, -1)$
따라서 $\overline{OP}=\sqrt{2^2+(-1)^2}=\sqrt{5}$

🄰 ⑤

51 점 $P(a, b)$가 직선 $3x+y+1=0$ 위의 점이므로
$3a+b+1=0$
$b=-3a-1$
직선 $ax+by-3=0$에서
$ax+(-3a-1)y-3=0$
이 식을 a에 대하여 정리하면
$(x-3y)a-y-3=0$
$x-3y=0, -y-3=0$
두 식을 연립하여 풀면
$x=-9, y=-3$
즉, 직선 $ax+(-3a-1)y-3=0$은 실수 a의 값에 관계없이 항상
점 $(-9, -3)$을 지나므로 $Q(-9, -3)$
따라서 $c=-9, d=-3$이므로
$cd=-9\times(-3)=27$

🄰 ④

52 $kx+y+k-10=0$을 k에 대하여 정리하면
$(x+1)k+y-10=0$
$x+1=0, y-10=0$
$x=-1, y=10$
따라서 직선 $kx+y+k-10=0$은 실수 k의 값에 관계없이 항상
점 $(-1, 10)$을 지난다.
이때 직선 $x+y=1$이 x축, y축과 만나는 점의 좌표는 각각 $(1, 0)$,
$(0, 1)$이다.
(i) 두 점 $(-1, 10)$, $(1, 0)$을 지나는
직선의 기울기는
$$\frac{0-10}{1-(-1)}=-5$$
(ii) 두 점 $(-1, 10)$, $(0, 1)$을 지나는
직선의 기울기는
$$\frac{1-10}{0-(-1)}=-9$$
(i), (ii)에서 두 직선 $x+y=1$,
$kx+y+k-10=0$이 제1사분면에서 만나려면 직선 $kx+y+k-10=0$
의 기울기가 -9보다 크고 -5보다 작아야 한다.
직선 $kx+y+k-10=0$, 즉 $y=-kx-k+10$에서 이 직선의 기울기
는 $-k$이므로
$-9<-k<-5$
$5<k<9$
따라서 정수 k의 값은 6, 7, 8이므로 $M=8, m=6$이고
$M+m=8+6=14$

🄰 ④

53 $kx-y+k+2=0$을 k에 대하여 정리하면
$(x+1)k-y+2=0$
$x+1=0, -y+2=0$에서 $x=-1, y=2$

따라서 직선 $kx-y+k+2=0$은 실수 k의 값에 관계없이 항상
점 $(-1, 2)$를 지난다.

(i) 점 $(-1, 2)$와 점 $A(1, 11)$을 지나는
직선의 기울기는
$$\frac{11-2}{1-(-1)}=\frac{9}{2}$$

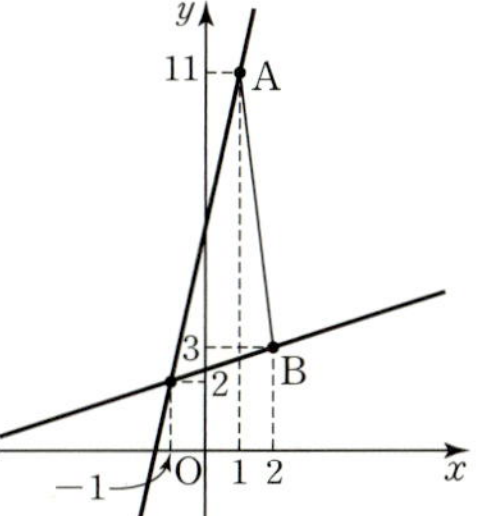

(ii) 점 $(-1, 2)$와 점 $B(2, 3)$을 지나는
직선의 기울기는
$$\frac{3-2}{2-(-1)}=\frac{1}{3}$$

(i), (ii)에서 직선 $kx-y+k+2=0$, 즉 $y=kx+k+2$가 선분 AB와

만나려면 이 직선의 기울기인 k의 값은 $\dfrac{1}{3}$ 이상 $\dfrac{9}{2}$ 이하이어야 한다.

즉, $\dfrac{1}{3}\leq k\leq\dfrac{9}{2}$

따라서 $M=\dfrac{9}{2}, m=\dfrac{1}{3}$이므로

$Mm=\dfrac{9}{2}\times\dfrac{1}{3}=\dfrac{3}{2}$

🄰 ③

54 직선 $kx+y-ka-b=0$을 k에 대하여 정리하면
$(x-a)k+y-b=0$
$x-a=0, y-b=0$에서 $x=a, y=b$
따라서 직선 $kx+y-ka-b=0$은 실수 k의 값에 관계없이 항상
점 (a, b)를 지난다.

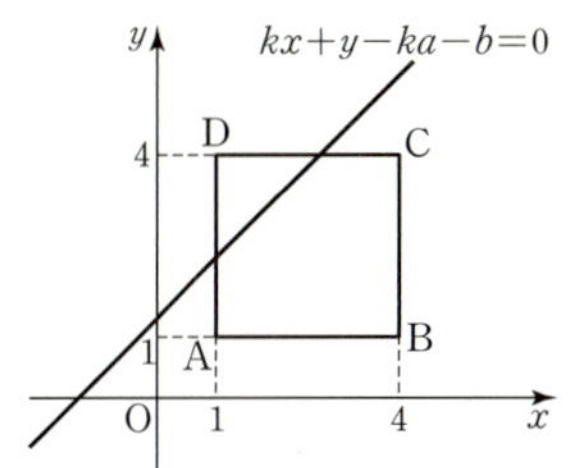

네 점 $A(1, 1)$, $B(4, 1)$, $C(4, 4)$, $D(1, 4)$를 꼭짓점으로 하는 사각
형 ABCD와 기울기가 $-k$인 직선 $kx+y-ka-b=0$이 실수 k의 값
에 관계없이 항상 서로 다른 두 점에서 만나려면 점 (a, b)가 사각형
ABCD 위의 점 중 꼭짓점이 아니고 선분 AD 또는 선분 BC 위의 점
이거나 사각형 ABCD의 내부의 점이어야 하므로 가능한 정수 a, b의
순서쌍 (a, b)를 모두 구하면
$(1, 2)$, $(1, 3)$, $(2, 2)$, $(2, 3)$, $(3, 2)$, $(3, 3)$, $(4, 2)$, $(4, 3)$
따라서 $a+b$는 $a=4, b=3$일 때 최댓값 $M=4+3=7$을 갖고,
$a=1, b=2$일 때 최솟값 $m=1+2=3$을 가지므로
$M+m=7+3=10$

🄰 ⑤

55 선분 AB를 $1:3$으로 내분하는 점의 좌표는
$$\left(\frac{1\times5+3\times(-3)}{1+3}, \frac{1\times(-12)+3\times4}{1+3}\right)$$에서 $(-1, 0)$
두 점 $A(-3, 4)$, $B(5, -12)$를 지나는 직선의 기울기는
$$\frac{-12-4}{5-(-3)}=-2$$

이므로 직선 AB에 수직인 직선의 기울기는 $\dfrac{1}{2}$이다.

따라서 점 $(-1, 0)$을 지나고 기울기가 $\dfrac{1}{2}$인 직선의 방정식은

$$y-0=\frac{1}{2}\{x-(-1)\}$$
$$y=\frac{1}{2}x+\frac{1}{2}$$

🅐 $y=\frac{1}{2}x+\frac{1}{2}$

56 두 직선 $ax+3y-2=0$, $2x-y+1=0$이 서로 평행하므로
$$\frac{a}{2}=\frac{3}{-1}\neq\frac{-2}{1}$$
따라서 $\frac{a}{2}=\frac{3}{-1}$에서 $a=-6$

🅐 ①

57 두 직선 $ax+y+b=0$, $bx-3y+a=0$이 만나지 않으려면 두 직선이 서로 평행해야 한다.
$ab\neq0$이므로 $\frac{a}{b}=\frac{1}{-3}\neq\frac{b}{a}$

$\frac{a}{b}=\frac{1}{-3}$에서 $b=-3a$

$ax+by=0$에 $b=-3a$를 대입하면
$$ax-3ay=0$$
$$y=\frac{1}{3}x$$
$bx+ay=0$에 $b=-3a$를 대입하면
$$-3ax+ay=0$$
$$y=3x$$
이때 직선 $x=1$이 두 직선 $y=\frac{1}{3}x$,
$y=3x$와 만나는 점의 y좌표는 각각
$\frac{1}{3}$, 1이다.
따라서 구하는 넓이는
$$\frac{1}{2}\times\left(3-\frac{1}{3}\right)\times1=\frac{4}{3}$$

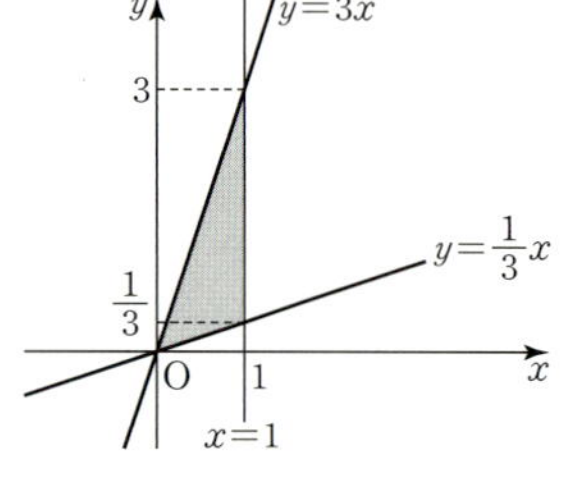

🅐 ④

58 두 직선 $ax+(a-2)y-1=0$, $(a^2-2a)x-y+1=0$이 서로 수직이 되려면
$a\times(a^2-2a)+(a-2)\times(-1)=0$이어야 한다.
$$a^3-2a^2-a+2=0$$
$$(a+1)(a-1)(a-2)=0$$
$$a=-1 \text{ 또는 } a=1 \text{ 또는 } a=2$$
따라서 모든 실수 a의 값의 곱은 $-1\times1\times2=-2$

🅐 ②

59 두 직선 $y=ax+1$, $y=(ab+10)x+2$가 평행하므로
$$a=ab+10 \quad\cdots\cdots \text{㉠}$$
또, 직선 $y=ax+1$, 즉 $ax-y+1=0$과 직선 $2x-by+2b=0$이 수직이므로
$$a\times2+(-1)\times(-b)=0$$
$$b=-2a \quad\cdots\cdots \text{㉡}$$
㉡을 ㉠에 대입하면
$$a=a\times(-2a)+10,\ 2a^2+a-10=0$$
$$(a-2)(2a+5)=0$$

$$a=2 \text{ 또는 } a=-\frac{5}{2}$$
이때 a가 정수이므로 $a=2$
$a=2$를 ㉡에 대입하면 $b=-2a=-2\times2=-4$
따라서 $a+b=2+(-4)=-2$

🅐 ①

60 직선 $kx+y-4k-1=0$을 k에 대하여 정리하면
$$(x-4)k+y-1=0$$
$x-4=0$, $y-1=0$에서 $x=4$, $y=1$
따라서 직선 $kx+y-4k-1=0$은 실수 k의 값에 관계없이 항상 점 $(4,\ 1)$을 지난다.
이때 직선 $x-2y-2=0$도 점 $(4,\ 1)$을 지나므로 두 직선 $x-2y-2=0$, $kx+y-4k-1=0$은 점 $(4,\ 1)$에서 만난다.
한편, $\beta°-a°=90°$에서 $\beta°=a°+90°$이므로 두 직선 $x-2y-2=0$, $kx+y-4k-1=0$은 서로 수직이다.
$$1\times k+(-2)\times1=0$$
$$k=2$$
따라서 직선 $kx+y-4k-1=0$, 즉 $2x+y-9=0$의 x절편은 $\frac{9}{2}$이고
직선 $x-2y-2=0$의 x절편은 2이므로 구하는 넓이는
$$\frac{1}{2}\times\left(\frac{9}{2}-2\right)\times1=\frac{5}{4}$$

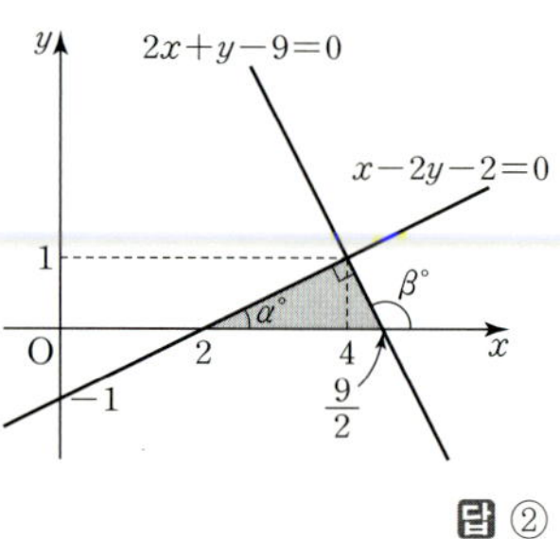

🅐 ②

61 세 직선이 삼각형을 이루지 않는 조건은 다음과 같다.
(i) 직선 $ax+y-4=0$이 두 직선 $x-y=0$, $2x-y+1=0$의 교점을 지날 때
$x-y=0$, $2x-y+1=0$을 연립하여 풀면
$$x=-1,\ y=-1$$
따라서 두 직선 $x-y=0$, $2x-y+1=0$의 교점의 좌표가 $(-1,\ -1)$이므로 $ax+y-4=0$에 $x=-1$, $y=-1$을 대입하면
$$-a-1-4=0,\ a=-5$$
(ii) 직선 $ax+y-4=0$이 직선 $x-y=0$과 평행할 때
$$\frac{a}{1}=\frac{1}{-1}\text{에서 } a=-1$$
(iii) 직선 $ax+y-4=0$이 직선 $2x-y+1=0$과 평행할 때
$$\frac{a}{2}=\frac{1}{-1}\neq\frac{-4}{1}\text{에서 } a=-2$$
(i), (ii), (iii)에서 $a=-5$ 또는 $a=-1$ 또는 $a=-2$이므로 모든 실수 a의 값의 합은
$$-5+(-1)+(-2)=-8$$

🅐 ④

62 세 직선 $y=ax-1$, $y=(a^2-2)x+2$, $y=(6-a^2)x+4$에 의하여 좌표평면이 네 부분으로 나누어지려면 세 직선이 모두 서로 다른 직선이므로 세 직선이 모두 평행해야 한다.
$$a=a^2-2=6-a^2$$
$a=a^2-2$에서
$$a^2-a-2=0$$

$(a+1)(a-2)=0$

$a=-1$ 또는 $a=2$ $\qquad$ ……㉠

$a^2-2=6-a^2$에서 $a^2=4$

$a=-2$ 또는 $a=2$ $\qquad$ ……㉡

따라서 ㉠, ㉡을 모두 만족시키는 a의 값은 2이다.

답 ⑤

63 직선 $2x+y-3=0$과 직선 $2x+3y+3=0$이 수직이 아니므로 세 직선으로 둘러싸인 부분이 직각삼각형이 되는 조건은 다음과 같다.

(i) 직선 $(a+1)x-a^2y-1=0$이 직선 $2x+y-3=0$과 수직인 경우

$\quad (a+1)\times 2+(-a^2)\times 1=0$

$\quad a^2-2a-2=0$

$\quad a=1\pm\sqrt{3}$

(ii) 직선 $(a+1)x-a^2y-1=0$이 직선 $2x+3y+3=0$과 수직인 경우

$\quad (a+1)\times 2+(-a^2)\times 3=0$

$\quad 3a^2-2a-2=0$

$\quad a=\dfrac{1\pm\sqrt{7}}{3}$

(i), (ii)에서 $a=1\pm\sqrt{3}$ 또는 $a=\dfrac{1\pm\sqrt{7}}{3}$

따라서 구하는 모든 실수 a의 값의 합은

$(1+\sqrt{3})+(1-\sqrt{3})+\left(\dfrac{1+\sqrt{7}}{3}\right)+\left(\dfrac{1-\sqrt{7}}{3}\right)=\dfrac{8}{3}$

답 ①

두 직선 $2x+y-3=0$, $2x+3y+3=0$이 만나는 점의 좌표는 $(3,\ -3)$이다.

이때 직선 $(a+1)x-a^2y-1=0$에 $x=3$, $y=-3$을 대입하면

$3a+3+3a^2-1=0$

$3a^2+3a+2=0$

이 이차방정식의 판별식을 D라 하면

$D=3^2-4\times 3\times 2=-15<0$

이므로 직선 $(a+1)x-a^2y-1=0$은 점 $(3,\ -3)$을 지나지 않는다.

즉, 세 직선이 한 점에서 만나도록 하는 실수 a가 존재하지 않으므로 a의 값에 관계없이 세 직선으로 둘러싸인 삼각형이 항상 존재한다.

64 $A(4,\ 0)$, $B(0,\ 2)$이므로 선분 AB의 중점을 M이라 하면

$M\left(\dfrac{4+0}{2},\ \dfrac{0+2}{2}\right)$에서 $M(2,\ 1)$

이때 직선 $x+2y-4=0$, 즉 $y=-\dfrac{1}{2}x+2$와 수직인 직선의 기울기는 2이므로 선분 AB의 수직이등분선은 점 $M(2,\ 1)$을 지나고 기울기가 2인 직선이다.

$y-1=2(x-2)$

$2x-y-3=0$

따라서 $a=-1$, $b=-3$이므로

$ab=-1\times(-3)=3$

답 3

65 삼각형 OAB의 무게중심 G의 좌표를 구하면

$G\left(\dfrac{0+4+2}{3},\ \dfrac{0+1+2}{3}\right)$에서 $G(2,\ 1)$

이때 두 점 $P(a,\ b)$, $Q(a+c,\ b+c)$를 지나는 직선의 기울기는

$\dfrac{(b+c)-b}{(a+c)-a}=\dfrac{c}{c}=1$

이므로 선분 PQ의 수직이등분선의 기울기는 -1이다.

따라서 선분 PQ의 수직이등분선은 점 $G(2,\ 1)$을 지나고 기울기가 -1인 직선이므로

$y-1=-(x-2)$, $y=-x+3$

한편, 이 직선이 선분 PQ의 중점인 점 $\left(a+\dfrac{c}{2},\ b+\dfrac{c}{2}\right)$를 지나므로

$b+\dfrac{c}{2}=-\left(a+\dfrac{c}{2}\right)+3$

따라서 $a+b+c=3$

답 ③

66 삼각형의 외심은 세 변의 수직이등분선의 교점이다.

선분 AB의 중점을 M_1이라 하면

$M_1\left(\dfrac{-2+(-2)}{2},\ \dfrac{4+2}{2}\right)$에서 $M_1(-2,\ 3)$

이때 직선 AB의 방정식은 $x=-2$이다.

따라서 선분 AB의 수직이등분선은 점 $M_1(-2,\ 3)$을 지나고 직선 $x=-2$에 수직인 직선이므로

$y=3$

또, 선분 BC의 중점을 M_2라 하면

$M_2\left(\dfrac{-2+2}{2},\ \dfrac{2+0}{2}\right)$에서 $M_2(0,\ 1)$

두 점 B, C를 지나는 직선의 기울기는

$\dfrac{0-2}{2-(-2)}=-\dfrac{1}{2}$

이므로 선분 BC의 수직이등분선의 기울기는 2이다.

따라서 선분 BC의 수직이등분선은 점 $M_2(0,\ 1)$을 지나고 기울기가 2인 직선이므로

$y-1=2(x-0)$, $y=2x+1$

두 직선 $y=3$, $y=2x+1$의 교점은 점 $(1,\ 3)$이므로 삼각형 ABC의 외심은 $P(1,\ 3)$이다.

$\overline{AB}=4-2=2$,

$\overline{PM_1}=1-(-2)=3$

이므로 삼각형 PAB의 넓이는

$\dfrac{1}{2}\times\overline{AB}\times\overline{PM_1}=\dfrac{1}{2}\times 2\times 3=3$

$\overline{BC}=\sqrt{\{2-(-2)\}^2+(0-2)^2}=2\sqrt{5}$,

$\overline{PM_2}=\sqrt{(0-1)^2+(1-3)^2}=\sqrt{5}$

이므로 삼각형 PBC의 넓이는

$\dfrac{1}{2}\times\overline{BC}\times\overline{PM_2}=\dfrac{1}{2}\times 2\sqrt{5}\times\sqrt{5}=5$

따라서 사각형 PABC의 넓이는 $3+5=8$이다.

답 ⑤

67 두 직선 $x+2y-5=0$, $2x+y+2=0$의 교점을 지나는 직선의 방정식을

$x+2y-5+k(2x+y+2)=0$ (k는 실수)라 하자.

이 직선이 점 $(2,\ 1)$을 지나므로

$2+2\times 1-5+k(2\times 2+1+2)=0$

$k=\dfrac{1}{7}$

따라서 구하는 직선의 방정식은

$x+2y-5+\dfrac{1}{7}(2x+y+2)=0$

$3x+5y-11=0$

$y=-\dfrac{3}{5}x+\dfrac{11}{5}$

따라서 구하는 직선의 y절편은 $\dfrac{11}{5}$이다.

답 ①

다른 풀이

두 방정식 $x+2y-5=0$, $2x+y+2=0$을 연립하여 풀면

$x=-3$, $y=4$

즉, 두 직선의 교점의 좌표는 $(-3, 4)$이다.

이때 두 점 $(-3, 4)$, $(2, 1)$을 지나는 직선의 기울기는

$\dfrac{1-4}{2-(-3)}=-\dfrac{3}{5}$이므로 직선의 방정식은

$y-4=-\dfrac{3}{5}\{x-(-3)\}$

$y=-\dfrac{3}{5}x+\dfrac{11}{5}$

따라서 구하는 직선의 y절편은 $\dfrac{11}{5}$이다.

68 두 직선 $3x-2y+3=0$, $x+4y-13=0$의 교점을 지나는 직선의 방정식을

$3x-2y+3+k(x+4y-13)=0$ (k는 실수)라 하면

$(k+3)x+(4k-2)y-13k+3=0$ ······ ㉠

직선 ㉠이 직선 $x+y=0$과 수직이므로

$(k+3)\times1+(4k-2)\times1=0$

$k=-\dfrac{1}{5}$

$k=-\dfrac{1}{5}$을 ㉠에 대입하면

$\dfrac{14}{5}x-\dfrac{14}{5}y+\dfrac{28}{5}=0$

$x-y+2=0$

따라서 $A(-2, 0)$, $B(0, 2)$이므로 삼각형 OAB의 넓이는

$\dfrac{1}{2}\times\overline{OA}\times\overline{OB}=\dfrac{1}{2}\times2\times2=2$

답 ②

69 두 직선 $2x-y+a=0$, $x+2y+b=0$의 교점을 지나는 직선의 방정식을

$2x-y+a+k(x+2y+b)=0$ (k는 실수)라 하면

$(k+2)x+(2k-1)y+a+kb=0$ ······ ㉠

직선 ㉠이 직선 $x-3y+5=0$과 평행하므로

$\dfrac{k+2}{1}=\dfrac{2k-1}{-3}\ne\dfrac{a+kb}{5}$

$\dfrac{k+2}{1}=\dfrac{2k-1}{-3}$에서 $k=-1$

$k=-1$을 ㉠에 대입하면

$x-3y+a-b=0$

또, 이 직선이 점 $(5, 1)$을 지나므로

$5-3+a-b=0$

$a=b-2$

이때 $a^2+b^2=10$에 $a=b-2$를 대입하면

$(b-2)^2+b^2=10$

$b^2-2b-3=0$

$(b+1)(b-3)=0$

$b=-1$ 또는 $b=3$

$b>0$이므로 $b=3$이고 $a=b-2=3-2=1$

따라서 $a+b=1+3=4$

답 4

70 점 $(a, 2)$와 직선 $3x+4y+a=0$ 사이의 거리가 4이므로

$\dfrac{|3\times a+4\times2+a|}{\sqrt{3^2+4^2}}=\dfrac{4|a+2|}{5}=4$

$|a+2|=5$

$a+2=-5$ 또는 $a+2=5$

$a=-7$ 또는 $a=3$

따라서 모든 a의 값의 합은 $-7+3=-4$

답 ①

71 x절편이 3, y절편이 1인 직선 l의 방정식은

$\dfrac{x}{3}+y=1$, 즉 $x+3y-3=0$

점 $A(-1, -2)$와 직선 l 위의 점 P에 대하여 선분 AP의 길이의 최솟값은 점 A와 직선 l 사이의 거리와 같다.

따라서 구하는 최솟값은

$\dfrac{|-1+3\times(-2)-3|}{\sqrt{1^2+3^2}}=\dfrac{10}{\sqrt{10}}=\sqrt{10}$

답 ③

72 점 $A(a, a^2)$과 직선 $y=2x+1$, 즉 $2x-y+1=0$ 사이의 거리는

$\dfrac{|2\times a-a^2+1|}{\sqrt{2^2+(-1)^2}}=\dfrac{|2a-a^2+1|}{\sqrt{5}}$ ······ ㉠

점 $B(a+1, (a+1)^2)$과 직선 $2x-y+1=0$ 사이의 거리는

$\dfrac{|2\times(a+1)-(a+1)^2+1|}{\sqrt{2^2+(-1)^2}}=\dfrac{|2-a^2|}{\sqrt{5}}$ ······ ㉡

이때 ㉠과 ㉡이 같으므로

$\dfrac{|2a-a^2+1|}{\sqrt{5}}=\dfrac{|2-a^2|}{\sqrt{5}}$

$|2a-a^2+1|=|2-a^2|$

$2a-a^2+1=2-a^2$ 또는 $2a-a^2+1=-(2-a^2)$

$2a-a^2+1=2-a^2$에서 $a=\dfrac{1}{2}$

$2a-a^2+1=-(2-a^2)$에서

$2a^2-2a-3=0$

$a=\dfrac{1\pm\sqrt{7}}{2}$

따라서 a의 값은 $\dfrac{1}{2}$, $\dfrac{1+\sqrt{7}}{2}$, $\dfrac{1-\sqrt{7}}{2}$이므로 모든 a의 값의 합은

$\dfrac{1}{2}+\dfrac{1+\sqrt{7}}{2}+\dfrac{1-\sqrt{7}}{2}=\dfrac{3}{2}$

답 ③

73 두 점 A$(2, -3)$, H(a, b)를 지나는 직선은 직선 $y=x+2$와 서로 수직이므로 기울기는 -1이다.

점 A$(2, -3)$을 지나고 기울기가 -1인 직선의 방정식은

$y-(-3)=-(x-2)$, 즉 $y=-x-1$

두 방정식 $y=x+2$, $y=-x-1$을 연립하여 풀면

$x=-\dfrac{3}{2}$, $y=\dfrac{1}{2}$이므로 점 H의 좌표는 $\left(-\dfrac{3}{2}, \dfrac{1}{2}\right)$이다.

따라서 $a=-\dfrac{3}{2}$, $b=\dfrac{1}{2}$이므로

$a^2+b^2=\left(-\dfrac{3}{2}\right)^2+\left(\dfrac{1}{2}\right)^2=\dfrac{5}{2}$

답 ⑤

74 두 점 A$(1, 6)$, B$(4, 0)$에서 직선 $y=mx+5$에 내린 수선의 발이 일치하므로 직선 AB와 직선 $y=mx+5$는 서로 수직이다.

두 점 A$(1, 6)$, B$(4, 0)$을 지나는 직선의 기울기가 $\dfrac{0-6}{4-1}=-2$이므로 직선 $y=mx+5$의 기울기는 $\dfrac{1}{2}$이다.

즉, $m=\dfrac{1}{2}$이므로 $y=\dfrac{1}{2}x+5$에서 $x-2y+10=0$

따라서 원점과 직선 $x-2y+10=0$ 사이의 거리는

$\dfrac{|10|}{\sqrt{1^2+(-2)^2}}=\dfrac{10}{\sqrt{5}}=2\sqrt{5}$

답 ③

75 직선 $(2k+1)x+(k+1)y+1-2k=0$을 k에 대하여 정리하면

$(2x+y-2)k+x+y+1=0$

$2x+y-2=0$, $x+y+1=0$

두 식을 연립하여 풀면

$x=3$, $y=-4$

따라서 직선 $(2k+1)x+(k+1)y+1-2k=0$은 실수 k의 값에 관계없이 항상 점 $(3, -4)$를 지난다.

원점 O에서 직선 $(2k+1)x+(k+1)y+1-2k=0$에 내린 수선의 발 H에 대하여 선분 OH의 길이는 점 H의 좌표가 $(3, -4)$일 때 최댓값을 가지므로 $a=3$, $b=-4$

이때 선분 OH의 길이의 최댓값은

$M=\sqrt{3^2+(-4)^2}=5$

따라서 $ab+M=3\times(-4)+5=-7$

답 ②

76 점 A$(-1, 3)$에서 직선 $y=x-4$, 즉 $x-y-4=0$에 내린 수선의 발을 H라 하면

$\overline{AH}=\dfrac{|-1-3-4|}{\sqrt{1^2+(-1)^2}}=\dfrac{8}{\sqrt{2}}=4\sqrt{2}$

이때 삼각형 ABC는 $\overline{AB}=\overline{AC}=5\sqrt{2}$인 이등변삼각형이므로 점 H는 선분 BC의 중점이다.

직각삼각형 ABH에서

$\overline{BH}=\sqrt{\overline{AB}^2-\overline{AH}^2}=\sqrt{(5\sqrt{2})^2-(4\sqrt{2})^2}=3\sqrt{2}$

따라서 $\overline{BC}=2\overline{BH}=6\sqrt{2}$이므로 삼각형 ABC의 넓이는

$\dfrac{1}{2}\times\overline{BC}\times\overline{AH}=\dfrac{1}{2}\times6\sqrt{2}\times4\sqrt{2}=24$

답 ②

77 $\overline{OA}=\sqrt{4^2+1^2}=\sqrt{17}$

직선 OA의 방정식은 $x-4y=0$이다.

점 B$(a, 3a)$에서 직선 OA에 내린 수선의 발을 H라 하면 $a>0$이므로

$\overline{BH}=\dfrac{|a-4\times3a|}{\sqrt{1^2+(-4)^2}}=\dfrac{11}{\sqrt{17}}a$

이때 삼각형 OAB의 넓이가 5이므로

$\dfrac{1}{2}\times\overline{OA}\times\overline{BH}=\dfrac{1}{2}\times\sqrt{17}\times\dfrac{11}{\sqrt{17}}a=\dfrac{11}{2}a=5$

따라서 $a=\dfrac{10}{11}$

답 $\dfrac{10}{11}$

78 두 직선의 방정식 $3x+y-12=0$, $x-2y+3=0$을 연립하여 풀면

$x=3$, $y=3$

$kx+8y+3k=0$을 k에 대하여 정리하면

$(x+3)k+8y=0$

$x+3=0$, $8y=0$에서 $x=-3$, $y=0$

따라서 직선 $kx+8y+3k=0$은 양수 k의 값에 관계없이 항상 점 $(-3, 0)$을 지난다.

이때 점 $(-3, 0)$은 직선 $x-2y+3=0$ 위의 점이고 양수 k에 대하여 직선 $kx+8y+3k=0$의 기울기는 음수이므로 주어진 세 직선으로 둘러싸인 삼각형은 그림과 같다.

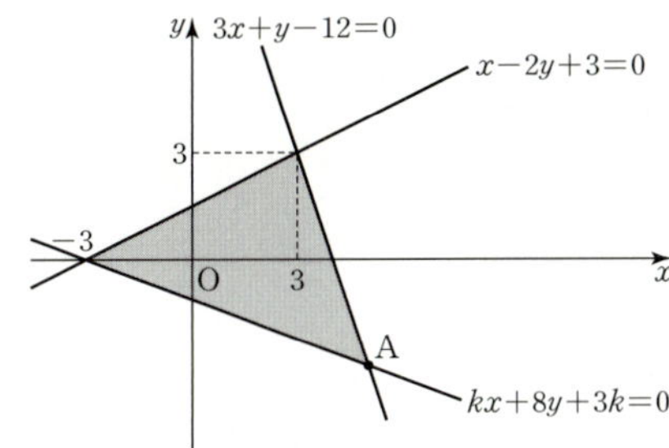

두 점 $(3, 3)$, $(-3, 0)$ 사이의 거리는

$\sqrt{(-3-3)^2+(0-3)^2}=3\sqrt{5}$

두 직선 $3x+y-12=0$, $kx+8y+3k=0$이 만나는 제4사분면 위의 점을 A(m, n) $(m>0, n<0)$이라 하자.

점 A와 직선 $x-2y+3=0$ 사이의 거리는

$\dfrac{|m-2n+3|}{\sqrt{1^2+(-2)^2}}=\dfrac{|m-2n+3|}{\sqrt{5}}$

이때 주어진 세 직선으로 둘러싸인 삼각형의 넓이가 21이므로

$\dfrac{1}{2}\times3\sqrt{5}\times\dfrac{|m-2n+3|}{\sqrt{5}}=21$, $|m-2n+3|=14$

$m>0$, $n<0$에서 $m-2n+3>0$이므로

$m-2n+3=14$, $m-2n=11$ ...... ㉠

한편, 점 A(m, n)이 직선 $3x+y-12=0$ 위의 점이므로

$3m+n=12$ ...... ㉡

㉠, ㉡을 연립하여 풀면 $m=5$, $n=-3$, 즉 A$(5, -3)$

따라서 주어진 세 직선으로 둘러싸인 삼각형의 세 꼭짓점의 좌표는 $(3, 3)$, $(-3, 0)$, $(5, -3)$이므로 이 삼각형의 무게중심의 좌표는

$\left(\dfrac{3+(-3)+5}{3}, \dfrac{3+0+(-3)}{3}\right)$에서 $\left(\dfrac{5}{3}, 0\right)$

따라서 $a=\dfrac{5}{3}$, $b=0$이므로

$$a+b=\dfrac{5}{3}+0=\dfrac{5}{3}$$

답 ⑤

79 평행한 두 직선 $x+y+4=0$, $x+y+k=0$ 사이의 거리가 $5\sqrt{2}$ 가 되려면 $x+y+4=0$ 위의 한 점 $(-4, 0)$과 직선 $x+y+k=0$ 사이의 거리는 $5\sqrt{2}$이어야 하므로

$$\dfrac{|-4+0+k|}{\sqrt{1^2+1^2}}=\dfrac{|k-4|}{\sqrt{2}}=5\sqrt{2}$$

$|k-4|=10$

$k-4=-10$ 또는 $k-4=10$

$k=-6$ 또는 $k=14$

따라서 모든 실수 k의 값의 합은

$-6+14=8$

답 ③

80 $\overline{AB}=\sqrt{(0-1)^2+(2-0)^2}=\sqrt{5}$

직선 AB의 방정식은 $y=-2x+2$이다.

정사각형 ABCD에서 두 직선 AB, CD는 서로 평행하므로 직선 CD의 방정식을 $y=-2x+k\ (k>2)$라 하자.

이때 $\overline{AD}=\overline{AB}=\sqrt{5}$이므로

점 A$(1, 0)$과 직선 $y=-2x+k$, 즉 $2x+y-k=0$ 사이의 거리는 $\sqrt{5}$이다.

$$\dfrac{|2\times1+0-k|}{\sqrt{2^2+1^2}}=\dfrac{|2-k|}{\sqrt{5}}=\sqrt{5}$$

$|2-k|=5$

$2-k=-5$ 또는 $2-k=5$

$k=7$ 또는 $k=-3$

이때 $k>2$이므로 $k=7$

따라서 직선 CD의 방정식은 $y=-2x+7$이므로 구하는 y절편은 7이다.

답 ③

81 $2x-y+1=0$ …… ㉠, $2x-y+3=0$ …… ㉡

　　　$x+2y=0$ …… ㉢, $x+2y-6=0$ …… ㉣

두 직선 ㉠, ㉡의 기울기는 모두 2이고 두 직선 ㉢, ㉣의 기울기는 모두 $-\dfrac{1}{2}$이므로 두 직선 ㉠, ㉡과 ㉢, ㉣은 각각 평행하고 직선 ㉠, ㉡과 직선 ㉢, ㉣은 서로 수직이다.

따라서 네 직선 ㉠, ㉡, ㉢, ㉣로 둘러싸인 부분은 직사각형이다.

이때 평행한 두 직선 $2x-y+1=0$, $2x-y+3=0$ 사이의 거리를 d_1이라 하면 d_1은 직선 $2x-y+1=0$ 위의 점 $(0, 1)$과 직선 $2x-y+3=0$ 사이의 거리이므로

$$d_1=\dfrac{|2\times0-1+3|}{\sqrt{2^2+(-1)^2}}=\dfrac{2}{\sqrt{5}}=\dfrac{2}{5}\sqrt{5}$$

또한, 평행한 두 직선 $x+2y=0$, $x+2y-6=0$ 사이의 거리를 d_2라 하면 d_2는 직선 $x+2y=0$ 위의 점 $(0, 0)$과 직선 $x+2y-6=0$ 사이의 거리이므로

$$d_2=\dfrac{|-6|}{\sqrt{1^2+2^2}}=\dfrac{6}{\sqrt{5}}=\dfrac{6}{5}\sqrt{5}$$

따라서 구하는 넓이는

$$d_1d_2=\dfrac{2}{5}\sqrt{5}\times\dfrac{6}{5}\sqrt{5}=\dfrac{12}{5}$$

답 ③

82 직선 $y=2x+5$ 위의 점 A의 좌표를 $(t, 2t+5)$라 하자.

삼각형 ABC의 무게중심 G의 좌표를 (x', y')이라 하면

$$x'=\dfrac{t+(-1)+3}{3}=\dfrac{t+2}{3} \qquad \cdots\cdots ㉠$$

$$y'=\dfrac{(2t+5)+0+8}{3}=\dfrac{2t+13}{3} \qquad \cdots\cdots ㉡$$

㉠에서 $t=3x'-2$이므로 이를 ㉡에 대입하면

$$y'=\dfrac{2\times(3x'-2)+13}{3}$$

$y'=2x'+3$

즉, 점 G(x', y')은 직선 $y=2x+3$ 위의 점이다.

따라서 $a=2$, $b=3$이므로

$a+b=2+3=5$

답 ③

83 점 A의 좌표를 (x', y')이라 하자.

점 A와 직선 $y=x$, 즉 $x-y=0$ 사이의 거리가 d_1이므로

$$d_1=\dfrac{|x'-y'|}{\sqrt{1^2+(-1)^2}}=\dfrac{|x'-y'|}{\sqrt{2}}$$

점 A와 직선 $y=x-2$, 즉 $x-y-2=0$ 사이의 거리가 d_2이므로

$$d_2=\dfrac{|x'-y'-2|}{\sqrt{1^2+(-1)^2}}=\dfrac{|x'-y'-2|}{\sqrt{2}}$$

$d_2=3d_1$이므로

$$\dfrac{|x'-y'-2|}{\sqrt{2}}=3\times\dfrac{|x'-y'|}{\sqrt{2}}$$

$|x'-y'-2|=3|x'-y'|$

$x'-y'-2=3(x'-y')$ 또는 $x'-y'-2=-3(x'-y')$

$x'-y'+1=0$ 또는 $x'-y'-\dfrac{1}{2}=0$

즉, 점 A는 직선 $x-y+1=0$ 또는 직선 $x-y-\dfrac{1}{2}=0$ 위의 점이다.

이때 직선 $x-y+1=0$은 제2사분면을 지나고 직선 $x-y-\dfrac{1}{2}=0$은 제2사분면을 지나지 않는다.

따라서 제2사분면 위의 점 A가 나타내는 도형은 직선 $x-y+1=0$, 즉 $y=x+1$의 일부분이므로 $a=1$, $b=1$

$a+b=1+1=2$

답 ②

84 직선 l 위의 점을 P(x', y')이라 하자.

직선 l이 두 직선 $y=0$, $y=\dfrac{12}{5}(x+3)$이 이루는 각을 이등분하는 직선이므로 직선 l 위의 점 P와 두 직선 $y=0$, $y=\dfrac{12}{5}(x+3)$ 사이의 거리는 같다.

점 P와 직선 $y=0$, 즉 x축 사이의 거리는 $|y'|$이고

점 P와 직선 $y=\dfrac{12}{5}(x+3)$, 즉 $12x-5y+36=0$ 사이의 거리는

$$\dfrac{|12x'-5y'+36|}{\sqrt{12^2+(-5)^2}}=\dfrac{|12x'-5y'+36|}{13}$$이므로

$$|y'| = \frac{|12x'-5y'+36|}{13}$$

$$y' = \frac{12x'-5y'+36}{13} \ \text{또는} \ y' = -\frac{12x'-5y'+36}{13}$$

$$2x'-3y'+6=0 \ \text{또는} \ 3x'+2y'+9=0$$

즉, 직선 l의 방정식은 $2x-3y+6=0$ 또는 $3x+2y+9=0$이다.

이때 직선 l이 제1사분면을 지나므로 직선 l의 방정식은

$2x-3y+6=0$, 즉 $y=\dfrac{2}{3}x+2$이다.

따라서 직선 l의 y절편은 2이다.

답 ②

<table>
<tr><td colspan="2">서술형 완성하기</td><td align="right">본문 24쪽</td></tr>
</table>

01 2	**02** $\dfrac{9}{5}$
03 $(1,\ -1)$	**04** $\left(1,\ \dfrac{5}{2}\right)$
05 $\dfrac{21}{5}$	**06** $\dfrac{3}{2}\sqrt{3}$

01 $\overline{AB}^2 = \{3-(-1)\}^2+(2-0)^2=20$

$\overline{BC}^2 = (1-3)^2+(a-2)^2=a^2-4a+8$

$\overline{CA}^2 = (-1-1)^2+(0-a)^2=a^2+4$ ······ ❶

삼각형 ABC가 $\angle C=90°$인 직각삼각형이 되려면

$\overline{AB}^2=\overline{BC}^2+\overline{CA}^2$

이어야 하므로

$20=(a^2-4a+8)+(a^2+4)$

$a^2-2a-4=0$

$a=1\pm\sqrt{5}$ ······ ❷

따라서 모든 실수 a의 값의 합은

$(1+\sqrt{5})+(1-\sqrt{5})=2$ ······ ❸

답 2

단계	채점 기준	비율
❶	$\overline{AB}^2$, $\overline{BC}^2$, $\overline{CA}^2$을 각각 구한 경우	60 %
❷	실수 a의 값을 구한 경우	30 %
❸	모든 실수 a의 값의 합을 구한 경우	10 %

02 선분 BC의 중점을 M이라 하면 $\overline{BC}=6$이므로

$\overline{BM}=\dfrac{1}{2}\overline{BC}=\dfrac{1}{2}\times 6=3$

삼각형 ABC의 무게중심이 G이고 $\overline{AG}=2$이므로

$\overline{GM}=\dfrac{1}{2}\overline{AG}=\dfrac{1}{2}\times 2=1$

$\overline{AM}=\overline{AG}+\overline{GM}=2+1=3$

삼각형 ABC에서

$\overline{AB}^2+\overline{AC}^2=2(\overline{AM}^2+\overline{BM}^2)$

$\qquad\qquad\qquad =2(3^2+3^2)=36$

삼각형 GBC에서

$\overline{GB}^2+\overline{GC}^2=2(\overline{GM}^2+\overline{BM}^2)$

$\qquad\qquad\qquad =2(1^2+3^2)=20$ ······ ❷

따라서 $\dfrac{\overline{AB}^2+\overline{AC}^2}{\overline{GB}^2+\overline{GC}^2}=\dfrac{36}{20}=\dfrac{9}{5}$ ······ ❸

답 $\dfrac{9}{5}$

단계	채점 기준	비율
❶	세 선분 BM, GM, AM의 길이를 각각 구한 경우	30 %
❷	$\overline{AB}^2+\overline{AC}^2$, $\overline{GB}^2+\overline{GC}^2$의 값을 각각 구한 경우	60 %
❸	$\dfrac{\overline{AB}^2+\overline{AC}^2}{\overline{GB}^2+\overline{GC}^2}$의 값을 구한 경우	10 %

03 $\overline{AB}^2=\{4-(-2)\}^2+(-2-0)^2=40$

$\overline{BC}^2=(2-4)^2+\{2-(-2)\}^2=20$

$\overline{CA}^2=(-2-2)^2+(0-2)^2=20$ ······ ❶

이때 $\overline{BC}^2=\overline{CA}^2$이고, $\overline{AB}^2=\overline{BC}^2+\overline{CA}^2$이므로 삼각형 ABC는 선분 AB를 빗변으로 하는 직각이등변삼각형이다.   ······ ❷

직각이등변삼각형 ABC의 내접원은 빗변 AB의 중점에서 접한다.

따라서 점 D는 선분 AB의 중점이므로

$D\left(\dfrac{-2+4}{2},\ \dfrac{0-2}{2}\right)$에서 $D(1,\ -1)$ ······ ❸

답 $(1,\ -1)$

단계	채점 기준	비율
❶	$\overline{AB}^2$, $\overline{BC}^2$, $\overline{CA}^2$을 각각 구한 경우	60 %
❷	삼각형 ABC가 선분 AB를 빗변으로 하는 직각이등변삼각형임을 안 경우	20 %
❸	점 D의 좌표를 구한 경우	20 %

04 두 점 $A(-2,\ -2)$, $B(4,\ 1)$을 지나는 직선의 기울기가

$\dfrac{1-(-2)}{4-(-2)}=\dfrac{1}{2}$이므로 직선 AB의 방정식은

$y-(-2)=\dfrac{1}{2}\{x-(-2)\}$, $y=\dfrac{1}{2}x-1$

이 직선이 x축과 만나는 점 D의 좌표는 $(2,\ 0)$이다.   ······ ❶

두 점 $D(2,\ 0)$, $E(0,\ 1)$을 지나는 직선의 기울기는

$\dfrac{1-0}{0-2}=-\dfrac{1}{2}$

이때 두 직선 BC, DE가 서로 평행하므로 직선 BC의 기울기도 $-\dfrac{1}{2}$이다.

따라서 직선 BC의 방정식은

$y-1=-\dfrac{1}{2}(x-4)$, $y=-\dfrac{1}{2}x+3$ ······ ❷

두 점 $A(-2,\ -2)$, $E(0,\ 1)$을 지나는 직선의 기울기는

$\dfrac{1-(-2)}{0-(-2)}=\dfrac{3}{2}$이므로 직선 AE의 방정식은

$y-(-2)=\dfrac{3}{2}\{x-(-2)\}$, $y=\dfrac{3}{2}x+1$ ······ ❸

점 C는 두 직선 $y=-\dfrac{1}{2}x+3$, $y=\dfrac{3}{2}x+1$의 교점으로 두 식을 연립하여 풀면

$x=1$, $y=\dfrac{5}{2}$

따라서 점 C의 좌표는 $\left(1,\ \dfrac{5}{2}\right)$이다.   ······ ❹

답 $\left(1,\ \dfrac{5}{2}\right)$

단계	채점 기준	비율
❶	점 D의 좌표를 구한 경우	25 %
❷	직선 BC의 방정식을 구한 경우	25 %
❸	직선 AE의 방정식을 구한 경우	25 %
❹	점 C의 좌표를 구한 경우	25 %

05 세 직선 $x-y+1=0$, $ax-y-1=0$, $(a-3)x+y+2=0$에 의하여 좌표평면이 여섯 부분으로 나누어지려면 세 직선 중 두 직선이 서로 평행하거나 세 직선이 한 점에서 만나야 한다.

(i) 두 직선 $x-y+1=0$, $ax-y-1=0$이 평행한 경우

$$\frac{a}{1}=\frac{-1}{-1}\neq\frac{-1}{1} \text{에서 } a=1 \qquad\qquad \cdots\cdots ❶$$

(ii) 두 직선 $x-y+1=0$, $(a-3)x+y+2=0$이 평행한 경우

$$\frac{a-3}{1}=\frac{1}{-1}\neq\frac{2}{1} \text{에서 } a=2 \qquad\qquad \cdots\cdots ❷$$

(iii) 두 직선 $ax-y-1=0$, $(a-3)x+y+2=0$이 평행한 경우

$a=0$이면 두 직선 $ax-y-1=0$, $(a-3)x+y+2=0$이 평행하지 않으므로 $a\neq0$이다.

$$\frac{a-3}{a}=\frac{1}{-1}\neq\frac{2}{-1} \text{에서 } a=\frac{3}{2} \qquad\qquad \cdots\cdots ❸$$

(iv) 세 직선이 한 점에서 만나는 경우

방정식 $x-y+1=0$, $ax-y-1=0$을 연립하여 풀면

$$x=\frac{2}{a-1}, y=\frac{a+1}{a-1}$$

점 $\left(\frac{2}{a-1}, \frac{a+1}{a-1}\right)$을 방정식 $(a-3)x+y+2=0$에 대입하면

$$(a-3)\times\frac{2}{a-1}+\frac{a+1}{a-1}+2=0$$

$$2(a-3)+(a+1)+2(a-1)=0$$

$$5a-7=0, a=\frac{7}{5} \qquad\qquad \cdots\cdots ❹$$

(i)~(iv)에서 실수 a의 값은 1, 2, $\frac{3}{2}$, $\frac{7}{5}$이므로 모든 실수 a의 값의 곱은

$$1\times2\times\frac{3}{2}\times\frac{7}{5}=\frac{21}{5} \qquad\qquad \cdots\cdots ❺$$

답 $\dfrac{21}{5}$

단계	채점 기준	비율
❶	두 직선 $x-y+1=0$, $ax-y-1=0$이 평행한 경우의 a의 값을 구한 경우	20 %
❷	두 직선 $x-y+1=0$, $(a-3)x+y+2=0$이 평행한 경우의 a의 값을 구한 경우	20 %
❸	두 직선 $ax-y-1=0$, $(a-3)x+y+2=0$이 평행한 경우의 a의 값을 구한 경우	20 %
❹	세 직선이 한 점에서 만나는 경우의 a의 값을 구한 경우	30 %
❺	모든 실수 a의 값의 곱을 구한 경우	10 %

06 선분 AC의 길이는 점 A$(0, 1)$과 직선 $y=-\sqrt{3}x-1$, 즉 $\sqrt{3}x+y+1=0$ 사이의 거리와 같으므로

$$\overline{AC}=\frac{|0+1+1|}{\sqrt{(\sqrt{3})^2+1^2}}=1$$

선분 BD의 길이는 점 B$(\sqrt{3}, 0)$과 직선 $\sqrt{3}x+y+1=0$ 사이의 거리와 같으므로

$$\overline{BD}=\frac{|\sqrt{3}\times\sqrt{3}+0+1|}{\sqrt{(\sqrt{3})^2+1^2}}=2 \qquad\qquad \cdots\cdots ❶$$

$$\overline{AB}=\sqrt{(\sqrt{3}-0)^2+(0-1)^2}=2$$

점 A에서 선분 BD에 내린 수선의 발을 H라 하면

$$\overline{HD}=\overline{AC}=1,$$

$$\overline{BH}=\overline{BD}-\overline{HD}=2-1=1$$

직각삼각형 AHB에서

$$\overline{AH}=\sqrt{\overline{AB}^2-\overline{BH}^2}=\sqrt{2^2-1^2}=\sqrt{3} \qquad\qquad \cdots\cdots ❷$$

따라서 구하는 사각형의 넓이는

$$\frac{1}{2}\times(\overline{AC}+\overline{BD})\times\overline{AH}=\frac{1}{2}\times(1+2)\times\sqrt{3}=\frac{3}{2}\sqrt{3} \qquad \cdots\cdots ❸$$

답 $\dfrac{3}{2}\sqrt{3}$

단계	채점 기준	비율
❶	두 선분 AC, BD의 길이를 각각 구한 경우	40 %
❷	점 A와 직선 BD 사이의 거리를 구한 경우	40 %
❸	사각형의 넓이를 구한 경우	20 %

01 21		**02** ③
03 20		**04** $\dfrac{2}{15}\sqrt{10}$

01

Step 1 $\overline{AB}^2$, $\overline{BC}^2$, $\overline{CA}^2$ 각각 구하기

세 점 A$(2, 1)$, B$(0, -1)$, C$(a, 0)$에서

$$\overline{AB}^2=(0-2)^2+(-1-1)^2=8$$
$$\overline{BC}^2=(a-0)^2+\{0-(-1)\}^2=a^2+1$$
$$\overline{CA}^2=(2-a)^2+(1-0)^2=a^2-4a+5$$

Step 2 삼각형 ABC가 이등변삼각형이 되도록 하는 a의 값 모두 구하기

삼각형 ABC가 이등변삼각형이 되려면 $\overline{AB}=\overline{BC}$ 또는 $\overline{BC}=\overline{CA}$ 또는 $\overline{CA}=\overline{AB}$이어야 한다.

(i) $\overline{AB}=\overline{BC}$일 때

$\overline{AB}^2=\overline{BC}^2$이므로

$$8=a^2+1, a=\pm\sqrt{7}$$

(ii) $\overline{BC}=\overline{CA}$일 때

$\overline{BC}^2=\overline{CA}^2$이므로

$$a^2+1=a^2-4a+5, a=1$$

즉, C$(1, 0)$

이때 두 점 A$(2, 1)$, B$(0, -1)$의 중점의 좌표가

$$\left(\frac{2+0}{2}, \frac{1+(-1)}{2}\right) \text{에서 } (1, 0)$$

따라서 점 C는 선분 AB의 중점이므로 세 점 A, B, C를 꼭짓점으로 하는 삼각형이 존재하지 않는다.

(iii) $\overline{CA}=\overline{AB}$일 때

$\overline{CA}^2=\overline{AB}^2$이므로

$$a^2-4a+5=8$$
$$a^2-4a-3=0$$
$$a=2\pm\sqrt{7}$$

[Step 3] 모든 a의 값의 곱 구하기

(i), (ii), (iii)에서 a의 값은 $\sqrt{7}$, $-\sqrt{7}$, $2+\sqrt{7}$, $2-\sqrt{7}$이므로 모든 a의 값의 곱은
$$\sqrt{7}\times(-\sqrt{7})\times(2+\sqrt{7})\times(2-\sqrt{7})=21$$

답 21

02

[Step 1] 직사각형 ABCD의 두 대각선의 교점 구하기

직사각형 ABCD와 평행사변형 EFGH의 두 대각선의 교점을 각각 I, J라 하자.

직선 l이 직사각형 ABCD와 평행사변형 EFGH의 넓이를 동시에 이등분하려면 두 점 I, J를 지나야 한다.

네 점 A, B, C, D의 좌표를 각각

(x_1, y_1), (x_2, y_2), (x_3, y_3), (x_4, y_4)라 하면 조건 (가)에 의하여

$x_1+x_2+x_3+x_4=8$, $y_1+y_2+y_3+y_4=8$

점 I가 직사각형 ABCD의 두 대각선의 교점이므로

$I\left(\dfrac{x_1+x_2+x_3+x_4}{4}, \dfrac{y_1+y_2+y_3+y_4}{4}\right)$, 즉 $I(2, 2)$

[Step 2] 평행사변형 EFGH의 두 대각선의 교점 구하기

네 점 E, F, G, H의 좌표를 각각

(x_5, y_5), (x_6, y_6), (x_7, y_7), (x_8, y_8)이라 하면 조건 (나)에 의하여

$x_5+x_6+x_7+x_8=16$, $y_5+y_6+y_7+y_8=20$

점 J가 평행사변형 EFGH의 두 대각선의 교점이므로

$J\left(\dfrac{x_5+x_6+x_7+x_8}{4}, \dfrac{y_5+y_6+y_7+y_8}{4}\right)$, 즉 $J(4, 5)$

[Step 3] 직선 l을 구한 후, 직선 l과 x축 및 y축으로 둘러싸인 부분의 넓이 구하기

직선 l은 두 점 $I(2, 2)$, $J(4, 5)$를 지나므로 이 직선의 방정식은

$$y-2=\dfrac{5-2}{4-2}(x-2)$$

$$y=\dfrac{3}{2}x-1$$

따라서 직선 l의 x절편은 $\dfrac{2}{3}$, y절편은 -1이므로 직선 l과 x축 및 y축으로 둘러싸인 부분의 넓이는

$$\dfrac{1}{2}\times\left|\dfrac{2}{3}\right|\times|-1|=\dfrac{1}{3}$$

답 ③

참고

오른쪽 그림과 같은 직사각형 ABCD에 대하여 네 꼭짓점 A, B, C, D의 x좌표를 각각 x_1, x_2, x_3, x_4라 하자.

두 선분 AC, BD의 중점이 일치하므로

$$\dfrac{x_1+x_3}{2}=\dfrac{x_2+x_4}{2}$$

$$x_1+x_3=x_2+x_4$$

$$\dfrac{x_1+x_3}{2}=\dfrac{2(x_1+x_3)}{4}=\dfrac{x_1+x_2+x_3+x_4}{4}$$

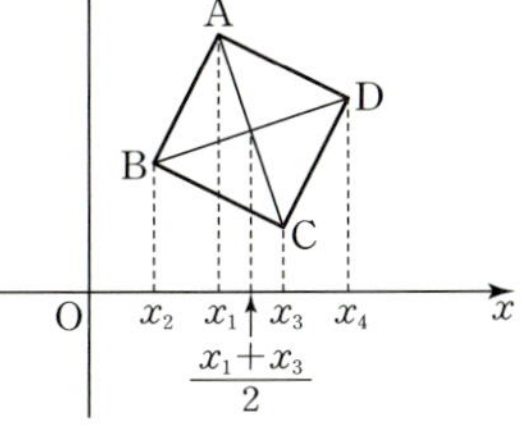

따라서 두 선분 AC, BD의 중점의 x좌표는

$\dfrac{x_1+x_2+x_3+x_4}{4}$이다.

03

[Step 1] 점 P_n의 y좌표 구하기

$n=1, 2, 3, 4$에 대하여 점 P_n의 좌표를 (a_n, b_n)이라 하자.

점 P_n과 직선 $y=0$ 사이의 거리가 2이므로

$|b_n|=2$

$b_n=-2$ 또는 $b_n=2$

[Step 2] 점 P_n의 좌표 모두 구하기

점 P_n과 직선 $y=\dfrac{4}{3}x$, 즉 $4x-3y=0$ 사이의 거리가 2이므로

$$\dfrac{|4a_n-3b_n|}{\sqrt{4^2+(-3)^2}}=2$$

$|4a_n-3b_n|=10$

$4a_n-3b_n=10$ 또는 $4a_n-3b_n=-10$

(i) $b_n=-2$일 때

$4a_n-3b_n=10$에서 $4a_n+6=10$, $a_n=1$

$4a_n-3b_n=-10$에서 $4a_n+6=-10$, $a_n=-4$

따라서 점 P_n의 좌표는 $(1, -2)$ 또는 $(-4, -2)$

(ii) $b_n=2$일 때

$4a_n-3b_n=10$에서 $4a_n-6=10$, $a_n=4$

$4a_n-3b_n=-10$에서 $4a_n-6=-10$, $a_n=-1$

따라서 점 P_n의 좌표는 $(4, 2)$, $(-1, 2)$

(i), (ii)에서 네 점 P_n의 좌표는

$(1, -2)$, $(-4, -2)$, $(4, 2)$, $(-1, 2)$이다.

[Step 3] 네 점 P_1, P_2, P_3, P_4를 꼭짓점으로 하는 사각형의 넓이 구하기

따라서 네 점 P_1, P_2, P_3, P_4를 꼭짓점으로 하는 사각형이 평행사변형이므로 이 사각형의 넓이는
$$\{4-(-1)\}\times\{2-(-2)\}=20$$

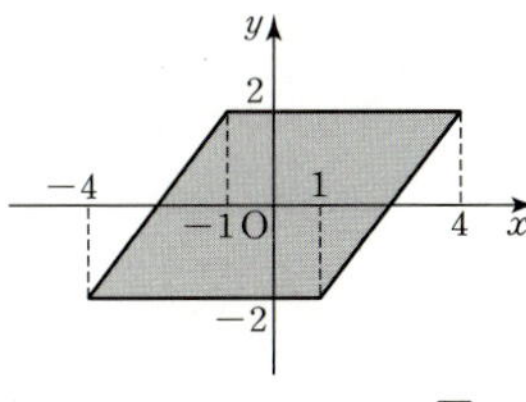

답 20

04

[Step 1] 두 점 A, B의 좌표 각각 구하기

$$y=|x|=\begin{cases}-x & (x<0)\\ x & (x\geq 0)\end{cases}$$

방정식 $y=m(x+4)$, $y=-x$를 연립하여 풀면

$$x=-\dfrac{4m}{m+1}, \quad y=\dfrac{4m}{m+1}$$

이므로 $A\left(-\dfrac{4m}{m+1}, \dfrac{4m}{m+1}\right)$

또, 방정식 $y=m(x+4)$, $y=x$를 연립하여 풀면

$$x=-\dfrac{4m}{m-1}, \quad y=-\dfrac{4m}{m-1}$$

이므로 $B\left(-\dfrac{4m}{m-1}, -\dfrac{4m}{m-1}\right)$

Step 2 두 점 사이의 거리 공식을 이용하여 m의 값 구하기

선분 AB의 길이가 $\sqrt{10}$이므로

$$\overline{AB}^2$$

$$=\left\{-\frac{4m}{m-1}-\left(-\frac{4m}{m+1}\right)\right\}^2+\left(-\frac{4m}{m-1}-\frac{4m}{m+1}\right)^2$$

$$=2\left(-\frac{4m}{m-1}\right)^2+2\left(-\frac{4m}{m+1}\right)^2$$

$$=\frac{32m^2}{(m-1)^2}+\frac{32m^2}{(m+1)^2}=(\sqrt{10})^2$$

$$32m^2(m+1)^2+32m^2(m-1)^2=10(m-1)^2(m+1)^2$$

$$27m^4+42m^2-5=0$$

$$(3m^2+5)(9m^2-1)=0$$

$3m^2+5>0$이므로 $9m^2-1=0$

$$m=-\frac{1}{3}\ \text{또는}\ m=\frac{1}{3}$$

이때 $0<m<1$이므로 $m=\frac{1}{3}$

Step 3 직선 l의 방정식과 삼각형 OAB의 무게중심 G의 좌표 각각 구하기

따라서 두 점 A, B의 좌표는 각각 $(-1, 1)$, $(2, 2)$이고 직선 l의 방정식은

$$y-1=\frac{2-1}{2-(-1)}\{x-(-1)\}$$

$$y=\frac{1}{3}x+\frac{4}{3},\ x-3y+4=0$$

또, 삼각형 OAB의 무게중심 G의 좌표를 구하면

$$G\left(\frac{0+(-1)+2}{3},\ \frac{0+1+2}{3}\right)\text{에서 } G\left(\frac{1}{3},\ 1\right)$$

Step 4 점 G와 직선 l 사이의 거리 구하기

따라서 점 G와 직선 l 사이의 거리는

$$\frac{\left|\frac{1}{3}-3\times1+4\right|}{\sqrt{1^2+(-3)^2}}=\frac{\frac{4}{3}}{\sqrt{10}}=\frac{2}{15}\sqrt{10}$$

답 $\dfrac{2}{15}\sqrt{10}$

02 원의 방정식

개념 확인하기
본문 27쪽

01 $(x-1)^2+(y-2)^2=9$ **02** $x^2+(y-1)^2=1$

03 $(x+1)^2+(y-2)^2=1$ **04** $(x-3)^2+(y+3)^2=9$

05 중심의 좌표: $(0, 0)$, 반지름의 길이: 3

06 중심의 좌표: $(1, -3)$, 반지름의 길이: 2

07 중심의 좌표: $(-3, 0)$, 반지름의 길이: 5

08 중심의 좌표: $(4, 4)$, 반지름의 길이: 4

09 중심의 좌표: $(-2, 0)$, 반지름의 길이: 2

10 중심의 좌표: $(3, -4)$, 반지름의 길이: 5

11 중심의 좌표: $(-2, -3)$, 반지름의 길이: $\sqrt{10}$

12 $k<18$ **13** $k<-1$ 또는 $k>1$

14 $-2\sqrt{2}<k<2\sqrt{2}$ **15** $k=\pm2\sqrt{2}$

16 $k<-2\sqrt{2}$ 또는 $k>2\sqrt{2}$ **17** 2 **18** 1

19 0 **20** $y=2x\pm2\sqrt{5}$

21 $y=-\sqrt{2}x\pm3$

22 $x-2y=5$ $\left(\text{또는 } y=\frac{1}{2}x-\frac{5}{2}\right)$ **23** $y=1$

01 답 $(x-1)^2+(y-2)^2=9$

02 x축에 접하므로 원의 반지름의 길이는 중심의 y좌표의 절댓값인 1이다.

따라서 구하는 원의 방정식은 $x^2+(y-1)^2=1$

답 $x^2+(y-1)^2=1$

03 y축에 접하므로 원의 반지름의 길이는 중심의 x좌표의 절댓값인 1이다.

따라서 구하는 원의 방정식은 $(x+1)^2+(y-2)^2=1$

답 $(x+1)^2+(y-2)^2=1$

04 x축과 y축에 동시에 접하므로 원의 반지름의 길이는 3이다.

따라서 구하는 원의 방정식은 $(x-3)^2+(y+3)^2=9$

답 $(x-3)^2+(y+3)^2=9$

05 $x^2+y^2=3^2$이므로 원의 중심의 좌표는 $(0, 0)$, 반지름의 길이는 3이다.

답 중심의 좌표: $(0, 0)$, 반지름의 길이: 3

06 $(x-1)^2+(y+3)^2=2^2$이므로 원의 중심의 좌표는 $(1, -3)$, 반지름의 길이는 2이다.

답 중심의 좌표: $(1, -3)$, 반지름의 길이: 2

07 $(x+3)+y^2=5^2$이므로 원의 중심의 좌표는 $(-3, 0)$, 반지름의 길이는 5이다.

답 중심의 좌표: $(-3, 0)$, 반지름의 길이: 5

08 $(x-4)^2+(y-4)^2=4^2$이므로 원의 중심의 좌표는 $(4,\,4)$, 반지름의 길이는 4이다.

> 📖 중심의 좌표: $(4,\,4)$, 반지름의 길이: 4

09 $x^2+y^2+4x=0$에서 $(x+2)^2+y^2=2^2$
따라서 원의 중심의 좌표는 $(-2,\,0)$, 반지름의 길이는 2이다.

> 📖 중심의 좌표: $(-2,\,0)$, 반지름의 길이: 2

10 $x^2+y^2-6x+8y=0$에서 $(x-3)^2+(y+4)^2=5^2$
따라서 원의 중심의 좌표는 $(3,\,-4)$, 반지름의 길이는 5이다.

> 📖 중심의 좌표: $(3,\,-4)$, 반지름의 길이: 5

11 $x^2+y^2+4x+6y+3=0$에서
$(x+2)^2+(y+3)^2=(\sqrt{10})^2$
따라서 원의 중심의 좌표는 $(-2,\,-3)$, 반지름의 길이는 $\sqrt{10}$이다.

> 📖 중심의 좌표: $(-2,\,-3)$, 반지름의 길이: $\sqrt{10}$

12 $x^2+y^2-6x+6y+k=0$에서
$(x-3)^2+(y+3)^2=18-k$
이 방정식이 나타내는 도형이 원이 되려면
$18-k>0$, $k<18$

> 📖 $k<18$

13 $x^2+y^2+2kx-4y+5=0$에서
$(x+k)^2+(y-2)^2=k^2-1$
이 방정식이 나타내는 도형이 원이 되려면 $k^2-1>0$
$(k+1)(k-1)>0$
$k<-1$ 또는 $k>1$

> 📖 $k<-1$ 또는 $k>1$

14 $y=x+k$를 $x^2+y^2=4$에 대입하면
$x^2+(x+k)^2=4$
$x^2+kx+\dfrac{k^2}{2}-2=0$
이 이차방정식의 판별식을 D라 하면
$D=k^2-4\times1\times\left(\dfrac{k^2}{2}-2\right)$
$\quad=-k^2+8$
원과 직선이 서로 다른 두 점에서 만나려면 $D>0$이어야 하므로
$-k^2+8>0$, $k^2-8<0$
$(k+2\sqrt{2})(k-2\sqrt{2})<0$
$-2\sqrt{2}<k<2\sqrt{2}$

> 📖 $-2\sqrt{2}<k<2\sqrt{2}$

15 원과 직선이 한 점에서 만나려면 $D=0$이어야 하므로
$D=-k^2+8=0$
$k^2=8$
$k=\pm2\sqrt{2}$

> 📖 $k=\pm2\sqrt{2}$

16 원과 직선이 만나지 않으려면 $D<0$이어야 하므로
$D=-k^2+8<0$
$k^2-8>0$
$(k+2\sqrt{2})(k-2\sqrt{2})>0$
$k<-2\sqrt{2}$ 또는 $k>2\sqrt{2}$

> 📖 $k<-2\sqrt{2}$ 또는 $k>2\sqrt{2}$

17 원 $C:x^2+y^2=1$의 중심인 원점과 직선 $l:x-y+1=0$ 사이의 거리를 d라 하면
$d=\dfrac{|1|}{\sqrt{1^2+(-1)^2}}=\dfrac{1}{\sqrt{2}}=\dfrac{\sqrt{2}}{2}$
이때 원의 반지름의 길이는 1이고 $d<1$이므로 원 C와 직선 l이 만나는 서로 다른 점의 개수는 2이다.

> 📖 2

18 원 $C:(x-1)^2+y^2=10$의 중심인 점 $(1,\,0)$과 직선 $l:3x-y+7=0$ 사이의 거리를 d라 하면
$d=\dfrac{|3\times1-0+7|}{\sqrt{3^2+(-1)^2}}=\dfrac{10}{\sqrt{10}}=\sqrt{10}$
이때 원의 반지름의 길이는 $\sqrt{10}$이고 $d=\sqrt{10}$이므로 원 C와 직선 l이 만나는 서로 다른 점의 개수는 1이다.

> 📖 1

19 $C:x^2+y^2+2x-4y=0$에서 $(x+1)^2+(y-2)^2=5$
원 C의 중심인 점 $(-1,\,2)$와 직선 $l:x+2y+6=0$ 사이의 거리를 d라 하면
$d=\dfrac{|-1+2\times2+6|}{\sqrt{1^2+2^2}}=\dfrac{9}{\sqrt{5}}=\dfrac{9}{5}\sqrt{5}$
이때 원의 반지름의 길이는 $\sqrt{5}$이고 $d>\sqrt{5}$이므로 원 C와 직선 l이 만나는 서로 다른 점의 개수는 0이다.

> 📖 0

20 원 $x^2+y^2=4$에 접하고 기울기가 2인 직선의 방정식은
$y=2x\pm2\sqrt{2^2+1}$, 즉 $y=2x\pm2\sqrt{5}$

> 📖 $y=2x\pm2\sqrt{5}$

21 원 $x^2+y^2=3$에 접하고 기울기가 $-\sqrt{2}$인 직선의 방정식은
$y=-\sqrt{2}x\pm\sqrt{3}\times\sqrt{(-\sqrt{2})^2+1}$,
즉 $y=-\sqrt{2}x\pm3$

> 📖 $y=-\sqrt{2}x\pm3$

22 원 $x^2+y^2=5$ 위의 점 $(1,\,-2)$에서 그은 접선의 방정식은
$1\times x+(-2)\times y=5$, 즉 $x-2y=5$

> 📖 $x-2y=5$ $\left(\text{또는 } y=\dfrac{1}{2}x-\dfrac{5}{2}\right)$

23 원 $x^2+y^2=1$ 위의 점 $(0,\,1)$에서 그은 접선의 방정식은
$0\times x+1\times y=1$, 즉 $y=1$

> 📖 $y=1$

01 ⑤	**02** ③	**03** ③	**04** ①
05 ④	**06** ④	**07** ⑤	**08** ①
09 ④	**10** ①	**11** ②	**12** 12
13 8	**14** ④	**15** ②	**16** ②
17 80	**18** ④	**19** ④	**20** ⑤
21 ⑤	**22** ⑤	**23** ④	**24** ①
25 ③	**26** ⑤	**27** ⑤	**28** ②
29 $\dfrac{\pi}{2}$	**30** ②	**31** ②	**32** ②
33 ④	**34** ⑤	**35** ④	**36** ②
37 ④	**38** ③	**39** ①	**40** ①
41 ③	**42** ①	**43** ③	**44** ④
45 ③	**46** ④	**47** ⑤	**48** ①
49 2	**50** 16	**51** ⑤	**52** ④
53 ④	**54** ⑤	**55** ④	**56** ②
57 ④	**58** ③	**59** $\dfrac{7}{3}$	**60** -5
61 ②	**62** ②	**63** ④	**64** ⑤
65 ①	**66** ①	**67** ⑤	**68** ⑤
69 ②	**70** ⑤	**71** ④	

01 원 C의 중심이 직선 $y=x-3$ 위에 있으므로 원의 중심의 좌표를 $(a,\ a-3)$이라 하고 반지름의 길이를 $r\,(r>0)$이라 하면 원 C의 방정식은

$(x-a)^2+(y-a+3)^2=r^2$

원 C가 점 $(0,\ 0)$을 지나므로

$(0-a)^2+(0-a+3)^2=r^2$

$r^2=2a^2-6a+9$ ······ ㉠

또, 원 C가 점 $(4,\ 0)$을 지나므로

$(4-a)^2+(0-a+3)^2=r^2$

$r^2=2a^2-14a+25$ ······ ㉡

㉠, ㉡에서 $2a^2-6a+9=2a^2-14a+25$

$a=2$, 즉 원 C의 중심의 좌표는 $(2,\ -1)$이다.

$a=2$를 ㉠에 대입하면

$r^2=8-12+9=5$

$r>0$이므로 $r=\sqrt{5}$

따라서 원 C의 방정식은 $(x-2)^2+(y+1)^2=5$

ㄱ. 원 C의 중심은 점 $(2,\ -1)$이다. (참)

ㄴ. $(x-2)^2+(y+1)^2=5$에 $x=0$, $y=-2$를 대입하면

$\quad (0-2)^2+(-2+1)^2=5,\ 4+1=5$

$\quad$이므로 점 $(0,\ -2)$는 원 C 위의 점이다. (참)

ㄷ. 원 C의 반지름의 길이가 $\sqrt{5}$이므로 그 넓이는

$\quad \pi\times(\sqrt{5})^2=5\pi$이다. (참)

이상에서 옳은 것은 ㄱ, ㄴ, ㄷ이다.

답 ⑤

02 원의 중심의 좌표를 $(a,\ 0)$, 반지름의 길이를 r이라 하면 원의 방정식은

$(x-a)^2+y^2=r^2$

이 원이 점 $(4,\ 3)$을 지나므로

$(4-a)^2+3^2=r^2$

$r^2=a^2-8a+25$ ······ ㉠

또, 이 원이 점 $(5,\ -2)$를 지나므로

$(5-a)^2+(-2)^2=r^2$

$r^2=a^2-10a+29$ ······ ㉡

㉠, ㉡에서 $a^2-8a+25=a^2-10a+29$

$a=2$

$a=2$를 ㉠에 대입하면

$r^2=4-16+25=13$

따라서 원의 넓이는 $\pi\times r^2=13\pi$이다.

답 ③

03 선분 AB의 중점을 M이라 하면

$M\!\left(\dfrac{-1+3}{2},\ \dfrac{0+0}{2}\right)$, 즉 $M(1,\ 0)$

직선 AB의 방정식이 $y=0$이므로 점 M을 지나고 직선 AB에 수직인 직선의 방정식은 $x=1$ ······ ㉠

선분 CD의 중점을 M'이라 하면

$M'\!\left(\dfrac{0+0}{2},\ \dfrac{(2-\sqrt{7})+(2+\sqrt{7})}{2}\right)$, 즉 $M'(0,\ 2)$

직선 CD의 방정식이 $x=0$이므로 점 M'을 지나고 직선 CD에 수직인 직선의 방정식은 $y=2$ ······ ㉡

원의 중심은 현 AB의 수직이등분선인 ㉠과 현 CD의 수직이등분선인 ㉡의 교점이므로 원의 중심의 좌표는 $(1,\ 2)$

따라서 이 원의 반지름의 길이는 중심인 점 $(1,\ 2)$와 원 위의 점 $A(-1,\ 0)$ 사이의 거리와 같으므로

$\sqrt{(-1-1)^2+(0-2)^2}=2\sqrt{2}$

답 ③

04 $x^2+y^2+10x-6y+k=0$에서

$(x+5)^2+(y-3)^2=34-k$

이 방정식이 나타내는 도형이 원이므로

$34-k>0$, 즉 $k<34$ ······ ㉠

이때 원의 넓이가 16π보다 작으므로

$(34-k)\pi<16\pi$

$k>18$ ······ ㉡

㉠, ㉡에 의해 $18<k<34$이므로 자연수 k의 값은 $19,\ 20,\ 21,\ \cdots,\ 33$이다.

따라서 구하는 자연수 k의 개수는 15이다.

답 ①

05 $x^2+y^2+2x-6y+k=0$에서

$(x+1)^2+(y-3)^2=10-k$ ······ ㉠

ㄱ. ㉠에 $k=0$을 대입하면

$\quad (x+1)^2+(y-3)^2=10$

$\quad$도형 C는 중심이 점 $(-1,\ 3)$이고 반지름의 길이가 $\sqrt{10}$인 원이므로 넓이는

$\quad \pi\times(\sqrt{10})^2=10\pi$ (참)

ㄴ. ㉠에 $k=1$을 대입하면
$$(x+1)^2+(y-3)^2=9$$
도형 C는 중심이 점 $(-1,3)$이고 반지름의 길이가 3인 원이므로
x축과 접한다. (거짓)

ㄷ. ㉠에 $k=-1$을 대입하면
$$(x+1)^2+(y-3)^2=11$$
도형 C는 중심이 점 $(-1,3)$이고 반지름의 길이가 $\sqrt{11}$인 원이다.
이때 원 C의 중심인 점 $(-1,3)$과 원점 사이의 거리는
$$\sqrt{(-1)^2+3^2}=\sqrt{10}$$
따라서 원의 반지름의 길이가 $\sqrt{10}$보다 크므로 원 C는 제4사분면
을 지난다. (참)

이상에서 옳은 것은 ㄱ, ㄷ이다.

답 ④

06 $k^2x^2+(3k-2)y^2+8x-16y-10k=0$이 점 $(0,5)$를 지나므로
$$75k-50-80-10k=0,\ 65k=130$$
$$k=2$$
따라서 주어진 방정식은
$$4x^2+4y^2+8x-16y-20=0$$
$$x^2+y^2+2x-4y-5=0$$
또, 이 도형이 점 $(0,a)$를 지나므로
$$a^2-4a-5=0$$
$$(a+1)(a-5)=0$$
$$a=-1 \text{ 또는 } a=5$$
이때 점 $(0,a)$와 점 $(0,5)$는 서로 다른 점이므로
$$a=-1$$
따라서 $a+k=-1+2=1$

답 ④

07 선분 AB의 중점의 좌표는
$$\left(\frac{-8+4}{2},\ \frac{1+11}{2}\right),\ \text{즉 } (-2,6)$$
점 $(-2,6)$과 점 $A(-8,1)$ 사이의 거리는
$$\sqrt{\{-8-(-2)\}^2+(1-6)^2}=\sqrt{61}$$
따라서 원의 방정식은 중심이 점 $(-2,6)$이고 반지름의 길이가 $\sqrt{61}$이
므로 $(x+2)^2+(y-6)^2=61$
한편, $(x+2)^2+(y-6)^2=61$에 $y=0$을 대입하면
$$(x+2)^2+(0-6)^2=61$$
$$x^2+4x-21=0$$
$$(x+7)(x-3)=0$$
$$x=-7 \text{ 또는 } x=3$$
따라서 두 점 C, D의 좌표는 각각 $(-7,0)$, $(3,0)$ 또는 $(3,0)$,
$(-7,0)$이므로
$$\overline{CD}=3-(-7)=10$$

답 ⑤

08 선분 AB의 중점의 좌표는
$$\left(\frac{3+(-1)}{2},\ \frac{1+7}{2}\right),\ \text{즉 } (1,4)$$
점 $(1,4)$와 점 $A(3,1)$ 사이의 거리는
$$\sqrt{(3-1)^2+(1-4)^2}=\sqrt{13}$$

따라서 원의 방정식은 중심이 점 $(1,4)$이고 반지름의 길이가 $\sqrt{13}$이므로
$$(x-1)^2+(y-4)^2=13$$
$$x^2+y^2-2x-8y+4=0$$
따라서 $a=-2,\ b=-8,\ c=4$이므로
$$a+b+c=-2+(-8)+4=-6$$

답 ①

09 두 점 A, B는 직선 $3x-4y-24=0$이 x축, y축과 만나는 점이
므로
$$A(8,0),\ B(0,-6)$$
선분 AB의 중점의 좌표는
$$\left(\frac{8+0}{2},\ \frac{0+(-6)}{2}\right),\ \text{즉 } (4,-3)$$
점 $(4,-3)$과 점 $A(8,0)$ 사이의 거리는
$$\sqrt{(8-4)^2+\{0-(-3)\}^2}=5$$
따라서 원의 방정식은 중심이 점 $(4,-3)$이고 반지름의 길이가 5이므로
$$(x-4)^2+(y+3)^2=25$$
이때 이 원이 직선 $x=k$와 서로 다른 두 점에서 만나려면 원의 중심인
점 $(4,-3)$과 직선 $x=k$ 사이의 거리가 5보다 작아야 하므로
$$|k-4|<5$$
$$-5<k-4<5$$
$$-1<k<9$$
따라서 정수 k의 값은 0, 1, 2, ⋯, 8로 그 개수는 9이다.

답 ④

10 $x^2+y^2+2kx+4y+2-k=0$에서
$$(x+k)^2+(y+2)^2=k^2+k+2$$
이 원이 x축에 접하려면 원의 중심의 y좌표의 절댓값과 반지름의 길이
가 같아야 한다.
즉, $|-2|=\sqrt{k^2+k+2}$
$$4=k^2+k+2$$
$$k^2+k-2=0$$
$$(k+2)(k-1)=0$$
$$k=-2 \text{ 또는 } k=1$$
따라서 모든 실수 k의 값의 곱은
$$-2\times1=-2$$

답 ①

참고

$$k^2+k+2=\left(k+\frac{1}{2}\right)^2+\frac{7}{4}>0$$

따라서 방정식 $x^2+y^2+2kx+4y+2-k=0$이 나타내는 도형은 실수
k의 값에 관계없이 항상 원이다.

11 중심이 점 (a,b)인 원이 y축과 점 $(0,-1)$에서 접하므로 중심
의 y좌표는 -1이다.
즉, $b=-1$
또, 이 원이 y축과 접하므로 반지름의 길이는 중심의 x좌표의 절댓값과
같다.
따라서 $r=|a|$이므로 원의 방정식은
$$(x-a)^2+(y+1)^2=|a|^2$$
즉, $(x-a)^2+(y+1)^2=a^2$

이 원이 점 $(3, 0)$을 지나므로
$(3-a)^2+(0+1)^2=a^2$
$a^2-6a+10=a^2$
$a=\dfrac{5}{3}$
따라서 $a=\dfrac{5}{3}$, $b=-1$, $r=|a|=\dfrac{5}{3}$이므로
$a+b+r=\dfrac{5}{3}+(-1)+\dfrac{5}{3}=\dfrac{7}{3}$

답 ②

12 조건 (가)에서 원의 중심이 직선 $y=x-2$ 위에 있으므로 중심의 좌표를 $(a, a-2)$라 하자.
조건 (나)에서 원이 x축과 접하므로 반지름의 길이는 $|a-2|$이고, 원의 방정식은
$(x-a)^2+(y-a+2)^2=|a-2|^2$
즉, $(x-a)^2+(y-a+2)^2=(a-2)^2$
조건 (다)에서 이 원이 점 $(6, 2)$를 지나므로
$(6-a)^2+(2-a+2)^2=(a-2)^2$
$a^2-16a+48=0$
$(a-4)(a-12)=0$
$a=4$ 또는 $a=12$
따라서 조건을 만족시키는 모든 원의 방정식은
$(x-4)^2+(y-2)^2=4$ 또는 $(x-12)^2+(y-10)^2=100$
이므로 원의 반지름의 길이의 합은
$2+10=12$

답 12

13 x축과 y축에 동시에 접하는 원의 중심은 x좌표의 절댓값과 y좌표의 절댓값이 같다.
즉, 원의 중심은 직선 $y=x$ 또는 직선 $y=-x$ 위에 있다.
직선 $y=2x-6$과 직선 $y=x$의 교점의 x좌표는
$2x-6=x$에서 $x=6$
즉, 중심이 점 $(6, 6)$이고 반지름의 길이가 6인 원이다.
또, 직선 $y=2x-6$과 직선 $y=-x$의 교점의 x좌표는
$2x-6=-x$에서 $x=2$
즉, 중심이 점 $(2, -2)$이고 반지름의 길이가 2인 원이다.
따라서 조건을 만족시키는 모든 원의 반지름의 길이의 합은
$6+2=8$

답 8

14 점 $(3, 1)$을 지나고 x축과 y축에 동시에 접하는 원의 중심은 제1사분면 위에 있어야 하므로 이 원의 방정식을
$(x-a)^2+(y-a)^2=a^2\ (a>0)$으로 놓자.
이 원이 점 $(3, 1)$을 지나므로
$(3-a)^2+(1-a)^2=a^2$
$a^2-8a+10=0$
$a=4\pm\sqrt{6}$
따라서 두 원의 중심의 좌표는 각각 $(4+\sqrt{6}, 4+\sqrt{6})$, $(4-\sqrt{6}, 4-\sqrt{6})$
이므로 두 원의 중심 사이의 거리는
$\sqrt{\{(4-\sqrt{6})-(4+\sqrt{6})\}^2+\{(4-\sqrt{6})-(4+\sqrt{6})\}^2}=4\sqrt{3}$

답 ④

15 x축과 y축에 동시에 접하는 원의 중심은 x좌표의 절댓값과 y좌표의 절댓값이 같다.
즉, 원의 중심은 직선 $y=x$ 또는 직선 $y=-x$ 위에 있다.
곡선 $y=\dfrac{1}{2}x^2+\dfrac{1}{2}x-1$과 직선 $y=x$의 교점의 x좌표는
$\dfrac{1}{2}x^2+\dfrac{1}{2}x-1=x$에서
$x^2-x-2=0$
$(x+1)(x-2)=0$
$x=-1$ 또는 $x=2$
즉, 중심이 점 $(-1, -1)$이고 반지름의 길이가 1인 원과 중심이 점 $(2, 2)$이고 반지름의 길이가 2인 원이 조건을 만족시킨다.
곡선 $y=\dfrac{1}{2}x^2+\dfrac{1}{2}x-1$과 직선 $y=-x$의 교점의 x좌표는
$\dfrac{1}{2}x^2+\dfrac{1}{2}x-1=-x$에서
$x^2+3x-2=0$
$x=\dfrac{-3\pm\sqrt{17}}{2}$
즉, 중심이 점 $\left(\dfrac{-3+\sqrt{17}}{2}, \dfrac{3-\sqrt{17}}{2}\right)$이고 반지름의 길이가 $\dfrac{-3+\sqrt{17}}{2}$인 원과 중심이 점 $\left(\dfrac{-3-\sqrt{17}}{2}, \dfrac{3+\sqrt{17}}{2}\right)$이고 반지름의 길이가 $\dfrac{3+\sqrt{17}}{2}$인 원이 조건을 만족시킨다.
따라서 조건을 만족시키는 모든 원의 반지름의 길이의 곱은
$1\times 2\times\dfrac{-3+\sqrt{17}}{2}\times\dfrac{3+\sqrt{17}}{2}=4$

답 ②

16 세 점 $A(0, 4)$, $B(-3, 3)$, $C(4, 2)$를 꼭짓점으로 하는 삼각형 ABC의 외접원의 중심을 $P(p, q)$라 하면
$\overline{PA}=\overline{PB}=\overline{PC}$, 즉 $\overline{PA}^2=\overline{PB}^2=\overline{PC}^2$이다.
$\overline{PA}^2=\overline{PB}^2$에서
$(0-p)^2+(4-q)^2=(-3-p)^2+(3-q)^2$
$3p+q+1=0$ ······ ㉠
$\overline{PB}^2=\overline{PC}^2$에서
$(-3-p)^2+(3-q)^2=(4-p)^2+(2-q)^2$
$7p-q-1=0$ ······ ㉡
㉠, ㉡을 연립하여 풀면 $p=0$, $q=-1$이므로
$P(0, -1)$이고 $\overline{PA}=4-(-1)=5$
즉, 삼각형 ABC의 외접원의 방정식은
$x^2+(y+1)^2=25$
$x^2+y^2+2y-24=0$
따라서 $a=0$, $b=2$, $c=-24$이므로
$a+b+c=0+2+(-24)=-22$

답 ②

> **다른 풀이**
삼각형 ABC의 외접원의 중심은 다음과 같이 구할 수도 있다.
두 점 $A(0, 4)$, $B(-3, 3)$에 대하여 선분 AB의 중점의 좌표는
$\left(\dfrac{0+(-3)}{2}, \dfrac{4+3}{2}\right)$, 즉 $\left(-\dfrac{3}{2}, \dfrac{7}{2}\right)$
두 점 A, B를 지나는 직선의 기울기는
$\dfrac{3-4}{-3-0}=\dfrac{1}{3}$

선분 AB의 수직이등분선은 점 $\left(-\dfrac{3}{2},\ \dfrac{7}{2}\right)$을 지나고 기울기가 -3인

직선이므로 이 직선의 방정식은

$$y-\dfrac{7}{2}=-3\left\{x-\left(-\dfrac{3}{2}\right)\right\}$$

$$y=-3x-1 \qquad \cdots\cdots\ \bigcirc$$

또, 두 점 $B(-3,\ 3)$, $C(4,\ 2)$에 대하여 선분 BC의 중점의 좌표는

$\left(\dfrac{-3+4}{2},\ \dfrac{3+2}{2}\right)$, 즉 $\left(\dfrac{1}{2},\ \dfrac{5}{2}\right)$

두 점 B, C를 지나는 직선의 기울기는

$$\dfrac{2-3}{4-(-3)}=-\dfrac{1}{7}$$

선분 BC의 수직이등분선은 점 $\left(\dfrac{1}{2},\ \dfrac{5}{2}\right)$를 지나고 기울기가 7인 직선

이므로 이 직선의 방정식은

$$y-\dfrac{5}{2}=7\left(x-\dfrac{1}{2}\right)$$

$$y=7x-1 \qquad \cdots\cdots\ \bigcirc\!\!\!\!\bigcirc$$

$\bigcirc$, $\bigcirc\!\!\!\!\bigcirc$을 연립하여 풀면 $x=0$, $y=-1$

따라서 삼각형 ABC의 외접원의 중심의 좌표는 $(0,\ -1)$이다.

17 세 점 $O(0,\ 0)$, $A(-2,\ -2)$, $B(6,\ -2)$를 지나는 원의 방정식을

$$x^2+y^2+ax+by+c=0 \qquad \cdots\cdots\ \bigcirc$$

이라 하자.

이 원이 점 $O(0,\ 0)$을 지나므로 $\bigcirc$에 $x=0$, $y=0$을 대입하면

$c=0$

이 원이 점 $A(-2,\ -2)$를 지나므로 $\bigcirc$에 $x=-2$, $y=-2$를 대입하면

$4+4-2a-2b=0$

$$a+b=4 \qquad \cdots\cdots\ \bigcirc\!\!\!\!\bigcirc$$

이 원이 점 $B(6,\ -2)$를 지나므로 $\bigcirc$에 $x=6$, $y=-2$를 대입하면

$36+4+6a-2b=0$

$$3a-b=-20 \qquad \cdots\cdots\ \boxdot$$

$\bigcirc\!\!\!\!\bigcirc$, $\boxdot$을 연립하여 풀면 $a=-4$, $b=8$이므로 원의 방정식은

$x^2+y^2-4x+8y=0$

$(x-2)^2+(y+4)^2=20$

이때 원의 중심의 y좌표가 -4이므로 이 원과 직선 $y=-4$가 만나는

두 점 C, D에 대하여 선분 CD는 원의 지름이다.

따라서 $\overline{CD}=2\times2\sqrt{5}=4\sqrt{5}$이므로

$\overline{CD}^2=(4\sqrt{5})^2=80$

🅐 80

18 세 직선 $x-y+1=0$, $x+y-3=0$, $3x-y-5=0$을 각각 l, m, n이라 하고, 두 직선 m, n의 교점을 A, 두 직선 l, n의 교점을 B라 하자.

두 직선 l, m의 기울기가 각각 1, -1이므로 두 직선 l, m은 서로 수직이다.

따라서 세 직선 l, m, n으로 둘러싸인 삼각형은 선분 AB를 빗변으로 하는 직각삼각형이다.

두 직선 m, n의 방정식을 연립하여 풀면

$x=2$, $y=1$이므로 $A(2,\ 1)$

두 직선 l, n의 방정식을 연립하여 풀면

$x=3$, $y=4$이므로 $B(3,\ 4)$

선분 AB의 중점의 좌표는

$\left(\dfrac{2+3}{2},\ \dfrac{1+4}{2}\right)$, 즉 $\left(\dfrac{5}{2},\ \dfrac{5}{2}\right)$

점 $A(2,\ 1)$과 점 $\left(\dfrac{5}{2},\ \dfrac{5}{2}\right)$ 사이의 거리는

$$\sqrt{\left(\dfrac{5}{2}-2\right)^2+\left(\dfrac{5}{2}-1\right)^2}=\dfrac{\sqrt{10}}{2}$$

따라서 외접원은 중심이 점 $\left(\dfrac{5}{2},\ \dfrac{5}{2}\right)$이고 반지름의 길이가 $\dfrac{\sqrt{10}}{2}$이므로

외접원의 방정식은

$$\left(x-\dfrac{5}{2}\right)^2+\left(y-\dfrac{5}{2}\right)^2=\left(\dfrac{\sqrt{10}}{2}\right)^2$$

$x^2+y^2-5x-5y+10=0$

따라서 $a=-5$, $b=-5$, $c=10$이므로

$|a|+|b|+|c|=|-5|+|-5|+|10|=20$

🅐 ④

19 원 $C:\ x^2+y^2+2x-6y+1=0$에서

$(x+1)^2+(y-3)^2=9$

직선 l이 원 C의 넓이를 이등분하므로 직선 l은 원의 중심인 점 $(-1,\ 3)$을 지나고, 직선 l이 원 C와 만나는 두 점 P, Q 사이의 거리는 지름의 길이이다.

즉, $\overline{PQ}=2\times3=6$

이때 원 C 위의 점 R이 점 $(-1,\ 3)$을 지나고 직선 l에 수직인 직선 위에 있을 때 즉, 점 R과 직선 l 사이의 거리가 반지름의 길이인 3일 때 삼각형 PQR의 넓이가 최대가 된다.

따라서 세 점 P, Q, R을 꼭짓점으로 하는 삼각형 PQR의 넓이의 최댓값은

$\dfrac{1}{2}\times6\times3=9$

🅐 ④

20 $x^2+y^2+4x-2y+4=0$에서

$(x+2)^2+(y-1)^2=1$

직선 l이 두 원 $(x+2)^2+(y-1)^2=1$, $(x-3)^2+(y-11)^2=2$의 둘레의 길이를 모두 이등분하므로 직선 l은 두 원의 중심인 두 점 $(-2,\ 1)$, $(3,\ 11)$을 지나는 직선이다.

두 점 $(-2,\ 1)$, $(3,\ 11)$을 지나는 직선 l의 기울기는

$\dfrac{11-1}{3-(-2)}=2$이므로 직선 l의 방정식은

$y-1=2\{x-(-2)\}$

$y=2x+5$

따라서 직선 l의 x절편은 $-\dfrac{5}{2}$, y절편은 5이므로 직선 l과 x축 및 y축으로 둘러싸인 부분의 넓이는

$\dfrac{1}{2}\times\left|-\dfrac{5}{2}\right|\times|5|=\dfrac{25}{4}$

🅐 ⑤

21 원 $x^2+y^2-4x-4=0$에서 $(x-2)^2+y^2=8$

원의 넓이가 두 직선 $y=ax-1$, $y=bx+c$에 의하여 사등분되므로 두 직선은 모두 원의 중심인 점 $(2,\ 0)$을 지나고, 서로 수직이어야 한다.

직선 $y=ax-1$이 점 $(2,\,0)$을 지나므로

$0=2a-1$, $a=\dfrac{1}{2}$

두 직선 $y=ax-1$, $y=bx+c$가 서로 수직이므로

$ab=-1$에서

$b=-\dfrac{1}{a}=-2$

직선 $y=bx+c$, 즉 $y=-2x+c$가 점 $(2,\,0)$을 지나므로

$0=-4+c$, $c=4$

따라서 $a+b+c=\dfrac{1}{2}+(-2)+4=\dfrac{5}{2}$

目 ⑤

22 원 $x^2+y^2-10x+24y+k=0$에서

$(x-5)^2+(y+12)^2=169-k$

이 방정식이 나타내는 도형이 원이려면 $169-k>0$, 즉 $k<169$이어야

한다.

이 원을 C라 하고, 원 C의 중심을 점 P라 하면

원 C는 중심이 점 $P(5,\,-12)$이고 반지름의 길이가 $\sqrt{169-k}$인 원이

다.

원점 O와 점 P 사이의 거리는

$\sqrt{5^2+(-12)^2}=13$

이때 k는 양수이므로 $13>\sqrt{169-k}$이다.

즉, 원점 O는 원 C 밖의 점이다.

원 C 위의 점 A가 선분 OP와 원 C가 만나는

점일 때, 두 점 A, O 사이의 거리가 최솟값 4

를 가지므로

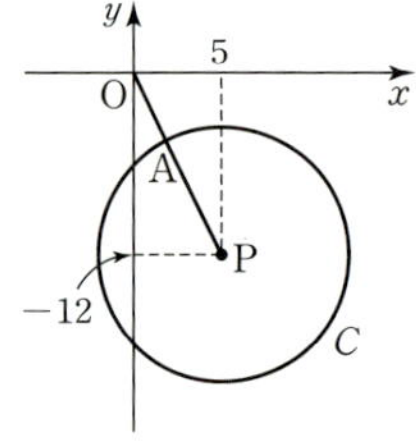

따라서 $13-($원 C의 반지름의 길이$)=4$이므로

$13-\sqrt{169-k}=4$

$169-k=81$

$k=88$

目 ⑤

23 원 $(x-1)^2+(y+4)^2=10$에서

원의 중심인 점 $(1,\,-4)$를 C라 하고 점 $(-1,\,2)$를 B라 하자.

$(a+1)^2+(b-2)^2$은 두 점 A, B 사이의 거리의 제곱이다.

즉, $(a+1)^2+(b-2)^2=\overline{AB}^2$

한편, 원의 중심 $C(1,\,-4)$와 점 $B(-1,\,2)$ 사이의 거리는

$\overline{CB}=\sqrt{(-1-1)^2+\{2-(-4)\}^2}=2\sqrt{10}>\sqrt{10}$

이므로 점 B는 원 밖의 점이다.

따라서 점 A가 선분 BC의 연장선 위에 있을 때 선분 AB의 길이는 최

댓값을 가지므로 최댓값은

$2\sqrt{10}+\sqrt{10}=3\sqrt{10}$

즉, $\overline{AB}^2$의 최댓값은 $(3\sqrt{10})^2=90$이므로 구하는 최댓값은 90이다.

目 ④

24 원 $(x+3)^2+(y-4)^2=1$의 중심을 C라 하면

$C(-3,\,4)$

원 $x^2+y^2-2x-14y+41=0$에서

$(x-1)^2+(y-7)^2=9$

이 원의 중심을 D라 하면 $D(1,\,7)$

이때 $\overline{CD}=\sqrt{\{1-(-3)\}^2+(7-4)^2}=5$

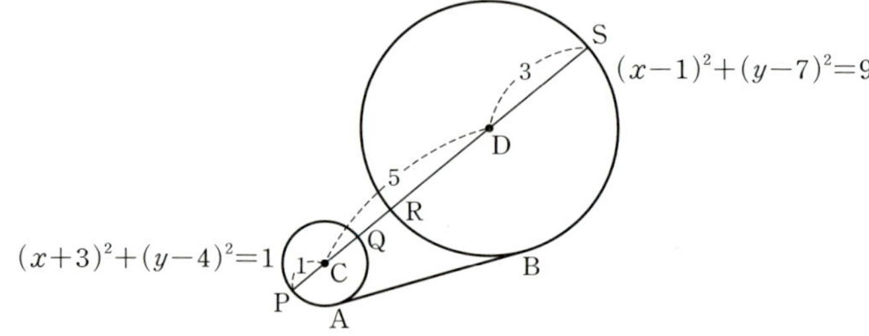

위의 그림과 같이 직선 CD가 원 $(x+3)^2+(y-4)^2=1$과 만나는 두

점 중 선분 CD의 연장선 위의 점을 P, 선분 CD 위의 점을 Q라 하고,

직선 CD가 원 $(x-1)^2+(y-7)^2=9$와 만나는 두 점 중 선분 CD 위

의 점을 R, 선분 CD의 연장선 위의 점을 S라 하면 선분 AB의 길이의

최댓값은 선분 PS의 길이이고, 최솟값은 선분 QR의 길이이다.

$\overline{PC}=\overline{CQ}=1$, $\overline{RD}=\overline{DS}=3$이므로

$M=\overline{PS}=\overline{PC}+\overline{CD}+\overline{DS}=1+5+3=9$,

$m=\overline{QR}=\overline{CD}-(\overline{CQ}+\overline{RD})=5-(1+3)=1$

따라서 $M+m=9+1=10$

目 ①

25 점 P의 좌표를 $(x,\,y)$라 하면

$\overline{PA}:\overline{PB}=1:2$에서

$\overline{PB}=2\overline{PA}$, 즉 $\overline{PB}^2=4\overline{PA}^2$이므로

$(x-4)^2+(y-1)^2=4[\{x-(-2)\}^2+\{y-(-2)\}^2]$

$x^2+y^2+8x+6y+5=0$

$(x+4)^2+(y+3)^2=20$

따라서 점 P가 나타내는 도형은 반지름의 길이가 $\sqrt{20}=2\sqrt{5}$인 원이므

로 구하는 넓이는

$\pi\times(2\sqrt{5})^2=20\pi$

目 ③

26 점 P의 좌표를 $(x,\,y)$라 하면

$\overline{PA}^2+\overline{PB}^2=\overline{AB}^2$에서

$\{x-(-1)\}^2+\{y-(-2)\}^2+(x-2)^2+(y-4)^2$

$=\{2-(-1)\}^2+\{4-(-2)\}^2$

$x^2+y^2-x-2y-10=0$

$\left(x-\dfrac{1}{2}\right)^2+(y-1)^2=\dfrac{45}{4}$

따라서 점 P가 나타내는 도형은 반지름의 길이가 $\sqrt{\dfrac{45}{4}}=\dfrac{3}{2}\sqrt{5}$인 원 C

의 일부분이므로 구하는 둘레의 길이는

$2\pi\times\dfrac{3}{2}\sqrt{5}=3\sqrt{5}\pi$

目 ⑤

다른 풀이

$\overline{PA}^2+\overline{PB}^2=\overline{AB}^2$에서 삼각형 PAB는 선분 AB를 빗변으로 하는 직

각삼각형이다.

따라서 점 P가 나타내는 도형은 선분 AB의 중점을 중심으로 하고, 선

분 AB를 지름으로 하는 원 C의 일부분이다.

따라서 $\overline{AB}=\sqrt{\{2-(-1)\}^2+\{4-(-2)\}^2}=3\sqrt{5}$이므로

구하는 둘레의 길이는

$2\pi\times\dfrac{3}{2}\sqrt{5}=3\sqrt{5}\pi$

27 점 P의 좌표를 (x', y')이라 하자.

점 P는 원 $x^2+y^2=\dfrac{9}{10}$ 위의 점이므로

$x'^2+y'^2=\dfrac{9}{10}$ ...... ㉠

삼각형 PAB의 무게중심 G의 좌표를 (a, b)라 하면

$a=\dfrac{x'+0+12}{3}$, $b=\dfrac{y'+(-4)+0}{3}$

$x'=3a-12$, $y'=3b+4$ ...... ㉡

㉡을 ㉠에 대입하면

$(3a-12)^2+(3b+4)^2=\dfrac{9}{10}$

$9(a-4)^2+9\left(b+\dfrac{4}{3}\right)^2=\dfrac{9}{10}$

$(a-4)^2+\left(b+\dfrac{4}{3}\right)^2=\dfrac{1}{10}$

즉, 점 G가 나타내는 도형은 중심이 점 $\left(4, -\dfrac{4}{3}\right)$이고 반지름의 길이가

$\dfrac{\sqrt{10}}{10}$인 원이다.

이때 원점 O와 점 $\left(4, -\dfrac{4}{3}\right)$ 사이의 거리는

$\sqrt{4^2+\left(-\dfrac{4}{3}\right)^2}=\dfrac{4}{3}\sqrt{10}>\dfrac{\sqrt{10}}{10}$

이므로 원점 O는 원 $(a-4)^2+\left(b+\dfrac{4}{3}\right)^2=\dfrac{1}{10}$ 밖의 점이다.

따라서 선분 OG의 길이의 최댓값은

$\dfrac{4}{3}\sqrt{10}+\dfrac{\sqrt{10}}{10}=\dfrac{43}{30}\sqrt{10}$

답 ⑤

28 두 원 $x^2+y^2+3x-5y+2=0$, $x^2+y^2+4y-4=0$의 두 교점을
지나는 원 C의 방정식을

$x^2+y^2+3x-5y+2+k(x^2+y^2+4y-4)=0$ $(k\ne-1$인 실수)

...... ㉠

라 하자.

원 C가 원점을 지나므로 ㉠에 $x=0$, $y=0$을 대입하면

$2-4k=0$, $k=\dfrac{1}{2}$

이므로 $x^2+y^2+3x-5y+2+\dfrac{1}{2}(x^2+y^2+4y-4)=0$

$x^2+y^2+2x-2y=0$

$(x+1)^2+(y-1)^2=2$

따라서 원 C는 중심이 점 $(-1, 1)$이고 반지름의 길이가 $\sqrt{2}$인 원이다.

답 ②

29 두 원 $x^2+y^2-1=0$, $x^2+y^2-4x-4y+4=0$의 두 교점을 지나
는 원 C의 방정식을

$x^2+y^2-1+k(x^2+y^2-4x-4y+4)=0$ $(k\ne-1$인 실수)라 하면

$(k+1)x^2+(k+1)y^2-4kx-4ky+4k-1=0$

$k\ne-1$이므로 양변을 $k+1$로 나누면

$x^2+y^2-\dfrac{4k}{k+1}x-\dfrac{4k}{k+1}y+\dfrac{4k-1}{k+1}=0$

$\left(x-\dfrac{2k}{k+1}\right)^2+\left(y-\dfrac{2k}{k+1}\right)^2=2\left(\dfrac{2k}{k+1}\right)^2-\dfrac{4k-1}{k+1}$ ...... ㉠

이때 원 C의 중심의 x좌표가 1이므로

$\dfrac{2k}{k+1}=1$

$2k=k+1$, $k=1$

$k=1$을 ㉠에 대입하면

$(x-1)^2+(y-1)^2=\dfrac{1}{2}$

따라서 원 C는 반지름의 길이가 $\dfrac{1}{\sqrt{2}}=\dfrac{\sqrt{2}}{2}$이므로 구하는 넓이는

$\pi\times\left(\dfrac{\sqrt{2}}{2}\right)^2=\dfrac{\pi}{2}$

답 $\dfrac{\pi}{2}$

30 $(x-2)^2+(y-3)^2=1$에서 $x^2+y^2-4x-6y+12=0$이므로

두 원 $x^2+y^2-4x-6y+12=0$, $x^2+y^2-12=0$의 두 교점을 지나는
원을 C라 하면 원 C의 방정식을

$x^2+y^2-4x-6y+12+k(x^2+y^2-12)=0$ $(k\ne-1$인 실수)

라 하자.

$(k+1)x^2+(k+1)y^2-4x-6y+12(1-k)=0$

$k\ne-1$이므로 양변을 $k+1$로 나누면

$x^2+y^2-\dfrac{4}{k+1}x-\dfrac{6}{k+1}y+\dfrac{12(1-k)}{k+1}=0$

$\left(x-\dfrac{2}{k+1}\right)^2+\left(y-\dfrac{3}{k+1}\right)^2=\dfrac{13}{(k+1)^2}-\dfrac{12(1-k)}{k+1}$ ...... ㉠

이때 원 C가 y축에 접하므로 중심의 x좌표의 절댓값과 원의 반지름의
길이가 같다.

즉, $\left|\dfrac{2}{k+1}\right|^2=\dfrac{13}{(k+1)^2}-\dfrac{12(1-k)}{k+1}$

$4=13-12(1-k^2)$

$k^2=\dfrac{1}{4}$

$k=-\dfrac{1}{2}$ 또는 $k=\dfrac{1}{2}$

㉠에 $k=-\dfrac{1}{2}$을 대입하면

$(x-4)^2+(y-6)^2=16$

이 원의 반지름의 길이는 $\sqrt{16}=4$이다.

또, ㉠에 $k=\dfrac{1}{2}$을 대입하면

$\left(x-\dfrac{4}{3}\right)^2+(y-2)^2=\dfrac{16}{9}$

이 원의 반지름의 길이는 $\sqrt{\dfrac{16}{9}}=\dfrac{4}{3}$이다.

따라서 조건을 만족시키는 모든 원의 반지름의 길이의 곱은

$4\times\dfrac{4}{3}=\dfrac{16}{3}$

답 ②

31 두 원 $x^2+y^2+ax+3y-2=0$, $x^2+y^2-2x-ay-4=0$의 두
교점을 지나는 직선의 방정식은

$x^2+y^2+ax+3y-2-(x^2+y^2-2x-ay-4)=0$

$(a+2)x+(a+3)y+2=0$

이때 y절편이 $-\dfrac{4}{5}$이므로 이 직선은 점 $\left(0, -\dfrac{4}{5}\right)$를 지난다.

$-\dfrac{4(a+3)}{5}+2=0$

$4(a+3)=10$

따라서 $a=-\dfrac{1}{2}$

圄 ②

32 두 원 $x^2+y^2+3x-6y-1=0$, $x^2+y^2-x+2y-13=0$의 두 교점을 지나는 직선의 방정식은
$x^2+y^2+3x-6y-1-(x^2+y^2-x+2y-13)=0$
$x-2y+3=0$

따라서 이 직선의 x절편은 -3, y절편은 $\dfrac{3}{2}$이므로 이 직선과 x축 및 y축으로 둘러싸인 부분의 넓이는

$\dfrac{1}{2}\times|-3|\times\left|\dfrac{3}{2}\right|=\dfrac{9}{4}$

圄 ②

33 $(x-3)^2+(y+1)^2=a$에서
$x^2+y^2-6x+2y+10-a=0$ $\quad\cdots\cdots$ ㉠
$(x+2)^2+y^2=1$에서
$x^2+y^2+4x+3=0$ $\quad\cdots\cdots$ ㉡
원 ㉠이 원 ㉡의 둘레의 길이를 이등분하려면 두 원 ㉠, ㉡이 서로 다른 두 점에서 만나야 하고, 이 두 점을 지나는 직선이 원 ㉡의 중심인 점 $(-2,\ 0)$을 지나야 한다.
두 원 ㉠, ㉡의 두 교점을 지나는 직선의 방정식은
$x^2+y^2-6x+2y+10-a-(x^2+y^2+4x+3)=0$
$10x-2y+a-7=0$
이 직선이 점 $(-2,\ 0)$을 지나야 하므로
$-20+a-7=0$
$a=27$

圄 ④

34 원 C_1: $x^2+y^2=4$이 원 C_2: $(x-a)^2+y^2=4$의 중심인 점 $(a,\ 0)$을 지나므로
$a^2=4$
이때 $a>0$이므로 $a=2$
두 원 C_1, C_2의 중심을 각각 A, B라 하면 A$(0,\ 0)$, B$(2,\ 0)$이고 $\overline{AB}=2$이다.
두 원 C_1, C_2의 반지름의 길이가 모두 2이므로 두 원 C_1, C_2는 다음 그림과 같이 한 원이 다른 원의 중심을 지난다.

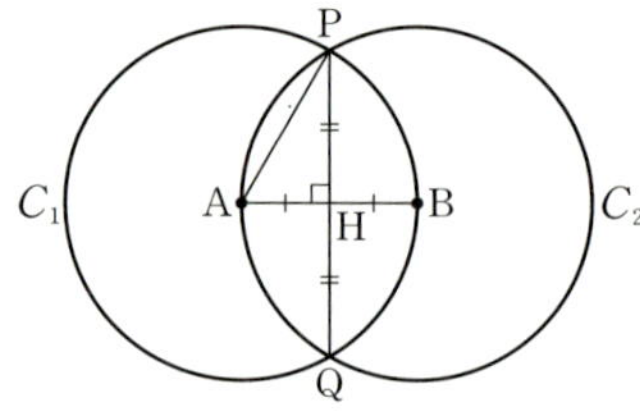

두 원 C_1, C_2가 만나는 두 점을 P, Q라 하고 두 선분 AB, PQ가 만나는 점을 H라 하면 점 H는 선분 AB의 중점이면서 동시에 선분 PQ의 중점이다.
$\overline{AH}=\overline{BH}=1$, $\overline{PH}=\overline{QH}$
이때 $\overline{AP}=2$이므로 직각삼각형 PAH에서
$\overline{PH}=\sqrt{\overline{AP}^2-\overline{AH}^2}=\sqrt{2^2-1^2}=\sqrt{3}$

따라서 두 원 C_1, C_2의 공통인 현인 선분 PQ의 길이는
$\overline{PQ}=2\overline{PH}=2\sqrt{3}$

圄 ⑤

35 원 $(x-1)^2+(y-2)^2=9$의 중심을 C라 하면 C$(1,\ 2)$이고 반지름의 길이는 3이다.
점 C$(1,\ 2)$에서 직선 $2x-y+5=0$에 내린 수선의 발을 H라 하면
$\overline{AH}=\overline{BH}$

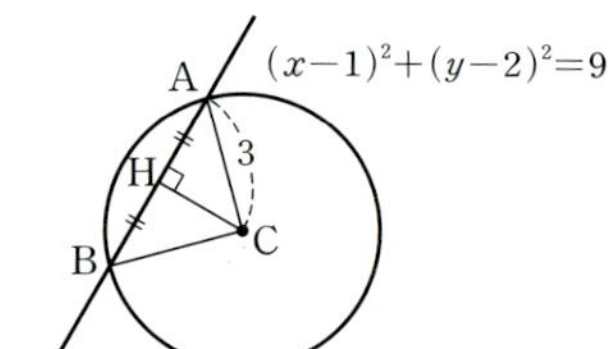

$\overline{CH}=\dfrac{|2\times1-2+5|}{\sqrt{2^2+(-1)^2}}=\sqrt{5}$

$\overline{CA}=3$이므로 직각삼각형 CAH에서

$\overline{AH}=\sqrt{\overline{CA}^2-\overline{CH}^2}$
$\quad\ =\sqrt{3^2-(\sqrt{5})^2}=2$
따라서 $\overline{AB}=2\overline{AH}=2\times2=4$

圄 ④

36 원 $x^2+y^2-2x-2y-23=0$에서
$(x-1)^2+(y-1)^2=25$ $\quad\cdots\cdots$ ㉠
접힌 호는 반지름의 길이가 5인 원의 일부분이고 x축과 y축에 동시에 접하므로 접힌 호를 포함하는 원의 방정식은
$(x-5)^2+(y-5)^2=25$ $\quad\cdots\cdots$ ㉡
이때 두 원 ㉠, ㉡의 중심을 각각 P, Q라 하면 P$(1,\ 1)$, Q$(5,\ 5)$이고
$\overline{PQ}=\sqrt{(5-1)^2+(5-1)^2}=4\sqrt{2}$
점 P에서 선분 AB에 내린 수선의 발을 H라 하면
$\overline{AH}=\overline{BH}$
삼각형 APQ에서 $\angle AHP=90°$이고 $\overline{AP}=\overline{AQ}=5$이므로
$\overline{PH}=\overline{QH}=2\sqrt{2}$
직각삼각형 APH에서
$\overline{AH}=\sqrt{\overline{AP}^2-\overline{PH}^2}=\sqrt{5^2-(2\sqrt{2})^2}=\sqrt{17}$
따라서 $\overline{AB}=2\overline{AH}=2\sqrt{17}$

圄 ②

37 원 $x^2+y^2-3x+2y+1=0$에서
$\left(x-\dfrac{3}{2}\right)^2+(y+1)^2=\dfrac{9}{4}$

이 원의 중심을 점 C라 하면 점 C의 좌표는 $\left(\dfrac{3}{2},\ -1\right)$이고 점 A는 원 위의 점이므로

$\overline{CA}=\dfrac{3}{2}$

또, 점 C에서 직선 $4x+3y+12=0$에 내린 수선의 발을 H라 하면

$\overline{CH}=\dfrac{\left|4\times\dfrac{3}{2}+3\times(-1)+12\right|}{\sqrt{4^2+3^2}}=3$

이때 $3>\dfrac{3}{2}$이므로 원과 직선은 만나지 않는다.

따라서 선분 AP의 길이의 최솟값은
$\overline{CH}-\overline{CA}=3-\dfrac{3}{2}=\dfrac{3}{2}$

圄 ③

38 원 $x^2+y^2=4$의 중심인 원점 O에서 직선 $x-y+4\sqrt{2}=0$에 내린

수선의 발을 H라 하면
$$\overline{OH}=\frac{|4\sqrt{2}|}{\sqrt{1^2+(-1)^2}}=4$$
이때 $4>2$이므로 원과 직선은 만나지 않는다.
원 위의 점 A와 직선 $x-y+4\sqrt{2}=0$ 사이의 거리의 최솟값은
$\overline{OH}-2=4-2=2$,
최댓값은 $\overline{OH}+2=4+2=6$
따라서 거리가 2인 점과 6인 점은 각각 한 개씩 존재하고, 거리가 3, 4, 5인 점은 각각 두 개씩 존재하므로 구하는 점 A의 개수는
$1+2+2+2+1=8$

目 ③

39 원 $x^2+y^2-4y=0$에서
$x^2+(y-2)^2=4$ ······ ㉠
두 점 A, B를 지나는 직선의 기울기는 $\dfrac{-7-(-4)}{\sqrt{3}-0}=-\sqrt{3}$이므로
직선의 방정식은
$y-(-4)=-\sqrt{3}(x-0)$
$\sqrt{3}x+y+4=0$
원 ㉠의 중심을 점 C라 하면 점 C의 좌표는 $(0, 2)$이다.
점 C에서 직선 $\sqrt{3}x+y+4=0$에 내린 수선의 발을 H라 하면
$$\overline{CH}=\frac{|0+2+4|}{\sqrt{(\sqrt{3})^2+1^2}}=3$$
이때 $3>2$이므로 원과 직선은 만나지 않는다.
한편, 원 위의 점 P와 직선 $\sqrt{3}x+y+4=0$ 사이의 거리를 d라 하면
$\overline{CH}-2\le d\le\overline{CH}+2$
즉, $1\le d\le5$
$\overline{AB}=\sqrt{(\sqrt{3}-0)^2+\{-7-(-4)\}^2}=2\sqrt{3}$
이므로 삼각형 PAB의 넓이는
$$\frac{1}{2}\times\overline{AB}\times d=\frac{1}{2}\times2\sqrt{3}\times d=\sqrt{3}d$$
따라서 $\sqrt{3}\le\sqrt{3}d\le5\sqrt{3}$이므로
$M=5\sqrt{3}$, $m=\sqrt{3}$
즉, $M+m=5\sqrt{3}+\sqrt{3}=6\sqrt{3}$

目 ①

40 원 $x^2+y^2-4x-2y-2=0$에서
$(x-2)^2+(y-1)^2=7$
이므로 원의 중심은 점 $(2, 1)$이고 반지름의 길이는 $\sqrt{7}$이다.
이 원과 직선 $y=2x+k$, 즉 $2x-y+k=0$이 서로 다른 두 점에서 만나려면 원의 중심인 점 $(2, 1)$과 직선 $2x-y+k=0$ 사이의 거리가 반지름의 길이인 $\sqrt{7}$보다 작아야 하므로
$$\frac{|2\times2-1+k|}{\sqrt{2^2+(-1)^2}}<\sqrt{7}$$
$|k+3|<\sqrt{35}$
$-\sqrt{35}<k+3<\sqrt{35}$
$-3-\sqrt{35}<k<-3+\sqrt{35}$
따라서 가능한 정수 k의 값은 -8, -7, -6, $\cdots$, 2이므로 그 개수는 11이다.

目 ①

판별식을 이용하여 k의 값의 범위를 다음과 같이 구할 수도 있다.
$x^2+y^2-4x-2y-2=0$에 $y=2x+k$를 대입하면
$x^2+(2x+k)^2-4x-2(2x+k)-2=0$
$5x^2+4(k-2)x+k^2-2k-2=0$ ······ ㉠
주어진 원과 직선이 서로 다른 두 점에서 만나려면 x에 대한 이차방정식 ㉠이 서로 다른 두 실근을 가져야 한다.
즉, 이차방정식 ㉠의 판별식을 D라 하면 $D>0$이어야 하므로
$$\frac{D}{4}=4(k-2)^2-5(k^2-2k-2)$$
$$=-k^2-6k+26>0$$
즉, $k^2+6k-26<0$
이때 이차방정식 $k^2+6k-26=0$의 근이 $k=-3\pm\sqrt{35}$이므로
$-3-\sqrt{35}<k<-3+\sqrt{35}$

41 원 $x^2+y^2=r^2$과 직선 $5x-12y+30=0$이 서로 다른 두 점에서 만나려면 원의 중심인 원점과 직선 $5x-12y+30=0$ 사이의 거리가 반지름의 길이인 r보다 작아야 하므로
$$\frac{|30|}{\sqrt{5^2+(-12)^2}}<r$$
$30<13r$
$r>\dfrac{30}{13}$
따라서 구하는 자연수 r의 최솟값은 3이다.

目 ③

42 원 $x^2+y^2-6x-4y+10=0$에서
$(x-3)^2+(y-2)^2=3$
이 원과 직선 $nx-2y-n-2=0$이 서로 다른 두 점에서 만나려면 원의 중심인 점 $(3, 2)$와 직선 $nx-2y-n-2=0$ 사이의 거리가 반지름의 길이인 $\sqrt{3}$보다 작아야 하므로
$$\frac{|n\times3-2\times2-n-2|}{\sqrt{n^2+(-2)^2}}<\sqrt{3}$$
$|2n-6|<\sqrt{3n^2+12}$
양변을 제곱하면
$|2n-6|^2<(\sqrt{3n^2+12})^2$
$4n^2-24n+36<3n^2+12$
$n^2-24n+24<0$
이때 이차방정식 $n^2-24n+24=0$의 근이 $n=12\pm2\sqrt{30}$이므로
$12-2\sqrt{30}<n<12+2\sqrt{30}$
따라서 가능한 정수 n의 값은 2, 3, 4, $\cdots$, 22이므로 $M=22$, $m=2$
$M-m=22-2=20$

目 ①

43 원 $x^2+y^2+4x-6y+5=0$에서
$(x+2)^2+(y-3)^2=8$
이 원과 직선 $2x-2y+k=0$이 접하려면 원의 중심인 점 $(-2, 3)$과 직선 $2x-2y+k=0$ 사이의 거리가 반지름의 길이인 $2\sqrt{2}$이어야 하므로
$$\frac{|2\times(-2)-2\times3+k|}{\sqrt{2^2+(-2)^2}}=2\sqrt{2}$$

$|k-10|=8$

$k-10=-8$ 또는 $k-10=8$

$k=2$ 또는 $k=18$

따라서 모든 실수 k의 값의 합은 $2+18=20$

답 ③

다른 풀이

실수 k의 값을 다음과 같이 판별식을 이용하여 구할 수도 있다.

$x^2+y^2+4x-6y+5=0$에 $2x-2y+k=0$, 즉 $y=x+\dfrac{k}{2}$를 대입하면

$x^2+\left(x+\dfrac{k}{2}\right)^2+4x-6\left(x+\dfrac{k}{2}\right)+5=0$

$2x^2+(k-2)x+\dfrac{k^2}{4}-3k+5=0$ ······ ㉠

주어진 원과 직선이 접하려면 이차방정식 ㉠이 중근을 가져야 한다.

즉, 이차방정식 ㉠의 판별식을 D라 하면 $D=0$이어야 하므로

$D=(k-2)^2-4\times2\times\left(\dfrac{k^2}{4}-3k+5\right)$

$\quad=-k^2+20k-36$

$\quad=-(k-2)(k-18)=0$

$k=2$ 또는 $k=18$

44 중심이 점 $(1,2)$인 원이 직선 $2x-y+5=0$과 접하므로 원의 반지름의 길이는 점 $(1,2)$와 직선 $2x-y+5=0$ 사이의 거리와 같다.

$\dfrac{|2\times1-2+5|}{\sqrt{2^2+(-1)^2}}=\dfrac{5}{\sqrt{5}}=\sqrt{5}$

이므로 주어진 원의 방정식은

$(x-1)^2+(y-2)^2=5$ ······ ㉠

㉠에 $x=0$를 대입하면

$(0-1)^2+(y-2)^2=5$

$y^2-4y=0,\ y(y-4)=0$

$y=0$ 또는 $y=4$

따라서 주어진 원은 y축과 두 점 $(0,0)$, $(0,4)$에서 만나므로

$\overline{\text{AB}}=4-0=4$

답 ④

45 x축 및 y축에 동시에 접하는 원은 중심이 직선 $y=x$ 또는 직선 $y=-x$ 위에 있으므로 $a\neq0$인 실수 a에 대하여 원의 중심의 좌표는 (a,a) 또는 $(a,-a)$이고 반지름의 길이는 $|a|$이다.

(i) 중심의 좌표가 (a,a)일 때

점 (a,a)와 직선 $3x-4y+5=0$ 사이의 거리가 원의 반지름의 길이인 $|a|$와 같아야 하므로

$\dfrac{|3\times a-4\times a+5|}{\sqrt{3^2+(-4)^2}}=|a|$

$|5-a|=5|a|$

$5-a=-5a$ 또는 $5-a=5a$

$a=-\dfrac{5}{4}$ 또는 $a=\dfrac{5}{6}$

따라서 원의 반지름의 길이는 $\left|-\dfrac{5}{4}\right|=\dfrac{5}{4}$ 또는 $\left|\dfrac{5}{6}\right|=\dfrac{5}{6}$이다.

(ii) 중심의 좌표가 $(a,-a)$일 때

점 $(a,-a)$와 직선 $3x-4y+5=0$ 사이의 거리가 원의 반지름의 길이인 $|a|$와 같아야 하므로

$\dfrac{|3\times a-4\times(-a)+5|}{\sqrt{3^2+(-4)^2}}=|a|$

$|7a+5|=5|a|$

$7a+5=-5a$ 또는 $7a+5=5a$

$a=-\dfrac{5}{12}$ 또는 $a=-\dfrac{5}{2}$

따라서 원의 반지름의 길이는 $\left|-\dfrac{5}{12}\right|=\dfrac{5}{12}$ 또는 $\left|-\dfrac{5}{2}\right|=\dfrac{5}{2}$이다.

(i), (ii)에서 원의 반지름의 길이는 $\dfrac{5}{4}$ 또는 $\dfrac{5}{6}$ 또는 $\dfrac{5}{12}$ 또는 $\dfrac{5}{2}$이다.

따라서 모든 원의 반지름의 길이의 합은

$\dfrac{5}{4}+\dfrac{5}{6}+\dfrac{5}{12}+\dfrac{5}{2}=\dfrac{5}{24}(6+4+2+12)=5$

답 ③

46 원 $x^2+y^2-8x-10y+36=0$에서

$(x-4)^2+(x-5)^2=5$

이 원과 직선 $2x-y+k=0$이 만나려면 원의 중심인 점 $(4,5)$와 직선 $2x-y+k=0$ 사이의 거리가 반지름의 길이인 $\sqrt{5}$보다 작거나 같아야 하므로

$\dfrac{|2\times4-5+k|}{\sqrt{2^2+(-1)^2}}\leq\sqrt{5}$

$|k+3|\leq5,\ -5\leq k+3\leq5$

$-8\leq k\leq2$

따라서 정수 k의 값은 $-8,\ -7,\ -6,\ \cdots,\ 2$로 그 개수는 11이다.

답 ④

47 중심이 점 (a,a)이고 반지름의 길이가 $\dfrac{1}{2}$인 원이 직선 $4x-3y+2=0$과 만나려면 점 (a,a)와 직선 $4x-3y+2=0$ 사이의 거리가 반지름의 길이인 $\dfrac{1}{2}$보다 작거나 같아야 하므로

$\dfrac{|4\times a-3\times a+2|}{\sqrt{4^2+(-3)^2}}\leq\dfrac{1}{2}$

$|a+2|\leq\dfrac{5}{2}$

$-\dfrac{5}{2}\leq a+2\leq\dfrac{5}{2}$

$-\dfrac{9}{2}\leq a\leq\dfrac{1}{2}$

따라서 $M=\dfrac{1}{2}$, $m=-\dfrac{9}{2}$이므로

$M-m=\dfrac{1}{2}-\left(-\dfrac{9}{2}\right)=5$

답 ⑤

48 방정식 $|x^2+y^2-r^2|+|3x-y+20|=0$에서

$|x^2+y^2-r^2|\geq0$, $|3x-y+20|\geq0$이므로

$x^2+y^2=r^2,\ 3x-y+20=0$

이때 주어진 방정식의 실근이 존재하려면 두 방정식 $x^2+y^2=r^2$, $3x-y+20=0$을 동시에 만족시키는 실수 x, y가 존재하여야 한다.

즉, 중심이 원점이고 반지름의 길이가 r인 원 $x^2+y^2=r^2$과 직선 $3x-y+20=0$이 만나는 점이 존재하여야 한다.

따라서 원 $x^2+y^2=r^2$의 중심인 원점과 직선 $3x-y+20=0$ 사이의 거리가 반지름의 길이인 r보다 작거나 같아야 하므로

$$\frac{|20|}{\sqrt{3^2+(-1)^2}}\leq r$$

$$r\geq 2\sqrt{10}$$

이때 $6<2\sqrt{10}<7$이므로 한 자리의 자연수 r의 값은 7, 8, 9로 그 개수는 3이다.

답 ①

49 원 $(x-4)^2+(y-2)^2=3$과 직선 $y=\dfrac{1}{2}x+k$가 만나지 않으려면

원의 중심인 점 $(4,\ 2)$와 직선 $y=\dfrac{1}{2}x+k$, 즉 $x-2y+2k=0$ 사이의

거리가 반지름의 길이인 $\sqrt{3}$보다 커야 하므로

$$\frac{|4-2\times 2+2k|}{\sqrt{1^2+(-2)^2}}>\sqrt{3}$$

$$|2k|>\sqrt{15}$$

k가 자연수이므로

$$2k>\sqrt{15},\ k>\frac{\sqrt{15}}{2}$$

이때 $1<\dfrac{\sqrt{15}}{2}=\sqrt{\dfrac{15}{4}}<2$이므로 자연수 k의 최솟값은 2이다.

답 2

50 원과 직선이 만나지 않으려면 원의 중심인 점 $(1,\ 2)$와 직선 $y=4x+k$, 즉 $4x-y+k=0$ 사이의 거리가 반지름의 길이인 $\sqrt{17}$보다 커야 하므로

$$\frac{|4\times 1-2+k|}{\sqrt{4^2+(-1)^2}}>\sqrt{17}$$

$$|k+2|>17$$

이때 k는 자연수이므로

$$k+2>17$$

$$k>15$$

따라서 자연수 k의 최솟값은 16이다.

답 16

51 선분 AB의 중점의 좌표는

$$\left(\frac{0+k}{2},\ \frac{-4+(2k-4)}{2}\right),\ \text{즉}\ \left(\frac{k}{2},\ k-4\right)$$

점 $\left(\dfrac{k}{2},\ k-4\right)$와 점 $\mathrm{A}(0,\ -4)$ 사이의 거리는

$$\sqrt{\left(0-\frac{k}{2}\right)^2+\{-4-(k-4)\}^2}=\sqrt{\frac{5}{4}k^2}=\frac{k}{2}\sqrt{5}$$

따라서 두 점 $\mathrm{A}(0,\ -4)$, $\mathrm{B}(k,\ 2k-4)$를 지름의 양 끝점으로 하는 원의 방정식은

$$\left(x-\frac{k}{2}\right)^2+(y-k+4)^2=\frac{5}{4}k^2$$

이때 이 원과 직선 $x+2y-12=0$이 만나지 않으려면 원의 중심인 점 $\left(\dfrac{k}{2},\ k-4\right)$와 직선 $x+2y-12=0$ 사이의 거리가 반지름의 길이인

$\dfrac{k}{2}\sqrt{5}$보다 커야 하므로

$$\frac{\left|\dfrac{k}{2}+2\times(k-4)-12\right|}{\sqrt{1^2+2^2}}>\frac{k}{2}\sqrt{5}$$

$$\left|\frac{5}{2}k-20\right|>\frac{5}{2}k$$

$$\frac{5}{2}k-20<-\frac{5}{2}k\ \text{또는}\ \frac{5}{2}k-20>\frac{5}{2}k$$

$\dfrac{5}{2}k-20<-\dfrac{5}{2}k$에서 $k<4$

$\dfrac{5}{2}k-20>\dfrac{5}{2}k$를 만족시키는 k의 값은 존재하지 않는다.

따라서 $k<4$이므로 자연수 k의 값은 1, 2, 3이고 모든 k의 값의 합은

$$1+2+3=6$$

답 ②

52 직선 $x-3y+5=0$과 평행한 직선의 기울기는 $\dfrac{1}{3}$이다.

반지름의 길이가 2인 원 $x^2+y^2=4$에 접하고 기울기가 $\dfrac{1}{3}$인 직선의 방정식은

$$y=\frac{1}{3}x\pm 2\sqrt{\left(\frac{1}{3}\right)^2+1}$$

$$y=\frac{1}{3}x\pm\frac{2}{3}\sqrt{10}$$

이때 제2사분면을 지나는 직선의 방정식은 $y=\dfrac{1}{3}x+\dfrac{2}{3}\sqrt{10}$

따라서 $m=\dfrac{1}{3}$, $n=\dfrac{2}{3}\sqrt{10}$이므로

$$\frac{n}{m}=\frac{\dfrac{2}{3}\sqrt{10}}{\dfrac{1}{3}}=2\sqrt{10}$$

답 ④

53 원 $x^2+y^2=2$에 접하고 기울기가 -2인 직선의 방정식은

$$y=-2x\pm\sqrt{2}\times\sqrt{(-2)^2+1}$$

$$y=-2x\pm\sqrt{10}$$

이때 두 직선이 y축과 만나는 점은 각각

$\mathrm{A}(0,\ \sqrt{10})$, $\mathrm{B}(0,\ -\sqrt{10})$ 또는 $\mathrm{A}(0,\ -\sqrt{10})$, $\mathrm{B}(0,\ \sqrt{10})$

따라서 $\overline{\mathrm{AB}}^2=|\sqrt{10}-(-\sqrt{10})|^2=40$

답 ④

54 $\tan 60°=\sqrt{3}$이므로 x축의 양의 방향과 이루는 각의 크기가 $60°$인 직선의 기울기는 $\sqrt{3}$이다.

원 $C:x^2+y^2=4$에 접하고 기울기가 $\sqrt{3}$인 직선의 방정식은

$$y=\sqrt{3}x\pm 2\times\sqrt{(\sqrt{3})^2+1}$$

$$y=\sqrt{3}x\pm 4$$

이때 직선 l_1의 y절편은 양수이므로 두 직선 l_1, l_2의 방정식은 각각

$l_1:y=\sqrt{3}x+4$, $l_2:y=\sqrt{3}x-4$

또한, x축의 양의 방향과 이루는 각의 크기가 $120°$인 직선, 즉 x축의 음의 방향과 이루는 각의 크기가 $60°$인 직선의 기울기는 $-\sqrt{3}$이다.

원 $C:x^2+y^2=4$에 접하고 기울기가 $-\sqrt{3}$인 직선의 방정식은

$$y=-\sqrt{3}x\pm 2\times\sqrt{(-\sqrt{3})^2+1}$$

$$y=-\sqrt{3}x\pm 4$$

이때 직선 l_3의 y절편은 양수이므로 두 직선 l_3, l_4의 방정식은 각각

$l_3:y=-\sqrt{3}x+4$, $l_4:y=-\sqrt{3}x-4$

두 직선 l_1, l_3의 교점의 좌표는 $(0,\ 4)$, 두 직선 l_2, l_4의 교점의 좌표는

$(0, -4)$, 두 직선 l_1, l_4의 교점의 좌표는 $\left(-\dfrac{4}{3}\sqrt{3},\, 0\right)$, 두 직선 l_2,

l_3의 교점의 좌표는 $\left(\dfrac{4}{3}\sqrt{3},\, 0\right)$이다.

따라서 네 직선 l_1, l_2, l_3, l_4로 둘러싸인 부분은 마름모이고 이 마름모의 두 대각선의 길이를 각각 구하면

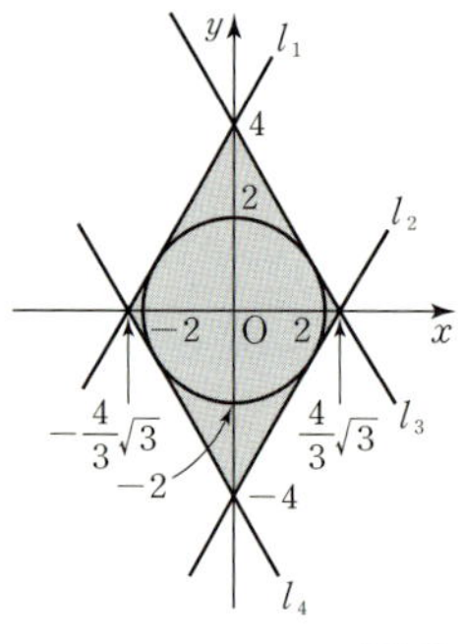

$\dfrac{4}{3}\sqrt{3} - \left(-\dfrac{4}{3}\sqrt{3}\right) = \dfrac{8}{3}\sqrt{3}$,

$4 - (-4) = 8$이므로 그 넓이는

$\dfrac{1}{2} \times \dfrac{8}{3}\sqrt{3} \times 8 = \dfrac{32}{3}\sqrt{3}$

달 ⑤

55 원 $x^2 + y^2 = 25$ 위의 점 $(3, -4)$에서의 접선의 방정식은

$3x - 4y = 25$

이 직선이 원 $(x-a)^2 + y^2 = 4$와 만나려면 원의 중심인 점 $(a, 0)$과 직선 $3x - 4y - 25 = 0$ 사이의 거리가 반지름의 길이인 2보다 작거나 같아야 하므로

$\dfrac{|3 \times a - 25|}{\sqrt{3^2 + (-4)^2}} \leq 2$

$|3a - 25| \leq 10$

$-10 \leq 3a - 25 \leq 10$

$15 \leq 3a \leq 35$

$5 \leq a \leq \dfrac{35}{3}$

따라서 정수 a의 값은 5, 6, 7, 8, 9, 10, 11이므로 모든 a의 값의 합은

$5 + 6 + 7 + 8 + 9 + 10 + 11 = 56$

달 ④

56 점 (a, b)가 원 $x^2 + y^2 = 10$ 위의 점이므로

$a^2 + b^2 = 10$ $\quad$ ····· ㉠

또, 원 $x^2 + y^2 = 10$ 위의 점 (a, b)에서의 접선의 방정식은

$ax + by = 10$

이 직선이 점 $(1, 7)$을 지나므로

$a + 7b = 10$ $\quad$ ····· ㉡

$a = 10 - 7b$ $\quad$ ····· ㉡

㉡을 ㉠에 대입하면

$(10 - 7b)^2 + b^2 = 10$

$50b^2 - 140b + 90 = 0$

$5b^2 - 14b + 9 = 0$

$(b-1)(5b-9) = 0$

$b = 1$ 또는 $b = \dfrac{9}{5}$

$b = 1$을 ㉡에 대입하면

$a = 10 - 7 = 3$

$b = \dfrac{9}{5}$를 ㉡에 대입하면

$a = 10 - \dfrac{63}{5} = -\dfrac{13}{5}$

이때 점 (a, b)는 제1사분면 위의 점이므로 $a > 0$, $b > 0$이어야 한다. 따라서 $a = 3$, $b = 1$이므로

$a + b = 3 + 1 = 4$

달 ②

57 원 $x^2 + y^2 = 13$ 위의 점 $A(2, -3)$에서의 접선 l의 방정식은

$2x - 3y = 13$ $\quad$ ····· ㉠

원 $x^2 + y^2 = 13$ 위의 점 $B(3, 2)$에서의 접선 m의 방정식은

$3x + 2y = 13$ $\quad$ ····· ㉡

㉠, ㉡을 연립하여 풀면

$x = 5$, $y = -1$

즉, 두 직선 l, m의 교점을 C라 하면 점 C의 좌표는 $(5, -1)$이다.

이때 두 직선 l, m의 기울기가 각각 $\dfrac{2}{3}$, $-\dfrac{3}{2}$이므로 두 직선 l, m은 서로 수직이고

$\overline{AC} = \sqrt{(5-2)^2 + \{-1 - (-3)\}^2} = \sqrt{13}$

$\overline{BC} = \sqrt{(5-3)^2 + (-1-2)^2} = \sqrt{13}$

따라서 두 직선 l, m과 직선 AB로 둘러싸인 부분인 직각이등변삼각형 ABC의 넓이는

$\dfrac{1}{2} \times \overline{AC} \times \overline{BC} = \dfrac{1}{2} \times \sqrt{13} \times \sqrt{13} = \dfrac{13}{2}$

달 ④

58 점 $(2, 3)$을 지나고 원 $x^2 + y^2 = 1$에 접하는 접선의 기울기를 m이라 하면 접선의 방정식은

$y - 3 = m(x - 2)$

$mx - y - 2m + 3 = 0$

이 직선이 원 $x^2 + y^2 = 1$에 접하므로 원의 중심인 원점과 직선 $mx - y - 2m + 3 = 0$ 사이의 거리가 원의 반지름의 길이인 1이다.

$\dfrac{|-2m + 3|}{\sqrt{m^2 + (-1)^2}} = 1$

$|-2m + 3| = \sqrt{m^2 + 1}$

양변을 제곱하면

$(-2m + 3)^2 = m^2 + 1$

$3m^2 - 12m + 8 = 0$

이때 이 이차방정식의 판별식을 D라 하고 두 근을 m_1, m_2라 하면

$\dfrac{D}{4} = (-6)^2 - 3 \times 8 = 12 > 0$

이므로 두 근 m_1, m_2는 서로 다른 두 실수이다.

따라서 이차방정식의 근과 계수의 관계에 의하여 두 접선의 기울기의 곱은 $m_1 m_2 = \dfrac{8}{3}$

달 ③

59 점 $P(-3, 0)$에서 원 $x^2 + y^2 = 6$에 그은 접선의 접점을 (x_1, y_1)이라 하면 접선의 방정식은

$x_1 x + y_1 y = 6$

이 접선이 점 $P(-3, 0)$을 지나므로

$-3x_1 + 0 = 6$

$x_1 = -2$

접점 $(-2, y_1)$이 원 $x^2 + y^2 = 6$ 위의 점이므로

$(-2)^2 + y_1^2 = 6$, $y_1^2 = 2$

$y_1=\pm\sqrt{2}$

이때 점 A의 y좌표는 양수이므로 두 접점 A, B의 좌표는 각각
$(-2, \sqrt{2})$, $(-2, -\sqrt{2})$
삼각형 PAB의 무게중심의 좌표가 (a, b)이므로
$$a=\frac{-3-2-2}{3}=-\frac{7}{3}$$
$$b=\frac{0+\sqrt{2}+(-\sqrt{2})}{3}=0$$
따라서 $|a+b|=\left|-\frac{7}{3}+0\right|=\frac{7}{3}$

답 $\dfrac{7}{3}$

60 점 $(0, 2)$에서 원 $C: x^2+y^2=1$에 그은 접선의 기울기를 m이라 하면 접선의 방정식은
$y-2=m(x-0)$
$mx-y+2=0$
원 $C: x^2+y^2=1$의 중심인 원점과 직선 $mx-y+2=0$ 사이의 거리가 원의 반지름의 길이인 1과 같아야 하므로
$$\frac{|2|}{\sqrt{m^2+(-1)^2}}=1$$
$2=\sqrt{m^2+1}$
$4=m^2+1$
$m^2=3$
$m=\pm\sqrt{3}$
따라서 점 $(0, 2)$에서 원 C에 그은 두 접선의 방정식은
$y=\sqrt{3}x+2$, $y=-\sqrt{3}x+2$
한편, 직선 $y=k$가 두 직선 $y=\sqrt{3}x+2$, $y=-\sqrt{3}x+2$와 만나는 점을 각각 A, B라 하면
$A\left(\dfrac{k-2}{3}\sqrt{3}, k\right)$, $B\left(\dfrac{2-k}{3}\sqrt{3}, k\right)$이므로
$$\overline{AB}=\left|\frac{2-k}{3}\sqrt{3}-\frac{k-2}{3}\sqrt{3}\right|=\left|\frac{2(2-k)}{3}\sqrt{3}\right|$$
점 $(0, 2)$와 직선 $y=k$ 사이의 거리는 $|2-k|$이고 두 접선과 직선 $y=k$로 둘러싸인 삼각형의 넓이가 $3\sqrt{3}$이므로
$$\frac{1}{2}\times\left|\frac{2(2-k)}{3}\sqrt{3}\right|\times|2-k|=3\sqrt{3}$$에서
$$\frac{\sqrt{3}}{3}(2-k)^2=3\sqrt{3}$$
$k^2-4k-5=0$
$(k+1)(k-5)=0$
$k=-1$ 또는 $k=5$
따라서 모든 실수 k의 값의 곱은
$-1\times5=-5$

답 -5

61 그림과 같이 점 $A(a, 0)$에서 원 $x^2+y^2=16$에 그은 두 접선의 접점 중 제1사분면 위의 점을 P, 제4사분면 위의 점을 Q라 하면
$\overline{OP}=\overline{OQ}=4$
$\overline{OP}\perp\overline{AP}$, $\overline{OQ}\perp\overline{AQ}$
즉, 네 점 P, O, Q, A를 꼭짓점으로 하는 사각형은 한 변의 길이가 4인 정사각형이므로

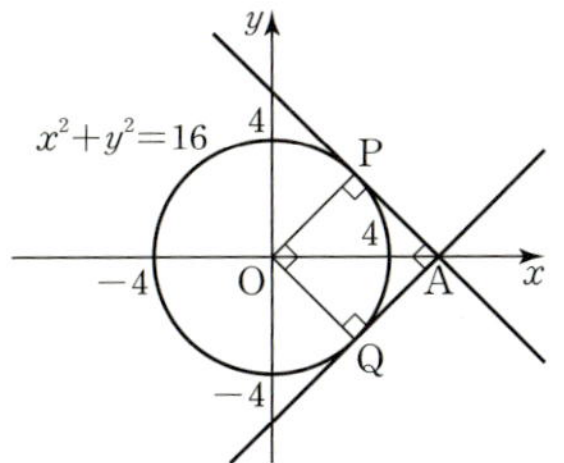

$\overline{AP}=\overline{OP}=4$
따라서 직각이등변삼각형 OAP에서
$\overline{OA}=\sqrt{\overline{OP}^2+\overline{AP}^2}=\sqrt{4^2+4^2}=4\sqrt{2}$이므로
$a=\overline{OA}=4\sqrt{2}$

답 ②

62 원 $(x+1)^2+(y-1)^2=32$ 밖의 점 A에서 이 원에 그은 두 접선의 접점을 P, Q라 하고 원의 중심을 B라 하면 두 접선은 서로 수직이므로 네 점 A, B, P, Q를 꼭짓점으로 하는 사각형은 한 변의 길이가 원의 반지름의 길이인 정사각형이다.

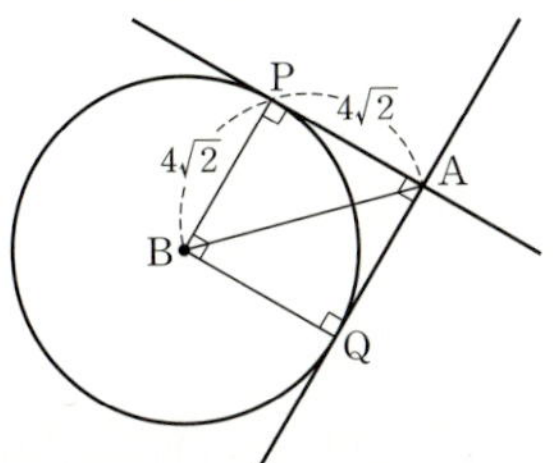

이때 원 $(x+1)^2+(y-1)^2=32$의 반지름의 길이가 $\sqrt{32}=4\sqrt{2}$이므로 직각이등변삼각형 APB에서
$\overline{AB}=\sqrt{(4\sqrt{2})^2+(4\sqrt{2})^2}=8$
즉, 점 A의 좌표를 (a, b)라 하면 $B(-1, 1)$이므로
$(a+1)^2+(b-1)^2=8^2$
따라서 점 A는 점 $B(-1, 1)$을 중심으로 하고 반지름의 길이가 8인 원 위의 점이므로 점 A가 나타내는 도형의 넓이는
$\pi\times8^2=64\pi$

답 ②

63 원 $x^2+y^2=5$에 접하고 기울기가 2인 접선의 방정식은
$y=2x\pm\sqrt{5}\times\sqrt{2^2+1}$
$y=2x\pm5$
또, 원 $x^2+y^2=5$에 접하고 기울기가 $-\dfrac{1}{2}$인 접선의 방정식은
$$y=-\frac{1}{2}x\pm\sqrt{5}\times\sqrt{\left(-\frac{1}{2}\right)^2+1}$$
$$y=-\frac{1}{2}x\pm\frac{5}{2}$$
이때 점 A가 제1사분면 위의 점이므로 두 직선 l, m의 방정식은 각각
$l: y=2x-5$, $m: y=-\dfrac{1}{2}x+\dfrac{5}{2}$
$2x-5=-\dfrac{1}{2}x+\dfrac{5}{2}$에서 $x=3$
$x=3$을 $y=2x-5$에 대입하면 $y=2\times3-5=1$

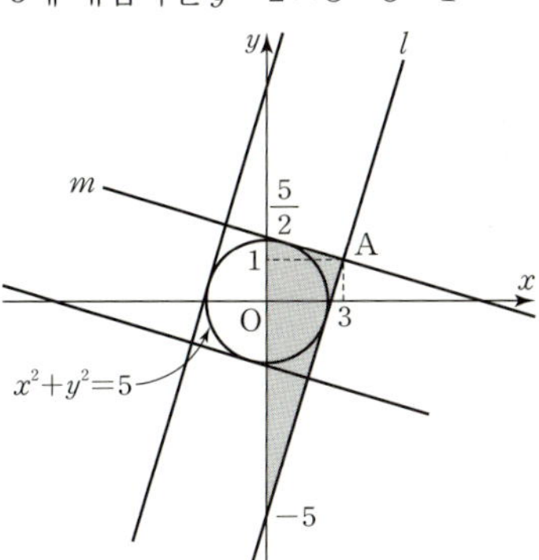

따라서 A$(3, 1)$이므로 두 접선 l, m과 y축으로 둘러싸인 부분의 넓이는

$$\frac{1}{2} \times \left\{ \frac{5}{2} - (-5) \right\} \times 3 = \frac{45}{4}$$

답 ③

64 원 $x^2+y^2-6x-8y+15=0$에서
$$(x-3)^2+(y-4)^2=10$$
이 원의 중심을 점 C라 하면 점 C의 좌표는 $(3, 4)$이므로
$$\overline{OC}=\sqrt{3^2+4^2}=5$$
점 A는 원점 O에서 이 원에 그은 접선의 한 접점이므로 $\overline{CA}=\sqrt{10}$이고 $\overline{OA}\perp\overline{CA}$

따라서 직각삼각형 OAC에서

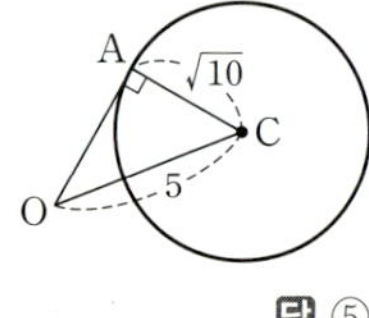

$$\overline{OA}=\sqrt{\overline{OC}^2-\overline{CA}^2}$$
$$=\sqrt{5^2-(\sqrt{10})^2}=\sqrt{15}$$

답 ⑤

65 원 $C: x^2+y^2=r^2$의 중심이 원점 O이고 반지름의 길이가 r이므로
$$\overline{OA}=r,\ \overline{OA}\perp\overline{PA}$$
직각삼각형 OAP에서
$$\overline{OP}^2=\overline{OA}^2+\overline{PA}^2$$이므로

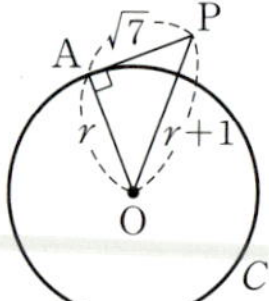

$$(r+1)^2=r^2+(\sqrt{7})^2$$
$$r^2+2r+1=r^2+7$$
$$r=3$$
따라서 원 C의 반지름의 길이가 3이므로 원 C의 둘레의 길이는
$$2\pi \times 3 = 6\pi$$

답 ①

66 원 $x^2+y^2+6x-4y+9=0$에서
$$(x+3)^2+(y-2)^2=4$$
이므로 점 C의 좌표는 $(-3, 2)$이고
$$\overline{CA}=\overline{CB}=2$$
그림에서 접점 A의 좌표는 $(-3, 4)$이므로
$$\overline{PA}=|0-(-3)|=3$$
또, $\overline{PB}=\overline{PA}=3$

따라서 네 점 P, C, A, B를 꼭짓점으로 하는 사각형의 둘레의 길이는
$$\overline{PA}+\overline{PB}+\overline{CA}+\overline{CB}=3+3+2+2=10$$

답 ①

67 원 $x^2+y^2=10$ 위의 점 $(-3, 1)$에서의 접선의 방정식은
$$-3x+y=10$$
$$y=3x+10$$
이 직선이 원 $x^2+y^2+20x+k=0$에 접하므로
$$x^2+(3x+10)^2+20x+k=0,$$
즉 $10x^2+80x+100+k=0$은 중근을 가져야 한다.
이 이차방정식의 판별식을 D라 하면 $D=0$이어야 하므로
$$\frac{D}{4}=40^2-10(100+k)$$
$$=10(60-k)=0$$
따라서 $k=60$

답 ⑤

68 원 $x^2+y^2=5$에 접하고 기울기가 2인 직선의 방정식은
$$y=2x\pm\sqrt{5}\times\sqrt{2^2+1}$$
$$y=2x\pm5$$
이때 n은 양수이므로 $n=5$
또, 직선 $y=2x+5$가 곡선 $y=-x^2+2x+k$와 접하므로 이차방정식
$$2x+5=-x^2+2x+k,\ \text{즉}\ x^2+5-k=0\text{이 중근을 가져야 한다.}$$
이 이차방정식의 판별식을 D라 하면 $D=0$이어야 하므로
$$D=-4(5-k)=0$$
$$k=5$$
따라서 $nk=5\times5=25$

답 ⑤

69 원 $x^2+y^2=1$이 직선 $y=mx+n$과 접하므로 원의 중심인 점 $(0, 0)$과 직선 $mx-y+n=0$ 사이의 거리가 반지름의 길이인 1이어야 한다.
$$\frac{|n|}{\sqrt{m^2+(-1)^2}}=1$$
$$|n|=\sqrt{m^2+1} \qquad \cdots\cdots \text{㉠}$$
또, 원 $(x-5)^2+y^2=4$가 직선 $y=mx+n$과 접하므로 원의 중심인 점 $(5, 0)$과 직선 $mx-y+n=0$ 사이의 거리가 반지름의 길이인 2이어야 한다.
$$\frac{|5m+n|}{\sqrt{m^2+(-1)^2}}=2$$
$$\frac{|5m+n|}{2}=\sqrt{m^2+1} \qquad \cdots\cdots \text{㉡}$$
㉠, ㉡에서 $|n|=\dfrac{|5m+n|}{2}$

이때 m, n이 모두 양수이므로
$$n=\frac{5m+n}{2}$$
$$n=5m$$
㉠에 $n=5m$을 대입하면
$$|5m|=\sqrt{m^2+1}$$
양변을 제곱하면
$$25m^2=m^2+1$$
$$m^2=\frac{1}{24}$$
$m>0$이므로 $m=\dfrac{\sqrt{6}}{12}$이고
$$n=5m=\frac{5}{12}\sqrt{6}$$
따라서 $m+n=\dfrac{\sqrt{6}}{12}+\dfrac{5}{12}\sqrt{6}=\dfrac{\sqrt{6}}{2}$

답 ②

70 두 점 A, B의 좌표를 각각 (x_1, y_1), (x_2, y_2)라 하자.
원 $x^2+y^2=4$ 위의 점 $A(x_1, y_1)$에서의 접선의 방정식은
$$x_1x+y_1y=4$$
이 접선이 점 $(3, 5)$를 지나므로
$$3x_1+5y_1=4 \qquad \cdots\cdots \text{㉠}$$
원 $x^2+y^2=4$ 위의 점 $B(x_2, y_2)$에서의 접선의 방정식은
$$\boxed{x_2x+y_2y=4}$$

이 접선이 점 $(3, 5)$를 지나므로

$$3x_2+5y_2=4 \qquad \cdots\cdots \ \text{©}$$

이때 두 점 A, B를 지나는 직선은 유일하고, ㉠, ㉡에서 직선

$3x+5y=4$ 는 두 점 $\text{A}(x_1, y_1)$, $\text{B}(x_2, y_2)$를 모두 지난다.

따라서 원 $x^2+y^2=4$ 밖의 점 $(3, 5)$에서 이 원에 그은 두 접선의 접점인 A, B를 지나는 직선의 방정식은 $3x+5y=4$ 이다.

답 ⑤

71 두 점 A, B가 원 $x^2+y^2=24$ 밖의 점 $(2, -8)$에서 이 원에 그은 두 접선의 접점이므로 두 점 A, B를 지나는 직선의 방정식은

$2x-8y=24$, 즉 $x-4y-12=0$

따라서 이 직선의 x절편과 y절편은 각각 12, -3이므로 직선 AB와 x축 및 y축으로 둘러싸인 도형의 넓이는

$$\frac{1}{2}\times|12|\times|-3|=18$$

답 ④

서술형 완성하기 본문 40쪽

01	19	**02**	$5+\sqrt{33}$
03	2	**04**	9
05	5	**06**	2

01 원 $x^2+y^2+6x-8y+19=0$에서

$(x+3)^2+(y-4)^2=6$

이므로 원의 중심은 점 $(-3, 4)$이고 반지름의 길이는 $\sqrt{6}$이다. $\cdots\cdots$ ❶

원점 O와 점 $(-3, 4)$ 사이의 거리는

$\sqrt{(-3)^2+4^2}=5>\sqrt{6}$

이므로 원점 O는 원 밖의 점이다.

이때 두 점 $(0, 0)$, $(-3, 4)$를 지나는 직선이 주어진 원과 만나는 두 점 중 원점에 가까운 점을 A, 먼 점을 B라 하면

$\overline{\text{OA}}=5-\sqrt{6}$, $\overline{\text{OB}}=5+\sqrt{6}$ $\qquad\cdots\cdots$ ❷

원 위의 점 $\text{P}(a, b)$에 대하여 $\overline{\text{OP}}=\sqrt{a^2+b^2}$이므로

$\overline{\text{OA}}\leq\overline{\text{OP}}\leq\overline{\text{OB}}$에서

$5-\sqrt{6}\leq\sqrt{a^2+b^2}\leq5+\sqrt{6}$

따라서 $M=5+\sqrt{6}$, $m=5-\sqrt{6}$이므로

$$Mm=(5+\sqrt{6})(5-\sqrt{6})$$
$$=25-6=19 \qquad\cdots\cdots \text{❸}$$

답 19

단계	채점 기준	비율
❶	원의 중심과 반지름의 길이를 구한 경우	20 %
❷	두 선분 OA, OB의 길이를 구한 경우	50 %
❸	Mm의 값을 구한 경우	30 %

02 x축과 y축에 동시에 접하는 원의 중심은 직선 $y=x$ 또는 직선 $y=-x$ 위에 있으므로 원의 중심의 좌표를 (a, a) 또는 $(a, -a)$ $(a\neq0)$이라 하자.

(i) 원의 중심의 좌표가 (a, a)일 때

원의 중심이 원 $(x-1)^2+(y+2)^2=17$ 위에 있으므로

$(a-1)^2+(a+2)^2=17$

$a^2+a-6=0$

$(a+3)(a-2)=0$

$a=-3$ 또는 $a=2$

$a=-3$일 때 원의 반지름의 길이는 $|-3|=3$이고,

$a=2$일 때 원의 반지름의 길이는 $|2|=2$이다. $\qquad\cdots\cdots$ ❶

(ii) 원의 중심의 좌표가 $(a, -a)$일 때

원의 중심이 원 $(x-1)^2+(y+2)^2=17$ 위에 있으므로

$(a-1)^2+(-a+2)^2=17$

$a^2-3a-6=0$

$$a=\frac{3\pm\sqrt{33}}{2}$$

$a=\dfrac{3+\sqrt{33}}{2}$일 때 원의 반지름의 길이는

$\left|\dfrac{3+\sqrt{33}}{2}\right|=\dfrac{3+\sqrt{33}}{2}$이고,

$a=\dfrac{3-\sqrt{33}}{2}$일 때 원의 반지름의 길이는

$\left|\dfrac{3-\sqrt{33}}{2}\right|=\dfrac{-3+\sqrt{33}}{2}$이다. $\qquad\cdots\cdots$ ❷

(i), (ii)에서 x축과 y축에 동시에 접하는 모든 원의 반지름의 길이는

3, 2, $\dfrac{3+\sqrt{33}}{2}$, $\dfrac{-3+\sqrt{33}}{2}$이므로 그 합은

$$3+2+\frac{3+\sqrt{33}}{2}+\frac{-3+\sqrt{33}}{2}=5+\sqrt{33} \qquad\cdots\cdots \text{❸}$$

답 $5+\sqrt{33}$

단계	채점 기준	비율
❶	원의 중심이 직선 $y=x$ 위에 있을 때 반지름의 길이를 구한 경우	40 %
❷	원의 중심이 직선 $y=-x$ 위에 있을 때 반지름의 길이를 구한 경우	40 %
❸	모든 원의 반지름의 길이의 합을 구한 경우	20 %

03 원 $(x-3)^2+(y-7)^2=9$ 위의 점 A의 좌표를 (x', y')이라 하자.

선분 PA를 $1:2$로 내분하는 점을 $\text{Q}(x, y)$라 하면

$x=\dfrac{1\times x'+2\times 0}{1+2}=\dfrac{x'}{3}$에서 $x'=3x$

$y=\dfrac{1\times y'+2\times 1}{1+2}=\dfrac{y'+2}{3}$에서 $y'=3y-2$ $\qquad\cdots\cdots$ ❶

이때 점 $\text{A}(x', y')$은 원 $(x-3)^2+(y-7)^2=9$ 위의 점이므로

$(x'-3)^2+(y'-7)^2=9$에서

$(3x-3)^2+\{(3y-2)-7\}^2=9$

$9(x-1)^2+9(y-3)^2=9$

$(x-1)^2+(y-3)^2=1$ $\qquad\cdots\cdots$ ❷

따라서 도형 C는 중심이 점 $(1, 3)$이고 반지름의 길이가 1인 원이므로 원 C 위의 서로 다른 두 점 B, C에 대하여 선분 BC의 길이의 최댓값은 지름의 길이인 2이다. $\qquad\cdots\cdots$ ❸

답 2

단계	채점 기준	비율
❶	선분 PA를 $1:2$로 내분하는 점과 점 A 사이의 관계를 구한 경우	40 %
❷	도형 C가 나타내는 도형의 방정식을 구한 경우	40 %
❸	선분 BC의 길이의 최댓값을 구한 경우	20 %

04 원 $(x-k)^2+(y-2k)^2=9$가 직선 $y=x+6$, 즉 $x-y+6=0$과 서로 다른 두 점에서 만나려면 원의 중심인 점 $(k, 2k)$와 직선 $x-y+6=0$ 사이의 거리가 반지름의 길이인 3보다 작아야 하므로

$$\frac{|k-2k+6|}{\sqrt{1^2+(-1)^2}}<3$$

$$|6-k|<3\sqrt{2}$$

$$-3\sqrt{2}<6-k<3\sqrt{2}$$

$$-6-3\sqrt{2}<-k<-6+3\sqrt{2}$$

$$6-3\sqrt{2}<k<6+3\sqrt{2} \qquad \cdots\cdots \text{㉠} \qquad \cdots\cdots ❶$$

또, 원 $(x-k)^2+(y-2k)^2=9$가 직선 $y=x+9$, 즉 $x-y+9=0$과 만나지 않으려면 원의 중심인 점 $(k, 2k)$와 직선 $x-y+9=0$ 사이의 거리가 반지름의 길이인 3보다 커야 하므로

$$\frac{|k-2k+9|}{\sqrt{1^2+(-1)^2}}>3$$

$$|9-k|>3\sqrt{2}$$

$9-k<-3\sqrt{2}$ 또는 $9-k>3\sqrt{2}$

$k>9+3\sqrt{2}$ 또는 $k<9-3\sqrt{2} \qquad \cdots\cdots \text{㉡} \qquad \cdots\cdots ❷$

㉠, ㉡에서 $6-3\sqrt{2}<k<9-3\sqrt{2}$

따라서 모든 정수 k의 값은 2, 3, 4이고 그 합은

$$2+3+4=9 \qquad\qquad\qquad \cdots\cdots ❸$$

답 9

단계	채점 기준	비율
❶	주어진 원과 직선 $y=x+6$이 서로 다른 두 점에서 만날 때의 k의 값의 범위를 구한 경우	40 %
❷	주어진 원과 직선 $y=x+9$가 만나지 않을 때의 k의 값의 범위를 구한 경우	40 %
❸	조건을 만족하는 모든 정수 k의 값의 합을 구한 경우	20 %

05 원 $x^2+y^2=10$ 위의 점 $A(1, 3)$에서의 접선의 방정식은

$x+3y=10 \qquad \cdots\cdots \text{㉠}$

원 $x^2+y^2=10$ 위의 점 $B(3, 1)$에서의 접선의 방정식은

$3x+y=10 \qquad \cdots\cdots \text{㉡}$

㉠, ㉡을 연립하여 풀면 $x=\dfrac{5}{2}$, $y=\dfrac{5}{2}$

두 접선 ㉠, ㉡이 만나는 점 P의 좌표는 $\left(\dfrac{5}{2}, \dfrac{5}{2}\right)$이다. $\quad\cdots\cdots ❶$

이때 원 $x^2+y^2=10$은 중심이 원점 O이고 반지름의 길이가 $\sqrt{10}$이므로

$$\overline{OA}=\overline{OB}=\sqrt{10}$$

$$\overline{AP}=\sqrt{\left(\frac{5}{2}-1\right)^2+\left(\frac{5}{2}-3\right)^2}=\frac{\sqrt{10}}{2}$$

$$\overline{BP}=\sqrt{\left(\frac{5}{2}-3\right)^2+\left(\frac{5}{2}-1\right)^2}=\frac{\sqrt{10}}{2} \qquad \cdots\cdots ❷$$

이때 $\overline{OA}\perp\overline{AP}$, $\overline{OB}\perp\overline{BP}$이므로

네 점 O, A, B, P를 꼭짓점으로 하는 사각형의 넓이는

$$\frac{1}{2}\times\overline{OA}\times\overline{AP}+\frac{1}{2}\times\overline{OB}\times\overline{BP}$$

$$=\frac{1}{2}\times\sqrt{10}\times\frac{\sqrt{10}}{2}+\frac{1}{2}\times\sqrt{10}\times\frac{\sqrt{10}}{2}=5 \qquad \cdots\cdots ❸$$

답 5

단계	채점 기준	비율
❶	점 P의 좌표를 구한 경우	40 %
❷	네 선분 OA, OB, AP, BP의 길이를 구한 경우	30 %
❸	네 점 O, A, B, P를 꼭짓점으로 하는 사각형의 넓이를 구한 경우	30 %

06 두 원 $x^2+y^2-2=0$, $x^2+y^2-8y-2=0$에 동시에 접하는 직선의 방정식을 $y=mx+n \ (m>0)$이라 하자.

원 $x^2+y^2-2=0$, 즉 $x^2+y^2=2$가 직선 $y=mx+n$, 즉 $mx-y+n=0$에 접하려면 원의 중심인 원점과 이 직선 사이의 거리가 $\sqrt{2}$이어야 한다.

$$\frac{|n|}{\sqrt{m^2+(-1)^2}}=\sqrt{2}$$

$$|n|=\sqrt{2m^2+2} \qquad \cdots\cdots \text{㉠} \qquad \cdots\cdots ❶$$

원 $x^2+y^2-8y-2=0$에서

$$x^2+(y-4)^2=18$$

이 원과 직선 $mx-y+n=0$이 접하려면 원의 중심인 점 $(0, 4)$와 이 직선 사이의 거리가 $3\sqrt{2}$이어야 하므로

$$\frac{|-4+n|}{\sqrt{m^2+(-1)^2}}=3\sqrt{2}$$

$$|n-4|=3\sqrt{2m^2+2} \qquad \cdots\cdots \text{㉡} \qquad \cdots\cdots ❷$$

㉠, ㉡에서 $|n-4|=3|n|$

$n-4=3n$ 또는 $n-4=-3n$

$n=-2$ 또는 $n=1$

$n=-2$를 ㉠에 대입하면 $\sqrt{2m^2+2}=2$

양변을 제곱하면

$$2m^2+2=4$$

$$m^2=1$$

$m>0$이므로 $m=1$, 즉 구하는 직선의 방정식은 $y=x-2$이다.

$n=1$을 ㉠에 대입하면 $\sqrt{2m^2+2}=1$

이때 모든 양수 m에 대하여 $\sqrt{2m^2+2}>\sqrt{2}$이므로 이를 만족시키는 m의 값은 존재하지 않는다.

따라서 구하는 직선의 방정식은 $y=x-2$이고 x절편은 2이다.

$$\cdots\cdots ❸$$

답 2

단계	채점 기준	비율
❶	원 $x^2+y^2-2=0$에 접할 조건을 구한 경우	30 %
❷	원 $x^2+y^2-8y-2=0$에 접할 조건을 구한 경우	30 %
❸	두 원에 접하는 직선의 방정식과 이 직선의 x절편을 구한 경우	40 %

내신 + 수능 고난도 도전 본문 41쪽

01 ② **02** 8

03 ③ **04** 15

01

[Step 1] 주어진 원을 그림으로 나타내기

원 $x^2+y^2-4x-6y+9=0$에서
$(x-2)^2+(y-3)^2=4$ ...... ㉠
이므로 원 ㉠은 중심의 좌표가 $(2, 3)$
이고 반지름의 길이가 2인 원이다.

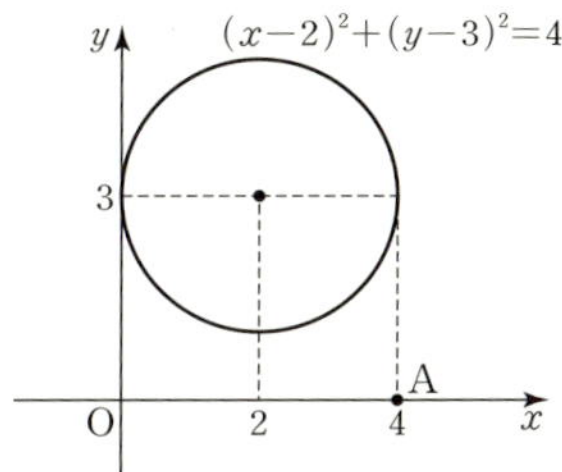

[Step 2] 세 점 O, A, P를 꼭짓점으로 하는 삼각형의 내각 중 직각인 꼭짓점에 따라 a, b의 값 각각 구하기

세 점 $O(0, 0)$, $A(4, 0)$, $P(a, b)$를 꼭짓점으로 하는 삼각형이 직각삼각형이 되는 경우는 다음과 같이 나누어 생각할 수 있다.

(i) $\angle POA=90°$인 경우

두 점 O, A를 지나는 직선이 x축이므로 $\angle POA=90°$이려면 점 P는 y축 위의 점이어야 한다.

원 ㉠이 y축과 점 $(0, 3)$에서 접하므로 삼각형 OAP가 $\angle POA=90°$인 직각삼각형이 되도록 하는 점 P의 좌표는 $(0, 3)$이다.

따라서 $a=0$, $b=3$이므로 $a+b=3$

(ii) $\angle OAP=90°$인 경우

두 점 O, A를 지나는 직선이 x축이므로 $\angle OAP=90°$이려면 점 P는 직선 $x=4$ 위의 점이어야 한다.

원 ㉠에 $x=4$를 대입하면 $y=3$이므로 삼각형 OAP가 $\angle OAP=90°$인 직각삼각형이 되도록 하는 점 P의 좌표는 $(4, 3)$이다.

따라서 $a=4$, $b=3$이므로 $a+b=7$

(iii) $\angle APO=90°$인 경우

$\angle APO=90°$이려면 점 P가 두 점 O, A를 지름의 양 끝점으로 하는 원 위에 있어야 한다.

두 점 O, A의 중점의 좌표가 $(2, 0)$이고 반지름의 길이는 2이므로 두 점 O, A를 지름의 양 끝점으로 하는 원의 방정식은

$(x-2)^2+y^2=4$
$x^2+y^2-4x=0$ ...... ㉡

이때 두 원 ㉠, ㉡의 교점을 지나는 직선의 방정식은

$x^2+y^2-4x-6y+9-(x^2+y^2-4x)=0$

$y=\dfrac{3}{2}$

$y=\dfrac{3}{2}$을 $x^2+y^2-4x=0$에 대입하면

$x^2+\dfrac{9}{4}-4x=0$

$4x^2-16x+9=0$

$x=\dfrac{4\pm\sqrt{7}}{2}$

즉, 두 원의 교점의 좌표는 $\left(\dfrac{4-\sqrt{7}}{2}, \dfrac{3}{2}\right)$, $\left(\dfrac{4+\sqrt{7}}{2}, \dfrac{3}{2}\right)$이므로 삼각형 OAP가 $\angle APO=90°$인 직각삼각형이 되도록 하는 점 P의 좌표는

$\left(\dfrac{4-\sqrt{7}}{2}, \dfrac{3}{2}\right)$ 또는 $\left(\dfrac{4+\sqrt{7}}{2}, \dfrac{3}{2}\right)$이다.

$P\left(\dfrac{4-\sqrt{7}}{2}, \dfrac{3}{2}\right)$일 때 $a=\dfrac{4-\sqrt{7}}{2}$, $b=\dfrac{3}{2}$이므로

$a+b=\dfrac{7-\sqrt{7}}{2}$

$P\left(\dfrac{4+\sqrt{7}}{2}, \dfrac{3}{2}\right)$일 때 $a=\dfrac{4+\sqrt{7}}{2}$, $b=\dfrac{3}{2}$이므로

$a+b=\dfrac{7+\sqrt{7}}{2}$

(i), (ii), (iii)에서 $a+b$의 값은 3 또는 7 또는 $\dfrac{7-\sqrt{7}}{2}$ 또는 $\dfrac{7+\sqrt{7}}{2}$이다.

[Step 3] $a+b$의 최댓값과 최솟값의 합 구하기

따라서 $M=7$, $m=\dfrac{7-\sqrt{7}}{2}$이므로

$M+m=7+\dfrac{7-\sqrt{7}}{2}=\dfrac{21-\sqrt{7}}{2}$

답 ②

02

[Step 1] 원점 O와 직선 AB 사이의 거리 구하기

두 점 A, B가 중심이 원점 O이고 반지름의 길이가 4인 원 $x^2+y^2=16$ 위의 점이므로

$\overline{OA}=\overline{OB}=4$

이때 원점 O에서 선분 AB에 내린 수선의 발을 H라 하면 삼각형 OAB는 한 변의 길이가 4인 정삼각형이므로

$\overline{OH}=\dfrac{\sqrt{3}}{2}\times4=2\sqrt{3}$

[Step 2] 주어진 조건을 만족시키는 직선 구하기

점 $P(6, 0)$을 지나는 직선의 기울기를 m $(m>0)$이라 하면 이 직선의 방정식은

$y=m(x-6)$

$mx-y-6m=0$

원의 중심인 원점과 직선 $mx-y-6m=0$ 사이의 거리가 선분 OH의 길이와 같으므로

$\dfrac{|-6m|}{\sqrt{m^2+(-1)^2}}=\dfrac{|6m|}{\sqrt{m^2+1}}=2\sqrt{3}$

$|6m|=2\sqrt{3m^2+3}$

$m>0$이므로

$3m=\sqrt{3m^2+3}$

양변을 제곱하면

$9m^2=3m^2+3$

$m^2=\dfrac{1}{2}$

이때 $m>0$이므로 $m=\dfrac{\sqrt{2}}{2}$

따라서 직선의 방정식은 $y=\dfrac{\sqrt{2}}{2}(x-6)$이다.

[Step 3] 이차방정식의 근과 계수의 관계를 이용하여 t, s의 값 각각 구하기

$y=\dfrac{\sqrt{2}}{2}(x-6)$을 $x^2+y^2=16$에 대입하면

$x^2+\dfrac{1}{2}(x-6)^2=16$

$3x^2-12x+4=0$

두 점 A, B의 x좌표를 각각 α, β $(\alpha<\beta)$라 하면 α, β는 이차방정식 $3x^2-12x+4=0$의 두 근이므로 이차방정식의 근과 계수의 관계에 의하여

$$\alpha+\beta=-\frac{-12}{3}=4$$

$$\alpha\beta=\frac{4}{3}, \ 즉 \ t=\frac{4}{3}$$

또한, 두 점 A, B의 y좌표는 각각 $\frac{\sqrt{2}}{2}(\alpha-6)$, $\frac{\sqrt{2}}{2}(\beta-6)$이므로

$$s=\frac{\sqrt{2}}{2}(\alpha-6)\times\frac{\sqrt{2}}{2}(\beta-6)$$

$$=\frac{1}{2}\{\alpha\beta-6(\alpha+\beta)+36\}$$

$$=\frac{1}{2}\times\left(\frac{4}{3}-6\times4+36\right)=\frac{20}{3}$$

따라서 $t+s=\frac{4}{3}+\frac{20}{3}=8$

目 8

03

 두 접선 사이의 거리를 구한 후, 두 원 C_1, C_2의 반지름의 길이 구하기

두 접선 $y=x-\sqrt{2}$, $y=x+\sqrt{2}$는 평행하므로 두 직선 사이의 거리는 직선 $y=x-\sqrt{2}$ 위의 점 $(\sqrt{2}, 0)$과 직선 $y=x+\sqrt{2}$, 즉 $x-y+\sqrt{2}=0$ 사이의 거리와 같다.

$$\frac{|\sqrt{2}+\sqrt{2}|}{\sqrt{1^2+(-1)^2}}=2$$

따라서 두 원 C_1, C_2는 모두 반지름의 길이가 1이다.

 호 AO_2와 선분 AO_2로 둘러싸인 활꼴의 넓이 구하기

이때 원 C_1이 원 C_2의 중심을 지나므로 두 원 C_1, C_2의 중심을 각각 O_1, O_2라 하고 두 원 C_1, C_2가 만나는 두 점을 A, B라 하면
$$\overline{O_1O_2}=\overline{O_1A}=\overline{O_1B}=\overline{O_2A}=\overline{O_2B}=1$$

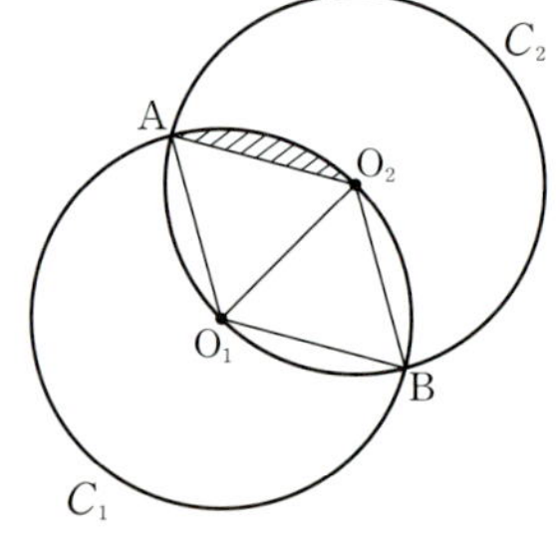

따라서 삼각형 AO_1O_2, BO_1O_2는 각각 한 변의 길이가 1인 정삼각형이므로 위의 그림에서 빗금친 부분의 넓이는

$$\pi\times1^2\times\frac{60°}{360°}-\frac{\sqrt{3}}{4}\times1^2=\frac{\pi}{6}-\frac{\sqrt{3}}{4}$$

 두 원 C_1, C_2가 겹치는 부분의 넓이 구하기

따라서 구하는 부분의 넓이를 S라 하면
$$S=4\left(\frac{\pi}{6}-\frac{\sqrt{3}}{4}\right)+2\times\frac{\sqrt{3}}{4}=\frac{4\pi-3\sqrt{3}}{6}$$

目 ③

04

 점 P에서 그은 두 접선의 기울기 구하기

점 $P(5, -1)$을 지나고 원 $x^2+y^2=13$에 접하는 접선의 기울기를 m이라 하면

$$y-(-1)=m(x-5)$$

$$mx-y-1-5m=0$$

원 $x^2+y^2=13$의 중심인 원점과 직선 $mx-y-1-5m=0$ 사이의 거리가 원의 반지름의 길이인 $\sqrt{13}$이어야 하므로

$$\frac{|-1-5m|}{\sqrt{m^2+(-1)^2}}=\sqrt{13}$$

$$|1+5m|=\sqrt{13m^2+13}$$

양변을 제곱하면

$$(1+5m)^2=13m^2+13$$

$$6m^2+5m-6=0$$

$$(2m+3)(3m-2)=0$$

$$m=-\frac{3}{2} \ 또는 \ m=\frac{2}{3}$$

 두 접선이 수직임을 이용하여 삼각형 PAB의 넓이 구하기

이때 두 접선의 기울기의 곱이 $-\frac{3}{2}\times\frac{2}{3}=-1$이므로 두 접선은 서로 수직이다.

또한, $\overline{OA}\perp\overline{PA}$, $\overline{OB}\perp\overline{PB}$이므로 네 점 O, P, A, B를 꼭짓점으로 하는 사각형은 한 변의 길이가 $\overline{OA}=\sqrt{13}$인 정사각형이다.

삼각형 PAB는 $\overline{PA}=\overline{PB}=\sqrt{13}$인 직각이등변삼각형이므로 삼각형 PAB의 넓이는

$$\frac{1}{2}\times\overline{PA}\times\overline{PB}=\frac{1}{2}\times\sqrt{13}\times\sqrt{13}=\frac{13}{2}$$

따라서 $p=2$, $q=13$이므로
$$p+q=2+13=15$$

目 15

두 점 A, B가 원 $x^2+y^2=13$ 밖의 점 $P(5, -1)$에서 이 원에 그은 두 접선의 접점이므로 두 점 A, B를 지나는 직선의 방정식은

$5x-y=13$, 즉 $y=5x-13$

$x^2+y^2=13$에 $y=5x-13$을 대입하면

$$x^2+(5x-13)^2=13$$

$$x^2-5x+6=0$$

$$(x-2)(x-3)=0$$

$$x=2 \ 또는 \ x=3$$

$x=2$이면 $y=5\times2-13=-3$

$x=3$이면 $y=5\times3-13=2$

따라서 $A(3, 2)$, $B(2, -3)$이고
$$\overline{AB}=\sqrt{(2-3)^2+(-3-2)^2}=\sqrt{26}$$

한편, 점 $P(5, -1)$과 직선 AB, 즉 $5x-y-13=0$ 사이의 거리를 d라 하면

$$d=\frac{|5\times5-(-1)-13|}{\sqrt{5^2+(-1)^2}}=\frac{13}{\sqrt{26}}$$

삼각형 PAB의 넓이는
$$\frac{1}{2}\times\overline{AB}\times d=\frac{1}{2}\times\sqrt{26}\times\frac{13}{\sqrt{26}}=\frac{13}{2}$$

따라서 $p=2$, $q=13$이므로
$$p+q=2+13=15$$

03 도형의 이동

01 $(3, -2)$　**02** $(4, 0)$　**03** $(2, 1)$　**04** $(-1, 6)$
05 $(0, 0)$　**06** $x+2y-9=0$
07 $(x-2)^2+(y-6)^2=4$　**08** $y=2(x+2)^2-3$
09 $y=2x-7$　**10** $x^2+y^2-4x+6y+12=0$
11 $y=x^2+x-5$　**12** $(3, -2)$
13 $(-3, 2)$　**14** $(-3, -2)$
15 $(2, 3)$　**16** $2x+3y+4=0$
17 $2x+3y-4=0$　**18** $2x-3y-4=0$
19 $3x-2y-4=0$　**20** $(x+1)^2+(y-3)^2=10$
21 $(x-1)^2+(y+3)^2=10$　**22** $(x-1)^2+(y-3)^2=10$
23 $(x+3)^2+(y+1)^2=10$　**24** $y=(x+2)^2-4$
25 $y=-(x-2)^2+4$　**26** $y=(x-2)^2-4$

01 $(0+3, 0+(-2))$, 즉 $(3, -2)$
$\quad$ 답 $(3, -2)$

02 $(1+3, 2+(-2))$, 즉 $(4, 0)$
$\quad$ 답 $(4, 0)$

03 $(-1+3, 3+(-2))$, 즉 $(2, 1)$
$\quad$ 답 $(2, 1)$

04 $(1-2, 1+5)$, 즉 $(-1, 6)$
$\quad$ 답 $(-1, 6)$

05 $(2-2, -5+5)$, 즉 $(0, 0)$
$\quad$ 답 $(0, 0)$

06 $(x+1)+2(y-4)-2=0$, 즉 $x+2y-9=0$
$\quad$ 답 $x+2y-9=0$

07 $\{(x+1)-3\}^2+\{(y-4)-2\}^2=4$,
즉 $(x-2)^2+(y-6)^2=4$
$\quad$ 답 $(x-2)^2+(y-6)^2=4$

08 $y-4=2\{(x+1)+1\}^2-7$, 즉 $y=2(x+2)^2-3$
$\quad$ 답 $y=2(x+2)^2-3$

09 $y+2=2(x-1)-3$, 즉 $y=2x-7$
$\quad$ 답 $y=2x-7$

10 $(x-1)^2+(y+2)^2-2(x-1)+2(y+2)+1=0$,
즉 $x^2+y^2-4x+6y+12=0$
$\quad$ 답 $x^2+y^2-4x+6y+12=0$

11 $y+2=(x-1)^2+3(x-1)-1$, 즉 $y=x^2+x-5$
$\quad$ 답 $y=x^2+x-5$

12 $\quad$ 답 $(3, -2)$

13 $\quad$ 답 $(-3, 2)$

14 $\quad$ 답 $(-3, -2)$

15 $\quad$ 답 $(2, 3)$

16 $2x-3\times(-y)+4=0$, 즉 $2x+3y+4=0$
$\quad$ 답 $2x+3y+4=0$

17 $2\times(-x)-3y+4=0$, 즉 $2x+3y-4=0$
$\quad$ 답 $2x+3y-4=0$

18 $2\times(-x)-3\times(-y)+4=0$, 즉 $2x-3y-4=0$
$\quad$ 답 $2x-3y-4=0$

19 $2y-3x+4=0$, 즉 $3x-2y-4=0$
$\quad$ 답 $3x-2y-4=0$

20 $(x+1)^2+(-y+3)^2=10$, 즉 $(x+1)^2+(y-3)^2=10$
$\quad$ 답 $(x+1)^2+(y-3)^2=10$

21 $(-x+1)^2+(y+3)^2=10$, 즉 $(x-1)^2+(y+3)^2=10$
$\quad$ 답 $(x-1)^2+(y+3)^2=10$

22 $(-x+1)^2+(-y+3)^2=10$, 즉 $(x-1)^2+(y-3)^2=10$
$\quad$ 답 $(x-1)^2+(y-3)^2=10$

23 $(y+1)^2+(x+3)^2=10$, 즉 $(x+3)^2+(y+1)^2=10$
$\quad$ 답 $(x+3)^2+(y+1)^2=10$

24 $-y=-(x+2)^2+4$, 즉 $y=(x+2)^2-4$
$\quad$ 답 $y=(x+2)^2-4$

25 $y=-(-x+2)^2+4$, 즉 $y=-(x-2)^2+4$
$\quad$ 답 $y=-(x-2)^2+4$

26 $-y=-(-x+2)^2+4$, 즉 $y=(x-2)^2-4$
$\quad$ 답 $y=(x-2)^2-4$

01 ③	**02** ①	**03** ④	**04** ③
05 ③	**06** ④	**07** ②	**08** ③
09 ③	**10** ⑤	**11** ②	**12** 30
13 ②	**14** ④	**15** ③	**16** $\dfrac{3}{5}$
17 ⑤	**18** ④	**19** ①	**20** ④
21 ③	**22** ③	**23** ④	**24** ②
25 ④	**26** ④	**27** ⑤	**28** ①
29 ⑤	**30** ④	**31** ②	**32** ④
33 ④	**34** ①	**35** ⑤	**36** ④
37 -1	**38** 1	**39** ③	
40 (가): $2x-y+6=0$, (나): $2x-y-6=0$, (다): $2x-y-9=0$			
41 -9	**42** ③	**43** ⑤	
44 (가): $y=-2x+2$, (나): $x+2y-1=0$			
45 ②	**46** ③	**47** ②	**48** ②
49 ②	**50** 18	**51** ④	**52** ②
53 ②			

01 점 (a, b)를 x축의 방향으로 2만큼, y축의 방향으로 -3만큼 평행이동한 점의 좌표는 $(a+2, b-3)$이므로
$a+2=1, b-3=1$
$a=-1, b=4$
따라서 $a+b=-1+4=3$

답 ③

02 점 $(b, 3)$이 평행이동 $(x, y) \longrightarrow (x+a, y-b)$에 의하여 이동되는 점의 좌표는 $(b+a, 3-b)$이므로
$b+a=1, 3-b=-a$
$a+b=1, a-b=-3$
이 두 식을 연립하여 풀면 $a=-1, b=2$
따라서 $ab=-1\times2=-2$

답 ①

03 점 $(-10, 2)$를 x축의 방향으로 a만큼, y축의 방향으로 a^3만큼 평행이동한 점의 좌표는
$(-10+a, 2+a^3)$
이 점의 x좌표와 y좌표의 합이 2이므로
$(-10+a)+(2+a^3)=2$
$a^3+a-10=0$
$(a-2)(a^2+2a+5)=0$
이때 $a^2+2a+5=(a+1)^2+4>0$이므로 $a-2=0$
따라서 $a=2$

답 ④

04 세 점 A, B, C의 좌표를 각각
$A(x_1, y_1)$, $B(x_2, y_2)$, $C(x_3, y_3)$이라 하면
세 점 A′, B′, C′의 좌표는 각각
$A'(x_1+2, y_1-2)$, $B'(x_2+2, y_2-2)$, $C'(x_3+2, y_3-2)$

이때 삼각형 ABC의 무게중심의 좌표가 $(4, -1)$이므로
$\dfrac{x_1+x_2+x_3}{3}=4, \quad \dfrac{y_1+y_2+y_3}{3}=-1$
$x_1+x_2+x_3=12, y_1+y_2+y_3=-3$
따라서
$a=(x_1+2)+(x_2+2)+(x_3+2)$
　$=(x_1+x_2+x_3)+6$
　$=12+6=18$
$b=(y_1-2)+(y_2-2)+(y_3-2)$
　$=(y_1+y_2+y_3)-6$
　$=-3-6=-9$
이므로 $a+b=18+(-9)=9$

답 ③

05 점 $(-1, -1)$을 x축의 방향으로 a만큼, y축의 방향으로 $2a$만큼 평행이동한 점의 좌표는
$(-1+a, -1+2a)$
이 점이 곡선 $y=x^2-2x$ 위에 있으므로
$-1+2a=(-1+a)^2-2(-1+a)$
$a^2-6a+4=0$ 　　……　㉠
이차방정식 ㉠의 판별식을 D라 하면
$\dfrac{D}{4}=(-3)^2-4=5>0$
이므로 이차방정식 ㉠은 서로 다른 두 실근을 갖는다.
따라서 이차방정식 ㉠의 서로 다른 두 실근을 α, β라 하면 이차방정식의 근과 계수의 관계에 의하여
$\alpha+\beta=6$
이므로 구하는 모든 실수 a의 값의 합은 6이다.

답 ③

06 점 A′은 점 $A(-3, 1)$을 x축의 방향으로 a만큼, y축의 방향으로 $\dfrac{a}{2}$만큼 평행이동한 점이므로
$A'\left(-3+a, 1+\dfrac{a}{2}\right)$
이때 $\overline{OA}=\overline{OA'}$, 즉 $\overline{OA}^2=\overline{OA'}^2$이므로
$\overline{OA}^2=(-3)^2+1^2=10,$
$\overline{OA'}^2=(-3+a)^2+\left(1+\dfrac{a}{2}\right)^2=\dfrac{5}{4}a^2-5a+10$에서
$\dfrac{5}{4}a^2-5a+10=10$
$a^2-4a=0$
$a(a-4)=0$
$a=0$ 또는 $a=4$
따라서 양수 a의 값은 4이다.

답 ④

07 직선 $3x-y+1=0$을 x축의 방향으로 a만큼, y축의 방향으로 a^2만큼 평행이동한 직선의 방정식은
$3(x-a)-(y-a^2)+1=0$
$3x-y+a^2-3a+1=0$
이 직선이 직선 $3x-y+5=0$과 일치하므로

$a^2-3a+1=5$

$a^2-3a-4=0$

$(a+1)(a-4)=0$

$a=-1$ 또는 $a=4$

따라서 모든 실수 a의 값의 합은

$-1+4=3$

답 ②

08 직선 $ax-2y-6=0$을 x축의 방향으로 1만큼, y축의 방향으로 b만큼 평행이동한 직선의 방정식은

$a(x-1)-2(y-b)-6=0$

$ax-2y-a+2b-6=0$ …… ㉠

이때 직선 ㉠이 점 $(1,\ 1)$을 지나므로

$a-2-a+2b-6=0$

$b=4$

또, 직선 ㉠의 기울기가 2이므로

$\dfrac{a}{2}=2$에서 $a=4$

따라서 $a+b=4+4=8$

답 ③

09 직선 $l: y=2x+3$을 x축의 방향으로 1만큼, y축의 방향으로 a 만큼 평행이동한 직선 l'의 방정식은

$y-a=2(x-1)+3$

$2x-y+a+1=0$

직선 l 위의 점 $(0,\ 3)$과 직선 $l': 2x-y+a+1=0$ 사이의 거리가 $2\sqrt{5}$이므로

$\dfrac{|2\times0-3+a+1|}{\sqrt{2^2+(-1)^2}}=2\sqrt{5}$

$|a-2|=10$

$a-2=-10$ 또는 $a-2=10$

$a=-8$ 또는 $a=12$

따라서 양수 a의 값은 12이다.

답 ③

10 원 $x^2+y^2-x+3y+\dfrac{1}{2}=0$에서

$\left(x-\dfrac{1}{2}\right)^2+\left(y+\dfrac{3}{2}\right)^2=2$ …… ㉠

ㄱ. $(x-1)^2+(y+1)^2=2$에서

$\left\{\left(x-\dfrac{1}{2}\right)-\dfrac{1}{2}\right\}^2+\left\{\left(y-\dfrac{1}{2}\right)+\dfrac{3}{2}\right\}^2=2$

이므로 이 원은 원 ㉠을 x축의 방향으로 $\dfrac{1}{2}$만큼, y축의 방향으로

$\dfrac{1}{2}$만큼 평행이동한 원이다.

ㄴ. $x^2+y^2+2x-2y=0$에서 $(x+1)^2+(y-1)^2=2$

$\left\{\left(x+\dfrac{3}{2}\right)-\dfrac{1}{2}\right\}^2+\left\{\left(y-\dfrac{5}{2}\right)+\dfrac{3}{2}\right\}^2=2$

이므로 이 원은 원 ㉠을 x축의 방향으로 $-\dfrac{3}{2}$만큼, y축의 방향으로

$\dfrac{5}{2}$만큼 평행이동한 원이다.

ㄷ. $x^2+y^2-4x-6y+10=0$에서

$(x-2)^2+(y-3)^2=3$

반지름의 길이가 원 ㉠과 다르므로 평행이동하여 일치시킬 수 없다.

ㄹ. $x^2+y^2+3x+5y+\dfrac{13}{2}=0$에서

$\left(x+\dfrac{3}{2}\right)^2+\left(y+\dfrac{5}{2}\right)^2=2$

$\left\{(x+2)-\dfrac{1}{2}\right\}^2+\left\{(y+1)^2+\dfrac{3}{2}\right\}^2=2$

이므로 이 원은 원 ㉠을 x축의 방향으로 -2만큼, y축의 방향으로 -1만큼 평행이동한 원이다.

따라서 주어진 원을 평행이동하여 일치할 수 있는 것은 ㄱ, ㄴ, ㄹ이다.

답 ⑤

11 점 $(-1,\ 5)$를 점 $(0,\ 0)$으로 옮기는 평행이동은 x축의 방향으로 1만큼, y축의 방향으로 -5만큼 평행이동한 것이다.

원 $x^2+y^2=1$을 x축의 방향으로 1만큼, y축의 방향으로 -5만큼 평행이동한 도형의 방정식은

$(x-1)^2+(y+5)^2=1$

$x^2+y^2-2x+10y+25=0$

따라서 $a=-2$, $b=10$, $c=25$이므로

$a+b+c=-2+10+25=33$

답 ②

12 원 $x^2+y^2+20x+90=0$에서

$(x+10)^2+y^2=10$

이 원을 x축의 방향으로 a만큼 평행이동한 원의 방정식은

$(x-a+10)^2+y^2=10$

이때 이 원이 직선 $x+3y-5=0$과 접하려면 원의 중심인 점 $(a-10,\ 0)$과 직선 $x+3y-5=0$ 사이의 거리가 반지름의 길이인 $\sqrt{10}$이어야 한다.

$\dfrac{|(a-10)+3\times0-5|}{\sqrt{1^2+3^2}}=\sqrt{10}$

$|a-15|=10$

$a-15=-10$ 또는 $a-15=10$

$a=5$ 또는 $a=25$

따라서 모든 실수 a의 값의 합은

$5+25=30$

답 30

13 곡선 $y=x^2+4x-1$을 x축의 방향으로 1만큼, y축의 방향으로 a 만큼 평행이동한 곡선의 방정식은

$y-a=(x-1)^2+4(x-1)-1$

$y=x^2+2x+a-4$

$y=(x+1)^2+a-5$

이므로 이 곡선은 꼭짓점이 점 $(-1,\ a-5)$인 포물선이다.

이때 이 포물선이 x축과 점 $(b,\ 0)$에서 접하므로

$b=-1$, $a-5=0$

따라서 $a=5$, $b=-1$이므로

$a+b=5+(-1)=4$

답 ②

14 곡선 $y=2x^2-3x$를 x축의 방향으로 a만큼, y축의 방향으로 $2a$만큼 평행이동한 곡선의 방정식은

$y-2a=2(x-a)^2-3(x-a)$

$y=2x^2-(4a+3)x+2a^2+5a$ ...... ㉠

이 곡선이 직선 $y=x$와 접하므로 ㉠에 $y=x$를 대입하면

$x=2x^2-(4a+3)x+2a^2+5a$

$2x^2-4(a+1)x+2a^2+5a=0$

이 이차방정식이 중근을 가져야 하므로 이 이차방정식의 판별식을 D라 하면 $D=0$이어야 한다.

$\dfrac{D}{4}=4(a+1)^2-2(2a^2+5a)$

$\quad\ =-2a+4=0$

따라서 $a=2$

답 ④

15 포물선 $y=2x^2+4x-1$에서 $y=2(x+1)^2-3$이므로 포물선 $y=2x^2-6$은 포물선 $y=2(x+1)^2-3$을 x축의 방향으로 1만큼, y축의 방향으로 -3만큼 평행이동한 것이다.

원 $C: x^2+y^2-4x-6y+3=0$에서

$(x-2)^2+(y-3)^2=10$

원 C를 x축의 방향으로 1만큼, y축의 방향으로 -3만큼 평행이동한 원 C'의 방정식은

$\{(x-1)-2\}^2+\{(y+3)-3\}^2=10$,

즉 $(x-3)^2+y^2=10$

이때 두 원 C, C'의 중심을 각각 B, B$'$이라 하면

B$(2,\ 3)$, B$'(3,\ 0)$이므로

$\overline{BB'}=\sqrt{(3-2)^2+(0-3)^2}=\sqrt{10}$

즉, 오른쪽 그림과 같이 두 원 C, C'은 서로의 중심을 지난다.

선분 AA$'$의 길이는 직선 BB$'$이 원 C와 만나는 점 중 점 B$'$이 아닌 점이 A이고, 직선 BB$'$이 원 C'과 만나는 점 중 점 B가 아닌 점이 A$'$일 때 최댓값을 갖는다.

따라서 선분 AA$'$의 길이의 최댓값은

$\overline{AB}+\overline{BB'}+\overline{B'A'}=\sqrt{10}+\sqrt{10}+\sqrt{10}$

$\qquad\qquad\qquad\qquad\ =3\sqrt{10}$

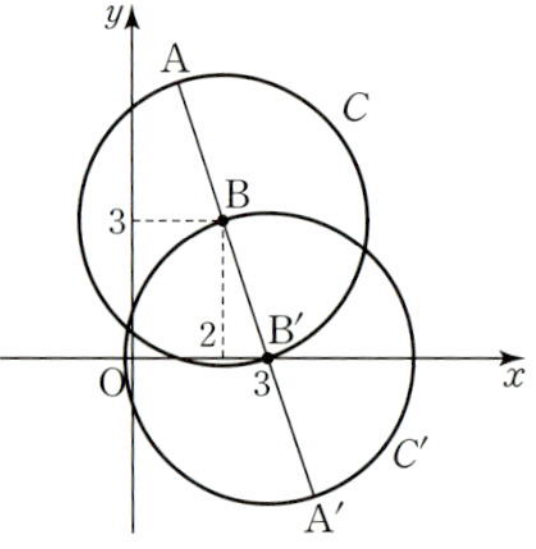

답 ③

16 원 $C: x^2+y^2=5$ 위의 점 $(-1,\ 2)$에서의 접선의 방정식은

$-x+2y=5$

이 접선을 y축의 방향으로 k만큼 평행이동한 직선의 방정식은

$-x+2(y-k)=5$

$y=\dfrac{1}{2}x+k+\dfrac{5}{2}$ ...... ㉠

직선 ㉠이 원 C와 서로 다른 두 점 A$(a,\ b)$, B$(c,\ d)$에서 만나므로 $x^2+y^2=5$에 ㉠을 대입하면

$x^2+\left(\dfrac{1}{2}x+k+\dfrac{5}{2}\right)^2=5$

이고, 이 방정식의 두 근이 a, c이다.

$x^2+\left(\dfrac{1}{2}x+k+\dfrac{5}{2}\right)^2=5$에서

$\dfrac{5}{4}x^2+\left(k+\dfrac{5}{2}\right)x+k^2+5k+\dfrac{5}{4}=0$

$x^2+\left(\dfrac{4}{5}k+2\right)x+\dfrac{4}{5}k^2+4k+1=0$ ...... ㉡

이때 $a+c=\dfrac{6}{5}$이므로 이차방정식의 근과 계수의 관계에 의하여

$a+c=-\left(\dfrac{4}{5}k+2\right)=\dfrac{6}{5}$

$k=-4$

㉡에 $k=-4$를 대입하면

$x^2-\dfrac{6}{5}x-\dfrac{11}{5}=0$

$5x^2-6x-11=0$

$(x+1)(5x-11)=0$

$x=-1$ 또는 $x=\dfrac{11}{5}$

㉠에 $k=-4$를 대입하면 $y=\dfrac{1}{2}x-\dfrac{3}{2}$ ...... ㉢

㉢에 $x=-1$을 대입하면 $y=-\dfrac{1}{2}-\dfrac{3}{2}=-2$

또, ㉢에 $x=\dfrac{11}{5}$을 대입하면 $y=\dfrac{1}{2}\times\dfrac{11}{5}-\dfrac{3}{2}=-\dfrac{2}{5}$

따라서 $b+d=-2+\left(-\dfrac{2}{5}\right)=-\dfrac{12}{5}$이므로

$\dfrac{b+d}{k}=\dfrac{-\dfrac{12}{5}}{-4}=\dfrac{3}{5}$

답 $\dfrac{3}{5}$

17 직선 l의 방정식은

$y+7=k(x-1)+1$ ...... ㉠

㉠을 k에 대하여 정리하면

$k(x-1)-y-6=0$

$x-1=0$, $-y-6=0$에서 $x=1$, $y=-6$

따라서 직선 l은 실수 k의 값에 관계없이 항상 점 $(1,\ -6)$을 지난다.

이때 직선 l이 실수 k의 값에 관계없이 원 $x^2+y^2+ax+by=0$의 넓이를 이등분하므로 이 원의 중심의 좌표가 $(1,\ -6)$이어야 한다.

$x^2+y^2+ax+by=0$에서

$\left(x+\dfrac{a}{2}\right)^2+\left(y+\dfrac{b}{2}\right)^2=\dfrac{a^2+b^2}{4}$

이 원의 중심의 좌표가 $\left(-\dfrac{a}{2},\ -\dfrac{b}{2}\right)$이므로

$-\dfrac{a}{2}=1$, $-\dfrac{b}{2}=-6$

따라서 $a=-2$, $b=12$이므로

$a+b=-2+12=10$

답 ⑤

18 곡선 $y=x^2-\dfrac{17}{4}$을 x축의 방향으로 a만큼 평행이동한 곡선의 방정식은

$y=(x-a)^2-\dfrac{17}{4}$

$y=x^2-2ax+a^2-\dfrac{17}{4}$ ...... ㉠

㉠에 $y=-x$를 대입하면

$$-x = x^2 - 2ax + a^2 - \frac{17}{4}$$

$$x^2 - (2a-1)x + a^2 - \frac{17}{4} = 0 \quad \cdots\cdots \ \text{ⓛ}$$

이때 선분 AB의 중점이 원점이므로 두 점 A, B의 x좌표의 합이 0이다.
이차방정식 ⓛ의 두 근은 두 점 A, B의 x좌표이므로 이차방정식의 근과 계수의 관계에 의하여

$$2a - 1 = 0$$

$$a = \frac{1}{2}$$

$a = \frac{1}{2}$을 ⓛ에 대입하면

$$x^2 = 4$$

$$x = -2 \ \text{또는} \ x = 2$$

따라서 두 점 A, B의 좌표는 각각
$(-2, 2)$, $(2, -2)$ 또는 $(2, -2)$, $(-2, 2)$이므로

$$\overline{\text{AB}} = \sqrt{\{2-(-2)\}^2 + (-2-2)^2} = 4\sqrt{2}$$

답 ④

19 점 $(a, a+2)$를 x축에 대하여 대칭이동한 점의 좌표는
$(a, -a-2)$
이 점을 직선 $y=x$에 대하여 대칭이동한 점의 좌표는
$(-a-2, a)$
이때 이 점이 직선 $y = \frac{1}{2}x - 2$ 위에 있으므로

$$a = \frac{-a-2}{2} - 2$$

$$3a = -6$$

따라서 $a = -2$

답 ①

20 점 A의 좌표를 (a, b)라 하자.
점 A를 x축, y축, 원점에 대하여 대칭이동한 점이 각각 B, C, D이므로
B$(a, -b)$, C$(-a, b)$, D$(-a, -b)$
이때 $\overline{\text{AB}} = 2$이므로

$$\overline{\text{AB}} = |-b-b| = 2|b| = 2$$

$$|b| = 1$$

또, $\overline{\text{AC}} = 4$이므로

$$\overline{\text{AC}} = |-a-a| = 2|a| = 4$$

$$|a| = 2$$

따라서

$$\overline{\text{AD}} = \sqrt{(-a-a)^2 + (-b-b)^2}$$
$$= 2\sqrt{a^2+b^2}$$
$$= 2\sqrt{|a|^2 + |b|^2} = 2\sqrt{2^2+1^2} = 2\sqrt{5}$$

답 ④

21 점 A(a, b)를 x축, 원점에 대하여 대칭이동한 점이 각각 B, C이므로
B$(a, -b)$, C$(-a, -b)$
이때 점 A(a, b)가 제1사분면 위의 점이므로 $a > 0$, $b > 0$

$$\overline{\text{AB}} = |-b-b| = 2|b| = 2b$$

$$\overline{\text{BC}} = |-a-a| = 2|a| = 2a$$

한편, 삼각형 ABC는 $\angle \text{B} = 90°$인 직각삼각형이고 넓이가 14이므로

$$\frac{1}{2} \times \overline{\text{AB}} \times \overline{\text{BC}} = \frac{1}{2} \times 2b \times 2a = 2ab = 14$$

$$ab = 7$$

이때 $a^2 + b^2 = 22$이므로

$$(a+b)^2 = (a^2+b^2) + 2ab$$
$$= 22 + 2 \times 7 = 36$$

$a+b > 0$이므로 $a+b = 6$
따라서 $a^3 + b^3 = (a+b)^3 - 3ab(a+b)$
$$= 6^3 - 3 \times 7 \times 6 = 90$$

답 ③

$a+b = 6$, $ab = 7$에서
$a = 3 - \sqrt{2}$, $b = 3 + \sqrt{2}$ 또는 $a = 3 + \sqrt{2}$, $b = 3 - \sqrt{2}$

22 직선 $l: 2x - y - 1 = 0$을 y축에 대하여 대칭이동한 직선 l'의 방정식은
$2 \times (-x) - y - 1 = 0$, 즉 $2x + y + 1 = 0$
두 직선 l, l'이 직선 $y = 3$과 만나는 점의 좌표는 각각
$(2, 3)$, $(-2, 3)$
또, $2x - y - 1 = 0$과 $2x + y + 1 = 0$을 연립하여 풀면
$x = 0$, $y = -1$
이므로 두 직선 l, l'의 교점의 좌표는 $(0, -1)$이다.
따라서 두 직선 l, l'과 직선 $y = 3$으로 둘러싸인 삼각형의 넓이는

$$\frac{1}{2} \times \{2-(-2)\} \times \{3-(-1)\} = 8$$

답 ③

23 직선 $ax + by + 1 = 0$을 직선 $y = x$에 대하여 대칭이동한 직선의 방정식은
$ay + bx + 1 = 0$, 즉 $bx + ay + 1 = 0$
이 직선의 x절편이 1이므로
$b + 1 = 0$
$b = -1$
또, 이 직선의 y절편이 3이므로
$3a + 1 = 0$
$a = -\frac{1}{3}$
따라서 $a + b = -\frac{1}{3} + (-1) = -\frac{4}{3}$

답 ④

직선 $ax + by + 1 = 0$을 직선 $y = x$에 대하여 대칭이동한 직선의 x절편과 y절편이 각각 1, 3이므로 직선 $ax + by + 1 = 0$의 x절편과 y절편은 각각 3, 1이다.
직선 $ax + by + 1 = 0$의 x절편이 3이므로
$3a + 1 = 0$
$a = -\frac{1}{3}$
또, 직선 $ax + by + 1 = 0$의 y절편이 1이므로
$b + 1 = 0$
$b = -1$

따라서 $a+b=-\dfrac{1}{3}+(-1)=-\dfrac{4}{3}$

24 직선 $l : x-y+2=0$을 원점에 대하여 대칭이동한 직선 l'의 방정식은
$-x-(-y)+2=0$, 즉 $x-y-2=0$
두 직선 l, l'에서
$\dfrac{1}{1}=\dfrac{-1}{-1}\neq\dfrac{2}{-2}$
이므로 두 직선 l, l'은 서로 평행하다.
이때 원 C가 두 직선 l, l'에 동시에 접하려면 원 C의 지름의 길이는 평행한 두 직선 l, l' 사이의 거리와 같아야 한다.
직선 l 위의 점 $(0, 2)$와 직선 l' 사이의 거리는
$\dfrac{|0-2-2|}{\sqrt{1^2+(-1)^2}}=2\sqrt{2}$
따라서 원 C의 지름의 길이가 $2\sqrt{2}$이므로 원 C의 넓이는
$\pi\times(\sqrt{2})^2=2\pi$

답 ②

25 원 $x^2+y^2+6x-8y+12=0$을 직선 $y=x$에 대하여 대칭이동한 원의 방정식은
$y^2+x^2+6y-8x+12=0$,
즉 $x^2+y^2-8x+6y+12=0$ ······ ㉠
㉠에 $y=0$을 대입하면
$x^2-8x+12=0$
$(x-2)(x-6)=0$
$x=2$ 또는 $x=6$
따라서 원 ㉠이 x축과 만나는 두 점 A, B의 좌표는 각각
$(2, 0)$, $(6, 0)$ 또는 $(6, 0)$, $(2, 0)$이므로
$\overline{AB}=|6-2|=4$

답 ④

26 포물선 $C : y=2x^2-x+1$에서
$y=2\left(x-\dfrac{1}{4}\right)^2+\dfrac{7}{8}$
포물선 C를 x축에 대하여 대칭이동한 포물선 C'의 방정식은
$-y=2\left(x-\dfrac{1}{4}\right)^2+\dfrac{7}{8}$
$y=-2\left(x-\dfrac{1}{4}\right)^2-\dfrac{7}{8}$
이때 포물선 C 위의 점 P와 포물선 C' 위의 점 P′에 대하여 선분 PP′의 길이의 최솟값은 두 포물선 C, C'의 두 꼭짓점 사이의 거리이다.
따라서 두 포물선 C, C'의 두 꼭짓점의 좌표는 각각
$\left(\dfrac{1}{4}, \dfrac{7}{8}\right)$, $\left(\dfrac{1}{4}, -\dfrac{7}{8}\right)$이므로 선분 PP′의 길이의 최솟값은
$\left|-\dfrac{7}{8}-\dfrac{7}{8}\right|=\dfrac{7}{4}$

답 ④

27 원 $C : x^2+y^2+ax+by-3=0$이 점 $(1, -1)$을 지나므로
$1^2+(-1)^2+a\times1+b\times(-1)-3=0$
$a-b=1$ ······ ㉠
원 C를 x축에 대하여 대칭이동한 원 C_1의 방정식은
$x^2+(-y)^2+ax+b\times(-y)-3=0$

$x^2+y^2+ax-by-3=0$
원 C를 직선 $y=x$에 대하여 대칭이동한 원 C_2의 방정식은
$y^2+x^2+ay+bx-3=0$,
즉 $x^2+y^2+bx+ay-3=0$
두 원 C_1, C_2가 만나는 두 점을 지나는 직선의 방정식은
$x^2+y^2+ax-by-3-(x^2+y^2+bx+ay-3)=0$
$(a-b)x-(a+b)y=0$
이 직선의 기울기가 $\dfrac{1}{5}$이므로
$\dfrac{a-b}{a+b}=\dfrac{1}{5}$
$5a-5b=a+b$
$b=\dfrac{2}{3}a$ ······ ㉡
㉡을 ㉠에 대입하면
$a-\dfrac{2}{3}a=1$
$a=3$
따라서 $b=\dfrac{2}{3}a=\dfrac{2}{3}\times3=2$이므로
$a+b=3+2=5$

답 ⑤

28 원 $C : x^2+y^2-2x-1=0$에서
$(x-1)^2+y^2=2$ ······ ㉠
㉠에 $x=0$을 대입하면
$y^2=1$
$y=\pm1$
원 C는 y축과 두 점 $(0, 1)$, $(0, -1)$에서 만난다.
원 C를 y축에 대하여 대칭이동한 원 C'의 방정식은
$(x+1)^2+y^2=2$
이고 두 원 C, C'의 교점의 좌표는 $(0, 1)$, $(0, -1)$이다.
아래 그림과 같이 $P(1, 0)$, $Q(0, 1)$, $R(0, -1)$이라 하면 삼각형 PQR은 $\overline{PQ}=\overline{PR}=\sqrt{2}$인 직각이등변삼각형이다.

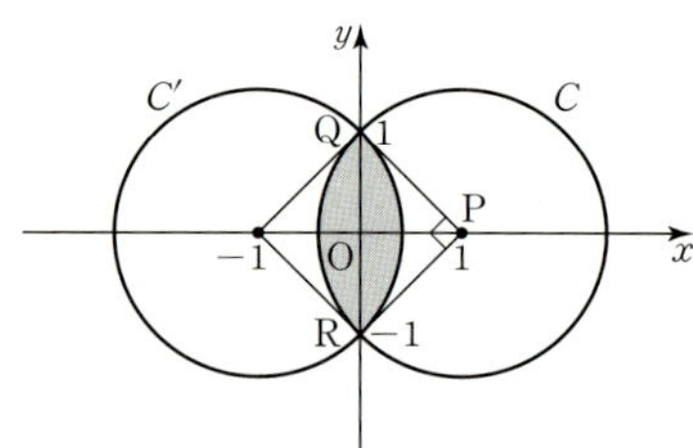

따라서 두 원 C, C'이 겹치는 부분의 넓이는
$2\left(\pi\times\overline{PQ}^2\times\dfrac{90°}{360°}-\dfrac{1}{2}\times\overline{PQ}\times\overline{PR}\right)$
$=2\left\{\pi\times(\sqrt{2})^2\times\dfrac{90°}{360°}-\dfrac{1}{2}\times\sqrt{2}\times\sqrt{2}\right\}$
$=\pi-2$

답 ①

29 원 $C : x^2+y^2+4x+2y+4=0$에서
$(x+2)^2+(y+1)^2=1$ ······ ㉠
㉠에 $x=-2$를 대입하면 $(y+1)^2=1$
$y+1=-1$ 또는 $y+1=1$

$y=-2$ 또는 $y=0$

따라서 두 점 A, B의 좌표는 각각 $(-2, 0)$, $(-2, -2)$이고 $\overline{AB}=2$이다.

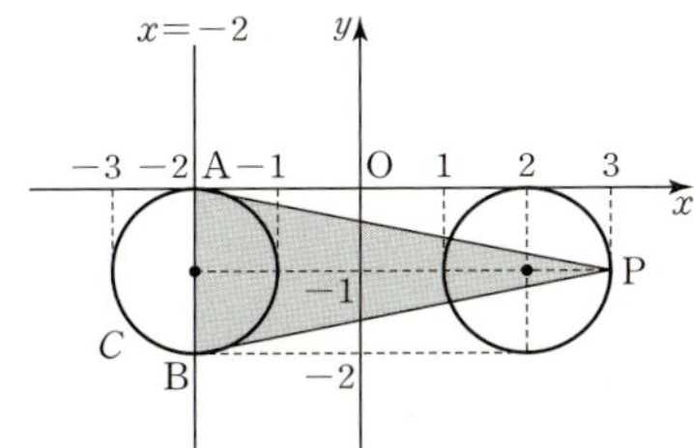

이때 원 C는 중심이 점 $(-2, -1)$이고 반지름의 길이가 1인 원이므로 원 C를 y축에 대하여 대칭이동한 원은 중심이 점 $(2, -1)$이고 반지름의 길이가 1인 원이다.

따라서 이 원 위의 점 P에 대하여 삼각형 PAB의 넓이가 최대일 때는 점 P의 좌표가 $(3, -1)$일 때이고 그 넓이는

$$\frac{1}{2}\times 2\times\{3-(-2)\}=5$$

답 ⑤

30 원 $x^2+y^2-6x+2y+6=0$에서
$(x-3)^2+(y+1)^2=4$

한편, 곡선 $y=\dfrac{1}{4}x^2+\dfrac{3}{2}x+k$를 원점에 대하여 대칭이동한 곡선의 방정식은

$-y=\dfrac{1}{4}x^2-\dfrac{3}{2}x+k$, 즉

$y=-\dfrac{1}{4}x^2+\dfrac{3}{2}x-k=-\dfrac{1}{4}(x-3)^2+\dfrac{9}{4}-k$

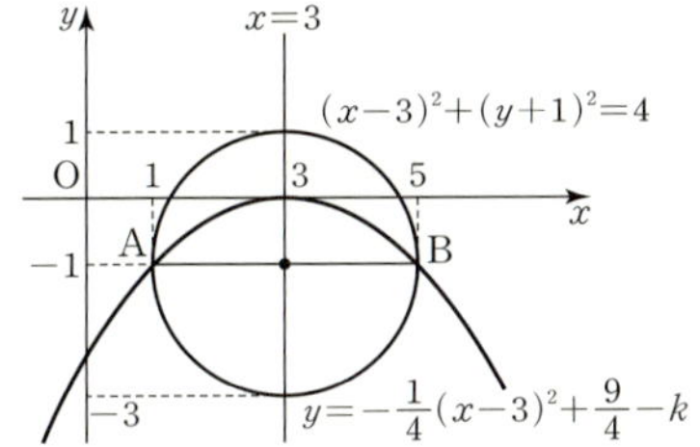

이때 원과 곡선 모두 직선 $x=3$에 대하여 대칭이고 원의 반지름의 길이가 2이므로 원과 곡선이 만나는 두 점 A, B에 대하여 $\overline{AB}=4$이려면 곡선 $y=-\dfrac{1}{4}(x-3)^2+\dfrac{9}{4}-k$가 두 점 $(1, -1)$, $(5, -1)$을 모두 지나야 한다.

따라서 $-1=-\dfrac{1}{4}(1-3)^2+\dfrac{9}{4}-k$에서

$$k=\frac{9}{4}$$

답 ④

31 원 C: $x^2+y^2+2x-4y+1=0$에서
$(x+1)^2+(y-2)^2=4$

이므로 원 C의 중심의 좌표는 $(-1, 2)$ ······ ㉠

이때 원 C를 직선 $y=x$에 대하여 대칭이동한 원의 중심의 좌표는
$(2, -1)$ ······ ㉡

또, ㉡을 x축의 방향으로 a만큼, y축의 방향으로 b만큼 평행이동한 점의 좌표는
$(2+a, -1+b)$ ······ ㉢

㉠, ㉢이 일치해야 하므로
$-1=2+a$, $2=-1+b$

$a=-3$, $b=3$

따라서 $|a|+|b|=|-3|+|3|=6$

답 ②

32 기울기가 2이고 y절편이 a인 직선의 방정식은
$y=2x+a$

이 직선을 x축의 방향으로 2만큼 평행이동한 직선의 방정식은
$y=2(x-2)+a$
$y=2x+a-4$

이 직선을 원점에 대하여 대칭이동한 직선의 방정식은
$-y=-2x+a-4$
$y=2x-a+4$

이 직선이 점 $(a^2, 5)$를 지나므로
$5=2a^2-a+4$
$2a^2-a-1=0$
$(2a+1)(a-1)=0$
$a=-\dfrac{1}{2}$ 또는 $a=1$

따라서 모든 실수 a의 값의 합은 $-\dfrac{1}{2}+1=\dfrac{1}{2}$

답 ④

33 포물선 $y=x^2+4x+10$을 원점에 대하여 대칭이동한 포물선의 방정식은
$-y=x^2-4x+10$

이 포물선을 y축의 방향으로 a만큼 평행이동한 포물선의 방정식은
$-(y-a)=x^2-4x+10$
$y=-x^2+4x+a-10$
$\quad=-(x-2)^2+a-6$

이 포물선의 꼭짓점의 좌표는 $(2, a-6)$이다.

이때 이 포물선이 x축과 점 $(b, 0)$에서 접하므로
$2=b$, $a-6=0$

따라서 $a=6$, $b=2$이므로
$a+b=6+2=8$

답 ④

34 직선 l: $y=x+a$를 y축에 대하여 대칭이동한 직선의 방정식은
$y=-x+a$

이 직선을 x축의 방향으로 3만큼 평행이동한 직선 l'의 방정식은
$y=-(x-3)+a$
$y=-x+a+3$

두 직선 l, l'의 x절편은 각각 $-a$, $a+3$이고, 두 직선 l, l'의 교점의 좌표는 $\left(\dfrac{3}{2}, a+\dfrac{3}{2}\right)$이다.

따라서 두 직선 l, l'과 x축으로 둘러싸인 부분은 그림과 같다.

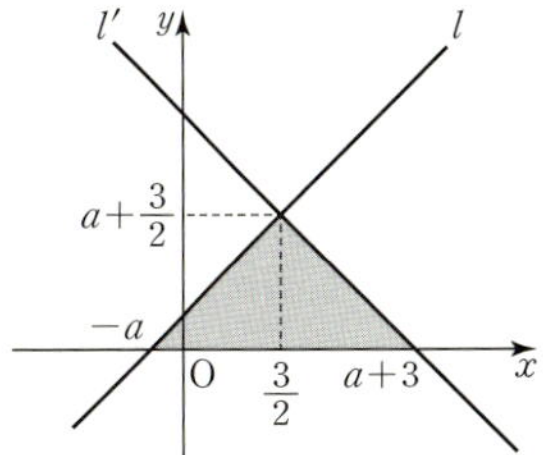

이때 두 직선 l, l'과 x축으로 둘러싸인 부분의 넓이가 4이므로

$$\frac{1}{2} \times \{(a+3)-(-a)\} \times \left(a+\frac{3}{2}\right)$$

$$=\frac{1}{4}(2a+3)^2=4$$

$$4a^2+12a-7=0$$

$$(2a+7)(2a-1)=0$$

$$a=-\frac{7}{2} \ \text{또는} \ a=\frac{1}{2}$$

이때 a는 양수이므로 $a=\dfrac{1}{2}$

답 ①

35 원 C: $x^2+y^2+6x+8y+24=0$에서

$$(x+3)^2+(y+4)^2=1$$

이므로 원 C의 중심의 좌표는 $(-3, -4)$이고 반지름의 길이는 1이다.

원 C를 x축의 방향으로 a만큼, y축의 방향으로 a^2만큼 평행이동한 원은 중심의 좌표가 $(a-3, a^2-4)$이고 반지름의 길이가 1이다.

이 원을 직선 $y=x$에 대하여 대칭이동한 원 C'은 중심의 좌표가 $(a^2-4, a-3)$이고 반지름의 길이가 1이다.

이때 원 C'이 직선 $x=1$에 접하려면 원 C'의 중심인 점 $(a^2-4, a-3)$과 직선 $x=1$ 사이의 거리가 반지름의 길이인 1이어야 하므로

$$|(a^2-4)-1|=1$$

$$a^2-5=-1 \ \text{또는} \ a^2-5=1$$

$$a^2=4 \ \text{또는} \ a^2=6$$

$a>0$이므로 $a=2$ 또는 $a=\sqrt{6}$

한편, 원 C'이 직선 $y=2$에 접하려면 원 C'의 중심인 점 $(a^2-4, a-3)$과 직선 $y=2$ 사이의 거리가 반지름의 길이인 1이어야 하므로

$$|(a-3)-2|=1$$

$$a-5=-1 \ \text{또는} \ a-5=1$$

$$a=4 \ \text{또는} \ a=6$$

따라서 양수 a의 값은 2, $\sqrt{6}$, 4, 6이므로 모든 a의 값의 곱은

$$2 \times \sqrt{6} \times 4 \times 6 = 48\sqrt{6}$$

답 ⑤

36 직선 l: $y=x+4$를 직선 $y=x$에 대하여 대칭이동한 직선의 방정식은

$$x=y+4$$

이 직선을 x축의 방향으로 -1만큼, y축의 방향으로 1만큼 평행이동한 직선 l'의 방정식은

$$x+1=(y-1)+4$$

$$x-y-2=0$$

한편, x축과 y축에 동시에 접하는 원의 중심은 직선 $y=x$ 또는 직선 $y=-x$ 위에 있다.

(ⅰ) 원의 중심이 직선 $y=x$ 위에 있을 때

원의 중심의 좌표를 $(a, a)(a\neq0)$이라 하자.

이 원이 x축과 y축에 동시에 접하므로 반지름의 길이는 $|a|$이고, 이 원이 직선 l'에 접하므로 점 (a, a)와 직선 l': $x-y-2=0$ 사이의 거리가 $|a|$이어야 한다.

$$\frac{|a-a-2|}{\sqrt{1^2+(-1)^2}}=\frac{2}{\sqrt{2}}=\sqrt{2}=|a|$$

$$a=\pm\sqrt{2}$$

즉, 중심의 좌표가 $(\sqrt{2}, \sqrt{2})$이고 반지름의 길이가 $\sqrt{2}$인 원과 중심의 좌표가 $(-\sqrt{2}, -\sqrt{2})$이고 반지름의 길이가 $\sqrt{2}$인 원이 직선 l'과 x축 및 y축에 동시에 접한다.

(ⅱ) 원의 중심이 직선 $y=-x$ 위에 있을 때

원의 중심의 좌표를 $(b, -b)(b\neq0)$이라 하자.

이 원이 x축과 y축에 동시에 접하므로 반지름의 길이는 $|b|$이고, 이 원이 직선 l'에 접하므로 점 $(b, -b)$와 직선 l': $x-y-2=0$ 사이의 거리가 $|b|$이어야 한다.

$$\frac{|b-(-b)-2|}{\sqrt{1^2+(-1)^2}}=\frac{|2b-2|}{\sqrt{2}}=|b|$$

$$|2b-2|=\sqrt{2}|b|$$

$$2b-2=\sqrt{2}b \ \text{또는} \ 2b-2=-\sqrt{2}b$$

$2b-2=\sqrt{2}b$에서

$$b=\frac{2}{2-\sqrt{2}}=\frac{2(2+\sqrt{2})}{(2-\sqrt{2})(2+\sqrt{2})}=2+\sqrt{2}$$

$2b-2=-\sqrt{2}b$에서

$$b=\frac{2}{2+\sqrt{2}}=\frac{2(2-\sqrt{2})}{(2+\sqrt{2})(2-\sqrt{2})}=2-\sqrt{2}$$

즉, 중심의 좌표가 $(2+\sqrt{2}, -2-\sqrt{2})$이고 반지름의 길이가 $2+\sqrt{2}$인 원과 중심의 좌표가 $(2-\sqrt{2}, -2+\sqrt{2})$이고 반지름의 길이가 $2-\sqrt{2}$인 원이 직선 l'과 x축 및 y축에 동시에 접한다.

(ⅰ), (ⅱ)에서 조건을 만족시키는 서로 다른 네 원이 있고, 네 원의 반지름의 길이는 각각 $\sqrt{2}$, $\sqrt{2}$, $2+\sqrt{2}$, $2-\sqrt{2}$이므로 모든 원의 반지름의 길이의 합은

$$\sqrt{2}+\sqrt{2}+(2+\sqrt{2})+(2-\sqrt{2})=4+2\sqrt{2}$$

답 ④

37

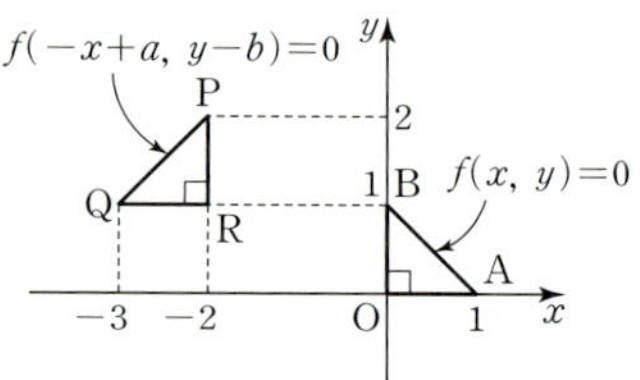

방정식 $f(-x+a, y-b)=0$, 즉 $f(-(x-a), y-b)=0$이 나타내는 도형은 방정식 $f(x, y)=0$이 나타내는 도형을 y축에 대하여 대칭이동한 후, x축의 방향으로 a만큼, y축의 방향으로 b만큼 평행이동한 것이다.

이때 $\angle\text{O}=90°$인 직각삼각형 OAB가 $\angle\text{R}=90°$인 직각삼각형 RQP로 이동하므로 점 O$(0, 0)$이 점 R$(-2, 1)$로 이동하여야 한다.

점 O$(0, 0)$을 y축에 대하여 대칭이동한 점의 좌표는

$$(0, 0)$$

이 점을 x축의 방향으로 a만큼, y축의 방향으로 b만큼 평행이동한 점의 좌표는

$$(a, b)$$

두 점 (a, b), R$(-2, 1)$이 일치해야 하므로

$$a=-2, \ b=1$$

따라서 $a+b=-2+1=-1$

답 -1

38 방정식 $f(y, x)=0$이 나타내는 도형은 방정식 $f(x, y)=0$이 나타내는 도형을 직선 $y=x$에 대하여 대칭이동한 것이다.

네 점 $O(0, 0)$, $A(1, 0)$, $B(1, 2)$, $C(0, 2)$를 직선 $y=x$에 대하여 대칭이동한 점의 좌표는 각각

$(0, 0)$, $(0, 1)$, $(2, 1)$, $(2, 0)$

이므로 두 방정식 $f(x, y)=0$, $f(y, x)=0$이 나타내는 도형은 그림과 같다.

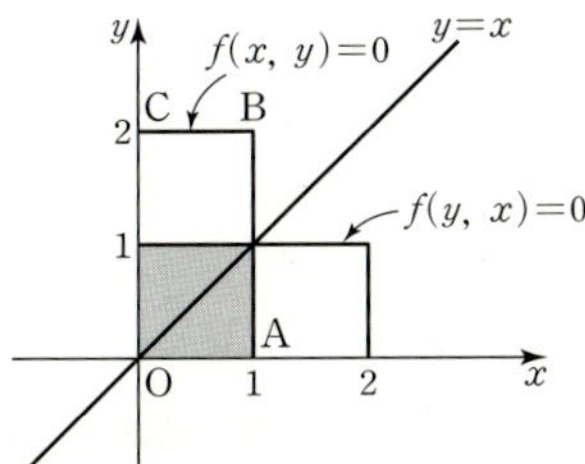

따라서 두 방정식 $f(x, y)=0$, $f(y, x)=0$이 나타내는 도형이 겹치는 부분은 네 점 $(0, 0)$, $(1, 0)$, $(1, 1)$, $(0, 1)$을 꼭짓점으로 하는 정사각형이므로 겹치는 부분의 넓이는

$1\times1=1$

답 1

39 ㄱ. 방정식 $f(x+2, y+2)=0$이 나타내는 도형은 방정식 $f(x, y)=0$이 나타내는 도형을 x축의 방향으로 -2만큼, y축의 방향으로 -2만큼 평행이동한 것이므로 방정식 $f(x+2, y+2)=0$이 나타내는 도형은 직사각형 B이다.

ㄴ. 방정식 $f(x+2, -y)=0$이 나타내는 도형은 방정식 $f(x, y)=0$이 나타내는 도형을 x축에 대하여 대칭이동한 후, x축의 방향으로 -2만큼 평행이동한 것이므로 방정식 $f(x+2, -y)=0$이 나타내는 도형은 직사각형 B이다.

ㄷ. 방정식 $f(-x+1, y+2)=0$이 나타내는 도형은 방정식 $f(x, y)=0$이 나타내는 도형을 y축에 대하여 대칭이동한 후, x축의 방향으로 1만큼, y축의 방향으로 -2만큼 평행이동한 것이므로 방정식 $f(-x+1, y+2)=0$이 나타내는 도형은 직사각형 B이다.

ㄹ. 방정식 $f(y+2, x+2)=0$이 나타내는 도형은 방정식 $f(x, y)=0$이 나타내는 도형을 직선 $y=x$에 대하여 대칭이동한 후, x축의 방향으로 -2만큼, y축의 방향으로 -2만큼 평행이동한 것으로 네 점 $(-2, -1)$, $(-2, 0)$, $(0, 0)$, $(0, -1)$을 꼭짓점으로 하는 사각형이다. 즉, 방정식 $f(y+2, x+2)=0$이 나타내는 도형은 직사각형 B가 아니다.

따라서 직사각형 B를 나타내는 방정식은 ㄱ, ㄴ, ㄷ이다.

답 ③

40 점 $P(2, 1)$과 직선 $2x-y+3=0$을 x축의 방향으로 -2만큼, y축의 방향으로 -1만큼 평행이동한 점의 좌표와 직선의 방정식은 각각 $(0, 0)$, $2(x+2)-(y+1)+3=0$, 즉 $\boxed{2x-y+6=0}$이다.

직선 $\boxed{2x-y+6=0}$을 원점 $(0, 0)$에 대하여 대칭이동한 직선의 방정식은 $-2x+y+6=0$, 즉 $\boxed{2x-y-6=0}$이다.

직선 $\boxed{2x-y-6=0}$을 x축의 방향으로 2만큼, y축의 방향으로 1만큼

평행이동한 직선의 방정식은 $2(x-2)-(y-1)-6=0$, 즉 $\boxed{2x-y-9=0}$이다.

따라서 직선 $2x-y+3=0$을 점 $P(2, 1)$에 대하여 대칭이동한 직선의 방정식은 $\boxed{2x-y-9=0}$이다.

이상에서 (가), (나), (다)에 알맞은 식은 각각 $2x-y+6=0$, $2x-y-6=0$, $2x-y-9=0$이다.

답 (가): $2x-y+6=0$, (나): $2x-y-6=0$, (다): $2x-y-9=0$

41 점 B는 점 $A(2, 3)$을 원점에 대하여 대칭이동한 점이므로 $B(-2, -3)$

점 A와 직선 $x=k$ 사이의 거리는 $|k-2|$이고, 점 B와 직선 $x=k$ 사이의 거리는 $|k-(-2)|=|k+2|$이므로

$|k-2|+|k+2|=6$ ...... ㉠

(i) $k<-2$일 때

$k-2<0$, $k+2<0$이므로 방정식 ㉠에서

$-(k-2)-(k+2)=6$

$-2k=6$

$k=-3$

이때 $-3<-2$이므로 $k=-3$은 방정식 ㉠을 만족시킨다.

(ii) $-2\leq k<2$일 때

$k-2<0$, $k+2\geq0$이므로 방정식 ㉠에서

$-(k-2)+(k+2)=6$

$0\times k+4=6$

$0\times k=2$

이 등식을 만족시키는 k의 값은 존재하지 않는다.

(iii) $k\geq2$일 때

$k-2\geq0$, $k+2>0$이므로 방정식 ㉠에서

$(k-2)+(k+2)=6$

$2k=6$

$k=3$

이때 $3\geq2$이므로 $k=3$은 방정식 ㉠을 만족시킨다.

(i), (ii), (iii)에서 실수 k의 값은 -3 또는 3이므로 모든 실수 k의 값의 곱은 $-3\times3=-9$

답 -9

42 원 C'은 중심이 점 $(-3, -1)$이고 반지름의 길이가 1인 원 C를 원점에 대하여 대칭이동한 것이므로 원 C'은 중심이 점 $(3, 1)$이고 반지름의 길이가 1인 원이다.

두 원 C, C'에 동시에 접하는 직선을 $y=mx+n$, 즉 $mx-y+n=0$이라 하자.

원 C의 중심인 점 $(-3, -1)$과 직선 $mx-y+n=0$ 사이의 거리가 1이어야 하므로

$$\frac{|m\times(-3)-(-1)+n|}{\sqrt{m^2+(-1)^2}}=\frac{|-3m+n+1|}{\sqrt{m^2+1^2}}=1$$

$|-3m+n+1|=\sqrt{m^2+1}$ ...... ㉠

또, 원 C'의 중심인 점 $(3, 1)$과 직선 $mx-y+n=0$ 사이의 거리가 1이어야 하므로

$$\frac{|m\times3-1+n|}{\sqrt{m^2+(-1)^2}}=\frac{|3m+n-1|}{\sqrt{m^2+1^2}}=1$$

$|3m+n-1|=\sqrt{m^2+1}$ ...... ㉡

㉠, ㉡에서 $|-3m+n+1|=|3m+n-1|$
$-3m+n+1=3m+n-1$ 또는
$-3m+n+1=-(3m+n-1)$
$m=\dfrac{1}{3}$ 또는 $n=0$
$n=0$을 ㉠에 대입하면
$|-3m+1|=\sqrt{m^2+1}$
양변을 제곱하면
$(-3m+1)^2=m^2+1$
$8m^2-6m=0$
$2m(4m-3)=0$
$m=0$ 또는 $m=\dfrac{3}{4}$
따라서 두 원 C, C'에 동시에 접하는 직선의 기울기는 $\dfrac{1}{3}$ 또는 0 또는
$\dfrac{3}{4}$이므로 기울기의 최댓값은 $\dfrac{3}{4}$이다.

답 ③

참고

$m=\dfrac{1}{3}$을 ㉠에 대입하면
$\left|-3\times\dfrac{1}{3}+n+1\right|=\sqrt{\left(\dfrac{1}{3}\right)^2+1}$
$|n|=\dfrac{\sqrt{10}}{3}$
$n=\pm\dfrac{\sqrt{10}}{3}$
따라서 두 원 C, C'에 동시에 접하는 모든 직선의 방정식은
$y=\dfrac{1}{3}x\pm\dfrac{\sqrt{10}}{3}$, $y=0$, $y=\dfrac{3}{4}x$이다.

43 점 $A(2,\ 1)$을 직선 $y=2x$에 대하여 대칭이동한 점을 $A'(a,\ b)$
라 하자.

선분 AA'의 중점의 좌표는 $\left(\dfrac{a+2}{2},\ \dfrac{b+1}{2}\right)$

이 점이 직선 $y=2x$ 위에 있으므로
$\dfrac{b+1}{2}=2\times\dfrac{a+2}{2}$
$2a-b=\boxed{-3}$ ...... ㉠

또, 직선 AA'과 직선 $y=2x$는 서로 수직이므로 두 직선의 기울기의
곱은 -1이다.

직선 AA'의 기울기는 $\dfrac{b-1}{a-2}$이므로
$\dfrac{b-1}{a-2}=-\dfrac{1}{2}$
$a+2b=\boxed{4}$ ...... ㉡

㉠, ㉡을 연립하여 풀면 $a=\boxed{-\dfrac{2}{5}}$, $b=\boxed{\dfrac{11}{5}}$

따라서 구하는 점의 좌표는 $\left(\boxed{-\dfrac{2}{5}},\ \boxed{\dfrac{11}{5}}\right)$이다.

이상에서 (가), (나), (다), (라)에 알맞은 수는 각각
$p=-3$, $q=4$, $r=-\dfrac{2}{5}$, $s=\dfrac{11}{5}$이므로
$(p+q)\times(r+s)=(-3+4)\times\left(-\dfrac{2}{5}+\dfrac{11}{5}\right)=\dfrac{9}{5}$

답 ⑤

44 두 직선 $y=-2x$, $y=x+1$을 x축의 방향으로 1만큼 평행이동
한 직선의 방정식은 각각
$y=-2(x-1)$, 즉 $\boxed{y=-2x+2}$, $y=x$
직선 $\boxed{y=-2x+2}$를 직선 $y=x$에 대하여 대칭이동한 직선의 방정식
은
$x=-2y+2$
이 직선을 x축의 방향으로 -1만큼 평행이동한 직선의 방정식은
$x+1=-2y+2$, 즉 $\boxed{x+2y-1=0}$이다.
따라서 직선 $y=-2x$를 직선 $y=x+1$에 대하여 대칭이동한 직선의
방정식은 $\boxed{x+2y-1=0}$이다.
따라서 (가), (나)에 알맞은 식은 각각
$y=-2x+2$, $x+2y-1=0$이다.

답 (가): $y=-2x+2$, (나): $x+2y-1=0$

45

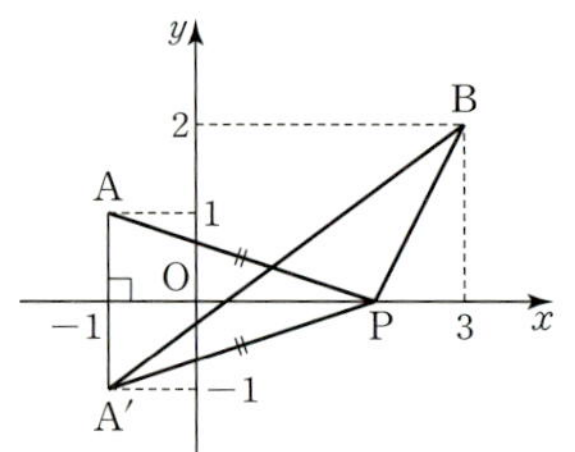

점 $A(-1,\ 1)$을 x축에 대하여 대칭이동한 점을 A'이라 하면
$A'(-1,\ -1)$
이때 x축 위의 점 P에 대하여 $\overline{AP}=\overline{A'P}$이므로
$\overline{AP}+\overline{BP}=\overline{A'P}+\overline{BP}\geq\overline{A'B}$
따라서 $\overline{AP}+\overline{BP}$의 최솟값은
$\overline{A'B}=\sqrt{\{3-(-1)\}^2+\{2-(-1)\}^2}=5$

답 ②

46

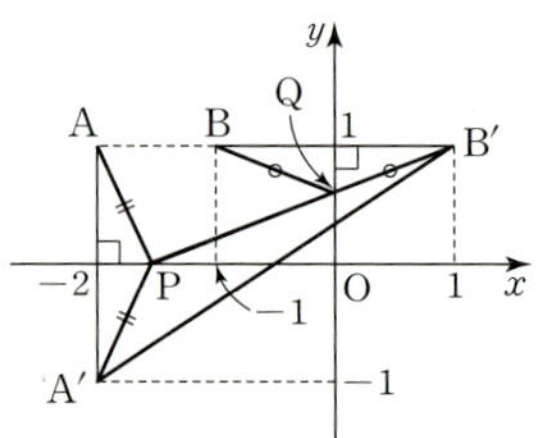

점 $A(-2,\ 1)$을 x축에 대하여 대칭이동한 점을 A'이라 하면
$A'(-2,\ -1)$이고 $\overline{AP}=\overline{A'P}$
점 $B(-1,\ 1)$을 y축에 대하여 대칭이동한 점을 B'이라 하면
$B'(1,\ 1)$이고 $\overline{QB}=\overline{QB'}$
$\overline{AP}+\overline{PQ}+\overline{QB}=\overline{A'P}+\overline{PQ}+\overline{QB'}\geq\overline{A'B'}$
이때 $\overline{A'B'}=\sqrt{\{1-(-2)\}^2+\{1-(-1)\}^2}=\sqrt{13}$
따라서 $\overline{AP}+\overline{PQ}+\overline{QB}$의 최솟값은 $\sqrt{13}$이다.

답 ③

47 두 점 $A(4,\ 0)$, $B(7,\ 4)$에서
$\overline{AB}=\sqrt{(7-4)^2+(4-0)^2}=5$
점 $A(4,\ 0)$을 직선 $y=x$에 대하여 대칭이동한 점을 A'이라 하면
$A'(0,\ 4)$

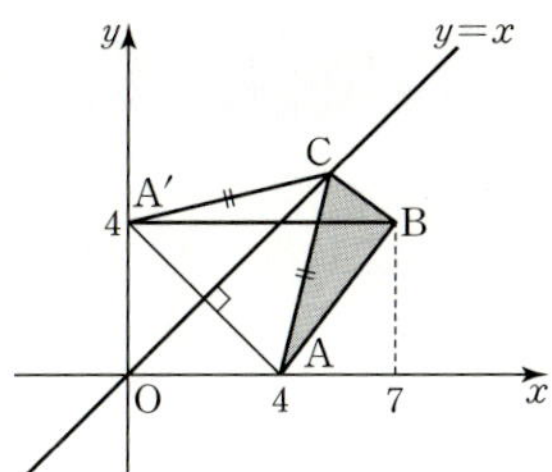

점 $C(a, a)$는 직선 $y=x$ 위의 점이므로

$\overline{CA}=\overline{CA'}$이고

$\overline{BC}+\overline{CA}=\overline{BC}+\overline{CA'}\geq\overline{BA'}$

이때 $\overline{BA'}=|0-7|=7$

따라서 삼각형 ABC의 둘레의 길이의 최솟값은

$\overline{AB}+\overline{BC}+\overline{CA}\geq\overline{AB}+\overline{BA'}$

$\qquad\qquad\qquad\quad =5+7=12$

답 ②

48

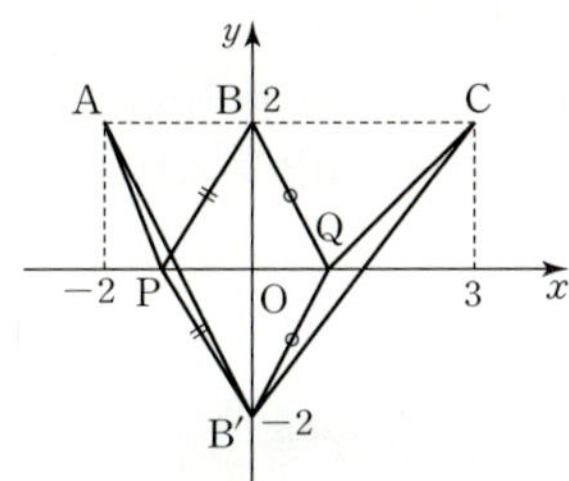

점 $B(0, 2)$를 x축에 대하여 대칭이동한 점을 B'이라 하면

$B'(0, -2)$

$\overline{PB}=\overline{PB'}$, $\overline{BQ}=\overline{B'Q}$이므로

$\overline{AP}+\overline{PB}+\overline{BQ}+\overline{QC}=\overline{AP}+\overline{PB'}+\overline{B'Q}+\overline{QC}$

이때 $\overline{AP}+\overline{PB'}\geq\overline{AB'}$, $\overline{B'Q}+\overline{QC}\geq\overline{B'C}$이므로

$\overline{AP}+\overline{PB}+\overline{BQ}+\overline{QC}=(\overline{AP}+\overline{PB'})+(\overline{B'Q}+\overline{QC})$

$\qquad\qquad\qquad\qquad\qquad\quad \geq\overline{AB'}+\overline{B'C}$

$\overline{AB'}=\sqrt{\{0-(-2)\}^2+(-2-2)^2}=2\sqrt5$

$\overline{B'C}=\sqrt{(3-0)^2+\{2-(-2)\}^2}=5$

따라서 $\overline{AP}+\overline{PB}+\overline{BQ}+\overline{QC}\geq\overline{AB'}+\overline{B'C}=2\sqrt5+5$이므로

$\overline{AP}+\overline{PB}+\overline{BQ}+\overline{QC}$의 최솟값은 $2\sqrt5+5$이다.

한편, 두 선분 AB′, B′C가 x축과 만나는 점을 각각 P_1, Q_1이라 하자.

두 점 A, B′을 지나는 직선의 방정식은

$y-2=\dfrac{-2-2}{0-(-2)}(x+2)$

$y=-2x-2$

이 직선의 x절편이 -1이므로 $P_1(-1, 0)$

두 점 B′, C를 지나는 직선의 방정식은

$y-2=\dfrac{2-(-2)}{3-0}(x-3)$

$y=\dfrac{4}{3}x-2$

이 직선의 x절편이 $\dfrac{3}{2}$이므로 $Q_1\left(\dfrac{3}{2}, 0\right)$

$\overline{P_1Q_1}=\left|\dfrac{3}{2}-(-1)\right|=\dfrac{5}{2}$

따라서 $m=2\sqrt5+5$, $k=\dfrac{5}{2}$이므로

$m-k=(2\sqrt5+5)-\dfrac{5}{2}=\dfrac{5}{2}+2\sqrt5$

답 ②

49 점 $A(3, 1)$을 y축에 대하여 대칭이동한 점을 A'이라 하면

$A'(-3, 1)$

y축 위의 점 P에 대하여 $\overline{AP}=\overline{A'P}$

원 $x^2+y^2-6x-8y+20=0$에서

$(x-3)^2+(y-4)^2=5$

이 원의 중심을 C라 하면 $C(3, 4)$이고 원의 반지름의 길이는 $\sqrt5$이다.

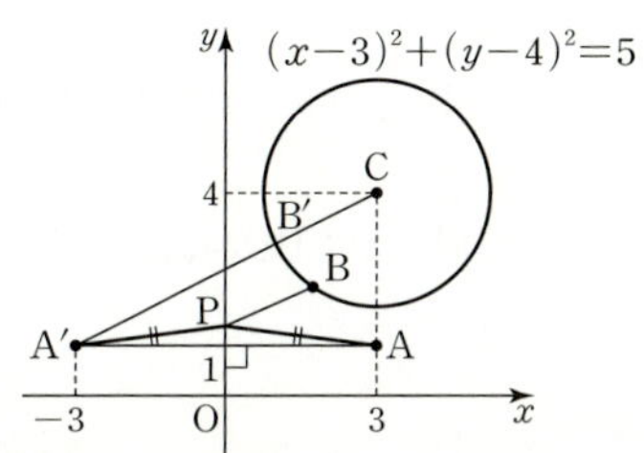

한편, $\overline{AP}+\overline{PB}=\overline{A'P}+\overline{PB}$이고 $\overline{A'P}+\overline{PB}$는 두 점 P, B가 선분 A′C 위에 있을 때 최솟값을 갖는다.

즉, 선분 A′C가 주어진 원과 만나는 점을 B′이라 하면

$\overline{AP}+\overline{PB}=\overline{A'P}+\overline{PB}\geq\overline{A'B'}$

이때 $\overline{CA'}=\sqrt{(-3-3)^2+(1-4)^2}=3\sqrt5$, $\overline{CB'}=\sqrt5$

따라서 $\overline{AP}+\overline{PB}$의 최솟값은

$\overline{A'B'}=\overline{CA'}-\overline{CB'}=3\sqrt5-\sqrt5=2\sqrt5$

답 ②

50 네 점 $A(0, 2)$, $B(5, 2)$, $P(a, 0)$, $Q(a+2, 0)$에서

$\overline{AB}=|5-0|=5$

$\overline{PQ}=|(a+2)-a|=2$

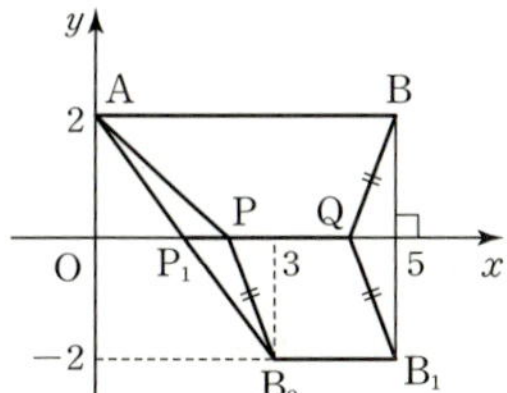

점 $B(5, 2)$를 x축에 대하여 대칭이동한 점을 B_1이라 하면

$B_1(5, -2)$이고 $\overline{QB}=\overline{QB_1}$

점 B_1을 x축의 방향으로 -2만큼 평행이동한 점을 B_2라 하면

$B_2(3, -2)$

이때 $\overline{PQ}=\overline{B_1B_2}=2$이고 두 직선 PQ, B_1B_2가 평행하므로

$\overline{QB_1}=\overline{PB_2}$

$\overline{AP}+\overline{PB_2}\geq\overline{AB_2}$

사각형 APQB의 둘레의 길이는

$\overline{AP}+\overline{PQ}+\overline{QB}+\overline{BA}$

$=\overline{AP}+2+\overline{QB_1}+5$

$=(\overline{AP}+\overline{QB_1})+7$

$=(\overline{AP}+\overline{PB_2})+7\geq\overline{AB_2}+7$

$\overline{AB_2}=\sqrt{(3-0)^2+(-2-2)^2}=5$이므로

$\overline{AP}+\overline{PQ}+\overline{QB}+\overline{BA}\geq\overline{AB_2}+7=5+7=12$

즉, $m=12$

한편, 선분 AB_2가 x축과 만나는 점을 P_1이라 하자.
직선 AB_2의 방정식은
$$y-2=\frac{-2-2}{3-0}(x-0)$$
$$y=-\frac{4}{3}x+2$$
이 직선의 x절편은 $\frac{3}{2}$이므로 $\mathrm{P}_1\left(\frac{3}{2},\ 0\right)$

따라서 $k=\frac{3}{2}$, $m=12$이므로
$$km=\frac{3}{2}\times12=18$$
답 18

51 점 B는 점 $\mathrm{A}(-1,\ 2)$를 직선 $y=x$에 대하여 대칭이동한 점이므로 $\mathrm{B}(2,\ -1)$
점 P의 좌표를 $(x,\ y)$라 하면 $\overline{\mathrm{AP}}:\overline{\mathrm{BP}}=\sqrt{2}:1$에서
$$\overline{\mathrm{AP}}=\sqrt{2}\,\overline{\mathrm{BP}}$$
$$\overline{\mathrm{AP}}^2=2\overline{\mathrm{BP}}^2$$
$$\{x-(-1)\}^2+(y-2)^2=2[(x-2)^2+\{y-(-1)\}^2]$$
$$x^2+y^2-10x+8y+5=0$$
$$(x-5)^2+(y+4)^2=36$$
따라서 점 P가 나타내는 도형은 반지름의 길이가 6인 원이므로 구하는 도형의 넓이는
$$\pi\times6^2=36\pi$$
답 ④

52 점 $(-1,\ 0)$을 x축의 방향으로 a만큼, y축의 방향으로 b만큼 평행이동한 점의 좌표는
$$(a-1,\ b)$$
이 점이 직선 $y=2x$ 위에 있으므로
$$b=2(a-1)$$
따라서 점 $(a,\ b)$가 나타내는 도형은 직선 $y=2(x-1)$이다.
이 직선의 x절편과 y절편은 각각 1, -2이므로 직선과 x축 및 y축으로 둘러싸인 부분의 넓이는
$$\frac{1}{2}\times1\times|-2|=1$$
답 ②

53 원 $x^2+y^2-4x-4y+7=0$에서
$$(x-2)^2+(y-2)^2=1$$
원 위의 점 A의 좌표를 $(p,\ q)$라 하자.
점 B는 점 A를 y축에 대하여 대칭이동한 점이므로
$$\mathrm{B}(-p,\ q)$$
삼각형 OAB의 무게중심의 좌표가 $(a,\ b)$이므로
$$a=\frac{0+p+(-p)}{3}=0$$
$$b=\frac{0+q+q}{3}=\frac{2}{3}q$$
즉, $a+b=0+\frac{2}{3}q=\frac{2}{3}q$이므로 q가 최대일 때 $a+b$의 값은 최대가 된다.
따라서 원 $(x-2)^2+(y-2)^2=1$ 위의 점 중 y좌표가 최대인 점의 좌표는 $(2,\ 3)$이므로 $q=3$일 때 $a+b$의 값은 최대이고, 최댓값은
$$a+b=\frac{2}{3}q=\frac{2}{3}\times3=2$$
답 ②

01 6
02 $(1,\ 1)$, $(1,\ -3)$, $(-3,\ 1)$, $(-3,\ -3)$
03 $\dfrac{3}{4}$ **04** $\dfrac{1}{2}$
05 $2\sqrt{10}$ **06** $8\sqrt{2}$

01 점 $(-1,\ -1)$을 x축의 방향으로 a만큼, y축의 방향으로 b만큼 평행이동한 점의 좌표는
$$(a-1,\ b-1)$$
❶
이 점이 원 $x^2+y^2-4x+3=0$ 위의 점이므로
$$(a-1)^2+(b-1)^2-4(a-1)+3=0$$
$$a^2+b^2-6a-2b+9=0$$
$$(a-3)^2+(b-1)^2=1$$
❷
즉, 점 $(a,\ b)$는 원 $(x-3)^2+(y-1)^2=1$ 위의 점이고, a, b는 모두 정수이므로 원 위의 점 중 x좌표와 y좌표가 정수인 모든 점의 좌표는
$$(2,\ 1),\ (3,\ 0),\ (3,\ 2),\ (4,\ 1)$$
따라서 ab의 값은 $a=3$, $b=2$일 때 최댓값 $M=6$을 갖고,
$a=3$, $b=0$일 때 최솟값 $m=0$을 가지므로
$$M+m=6+0=6$$
❸
답 6

단계	채점 기준	비율
❶	평행이동한 점의 좌표를 구한 경우	20 %
❷	점 $(a,\ b)$가 나타내는 도형(원)을 구한 경우	40 %
❸	최댓값 M과 최솟값 m을 각각 구하고, $M+m$의 값을 구한 경우	40 %

02 원 $x^2+y^2-2x-2y-2=0$에서
$$(x-1)^2+(y-1)^2=4$$
이므로 중심이 점 $(1,\ 1)$이고 반지름의 길이는 2이다.
이 원을 x축의 방향으로 a만큼, y축의 방향으로 b만큼 평행이동한 원은 중심이 점 $(a+1,\ b+1)$이고 반지름의 길이가 2이다.
❶
한편, 반지름의 길이가 2인 원이 x축과 y축에 동시에 접하려면 원의 중심은 네 점 $(2,\ 2)$, $(2,\ -2)$, $(-2,\ 2)$, $(-2,\ -2)$ 중 하나이어야 한다.
❷
원의 중심이 점 $(2,\ 2)$이려면 $a=1$, $b=1$
원의 중심이 점 $(2,\ -2)$이려면 $a=1$, $b=-3$
원의 중심이 점 $(-2,\ 2)$이려면 $a=-3$, $b=1$
원의 중심이 점 $(-2,\ -2)$이려면 $a=-3$, $b=-3$
따라서 두 실수 a, b의 모든 순서쌍 $(a,\ b)$는
$$(1,\ 1),\ (1,\ -3),\ (-3,\ 1),\ (-3,\ -3)\text{이다.}$$
❸
답 $(1,\ 1)$, $(1,\ -3)$, $(-3,\ 1)$, $(-3,\ -3)$

단계	채점 기준	비율
❶	평행이동한 원의 중심과 반지름의 길이를 구한 경우	30 %
❷	x축과 y축에 동시에 접하는 원의 중심의 좌표를 모두 구한 경우	30 %
❸	두 실수 a, b의 모든 순서쌍 $(a,\ b)$를 구한 경우	40 %

03 원 $x^2+y^2+4x-2y+4=0$에서
$$(x+2)^2+(y-1)^2=1$$
이므로 중심이 점 $(-2, 1)$이고 반지름의 길이는 1이다.
이 원을 y축에 대하여 대칭이동한 원 C는 중심이 점 $(2, 1)$이고 반지름의 길이가 1이다. $\cdots\cdots$ ❶

원 C 위의 점 (a, b)에 대하여 $\dfrac{b}{a+1}=\dfrac{b-0}{a-(-1)}$은 두 점 $(-1, 0)$, (a, b)를 지나는 직선의 기울기이다. $\cdots\cdots$ ❷

한편, 두 점 $(-1, 0)$, (a, b)를 지나는 직선의 기울기를 m이라 하면 이 직선의 방정식은
$$y=m(x+1), \text{ 즉 } mx-y+m=0$$
원 C와 직선 $mx-y+m=0$이 접하려면 원 C의 중심인 점 $(2, 1)$과 직선 $mx-y+m=0$ 사이의 거리가 1이어야 하므로
$$\frac{|2m-1+m|}{\sqrt{m^2+(-1)^2}}=\frac{|3m-1|}{\sqrt{m^2+1}}=1$$
$$|3m-1|=\sqrt{m^2+1}$$
양변을 제곱하면
$$(3m-1)^2=m^2+1$$
$$2m(4m-3)=0$$
$$m=0 \text{ 또는 } m=\frac{3}{4}$$
따라서 $0\le\dfrac{b}{a+1}\le\dfrac{3}{4}$이므로 $\dfrac{b}{a+1}$의 최댓값은 $\dfrac{3}{4}$이다. $\cdots\cdots$ ❸

답 $\dfrac{3}{4}$

단계	채점 기준	비율
❶	원 C의 중심의 좌표와 반지름의 길이를 구한 경우	20 %
❷	$\dfrac{b}{a+1}$가 두 점 $(-1, 0)$, (a, b)를 지나는 직선의 기울기임을 확인한 경우	30 %
❸	$\dfrac{b}{a+1}$의 최댓값을 구한 경우	50 %

04 포물선 $y=ax^2$을 x축에 대하여 대칭이동한 포물선의 방정식은
$$-y=ax^2$$
이 포물선을 x축의 방향으로 2만큼, y축의 방향으로 1만큼 평행이동한 포물선 C의 방정식은
$$-(y-1)=a(x-2)^2$$
$$y=-ax^2+4ax-4a+1 \qquad \cdots\cdots ❶$$
포물선 $y=ax^2$과 포물선 C가 오직 한 점에서 만나려면 이차방정식
$$ax^2=-ax^2+4ax-4a+1,$$
즉 $2ax^2-4ax+4a-1=0$이 중근을 가져야 한다. $\cdots\cdots$ ❷
따라서 이 이차방정식의 판별식을 D라 하면 $D=0$이어야 하므로
$$\frac{D}{4}=(-2a)^2-2a(4a-1)$$
$$=-4a^2+2a$$
$$=-2a(2a-1)=0$$
이때 $a>0$이므로 $a=\dfrac{1}{2}$ $\cdots\cdots$ ❸

답 $\dfrac{1}{2}$

단계	채점 기준	비율
❶	포물선 C의 방정식을 구한 경우	40 %
❷	포물선 $y=ax^2$과 포물선 C가 오직 한 점에서 만날 조건을 구한 경우	30 %
❸	양수 a의 값을 구한 경우	30 %

05 점 $A(4, 2)$를 직선 $y=x$에 대하여 대칭이동한 점을 A_1이라 하면 $A_1(2, 4)$
점 $A(4, 2)$를 x축에 대하여 대칭이동한 점을 A_2라 하면 $A_2(4, -2)$ $\cdots\cdots$ ❶

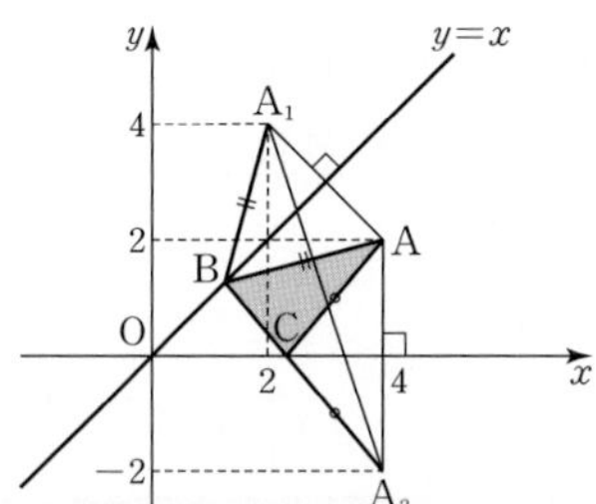

이때 점 B가 직선 $y=x$ 위의 점이므로 $\overline{AB}=\overline{A_1B}$
또, 점 C가 x축 위의 점이므로 $\overline{CA}=\overline{CA_2}$
삼각형 ABC의 둘레의 길이는
$$\overline{AB}+\overline{BC}+\overline{CA}=\overline{A_1B}+\overline{BC}+\overline{CA_2}\ge\overline{A_1A_2} \qquad \cdots\cdots ❷$$
따라서 삼각형 ABC의 둘레의 길이의 최솟값은
$$\overline{A_1A_2}=\sqrt{(4-2)^2+(-2-4)^2}=2\sqrt{10} \qquad \cdots\cdots ❸$$

답 $2\sqrt{10}$

단계	채점 기준	비율
❶	점 A를 직선 $y=x$와 x축에 대하여 대칭이동한 점을 각각 구한 경우	20 %
❷	삼각형 ABC의 둘레의 길이의 최소가 되는 선분을 찾은 경우	50 %
❸	삼각형 ABC의 둘레의 길이의 최솟값을 구한 경우	30 %

06 점 $A(4, 1)$을 x축에 대하여 대칭이동한 점을 A'이라 하면 $A'(4, -1)$
점 $B(1, 4)$를 y축에 대하여 대칭이동한 점을 B'이라 하면 $B'(-1, 4)$ $\cdots\cdots$ ❶

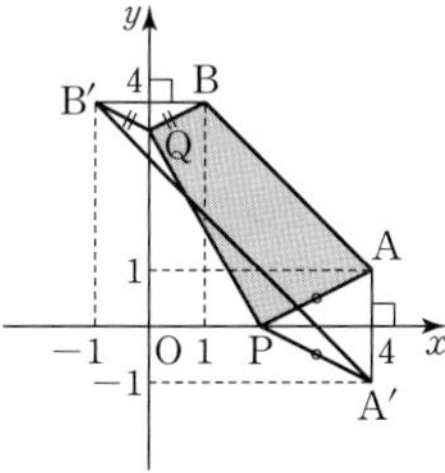

이때 점 P가 x축 위의 점이므로 $\overline{AP}=\overline{A'P}$
또, 점 Q가 y축 위의 점이므로 $\overline{QB}=\overline{QB'}$
$$\overline{AP}+\overline{PQ}+\overline{QB}=\overline{A'P}+\overline{PQ}+\overline{QB'}\ge\overline{A'B'} \qquad \cdots\cdots ❷$$
$$\overline{A'B'}=\sqrt{(-1-4)^2+\{4-(-1)\}^2}=5\sqrt{2}$$
$$\overline{AB}=\sqrt{(1-4)^2+(4-1)^2}=3\sqrt{2}$$

따라서 네 점 A, B, P, Q를 꼭짓점으로 하는 사각형의 둘레의 길이의
최솟값은
$$\overline{AP}+\overline{PQ}+\overline{QB}+\overline{AB}\geq\overline{A'B'}+\overline{AB}$$
$$=5\sqrt{2}+3\sqrt{2}$$
$$=8\sqrt{2}$$

······ ❸

目 $8\sqrt{2}$

단계	채점 기준	비율
❶	점 A를 x축에 대하여 대칭이동한 점과 점 B를 y축에 대하여 대칭이동한 점의 좌표를 각각 구한 경우	20 %
❷	세 선분 AP, PQ, QB의 길이의 합이 최소가 되는 선분을 찾은 경우	40 %
❸	네 점 A, B, P, Q를 꼭짓점으로 하는 사각형의 둘레의 길이의 최솟값을 구한 경우	40 %

01

Step 1 직선 $3x+4y=0$을 평행이동한 직선의 방정식 구하기

직선 $3x+4y=0$을 x축의 방향으로 a만큼, y축의 방향으로 b만큼 평행이동한 직선 l의 방정식은
$$3(x-a)+4(y-b)=0, \ 즉 \ 3x+4y-3a-4b=0$$

Step 2 점과 직선 사이의 거리 공식을 이용하여 a, b에 대한 식 구하기

점 $A(0, 1)$과 직선 l 사이의 거리가 $\dfrac{14}{5}$이므로
$$\frac{|4-3a-4b|}{\sqrt{3^2+4^2}}=\frac{|4-3a-4b|}{5}=\frac{14}{5}$$
$$|4-3a-4b|=14$$
$$4-3a-4b=-14 \ 또는 \ 4-3a-4b=14$$
$$3a+4b-18=0 \ 또는 \ 3a+4b+10=0$$
따라서 점 (a, b)는 직선 $3x+4y-18=0$ 또는 직선 $3x+4y+10=0$ 위의 점이다.

Step 3 a^2+b^2의 최솟값 구하기

즉, $\sqrt{a^2+b^2}$의 값은 원점 O와 직선 $3x+4y-18=0$ 위의 점 또는 직선 $3x+4y+10=0$ 위의 점 사이의 거리와 같다.
원점 O와 직선 $3x+4y-18=0$ 위의 점 사이의 거리의 최솟값은 원점 O와 직선 $3x+4y-18=0$ 사이의 거리이므로
$$\frac{|-18|}{\sqrt{3^2+4^2}}=\frac{18}{5}$$
또한, 원점 O와 직선 $3x+4y+10=0$ 위의 점 사이의 거리의 최솟값은 원점 O와 직선 $3x+4y+10=0$ 사이의 거리이므로
$$\frac{|10|}{\sqrt{3^2+4^2}}=\frac{10}{5}=2$$

따라서 $\sqrt{a^2+b^2}$의 최솟값은 2이므로 a^2+b^2의 최솟값은 4이다.

目 4

02

Step 1 곡선 C를 대칭이동한 후, 평행이동한 곡선 C'의 방정식 구하기

곡선 $C: y=x^2-4x+1$을 x축에 대하여 대칭이동한 곡선의 방정식은
$$-y=x^2-4x+1$$
이 곡선을 x축의 방향으로 a만큼, y축의 방향으로 b만큼 평행이동한 곡선 C'의 방정식은
$$-(y-b)=(x-a)^2-4(x-a)+1$$
$$y=-x^2+2(a+2)x-a^2-4a+b-1 \quad \cdots\cdots ㉠$$

Step 2 두 곡선 C, C'이 오직 한 점 $A(4, 1)$에서만 만나는 것을 이용하여 곡선 C'의 방정식 구하기

곡선 C'이 점 $(4, 1)$을 지나므로
$$1=-4^2+2(a+2)\times4-a^2-4a+b-1$$
$$b=a^2-4a+2$$
이를 ㉠에 대입하면
$$y=-x^2+2(a+2)x-a^2-4a+(a^2-4a+2)-1$$
$$y=-x^2+2(a+2)x-8a+1$$
이때 두 곡선 C, C'이 오직 한 점 $A(4, 1)$에서만 만나므로 이차방정식
$$x^2-4x+1=-x^2+2(a+2)x-8a+1,$$
즉 $x^2-(a+4)x+4a=0$이 중근을 가져야 한다.
이 이차방정식의 판별식을 D라 하면 $D=0$이어야 하므로
$$D=\{-(a+4)\}^2-4\times1\times4a$$
$$=(a-4)^2=0$$
$$a=4$$
$$b=a^2-4a+2$$
$$=4^2-4\times4+2=2$$
따라서 곡선 C'의 방정식은 $y=-x^2+12x-31$이다.

Step 3 두 곡선 C, C'을 그린 후, 조건을 만족시키는 모든 실수 k의 값의 합을 구한다.

이때 $C: y=x^2-4x+1=(x-2)^2-3$,
$C': y=-x^2+12x-31=-(x-6)^2+5$
이므로 두 곡선 C, C'은 다음 그림과 같고, 직선 $y=k$가 곡선 C 또는 곡선 C'과 만나는 서로 다른 점의 개수가 3이 되도록 하는 실수 k의 값은 -3, 1, 5이다.

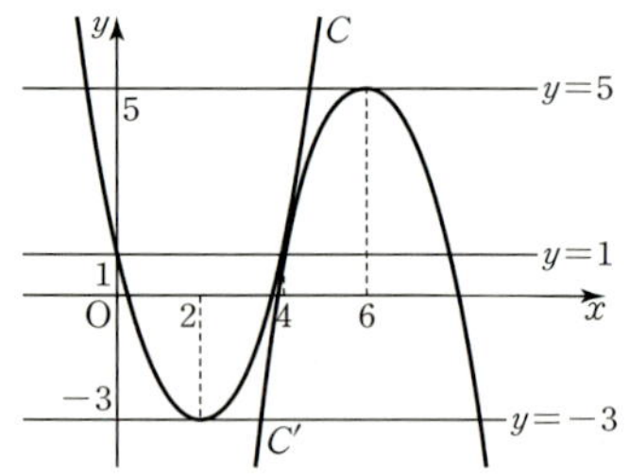

따라서 모든 실수 k의 값의 합은
$$-3+1+5=3$$

目 ②

03

Step 1 주어진 조건을 이용하여 원 C의 반지름의 길이 구하기

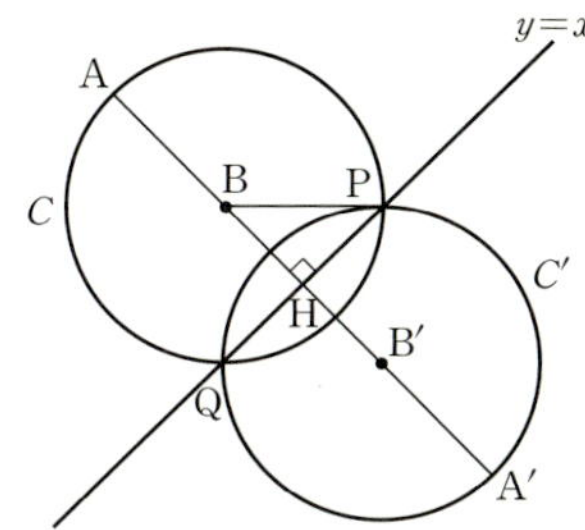

원 C의 중심을 B라 하고 원 C가 직선 $y=x$와 만나는 서로 다른 두 점을 P, Q라 하자.

$\overline{PQ}=2\sqrt{2}$이므로 점 B$(1, 3)$에서 직선 $y=x$에 내린 수선의 발을 H라 하면

$$\overline{PH}=\frac{1}{2}\overline{PQ}=\frac{1}{2}\times 2\sqrt{2}=\sqrt{2}$$

$\overline{BH}$는 점 B$(1, 3)$과 직선 $y=x$, 즉 $x-y=0$ 사이의 거리이므로

$$\overline{BH}=\frac{|1-3|}{\sqrt{1^2+(-1)^2}}=\sqrt{2}$$

직각삼각형 BHP에서

$$\overline{BP}=\sqrt{\overline{PH}^2+\overline{BH}^2}=\sqrt{(\sqrt{2})^2+(\sqrt{2})^2}=2$$

이므로 원 C의 반지름의 길이는 2이다.

Step 2 원 C'의 중심의 좌표와 반지름의 길이를 이용하여 선분 AA'의 길이의 최댓값 구하기

원 C'의 중심을 B$'$이라 하자.

원 C'은 원 C를 직선 $y=x$에 대하여 대칭이동한 것이므로 원 C'의 중심은 B$'(3, 1)$이고 반지름의 길이는 2이다.

원 C 위의 점 A와 원 C' 위의 점 A$'$에 대하여 선분 AA$'$의 길이는 직선 BB$'$이 두 원 C, C'과 만나는 점 중 선분 BB$'$ 위에 있지 않은 점일 때 최대가 된다.

따라서 선분 AA$'$의 길이의 최댓값은

$$\overline{AA'}\leq\overline{AB}+\overline{BB'}+\overline{B'A'}$$
$$=2+\sqrt{(3-1)^2+(1-3)^2}+2$$
$$=4+2\sqrt{2}$$

目 ⑤

04

Step 1 함수 $y=|x|$를 평행이동한 함수의 식과 그래프 구하기

함수 $y=|x|$의 그래프를 x축의 방향으로 a만큼, y축의 방향으로 b만큼 평행이동한 함수의 그래프를 나타내는 식은

$$y-b=|x-a|$$

$$y=|x-a|+b=\begin{cases}-x+a+b & (x<a) \\ x-a+b & (x\geq a)\end{cases}\quad\cdots\cdots\ \text{㉠}$$

이므로 $x<a$일 때 함수 ㉠의 그래프는 기울기가 -1인 직선의 일부분이고, $x\geq a$일 때 함수 ㉠의 그래프는 기울기가 1인 직선의 일부분이다.

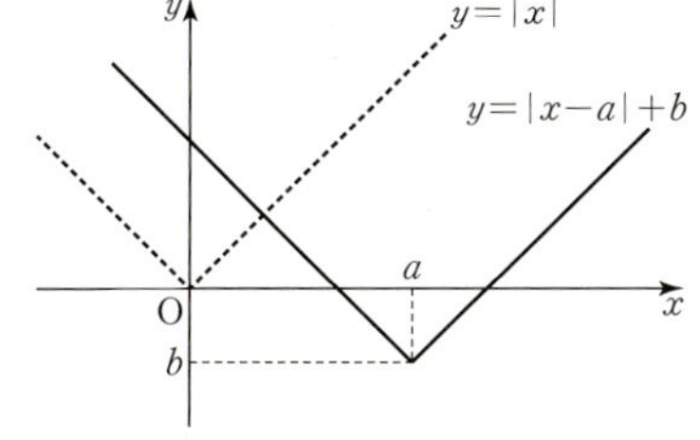

Step 2 주어진 원의 넓이를 이등분하기 위한 a, b의 조건 구하기

원 $x^2+y^2-6x-2y+9=0$에서

$$(x-3)^2+(y-1)^2=1$$

이 원의 중심인 점 $(3, 1)$을 지나고 기울기가 1인 직선의 방정식은

$$y-1=(x-3),\ \text{즉}\ y=x-2$$

또, 점 $(3, 1)$을 지나고 기울기가 -1인 직선의 방정식은

$$y-1=-(x-3),\ \text{즉}\ y=-x+4$$

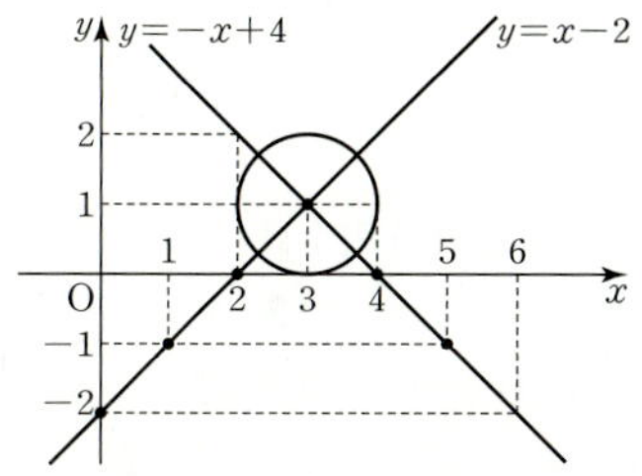

한편, 두 정수 a, b에 대하여 함수 ㉠의 그래프가

원 $(x-3)^2+(y-1)^2=1$의 중심을 지나고 이 원의 넓이를 이등분하려면 함수 ㉠의 그래프 위의 점 (a, b)는 $a\leq 2$일 때 직선 $y=x-2$ 위에 있거나 $a\geq 4$일 때 직선 $y=-x+4$ 위에 있어야 한다.

Step 3 $|a|\leq 5$, $|b|\leq 5$인 두 정수 a, b의 모든 순서쌍 (a, b)의 개수 구하기

$|a|\leq 5$, $|b|\leq 5$인 두 정수 a, b에 대하여

(i) 점 (a, b)가 함수 $y=x-2$ $(x\leq 2)$의 그래프 위의 점일 때
   두 정수 a, b의 모든 순서쌍 (a, b)는
   $(2, 0)$, $(1, -1)$, $(0, -2)$, $(-1, -3)$, $(-2, -4)$,
   $(-3, -5)$
   로 그 개수는 6이다.

(ii) 점 (a, b)가 함수 $y=-x+4$ $(x\geq 4)$의 그래프 위의 점일 때
   두 정수 a, b의 모든 순서쌍 (a, b)는
   $(4, 0)$, $(5, -1)$
   로 그 개수는 2이다.

(i), (ii)에서 두 정수 a, b의 모든 순서쌍 (a, b)의 개수는

$$6+2=8$$

目 8

Ⅱ. 집합과 명제

04 집합

01 ×	**02** ○	**03** ×	**04** ○
05 ∈	**06** ∉	**07** ∈	**08** ∉

09 $A=\{1, 3, 7, 21\}$
10 $A=\{x \mid x$는 21의 양의 약수$\}$

11 풀이 참조	**12** 0	**13** 4	**14** 3
15 $A \subset B$	**16** $B \subset A$	**17** $\varnothing$	**18** $\varnothing$, $\{0\}$

19 $\varnothing$, $\{a\}$, $\{b\}$, $\{a, b\}$　**20** $A=B$　**21** $A \neq B$

22 32	**23** 31	**24** 16	**25** 8

26 $A \cap B=\{2, 4\}$, $A \cup B=\{1, 2, 3, 4, 6\}$
27 $A \cap B=\{1, 4\}$, $A \cup B=\{1, 2, 4, 8, 9\}$

28 $\{3, 5, 6\}$		**29** $\{4, 5\}$
30 $\{1, 5, 7\}$		**31** $\{x \mid 1 \leq x \leq 2\}$
32 $\varnothing$	**33** U	**34** A	**35** U
36 참	**37** 거짓	**38** 참	**39** 참

40 $\{3, 5\}$	**41** $\{1, 2, 3, 4, 5, 7\}$	**42** $\{2, 4, 6\}$
43 $\{1, 6, 7\}$	**44** $\{1, 7\}$　**45** $\{2, 4\}$	**46** $\{6\}$
47 $\{1, 2, 4, 6, 7\}$	**48** 11	**49** 7
50 10	**51** 21	**52** 4	**53** 21

01　　　　　　　　　　　　　　　답 ×

02　　　　　　　　　　　　　　　답 ○

03　　　　　　　　　　　　　　　답 ×

04　　　　　　　　　　　　　　　답 ○

05　　　　　　　　　　　　　　　답 ∈

06　　　　　　　　　　　　　　　답 ∉

07　　　　　　　　　　　　　　　답 ∈

08　　　　　　　　　　　　　　　답 ∉

09　　　　　　　　　답 $A=\{1, 3, 7, 21\}$

10　　　　　답 $A=\{x \mid x$는 21의 양의 약수$\}$

11

답 풀이 참조

12　　　　　　　　　　　　　　　답 0

13　　　　　　　　　　　　　　　답 4

14 $A=\{0, 1, 2\}$이므로 $n(A)=3$

답 3

15　　　　　　　　　　　　답 $A \subset B$

16 $A=\{3, 6, 9, \cdots\}$, $B=\{6, 12, 18, \cdots\}$이므로 $B \subset A$

답 $B \subset A$

17　　　　　　　　　　　　　　答 $\varnothing$

18　　　　　　　　　　　答 $\varnothing$, $\{0\}$

19　　　　답 $\varnothing$, $\{a\}$, $\{b\}$, $\{a, b\}$

20 $A=\{2, 3, 5, 7\}$이므로 $A=B$

답 $A=B$

21 $A=\{1, 3\}$, $B=\{1, 3, 5\}$이므로 $A \neq B$

답 $A \neq B$

22 $2^5=32$

답 32

23 $2^5-1=31$

답 31

24 $2^{5-1}=2^4=16$

답 16

25 $2^{5-2}=2^3=8$

답 8

26　　답 $A \cap B=\{2, 4\}$, $A \cup B=\{1, 2, 3, 4, 6\}$

27 $A=\{1, 4, 9\}$, $B=\{1, 2, 4, 8\}$이므로
$A \cap B=\{1, 4\}$, $A \cup B=\{1, 2, 4, 8, 9\}$
　　답 $A \cap B=\{1, 4\}$, $A \cup B=\{1, 2, 4, 8, 9\}$

28 $A^C=U-A=\{3, 5, 6\}$

답 $\{3, 5, 6\}$

29 $B=\{1, 2, 3, 6\}$이므로 $B^C=U-B=\{4, 5\}$

답 $\{4, 5\}$

30　　　　　　　　　　답 $\{1, 5, 7\}$

31　　　　　　　答 $\{x \mid 1 \leq x \leq 2\}$

32

탑 $\varnothing$

33

탑 U

34

탑 A

35

탑 U

36

탑 참

37

탑 거짓

38

탑 참

39

탑 참

40

탑 $\{3, 5\}$

41

탑 $\{1, 2, 3, 4, 5, 7\}$

42

탑 $\{2, 4, 6\}$

43

탑 $\{1, 6, 7\}$

44

탑 $\{1, 7\}$

45

탑 $\{2, 4\}$

46 $A^C \cap B^C = (A \cup B)^C = \{6\}$

탑 $\{6\}$

47 $A^C \cup B^C = (A \cap B)^C = \{1, 2, 4, 6, 7\}$

탑 $\{1, 2, 4, 6, 7\}$

48 $n(A^C) = n(U) - n(A) = 25 - 14 = 11$

탑 11

49 $n(B-A) = n(B) - n(A \cap B) = 11 - 4 = 7$

탑 7

50 $n(A \cap B^C) = n(A) - n(A \cap B) = 14 - 4 = 10$

탑 10

51 $n(A \cup B) = n(A) + n(B) - n(A \cap B) = 14 + 11 - 4 = 21$

탑 21

52 $n(A^C \cap B^C) = n((A \cup B)^C)$
$\qquad = n(U) - n(A \cup B)$
$\qquad = 25 - 21 = 4$

탑 4

53 $n(A^C \cup B^C) = n((A \cap B)^C)$
$\qquad = n(U) - n(A \cap B)$
$\qquad = 25 - 4 = 21$

탑 21

유형 완성하기

본문 60~75쪽

01 ③	**02** ③	**03** ④	**04** ③
05 ⑤	**06** ③	**07** ④	**08** ②
09 12	**10** ④	**11** ④	**12** ⑤
13 ⑤	**14** ③	**15** ③	**16** 12
17 ②	**18** ⑤	**19** 5	**20** ④
21 ①	**22** ⑤	**23** 3	**24** ③
25 16	**26** ⑤	**27** 15	**28** 16
29 ③	**30** 8	**31** ③	**32** 9
33 ②	**34** 16	**35** ②	**36** 15
37 6	**38** ④	**39** 10	**40** ④
41 ①	**42** ④	**43** ①	**44** 16
45 ②	**46** 7	**47** 25	**48** ⑤
49 ③	**50** ⑤	**51** ①	**52** 48
53 ④	**54** ④	**55** ③	**56** ②
57 ④	**58** ①	**59** 16	**60** ④
61 ③	**62** 16	**63** 32	**64** ①
65 ③	**66** 15	**67** ④	**68** ②
69 ④	**70** ①	**71** ③	**72** 10
73 ⑤	**74** 42	**75** 1	**76** ②
77 70	**78** ③	**79** 10	**80** ③
81 ①	**82** ③	**83** 2	**84** 21
85 ①	**86** ④	**87** ①	**88** ③
89 83	**90** ③	**91** 10	**92** ①

01 ①, ②, ④, ⑤ '좋아하는', '작은', '많은', '잘 추는'은 조건이 명확하지 않아 그 대상을 명확하게 구분할 수 없으므로 집합이 아니다.
따라서 집합인 것은 ③이다.

탑 ③

02 $A = \{2, 4, 6\}$이므로
① $0 \notin A$ ② $3 \notin A$ ④ $6 \in A$ ⑤ $8 \notin A$
따라서 옳은 것은 ③이다.

탑 ③

03 ① $\sqrt{4} = 2$는 정수이므로 $\sqrt{4} \in Z$
② $\dfrac{1}{2}$은 유리수이므로 $\dfrac{1}{2} \in Q$
③ $\sqrt{2}$는 무리수이므로 $\sqrt{2} \notin Q$
④ π는 무리수이므로 $\pi \notin Q$
⑤ $2 + \sqrt{3}$은 실수이므로 $2 + \sqrt{3} \in R$
따라서 옳은 것은 ④이다.

탑 ④

04 ① $A=\{1, 2, 4, 5, 10, 20\}$

② $A=\{2, 4, 10, 20\}$

③ $A=\{4, 5, 10, 20\}$

④ $A=\{4, 8, 12, 16, 20, \cdots\}$

⑤ $A=\{4, 8, 12, 16, 20\}$

따라서 벤 다이어그램으로 나타낸 집합 A를 조건제시법으로 바르게 나타낸 것은 ③이다.

目 ③

05 각각의 수를 소인수분해 하면

① $18=2\times 3^2$　　　　② $24=2^3\times 3$

③ $48=2^4\times 3$　　　　④ $72=2^3\times 3^2$

⑤ $60=2^2\times 3\times 5$

따라서 집합 A의 원소가 아닌 것은 ⑤이다.

目 ⑤

06 $x\in A$, $x\not\in B$이므로

$C=\{2x-1\,|\,x$는 1 또는 3 또는 5$\}=\{1, 5, 9\}$

따라서 집합 C의 모든 원소의 합은

$1+5+9=15$

目 ③

07 $x^2+y^2\leq 4$에서 $y^2\geq 0$이므로 $0\leq x^2\leq 4$

(i) $x^2=0$, 즉 $x=0$일 때,

　$y^2\leq 4$에서 $-2\leq y\leq 2$이므로 정수 y의 값은 $-2, -1, 0, 1, 2$

(ii) $x^2=1$, 즉 $x=-1$ 또는 $x=1$일 때,

　$y^2\leq 3$에서 $-\sqrt{3}\leq y\leq \sqrt{3}$이므로 정수 y의 값은 $-1, 0, 1$

(iii) $x^2=4$, 즉 $x=-2$ 또는 $x=2$일 때,

　$y^2\leq 0$이므로 $y=0$

(i), (ii), (iii)에서 $n(A)=1\times 5+2\times 3+2\times 1=13$

目 ③

08 집합 B의 원소는 집합 A의 원소 중 3의 배수인 수이다.

자연수 k에 대하여

(i) $x=3k-2$일 때

　$x^2=(3k-2)^2=9k^2-12k+4=3(3k^2-4k+1)+1$

(ii) $x=3k-1$일 때

　$x^2=(3k-1)^2=9k^2-6k+1=3(3k^2-2k)+1$

(iii) $x=3k$일 때

　$x^2=(3k)^2=9k^2=3(3k^2)$

(i), (ii), (iii)에서 $x=3k$일 때만 x^2이 3의 배수이므로

$B=\{3^2, 6^2, 9^2, 12^2, 15^2, 18^2\}$

따라서 $n(B)=6$

目 ②

09 $A=\{2, 3, 5, 7\}$이므로 $n(A)=4$

$x=\dfrac{k}{m}$에서 $k=xm$이고 x, k, m이 자연수이므로 집합 B는 k의 양의 약수의 집합이다.

$n(B)>n(A)=4$이므로 k의 양의 약수의 개수는 4보다 크다.

양의 약수의 개수가 5인 가장 작은 수는 $2^4=16$이고,

양의 약수의 개수가 6인 가장 작은 수는 $2^2\times 3=12$이다.

양의 약수의 개수가 7 이상인 가장 작은 수는 12보다 크다.

따라서 구하는 자연수 k의 최솟값은 12이다.

目 12

10 벤 다이어그램으로 주어진 두 집합 A, B를 원소나열법으로 나타내면

$A=\{1, 2\}$, $B=\{1, 2, 3, 4, 5\}$

① 1은 집합 B의 원소이므로 $1\in B$

② 5는 집합 A의 원소가 아니므로 $5\not\in A$

③ $2\in A$이므로 $\{2\}\subset A$

④ $3\not\in A$이므로 $\{2, 3\}\not\subset A$

⑤ $2\in B$, $3\in B$, $4\in B$이므로 $\{2, 3, 4\}\subset B$

따라서 옳지 않은 것은 ④이다.

目 ④

11 ① 2는 집합 A의 원소이므로 $\{2\}\subset A$

② $\{3\}$는 집합 A의 원소이므로 $\{3\}\in A$

③ 1, 2는 집합 A의 원소이므로 $\{1, 2\}\subset A$

④ 2, $\{3\}$은 집합 A의 원소이므로 $\{2, \{3\}\}\subset A$

⑤ 3은 집합 A의 원소가 아니므로 $\{1, 2, 3\}\not\subset A$

따라서 옳은 것은 ④이다.

目 ④

12 집합 $A=\{\varnothing, 1, \{1\}\}$에서

ㄱ. 공집합은 모든 집합의 부분집합이므로 $\varnothing\subset A$ (참)

ㄴ. $\{1\}$은 집합 A의 원소이므로 $\{1\}\in A$ (참)

ㄷ. 1, $\{1\}$은 집합 A의 원소이므로 $\{1, \{1\}\}\subset A$ (참)

이상에서 옳은 것은 ㄱ, ㄴ, ㄷ이다

目 ⑤

13 $(-1)^2-1=0$, $0^2-1=-1$, $1^2-1=0$이므로 $B=\{-1, 0\}$

$x^3+1=(x+1)(x^2-x+1)=0$에서 실수 x는 $x=-1$이므로

$C=\{-1\}$

따라서 $C\subset B\subset A$

目 ⑤

14 $A=\{-2, -1, 0, 1, 2, 3, 4\}$, $B=\{0, 1, 2, 4\}$

따라서 $B\subset A$이므로 두 집합 A, B를 나타낸 벤 다이어그램은 ③이다.

目 ③

15 $2\in A$이고 $A\subset B$이므로 $2\in B$이어야 한다.

즉, $2=a^2+1$ 또는 $2=-a+7$

(i) $2=a^2+1$, 즉 $a=-1$ 또는 $a=1$일 때

　$a=-1$이면 $A=\{-1, 2\}$, $B=\{1, 2, 8\}$이므로 $A\not\subset B$

　$a=1$이면 $A=\{1, 2\}$, $B=\{1, 2, 6\}$이므로 $A\subset B$

(ii) $2=-a+7$, 즉 $a=5$일 때

　$A=\{2, 5\}$, $B=\{1, 2, 26\}$이므로 $A\not\subset B$

(i), (ii)에서 $A\subset B$가 성립하도록 하는 상수 a의 값은 1이다.

目 ③

16 두 집합 A, B에 대하여 $A{\subset}B$가 성립하도록 수직선 위에 나타내면 오른쪽 그림과 같다.

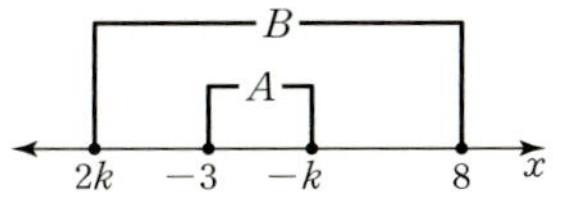

$A{\subset}B$이려면 $2k{\leq}-3$, $-k{\leq}8$이어야 하므로 $-8{\leq}k{\leq}-\dfrac{3}{2}$

실수 k의 최댓값은 $-\dfrac{3}{2}$이고 최솟값은 -8이므로 그 곱은

$-\dfrac{3}{2}\times(-8)=12$

답 12

17 세 집합 A, B, C를 수직선을 이용하여 나타내면 오른쪽 그림과 같다.

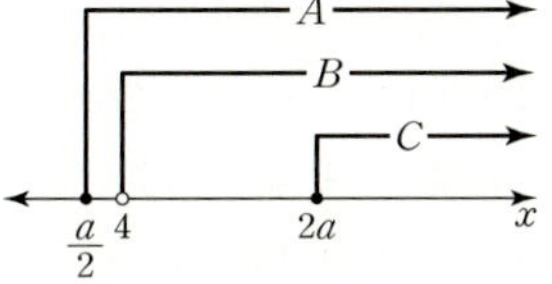

$C{\subset}B$이려면 $4<2a$이어야 한다.

즉, $a>2$

$B{\subset}A$이려면 $\dfrac{a}{2}{\leq}4$이어야 한다.

즉, $a{\leq}8$

따라서 $2<a{\leq}8$이므로 구하는 정수 a의 개수는 6이다.

답 ②

18 $A=\{1, 2, 3, 4, 6, 12\}$

$X=\{2, 3, 4, 6, 12\}$일 때 집합 X의 모든 원소의 합이 최대이므로 구하는 집합 X의 모든 원소의 합의 최댓값은

$2+3+4+6+12=27$

답 ⑤

19 조건 (가)에서 집합 X는 원소의 개수가 3 이상인 집합 A의 부분집합이다.

조건 (나)에서 집합 X의 모든 원소는 홀수이므로 집합 X는 집합 $\{1, 3, 5, 7\}$의 부분집합이다.

(i) $n(X)=3$일 때,

    $\{1, 3, 5\}$, $\{1, 3, 7\}$, $\{1, 5, 7\}$, $\{3, 5, 7\}$

(ii) $n(X)=4$일 때

    $\{1, 3, 5, 7\}$

(i), (ii)에서 구하는 집합 X의 개수는 $4+1=5$

답 5

20 $P=\{X\,|\,X{\subset}A\}$이므로 집합 P는 집합 A의 부분집합을 원소로 갖는다.

ㄱ. $\varnothing{\subset}A$이므로 $\varnothing{\in}P$ (참)

ㄴ. 집합 P의 모든 원소가 집합이므로 $A{\in}P$, $A{\not\subset}P$ (거짓)

ㄷ. $\{1, 2\}{\subset}A$, $\{3\}{\subset}A$이므로 $\{\{1, 2\}, \{3\}\}{\subset}P$ (참)

따라서 옳은 것은 ㄱ, ㄷ이다.

답 ④

21 $A=B$이므로 $A{\subset}B$이고 $B{\subset}A$

$A{\subset}B$이므로 $-1{\in}B$

$a^2+a-3=-1$, $a^2+a-2=0$, $(a-1)(a+2)=0$이므로

$a=1$ 또는 $a=-2$

(i) $a=1$일 때

    $A=\{-1, -7\}$, $B=\{2, -1\}$이므로 $A{\neq}B$

(ii) $a=-2$일 때

    $A=\{-1, 2\}$, $B=\{2, -1\}$이므로 $A=B$

(i), (ii)에서 $A=B$를 만족시키는 상수 a의 값은 -2이다.

답 ①

22 $6{\in}B$이고 $B{\subset}A$이므로 $6{\in}A$이어야 한다.

이차방정식 $x^2-ax+12=0$의 한 실근이 6이므로

$36-6a+12=0$, 즉 $a=8$

$x^2-8x+12=(x-2)(x-6)=0$에서

$x=2$ 또는 $x=6$이므로

$A=\{2, 6\}$, 즉 $b=2$

따라서 $a+b=8+2=10$

답 ⑤

23 $1{\in}A$이고 $A{\subset}B$이므로 $1{\in}B$이어야 한다.

(i) $a+5=1$, 즉 $a=-4$일 때

    $A=\{-4, 1, 15\}$, $B=\{-11, 1, 8\}$이므로 $A{\neq}B$

(ii) $-a+4=1$, 즉 $a=3$일 때

    $A=\{1, 3, 8\}$, $B=\{1, 3, 8\}$이므로 $A=B$

(iii) $2a-3=1$, 즉 $a=2$일 때

    $A=\{1, 2, 3\}$, $B=\{1, 2, 7\}$이므로 $A{\neq}B$

(i), (ii), (iii)에서 $A=B$를 만족시키는 상수 a의 값은 3이다.

답 3

24 집합 A의 부분집합의 개수는 $2^{n(A)}$이고 집합 B의 진부분집합의 개수는 $2^{n(B)}-1$이므로

$2^{n(A)}+2^{n(B)}-1=191$

$2^{n(A)}+2^{n(B)}=192=128+64=2^7+2^6$

$n(A)=7$, $n(B)=6$ 또는 $n(A)=6$, $n(B)=7$

따라서 $n(A)+n(B)=13$

답 ③

25 $A=\{1, 2, 3, 4, 6, 12\}$이므로 $n(A)=6$

집합 A의 부분집합 중에서 1을 반드시 포함하고 12를 포함하지 않는 부분집합의 개수는

$2^{6-1-1}=2^4=16$

답 16

26 집합 A의 부분집합의 개수는 2^6

집합 A의 부분집합 중에서 2, 3을 포함하지 않는 부분집합의 개수는

$2^{6-2}=2^4$

따라서 구하는 부분집합의 개수는

$2^6-2^4=64-16=48$

답 ⑤

27 집합 A의 원소 중 홀수는 1, 3, 5, 7이므로 4개의 원소로 만들 수 있는 부분집합의 개수는

$2^4=16$

이 중에서 공집합은 제외해야 하므로 구하는 부분집합의 개수는

$16-1=15$

답 15

28 $A \cap B = \{4, 5\}$이고 $x \in B$, $x \in X$를 만족시키는 자연수 x의 개수가 1이므로 집합 X는 집합 A의 부분집합 중에서 4, 5 중 1개만 포함한 것과 같다.

따라서 구하는 집합 X의 개수는
$$2 \times 2^{5-1-1} = 2 \times 2^3 = 16$$

달 16

29 집합 A의 부분집합 중에서 2, 5를 반드시 포함하고, 3을 포함하지 않는 부분집합의 개수가 16이므로
$$2^{n(A)-2-1} = 16, \ 2^{n(A)-3} = 2^4$$
$$n(A) - 3 = 4, \ n(A) = 7$$
소수를 작은 수부터 크기순으로 나열하면
2, 3, 5, 7, 11, 13, 17, 19, $\cdots$
$n(A) = 7$이려면 $17 \leq k < 19$이어야 한다.
따라서 구하는 모든 자연수 k의 값의 합은
$$17 + 18 = 35$$

달 ③

30 $A = \{2, 4, 6\}$, $B = \{1, 2, 3, 4, 6, 12\}$
$A \subset X \subset B$이므로 집합 X는 집합 B의 부분집합 중에서 집합 A를 포함하는 집합이다.
따라서 구하는 집합 X의 개수는 $2^{6-3} = 2^3 = 8$

달 8

31 $A = \{1, 2, 3\}$, $B = \{1, 2, 3, 4, 5, 6, 7\}$
집합 X는 집합 B의 부분집합 중에서 집합 A를 포함하고 7을 포함하지 않는 집합이다.
따라서 구하는 집합의 개수는 $2^{7-3-1} = 2^3 = 8$

달 ③

32 집합 X는 집합 A의 부분집합 중에서 2, 4를 반드시 포함하고 k를 포함하지 않는 집합이다.
$n(A) = k$이고 집합 X의 개수가 64이므로
$$2^{k-2-1} = 64, \ 2^{k-3} = 2^6, \ k - 3 = 6$$
따라서 $k = 9$

달 9

33 $A = \{1, 2, 3, 4, 5, 6, 7, 8, 9\}$, $B = \{1, 3, 5, 7, 9\}$
$B \subset X$, $C \not\subset X \subset A$이므로 집합 X는 집합 A의 부분집합 중에서 집합 B를 포함하고 집합 C를 포함하지 않는 집합이다.
집합 A의 부분집합 중에서 집합 B를 포함하는 집합의 개수는
$$2^{9-5} = 2^4 = 16$$
집합 A의 부분집합 중에서 두 집합 B, C를 모두 포함하는 집합의 개수는
$$2^{9-5-2} = 2^2 = 4$$
따라서 구하는 집합 X의 개수는
$$16 - 4 = 12$$

달 ②

34 조건 (가)에서 집합 X는 원소 1을 반드시 포함하고, 조건 (나)에서 집합 X는 집합 $\{1, 2, 3, 4, 6\}$의 부분집합이다.

따라서 구하는 집합 X의 개수는
$$2^{5-1} = 2^4 = 16$$

달 16

35 집합 A의 부분집합의 개수는 $2^7 = 128$
집합 X의 모든 원소의 곱이 짝수이므로 집합 X의 원소 중 적어도 하나는 짝수이어야 한다.
집합 A의 부분집합 중에서 짝수가 한 개도 포함되지 않는 집합의 개수는 집합 $\{1, 3, 5, 7\}$의 부분집합의 개수와 같으므로 $2^4 = 16$
집합 X의 모든 원소의 합이 24 이하이므로 모든 원소의 합이 25 이상인 것을 제외해야 한다.
$1 + 2 + 3 + \cdots + 7 = 28$이므로 모든 원소의 합이 25 이상인 집합 X는
$\{1, 2, 3, 4, 5, 6, 7\}$, $\{2, 3, 4, 5, 6, 7\}$, $\{1, 3, 4, 5, 6, 7\}$,
$\{1, 2, 4, 5, 6, 7\}$, $\{3, 4, 5, 6, 7\}$
따라서 구하는 집합 X의 개수는
$$128 - 16 - 5 = 107$$

달 ②

36 $A \cap B = \{4\}$이므로 $4 \in A$
(i) $a = 4$일 때,
$A = \{4, 6\}$, $B = \{6, 7, 16\}$이므로 $A \cap B = \{6\}$
조건을 만족시키지 않는다.
(ii) $a + 2 = 4$, 즉 $a = 2$일 때,
$A = \{2, 4\}$, $B = \{3, 4, 6\}$이므로 $A \cap B = \{4\}$
(i), (ii)에서 $A = \{2, 4\}$, $B = \{3, 4, 6\}$이므로
$A \cup B = \{2, 3, 4, 6\}$
따라서 집합 $A \cup B$의 모든 원소의 합은
$$2 + 3 + 4 + 6 = 15$$

달 15

37 $A = \{1, 2, 3, 6, 9, 18\}$, $B = \{1, 2, 3, 5, 6, 10, 15, 30\}$이므로
$A \cap B = \{1, 2, 3, 6\}$, 즉 $A \cap B = \{x \mid x$는 6의 양의 약수$\}$
따라서 구하는 자연수 k의 값은 6이다.

달 6

38 집합 X의 모든 원소의 합을 $S(X)$라 하면
$S(A) + S(B) = S(A \cup B) + S(A \cap B)$이므로
$$a + b = (1 + 3 + 5 + 7) + 5 = 21$$

달 ④

39 $(A \cup B) \cap B^C = (A \cup B) - B = A - B$이므로
$A - B = \{4, 6\}$
따라서 집합 $A - B$의 모든 원소의 합은
$$4 + 6 = 10$$

달 10

40 $A = \{1, 2, 3, 4, 6, 12\}$이므로 $A^C = \{5, 7, 8, 9, 10, 11\}$
$B = \{1, 3, 5, 7, 9, 11\}$이므로 $A^C - B = \{8, 10\}$
따라서 집합 $A^C - B$의 모든 원소의 합은
$$8 + 10 = 18$$

달 ④

41 $A-B=\{4\}$이므로 1, 2, $a+b$는 $A\cap B$의 원소이다.
$1\in B$, $(a+b)\in B$이므로
$1=a-b$, $a+b=5$에서 $a=3$, $b=2$
따라서 $ab=3\times 2=6$

답 ①

42 ① $A\cap B=\{4\}$
$A\cap B\neq\varnothing$이므로 두 집합 A, B는 서로소가 아니다.
② $A=\{1, 3, 9\}$, $B=\{1, 5\}$이므로 $A\cap B=\{1\}$
$A\cap B\neq\varnothing$이므로 두 집합 A, B는 서로소가 아니다.
③ $x^2-4=0$에서 $x=-2$ 또는 $x=2$
$B=\{-2, 2\}$이므로 $A\cap B=\{-2\}$
$A\cap B\neq\varnothing$이므로 두 집합 A, B는 서로소가 아니다.
④ $A=\{3, 6, 9, 12, 15, 18\}$, $B=\{7, 14\}$이므로 $A\cap B=\varnothing$
즉, 두 집합 A, B는 서로소이다.
⑤ $A=\{2, 3, 5, 7\}$, $B=\{2, 4, 8, 16, \cdots\}$이므로 $A\cap B=\{2\}$
$A\cap B\neq\varnothing$이므로 두 집합 A, B는 서로소가 아니다.

답 ④

43 $x^2-x-2\leq 0$에서 $(x+1)(x-2)\leq 0$이므로 $-1\leq x\leq 2$
즉, $A=\{x\,|\,-1\leq x\leq 2\}$
두 집합 A, B가 서로소가 되도록 수직
선 위에 나타내면 오른쪽 그림과 같으므 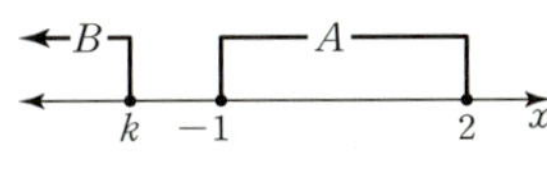
로 $k<-1$
따라서 구하는 정수 k의 최댓값은 -2이다.

답 ①

44 $A\cap B=\{1, 4\}$이므로 집합 A의 부분집합 중 집합 B와 서로소
인 집합은 1, 4를 포함하지 않는 집합 A의 부분집합이므로 구하는 집
합의 개수는
$2^{6-2}=2^4=16$

답 16

45 $B=\{-2, -1, 0, 1, 2\}$, $C=\{-1, 0, 1\}$
ㄱ. $A\cap B=\{-1, 0, 1\}$이므로 두 집합 A, B는 서로소가 아니다.
ㄴ. $A^C\cap C=C-A=\varnothing$이므로 두 집합 A^C, C는 서로소이다.
ㄷ. $B\cap C^C=B-C=\{-2, 2\}$이므로 두 집합 B, C^C는 서로소가 아
   니다.
따라서 서로소인 두 집합은 ㄴ이다.

답 ②

46 두 집합 A와 B는 서로소이므로 $A\cap B=\varnothing$이다.
$n(A\cup B)=5$이고 $n(B)=3$이므로 $n(A)=2$이다.
집합 A의 모든 원소가 홀수이므로
$A=\{1, 3\}$ 또는 $A=\{1, 5\}$ 또는 $A=\{3, 5\}$
즉, $B=\{2, 4, 5\}$ 또는 $B=\{2, 3, 4\}$ 또는 $B=\{1, 2, 4\}$
따라서 집합 B의 모든 원소의 합의 최솟값은
$1+2+4=7$

답 7

47 주어진 벤 다이어그램에서
$A-B=\{1, 2, 5\}$, $C-A=\{8, 9\}$이므로

$(A-B)\cup(C-A)=\{1, 2, 5, 8, 9\}$
따라서 집합 $(A-B)\cup(C-A)$의 모든 원소의 합은
$1+2+5+8+9=25$

답 25

48 각 집합을 벤 다이어그램으로 나타내면 다음과 같다.

① $A\cap(B\cup C)$
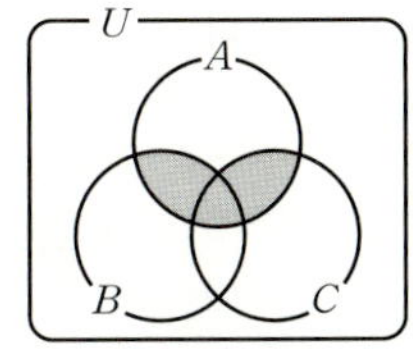

② $A\cup(B\cap C)$
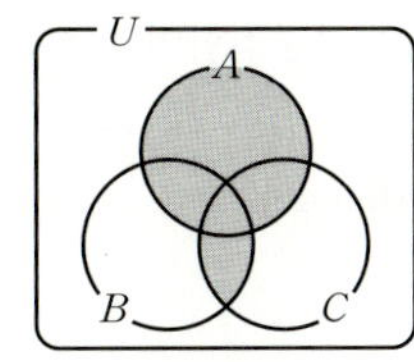

③ $A\cap(B-C)$
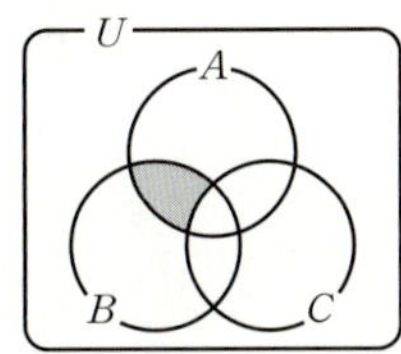

④ $A-(B\cap C)$
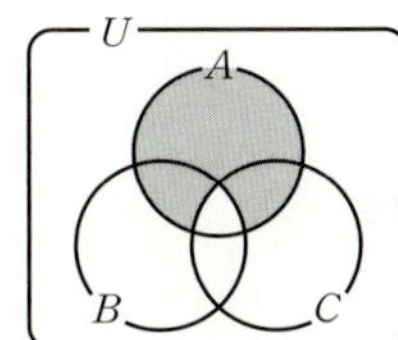

⑤ $B\cup(C-A)$
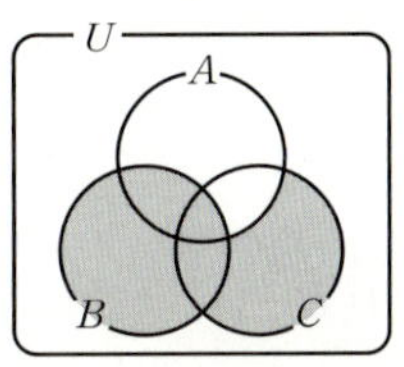

답 ⑤

49 $A=\{1, 2, 3, 4, 5, 6, 7, 8, 9\}$, $B=\{1, 2, 3, 6, 9, 18\}$,
$C=\{2, 4, 6, 8\}$
벤 다이어그램의 색칠한 부분을 나타내는 집합은 $(A\cap B)-C$이다.
$A\cap B=\{1, 2, 3, 6, 9\}$이므로 $(A\cap B)-C=\{1, 3, 9\}$
따라서 구하는 집합의 모든 원소의 합은
$1+3+9=13$

답 ③

50 두 집합 A, B^C이 서로소이므로 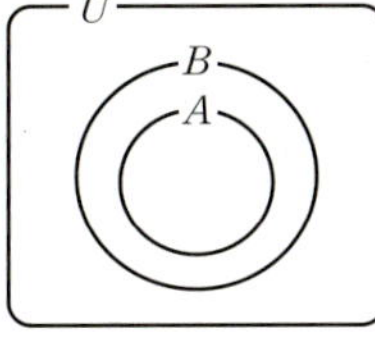
$A\cap B^C=\varnothing$, 즉 $A\subset B$
ㄱ. $A\subset B$ (참)
ㄴ. $(A-B)^C=\varnothing^C=U$ (참)
ㄷ. $(A\cup B^C)\cap B=A$ (참)
이상에서 옳은 것은 ㄱ, ㄴ, ㄷ이다.

답 ⑤

51 $U=\{1, 2, 3, 4, 5, 6, 7, 8, 9, 10\}$ 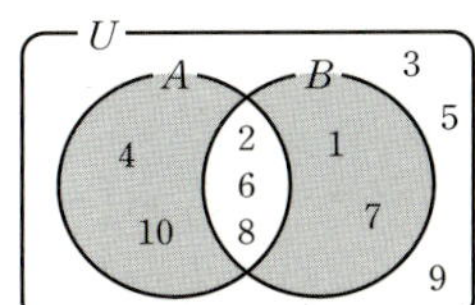
집합 $(A-B)\cup(B-A)$는 벤 다이어그
램의 색칠한 부분과 같고 주어진 조건을 나
타내면 오른쪽 그림과 같다.
$A\cup B=\{1, 2, 4, 6, 7, 8, 10\}$이므로
$(A\cup B)^C=\{3, 5, 9\}$
따라서 집합 $(A\cup B)^C$의 모든 원소의 합은
$3+5+9=17$

답 ①

52 $(A\cup B^C)-(A\cap B^C)=(A\cup B^C)-(A-B)=\{1,\ 2,\ 3\}$
집합 $(A\cup B^C)-(A-B)$는 오른쪽 벤
다이어그램의 색칠한 부분과 같다.

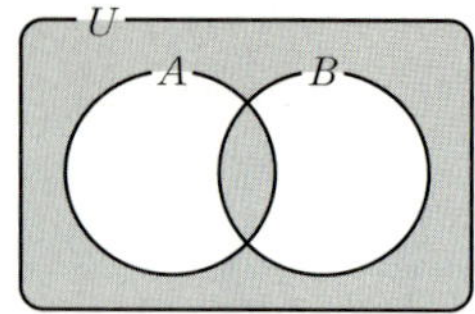

$n(A\cap B)=1$이므로 집합 $A\cap B$의 원소
는 1, 2, 3 중의 하나이고 나머지 두 원소는
집합 $(A\cup B)^C$의 원소이다.
한편, $(A-B)\cup(B-A)=\{4,\ 5,\ 6,\ 7\}$이므로 집합 $A-B$는 집합
$\{4,\ 5,\ 6,\ 7\}$의 부분집합이고 집합 $A-B$의 개수는 2^4이다.
따라서 구하는 두 집합 A, B의 모든 순서쌍 $(A,\ B)$의 개수는
$$3\times 2^4=3\times 16=48$$

답 48

53 ④ $A^C\cap B=B\cap A^C=B-A$

답 ④

54 ① $A\cup\varnothing=A$
② $B\cap B^C=\varnothing$
③ $U-(A\cap B)=(A\cap B)^C$
④ $A-B^C=A\cap(B^C)^C=A\cap B$
⑤ $(A\cup B)\subset U$

답 ④

55 $(A\cup B)-(A\cap B)=\varnothing$에서 $(A-B)\cup(B-A)=\varnothing$
즉, $A-B=\varnothing$, $B-A=\varnothing$
$A\subset B$, $B\subset A$이므로 $A=B$

답 ③

56 $A\cap B^C=A-B=\varnothing$이므로 $A\subset B$
$A\subset B$가 성립하려면 k는 15의 약수이어야 한다.
15의 약수는 1, 3, 5, 15이므로 구하는 2 이상의 모든 자연수 k의 값의
합은
$$3+5+15=23$$

답 ②

57 $A\cup B=A$이므로 $B\subset A$
ㄱ. $A^C\cap B=B-A=\varnothing$ (참)
ㄴ. $(A\cap B)^C=B^C=U-B$ (거짓)
ㄷ. $B-A=\varnothing$이고 $A^C\subset B^C$이므로 $A^C-B^C=\varnothing$
  $(B-A)\cup(A^C-B^C)=\varnothing\cup\varnothing=\varnothing$ (참)
이상에서 항상 옳은 것은 ㄱ, ㄷ이다.

답 ④

58 $\{(A\cap B)\cup(A-B)\}\cap B=A\cap B=A$이므로 $A\subset B$
ㄱ. $A-B=\varnothing$ (참)
ㄴ. $A\cup B=B$ (거짓)
ㄷ. $A^C\cap B^C=(A\cup B)^C=B^C$ (거짓)
이상에서 항상 옳은 것은 ㄱ이다.

답 ①

59 $A-X=A$이므로 $A\cap X=\varnothing$이다.

따라서 집합 X는 1, 3, 5를 원소로 갖지 않는 전체집합 U의 부분집합
이므로 집합 X의 개수는
$$2^{7-3}=2^4=16$$

답 16

60 $A\cap X=X$에서 $X\subset A$이고 $(A-B)\cup X=X$에서
$(A-B)\subset X$이므로 $(A-B)\subset X\subset A$
$A-B=\{3,\ 6\}$이므로 집합 X는 집합 $\{1,\ 2,\ 3,\ 4,\ 5,\ 6\}$의 부분집합
중 두 원소 3, 6을 반드시 포함하는 집합이다.
따라서 집합 X의 개수는
$$2^{6-2}=2^4=16$$

답 ④

61 집합 X는 집합 $\{1,\ 2,\ 3,\ 4,\ 5,\ 6\}$의 부분집합 중 4는 반드시 원
소로 갖고 1, 2, 3은 원소로 갖지 않는 집합이다.
따라서 집합 X의 개수는
$$2^{6-1-3}=2^2=4$$

답 ③

62 $A=\{1,\ 2,\ 4\}$, $B=\{3,\ 6,\ 9\}$이므로
$B^C=\{1,\ 2,\ 4,\ 5,\ 7,\ 8,\ 10\}$
$A\cup X=B^C\cap X$에서
$\{1,\ 2,\ 4\}\cup X=\{1,\ 2,\ 4,\ 5,\ 7,\ 8,\ 10\}\cap X$
이므로 집합 X는 집합 $\{1,\ 2,\ 4,\ 5,\ 7,\ 8,\ 10\}$의 부분집합 중 1, 2, 4
를 반드시 원소로 갖는 집합이다.
따라서 집합 X의 개수는
$$2^{7-3}=2^4=16$$

답 16

63 $A=\{1,\ 2,\ 3,\ 4,\ 6,\ 12\}$, $B=\{1,\ 3,\ 5,\ 7,\ 9,\ 11,\ 13,\ 15\}$
$A\cup X=B\cup X$를 만족시키려면 집합 X는 두 집합 A, B의 공통인
원소 1, 3을 제외한 나머지 2, 4, 5, 6, 7, 9, 11, 12, 13, 15를 반드시
원소로 가져야 한다.
따라서 집합 X는 집합 U의 부분집합 중 2, 4, 5, 6, 7, 9, 11, 12, 13,
15를 반드시 원소로 갖는 부분집합이므로 그 개수는
$$2^{15-10}=2^5=32$$

답 32

64 $A=\{2,\ 3,\ 5,\ 7\}$, $B\cup C=\{1,\ 5,\ 7\}$이므로
$$\begin{aligned}(A\cap B)\cup(A\cap C)&=A\cap(B\cup C)\\&=\{2,\ 3,\ 5,\ 7\}\cap\{1,\ 5,\ 7\}\\&=\{5,\ 7\}\end{aligned}$$
따라서 집합 $(A\cap B)\cup(A\cap C)$의 모든 원소의 합은
$$5+7=12$$

답 ①

65 $\begin{aligned}A\cap(B\cap C)&=(A\cap B)\cap C\\&=\{1,\ 3,\ 5\}\cap\{2,\ 3,\ 4\}=\{3\}\end{aligned}$

답 ③

66 $(A \cap B)^C \cap (A \cup B^C) = (A^C \cup B^C) \cap (A \cup B^C)$
$$= (A^C \cap A) \cup B^C$$
$$= \varnothing \cup B^C = B^C$$
이므로 $B^C = \{4, 5, 6, 7\}$, 즉 $B = \{1, 2, 3\}$
$A \cup B = (A - B) \cup B$
$$= \{4, 5\} \cup \{1, 2, 3\}$$
$$= \{1, 2, 3, 4, 5\}$$
따라서 집합 $A \cup B$의 모든 원소의 합은
$1 + 2 + 3 + 4 + 5 = 15$

답 15

67 $(A \cup B) \cap (A^C \cup B^C) = (A \cup B) \cap (A \cap B)^C$
$$= (A \cup B) - (A \cap B)$$
이고 $A \cup B = \{1, 3, 4, 5, 7, 8, 9\}$, $A \cap B = \{3, 7\}$이므로
$(A \cup B) \cap (A^C \cup B^C) = (A \cup B) - (A \cap B)$
$$= \{1, 3, 4, 5, 7, 8, 9\} - \{3, 7\}$$
$$= \{1, 4, 5, 8, 9\}$$
따라서 집합 $(A \cup B) \cap (A^C \cup B^C)$의 모든 원소의 합은
$1 + 4 + 5 + 8 + 9 = 27$

답 ④

68 $(A \cap B^C) \cup (A \cap C^C) = A \cap (B^C \cup C^C)$
$$= A \cap (B \cap C)^C = A - (B \cap C)$$
$$= \{1, 2, 3, 6, 9\} - \{3, 9\}$$
$$= \{1, 2, 6\}$$
따라서 집합 $(A \cap B^C) \cup (A \cap C^C)$의 모든 원소의 합은
$1 + 2 + 6 = 9$

답 ②

69 ㄱ. $(A - B) - C = (A \cap B^C) \cap C^C$
$$= A \cap (B^C \cap C^C)$$
$$= A \cap (B \cup C)^C$$
$$= A - (B \cup C) \ (참)$$
ㄴ. $(A - B) \cup (A - C) = (A \cap B^C) \cup (A \cap C^C)$
$$= A \cap (B^C \cup C^C)$$
$$= A \cap (B \cap C)^C$$
$$= A - (B \cap C) \ (거짓)$$
ㄷ. $(A \cap B) - (A \cap C) = (A \cap B) \cap (A \cap C)^C$
$$= (A \cap B) \cap (A^C \cup C^C)$$
$$= \{(A \cap B) \cap A^C\} \cup \{(A \cap B) \cap C^C\}$$
$$= \varnothing \cup \{(A \cap B) \cap C^C\}$$
$$= (A \cap B) \cap C^C$$
$$= (A \cap B) - C \ (참)$$
이상에서 옳은 것은 ㄱ, ㄷ이다.

답 ④

70 집합 $A_6 \cap A_8$은 6의 배수이면서 8의 배수인 100 이하의 자연수
를 원소로 가지므로 $A_6 \cap A_8 = A_{24}$
100 이하의 24의 배수의 개수가 4이므로 $n(A_6 \cap A_8) = 4$

답 ①

71 $A_n \subset (A_2 \cap A_3)$에서 $A_n \subset A_2$, $A_n \subset A_3$
n은 2의 배수이면서 3의 배수이므로 n은 6의 배수이다.
$(A_{24} \cup A_{36}) \subset A_n$에서 $A_{24} \subset A_n$, $A_{36} \subset A_n$
n은 24의 약수이면서 36의 약수이므로 n은 12의 약수이다.
자연수 n은 6의 배수이면서 12의 약수이므로 구하는 모든 자연수 n의
값의 합은
$6 + 12 = 18$

답 ③

72 $(A_8 \cup A_9) \cap A_{12} = (A_8 \cap A_{12}) \cup (A_9 \cap A_{12})$
$$= A_4 \cup A_3$$
$$= \{1, 2, 4\} \cup \{1, 3\}$$
$$= \{1, 2, 3, 4\}$$
따라서 집합 $(A_8 \cup A_9) \cap A_{12}$의 모든 원소의 합은
$1 + 2 + 3 + 4 = 10$

답 10

73 ㄱ. $A_4 = \{1, 2, 4\}$, $A_6 = \{1, 2, 3, 6\}$이므로
$A_4 \cap A_6 = \{1, 2\}$, 즉 $A_4 \cap A_6 = A_2$ (참)
ㄴ. $A_4 = \{1, 2, 4\}$, $A_8 = \{1, 2, 4, 8\}$이므로
$A_4 \cup A_8 = \{1, 2, 4, 8\}$, 즉 $A_4 \cup A_8 = A_8$ (참)
ㄷ. $A_3 = \{1, 3\}$, $A_4 = \{1, 2, 4\}$이므로
$A_3 \cup A_4 = \{1, 2, 3, 4\}$
$A_{12} = \{1, 2, 3, 4, 6, 12\}$이므로 $(A_3 \cup A_4) \subset A_{12}$ (참)
이상에서 옳은 것은 ㄱ, ㄴ, ㄷ이다.

답 ⑤

74 $A_{12} \cap A_{18} = A_6$이므로 $(A_{12} \cap A_{18}) \subset A_k$에서 $A_6 \subset A_k$
즉, k는 6의 배수이다. ······ ㉠
$B_6 \cap B_8 = B_{24}$이므로 $(B_6 \cap B_8) \subset B_k$에서 $B_{24} \subset B_k$
즉, k는 24의 약수이다. ······ ㉡
㉠, ㉡에서 구하는 k의 값은 6, 12, 24이므로 그 합은
$6 + 12 + 24 = 42$

답 42

75 $x^2 - 2x - 8 = 0$, $(x + 2)(x - 4) = 0$, $x = -2$ 또는 $x = 4$
즉, $A = \{-2, 4\}$
$A - B = \{4\}$이므로 $-2 \in B$이다.
방정식 $x^2 + ax + a - 1 = 0$의 한 실근이 -2이므로
$4 - 2a + a - 1 = 0$, 즉 $a = 3$
$x^2 + 3x + 2 = 0$, $(x + 2)(x + 1) = 0$, $x = -2$ 또는 $x = -1$
즉, $B = \{-2, -1\}$
$A \cup B = \{-2, -1, 4\}$이므로 집합 $A \cup B$의 모든 원소의 합은
$-2 + (-1) + 4 = 1$

답 1

76 $x^2 + 3x - 4 \leq 0$에서 $(x + 4)(x - 1) \leq 0$이므로
$-4 \leq x \leq 1$, 즉 $A = \{x \mid -4 \leq x \leq 1\}$
$x^2 + 8x + 12 \leq 0$에서 $(x + 6)(x + 2) \leq 0$이므로
$-6 \leq x \leq -2$, 즉 $B = \{x \mid -6 \leq x \leq -2\}$

$A\cap B=\{x\,|\,-4\le x\le -2\}$, $A\cup B=\{x\,|\,-6\le x\le 1\}$
집합 $A\cap B$의 원소의 최솟값이 -4이므로 $m=-4$이고,
집합 $A\cup B$의 원소의 최댓값이 1이므로 $M=1$이다.
따라서 $m+M=-4+1=-3$

답 ②

77 $x^2-2x-8>0$에서 $(x+2)(x-4)>0$이므로
$x<-2$ 또는 $x>4$
$A=\{x\,|\,x<-2$ 또는 $x>4\}$이므로
집합 A를 수직선 위에 나타내면 오른
쪽 그림과 같다.

$A\cup B=R$이고 $A\cap B=\{x\,|\,4<x\le 7\}$이므로
$B=\{x\,|\,-2\le x\le 7\}$
$x^2+ax+b=(x+2)(x-7)=x^2-5x-14$
이므로 $a=-5$, $b=-14$
따라서 $ab=(-5)\times(-14)=70$

답 70

78 $a\in A$, $b\in B$이므로 ab의 값은
$-2,\ -1,\ 0,\ 1,\ 2$
이므로 $A\spadesuit B=\{-2,\ -1,\ 0,\ 1,\ 2\}$
$a\in A\spadesuit B$, $b\in B$이므로 ab의 값은
$-4,\ -2,\ -1,\ 0,\ 1,\ 2,\ 4$
이므로 $(A\spadesuit B)\spadesuit B=\{-4,\ -2,\ -1,\ 0,\ 1,\ 2,\ 4\}$
따라서 집합 $(A\spadesuit B)\spadesuit B$의 원소의 개수는 7이다.

답 ③

79 $A\odot B=A\cap(A^c\cup B^c)$
$\qquad\quad =A\cap(A\cap B)^c$
$\qquad\quad =A-(A\cap B)=A-B$
$A\odot(B\odot C)=A-(B-C)$
$\qquad\qquad\quad =\{1,\ 2,\ 4,\ 8\}-[\{1,\ 2,\ 3,\ 4,\ 5\}-\{2,\ 3,\ 5,\ 7\}]$
$\qquad\qquad\quad =\{1,\ 2,\ 4,\ 8\}-\{1,\ 4\}$
$\qquad\qquad\quad =\{2,\ 8\}$
따라서 집합 $A\odot(B\odot C)$의 모든 원소의 합은
$2+8=10$

답 10

80 $A\triangle B=(A\cup B)-(A\cap B)=\{1,\ 2,\ 3,\ 4,\ 5\}$
$A=\{1,\ 3,\ 5,\ 7\}$이므로 두 집합 A, B의 원
소를 벤 다이어그램으로 나타내면 오른쪽 그
림과 같다.

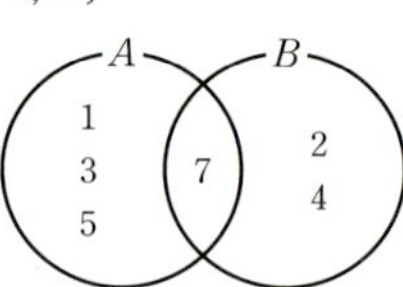

따라서 $B=\{2,\ 4,\ 7\}$이므로 집합 B의 모든
원소의 합은
$2+4+7=13$

답 ③

81 $n(A)=12$, $n(B-A)=7$이므로
$n(A\cup B)=12+7=19$

따라서
$n(A^c\cap B^c)=n((A\cup B)^c)$
$\qquad\qquad\quad =n(U)-n(A\cup B)$
$\qquad\qquad\quad =30-19=11$

답 ①

82 $A\subset B^c$에서 $A\cap B=\varnothing$이므로 $n(A\cap B)=0$
$n(A\cup B)=n(A)+n(B)-n(A\cap B)$에서
$20=12+n(B)-0$
따라서 $n(B)=8$

답 ③

83 $n(A^c\cap B^c)=n((A\cup B)^c)=n(U)-n(A\cup B)$에서
$7=20-n(A\cup B)$이므로 $n(A\cup B)=13$
따라서
$n(A\cap B)=n(A\cup B)-n((A-B)\cup(B-A))$
$\qquad\qquad\quad =13-11=2$

답 2

84 $n(A^c\cap B^c)=n((A\cup B)^c)=n(U)-n(A\cup B)$에서
$9=24-n(A\cup B)$이므로
$n(A\cup B)=24-9=15$
$n(A\cup B)=n(A)+n(B)-n(A\cap B)$에서
$15=n(A)+n(B)-6$
따라서 $n(A)+n(B)=21$

답 21

85 A와 B^c은 서로소이므로 $A\cap B^c=\varnothing$, 즉 $A\subset B$
$n(B)=n(U)-n(B^c)=30-9=21$이므로
$n(B-A)=n(B)-n(A\cap B)$
$\qquad\qquad\quad =n(B)-n(A)$
$\qquad\qquad\quad =21-16=5$

답 ①

86 B와 C는 서로소이므로 $B\cap C=\varnothing$
$n(A\cup B\cup C)=20$, $n(B-A)=8$이므로 $n(A\cup C)=12$
$n(A\cup C)=n(A)+n(C)-n(A\cap C)$에서
$12=11+6-n(A\cap C)$
따라서 $n(A\cap C)=5$

답 ④

87 학생 전체의 집합을 U, 디지털 카메라를 갖고 있는 학생의 집합
을 A, 폴라로이드 카메라를 갖고 있는 학생의 집합을 B라 하면
$n(U)=25$, $n(A)=9$, $n(B)=14$, $n(A^c\cap B^c)=8$
$n(A^c\cap B^c)=n((A\cup B)^c)=n(U)-n(A\cup B)$에서
$8=25-n(A\cup B)$, 즉 $n(A\cup B)=17$
$n(A\cup B)=n(A)+n(B)-n(A\cap B)$에서
$17=9+14-n(A\cap B)$, $n(A\cap B)=6$
따라서 디지털 카메라와 폴라로이드 카메라를 모두 갖고 있는 학생의
수는 6이다.

답 ①

88 스키를 탈 수 있는 회원의 집합을 A, 보드를 탈 수 있는 회원의 집합을 B라 하면
$n(A)=21$, $n(A\cap B)=11$, $n(A\cup B)=29$
$n(A\cup B)=n(A)+n(B)-n(A\cap B)$에서
$29=21+n(B)-11$, $n(B)=19$
따라서 보드를 탈 수 있는 회원 수는 19이다.

답 ③

89 세 강좌 A, B, C 중 적어도 한 강좌를 수강한 학생 100명의 집합을 U, 세 강좌 A, B, C를 수강한 학생의 집합을 각각 A, B, C라 하고 한 강좌만 수강한 학생의 집합을 S라 하면 세 강좌 A, B, C를 모두 수강한 학생은 없으므로 집합 S^C은 두 강좌만 수강한 학생의 집합이다.
$n(A\cup B\cup C)=n(A)+n(B)+n(C)-n(S^C)$에서
$100=35+39+43-n(S^C)$, $n(S^C)=17$
$n(S)=n(U)-n(S^C)=100-17=83$
따라서 세 강좌 A, B, C 중 한 강좌만 수강한 학생 수는 83이다.

답 83

90 $n(A\cup B)=n(A)+n(B)-n(A\cap B)$에서
$n(A\cup B)=21+17-n(A\cap B)$
$\qquad\qquad=38-n(A\cap B)$
$21\le n(A\cup B)\le30$이므로
$21\le38-n(A\cap B)\le30$
$8\le n(A\cap B)\le17$
따라서 $n(A\cap B)$의 최댓값은 17, 최솟값은 8이므로 그 합은
$17+8=25$

답 ③

91 50명의 주민 전체의 집합을 U, 두 편의점 A, B를 이용해 본 경험이 있는 주민의 집합을 각각 A, B라 하면
$n(U)=50$, $n(A)=37$, $n(B)=23$
$n(A\cup B)\le n(U)$이므로
$n(A)+n(B)-n(A\cap B)\le n(U)$
$37+23-n(A\cap B)\le50$, $n(A\cap B)\ge10$
따라서 두 편의점 A, B를 모두 이용해 본 주민 수의 최솟값은 10이다.

답 10

92 수학 동호회 회원 27명 전체의 집합을 U, 두 경시대회 A, B에 참가 신청을 한 학생의 집합을 각각 A, B라 하면
$n(U)=27$, $n(A)+n(B)=32$
$n(A\cup B)\le n(U)$이므로
$n(A)+n(B)-n(A\cap B)\le n(U)$
$32-n(A\cap B)\le27$, $n(A\cap B)\ge5$
$n(A)+n(B)=32$에서 $n(A\cap B)\le16$
$5\le n(A\cap B)\le16$이므로 두 경시대회 A, B에 모두 참가 신청을 한 학생 수의 최댓값은 16, 최솟값은 5이다.
따라서 구하는 최댓값과 최솟값의 합은
$16+5=21$

답 ①

<table>
<tr><td colspan="2">서술형 완성하기</td><td align="right">본문 76~77쪽</td></tr>
<tr><td>01 297</td><td>02 2</td></tr>
<tr><td>03 64</td><td>04 12</td></tr>
<tr><td>05 27</td><td>06 4</td></tr>
<tr><td>07 6</td><td>08 −3</td></tr>
<tr><td>09 25</td><td>10 29</td></tr>
</table>

01 $x\in S$이면 $\dfrac{n}{x}\in S$이고 집합 S의 원소의 개수가 홀수이려면
$x=\dfrac{n}{x}$인 x가 집합 S의 원소이어야 한다.
$n=x^2$이므로 n은 완전제곱수이어야 한다. $\qquad$ ❶
집합 S의 원소의 개수가 3보다 크므로 n의 약수의 개수가 3보다 크다.
이때 $n=x^2$에서 $x=1$이면 약수의 개수가 1이고, x가 소수이면 x^2의 약수가 1, x, x^2으로 3개이므로 $n=x^2$인 x는 10 이하의 합성수이다.
즉, $n=x^2$인 x의 값은
4, 6, 8, 9, 10
이때 조건을 만족시키는 모든 자연수 n의 값은
4^2, 6^2, 8^2, 9^2, 10^2 $\qquad$ ❷
따라서 구하는 모든 자연수 n의 값의 합은
$16+36+64+81+100=297$ $\qquad$ ❸

답 297

단계	채점 기준	비율
❶	n이 완전제곱수임을 구한 경우	30 %
❷	조건을 만족시키는 모든 자연수 n의 값을 구한 경우	50 %
❸	답을 구한 경우	20 %

02 $x^2-3x-4\le0$에서 $(x+1)(x-4)\le0$이므로
$-1\le x\le4$, 즉 $B=\{x\,|\,-1\le x\le4\}$ $\qquad$ ❶
$A\subset B$에서 $k\in B$, $k+2\in B$이므로 조건을 만족시키는 모든 정수 k의 값은
-1, 0, 1, 2 $\qquad$ ❷
따라서 구하는 모든 정수 k의 값의 합은
$-1+0+1+2=2$ $\qquad$ ❸

답 2

단계	채점 기준	비율
❶	집합 B를 구한 경우	40 %
❷	모든 정수 k의 값을 구한 경우	40 %
❸	답을 구한 경우	20 %

03 $U=\{1, 2, 3, 4, 5, 6, 7, 8\}$ $\qquad$ ❶
집합 U의 부분집합 X가 $A\cup X=B\cup X$를 만족시키므로 집합 X는 두 집합 A, B의 공통인 원소 2, 4를 제외한 나머지 원소인 1, 8을 반드시 원소로 가져야 한다. $\qquad$ ❷
따라서 구하는 집합 X의 개수는
$2^{8-2}=2^6=64$ $\qquad$ ❸

답 64

단계	채점 기준	비율
❶	집합 U를 구한 경우	10 %
❷	$A \cup X = B \cup X$의 의미를 해석한 경우	50 %
❸	답을 구한 경우	40 %

04 $\{1, 2, 3\} \subset A$이고 $n(A)=4$이므로

$A=\{1, 2, 3, a\}$ $(a \neq 1,\ a \neq 2,\ a \neq 3)$이라 놓을 수 있다. $\quad\cdots\cdots$ ❶

집합 A의 부분집합 중 원소의 개수가 2인 부분집합은

$\{1, 2\}, \{1, 3\}, \{1, a\}, \{2, 3\}, \{2, a\}, \{3, a\}$ $\quad\cdots\cdots$ ❷

$S(A_1)+S(A_2)+S(A_3)+\cdots+S(A_m)=3(1+2+3+a)$

이므로 $3(6+a)=36,\ a=6$ $\quad\cdots\cdots$ ❸

따라서 $A=\{1, 2, 3, 6\}$이므로

$S(A)=1+2+3+6=12$ $\quad\cdots\cdots$ ❹

🅐 12

단계	채점 기준	비율
❶	집합 A를 정의한 경우	20 %
❷	원소의 개수가 2인 집합 A의 부분집합을 구한 경우	30 %
❸	a의 값을 구한 경우	30 %
❹	답을 구한 경우	20 %

05 $\dfrac{21}{x}$이 자연수이려면 x는 21의 약수이어야 하므로

$A=\{1, 3, 7, 21\}$ $\quad\cdots\cdots$ ❶

$(x-k)(x-2k) \leq 0$에서 $k \leq x \leq 2k$이므로

$B=\{x \mid k \leq x \leq 2k\}$ $\quad\cdots\cdots$ ❷

두 집합 A, B가 서로소가 되려면 $A \cap B = \varnothing$이어야 한다.

$k=1$일 때, $B=\{x \mid 1 \leq x \leq 2\}$이므로 $A \cap B=\{1\}$

$k=2$일 때, $B=\{x \mid 2 \leq x \leq 4\}$이므로 $A \cap B=\{3\}$

$k=3$일 때, $B=\{x \mid 3 \leq x \leq 6\}$이므로 $A \cap B=\{3\}$

$4 \leq k \leq 7$일 때, $B=\{x \mid k \leq x \leq 2k\}$이므로 $A \cap B=\{7\}$

$8 \leq k \leq 10$일 때, $B=\{x \mid k \leq x \leq 2k\}$이므로 $A \cap B=\varnothing$

$11 \leq k \leq 20$일 때, $B=\{x \mid k \leq x \leq 2k\}$이므로 $A \cap B=\{21\}$ $\cdots$ ❸

따라서 두 집합 A, B가 서로소가 되도록 하는 모든 자연수 k의 값의 합은

$8+9+10=27$ $\quad\cdots\cdots$ ❹

🅐 27

단계	채점 기준	비율
❶	집합 A를 구한 경우	20 %
❷	집합 B를 구한 경우	20 %
❸	k의 값에 따라 $A \cap B$를 구한 경우	50 %
❹	답을 구한 경우	10 %

06 $(A \cup B) \cap (A^C \cup B^C)=(A \cup B) \cap (A \cap B)^C$

$\qquad\qquad\qquad\qquad\qquad\quad =(A \cup B)-(A \cap B)$

이므로 $(A \cup B)-(A \cap B)=\{2, 4, 6\}$ $\quad\cdots\cdots$ ❶

$A=\{1, 2, 3, 4\}$이므로 $A-B=\{2, 4\}$,

$A \cap B=A-(A-B)$

$\qquad\quad =\{1, 2, 3, 4\}-\{2, 4\}$

$\qquad\quad =\{1, 3\}$ $\quad\cdots\cdots$ ❷

따라서 집합 $A \cap B$의 모든 원소의 합은

$1+3=4$ $\quad\cdots\cdots$ ❸

🅐 4

단계	채점 기준	비율
❶	$(A \cup B) \cap (A^C \cup B^C)=(A \cup B)-(A \cap B)$를 구한 경우	40 %
❷	집합 $A \cap B$를 구한 경우	40 %
❸	답을 구한 경우	20 %

07 3의 배수이면서 4의 배수는 12의 배수이므로

$A_3 \cap A_4 = A_{12}$

$(A_3 \cap A_4) \subset A_n$에서 $A_{12} \subset A_n$이므로 n은 12의 약수이어야 한다.

$\quad\cdots\cdots$ ❶

$A_3 \cap A_n = A_{3n}$에서 3과 n의 최소공배수가 $3n$이므로 3과 n은 서로소

이다. $\quad\cdots\cdots$ ❷

12의 약수 중에서 3과 서로소인 자연수는 1, 2, 4이므로 구하는 2 이상

의 모든 자연수 n의 값의 합은

$2+4=6$ $\quad\cdots\cdots$ ❸

🅐 6

단계	채점 기준	비율
❶	n이 12의 약수임을 구한 경우	40 %
❷	3과 n이 서로소임을 구한 경우	40 %
❸	답을 구한 경우	20 %

08 $x^2-7x-18 \leq 0$, $(x+2)(x-9) \leq 0$에서

$-2 \leq x \leq 9$, 즉 $A=\{x \mid -2 \leq x \leq 9\}$ $\quad\cdots\cdots$ ❶

$A \cap B^C=A$에서 $A-B=A$이므로

$A \cap B=\varnothing$ $\quad\cdots\cdots$ ❷

$a^2 \geq 0$이므로 $A \cap B=\varnothing$이려면 $B=\{x \mid x<a \ 또는 \ x>a^2\}$이고 집합

B는 다음 그림과 같아야 한다.

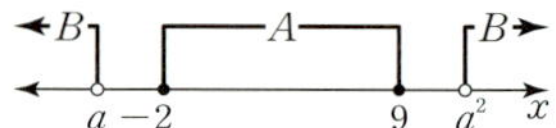

즉, $a \leq -2$, $a^2 \geq 9$이어야 하므로

$a \leq -3$ $\quad\cdots\cdots$ ❸

따라서 구하는 실수 a의 최댓값은 -3이다. $\quad\cdots\cdots$ ❹

🅐 -3

단계	채점 기준	비율
❶	집합 A를 구한 경우	30 %
❷	$A \cap B=\varnothing$임을 구한 경우	20 %
❸	a의 값의 범위를 구한 경우	30 %
❹	답을 구한 경우	20 %

09 두 집합 B, C가 서로소이므로 $B \cap C=\varnothing$ $\quad\cdots\cdots$ ❶

$n(A^C \cap C^C)=n((A \cup C)^C)=n(U)-n(A \cup C)$이므로

$12=30-n(A \cup C)$, 즉 $n(A \cup C)=18$ $\quad\cdots\cdots$ ❷

$n(A^C \cap B)=n(B-A)$

$\qquad\qquad\quad =n(B)-n(A \cap B)$

$\qquad\qquad\quad =7$ $\quad\cdots\cdots$ ❸

따라서
$$\begin{aligned}
n(A\cup B\cup C)&=n((A\cup C)\cup B)\\
&=n(A\cup C)+n(B)-n((A\cup C)\cap B)\\
&=n(A\cup C)+n(B)-n((A\cap B)\cup(C\cap B))\\
&=n(A\cup C)+n(B)-n(A\cap B)\\
&=18+7=25
\end{aligned}$$
...... ❹

目 25

단계	채점 기준	비율
❶	$B\cap C=\varnothing$를 구한 경우	10 %
❷	$n(A\cup C)$의 값을 구한 경우	30 %
❸	$n(A^{c}\cap B)=n(B)-n(A\cap B)$를 구한 경우	20 %
❹	답을 구한 경우	40 %

10 대학별 고사에 참여한 학생 50명 전체의 집합을 U, A 문제를 해결한 학생의 집합을 A, B 문제를 해결한 학생의 집합을 B라 하면
$n(U)=50$, $n(A)=26$, $n(B)=31$ ...... ❶
$n(A\cup B)=n(A)+n(B)-n(A\cap B)$이고 $n(A\cup B)\le n(U)$이므로
$26+31-n(A\cap B)\le 50$, $n(A\cap B)\ge 7$
$n(A)=26$, $n(B)=31$이므로 $7\le n(A\cap B)\le 26$ ...... ❷
B 문제만 해결한 학생 수는
$$\begin{aligned}
n(B-A)&=n(B)-n(A\cap B)\\
&=31-n(A\cap B)
\end{aligned}$$
이므로 $n(B-A)$의 최댓값은 24, 최솟값은 5이다. ...... ❸
따라서 구하는 최댓값과 최솟값의 합은
$24+5=29$ ...... ❹

目 29

단계	채점 기준	비율
❶	세 집합 U, A, B로 정의한 경우	20 %
❷	$n(A\cap B)$의 값의 범위를 구한 경우	40 %
❸	$n(B-A)$의 최댓값과 최솟값을 구한 경우	30 %
❹	답을 구한 경우	10 %

내신 + 수능 고난도 도전
본문 78~79쪽

01 210
02 ②
03 127
04 ①
05 ④
06 ①
07 62
08 62

01

Step 1 집합 A의 원소로 가능한 수 파악하기

$A\subset\{1,\ 2,\ 3,\ 4,\ 5,\ 6,\ 7,\ 8,\ 9\}$
$n(A)=7$이므로 k와 서로소인 9 이하의 자연수의 개수는 7이다.

Step 2 k의 꼴 결정하기

2, 4, 6, 8은 2의 배수이고, 3, 6, 9는 3의 배수이므로 $n(A)=7$이려면 k는 1, 2, 3, 4, 6, 8, 9와 서로소이어야 한다.
즉, k는 $5^{p}\times 7^{q}$ (p, q는 자연수)꼴이다.

Step 3 조건을 만족시키는 모든 자연수 k의 값의 합 구하기

따라서 구하는 200 이하의 모든 자연수 k의 값은 35, 175이므로 그 합은 $35+175=210$

目 210

02

Step 1 집합의 포함 관계 파악하기

$A\cup X=X$에서 $A\subset X$ ...... ㉠
$(B-A)\cup X=X$에서 $(B-A)\subset X$ ...... ㉡

Step 2 집합 X에 포함되는 원소 구하기

㉠, ㉡에서 $(A\cup B)\subset X$이고 $A\cup B=\{1,\ 2,\ 3,\ 4\}$이므로 집합 X는 1, 2, 3, 4를 반드시 원소로 가져야 한다.

Step 3 조건을 만족시키는 집합의 개수 구하기

따라서 집합 X의 개수는 $2^{6-4}=2^{2}=4$

目 ②

03

Step 1 조건 (가), (나) 해석하기

조건 (가)에서 $X\subset A$이므로 집합 X의 원소는 100 이하의 홀수인 자연수이다.
집합 B의 원소는 14와 서로소인 자연수이므로 집합 B의 모든 원소는 2와 7을 인수로 갖지 않는다.
조건 (나)에서 집합 X의 모든 원소는 2의 배수 또는 7의 배수이다.

Step 2 조건을 만족시키는 원소 구하기

2의 배수 또는 7의 배수인 100 이하의 홀수는
7, 21, 35, 49, 63, 77, 91

Step 3 조건을 만족시키는 집합의 개수 구하기

따라서 집합 X는 집합 $\{7,\ 21,\ 35,\ 49,\ 63,\ 77,\ 91\}$의 부분집합 중에서 공집합을 제외한 것과 같으므로 그 개수는
$2^{7}-1=128-1=127$

目 127

04

Step 1 집합 A 구하기

$x^{2}-4x+3\ge 0$, $(x-1)(x-3)\ge 0$, $x\le 1$ 또는 $x\ge 3$
즉, $A=\{x\,|\,x\le 1$ 또는 $x\ge 3\}$

Step 2 집합 B 구하기

이때 $A\cup B=\{x\,|\,x$는 모든 실수$\}$, $A\cap B=\{x\,|\,-1<x\le 1\}$이려면 집합 B는 오른쪽 그림과 같아야 하므로
$B=\{x\,|\,-1<x<3\}$
$-1<x<3$에서 $(x+1)(x-3)<0$, $x^{2}-2x-3<0$이므로
$B=\{x\,|\,x^{2}-2x-3<0\}$

따라서 $a=-2$, $b=-3$이므로 $a+b=-2+(-3)=-5$

답 ①

05

Step 1 집합 $A\cup B$의 모든 원소의 합을 이용하여 k의 조건 구하기

$A=\{2, 3, 5, 7\}$이고 집합 $A\cap B$의 모든 원소의 합은 9이므로
$A\cap B=\{2, 7\}$

$3\notin B$, $5\notin B$, $2\in B$, $7\in B$이므로 k는 3과 5의 배수가 아닌 14의 배수이다. ⋯⋯ ㉠

Step 2 $6\leq n(A\cup C)\leq 12$를 이용하여 k의 값의 범위 구하기

$k\geq 14$이므로 $7\in C$, $14\in C$

집합 $A\cup C$의 7보다 작은 원소는 2, 3, 5로 그 개수가 3이고
$6\leq n(A\cup C)\leq 12$이므로 집합 $A\cup C$의 7 이상의 원소의 개수는 3 이상 9 이하이어야 한다.

즉, $21\leq k<70$ ⋯⋯ ㉡

Step 3 조건을 만족시키는 모든 자연수 k의 값의 합 구하기

㉠, ㉡에서 구하는 모든 자연수 k의 값은 28, 56이므로 그 합은
$28+56=84$

답 ④

06

Step 1 조건 (가)에서 두 집합 A, B의 포함 관계 파악하기

조건 (가)에서 $A\cap B=\varnothing$, $A^C\cap B^C=\varnothing$
$A^C\cap B^C=(A\cup B)^C=\varnothing$이므로 $A\cup B=U$

Step 2 조건 (나)에서 집합 B의 원소 파악하기

$3\in B$이므로 조건 (나)에서 3의 배수인 6, 9도 집합 B의 원소이다.
$6\in B$이므로 조건 (나)에서 2의 배수인 2, 4, 8, 10도 집합 B의 원소이다.
$10\in B$이므로 조건 (나)에서 5의 배수인 5도 집합 B의 원소이다.

Step 3 집합 A의 모든 원소의 합의 최댓값 구하기

따라서 $A\subset\{1, 7\}$이므로 집합 A의 모든 원소의 합의 최댓값은
$1+7=8$

답 ①

07

Step 1 $n(A\cap B)$의 범위 구하기

$$\begin{aligned}
n(A-B)+n(B-A)&=n(A\cup B)-n(A\cap B)\\
&=n(A)+n(B)-2\times n(A\cap B)\\
&=25+18-2\times n(A\cap B)\\
&=43-2\times n(A\cap B)
\end{aligned}$$

이므로 $43-2\times n(A\cap B)\leq 31$, 즉 $n(A\cap B)\geq 6$
$n(A)=25$, $n(B)=18$이므로 $6\leq n(A\cap B)\leq 18$

Step 2 $n(A\cap B)$와 $n(A\cup B)$의 관계식 구하기

$$\begin{aligned}
n(A\cup B)&=n(A)+n(B)-n(A\cap B)\\
&=43-n(A\cap B)
\end{aligned}$$

Step 3 $n(A\cup B)$의 최댓값과 최솟값의 합 구하기

따라서 $n(A\cup B)$의 최댓값은 37, 최솟값은 25이므로 그 합은
$37+25=62$

답 62

08

Step 1 미적분Ⅱ, 기하, 경제수학을 이수한 학생의 집합의 포함 관계 파악하기

이 고등학교 졸업생 100명 중 미적분Ⅱ, 기하, 경제수학을 이수한 학생의 집합을 각각 A, B, C라 하면
$n(A\cup B\cup C)=100$
조건 (가)에 의하여 $B\subset A$이고, 조건 (나)에 의하여 $B\cap C=\varnothing$이므로 세 집합 A, B, C를 벤 다이어그램으로 나타내면 오른쪽 그림과 같다.

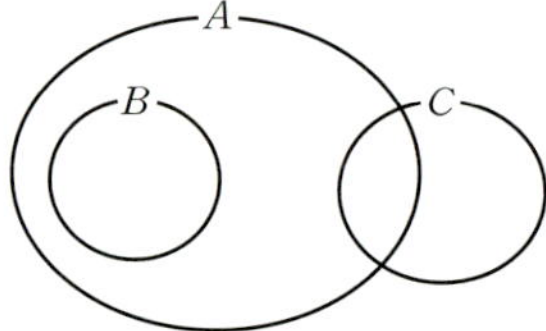

Step 2 조건 (다)를 이용하여 관계식 구하기

이 벤 다이어그램에서 조건 (다)에 의하여
$n(A\cap(B\cup C)^C)+n(C-A)=38$

Step 3 미적분Ⅱ, 기하, 경제수학 중 두 과목만을 이수한 학생의 수 구하기

미적분Ⅱ, 기하, 경제수학 중 두 과목만을 이수한 학생의 수는 벤 다이어그램에서
$n(A\cap B)+n(A\cap C)$
이때 벤 다이어그램에 의하여
$$\begin{aligned}
&n(A\cap B)+n(A\cap C)\\
&=n(A\cup B\cup C)-\{n(A\cap(B\cup C)^C)+n(C-A)\}\\
&=100-38=62
\end{aligned}$$
미적분Ⅱ, 기하, 경제수학 중 두 과목만을 이수한 학생의 수는 62이다.

답 62

05 명제

개념 확인하기 본문 81, 83쪽

01 ◯　　**02** ×　　**03** ×　　**04** ◯
05 $\{3, 6, 9\}$　　　　**06** $\{2, 3, 5, 7\}$
07 $\{1, 3\}$　　　　　**08** $\{1, 2, 3, 4\}$
09 -2는 정수가 아니다.
10 $x \neq 1$이고 $x \neq 3$
11 8은 4의 양의 약수이거나 3의 양의 배수이다.
12 $\{1, 2, 4, 8\}$
13 x는 8의 양의 약수가 아니다.
14 $\{3, 5, 6, 7, 9, 10\}$
15 가정: $x=1$이다., 결론: $x^2=1$이다.
16 가정: 4의 배수이다., 결론: 8의 배수이다.
17 가정: x는 홀수이다., 결론: x^2은 홀수이다.
18 거짓　　**19** 참　　**20** 거짓　　**21** 참
22 거짓　　**23** 어떤 자연수 x에 대하여 $x^2 > 0$이다.
24 모든 자연수 x에 대하여 $x^2 \neq 4$이다.
25 어떤 실수 x에 대하여 $2x+4 \geq 6$이다. (참)
26 모든 실수 x에 대하여 $x^2+1 \leq 0$이다. (거짓)
27 역: 이등변삼각형이면 정삼각형이다. (거짓)
　　대우: 이등변삼각형이 아니면 정삼각형이 아니다. (참)
28 역: x가 홀수이면 x는 소수이다. (거짓)
　　대우: x가 홀수가 아니면 x는 소수가 아니다. (거짓)
29 $a=0$이고 $b=0$이면 $a^2+b^2=0$이다.
30 참　　**31** $a \neq 0$ 또는 $b \neq 0$이면 $a^2+b^2 \neq 0$이다.
32 참　　**33** 충분　　**34** 필요　　**35** 필요충분
36 (가) 유리수　(나) 짝수　(다) 서로소
37 (가) $2\sqrt{ab}$　(나) $\sqrt{a}-\sqrt{b}$ 또는 $\sqrt{b}-\sqrt{a}$　(다) $a=b$

01 　　　　　　　　　　　　　　답 ◯

02 x의 값이 정해져 있지 않아 참, 거짓을 판별할 수 없으므로 명제가 아니다.

답 ×

03 '재밌다'의 기준이 명확하지 않아 참, 거짓을 판별할 수 없으므로 명제가 아니다.

답 ×

04 　　　　　　　　　　　　　　답 ◯

05 10 이하의 자연수 중에서 3의 배수는 3, 6, 9이므로 조건 p의 진리집합은 $\{3, 6, 9\}$

답 $\{3, 6, 9\}$

06 10 이하의 자연수 중에서 소수는 2, 3, 5, 7이므로 조건 p의 진리집합은 $\{2, 3, 5, 7\}$

답 $\{2, 3, 5, 7\}$

07 $x^2-4x+3=0$에서 $(x-1)(x-3)=0$
$x=1$ 또는 $x=3$이므로 조건 p의 진리집합은 $\{1, 3\}$

답 $\{1, 3\}$

08 $x^2-2x-8 \leq 0$에서 $(x+2)(x-4) \leq 0$
$-2 \leq x \leq 4$이므로 조건 p의 진리집합은 $\{1, 2, 3, 4\}$

답 $\{1, 2, 3, 4\}$

09 　　　　　　　　답 -2는 정수가 아니다.

10 　　　　　　　　답 $x \neq 1$이고 $x \neq 3$

11 　　　답 8은 4의 양의 약수이거나 3의 양의 배수이다.

12 8의 양의 약수는 1, 2, 4, 8이므로 조건 p의 진리집합은 $\{1, 2, 4, 8\}$

답 $\{1, 2, 4, 8\}$

13 　　　　　　　답 x는 8의 양의 약수가 아니다.

14 8의 양의 약수는 1, 2, 4, 8이므로 조건 $\sim p$의 진리집합은 $\{3, 5, 6, 7, 9, 10\}$

답 $\{3, 5, 6, 7, 9, 10\}$

15 　　　　답 가정: $x=1$이다., 결론: $x^2=1$이다.

16 　　　　답 가정: 4의 배수이다., 결론: 8의 배수이다.

17 　　　답 가정: x는 홀수이다., 결론: x^2은 홀수이다.

18 [반례] $x=-\dfrac{1}{2}$이면 $-1<x<1$이지만 $x<0$이다.

답 거짓

19 4의 양의 약수는 8의 양의 약수이므로 주어진 명제는 참이다.

답 참

20 [반례] $x=1$, $y=0$이면 $x^2+y^2>0$이지만 $y=0$이다.

답 거짓

21 $x^2-x+1=\left(x-\dfrac{1}{2}\right)^2+\dfrac{3}{4}>0$이므로 주어진 명제는 참이다.

답 참

22 $x^2<0$을 만족시키는 실수 x는 존재하지 않으므로 주어진 명제는 거짓이다.

답 거짓

23 　　　　답 어떤 자연수 x에 대하여 $x^2>0$이다.

24 　　　　답 모든 자연수 x에 대하여 $x^2 \neq 4$이다.

25 답 어떤 실수 x에 대하여 $2x+4\geq6$이다. (참)

26 답 모든 실수 x에 대하여 $x^2+1\leq0$이다. (거짓)

27 답 역: 이등변삼각형이면 정삼각형이다. (거짓)
대우: 이등변삼각형이 아니면 정삼각형이 아니다. (참)

28 답 역: x가 홀수이면 x는 소수이다. (거짓)
대우: x가 홀수가 아니면 x는 소수가 아니다. (거짓)

29 답 $a=0$이고 $b=0$이면 $a^2+b^2=0$이다.

30 답 참

31 답 $a\neq0$ 또는 $b\neq0$이면 $a^2+b^2\neq0$이다.

32 답 참

33 두 조건 p, q의 진리집합을 각각 P, Q라 하면
$P=\{1,\ 3\}$, $Q=\{1,\ 2,\ 3,\ 6\}$
이므로 $P\subset Q$
따라서 p는 q이기 위한 충분조건이다.

답 충분

34 두 조건 p, q의 진리집합을 각각 P, Q라 하면
$P=\{x\,|\,-1\leq x\leq1\}$, $Q=\{x\,|\,-1<x<1\}$
이므로 $Q\subset P$
따라서 p는 q이기 위한 필요조건이다.

답 필요

35 두 조건 p, q의 진리집합을 각각 P, Q라 하면
$x^2+y^2=0$에서 $x=y=0$이므로 $P=Q$
따라서 p는 q이기 위한 필요충분조건이다.

답 필요충분

36 $\sqrt{2}$가 $\boxed{유리수}$ 라고 가정하면
$\sqrt{2}=\dfrac{b}{a}$ (a, b는 서로소인 자연수)
로 놓을 수 있으므로 $2=\dfrac{b^2}{a^2}$, 즉 $b^2=2a^2$이다.
이때, b^2이 짝수이므로 b도 $\boxed{짝수}$ 이다.
$b=2k$ (k는 자연수)로 놓으면
$4k^2=2a^2$이므로 $a^2=2k^2$
a^2이 짝수이므로 a도 $\boxed{짝수}$ 이다.
따라서 a, b가 $\boxed{서로소}$ 라는 가정에 모순이므로 $\sqrt{2}$는 무리수이다.

답 (가) 유리수 (나) 짝수 (다) 서로소

37 $\dfrac{a+b}{2}-\sqrt{ab}=\dfrac{a+b-2\sqrt{ab}}{2}$

$\qquad=\dfrac{(\sqrt{a})^2-\boxed{2\sqrt{ab}}+(\sqrt{b})^2}{2}$

$\qquad=\dfrac{\left(\boxed{\sqrt{a}-\sqrt{b}}\right)^2}{2}\geq0$

따라서 $\dfrac{a+b}{2}\geq\sqrt{ab}$이고 등호는 $\boxed{a=b}$일 때 성립한다.

답 (가) $2\sqrt{ab}$ (나) $\sqrt{a}-\sqrt{b}$ 또는 $\sqrt{b}-\sqrt{a}$ (다) $a=b$

유형 완성하기
본문 84~98쪽

01 ⑤	**02** ④	**03** ③	**04** ②
05 ④	**06** ④	**07** ③	**08** ③
09 7	**10** ①	**11** ③	**12** 25
13 ②	**14** 3	**15** ③	**16** ⑤
17 ⑤	**18** ⑤	**19** ④	**20** ④
21 ②	**22** ③	**23** ③	**24** 15
25 12	**26** ③	**27** ⑤	**28** ③
29 ⑤	**30** ⑤	**31** 9	**32** ①
33 ④	**34** ⑤	**35** ⑤	**36** ②
37 ②	**38** ①	**39** ③	**40** ②
41 ④	**42** ③	**43** ③	**44** ④
45 14	**46** ④	**47** ③	**48** ④
49 ⑤	**50** 30	**51** ④	**52** ③
53 ⑤	**54** 1	**55** 20	**56** 4
57 ③	**58** ②	**59** ⑤	
60 (가) 홀수 (나) 짝수 (다) 홀수			**61** 2
62 4	**63** ③	**64** ③	**65** ⑤
66 ③	**67** ④	**68** ①	**69** ⑤
70 ③	**71** ⑤	**72** 16	**73** ④
74 ④	**75** ②	**76** 6	

01 ①, ③ '높다', '가까운'의 기준이 명확하지 않아 참, 거짓을 판별할 수 없으므로 명제가 아니다.
②, ④ x의 값이 정해져 있지 않아 참, 거짓을 판별할 수 없으므로 명제가 아니다.
⑤ 거짓인 명제이다.

답 ⑤

02 ①, ⑤ 참인 명제이다.
②, ③ 거짓인 명제이다.
④ x의 값에 따라 참, 거짓이 달라지므로 조건이다.

답 ④

03 ㄱ. '$1+3<5$'는 참인 명제이다.
ㄴ. '$4x-3=7$'은 x의 값에 따라 참, 거짓이 결정되므로 명제가 아니다.
ㄷ. $x=-1$이면 $x^2=1$이지만 $x\neq1$이므로 거짓인 명제이다.
ㄹ. 두 직선이 평행할 때에만 동위각의 크기가 서로 같으므로 거짓인 명제이다.
ㅁ. '살기 좋은'은 그 기준이 명확하지 않아 참, 거짓을 판별할 수 없으므로 명제가 아니다.
이상에서 명제인 것은 ㄱ, ㄷ, ㄹ로 3개이다.

답 ③

04 p: $x \leq 0$, q: $x \geq 2$라 하면
조건 'p 또는 q'의 부정은 '$\sim p$이고 $\sim q$'이므로 $x>0$이고 $x<2$이다.
따라서 $0<x<2$

$\boxed{\text{답}}$ ②

05 ㄱ. 부정: $\dfrac{2}{3}$는 정수가 아니다. (참)

ㄴ. 부정: 2는 소수가 아니다. (거짓)

ㄷ. 16은 3의 배수가 아니다. (참)

이상에서 참인 것은 ㄱ, ㄷ이다.

$\boxed{\text{답}}$ ④

06 조건 '어느 동아리의 회원 중 남학생은 많아야 8명이다.'의 의미는
어느 동아리의 회원 중 남학생의 수가 8 이하라는 것이므로 그 부정은
어느 동아리의 회원 중 남학생의 수가 9 이상임을 의미한다.
따라서 주어진 조건의 부정은
'어느 동아리의 회원 중 남학생은 적어도 9명이다.'이다.

$\boxed{\text{답}}$ ④

07 $x^2-4x-12<0$에서 $(x+2)(x-6)<0$이므로 $-2<x<6$
따라서 조건 p의 진리집합은
$\{1, 2, 3, 4, 5\}$
이므로 구하는 원소의 개수는 5이다.

$\boxed{\text{답}}$ ③

08 $P=\{x \mid x \geq -2\}$, $Q=\{x \mid x \geq 3\}$이므로 조건 '$-2 \leq x < 3$'의
진리집합은
$P \cap Q^C = P - Q$

$\boxed{\text{답}}$ ③

09 두 조건 p, q의 진리집합을 각각 P, Q라 하면
p: $x^2-12x+32>0$에서 $\sim p$: $x^2-12x+32 \leq 0$
$x^2-12x+32 \leq 0$에서 $(x-4)(x-8) \leq 0$이므로
$4 \leq x \leq 8$, 즉 $P^C=\{4, 5, 6, 7, 8\}$
q: $x^2-4x+3=0$에서 $(x-1)(x-3)=0$이므로
$x=1$ 또는 $x=3$, 즉 $Q=\{1, 3\}$
조건 '$\sim p$ 또는 q'의 진리집합은
$P^C \cup Q = \{4, 5, 6, 7, 8\} \cup \{1, 3\}$
$\qquad\qquad = \{1, 3, 4, 5, 6, 7, 8\}$
따라서 구하는 원소의 개수는 7이다.

$\boxed{\text{답}}$ 7

10 명제 'p이면 $\sim q$이다.'가 거짓임을 보이려면 집합 P의 원소이면
서 집합 Q^C의 원소가 아닌 것을 찾으면 된다.
따라서 $P \cap (Q^C)^C = P \cap Q$

$\boxed{\text{답}}$ ①

11 명제 $q \longrightarrow p$가 거짓임을 보이려면 집합 Q의 원소이면서 집합 P
의 원소가 아닌 것을 찾으면 된다.
$Q \cap P^C = Q - P = \{3, 4, 5\}$

따라서 구하는 모든 원소의 합은
$3+4+5=12$

$\boxed{\text{답}}$ ③

12 두 조건 p, q의 진리집합을 각각 P, Q라 하면
$P=\{1, 2, 4, 8\}$, $Q=\{2, 3, 5, 7\}$
명제 $\sim p \longrightarrow q$가 거짓임을 보이려면 집합 P^C의 원소이면서 집합 Q의
원소가 아닌 것을 찾으면 된다.
$P^C \cap Q^C = (P \cup Q)^C$
$\qquad\qquad = \{1, 2, 3, 4, 5, 7, 8\}^C$
$\qquad\qquad = \{6, 9, 10\}$
따라서 구하는 모든 원소의 합은
$6+9+10=25$

$\boxed{\text{답}}$ 25

13 두 조건 p, q의 진리집합을 각각 P, Q라 하면
ㄱ. $P=\{-1, 1\}$, $Q=\{1\}$이므로 $P \not\subset Q$
　　즉, 명제 $p \longrightarrow q$는 거짓이다.

ㄴ. $P=\{1, 2, 4\}$, $Q=\{1, 2, 3, 4\}$이므로 $P \subset Q$
　　즉, 명제 $p \longrightarrow q$는 참이다.

ㄷ. $P=\{3, 6, 9, \cdots\}$, $Q=\{6, 12, 18, \cdots\}$이므로 $P \not\subset Q$
　　즉, 명제 $p \longrightarrow q$는 거짓이다.
이상에서 명제 $p \longrightarrow q$가 참인 것은 ㄴ이다.

$\boxed{\text{답}}$ ②

14 두 조건 p, q의 진리집합을 각각 P, Q라 하면
$P=\{2, 3, 5\}$, $Q=\{x \mid x$는 n의 양의 약수$\}$
명제 $p \longrightarrow q$가 참이 되려면 $P \subset Q$이어야 하므로 n은 2, 3, 5의 공배
수이어야 한다.
따라서 n은 30의 배수이어야 하므로 100 이하의 자연수 n의 값은 30,
60, 90으로 개수는 3이다.

$\boxed{\text{답}}$ 3

15 ㄱ. $a+b$가 소수이므로 a가 홀수, b가 홀수 또는 a가 홀수, b가
　　짝수 또는 a가 짝수, b가 홀수이다.
　　즉, a와 b 중 적어도 하나는 홀수이다. (참)

ㄴ. ab가 짝수이므로 a가 짝수, b가 짝수 또는 a가 짝수, b가 홀수 또
　　는 a가 홀수, b가 짝수이다.
　　즉, a와 b 중 적어도 하나는 짝수이다. (참)

ㄷ. [반례] $a=2$, $b=6$이면 $\dfrac{b}{a}=3$이므로 $\dfrac{b}{a}$는 홀수이지만 a와 b는 모
　　두 짝수이다. (거짓)
이상에서 참인 명제는 ㄱ, ㄴ이다.

$\boxed{\text{답}}$ ③

16 $P^C \cup Q = Q$에서 $P^C \subset Q$이므로 명제 $\sim p \longrightarrow q$는 참이다.
$P^C \subset Q$에서 $Q^C \subset P$이므로 명제 $\sim q \longrightarrow p$는 참이다.

$\boxed{\text{답}}$ ⑤

17 ① $P \not\subset Q^C$이므로 명제 $p \longrightarrow \sim q$는 거짓이다.
② $P \not\subset R$이므로 명제 $p \longrightarrow r$은 거짓이다.

③ $Q\not\subset P^C$이므로 명제 $q \longrightarrow {\sim}p$는 거짓이다.
④ $R\not\subset Q$이므로 명제 $r \longrightarrow q$는 거짓이다.
⑤ $R\subset Q^C$이므로 명제 $r \longrightarrow {\sim}q$는 참이다.

📒 ⑤

18 $P\cap Q=P$이므로 $P\subset Q$이고, $Q\cup R^C=R^C$이므로 $Q\subset R^C$이다.
즉, $P\subset Q\subset R^C$
① $P\not\subset Q^C$이므로 명제 $p \longrightarrow {\sim}q$는 거짓이다.
② $P\not\subset R$이므로 명제 $p \longrightarrow r$은 거짓이다.
③ $Q\not\subset R$이므로 명제 $q \longrightarrow r$은 거짓이다.
④ $Q^C\subset P^C$에서 $Q^C\not\subset P$이므로 명제 ${\sim}q \longrightarrow p$는 거짓이다.
⑤ $P\subset R^C$에서 $R\subset P^C$이므로 명제 $r \longrightarrow {\sim}p$는 참이다.

📒 ⑤

19 두 명제 ${\sim}p \longrightarrow {\sim}q$, $q \longrightarrow r$이 모두 참이므로
$P^C\subset Q^C$, $Q\subset R$
$P^C\subset Q^C$에서 $Q\subset P$이므로 세 집합 P, Q, R이 오른쪽 벤 다이어그램과 같다.

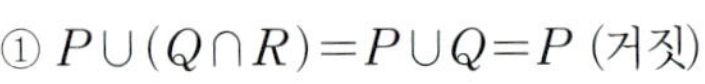
① $P\cup(Q\cap R)=P\cup Q=P$ (거짓)
② $P\cap(Q\cup R)=P\cap R$ (거짓)
③ $Q\cup(P\cap R)=P\cap R$ (거짓)
④ $P\cap Q\cap R=Q$ (참)
⑤ $P\cup Q\cup R=P\cup R$ (거짓)

📒 ④

20 $P=\{1,\ 2,\ 3,\ 4,\ 6\}$
명제 $p \longrightarrow q$가 참이 되려면 $P\subset Q$이어야 하므로 집합 Q는 집합 P를 포함하는 집합 U의 부분집합이다.
$n(U)=10$, $n(P)=5$이므로 집합 Q의 개수는
$2^{10-5}=2^5=32$

📒 ④

21 $P\cap Q=\varnothing$, $P\cup Q=U$이므로 $P=Q^C$, $Q=P^C$
따라서 $p \longrightarrow {\sim}q$, ${\sim}q \longrightarrow p$, $q \longrightarrow {\sim}p$, ${\sim}p \longrightarrow q$는 모두 참이다.
이상에서 옳은 것은 ㄱ, ㄹ이다.

📒 ②

22 두 조건 p, q의 진리집합을 각각 P, Q라 할 때,
명제 $p \longrightarrow q$가 참이 되려면 $P\subset Q$이어야 한다.
$P=\{x\,|\,-3\leq x\leq a\}$, $Q=\left\{x\,\middle|\,-a\leq x<\dfrac{a}{3}+12\right\}$
이므로 두 집합 P, Q를 수직선 위에 나타내면 오른쪽 그림과 같다.

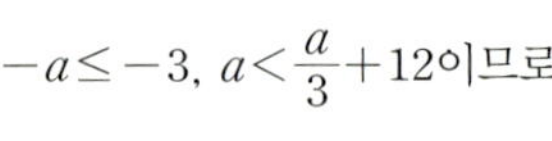
$-a\leq-3$, $a<\dfrac{a}{3}+12$이므로
$3\leq a<18$
따라서 구하는 정수 a의 개수는 15이다.

📒 ③

23 두 조건 p, q를
$p:\ 3-a\leq x<4$, $q:\ -2<x<a+1$

이라 하고, 두 조건 p, q의 진리집합을 각각 P, Q라 할 때,
명제 $p \longrightarrow q$가 참이 되려면 $P\subset Q$이어야 한다.
$P=\{x\,|\,3-a\leq x<4\}$, $Q=\{x\,|\,-2<x<a+1\}$
이므로 두 집합 P, Q를 수직선 위에 나타내면 오른쪽 그림과 같다.

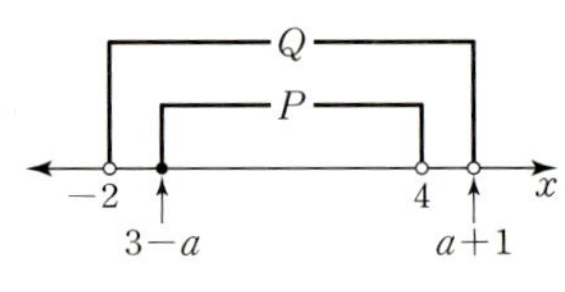
$-2<3-a$, $4\leq a+1$이므로 $3\leq a<5$
따라서 구하는 모든 정수 a의 값의 합은
$3+4=7$

📒 ③

24 $p:\ |x-a|>3$에서 ${\sim}p:\ |x-a|\leq3$이므로
$-3\leq x-a\leq3$, 즉 $a-3\leq x\leq a+3$
$q:\ |x-7|\leq\dfrac{a}{2}$에서 $-\dfrac{a}{2}\leq x-7\leq\dfrac{a}{2}$이므로
$7-\dfrac{a}{2}\leq x\leq7+\dfrac{a}{2}$
두 조건 p, q의 진리집합을 각각 P, Q라 할 때, 명제 ${\sim}p \longrightarrow q$가 참이 되려면 $P^C\subset Q$이어야 한다.
$P^C=\{x\,|\,a-3\leq x\leq a+3\}$, $Q=\left\{x\,\middle|\,7-\dfrac{a}{2}\leq x\leq7+\dfrac{a}{2}\right\}$
이므로 두 집합 P^C, Q를 수직선 위에 나타내면 오른쪽 그림과 같다.

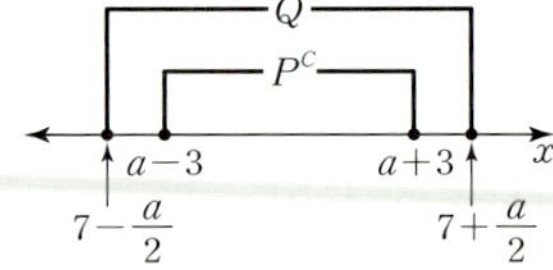
$7-\dfrac{a}{2}\leq a-3$, $a+3\leq7+\dfrac{a}{2}$이므로
$\dfrac{20}{3}\leq a\leq8$
따라서 구하는 모든 자연수 a의 값의 합은
$7+8=15$

📒 15

25 세 조건 p, q, r의 진리집합을 각각 P, Q, R이라 할 때,
명제 $p \longrightarrow q$가 참이 되려면 $P\subset Q$이어야 하고,
명제 $p \longrightarrow {\sim}r$이 참이 되려면 $P\subset R^C$이어야 한다.
$P=\{x\,|\,5<x<8\}$, $Q=\{x\,|\,x\geq a\}$
$|x|>a^2$에서 $x<-a^2$ 또는 $x>a^2$이므로
$R=\{x\,|\,x<-a^2$ 또는 $x>a^2\}$, 즉 $R^C=\{x\,|\,-a^2\leq x\leq a^2\}$
세 집합 P, Q, R^C을 수직선 위에 나타내면 오른쪽 그림과 같다.

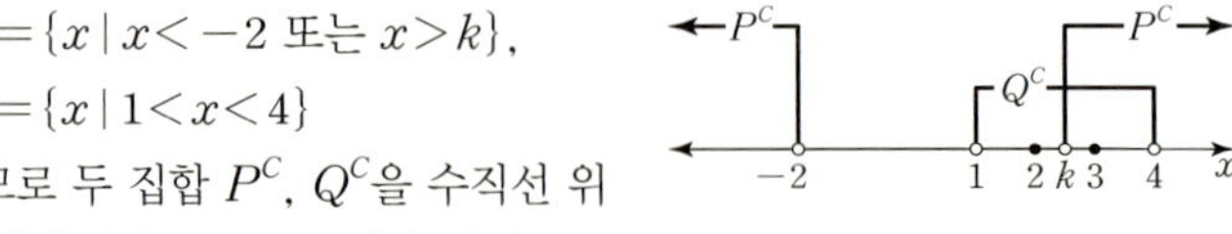
$P\subset Q$에서 $a\leq5$
$P\subset R^C$에서 $-a^2\leq5$, $a^2\geq8$
이때 $a>0$이므로 $a\geq2\sqrt{2}$
따라서 $2\sqrt{2}\leq a\leq5$이므로 구하는 자연수 a의 값의 합은
$3+4+5=12$

📒 12

26 두 조건 p, q의 진리집합을 각각 P, Q라 하면
$P=\{x\,|\,-2\leq x\leq k\}$, $Q=\{x\,|\,x\leq1$ 또는 $x\geq4\}$
명제 ${\sim}p \longrightarrow q$의 반례가 될 수 있는 값은 P^C의 원소이면서 집합 Q의 원소가 아니므로 집합 $P^C\cap Q^C$의 원소이다.
$P^C=\{x\,|\,x<-2$ 또는 $x>k\}$,
$Q^C=\{x\,|\,1<x<4\}$
이므로 두 집합 P^C, Q^C을 수직선 위에 나타내면 오른쪽 그림과 같다.

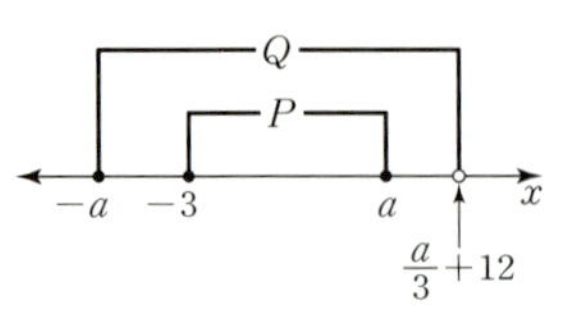

따라서 집합 $P^C \cap Q^C$의 자연수가 3 뿐이어야 하므로 $2 \le k < 3$이다.

답 ③

27 $U = \{1, 2, 3, 6\}$
① $x \in U$인 모든 x에 대하여 $x+1 < 8$이다. (참)
② $x=6$이면 $3x-1 > 12$이다. (참)
③ $x \in U$인 모든 x에 대하여 $x^2-1 \ge 0$이다. (참)
④ $x=1$이면 $x^2+1 \le 2$이다. (참)
⑤ [반례] $x=1$이면 $x^2-x=0$이다. (거짓)

답 ⑤

28 주어진 벤 다이어그램에서
$A=\{2, 3, 5, 7\}$, $B=\{2, 4, 6\}$
① $2 \in A$이므로 집합 A의 어떤 원소는 짝수이다. (참)
② $A=\{2, 3, 5, 7\}$이므로 집합 A의 모든 원소는 소수이다. (참)
③ $B=\{2, 4, 6\}$이므로 집합 B에 홀수인 원소는 존재하지 않는다.
(거짓)
④ $2 \in B$이므로 집합 B의 어떤 원소는 소수이다. (참)
⑤ $B=\{2, 4, 6\}$이므로 집합 B의 모든 원소는 짝수이다. (참)

답 ③

29 ㄱ. 이차방정식 $x^2-3x+1=0$의 판별식을 D라 하면
$D=(-3)^2-4 \times 1 \times 1=5 > 0$
이므로 이차방정식 $x^2-3x+1=0$은 서로 다른 두 실근을 갖는다.
(참)
ㄴ. $x^2-x+1=\left(x-\dfrac{1}{2}\right)^2+\dfrac{3}{4} > 0$
이므로 모든 실수 x에 대하여 $x^2-x+1 > 0$이다. (참)
ㄷ. $x=\sqrt{2}$이면 x는 무리수이고 x^2은 유리수이다. (참)
이상에서 참인 명제는 ㄱ, ㄴ, ㄷ이다.

답 ⑤

30 주어진 명제의 부정은 '어떤 실수 x에 대하여 $x^2-x \le 0$이다.'이다.

답 ⑤

31 주어진 명제의 부정은 '어떤 실수 x에 대하여 $x^2+6x+k \le 0$이다.'이다.
이차방정식 $x^2+6x+k=0$의 판별식을 D라 하면
$\dfrac{D}{4}=9-k \ge 0$, $k \le 9$
따라서 실수 k의 최댓값은 9이다.

답 9

32 ㄱ. 주어진 명제의 부정은 '모든 실수 x에 대하여 $x^2+2x+3 > 0$이다.'이다.
$x^2+2x+3=(x+1)^2+2 > 0$이므로 모든 실수 x에 대하여
$x^2+2x+3 > 0$이다. (참)
ㄴ. 주어진 명제의 부정은 '어떤 실수 x, y에 대하여 $x^2+y^2 < 0$이다.'
이다.
$x^2+y^2 < 0$을 만족시키는 두 실수 x, y는 존재하지 않는다. (거짓)

ㄷ. 주어진 명제의 부정은 '모든 양수 x에 대하여 $x+\dfrac{1}{x} > 2$이다.'이다.
[반례] $x=1$이면 $x+\dfrac{1}{x}=2$이다. (거짓)
이상에서 부정이 참인 명제는 ㄱ이다.

답 ①

33 ① 역: $a=0$ 또는 $b=0$이면 $a^2+b^2=0$이다. (거짓)
[반례] $a=0$, $b=1$이면 $a^2+b^2=1$이다.
② 역: $a+b$가 짝수이면 ab는 홀수이다. (거짓)
[반례] $a=2$, $b=4$이면 $a+b=6$은 짝수이지만
$ab=8$도 짝수이다.
③ 역: $a+b \le 2$이면 $a \le 1$이고 $b \le 1$이다. (거짓)
[반례] $a=-5$, $b=2$이면 $a+b=-3 \le 2$이지만
$a \le 1$이고 $b > 1$이다.
④ 역: $a=0$이고 $b=0$이면 $ab=0$이다. (참)
⑤ 역: $a+b > 0$이면 $a > 0$, $b > 0$이다. (거짓)
[반례] $a=2$, $b=-1$이면 $a+b=1 > 0$이지만
$a > 0$, $b < 0$이다.

답 ④

34 명제 $q \longrightarrow {\sim}p$의 역 ${\sim}p \longrightarrow q$가 참이므로 대우 ${\sim}q \longrightarrow p$도 항상 참이다.

답 ⑤

35 두 조건 p, q의 진리집합을 각각 P, Q라 할 때, 명제 $p \longrightarrow q$의 역 $q \longrightarrow p$가 참이 되려면 $Q \subset P$이어야 한다.
$P=\{x \mid -2 < x < 4\}$
$x^2-2ax+a^2-1 < 0$에서 $\{x-(a-1)\}\{x-(a+1)\} < 0$이므로
$a-1 < x < a+1$
$Q=\{x \mid a-1 < x < a+1\}$
두 집합 P, Q를 수직선 위에 나타내면
오른쪽 그림과 같다.
$a-1 \ge -2$, $a+1 \le 4$이므로
$-1 \le a \le 3$
따라서 실수 a의 최댓값은 3이고, 최솟값은 -1이므로 그 합은
$3+(-1)=2$

답 ⑤

36 ㄱ. 명제가 거짓이므로 대우도 거짓이다.
[반례] $x=1$, $y=-1$이면 $x > y$이지만 $\dfrac{1}{x} > \dfrac{1}{y}$이다.
ㄴ. $xy > 0$이면 $x > 0$, $y > 0$ 또는 $x < 0$, $y < 0$이다.
$x > 0$, $y > 0$이면 $|x+y|=x+y=|x|+|y|$이다.
$x < 0$, $y < 0$이면 $|x+y|=-x-y=|x|+|y|$이다.
즉, $xy > 0$이면 $|x+y|=|x|+|y|$이다.
명제가 참이므로 대우도 참이다.
ㄷ. 명제가 거짓이므로 대우도 거짓이다.
[반례] $x=\sqrt{2}$, $y=-\sqrt{2}$이면 $x+y$는 유리수이지만 x, y는 모두 무리수이다.
이상에서 대우가 참인 명제는 ㄴ이다.

답 ②

37 ㄱ. 역: $x^2-2x<0$이면 $-1<x<2$이다. (참)

$x^2-2x<0$에서 $x(x-2)<0$이므로 $0<x<2$

$\{x\,|\,0<x<2\}\subset\{x\,|\,-1<x<2\}$이므로 역은 참이다.

명제가 거짓이므로 대우도 거짓이다.

[반례] $x=0$이면 $-1<x<2$이지만 $x^2-2x\geq0$이다.

ㄴ. 역: $x=0$이고 $y=0$이면 $x^2+y^2=0$이다. (참)

$x^2+y^2=0$에서 $x=y=0$이므로 명제가 참이다.

명제가 참이므로 대우도 참이다.

ㄷ. 역: $|x-y|\neq x-y$이면 $x\leq y$이다. (참)

$|x-y|\neq x-y$에서 $x-y<0$이므로 역은 참이다.

대우: $|x-y|=x-y$이면 $x>y$이다. (거짓)

[반례] $x=1$, $y=1$이면 $|x-y|=x-y$이지만 $x=y$이다.

이상에서 역과 대우가 모두 참인 명제는 ㄴ이다.

$\boxed{\small 답}$ ②

38 주어진 명제가 참이므로 대우 '$x=a+1$이면 $x^2-7x+4a=0$이다.'도 참이다.

$x=a+1$을 $x^2-7x+4a=0$에 대입하면

$(a+1)^2-7(a+1)+4a=0$, $a^2-a-6=0$

$(a+2)(a-3)=0$, $a=-2$ 또는 $a=3$

따라서 모든 실수 a의 값의 합은

$-2+3=1$

$\boxed{\small 답}$ ①

39 주어진 명제가 참이므로 대우 '$x<1$이고 $y<4$이면 $2x+3y<k$이다.'도 참이다.

$x<1$에서 $2x<2$이고 $y<4$에서 $3y<12$이므로 $2x+3y<14$

따라서 $k\geq14$이므로 실수 k의 최솟값은 14이다.

$\boxed{\small 답}$ ③

40 명제 $p\longrightarrow q$가 참이 되려면 대우 $\sim q\longrightarrow\sim p$도 참이 되어야 한다.

$\sim p$: $x^2-4x-12<0$에서 $(x+2)(x-6)<0$이므로 $-2<x<6$

$\sim q$: $|x-a|\leq2$에서 $-2\leq x-a\leq2$이므로 $a-2\leq x\leq a+2$

두 조건 p, q의 진리집합을 각각 P, Q라 할 때, 명제 $\sim q\longrightarrow\sim p$가 참이 되려면 $Q^C\subset P^C$이어야 한다.

$P^C=\{x\,|-2<x<6\}$, $Q^C=\{x\,|\,a-2\leq x\leq a+2\}$

두 집합 P^C, Q^C을 수직선 위에 나타내면 오른쪽 그림과 같다.

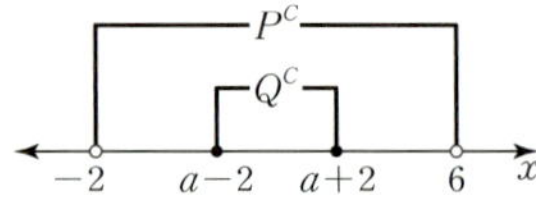

$a-2>-2$, $a+2<6$이므로

$0<a<4$

따라서 구하는 모든 정수 a의 값의 합은

$1+2+3=6$

$\boxed{\small 답}$ ②

41 두 명제 $p\longrightarrow\sim r$, $q\longrightarrow r$이 모두 참이므로 각각의 대우

$r\longrightarrow\sim p$, $\sim r\longrightarrow q$도 모두 참이다.

두 명제 $p\longrightarrow\sim r$, $\sim r\longrightarrow q$가 모두 참이므로 명제 $p\longrightarrow q$가 참이고 대우 $\sim q\longrightarrow\sim p$도 참이다.

따라서 항상 참인 명제는 $\sim q\longrightarrow\sim p$이다.

$\boxed{\small 답}$ ③

42 두 명제 $p\longrightarrow\sim s$, $q\longrightarrow r$이 모두 참이므로 각각의 대우

$s\longrightarrow\sim p$, $\sim r\longrightarrow\sim q$도 참이다.

두 명제 $s\longrightarrow\sim p$, $q\longrightarrow r$이 모두 참이므로 명제 $s\longrightarrow r$이 참임을 보이기 위해서는 명제 $\sim p\longrightarrow q$가 참이어야 한다.

따라서 명제 $\sim p\longrightarrow q$가 참이면 대우 $\sim q\longrightarrow p$도 참이어야 한다.

$\boxed{\small 답}$ ③

43 ㄱ. 명제 $q\longrightarrow s$가 참이므로 대우 $\sim s\longrightarrow\sim q$도 참이다.

두 명제 $p\longrightarrow\sim s$, $\sim s\longrightarrow\sim q$가 모두 참이므로

명제 $p\longrightarrow\sim q$도 참이다.

ㄴ. 두 명제 $r\longrightarrow q$, $q\longrightarrow s$가 모두 참이므로 명제 $r\longrightarrow s$도 참이고 대우 $\sim s\longrightarrow\sim r$도 참이다.

ㄷ. 명제 $p\longrightarrow\sim s$가 참이고 ㄴ에서 명제 $\sim s\longrightarrow\sim r$도 참이므로

명제 $p\longrightarrow\sim r$도 참이다.

그러나 명제 $p\longrightarrow\sim r$의 역 $\sim r\longrightarrow p$가 항상 참인 것은 아니다.

이상에서 항상 참인 명제는 ㄱ, ㄴ이다.

$\boxed{\small 답}$ ②

44 세 조건 p, q, r를

p: 여학생이다.

q: 아이스크림을 좋아한다.

r: 피구를 좋아한다.

로 놓으면 $p\longrightarrow q$, $\sim p\longrightarrow\sim r$이 모두 참이므로 각각의 대우

$\sim q\longrightarrow\sim p$, $r\longrightarrow p$도 모두 참이다.

$r\longrightarrow p$, $p\longrightarrow q$가 모두 참이므로 $r\longrightarrow q$가 참이고, 대우

$\sim q\longrightarrow\sim r$도 참이다.

각 선지를 세 조건 p, q, r로 나타내면 다음과 같다.

① $p\longrightarrow r$　　　② $\sim p\longrightarrow\sim q$　　　③ $q\longrightarrow r$

④ $r\longrightarrow q$　　　⑤ $\sim q\longrightarrow p$

따라서 항상 참인 명제는 ④이다.

$\boxed{\small 답}$ ④

45 네 조건 p, q, r, s를

p: 1이 적힌 카드를 뒤집는다.

q: 2가 적힌 카드를 뒤집는다.

r: 3이 적힌 카드를 뒤집는다.

s: 4가 적힌 카드를 뒤집는다.

로 놓으면 조건에서 $p\longrightarrow s$, $\sim q\longrightarrow\sim s$, $r\longrightarrow p$가 모두 참이므로 각각의 대우 $\sim s\longrightarrow\sim p$, $s\longrightarrow q$, $\sim p\longrightarrow\sim r$도 모두 참이다.

$p\longrightarrow s$, $s\longrightarrow q$가 모두 참이므로 $p\longrightarrow q$도 참이다.

$r\longrightarrow p$, $p\longrightarrow s$가 모두 참이므로 $r\longrightarrow s$도 참이다.

$r\longrightarrow p$, $p\longrightarrow s$, $s\longrightarrow q$가 모두 참이므로 $r\longrightarrow q$도 참이다.

$p\longrightarrow q$, $p\longrightarrow s$에서 1이 적힌 카드를 뒤집으면 2, 4가 적힌 카드를 뒤집어야 하므로 조건을 만족시키지 않는다.

$r\longrightarrow p$, $r\longrightarrow q$, $r\longrightarrow s$에서 3이 적힌 카드를 뒤집으면 1, 2, 4가 적힌 카드를 뒤집어야 하므로 조건을 만족시키지 않는다.

따라서 뒤집은 카드는 2, 4가 적힌 카드이므로 보이는 면에 적혀 있는 수는 각각 1, 5, 3, 5이다.

따라서 구하는 모든 수들의 합은

$1+5+3+5=14$

$\boxed{\small 답}$ 14

46 ① 명제 '$x<1$이면 $x\le2$'는 참이다.

하지만 $x=2$이면 $x\le2$이지만 $x\ge1$이므로 명제 '$x\le2$이면 $x<1$'

은 거짓이다.

즉, p는 q이기 위한 충분조건이지만 필요조건은 아니다.

② 명제 '$x\ge1$이고 $y\ge1$이면 $x+y\ge2$'는 참이다.

하지만 $x=4$, $y=-1$이면 $x+y\ge2$이지만 $x\ge1$이고 $y<1$이므로

명제 '$x+y\ge2$이면 $x\ge1$이고 $y\ge1$'은 거짓이다.

즉, p는 q이기 위한 충분조건이지만 필요조건은 아니다.

③ $x^2-2x<0$에서 $x(x-2)<0$이므로 $0<x<2$

명제 '$0<x<2$이면 $x^2-2x<0$'은 참이고, 명제 '$x^2-2x<0$이면

$0<x<2$'도 참이다.

즉, p는 q이기 위한 필요충분조건이다.

④ 명제 '$x=y$이면 $xz=yz$'는 참이다.

하지만 $x=1$, $y=2$, $z=0$이면 $xz=yz=0$이지만 $x\ne y$이므로 명

제 '$xz=yz$이면 $x=y$'는 거짓이다.

즉, p는 q이기 위한 필요조건이지만 충분조건은 아니다.

⑤ $x=-3$, $y=-2$이면 $x<y$이지만 $|x|\ge|y|$이므로 명제 '$x<y$이

면 $|x|<|y|$'는 거짓이다.

또, $x=0$, $y=-3$이면 $|x|<|y|$이지만 $x\ge y$이므로 명제

'$|x|<|y|$이면 $x<y$'는 거짓이다.

즉, p는 q이기 위한 충분조건도 아니고 필요조건도 아니다.

📘 ④

47 $(A\cup B)\cap(A\cup B^C)=A\cup(B\cap B^C)=A\cup\varnothing=A$

에서 $A=A\cap B$이므로 $A\subset B$

따라서 $(A\cup B)\cap(A\cup B^C)=A\cap B$가 성립하기 위한 필요충분조

건은 $A\subset B$이다.

📘 ③

48 ㄱ. $a^2<b^2$에서 $|a|<|b|$

즉, $p\Longrightarrow q$, $q\Longrightarrow p$이므로 p는 q이기 위한 필요조건이지만 충분

조건은 아니다.

ㄴ. $a>1$, $b>1$이면 $a-1>0$, $b-1>0$이므로 $(a-1)(b-1)>0$

즉, $p\Longrightarrow q$

[←의 반례] $a=0$, $b=0$이면 $(a-1)(b-1)>0$이지만 $a\le1$,

$b\le1$이다.

즉, p는 q이기 위한 충분조건이지만 필요조건은 아니다.

ㄷ. $a>b$이고 $b>c$이면 $a>c$이므로 $p\Longrightarrow q$

[←의 반례] $a=1$, $b=2$, $c=-1$이면 $a>c$이지만 $a\le b$이다.

즉, p는 q이기 위한 충분조건이지만 필요조건은 아니다.

이상에서 p는 q이기 위한 충분조건이지만 필요조건이 아닌 것은 ㄴ,

ㄷ이다.

📘 ④

49 ㄱ. $xy=0$에서 $x=0$ 또는 $y=0$

$p\Longrightarrow q$, $q\Longrightarrow p$이므로 p가 q이기 위한 충분조건이지만 필요조건

은 아니다.

ㄴ. $|x|\ge0$, $|y|\ge0$이므로 $|x|+|y|=0$에서 $x=0$, $y=0$

즉, $p\Longleftrightarrow q$이므로 p가 q이기 위한 필요충분조건이다.

ㄷ. q: $x^2(y^2+1)+y^2(x^2+1)=0$에서 $2x^2y^2+x^2+y^2=0$

이때 $2x^2y^2\ge0$, $x^2\ge0$, $y^2\ge0$이므로 $x=0$, $y=0$

즉, $p\Longleftrightarrow q$이므로 p가 q이기 위한 필요충분조건이다.

이상에서 p가 q이기 위한 필요충분조건인 조건 q는 ㄴ, ㄷ이다.

📘 ⑤

50 조건 (가)에서 $A_{36}\subset A_{6n}$이므로 $6n$이 36의 양의 배수이다.

또, $6n\ne36$이므로 n은 6보다 큰 6의 배수이다.

조건 (나)에서 $A_n\subset A_{36}$이므로 n은 36의 양의 약수이다.

또, $n\ne36$이므로 n은 36보다 작은 36의 양의 약수이다.

따라서 구하는 n의 값은 12, 18이므로 그 합은

$12+18=30$

📘 30

51 p가 q이기 위한 필요조건이므로 $Q\subset P$

① $P\cap Q=Q$ ② $P\cup Q=P$

③ $P-Q\ne\varnothing$ ⑤ $P^C\cup Q\ne U$

📘 ④

52 ㄱ. $P\subset Q^C$이므로 p는 $\sim q$이기 위한 충분조건이다.

ㄴ. $Q\subset P^C$이므로 $\sim p$는 q이기 위한 필요조건이다.

ㄷ. $R\subset Q$이므로 r은 q이기 위한 충분조건이다.

이상에서 항상 옳은 것은 ㄱ, ㄴ이다.

📘 ③

53 $Q\cap(P\cup R^C)=\varnothing$이므로 세 집합
P, Q, R은 그림과 같다.

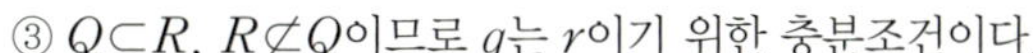

① $P\not\subset Q$, $Q\not\subset P$이므로 p는 q이기 위한

충분조건도 필요조건도 아니다.

② $R\not\subset P^C$, $P^C\not\subset R$이므로 r은 $\sim p$이기 위

한 충분조건도 필요조건도 아니다.

③ $Q\subset R$, $R\not\subset Q$이므로 q는 r이기 위한 충분조건이다.

④ $Q^C\not\subset P$, $P\subset Q^C$이므로 $\sim q$는 p이기 위한 필요조건이다.

⑤ $P^C\not\subset Q$, $Q\subset P^C$이므로 $\sim p$는 q이기 위한 필요조건이다.

📘 ⑤

54 세 조건 p, q, r의 진리집합을 각각 P, Q, R이라 하면 q는 p이

기 위한 필요조건이므로 $P\subset Q$이어야 하고, r은 p이기 위한 충분조건

이므로 $R\subset P$이어야 한다.

세 집합 P, Q, R을 수직선 위에 나타
내면 오른쪽 그림과 같다.

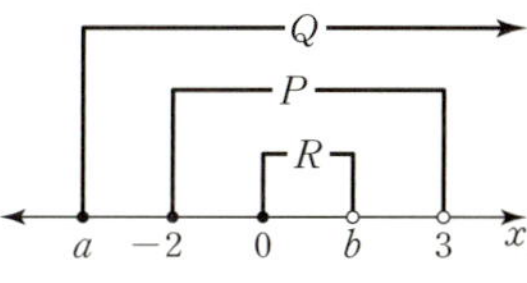

즉, $a\le-2$, $0<b\le3$

따라서 실수 a의 최댓값은 -2이고 양

수 b의 최댓값은 3이므로 그 합은

$-2+3=1$

📘 1

55 두 조건 p, q를 p: $x-a\ne0$, q: $x^2-8x+b\ne0$이라 하고, 두

조건 p, q의 진리집합을 각각 P, Q라 하면

p는 q이기 위한 필요충분조건이므로

$P=Q$, 즉 $P^C=Q^C$

$\sim p$: $x-a=0$에서 $x=a$이므로 $P^C=\{a\}$

$\sim q$: $x^2-8x+b=0$에서 $Q^C=\{x\,|\,x^2-8x+b=0\}$

정답과 풀이 **75**

즉, 이차방정식 $x^2-8x+b=0$의 해가 $x=a$ 뿐이므로
$x^2-8x+b=(x-a)^2$, $x^2-8x+b=x^2-2ax+a^2$
$-8=-2a$, $b=a^2$에서 $a=4$, $b=16$
따라서 $a+b=4+16=20$

답 20

56 두 조건 p, q의 진리집합을 각각 P, Q라 하면
$\sim p$가 q이기 위한 충분조건이므로 $P^C \subset Q$
$P^C \subset Q$이므로 $Q^C \subset P$
$P=\{x \mid a \leq x \leq a+k\}$, $Q^C=\{x \mid 3 \leq x \leq 7\}$
두 집합 P, Q^C을 수직선 위에 나타내
면 오른쪽 그림과 같다.
$a \leq 3$, $a+k \geq 7$이므로 $7-k \leq a \leq 3$
$7-k \leq 3$에서 $k \geq 4$이므로 양수 k의 최솟값은 4이다.

답 4

57 p가 q이기 위한 충분조건이므로 $p \Longrightarrow q$
r은 $\sim p$이기 위한 필요조건이므로 $\sim p \Longrightarrow r$
명제 $\sim p \longrightarrow r$이 참이므로 대우 $\sim r \longrightarrow p$도 참이다.
$\sim r \Longrightarrow p$, $p \Longrightarrow q$이므로 $\sim r \Longrightarrow q$
명제 $\sim r \longrightarrow q$가 참이므로 대우 $\sim q \longrightarrow r$도 참이다.

답 ③

58 ㄱ. 명제 $p \longrightarrow r$이 참이므로 r은 p이기 위한 필요조건이다.
　(거짓)
ㄴ. 명제 $\sim q \longrightarrow \sim r$이 참이므로 대우 $r \longrightarrow q$도 참이다.
　　즉, q는 r이기 위한 필요조건이다. (참)
ㄷ. 두 명제 $p \longrightarrow r$, $r \longrightarrow q$가 모두 참이므로 명제 $p \longrightarrow q$도 참이
　　다.
　　즉, p는 q이기 위한 충분조건이다. (거짓)
이상에서 항상 옳은 것은 ㄴ이다.

답 ②

59 p는 r이기 위한 충분조건이므로 $p \Longrightarrow r$
$\sim r$은 q이기 위한 필요조건이므로 $q \Longrightarrow \sim r$
s는 q이기 위한 필요충분조건이므로 $s \Longleftrightarrow q$
ㄱ. 명제 $q \longrightarrow p$가 항상 참이라고 할 수 없다. (거짓)
ㄴ. 두 명제 $s \longrightarrow q$, $q \longrightarrow \sim r$이 모두 참이므로 명제 $s \longrightarrow \sim r$이 참
　　이다.
　　명제 $s \longrightarrow \sim r$이 참이므로 대우 $r \longrightarrow \sim s$도 참이다. (참)
ㄷ. 명제 $p \longrightarrow r$이 참이므로 대우 $\sim r \longrightarrow \sim p$도 참이다.
　　ㄴ에서 명제 $s \longrightarrow \sim r$이 참이므로 명제 $s \longrightarrow \sim p$도 참이다. (참)
이상에서 항상 참인 명제는 ㄴ, ㄷ이다.

답 ⑤

60 주어진 명제의 대우는
'a, b, c가 모두 ⃞홀수⃞ 이면 $a^2+b^2 \neq c^2$이다.'
이다.
a, b, c가 모두 ⃞홀수⃞ 이면 a^2+b^2은 ⃞짝수⃞ 이고 c^2은 ⃞홀수⃞ 이므로
$a^2+b^2 \neq c^2$이다.

따라서 주어진 명제의 대우가 참이므로 주어진 명제도 참이다.
이상에서 (가) 홀수, (나) 짝수, (다) 홀수이다.

답 (가) 홀수 (나) 짝수 (다) 홀수

61 주어진 명제의 대우는
'n이 3의 배수가 아니면 n^2도 3의 배수가 아니다.'이다.
n이 3의 배수가 아니면
$n=3k-2$ 또는 $n=\boxed{3k-1}$ (k는 자연수)
로 나타낼 수 있다.
(ⅰ) $n=3k-2$일 때
　　$n^2=(3k-2)^2=3(\boxed{3k^2-4k+1})+1$
(ⅱ) $n=\boxed{3k-1}$일 때
　　$n^2=(3k-1)^2=3(\boxed{3k^2-2k})+1$
(ⅰ), (ⅱ)에서 n^2은 3의 배수가 아니다.
따라서 주어진 명제의 대우가 참이므로 주어진 명제도 참이다.
이상에서
$f(k)=3k-1$, $g(k)=3k^2-4k+1$, $h(k)=3k^2-2k$이므로
$\dfrac{f(2)g(3)}{h(4)}=\dfrac{5 \times 16}{40}=2$

답 2

62 $\sqrt{n^2+2n}$이 유리수라 가정하면
$\sqrt{n^2+2n}=\dfrac{q}{p}$ (p, q는 서로소인 자연수)로 놓을 수 있다.
양변을 제곱하면 $n^2+2n=\dfrac{q^2}{p^2}$ ...... ㉠
그런데 ㉠의 좌변은 자연수이므로 우변도 자연수이어야 한다.
이때 p와 q는 서로소이므로
$p^2=\boxed{1}$ ...... ㉡
㉡을 ㉠에 대입하면
$n^2+2n=q^2$, $(n+1)^2-q^2=1$
$(n+1+q)(n+1-q)=\boxed{1}$
$n+1+q=1$, $n+1-q=1$ 또는 $n+1+q=-1$, $n+1-q=-1$
즉, $n+q=0$, $n-q=0$ 또는
$n+q+\boxed{2}=0$, $n-q+\boxed{2}=0$ ...... ㉢
㉢을 만족시키는 두 자연수 n, q가 존재하지 않으므로 모순이다.
따라서 자연수 n에 대하여 $\sqrt{n^2+2n}$이 무리수이다.
이상에서 $a=1$, $b=1$, $c=2$이므로
$a+b+c=1+1+2=4$

답 4

63 주어진 방정식이 0을 근으로 갖는다고 하면 $b=0$이므로 0은 근이
아니다.
주어진 방정식이 유리수 근을 갖는다고 가정하면
$x=\dfrac{n}{m}$ (m, n은 서로소인 정수, $m>0$, $n \neq 0$)
으로 놓을 수 있다.
$\left(\dfrac{n}{m}\right)^2+a \times \dfrac{n}{m}+b=0$에서 $n^2=-m(an+bm)$이므로 m은 n^2의
약수이다.
m, n이 서로소이므로 $m=\boxed{1}$이다.

$b=-n^2-an=-\boxed{n(n+1)}-n(a-1)$

에서 $n(n+1)$과 $n(a-1)$이 모두 짝수로 b가 짝수이므로 모순이다.

따라서 주어진 방정식은 유리수 근을 갖지 않는다.

이상에서 $k=1$, $f(n)=n(n+1)$이므로

$f(2k)=f(2)=2\times3=6$

답 ③

64 $a^2+b^2+c^2-(ab+bc+ca)$

$\qquad=\dfrac{1}{2}(2a^2+2b^2+2c^2-2ab-2bc-2ca)$

$\qquad=\boxed{\dfrac{1}{2}}\times\{(a-b)^2+(b-c)^2+(c-a)^2\}$

a, b, c가 실수이므로

$(a-b)^2\geq0$, $(b-c)^2\geq0$, $(c-a)^2\geq0$

따라서 $a^2+b^2+c^2\geq ab+bc+ca$

이때 등호는 $(a-b)^2=0$, $(b-c)^2=0$, $(c-a)^2=0$에서

$a=b$, $b=c$, $c=a$, 즉 $\boxed{a=b=c}$일 때 성립한다.

이상에서 (가) $\dfrac{1}{2}$, (나) $a=b=c$이다.

답 ②

65 $(|a|+|b|)^2-(|a+b|)^2$

$\qquad=|a|^2+2|a||b|+|b|^2-a^2-2ab-b^2$

$\qquad=2(\boxed{|ab|-ab})\geq0$

이므로 $(|a|+|b|)^2\geq(|a+b|)^2$

$|a|+|b|\geq0$, $|a+b|\geq0$이므로 $|a|+|b|\geq|a+b|$

이때 등호는 $\boxed{ab\geq0}$일 때 성립한다.

이상에서 (가) $|ab|-ab$, (나) $ab\geq0$이다.

답 ③

66 $(a^2+b^2)(x^2+y^2)-(ax+by)^2$

$\qquad=a^2x^2+a^2y^2+b^2x^2+b^2y^2-a^2x^2-2abxy-b^2y^2$

$\qquad=(bx)^2-2\times bx\times(\boxed{ay})+(\boxed{ay})^2$

$\qquad=(\boxed{bx-ay})^2\geq0$

따라서 $(a^2+b^2)(x^2+y^2)\geq(ax+by)^2$

이때 등호는 $bx-ay=0$, 즉 $\boxed{\dfrac{x}{a}=\dfrac{y}{b}}$일 때 성립한다.

이상에서 (가) ay, (나) $bx-ay$, (다) $\dfrac{x}{a}=\dfrac{y}{b}$이다.

답 ③

67 $\left(x+\dfrac{2}{y}\right)\left(y+\dfrac{8}{x}\right)=xy+8+2+\dfrac{16}{xy}$

$\qquad\qquad\qquad\qquad\quad=10+xy+\dfrac{16}{xy}$

$xy>0$이므로 산술평균과 기하평균의 관계에 의하여

$10+xy+\dfrac{16}{xy}\geq10+2\sqrt{xy\times\dfrac{16}{xy}}=10+2\times4=18$

이때 등호는 $xy=\dfrac{16}{xy}$일 때, 즉 $xy=4$일 때 성립한다.

따라서 $\left(x+\dfrac{2}{y}\right)\left(y+\dfrac{8}{x}\right)$의 최솟값은 18이다.

답 ④

68 $a>0$에서 $a^2>0$이므로 산술평균과 기하평균의 관계에 의하여

$\left(4a-\dfrac{1}{a}\right)\left(a-\dfrac{4}{a}\right)=4a^2-16-1+\dfrac{4}{a^2}$

$\qquad\qquad\qquad\qquad\quad=-17+4a^2+\dfrac{4}{a^2}$

$\qquad\qquad\qquad\qquad\quad\geq-17+2\sqrt{4a^2\times\dfrac{4}{a^2}}$

$\qquad\qquad\qquad\qquad\quad=-17+2\times4=-9$

즉, $m=-9$

이때 등호는 $4a^2=\dfrac{4}{a^2}$, 즉 $a=1$일 때 성립한다.

즉, $k=1$

따라서 $m+k=-9+1=-8$

답 ①

69 $a>2$에서 $a-2>0$이므로 산술평균과 기하평균의 관계에 의하여

$4a+\dfrac{9}{a-2}=4(a-2)+\dfrac{9}{a-2}+8$

$\qquad\qquad\geq2\sqrt{4(a-2)\times\dfrac{9}{a-2}}+8$

$\qquad\qquad=2\times6+8=20$

이때 등호는 $4(a-2)=\dfrac{9}{a-2}$, 즉 $a=\dfrac{7}{2}$일 때 성립한다.

$4a+\dfrac{9}{a-2}\geq k$가 항상 성립하려면 $k\leq20$이어야 하므로 실수 k의 최

댓값은 20이다.

답 ⑤

70 $a>0$, $b>0$이므로 산술평균과 기하평균의 관계에 의하여

$a+3b\geq2\sqrt{a\times3b}=2\sqrt{3ab}$

그런데 $ab=12$이므로 $a+3b\geq2\sqrt{3\times12}=12$

이때 등호는 $a=3b$, 즉 $a=6$, $b=2$일 때 성립한다.

따라서 $a+3b$의 최솟값은 12이다.

답 ③

71 $x>0$, $y>0$이므로 산술평균과 기하평균의 관계에 의하여

$3x+4y\geq2\sqrt{3x\times4y}=2\sqrt{12xy}$

그런데 $3x+4y=12$이므로 $12\geq2\sqrt{12xy}$, $xy\leq3$

이때 등호는 $3x=4y$, 즉 $x=2$, $y=\dfrac{3}{2}$일 때 성립한다.

따라서 $M=3$, $a=2$, $b=\dfrac{3}{2}$이므로

$M+a+b=3+2+\dfrac{3}{2}=\dfrac{13}{2}$

답 ⑤

72 $a>0$, $b>0$, $c>0$에서 $a+2b>0$이므로 산술평균과 기하평균의

관계에 의하여

$(a+2b+3c)\left(\dfrac{1}{a+2b}+\dfrac{3}{c}\right)=1+\dfrac{3(a+2b)}{c}+\dfrac{3c}{a+2b}+9$

$\qquad\qquad\qquad\qquad\qquad=10+\dfrac{3(a+2b)}{c}+\dfrac{3c}{a+2b}$

$\qquad\qquad\qquad\qquad\qquad\geq10+2\sqrt{\dfrac{3(a+2b)}{c}\times\dfrac{3c}{a+2b}}$

$\qquad\qquad\qquad\qquad\qquad=10+2\times3=16$

이때 등호는 $\dfrac{3(a+2b)}{c}=\dfrac{3c}{a+2b}$, 즉 $a+2b=c$일 때 성립한다.

따라서 구하는 최솟값은 16이다.

답 16

73 직선 $a(x-2)+b(y-1)=0$의 x절편은

$a(x-2)+b(0-1)=0$에서 $x=\dfrac{b}{a}+2$

직선 $a(x-2)+b(y-1)=0$의 y절편은

$a(0-2)+b(y-1)=0$에서 $y=\dfrac{2a}{b}+1$

삼각형 OAB의 넓이는

$$\dfrac{1}{2}\times\left(\dfrac{b}{a}+2\right)\times\left(\dfrac{2a}{b}+1\right)=\dfrac{1}{2}\times\left(2+\dfrac{b}{a}+\dfrac{4a}{b}+2\right)$$
$$=2+\dfrac{1}{2}\times\left(\dfrac{b}{a}+\dfrac{4a}{b}\right)$$

$a>0$, $b>0$이므로 산술평균과 기하평균의 관계에 의하여

$$2+\dfrac{1}{2}\times\left(\dfrac{b}{a}+\dfrac{4a}{b}\right)\geq2+\dfrac{1}{2}\times2\sqrt{\dfrac{b}{a}\times\dfrac{4a}{b}}$$
$$=2+\dfrac{1}{2}\times2\times2=4$$

이때 등호는 $\dfrac{b}{a}=\dfrac{4a}{b}$, 즉 $b=2a$일 때 성립한다.

따라서 삼각형 OAB의 넓이의 최솟값은 4이다.

답 ④

74 한 개의 직사각형의 가로의 길이를 x m, 세로의 길이를 y m라 하면 노끈의 전체 길이가 126 m이므로

$7x+6y=126$

영역 전체의 넓이는 $4xy$

$x>0$, $y>0$이므로 산술평균과 기하평균의 관계에 의하여

$7x+6y\geq2\sqrt{7x\times6y}=2\sqrt{42xy}$

그런데 $7x+6y=126$이므로

$126\geq2\sqrt{42xy}$, $\sqrt{42xy}\leq63$

$4xy\leq4\times\dfrac{63\times63}{42}=378$

이때 등호는 $7x=6y$, 즉 $x=9$, $y=\dfrac{21}{2}$일 때 성립한다.

따라서 영역 전체의 넓이의 최댓값은 378 m²이다.

답 ④

75 삼각형 ABC에서 $\overline{AC}=\sqrt{16+4}=2\sqrt{5}$

$\angle B=\dfrac{\pi}{2}$이므로 선분 AC는 원의 지름이다.

즉 $\angle CPA=\dfrac{\pi}{2}$

$\overline{AP}=x$, $\overline{CP}=y$라 하면

삼각형 CPA에서 $x^2+y^2=20$

사각형 ABCP의 넓이는

$$\dfrac{1}{2}\times4\times2+\dfrac{1}{2}\times x\times y=4+\dfrac{1}{2}xy$$

$x>0$, $y>0$이므로 산술평균과 기하평균의 관계에 의하여

$x^2+y^2\geq2\sqrt{x^2\times y^2}=2xy$에서

$20\geq2xy$, $xy\leq10$

$4+\dfrac{1}{2}xy\leq4+\dfrac{1}{2}\times10=9$

이때 등호는 $x^2=y^2$, 즉 $x=y$일 때 성립한다.

따라서 사각형 ABCP의 넓이의 최댓값은 9이다.

답 ②

76 $\overline{PQ}=x$, $\overline{PR}=y$라 하면

삼각형 ABC의 넓이는 $\dfrac{\sqrt{3}}{4}\times6^2=9\sqrt{3}$

삼각형 PAB의 넓이는 $\dfrac{1}{2}\times6\times x=3x$

삼각형 PBC의 넓이는 $\dfrac{1}{2}\times6\times\sqrt{3}=3\sqrt{3}$

삼각형 PCA의 넓이는 $\dfrac{1}{2}\times6\times y=3y$

즉, $3x+3\sqrt{3}+3y=9\sqrt{3}$이므로 $x+y=2\sqrt{3}$

$x>0$, $y>0$이므로 산술평균과 기하평균의 관계에 의하여

$x^2+y^2\geq2\sqrt{x^2\times y^2}=2xy$

그런데, $x+y=2\sqrt{3}$에서 $x^2+2xy+y^2=12$이므로

$2xy=12-(x^2+y^2)$

$x^2+y^2\geq2xy=12-(x^2+y^2)$, $x^2+y^2\geq6$

이때 등호는 $x^2=y^2$, 즉 $x=y$일 때 성립한다.

따라서 $\overline{PQ}^2+\overline{PR}^2$의 최솟값은 6이다.

답 6

<table>
<tr><td colspan="4">서술형 완성하기   본문 99~100쪽</td></tr>
<tr><td>01 48</td><td>02 3</td></tr>
<tr><td>03 20</td><td>04 2</td></tr>
<tr><td>05 C</td><td>06 6</td></tr>
<tr><td>07 11</td><td>08 풀이 참조</td></tr>
<tr><td>09 4</td><td>10 32 cm</td></tr>
</table>

01 두 조건 p, q의 진리집합을 각각 P, Q라 하면

$P=\{3,\ 6,\ 9,\ 12,\ 15,\ 18\}$

$Q=\{4,\ 8,\ 12,\ 16,\ 20\}$ ······ ❶

조건 '~p이고 q'의 진리집합은 $P^C\cap Q$이므로

$P^C\cap Q=Q-P=\{4,\ 8,\ 16,\ 20\}$ ······ ❷

따라서 구하는 진리집합의 모든 원소의 합은

$4+8+16+20=48$ ······ ❸

답 48

단계	채점 기준	비율
❶	두 조건 p, q의 진리집합 P, Q를 구한 경우	30 %
❷	집합 $P^C\cap Q$를 구한 경우	40 %
❸	답을 구한 경우	30 %

02 명제 '$x+y<5$이면 $x<2$ 또는 $y<k$이다.'가 참이므로 대우 '$x\geq2$이고 $y\geq k$이면 $x+y\geq5$이다.'도 참이다.   ······ ❶

$x\geq2$이고 $y\geq k$에서 $x+y\geq2+k$이므로

'$x+y\geq2+k$이면 $x+y\geq5$이다.'가 참이 되려면

$2+k\geq5$, 즉 $k\geq3$ ······ ❷

따라서 실수 k의 최솟값은 3이다. ...... ❸

답 3

단계	채점 기준	비율
❶	명제의 대우를 구한 경우	30 %
❷	k의 값의 범위를 구한 경우	50 %
❸	답을 구한 경우	20 %

03 주어진 명제의 역은
'$x^2-8x+12>0$이면 $x^2-(a+3)x+3a>0$이다.'이다. ...... ❶
두 조건을 각각 p: $x^2-8x+12>0$, q: $x^2-(a+3)x+3a>0$이라 하고 두 조건 p, q의 진리집합을 각각 P, Q라 하면 명제 $p\longrightarrow q$가 참이므로 대우 $\sim q\longrightarrow\sim p$도 참이다.
$\sim p$: $x^2-8x+12\leq0$에서 $(x-2)(x-6)\leq0$이므로
$2\leq x\leq6$, 즉 $P^C=\{x\,|\,2\leq x\leq6\}$
$\sim q$: $x^2-(a+3)x+3a\leq0$에서 $(x-3)(x-a)\leq0$이므로
$a<3$일 때 $Q^C=\{x\,|\,a\leq x\leq3\}$,
$a\geq3$일 때 $Q^C=\{x\,|\,3\leq x\leq a\}$ ...... ❷
명제 $\sim q\longrightarrow\sim p$가 참이므로 $Q^C\subset P^C$이다.
(ⅰ) $a<3$일 때, $2\leq a<3$
(ⅱ) $a\geq3$일 때, $3\leq a\leq6$
(ⅰ), (ⅱ)에서 $2\leq a\leq6$ ...... ❸
따라서 구하는 모든 정수 a의 값은 2, 3, 4, 5, 6이므로 그 합은
$2+3+4+5+6=20$ ...... ❹

답 20

단계	채점 기준	비율
❶	주어진 명제의 역을 구한 경우	20 %
❷	두 조건 p, q의 진리집합 P, Q에 대하여 두 집합 P^C, Q^C을 구한 경우	30 %
❸	a의 값의 범위를 구한 경우	30 %
❹	답을 구한 경우	20 %

04 명제 '어떤 실수 x에 대하여 $x^2-ax+a<0$이다.'의 부정은 '모든 실수 x에 대하여 $x^2-ax+a\geq0$이다.'이다.
명제 '모든 실수 x에 대하여 $x^2+2ax+4\geq0$이다.'의 부정은 '어떤 실수 x에 대하여 $x^2+2ax+4<0$이다.'이다. ...... ❶
이차방정식 $x^2-ax+a=0$의 판별식을 D_1이라 하면
$D_1=a^2-4a\leq0$, $a(a-4)\leq0$
즉, $0\leq a\leq4$ ...... ㉠
이차방정식 $x^2+2ax+4=0$의 판별식을 D_2라 하면
$\dfrac{D_2}{4}=a^2-4>0$, $(a+2)(a-2)>0$
즉, $a<-2$ 또는 $a>2$ ...... ㉡ ...... ❷
㉠, ㉡에서 $2<a\leq4$이므로 구하는 정수 a의 값은 3, 4이고 그 개수는 2이다. ...... ❸

답 2

단계	채점 기준	비율
❶	명제의 부정을 구한 경우	30 %
❷	a의 값의 범위를 구한 경우	50 %
❸	답을 구한 경우	20 %

05 조건 (가)에서 A는 대상 수상자가 아니다. ...... ❶
조건 (나)에서 B가 대상 수상자이면 C도 대상 수상자이고, 조건 (나)의 대우에서 공동 수상자가 없으면 B는 대상 수상자가 아니다. ...... ❷
조건 (다)에서 A, B, C 중 한 학생은 대상 수상자이므로 C는 반드시 대상 수상자에 포함되어야 한다. ...... ❸
따라서 반드시 대상 수상자에 포함되는 학생은 C이다. ...... ❹

답 C

단계	채점 기준	비율
❶	조건 (가)를 해석한 경우	20 %
❷	조건 (나)를 해석한 경우	30 %
❸	조건 (다)를 해석한 경우	30 %
❹	답을 구한 경우	20 %

06 p가 q이기 위한 필요조건이 되기 위해서는 $q\longrightarrow p$가 참이므로 대우 $\sim p\longrightarrow\sim q$도 참이다. ...... ❶
$x-2=0$이면 $x^2-ax+8=0$이 참이므로
$4-2a+8=0$
따라서 $a=6$ ...... ❷

답 6

단계	채점 기준	비율
❶	대우를 구한 경우	40 %
❷	답을 구한 경우	60 %

07 세 조건 p, q, r의 진리집합을 각각 P, Q, R이라 하면
$|x-3|\leq a$에서 $-a\leq x-3\leq a$이므로
$-a+3\leq x\leq a+3$, 즉 $P=\{x\,|\,-a+3\leq x\leq a+3\}$
$Q=\{x\,|\,x>b\}$
$|x|>7$에서 $x<-7$ 또는 $x>7$이므로
$R=\{x\,|\,x<-7$ 또는 $x>7\}$ ...... ❶
p가 $\sim r$이기 위한 충분조건이므로 $P\subset R^C$
$\sim q$가 r이기 위한 필요조건이므로 $R^C\subset Q^C$ ...... ❷
$Q^C=\{x\,|\,x\leq b\}$, $R^C=\{x\,|\,-7\leq x\leq7\}$이므로
세 집합 P, Q^C, R^C을 수직선 위에 나타내면 오른쪽 그림과 같다.
$P\subset R^C$이므로
$-a+3\geq-7$, $a+3\leq7$에서 $a\leq4$
$R^C\subset Q^C$이므로 $b\geq7$ ...... ❸
따라서 $M=4$, $m=7$이므로
$M+m=4+7=11$ ...... ❹

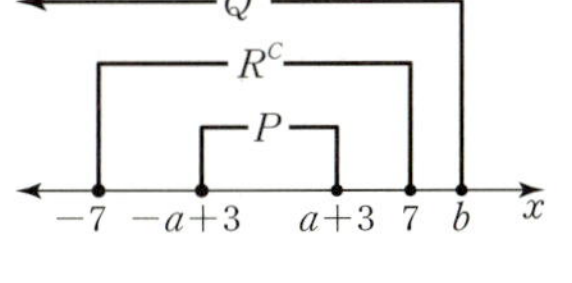

답 11

단계	채점 기준	비율
❶	세 조건 p, q, r의 진리집합 P, Q, R을 구한 경우	20 %
❷	$P\subset R^C$, $R^C\subset Q^C$을 구한 경우	30 %
❸	a, b의 값의 범위를 구한 경우	30 %
❹	답을 구한 경우	20 %

08 $(\sqrt{a-b})^2-(\sqrt{a}-\sqrt{b})^2=(a-b)-(a-2\sqrt{ab}+b)$
$=2\sqrt{ab}-2b$
$=2\sqrt{b}(\sqrt{a}-\sqrt{b})$ ...... ❶

$a>b>0$에서 $\sqrt{b}>0$, $\sqrt{a}-\sqrt{b}>0$이므로
$2\sqrt{b}(\sqrt{a}-\sqrt{b})>0$
즉, $(\sqrt{a-b})^2-(\sqrt{a}-\sqrt{b})^2>0$이므로
$(\sqrt{a-b})^2>(\sqrt{a}-\sqrt{b})^2$ ...... ❷
따라서 $\sqrt{a-b}>0$, $\sqrt{a}-\sqrt{b}>0$이므로
$\sqrt{a-b}>\sqrt{a}-\sqrt{b}$ ...... ❸

답 풀이 참조

단계	채점 기준	비율
❶	$(\sqrt{a-b})^2-(\sqrt{a}-\sqrt{b})^2$을 바르게 정리한 경우	30 %
❷	$(\sqrt{a-b})^2>(\sqrt{a}-\sqrt{b})^2$을 보인 경우	40 %
❸	$\sqrt{a-b}>\sqrt{a}-\sqrt{b}$를 보인 경우	30 %

09 $\dfrac{x^2+8}{x+1}=\dfrac{(x^2-1)+9}{x+1}=x-1+\dfrac{9}{x+1}$

$\qquad\quad =x+1+\dfrac{9}{x+1}-2$ ...... ❶

$x>-1$에서 $x+1>0$이므로 산술평균과 기하평균의 관계에 의하여

$\dfrac{x^2+8}{x+1}=x+1+\dfrac{9}{x+1}-2$

$\qquad\quad \geq 2\sqrt{(x+1)\times\dfrac{9}{x+1}}-2$

$\qquad\quad =2\times3-2=4$ ...... ❷

이때 등호는 $x+1=\dfrac{9}{x+1}$, 즉 $x=2$일 때 성립한다. ...... ❸

따라서 $\dfrac{x^2+8}{x+1}$의 최솟값은 4이다. ...... ❹

답 4

단계	채점 기준	비율
❶	식을 바르게 정리한 경우	20 %
❷	산술평균과 기하평균의 관계를 이용하여 값을 구한 경우	50 %
❸	등호성립 조건을 구한 경우	10 %
❹	답을 구한 경우	20 %

10 직사각형의 가로, 세로의 길이를 각각 a cm, b cm라 하면
넓이가 32 cm²이므로 $ab=32$ ...... ❶
상자의 모서리 12개의 길이의 합은

$\dfrac{a}{4}\times8+4b=2a+4b$

$a>0$, $b>0$이므로 산술평균과 기하평균의 관계에 의하여
$2a+4b\geq2\sqrt{2a\times4b}=4\sqrt{2ab}$
그런데 $ab=32$이므로 $2a+4b\geq4\sqrt{2\times32}=32$ ...... ❷
이때 등호는 $2a=4b$, 즉 $a=8$, $b=4$일 때 성립한다. ...... ❸
따라서 상자의 모서리 12개의 길이의 합의 최솟값은 32 cm이다. ...... ❹

답 32 cm

단계	채점 기준	비율
❶	ab의 값을 구한 경우	20 %
❷	산술평균과 기하평균의 관계를 이용하여 값을 구한 경우	50 %
❸	등호성립 조건을 구한 경우	10 %
❹	답을 구한 경우	20 %

01	③	**02**	2
03	ㄴ	**04**	④
05	3	**06**	⑤
07	259		

01

Step 1 두 조건 p, q의 진리집합 P, Q 구하기

$x^2-2x-3\leq0$에서 $(x+1)(x-3)\leq0$이므로 $-1\leq x\leq3$
즉, $P=\{x\,|\,-1\leq x\leq3\}$
$|x-5|>3$에서 $x-5<-3$ 또는 $x-5>3$이므로
$x<2$ 또는 $x>8$
즉, $Q=\{x\,|\,x<2$ 또는 $x>8\}$

Step 2 두 집합 $P\cup Q$, $P^C\cap Q^C$ 구하기

$2f(k)+f(2k)=4$를 만족시키려면 $f(k)=1$, $f(2k)=2$이어야 한다.
즉, $k\not\in P$, $k\not\in Q$이고 $2k\in P$ 또는 $2k\in Q$
$P\cup Q=\{x\,|\,x\leq3$ 또는 $x>8\}$
$P^C\cap Q^C=(P\cup Q)^C=\{x\,|\,3<x\leq8\}$

Step 3 조건을 만족시키는 모든 정수 k의 값의 합 구하기

$4\in(P^C\cap Q^C)$, $8\not\in(P\cup Q)$
$5\in(P^C\cap Q^C)$, $10\in(P\cup Q)$
$6\in(P^C\cap Q^C)$, $12\in(P\cup Q)$
$7\in(P^C\cap Q^C)$, $14\in(P\cup Q)$
$8\in(P^C\cap Q^C)$, $16\in(P\cup Q)$
따라서 구하는 모든 정수 k의 값은 5, 6, 7, 8이므로 그 합은
$5+6+7+8=26$

답 ③

02

Step 1 '어떤'이 포함된 명제에서 a의 값의 범위 구하기

$x^2-ax\leq0$에서 $x(x-a)\leq0$이므로 명제 '$x\leq-1$인 어떤 실수 x에 대하여 $x^2-ax\leq0$이다.'가 참이 되려면 $a\leq x\leq0$이고 $a\leq-1$이어야 한다.

Step 2 '모든'이 포함된 명제에서 a의 값의 범위 구하기

명제 '$x>2$인 모든 실수 x에 대하여 $x+a>0$이다.'가 참이 되려면 $-a\leq2$, 즉 $a\geq-2$이어야 한다.

Step 3 조건을 만족시키는 정수 a의 개수 구하기

따라서 $-2\leq a\leq-1$이므로 구하는 정수 a의 값은 -2, -1이고 그 개수는 2이다.

답 2

03

Step 1 ㄱ의 참, 거짓 판정하기

ㄱ. 주어진 명제의 역은 '$x+y>2$이면 $x>1$, $y>1$이다.'이므로 거짓이다.
　　[반례] $x=2$, $y=1$이면 $x+y>2$이지만 $y\leq1$이다.

Step 2 ㄴ의 참, 거짓 판정하기

ㄴ. 주어진 명제의 역은 '$x\neq0$ 또는 $y\neq0$이면 $x^2+y^2>0$이다.'이므로
　참이다.
　주어진 명제의 대우는 '$x=0$, $y=0$이면 $x^2+y^2\leq0$이다.'이므로 참
　이다.

Step 3 ㄷ의 참, 거짓 판정하기

ㄷ. 주어진 명제가 거짓이므로 대우는 거짓이다.
　[반례] $x=1$, $y=0$이면 $xy=0$이지만 $x^2-xy+y^2\neq0$이다.
이상에서 역과 대우가 모두 참인 명제는 ㄴ이다.

답 ㄴ

04

Step 1 네 개의 조건 p, q, r, s로 나타내기

네 조건 p, q, r, s를
p: 새싹을 보는 걸 좋아한다.　　q: 수학을 좋아한다.
r: 비오는 날을 좋아한다.　　s: 음악을 좋아한다.
로 놓는다.

Step 2 주어진 조건에서 참인 명제 모두 구하기

(가), (나), (다)에서 세 명제 $p\longrightarrow q$, $r\longrightarrow p$, $\sim p\longrightarrow\sim s$ 가 모두 참
이므로 각각의 대우 $\sim q\longrightarrow\sim p$, $\sim p\longrightarrow\sim r$, $s\longrightarrow p$도 모두 참이다.

Step 3 삼단논법을 이용하여 참인 명제 찾기

두 명제 $\sim q\longrightarrow\sim p$, $\sim p\longrightarrow\sim s$가 모두 참이므로 명제 $\sim q\longrightarrow\sim s$가
참이다.
따라서 수학을 좋아하지 않는 학생은 음악을 좋아하지 않는다.

답 ④

05

Step 1 조건 q 해석하기

q: $(a-2)(b-2)(c-2)>0$에서 $a-2$, $b-2$, $c-2$가 모두 양수이
　거나 하나만 양수이다.
$a>2$, $b>2$, $c>2$ 또는 $a>2$, $b<2$, $c<2$ 또는 $a<2$, $b>2$, $c<2$
또는 $a<2$, $b<2$, $c>2$
이므로 a, b, c 모두 2보다 크거나 하나만 2 보다 크다.

Step 2 $N(p_1)$, $N(p_2)$의 값 구하기

$p_1\not\Longrightarrow q$, $q\Longrightarrow p_1$이므로 p_1이 q이기 위한 필요조건이지만 충분조건이
아니다. 즉, $N(p_1)=2$
$p_2\Longrightarrow q$, $q\not\Longrightarrow p_2$이므로 p_2가 q이기 위한 충분조건이지만 필요조건
이 아니다. 즉, $N(p_2)=1$

Step 3 $N(p_1)+N(p_2)$의 값 구하기

따라서 $N(p_1)+N(p_2)=2+1=3$

답 3

06

Step 1 ㄱ의 참, 거짓 판정하기

ㄱ. $a^2+b^2-ab=\left(a-\dfrac{b}{2}\right)^2+\dfrac{3}{4}b^2\geq0$
　이때 등호는 $a=b=0$일 때 성립한다.
　따라서 $a^2+b^2\geq ab$이다. (참)

Step 2 ㄴ의 참, 거짓 판정하기

ㄴ. (i) $|a|<|b|$일 때,
　　$|a|-|b|<0$, $|a-b|>0$이므로 $|a-b|>|a|-|b|$이다.
　(ii) $|a|\geq|b|$일 때,
　　$|a|-|b|\geq0$, $|a-b|\geq0$이므로
　　$|a-b|^2-(|a|-|b|)^2=(a-b)^2-(|a|^2-2|a||b|+|b|^2)$
　　$\qquad\qquad\qquad\qquad\qquad=2(|ab|-ab)$
　　이때 $|ab|\geq ab$이므로 $2(|ab|-ab)\geq0$
　　즉, $|a-b|\geq|a|-|b|$
　　　　(단, 등호는 $a\leq b\leq0$ 또는 $0\leq b\leq a$일 때 성립한다.)
　(i), (ii)에 의하여 $|a-b|\geq|a|-|b|$ (참)

Step 3 ㄷ의 참, 거짓 판정하기

ㄷ. $a^2+b^2+1-2(a+b-ab)$
　$=a^2+b^2+(-1)^2+2a\times(-1)+2b\times(-1)+2ab$
　$=(a+b-1)^2\geq0$
　　　　　　　　　(단, 등호는 $a+b=1$일 때 성립한다.)
　따라서 $a^2+b^2+1\geq2(a+b-ab)$ (참)
이상에서 항상 성립하는 것은 ㄱ, ㄴ, ㄷ이다.

답 ⑤

07

Step 1 두 삼각형 AFG, PDE의 높이의 합 구하기

오른쪽 그림과 같이 점 A에서 선분 FG에 내
린 수선의 발을 H, 점 P에서 선분 DE에 내린
수선의 발을 I라 하자.
$\overline{AH}=a$, $\overline{PI}=b$라 하면
$\overline{AB}=6$이므로 $a+b=3\sqrt{3}$

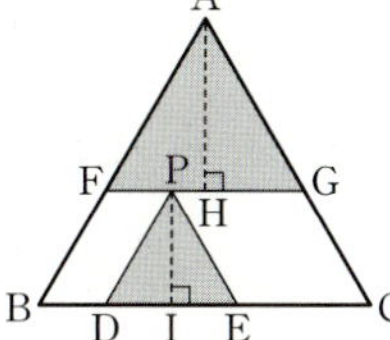

Step 2 두 삼각형 AFG, PDE의 넓이의 곱을 식으로 나타내기

삼각형 AFG의 넓이는
$$\dfrac{1}{2}\times\left(\dfrac{a}{\sqrt{3}}\times2\right)\times a=\dfrac{\sqrt{3}}{3}a^2$$
삼각형 PDE의 넓이는
$$\dfrac{1}{2}\times\left(\dfrac{b}{\sqrt{3}}\times2\right)\times b=\dfrac{\sqrt{3}}{3}b^2$$
두 삼각형 AFG, PDE의 넓이의 곱은
$$\dfrac{\sqrt{3}}{3}a^2\times\dfrac{\sqrt{3}}{3}b^2=\dfrac{1}{3}a^2b^2$$

Step 3 산술평균과 기하평균의 관계를 이용하여 두 삼각형 AFG, PDE의 넓이의 곱의 최댓값 구하기

$a>0$, $b>0$이므로 산술평균과 기하평균의 관계에 의하여
$a+b\geq2\sqrt{ab}$
그런데 $a+b=3\sqrt{3}$에서 $3\sqrt{3}\geq2\sqrt{ab}$이므로 $ab\leq\dfrac{27}{4}$
$$\dfrac{1}{3}a^2b^2\leq\dfrac{1}{3}\times\left(\dfrac{27}{4}\right)^2=\dfrac{243}{16}$$
이때 등호는 $a=b$일 때 성립한다.
따라서 두 삼각형 AFG, PDE의 넓이의 곱의 최댓값은 $\dfrac{243}{16}$이다.
즉, $p=16$, $q=243$이므로 $p+q=259$

답 259

06 함수

개념 확인하기

본문 105, 107, 109쪽

01 ○ **02** × **03** × **04** ○
05 정의역: $\{1, 2, 3\}$, 공역: $\{a, b, c, d\}$, 치역: $\{a, b, d\}$
06 정의역: $\{1, 2, 3\}$, 공역: $\{a, b, c\}$, 치역: $\{a, b\}$
07 정의역: $\{1, 2, 3, 4\}$, 공역: $\{a, b, c, d\}$, 치역: $\{a, b, c\}$
08 정의역: $\{1, 2, 3, 4\}$, 공역: $\{a, b, c\}$, 치역: $\{b, c\}$
09 정의역: 실수 전체의 집합, 공역: 실수 전체의 집합,
　　치역: 실수 전체의 집합
10 정의역: 실수 전체의 집합, 공역: 실수 전체의 집합,
　　치역: $\{y \mid y \geq 1\}$
11 ○ **12** ○ **13** ○ **14** ×
15 풀이 참조 **16** 풀이 참조 **17** ○ **18** ×
19 ○ **20** × **21** ㄴ, ㄷ, ㄹ **22** ㄴ, ㄷ
23 ㄴ **24** ㄱ **25** ㄱ, ㄴ, ㄷ **26** ㄱ, ㄷ
27 ㄱ **28** ㄹ **29** ㄱ, ㄴ **30** ㄱ, ㄴ
31 ㄱ **32** ㄷ **33** 풀이 참조 **34** 풀이 참조
35 2 **36** 4 **37** 4 **38** 1
39 $(f \circ g)(x) = 2x^2$ **40** $(g \circ f)(x) = 4x^2$
41 ㄷ **42** ㄱ, ㄴ **43** 2 **44** 1
45 4 **46** 3 **47** -2 **48** $-\dfrac{9}{2}$
49 $y = \dfrac{1}{3}x + \dfrac{1}{3}$ **50** $y = 2x - 14$
51 4 **52** 2 **53** 1 **54** 2
55 풀이 참조 **56** 풀이 참조 **57** 풀이 참조 **58** 풀이 참조

01 답 ○

02 집합 X의 원소 d에 대응하는 집합 Y의 원소가 없으므로 함수가 아니다.

답 ×

03 집합 X의 원소 b에 대응하는 집합 Y의 원소가 2개이므로 함수가 아니다.

답 ×

04 답 ○

05 답 정의역: $\{1, 2, 3\}$, 공역: $\{a, b, c, d\}$, 치역: $\{a, b, d\}$

06 답 정의역: $\{1, 2, 3\}$, 공역: $\{a, b, c\}$, 치역: $\{a, b\}$

07 답 정의역: $\{1, 2, 3, 4\}$, 공역: $\{a, b, c, d\}$, 치역: $\{a, b, c\}$

08 답 정의역: $\{1, 2, 3, 4\}$, 공역: $\{a, b, c\}$, 치역: $\{b, c\}$

09 답 정의역: 실수 전체의 집합, 공역: 실수 전체의 집합,
치역: 실수 전체의 집합

10 답 정의역: 실수 전체의 집합, 공역: 실수 전체의 집합,
치역: $\{y \mid y \geq 1\}$

11 $f(-1) = g(-1) = -1$, $f(1) = g(1) = 1$이므로 $f = g$

답 ○

12 $f(-1) = g(-1) = 1$, $f(1) = g(1) = 1$이므로 $f = g$

답 ○

13 $f(-1) = g(-1) = -1$, $f(1) = g(1) = 3$이므로 $f = g$

답 ○

14 $f(-1) = 0$, $g(-1) = 2$이므로 $f \neq g$

답 ×

15

답 풀이 참조

16

답 풀이 참조

17 답 ○

18 답 ×

19 답 ○

20 답 ×

21 답 ㄴ, ㄷ, ㄹ

22 답 ㄴ, ㄷ

23 답 ㄴ

24 답 ㄱ

25 답 ㄱ, ㄴ, ㄷ

26 답 ㄱ, ㄷ

27 답 ㄱ

28
답 ㄹ

29
답 ㄱ, ㄴ

30
답 ㄱ, ㄴ

31
답 ㄱ

32
답 ㄷ

33 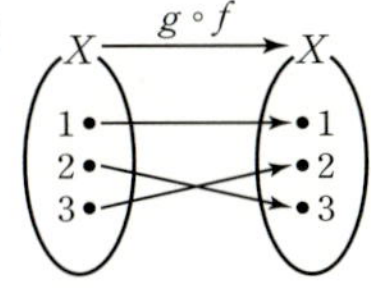
답 풀이 참조

34 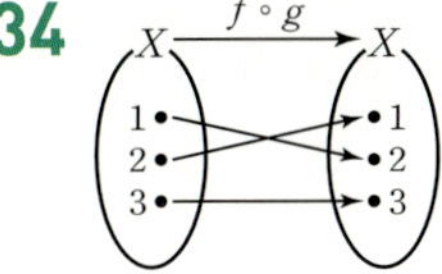
답 풀이 참조

35 $(f \circ g)(1)=f(g(1))=f(1)=2$
답 2

36 $(g \circ f)(1)=g(f(1))=g(2)=4$
답 4

37 $(f \circ f)(1)=f(f(1))=f(2)=4$
답 4

38 $(g \circ g)(1)=g(g(1))=g(1)=1$
답 1

39 $(f \circ g)(x)=f(g(x))=f(x^2)=2x^2$
답 $(f \circ g)(x)=2x^2$

40 $(g \circ f)(x)=g(f(x))=g(2x)=(2x)^2=4x^2$
답 $(g \circ f)(x)=4x^2$

41 역함수가 존재하려면 일대일대응이 되어야 하므로 **보기** 중 역함수가 존재하는 함수는 ㄷ이다.
답 ㄷ

42 역함수가 존재하려면 일대일대응이 되어야 하므로 **보기** 중 역함수가 존재하는 함수는 ㄱ, ㄴ이다.
답 ㄱ, ㄴ

43 $f^{-1}(3)=2$
답 2

44 $f^{-1}(4)=1$
답 1

45 $f^{-1}(5)=4$
답 4

46 $f^{-1}(6)=3$
답 3

47 $f^{-1}(1)=a$라 하면 $f(a)=1$
$2a+5=1$에서 $a=-2$
따라서 $f^{-1}(1)=-2$
답 -2

48 $f^{-1}(-4)=a$라 하면 $f(a)=-4$
$2a+5=-4$에서 $a=-\dfrac{9}{2}$
따라서 $f^{-1}(-4)=-\dfrac{9}{2}$
답 $-\dfrac{9}{2}$

49 $y=3x-1$에서 $3x=y+1$, $x=\dfrac{1}{3}y+\dfrac{1}{3}$
x와 y를 서로 바꾸면 역함수는 $y=\dfrac{1}{3}x+\dfrac{1}{3}$
답 $y=\dfrac{1}{3}x+\dfrac{1}{3}$

50 $y=\dfrac{1}{2}x+7$에서 $\dfrac{1}{2}x=y-7$, $x=2y-14$
x와 y를 서로 바꾸면 역함수는 $y=2x-14$
답 $y=2x-14$

51 $f^{-1}(4)=4$
답 4

52 $(f^{-1} \circ f)(2)=2$
답 2

53 $(f \circ f^{-1})(1)=1$
답 1

54 $(f^{-1})^{-1}(3)=f(3)=2$
답 2

55 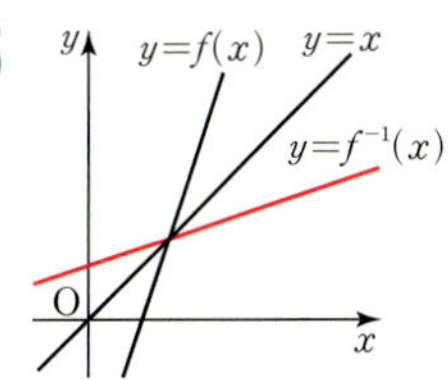

답 풀이 참조

56 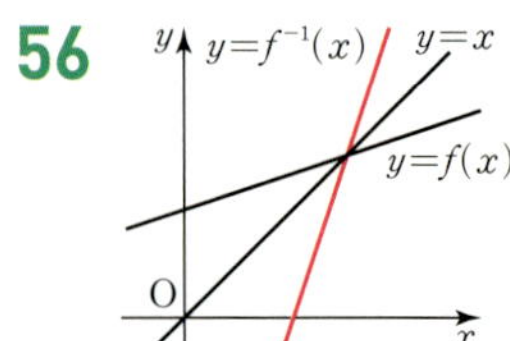

$\boxminus$ 풀이 참조

57 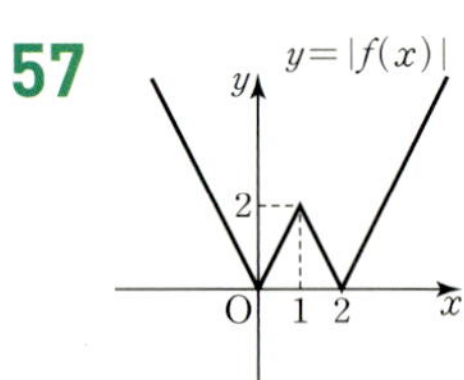

$\boxminus$ 풀이 참조

58 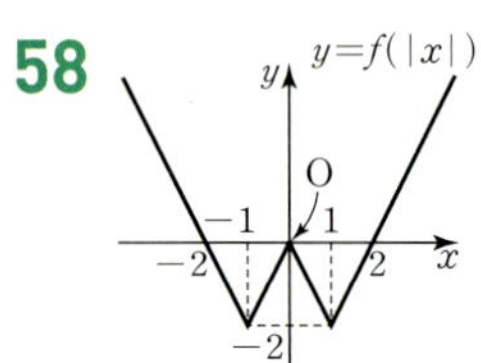

$\boxminus$ 풀이 참조

유형 완성하기   본문 110~125쪽

01 ⑤	**02** ③	**03** $-\dfrac{1}{5}\leq m\leq\dfrac{2}{5}$	
04 ②	**05** ②	**06** ④	**07** ②
08 -1	**09** ②	**10** ②	**11** 10
12 ③	**13** -3	**14** ③	**15** ①
16 8	**17** ③	**18** ②	**19** 3
20 ③	**21** ⑤	**22** ㄴ, ㄷ	**23** ③
24 ①	**25** ⑤	**26** ②	**27** 12
28 7	**29** 49	**30** ②	**31** ⑤
32 81	**33** 24	**34** ①	**35** ②
36 ③	**37** ①	**38** 4	**39** ②
40 ④	**41** ②	**42** ④	**43** ③
44 ③	**45** ①	**46** $h(x)=\dfrac{3}{2}x+\dfrac{17}{2}$	
47 ②	**48** ③	**49** ①	**50** ③
51 ⑤	**52** ②	**53** ②	**54** ②
55 ④	**56** 11	**57** 81	**58** 34
59 ①	**60** 7	**61** ①	**62** ②
63 -24	**64** ③	**65** $a<2$	**66** -4
67 ②	**68** 7	**69** ①	**70** ②
71 $-\dfrac{5}{2}$	**72** ⑤	**73** 6	**74** ③
75 ④	**76** ③	**77** ④	**78** ①
79 $f(x)=3x+2$	**80** ③	**81** ①	
82 ③	**83** ④	**84** -4	**85** ③
86 $\dfrac{15}{2}\leq a<8$	**87** ①	**88** ①	
89 ①	**90** ③	**91** ②	**92** 4
93 $\dfrac{4}{5}<m<2$		**94** 11	**95** 7

01 ㄱ. $f(-1)=|-1|=1$, $f(0)=|0|=0$, $f(1)=|1|=1$이므로 함수이다.

ㄴ. $g(-1)=(-1)^2+1=2$, $g(0)=0^2+1=1$, $g(1)=1^2+1=2$이므로 함수이다.

ㄷ. $h(-1)=-(-1)+1=2$, $h(0)=-0+1=1$, $h(1)=-1+1=0$이므로 함수이다.

따라서 함수인 것은 ㄱ, ㄴ, ㄷ이다.

$\boxminus$ ⑤

02 $X=\{1,\,2,\,3,\,4,\,5\}$에 대하여

$f(x)=-(x-3)^2+a$에서

$f(1)=f(5)=-4+a$, $f(2)=f(4)=-1+a$, $f(3)=a$

이므로 $\{a-4,\,a-1,\,a\}\subset X$

$a-4\geq 1$, $a\leq 5$에서 $5\leq a\leq 5$

따라서 $a=5$

$\boxminus$ ③

03 $y=m(x-3)+4$는 기울기가 m이고, 점 $(3,\,4)$를 지나는 직선의 방정식이므로 $f(x)=m(x-3)+4$가

정의역이 $X=\{x\,|\,-2\leq x\leq 1\}$이고

공역이 $Y=\{y\,|\,2\leq y\leq 5\}$인 함수가 되려면

$2\leq f(-2)\leq 5$이고 $2\leq f(1)\leq 5$

$f(-2)=-5m+4$, $f(1)=-2m+4$

$2\leq -5m+4\leq 5$에서 $-\dfrac{1}{5}\leq m\leq\dfrac{2}{5}$ ⋯⋯ ㉠

$2\leq -2m+4\leq 5$에서 $-\dfrac{1}{2}\leq m\leq 1$ ⋯⋯ ㉡

따라서 ㉠, ㉡에서 $-\dfrac{1}{5}\leq m\leq\dfrac{2}{5}$

$\boxminus$ $-\dfrac{1}{5}\leq m\leq\dfrac{2}{5}$

04 3은 유리수이므로

$f(3)=3-2=1$

$\sqrt{2}$는 무리수이므로

$f(\sqrt{2})=(\sqrt{2})^2+4=2+4=6$

따라서 $f(3)+f(\sqrt{2})=1+6=7$

$\boxminus$ ②

05 $-1<0$이므로

$f(-1)=-(-1)-2=-1$

$1\geq 0$이므로

$f(1)=2\times 1+3=5$

따라서 $f(-1)+f(1)=-1+5=4$

$\boxminus$ ②

06 $11^2=(10+1)^2=10^2+2\times 10+1^2$

에서 11^2을 5로 나눈 나머지는 1이므로 $f(11)=1$

$428^2=(420+8)^2=420^2+2\times 420\times 8+8^2$

에서 428^2을 5로 나눈 나머지는 $8^2=64$를 5로 나눈 나머지와 같으므로

$f(428)=4$

따라서 $f(11)+f(428)=1+4=5$

$\boxminus$ ④

07 $y=ax-3$은 직선의 방정식이므로 두 함숫값 $f(1)$, $f(2)$의 값이 모두 공역에 속해야 한다.

$f(1)=a-3$, $f(2)=2a-3$이므로

$-2\le f(1)\le 2$에서 $-2\le a-3\le 2$, $1\le a\le 5$

$-2\le f(2)\le 2$에서 $-2\le 2a-3\le 2$, $\dfrac{1}{2}\le a\le\dfrac{5}{2}$

따라서 $1\le a\le\dfrac{5}{2}$이므로 가능한 정수 a의 값은 1, 2로 그 개수는 2이다.

冒 ②

08 (i) $a>0$일 때:

직선 $y=ax+b$의 기울기가 양수이므로 공역과 치역이 일치하려면

$f(-2)=-2$, $f(3)=3$이어야 하므로

$-2a+b=-2$, $3a+b=3$

두 식을 연립하여 풀면 $a=1$, $b=0$이므로 $ab=0$

(ii) $a=0$일 때:

$f(x)=b$로 상수함수이므로 공역과 치역이 일치하지 않는다.

(iii) $a<0$일 때:

직선 $y=ax+b$의 기울기가 음수이므로 공역과 치역이 일치하려면

$f(-2)=3$, $f(3)=-2$이어야 하므로

$-2a+b=3$, $3a+b=-2$

두 식을 연립하여 풀면 $a=-1$, $b=1$이므로 $ab=-1$

(i), (ii), (iii)에 의하여 ab의 최솟값은 -1이다.

冒 -1

09 $3^1=3$이므로 $f(1)=3$

$3^2=9$이므로 $f(2)=9$

$3^3=27$이므로 $f(3)=7$

$3^4=81$이므로 $f(4)=1$

$3^5=243$이므로 $f(5)=3$

$\cdots$

같은 방법으로 계속하면 3^x을 10으로 나눈 나머지는 3^x의 일의 자리 숫자와 같으므로 3, 9, 7, 1이 순서대로 반복하여 나타난다.

따라서 치역은 $\{1,\ 3,\ 7,\ 9\}$이므로 원소의 개수는 4이다.

冒 ②

10 $f(x+y)=f(x)+f(y)$의 양변에 $x=1$, $y=1$을 대입하면

$f(1+1)=f(1)+f(1)$에서 $f(2)=2f(1)$

$-4=2f(1)$, $f(1)=-2$

주어진 식의 양변에 $x=0$, $y=0$을 대입하면

$f(0+0)=f(0)+f(0)$에서

$f(0)=2f(0)$, $f(0)=0$

주어진 식의 양변에 $x=1$, $y=-1$을 대입하면

$f(1+(-1))=f(1)+f(-1)$, $f(0)=f(1)+f(-1)$에서

$0=-2+f(-1)$, $f(-1)=2$

冒 ②

11 $f(a+b)=f(a)+f(b)+2ab$의 양변에 $a=0$, $b=0$을 대입하면

$f(0+0)=f(0)+f(0)+0$이므로

$f(0)=0$

정수 n에 대하여 주어진 식의 양변에 $a=n$, $b=-n$을 대입하면

$f(n+(-n))=f(n)+f(-n)+2\times n\times(-n)$

$f(0)=f(n)+f(-n)-2n^2$

$f(n)+f(-n)=2n^2$

이므로 $n=1$, $n=2$를 각각 대입하면

$f(1)+f(-1)=2$, $f(2)+f(-2)=8$

따라서

$f(-2)+f(-1)+f(1)+f(2)=8+2=10$

冒 10

12 $f(xy)=f(x)+f(y)$의 양변에 $x=2$, $y=2$를 대입하면

$f(2)=1$이므로 $f(4)=f(2)+f(2)=2$

주어진 식의 양변에 $x=2$, $y=4$를 대입하면

$f(8)=f(2\times4)=f(2)+f(4)=1+2=3$

한편 주어진 식의 양변에 $x=1$, $y=1$을 대입하면

$f(1)=f(1)+f(1)$이므로 $f(1)=0$

주어진 식의 양변에 $x=\dfrac{1}{2}$, $y=2$를 대입하면

$f\left(\dfrac{1}{2}\times2\right)=f\left(\dfrac{1}{2}\right)+f(2)$에서

$f\left(\dfrac{1}{2}\right)=f(1)-f(2)=0-1=-1$

따라서 $f(8)\times f\left(\dfrac{1}{2}\right)=3\times(-1)=-3$

冒 ③

13 $f(x)=2x+1$에서 $f(1)=3$, $f(2)=5$

$g(x)=x^2+ax+b$에서 $g(1)=1+a+b$, $g(2)=4+2a+b$

이때 $f=g$이므로

$f(1)=g(1)$, $f(2)=g(2)$

$f(1)=g(1)$에서 $3=1+a+b$

$a+b=2$ $\quad\cdots\cdots$ ㉠

$f(2)=g(2)$에서 $5=4+2a+b$

$2a+b=1$ $\quad\cdots\cdots$ ㉡

㉠, ㉡을 연립하여 풀면

$a=-1$, $b=3$

따라서 $ab=-1\times3=-3$

冒 -3

14 $f(x)=g(x)$에서 $x^3-3x=3x^2+x-12$

$x^3-3x^2-4x+12=0$, $x^2(x-3)-4(x-3)=0$

$(x-3)(x^2-4)=0$, $(x-3)(x+2)(x-2)=0$

이므로 $x=3$ 또는 $x=-2$ 또는 $x=2$

따라서 집합 X는 $\{-2,\ 2\}$ 또는 $\{-2,\ 3\}$ 또는 $\{2,\ 3\}$이므로 $a+b$의 최댓값은 $2+3=5$

冒 ③

15 $f(1)=2$, $f(2)=1$, $f(3)=2$

$g(1)=a+b$, $g(2)=b$, $g(3)=a+b$

두 함수 f와 g가 서로 같으므로

$f(1)=g(1)$, $f(2)=g(2)$, $f(3)=g(3)$에서

$a+b=2$, $b=1$이므로 $a=1$, $b=1$

따라서 $a^2+b^2=1+1=2$

冒 ①

16 함수 f의 그래프 $G=\{(-3, 1), (0, 3), (2, 4), (4, 0)\}$에서
$f(-3)=1$, $f(0)=3$, $f(2)=4$, $f(4)=0$
이므로 함수 f의 정의역은 $\{-3, 0, 2, 4\}$, 치역은 $\{0, 1, 3, 4\}$이다.
따라서 치역의 모든 원소의 합은 $0+1+3+4=8$

🔲 8

17 함수 f의 그래프에서 $f(-1)=1$, $f(2)=2$이므로
$f(-1)+f(2)=1+2=3$

🔲 ③

18 $f(-1)=f(3)=3$에서
$|-a+1|+b=|3a+1|+b$, $|-a+1|=|3a+1|$
$-a+1=3a+1$ 또는 $-a+1=-3a-1$, $a=0$ 또는 $a=-1$
이때 $a\neq0$이므로 $a=-1$
$f(x)=|-x+1|+b$이고 $f(3)=3$이므로
$f(3)=|-3+1|+b=2+b=3$에서 $b=1$
즉, $f(x)=|-x+1|+1$
따라서 $f(-3)=|-(-3)+1|+1=5$, $f(0)=|0+1|+1=2$
이므로 $f(-3)+f(0)=5+2=7$

🔲 ②

19 $f(1)=3$이고 함수 f는 일대일함수이므로
$f(2)\neq3$, $f(3)\neq3$
$f(2)f(3)=6$에서 $f(2)=1$, $f(3)=6$ 또는 $f(2)=6$, $f(3)=1$
이때 $f(4)=2$ 또는 $f(4)=5$
따라서 $f(2)+f(4)$의 최솟값은 $f(2)=1$, $f(4)=2$일 때이므로
$1+2=3$

🔲 3

20 일대일함수의 그래프는 치역의 각 원소 b에 대하여 x축에 평행한 직선 $y=b$와 오직 한 점에서 만난다.
따라서 일대일함수의 그래프는 ㄱ, ㄷ이다.

🔲 ③

21 정의역 X의 임의의 두 원소 x_1, x_2에 대하여 $x_1\neq x_2$이면
$f(x_1)\neq f(x_2)$를 만족시키는 함수가 일대일함수이고, 명제가 참이면
그 대우도 참이므로 $f(x_1)=f(x_2)$이면 $x_1=x_2$이다.
ㄱ. $-1\leq x\leq1$이므로 $0\leq1-x\leq2$이고
$\quad f(x_1)=f(x_2)\Longleftrightarrow 1-x_1=1-x_2$
$\quad\qquad\qquad\qquad\Longleftrightarrow x_1=x_2$
이므로 함수 $f(x)=1-x$는 일대일함수이다.
ㄴ. $-1\leq x\leq1$이므로
$0\leq1-x\leq2$에서 $0\leq(1-x)^2\leq4$
$\quad f(x_1)=f(x_2)\Longleftrightarrow (1-x_1)^2=(1-x_2)^2$
$\quad\qquad\quad$ (단, $0\leq1-x_1\leq2$, $0\leq1-x_2\leq2$)
$\quad\qquad\qquad\qquad\Longleftrightarrow 1-x_1=1-x_2$
$\quad\qquad\qquad\qquad\Longleftrightarrow x_1=x_2$
이므로 함수 $f(x)=(1-x)^2$은 일대일함수
이다.
ㄷ. $-1\leq x\leq1$이므로 $-1\leq x^3\leq1$에서 $0\leq1-x^3\leq2$
$\quad f(x_1)=f(x_2)\Longleftrightarrow 1-x_1{}^3=1-x_2{}^3$
$\quad\qquad\qquad\qquad\Longleftrightarrow x_1{}^3=x_2{}^3$

이때 $x_1{}^3=x_2{}^3$이면
$x_1{}^3-x_2{}^3=(x_1-x_2)(x_1{}^2+x_1x_2+x_2{}^2)=0$에서
$x_1=x_2$
즉 $f(x_1)=f(x_2)$이면 $x_1=x_2$
이므로 함수 $f(x)=1-x^3$은 일대일함수이다.
따라서 일대일함수인 것은 ㄱ, ㄴ, ㄷ이다.

🔲 ⑤

참고

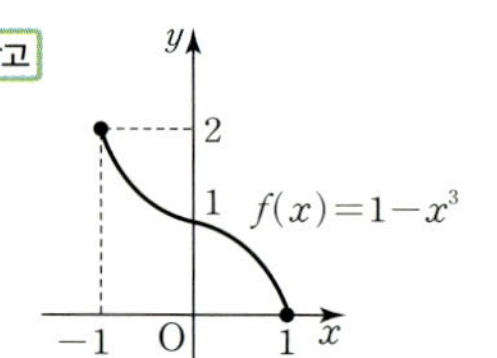

22 ㄱ. $f(-1)=1-|-1|=0$, $f(1)=1-|1|=0$으로
$\quad f(-1)=f(1)$이고 $-1\neq1$이므로 일대일대응이 아니다.
ㄴ. 함수 $g(x)=x+1$은 임의의 두 실수 x_1, x_2에 대하여 $x_1\neq x_2$이면
$\quad x_1+1\neq x_2+1$, 즉 $g(x_1)\neq g(x_2)$이므로 일대일함수이고, 공역과
$\quad$ 치역이 모두 실수 전체의 집합이므로 일대일대응이다.
ㄷ. 함수 $y=h(x)$의 그래프가 그림과 같으므로
$\quad$ 임의의 두 실수 x_1, x_2에 대하여 $x_1\neq x_2$이
$\quad$ 면 $h(x_1)\neq h(x_2)$이고, 공역과 치역이 같
$\quad$ 다. 그러므로 함수 $h(x)$는 일대일대응이다.
따라서 일대일대응인 것은 ㄴ, ㄷ이다.

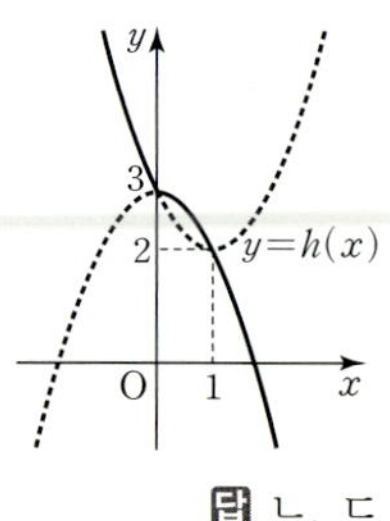

🔲 ㄴ, ㄷ

23 일대일대응의 그래프는 치역의 각 원소 b에 대하여 x축에 평행한 직선 $y=b$와 오직 한 점에서 만나고, 치역과 공역이 같아야 한다.
따라서 일대일대응의 그래프는 ㄱ, ㄷ이다.

🔲 ③

24 $1\leq n\leq3$인 자연수 n에 대하여 $f(n)f(n+2)$의 값이 짝수이므로
$f(1)\times f(3)$, $f(2)\times f(4)$, $f(3)\times f(5)$의 값은 모두 짝수이다.
이때 짝수인 것은 2, 4뿐이므로 $f(2)$ 또는 $f(4)$ 중 적어도 하나가 짝수
이고, $f(1)\times f(3)$와 $f(3)\times f(5)$의 값이 모두 짝수이려면 $f(3)$이 짝
수가 되어야 한다.
따라서 $f(2)$와 $f(4)$ 중 하나는 홀수이고, 하나는 짝수이므로
$f(2)+f(4)$의 최솟값은
$f(2)=1$, $f(4)=2$ 또는 $f(2)=2$, $f(4)=1$일 때이므로
$1+2=3$

🔲 ①

25 집합 $X=\{x|x\geq k\}$에서 정의된 함수 f가 일대일대응이 되려면
$f(x)=x^2-4x=(x-2)^2-4$
에서 $k\geq2$이고 공역 X가 치역과 같아야 하므로 함수 $f(x)=x^2-4x$
의 그래프는 점 (k, k)를 지난다. 즉
$k=k^2-4k$에서 $k^2-5k=0$
$k(k-5)=0$이므로 $k=0$ 또는 $k=5$
이때 $k\geq2$이므로 $k=5$

🔲 ⑤

26 $x<-2$일 때, 함수 $f(x)=(-a-1)x-5$
$x\geq-2$일 때, 함수 $f(x)=(-a+1)x-1$

함수 f가 일대일대응이 되려면 각 구간에서 일차항의 계수 $-a-1$, $-a+1$이 모두 같은 부호를 가져야 하므로
$(-a-1)(-a+1)>0$, $(a+1)(a-1)>0$에서
$a<-1$ 또는 $a>1$
따라서 자연수 a의 최솟값은 2이다.

답 ②

27 함수 f가 일대일대응이 되려면 함수 $y=f(x)$의 그래프가 오른쪽 그림과 같은 형태가 되어야 한다.

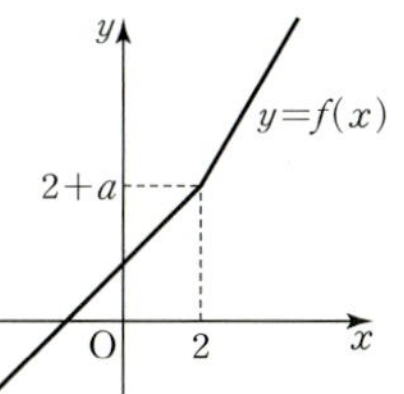

즉, 직선 $y=(7-a)x+b$가 점 $(2, 2+a)$를 지나고, $7-a>0$이어야 한다.
$2+a=(7-a)\times2+b$, $b=3a-12$
$7-a>0$에서 $a<7$
$a+b=a+(3a-12)=4a-12$
따라서 $a+b$의 최댓값은 a, b가 정수이므로 $a=6$일 때이다.
즉, $4\times6-12=12$

답 12

28 f는 항등함수이므로 $f(x)=x$에서 $f(3)=3$
$f(3)=g(5)$이고, g는 상수함수이므로 $g(x)=3$
따라서 $f(4)=4$, $g(2)=3$이므로 $f(4)+g(2)=4+3=7$

답 7

29 함수 $f(x)=x^3-2x^2-4x+c$가 항등함수가 되려면 정의역 X의 임의의 원소 x에 대하여 $f(x)=x$가 성립해야 한다.
$1\in X$에서 $f(1)=1$이어야 하므로
$f(1)=1-2-4+c=c-5=1$, $c=6$
$f(x)=x$에서 $x^3-2x^2-4x+6=x$
$x^3-2x^2-5x+6=0$, $(x-1)(x^2-x-6)=0$
$(x-1)(x+2)(x-3)=0$
$x=1$ 또는 $x=-2$ 또는 $x=3$
따라서 $a=-2$, $b=3$ 또는 $a=3$, $b=-2$이므로
$a^2+b^2+c^2=(-2)^2+3^2+6^2=4+9+36=49$

답 49

30 $f(x)=2x^3-2x^2-3x$가 항등함수가 되려면 $f(x)=x$이어야 하므로
$2x^3-2x^2-3x=x$, $2x^3-2x^2-4x=0$
$2x(x^2-x-2)=0$, $2x(x+1)(x-2)=0$
$x=-1$ 또는 $x=0$ 또는 $x=2$
따라서 집합 $\{-1, 0, 2\}$의 공집합이 아닌 부분집합이 정의역 X가 될 수 있으므로 집합 X의 개수는 $2^3-1=7$

답 ②

31 (i) 일대일대응의 개수는 정의역 X의 원소 1과 대응할 수 있는 공역의 원소는 1, 2, 3으로 3가지, X의 원소 2와 대응할 수 있는 공역의 원소는 X의 원소 1과 대응한 원소를 제외한 2가지, X의 원소 3과 대응할 수 있는 공역의 원소는 X의 두 원소 1, 2와 대응한 원소들을 제외한 1가지이므로
$a=3!=3\times2\times1=6$

(ii) 항등함수의 개수는 각각 자기 자신에 대응되는 1가지이므로 $b=1$
(iii) 상수함수의 개수는 정의역 X의 원소 1, 2, 3 모두가 대응할 수 있는 공역의 원소가 1, 2, 3으로 3가지이므로 $c=3$
(i), (ii), (iii)에서 $a+b+c=6+1+3=10$

답 ⑤

32 집합 $X=\{1, 2, 3, 4\}$에서 집합 Y로의 상수함수의 개수가 3이므로 집합 Y의 원소의 개수는 3이다.
따라서 $X=\{1, 2, 3, 4\}$에서 Y로의 함수의 개수는 $3^4=81$

답 81

33 조건 (가)에서 $f(-x)=f(x)$가 성립하므로
$f(-2)=f(2)$, $f(-1)=f(1)$
이때 $f(-2)=f(2)=a$, $f(-1)=f(1)=b$, $f(0)=c$라 하자.
조건 (나)에서 치역은 $\{0, 1\}$, $\{-1, 2\}$, $\{-1, 0, 2\}$, $\{-2, 1, 2\}$가 될 수 있다.
(i) 치역이 $\{0, 1\}$인 경우:
　　a, b, c가 0, 0, 1 또는 0, 1, 1의 세 수에 대응되는 경우의 수는
　　$2\times3=6$
(ii) 치역이 $\{-1, 2\}$인 경우:
　　a, b, c가 -1, -1, 2 또는 -1, 2, 2의 세 수에 대응되는 경우의 수는 $2\times3=6$(가지)
(iii) 치역이 $\{-1, 0, 2\}$ 또는 $\{-2, 1, 2\}$인 경우:
　　a, b, c가 서로 다른 세 수로 대응되는 경우의 수는
　　$2\times3!=2\times3\times2\times1=12$
(i), (ii), (iii)에서 구하는 함수 f의 개수는 $6+6+12=24$

답 24

34 $(g\circ f)(1)=g(f(1))=g(3)=1$
$(f\circ g)(2)=f(g(2))=f(2)=1$
따라서 $(g\circ f)(1)+(f\circ g)(2)=1+1=2$

답 ①

35 $f(2)=2\times2+1=5$에서
$(g\circ f)(2)=g(f(2))=g(5)=5^2-3=22$

답 ②

36 $f(x)=-\dfrac{1}{2}x+3$, $g(x)=\begin{cases}x^2-4 & (x<4)\\ 2x+5 & (x\geq4)\end{cases}$에서
$(g\circ f)(-2)=g(f(-2))=g(4)=2\times4+5=13$
$(g\circ f)(2)=g(f(2))=g(2)=2^2-4=0$
따라서 $(g\circ f)(-2)+(g\circ f)(2)=13+0=13$

답 ③

37 $(f\circ g)(x)=x^2+x+4$, $h(x)=3x-2$에서
$(f\circ(g\circ h))(x)=((f\circ g)\circ h)(x)=(f\circ g)(h(x))$
$\qquad\qquad\qquad=(3x-2)^2+(3x-2)+4$
따라서 $(f\circ(g\circ h))(1)=1+1+4=6$

답 ①

38 $f(x)=3x-1$, $g(x)=-x+3$에서
$(f\circ g)(2)=f(g(2))=f(1)=2$
$(g\circ f)(2)=g(f(2))=g(5)=-2$
따라서 $(f\circ g)(2)-(g\circ f)(2)=2-(-2)=4$

답 4

39 $(f\circ g)\circ f=f\circ(g\circ f)$이므로
$((f\circ g)\circ f)(x)=(f\circ(g\circ f))(x)$
$\qquad\qquad\qquad=f((g\circ f)(x))$
$\qquad\qquad\qquad=f(2x+2)=2x+1$
따라서 $2x+2=t$라 하면 $f(t)=t-1$이므로
$f(3)=3-1=2$

답 ②

40 $f(x)=2x-5$, $g(x)=ax+1$에서
$(g\circ f)(x)=g(f(x))=g(2x-5)=a(2x-5)+1=2ax-5a+1$
$(f\circ g)(x)=f(g(x))=f(ax+1)=2(ax+1)-5=2ax-3$
따라서 $g\circ f=f\circ g$가 성립하려면
$-5a+1=-3$, $a=\dfrac{4}{5}$

답 ④

41 $(f\circ g)(0)=f(g(0))=f(0)=2$
$(g\circ f)(0)=g(f(0))=g(2)=4+2b$
$(f\circ g)(0)=(g\circ f)(0)$이므로 $2=4+2b$, $b=-1$
즉, $g(x)=x^2-x$이므로
$(f\circ g)(2)=f(g(2))=f(2)=2a+2$
$(g\circ f)(2)=g(f(2))=g(2a+2)$
$\qquad\qquad\quad=(2a+2)^2-(2a+2)$
$\qquad\qquad\quad=4a^2+6a+2$
$(f\circ g)(2)=(g\circ f)(2)$이므로
$2a+2=4a^2+6a+2$
$4a^2+4a=0$, $4a(a+1)=0$
$a\neq0$이므로 $a=-1$
따라서 $a+b=-1+(-1)=-2$

답 ②

42 $(f\circ g)(x)=f(g(x))=f(ax+b)$
$\qquad\qquad\qquad=a(ax+b)+2$
$\qquad\qquad\qquad=a^2x+ab+2$
$(g\circ f)(x)=g(f(x))=g(ax+2)$
$\qquad\qquad\qquad=a(ax+2)+b$
$\qquad\qquad\qquad=a^2x+2a+b$
$f\circ g=g\circ f$에서 $a^2x+ab+2=a^2x+2a+b$
$ab+2=2a+b$, $a(b-2)-(b-2)=0$
$(a-1)(b-2)=0$, $a=1$ 또는 $b=2$

답 ④

43 $f(x)=\begin{cases}x^2-2x & (x<2)\\ 2x-7 & (x\geq2)\end{cases}$에서
$(f\circ f)(3)=f(f(3))=f(-1)=1+2=3$

답 ③

44 $g(x)=\dfrac{x+3}{2}$, $(f\circ g)(x)=5x+1$에서
$(f\circ g)(x)=f(g(x))=f\!\left(\dfrac{x+3}{2}\right)=5x+1$
이므로 양변에 $x=1$을 대입하면
$f(2)=f\!\left(\dfrac{1+3}{2}\right)=5\times1+1=6$

답 ③

45 $(f\circ h)(x)=f(h(x))=2h(x)-3=x-1$
즉, $h(x)=\dfrac{1}{2}x+1$이므로 $a=\dfrac{1}{2}$, $b=1$
따라서 $ab=\dfrac{1}{2}\times1=\dfrac{1}{2}$

답 ①

46 $(h\circ f)(x)=g(x)$에서 $h(f(x))=g(x)$
$h(2x-3)=3x+4$이고
$2x-3=t$라 하면 $x=\dfrac{t+3}{2}$이므로
$h(t)=3\times\dfrac{t+3}{2}+4=\dfrac{3}{2}t+\dfrac{17}{2}$
따라서 $h(x)=\dfrac{3}{2}x+\dfrac{17}{2}$

답 $h(x)=\dfrac{3}{2}x+\dfrac{17}{2}$

47 $f(-3)=3\times(-3)+10=1$
$f(1)=2\times1+a=a+2$
(i) $|a+2|<2$일 때
$\quad -2<a+2<2$, 즉 $-4<a<0$일 때
$\quad f(a+2)=2(a+2)+a=3a+4$이므로
$\quad (f\circ f\circ f)(-3)=f(f(f(-3)))$
$\qquad\qquad\qquad\qquad=f(f(1))=f(a+2)$
$\qquad\qquad\qquad\qquad=3a+4=4$
$\quad$에서 $a=0$
$\quad$이때 $-4<a<0$을 만족시키지 않는다.
(ii) $|a+2|\geq2$일 때
$\quad a+2\leq-2$ 또는 $a+2\geq2$, 즉 $a\leq-4$ 또는 $a\geq0$일 때
$\quad f(a+2)=3(a+2)+10=3a+16$이므로
$\quad (f\circ f\circ f)(-3)=f(f(f(-3)))$
$\qquad\qquad\qquad\qquad=f(f(1))=f(a+2)$
$\qquad\qquad\qquad\qquad=3a+16=4$
$\quad$에서 $a=-4$
$\quad$이때 $a\leq-4$를 만족시킨다.
(i), (ii)에서 $a=-4$

답 ②

48 (i) $f(1)=1$이면 $(f\circ f)(1)=f(f(1))=f(1)=1$이 되어 조건
(나)를 만족시키지 않는다.
$\quad f(1)=2$이면 $(f\circ f)(1)=f(f(1))=f(2)=2$가 되어 일대일대
응이 아니다.
$\quad f(1)=3$이면 $f(5)=3$이므로 일대일대응이 아니다.
$\quad f(1)=5$이면 $(f\circ f)(1)=f(f(1))=f(5)=2$가 되어 조건 (가)
를 만족시키지 않는다.

그러므로 $f(1)=4$

또, $(f \circ f)(1)=f(f(1))=f(4)=2$이므로 $f(4)=2$

(ii) $f(2)=1$이면 $(f \circ f)(2)=f(f(2))=f(1)=4$로 조건 (나)를 만족시킨다.

$f(2)=5$이면 $(f \circ f)(2)=f(f(2))=f(5)=4$가 되어 조건 (가)를 만족시키지 않는다.

그러므로 $f(2)=1$

이때 $f(1)=4$, $f(2)=1$, $f(4)=2$, $f(5)=3$이므로

$f(3)=5$

따라서 $f(4)+(f \circ f)(3)=f(4)+f(f(3))$
$$=2+f(5)=2+3=5$$

답 ③

49 $f(a)=0$, $f(b)=a$, $f(c)=b$, $f(d)=c$, $f(e)=d$이므로
$(f \circ f)(c)=f(f(c))=f(b)=a$

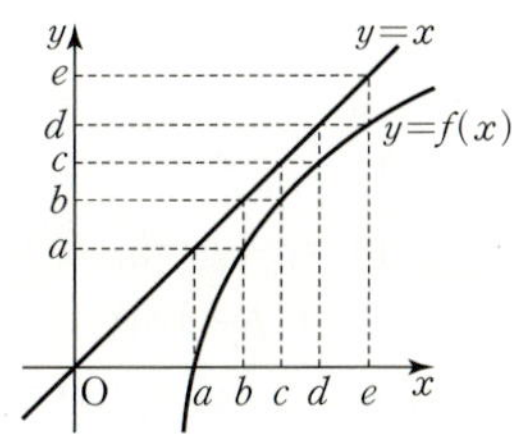

답 ①

50 $f(1)=2$, $f(2)=4$, $f(3)=3$, $f(4)=5$, $f(5)=1$이므로
$(f \circ f)(2)=f(f(2))=f(4)=5$
$(f \circ f \circ f)(3)=f(f(f(3)))=f(f(3))=f(3)=3$
따라서 $(f \circ f)(2)+(f \circ f \circ f)(3)=5+3=8$

답 ③

51 $f(2)=4$, $f(3)=5$, $f(4)=3$이므로
$(f \circ f \circ f)(2)=f(f(f(2)))=f(f(4))=f(3)=5$

답 ⑤

52 $(f \circ f)(a)=f(f(a))=3$에서 $f(a)=k$라 하면
$f(k)=3$에서 $k=1$ 또는 $k=3$

(i) $k=1$인 경우
$f(a)=1$이 되는 a는 2, 4로 2개이다.

(ii) $k=3$인 경우
$f(a)=3$이 되는 a는 1, 3으로 2개이다.

(i), (ii)에서 $(f \circ f)(a)=3$을 만족시키는 실수 a의 개수는
$2+2=4$

답 ②

53 함수 $y=f(x)$의 그래프에서
$f(x)=2$를 만족시키는 x의 값은 1, 3이므로 $(f \circ f)(a)=2$, 즉 $f(f(a))=2$
에서 $f(a)=1$ 또는 $f(a)=3$

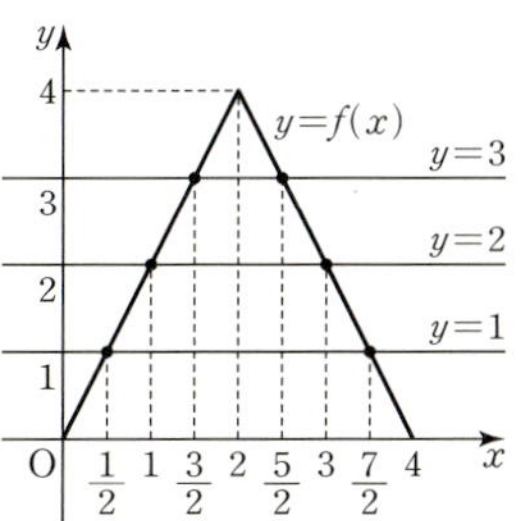

(i) $f(a)=1$일 때,
함수 $y=f(x)$의 그래프와 직선 $y=1$이 만나는 점의 개수는 2이므로 실수 a의 개수는 2이다.

(ii) $f(a)=3$일 때,
함수 $y=f(x)$의 그래프와 직선 $y=3$이 만나는 점의 개수는 2이므로 실수 a의 개수는 2이다.

(i), (ii)에서 실수 a의 개수는 $2+2=4$

답 ②

$$(f \circ f)(x)=\begin{cases} 4x & (0 \leq x < 1) \\ 8-4x & (1 \leq x < 2) \\ 4x-8 & (2 \leq x < 3) \\ 16-4x & (3 < x \leq 4) \end{cases}$$

이므로 그래프는 오른쪽 그림과 같다.

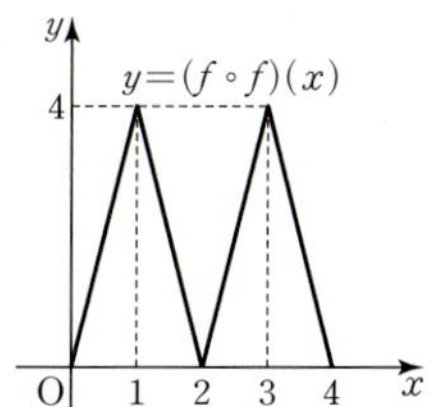

54 $f^1(4)=f(4)=3$
$f^2(4)=(f \circ f^1)(4)=f(f^1(4))=f(3)=0$
$f^3(4)=(f \circ f^2)(4)=f(f^2(4))=f(0)=2$
$f^4(4)=(f \circ f^3)(4)=f(f^3(4))=f(2)=1$
$f^5(4)=(f \circ f^4)(4)=f(f^4(4))=f(1)=4$
$f^6(4)=(f \circ f^5)(4)=f(f^5(4))=f(4)=3$
$\vdots$

이므로 음이 아닌 정수 k에 대하여
$f^{5k+1}(4)=3$, $f^{5k+2}(4)=0$, $f^{5k+3}(4)=2$, $f^{5k+4}(4)=1$,
$f^{5(k+1)}(4)=4$

따라서
$f^{314}(4)=f^{5 \times 62+4}(4)=f^4(4)=1$

답 ②

55 $f^1(1)=f(1)=3$
$f^2(1)=(f \circ f^1)(1)=f(f^1(1))=f(3)=1$
$f^3(1)=(f \circ f^2)(1)=f(f^2(1))=f(1)=3$
$\vdots$

이므로 자연수 k에 대하여
$f^{2k-1}(1)=3$, $f^{2k}(1)=1$

또한 $f^1(4)=f(4)=2$
$f^2(4)=(f \circ f^1)(4)=f(f^1(4))=f(2)=4$
$f^3(4)=(f \circ f^2)(4)=f(f^2(4))=f(4)=2$
$\vdots$

이므로 자연수 k에 대하여
$f^{2k-1}(4)=2$, $f^{2k}(4)=4$

따라서
$f^{35}(1)+f^{36}(4)=f(1)+f^2(4)=3+4=7$

답 ④

56 $f^1(1)=f(1)=3$
$f^2(1)=(f \circ f^1)(1)=f(f^1(1))=f(3)=5$
$f^3(1)=(f \circ f^2)(1)=f(f^2(1))=f(5)=7$
$f^4(1)=(f \circ f^3)(1)=f(f^3(1))=f(7)=9$
$f^5(1)=(f \circ f^4)(1)=f(f^4(1))=f(9)=11$

답 11

57 $f^1(x)=f(x)=3x$
$f^2(x)=(f \circ f^1)(x)=f(f^1(x))$
$$=f(3x)=3 \times 3x=3^2 x$$
$f^3(x)=(f \circ f^2)(x)=f(f^2(x))$
$$=f(3^2 x)=3 \times 3^2 x=3^3 x$$
$f^4(x)=(f \circ f^3)(x)=f(f^3(x))$
$$=f(3^3 x)=3 \times 3^3 x=3^4 x$$
따라서 $f^4(x)=3^4 x$이므로 $a=3^4=81$

답 81

58 $f^1(1)=f(1)=5$

$f^2(1)=(f\circ f^1)(1)=f(f^1(1))=f(5)=13$

$f^3(1)=(f\circ f^2)(1)=f(f^2(1))=f(13)=f(3)=9$

$f^4(1)=(f\circ f^3)(1)=f(f^3(1))=f(9)=21$

$f^5(1)=(f\circ f^4)(1)=f(f^4(1))=f(21)=f(11)=f(1)=5$

$$\vdots$$

이므로 음이 아닌 정수 k에 대하여

$f^{4k+1}(1)=5,\ f^{4k+2}(1)=13,\ f^{4k+3}(1)=9,\ f^{4(k+1)}(1)=21$

따라서

$f^{10}(1)+f^{20}(1)=f^{4\times2+2}(1)+f^{4\times5}(1)$

$$=13+21=34$$

탑 34

59 $f(2)=1$이면 $(f\circ f\circ f)(1)=f(f(f(1)))=f(f(2))=f(1)=2$

가 되어 조건 (나)를 만족시키지 않는다.

$f(2)=2$이면 $(f\circ f\circ f)(1)=f(f(f(1)))=f(f(2))=f(2)=2$가

되어 조건 (나)를 만족시키지 않는다.

$f(2)=3$이면 $(f\circ f\circ f)(1)=f(f(f(1)))=f(f(2))=f(3)=3$이

되어 조건 (나)를 만족시키지 않는다.

그러므로 $f(2)=4$

또, $(f\circ f\circ f)(1)=f(f(f(1)))=f(f(2))=f(4)=1$이므로

$f(4)=1$

조건 (나)에 의하여 f^3은 항등함수이므로

$f^{1234}(1)=f^{3\times411+1}(1)=f(1)=2$

$f^{5678}(2)=f^{3\times1892+2}(2)=f^2(2)$

$$=f(f(2))=f(4)=1$$

따라서

$f^{1234}(1)+f^{5678}(2)=2+1=3$

탑 ①

60 $f(4)=2$이므로 $f^{-1}(2)=4$

$g(1)=4$이므로 $g^{-1}(4)=1$

$f(3)=1$이므로 $f^{-1}(1)=3$

$(f^{-1}\circ g^{-1})(4)=f^{-1}(g^{-1}(4))=f^{-1}(1)=3$

따라서 $f^{-1}(2)+(f^{-1}\circ g^{-1})(4)=4+3=7$

탑 7

61 $f(2)=-3$에서

$4+a=-3,\ a=-7$

즉, $f(x)=2x-7$

$f^{-1}(3)=b$에서 $f(b)=3$

$2b-7=3,\ b=5$

따라서 $a+b=-7+5=-2$

탑 ①

62 $x<0$이면 $f(x)=x^2-1>-1$,

$x\geq0$이면 $f(x)=-x^2-1\leq-1$

(i) $f^{-1}(-2)=a$라 하면 $f(a)=-2\leq-1$

에서 $a\geq0$

$f(a)=-a^2-1=-2$에서 $a^2=1$

$a\geq0$이므로 $a=1$

즉, $f^{-1}(-2)=1$

(ii) $f^{-1}(3)=b$라 하면 $f(b)=3>-1$

에서 $b<0$

$f(b)=b^2-1=3,\ b^2=4$

$b<0$이므로 $b=-2$

즉, $f^{-1}(3)=-2$

(i), (ii)에서 $f^{-1}(-2)+f^{-1}(3)=1+(-2)=-1$

탑 ②

63 함수 f의 역함수가 존재하려면 함수 f는 일대일대응이 되어야

한다. 즉, $f(1)=-1,\ f(3)=5$ 또는 $f(1)=5,\ f(3)=-1$이어야

한다.

(i) $f(1)=-1,\ f(3)=5$일 때,

$f(1)=a+b=-1,\ f(3)=3a+b=5$에서

$a=3,\ b=-4$이므로 $ab=-12$

(ii) $f(1)=5,\ f(3)=-1$일 때,

$f(1)=a+b=5,\ f(3)=3a+b=-1$에서

$a=-3,\ b=8$이므로 $ab=-24$

(i), (ii)에서 ab의 최솟값은 -24이다.

탑 -24

64 함수 f의 역함수가 존재하려면 함수 f는 일대일대응이 되어야 하

고 함수 f가 일대일대응이 되려면 함수 $f(x)=-2x+b$의 일차항의

계수가 음수이므로 $f(-2)=3,\ f(2)=a$이어야 한다.

$f(-2)=4+b=3$에서 $b=-1$

$f(2)=-4-1=a$에서 $a=-5$

따라서 $a+b=-5+(-1)=-6$

탑 ③

65 함수 f의 역함수가 존재하려면 f는 일대일대

응이 되어야 하므로 그림과 같이 $x<0$일 때 함수 f

의 이차항의 계수가 음수가 되어야 한다.

따라서 $a-2<0$에서 $a<2$

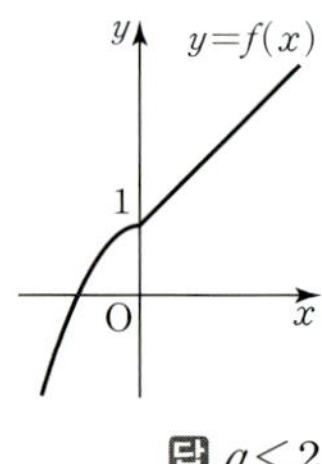

탑 $a<2$

66 함수 f의 역함수가 존재하려면 f는 일대일대응이어야 한다.

$f(x)=-x^2-x+8=-\left(x+\dfrac{1}{2}\right)^2+\dfrac{33}{4}$이므로 $a\leq-\dfrac{1}{2}$이어야 한다.

$x\leq a$일 때 $f(x)=-x^2-x+8\leq a$에서 $f(a)=a$이어야 하므로

$-a^2-a+8=a,\ a^2+2a-8=0$

$(a+4)(a-2)=0,\ a=-4$ 또는 $a=2$

이때 $a\leq-\dfrac{1}{2}$이므로 $a=-4$

탑 -4

67 $f(x)=2x-1-k|x-3|$에서

(i) $x<3$일 때,

$f(x)=2x-1+k(x-3)=(2+k)x-3k-1$

(ii) $x\geq3$일 때,

$f(x)=2x-1-k(x-3)=(2-k)x+3k-1$

함수 f의 역함수가 존재하려면 함수 f는 일대일대응이어야 하므로
$x<3$일 때와 $x\geq3$일 때 함수 f의 일차항의 계수의 부호가 모두 양수이거나 모두 음수이어야 한다.
즉, $(2+k)(2-k)>0$, $(k+2)(k-2)<0$
따라서 $-2<k<2$이므로 정수 k의 값은 -1, 0, 1로 그 개수는 3이다.

답 ②

68 함수 f의 역함수가 존재하려면 함수 f는 일대일대응이어야 한다. 즉, 일대일함수이고, 공역과 치역이 같아야 한다.

(i) 함수 f의 $x<0$에서 일차항의 계수가 양수이므로 $x\geq0$에서도 일차항의 계수가 양수이어야 한다.

즉, $a-1>0$에서 $a>1$

(ii) 공역이 실수 전체의 집합인 함수 f에서 치역도 실수 전체의 집합이어야 한다.

$x<0$에서 $2x+5<5$이므로

$x\geq0$에서 $(a-1)x+b\geq5$

즉, $a>1$이고 $(a-1)\times0+b=5$에서 $b=5$

(i), (ii)에서 a는 정수이므로 $a+b\geq2+5=7$
따라서 $a=2$일 때, $a+b$는 최솟값 7을 갖는다.

답 7

69 $y=2x-2$에서 $2x=y+2$, $x=\dfrac{1}{2}y+1$

x와 y를 서로 바꾸면 $y=\dfrac{1}{2}x+1$

즉, $f^{-1}(x)=\dfrac{1}{2}x+1$

따라서 $a=\dfrac{1}{2}$, $b=1$이므로

$ab=\dfrac{1}{2}\times1=\dfrac{1}{2}$

답 ①

70 함수 $f(x)=5x+2$에 대하여
$x\geq1$에서 $5x+2\geq7$이므로 $y\geq7$ $\quad\cdots\cdots$ ㉠
$y=5x+2$에서 $5x=y-2$

$x=\dfrac{1}{5}y-\dfrac{2}{5}$ $\quad\cdots\cdots$ ㉡

㉠, ㉡에서 x와 y를 서로 바꾸면

$y=\dfrac{1}{5}x-\dfrac{2}{5}$ $(x\geq7)$

즉, 함수 $f(x)=5x+2$의 역함수 f^{-1}의 정의역은 $\{x\,|\,x\geq7\}$이고,

$f^{-1}(x)=\dfrac{1}{5}x-\dfrac{2}{5}$

따라서 $a=7$, $b=\dfrac{1}{5}$, $c=-\dfrac{2}{5}$이므로

$abc=7\times\dfrac{1}{5}\times\left(-\dfrac{2}{5}\right)=-\dfrac{14}{25}$

답 ②

71 (i) $x\leq1$일 때

$y=2x+1$에서 $x=\dfrac{1}{2}y-\dfrac{1}{2}$

x와 y를 서로 바꾸면 $y=\dfrac{1}{2}x-\dfrac{1}{2}$

그런데 $x\leq1$에서 $y\leq3$이므로

$f^{-1}(x)=\dfrac{1}{2}x-\dfrac{1}{2}$ $(x\leq3)$

(ii) $x>1$일 때

$y=\dfrac{1}{2}x+\dfrac{5}{2}$에서 $x=2y-5$

x와 y를 서로 바꾸면 $y=2x-5$

그런데 $x>1$에서 $y>3$이므로

$f^{-1}(x)=2x-5$ $(x>3)$

(i), (ii)에서

$f^{-1}(x)=\begin{cases}\dfrac{1}{2}x-\dfrac{1}{2} & (x\leq3)\\ 2x-5 & (x>3)\end{cases}$ 이므로

$a=-\dfrac{1}{2}$, $b=-5$, $c=3$

따라서 $a+b+c=-\dfrac{1}{2}+(-5)+3=-\dfrac{5}{2}$

답 $-\dfrac{5}{2}$

72 $(f^{-1}\circ g)(1)=f^{-1}(g(1))=f^{-1}(3)$
$f^{-1}(3)=a$라 하면 $f(a)=3$에서 $a=4$
이므로 $(f^{-1}\circ g)(1)=4$
$g^{-1}(3)=b$라 하면 $g(b)=3$에서 $b=1$
즉, $g^{-1}(3)=1$이므로
$(f\circ g^{-1})(3)=f(g^{-1}(3))=f(1)=4$
따라서 $(f^{-1}\circ g)(1)+(f\circ g^{-1})(3)=4+4=8$

답 ⑤

73 $f(x)=3x-2$, $g(x)=2x^2-x$에서
$f^{-1}(4)=a$라 하면 $f(a)=4$
$3a-2=4$, 즉 $a=2$이므로 $f^{-1}(4)=2$
따라서 $(g\circ f^{-1})(4)=g(f^{-1}(4))=g(2)=8-2=6$

답 6

74 $f^{-1}(4)=a$라 하면 $f(a)=4$
$f(2x+5)=-3x+1=4$에서 $x=-1$이므로 $f(3)=4$
함수 f는 일대일대응이므로 $a=3$
따라서 $f^{-1}(4)=3$

답 ③

75 $f(1)=2$이므로 $f^{-1}(2)=1$
$f(4)=1$이므로 $f^{-1}(1)=4$
따라서
$(f^{-1}\circ f^{-1})(2)=f^{-1}(f^{-1}(2))=f^{-1}(1)=4$

답 ④

76 오른쪽 그림에서 $f(a)=b$, $f(b)=c$,
$f(c)=d$, $f(d)=e$이므로
$f^{-1}(e)=d$, $f^{-1}(d)=c$
따라서
$(f^{-1}\circ f^{-1})(e)=f^{-1}(f^{-1}(e))$
$\qquad\qquad\qquad=f^{-1}(d)=c$

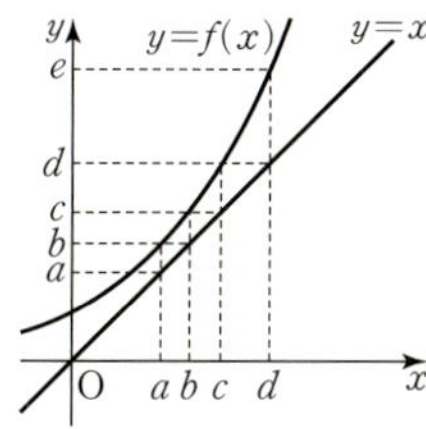

답 ③

77 $f(1)=3$, $f(2)=1$이고, 함수 f가 일대일대응이므로
$f(3)=2$
$(g \circ f)(3)=g(f(3))=g(2)=3$
$(f \circ g)(3)=f(g(3))=3$이고, $f(1)=3$이므로 $g(3)=1$
g도 일대일대응이므로 $g(1)=2$
그러므로
$(g^{-1} \circ f)(2)=g^{-1}(f(2))=g^{-1}(1)=a$라 하면
$g(a)=1$에서 $a=3$
즉, $(g^{-1} \circ f)(2)=3$
따라서 $g(1)+(g^{-1} \circ f)(2)=2+3=5$

답 ④

78 $(f \circ g)^{-1}=g^{-1} \circ f^{-1}$이므로
$g \circ (f \circ g)^{-1}=g \circ g^{-1} \circ f^{-1}=(g \circ g^{-1}) \circ f^{-1}=I \circ f^{-1}=f^{-1}$
$(I$는 항등함수$)$
$(g \circ (f \circ g)^{-1})(a)=f^{-1}(a)=2$
에서 $f(2)=a$
$f(2)=3 \times 2-5=1$이므로 $a=1$

답 ①

79 $(f^{-1})^{-1}=f$이므로
$y=\frac{1}{3}x-\frac{2}{3}$에서 $\frac{1}{3}x=y+\frac{2}{3}$, $x=3y+2$
x와 y를 서로 바꾸면 $y=3x+2$
따라서 $f(x)=3x+2$

답 $f(x)=3x+2$

80 $(f^{-1} \circ g^{-1})(4)=(g \circ f)^{-1}(4)$에서 $(g \circ f)^{-1}(4)=a$라 하면
$(g \circ f)(a)=4$
$(g \circ f)(a)=g(f(a))=g(-2a+3)$
$\qquad\qquad =3(-2a+3)+1$
$\qquad\qquad =-6a+10$
$-6a+10=4$에서 $a=1$
따라서 $(f^{-1} \circ g^{-1})(4)=1$

답 ③

81 $f \circ g^{-1}=h^{-1}$이므로 $(f \circ g^{-1})^{-1}=(h^{-1})^{-1}$
즉, $g \circ f^{-1}=h$
함수 $f(x)=2x+3$에서 $y=2x+3$
x를 y에 대한 식으로 나타내면
$2x=y-3$, $x=\frac{1}{2}y-\frac{3}{2}$
x와 y를 서로 바꾸면 $y=\frac{1}{2}x-\frac{3}{2}$
즉, $f^{-1}(x)=\frac{1}{2}x-\frac{3}{2}$
그러므로
$h(x)=(g \circ f^{-1})(x)=g(f^{-1}(x))$
$\qquad =g\left(\frac{1}{2}x-\frac{3}{2}\right)=-2\left(\frac{1}{2}x-\frac{3}{2}\right)-1$
$\qquad =-x+2$
따라서 $a=-1$, $b=2$이므로 $a+b=-1+2=1$

답 ①

82 $(f \circ g^{-1})(5)=k$라 하면
$(f \circ g^{-1})^{-1}(k)=5$
그런데 $(f \circ g^{-1})^{-1}(k)=(g \circ f^{-1})(k)$이므로
$(g \circ f^{-1})(k)=5$에서
$\frac{1}{3}k+4=5$, $\frac{1}{3}k=1$, $k=3$
따라서 $(f \circ g^{-1})(5)=3$

답 ③

다른 풀이

$(g \circ f^{-1})^{-1}=f \circ g^{-1}$이므로
$y=\frac{1}{3}x+4$에서 $\frac{1}{3}x=y-4$, $x=3y-12$
x와 y를 서로 바꾸면 $y=3x-12$
즉, $(f \circ g^{-1})(x)=3x-12$이므로
$(f \circ g^{-1})(5)=3 \times 5-12=3$

83 $h(x)=3-2x$라 하면
$g=f \circ h$이므로 $g^{-1}=(f \circ h)^{-1}=h^{-1} \circ f^{-1}$
$y=3-2x$에서
$2x=-y+3$, $x=-\frac{1}{2}y+\frac{3}{2}$
x와 y를 서로 바꾸면 $y=-\frac{1}{2}x+\frac{3}{2}$
즉, $h^{-1}(x)=-\frac{1}{2}x+\frac{3}{2}$
따라서
$g^{-1}(x)=(h^{-1} \circ f^{-1})(x)=h^{-1}(f^{-1}(x))$
$\qquad\quad =-\frac{1}{2}f^{-1}(x)+\frac{3}{2}$

답 ④

84 함수 $y=f(x)$의 그래프와 그 역함수 $y=f^{-1}(x)$의 그래프는 직선 $y=x$에 대하여 대칭이고, 함수 $f(x)=3x+4$에 대하여 두 함수 $y=f(x)$, $y=f^{-1}(x)$의 그래프의 교점은 함수 $y=f(x)$의 그래프와 직선 $y=x$의 교점과 일치한다.
$f(x)=x$에서 $3x+4=x$, $2x=-4$, $x=-2$
즉, 함수 $y=f(x)$의 그래프와 직선 $y=x$는 점 $(-2, -2)$에서 만나므로 두 함수 $y=f(x)$, $y=f^{-1}(x)$의 그래프가 만나는 점의 좌표도 $(-2, -2)$이다.
따라서 $a=-2$, $b=-2$이므로 $a+b=-2+(-2)=-4$

답 -4

85 함수 $f(x)=x^2-2x$ $(x \geq 1)$에 대하여 함수 $y=f(x)$와 그 역함수 $y=f^{-1}(x)$의 그래프의 교점은 함수 $y=f(x)$의 그래프와 직선 $y=x$의 교점과 일치한다.
$f(x)=x$에서 $x^2-2x=x$, $x(x-3)=0$
$x=0$ 또는 $x=3$
그런데 $x \geq 1$이므로 $x=3$
이때 점 (a, b)는 직선 $y=x$ 위의 점이므로
$a=b=3$
따라서 $a+b=3+3=6$

답 ③

86 함수 $f(x)=\dfrac{1}{2}x^2-3x+a\ (x\geq 3)$에 대하여 두 함수 $y=f(x)$,
$y=f^{-1}(x)$의 그래프가 서로 다른 2개의 점에서 만나면 함수
$y=f(x)$의 그래프와 직선 $y=x$도 같은 점에서 만난다.

따라서 이차방정식 $\dfrac{1}{2}x^2-3x+a=x$가 $x\geq 3$에서 서로 다른 두 실근을

가져야 하므로 $\dfrac{1}{2}x^2-4x+a=0$에서

$g(x)=\dfrac{1}{2}x^2-4x+a$라 하면

$g(x)=\dfrac{1}{2}(x-4)^2+a-8$이므로

$g(4)<0,\ g(3)\geq 0$이어야 한다.

$g(4)=a-8<0$에서 $a<8$ $\qquad\cdots\cdots$ ㉠

$g(3)=\dfrac{1}{2}+a-8\geq 0$에서 $a\geq\dfrac{15}{2}$ $\qquad\cdots\cdots$ ㉡

㉠, ㉡에서 $\dfrac{15}{2}\leq a<8$

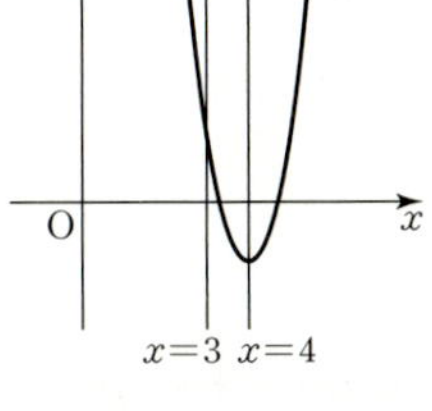

답 $\dfrac{15}{2}\leq a<8$

87 함수 $f(x)=x^2-6x+12\ (x\geq 3)$에 대하여 함수 $y=f(x)$의 그
래프와 그 역함수의 그래프의 교점은 함수 $y=f(x)$의 그래프와 직선
$y=x$의 교점과 일치한다.

$x^2-6x+12=x$에서 $x^2-7x+12=0$

$(x-3)(x-4)=0$이므로 $x=3$ 또는 $x=4$

따라서 두 점 P, Q의 좌표는

P(3, 3), Q(4, 4) 또는 P(4, 4), Q(3, 3)

이므로 선분 PQ의 길이는 $\sqrt{(4-3)^2+(4-3)^2}=\sqrt{2}$

답 ①

88 함수 $y=f(x)$에 대하여 함수 $y=f(x)$의 그래프와 그 역함수
$y=f^{-1}(x)$의 그래프의 교점은 함수 $y=f(x)$의 그래프와 직선 $y=x$
의 교점과 일치한다.

(i) $x\leq 2$일 때,

$\qquad 2x-2=x,\ x=2$

$\qquad$ 에서 교점의 좌표는 (2, 2)

(ii) $x>2$일 때,

$\qquad (x-2)^2+2=x,\ x^2-5x+6=0$

$\qquad (x-2)(x-3)=0$

$\qquad x>2$이므로 $x=3$

$\qquad$ 에서 교점의 좌표는 (3, 3)

따라서 두 점 사이의 거리는 $\sqrt{(3-2)^2+(3-2)^2}=\sqrt{2}$

답 ①

89 함수 $y=f(x)$의 그래프는 기울기가
-1, y절편이 1인 직선이다.

ㄱ. 두 직선 $y=f(x)$, $y=x$는 오직 한 점에서
$\quad$ 만 만나므로 $n(A)=1$이다. (참)

ㄴ. 두 직선 $y=f(x)$, $y=x$는 서로 수직이므
$\quad$ 로 역함수 $y=f^{-1}(x)$의 그래프는 함수
$\quad y=f(x)$의 그래프와 일치한다. 따라서 두 함수
$\quad y=f(x)$, $y=f^{-1}(x)$의 그래프가 만나는 점은 무수히 많다. 그러
$\quad$ 므로 $n(B)\neq 1$이다. (거짓)

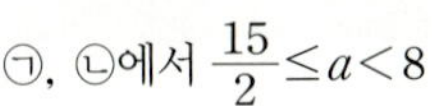

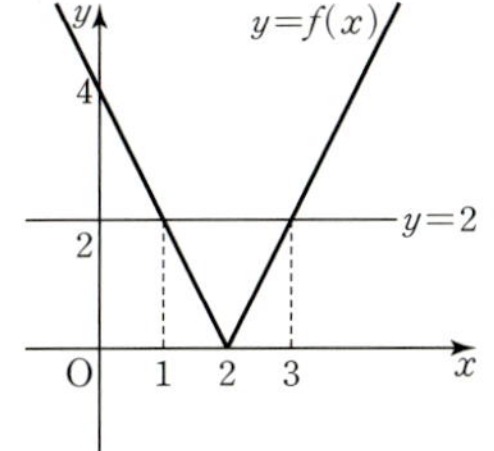

ㄷ. ㄱ, ㄴ에 의하여 두 집합은 같지 않다. (거짓)

따라서 옳은 것은 ㄱ이다.

답 ①

90 방정식 $f(x)=a$, 즉 방정식
$|x^2-4|=a$가 서로 다른 네 실근을 가지려
면 함수 $f(x)=|x^2-4|$의 그래프와 직선
$y=a$가 서로 다른 네 점에서 만나야 한다.

함수 $f(x)=|x^2-4|$에서 $f(0)=4$이므로

그림과 같이 서로 다른 네 점에서 만나려면

$0<a<4$

따라서 정수 a의 값은 1, 2, 3으로 그 개수는 3이다.

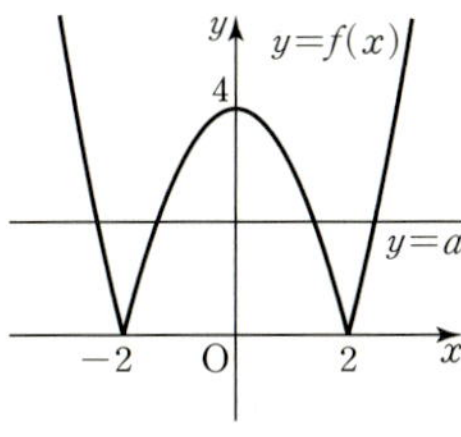

답 ③

91 $f(x)=|2x+3|-|2x-3|$에서

(i) $x\leq -\dfrac{3}{2}$일 때,

$\qquad f(x)=-(2x+3)+(2x-3)=-6$

(ii) $-\dfrac{3}{2}<x\leq\dfrac{3}{2}$일 때,

$\qquad f(x)=(2x+3)+(2x-3)=4x$

(iii) $x>\dfrac{3}{2}$일 때,

$\qquad f(x)=(2x+3)-(2x-3)=6$

(i), (ii), (iii)에서 $f(x)=\begin{cases}-6 & \left(x\leq -\dfrac{3}{2}\right)\\[2mm] 4x & \left(-\dfrac{3}{2}<x\leq\dfrac{3}{2}\right)\\[2mm] 6 & \left(x>\dfrac{3}{2}\right)\end{cases}$

이므로 함수 $y=f(x)$는 최댓값 6, 최솟값 -6을 갖는다.

따라서 $M=6$, $m=-6$이므로

$M-m=6-(-6)=12$

답 ②

92 함수 $f(x)=|2x-4|$의 그래프는 $y=2x-4$에서 $x<2$일 때는
$y<0$이므로 이 부분을 x축에 대하여 대칭이동하고, $x\geq 2$인 부분은 그
대로인 다음 그림과 같다.

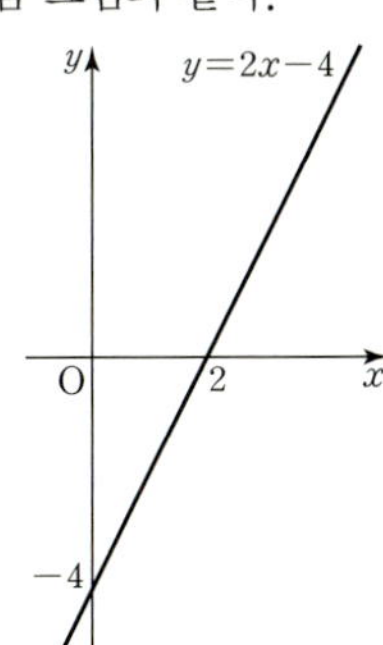

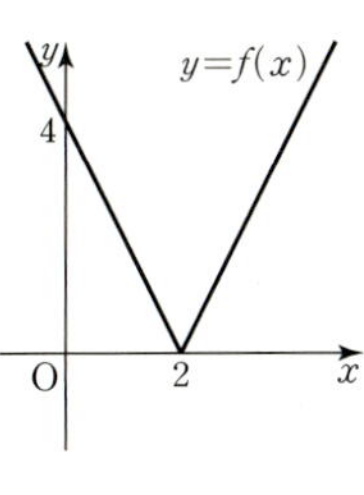

$(f\circ f)(a)=f(f(a))=2$에서

$f(a)=k$라고 하면

$f(f(a))=f(k)=2$

$f(k)=|2k-4|=2$

$2k-4=-2$ 또는 $2k-4=2$

$k=1$ 또는 $k=3$

즉, $f(a)=1$ 또는 $f(a)=3$

$f(a)=1$을 만족시키는 a의 값은 함수 $y=f(x)$의 그래프와 직선 $y=1$이 만나는 점의 x좌표이므로 그 개수는 2이다.
$f(a)=3$을 만족시키는 a의 값은 함수 $y=f(x)$의 그래프와 직선 $y=3$이 만나는 점의 x좌표이므로 그 개수는 2이다.
따라서 $(f \circ f)(a)=2$를 만족시키는 실수 a의 개수는 $2+2=4$

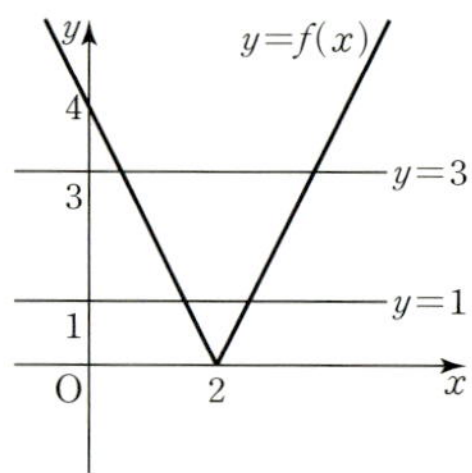

답 4

93 $y=|2x-3|$에서

(ⅰ) $x \geq \dfrac{3}{2}$일 때, $y=2x-3$

(ⅱ) $x < \dfrac{3}{2}$일 때, $y=-2x+3$

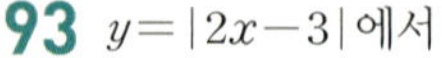

이상에서 함수 $y=|2x-3|$의 그래프는 오른쪽 그림과 같다.
한편 직선 $y=m(x+1)-2$는 m의 값에 관계없이 항상 점 $(-1, -2)$를 지난다.

직선이 점 $\left(\dfrac{3}{2}, 0\right)$을 지날 때 직선의

기울기 m은 $y=m(x+1)-2$에 $x=\dfrac{3}{2}$, $y=0$을 대입하면

$0=m\left(\dfrac{3}{2}+1\right)-2$에서 $m=\dfrac{4}{5}$

그러므로 $m > \dfrac{4}{5}$

이때 $m=2$이면 직선 $y=2x-3$과 평행하므로 $m<2$
따라서 구하는 범위는 $\dfrac{4}{5} < m < 2$

답 $\dfrac{4}{5} < m < 2$

94 $f(x)=x^2-4x+3=(x-1)(x-3)$

$g(x)=f(|x|)=\begin{cases} f(-x) & (x<0) \\ f(x) & (x \geq 0) \end{cases}$

$x \geq 0$일 때의 $y=f(x)$의 그래프를 y축에 대하여 대칭이동시키면 $x<0$일 때의 $y=f(-x)$의 그래프가 된다.
그러므로 함수 $y=g(x)$의 그래프는 다음 그림과 같다.

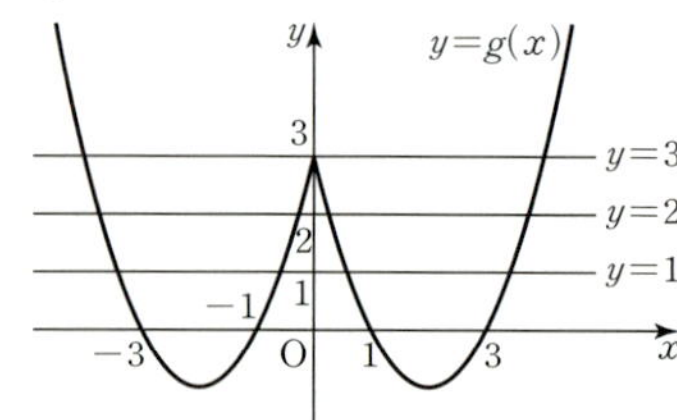

따라서 $h(1)=4$, $h(2)=4$, $h(3)=3$이므로
$h(1)+h(2)+h(3)=4+4+3=11$

답 11

95 함수 f가 상수함수이고, 치역이 $\{k\}$이므로 정수 k에 대하여
$f(a)=f(b)=f(c)=f(d)=k$
함수 $f(x)=|x^2-5x-1|$의 그래프와 직선 $y=k$가 만나는 서로 다른 점의 개수의 최댓값이 4이므로 함수 $y=f(x)$의 그래프와 직선 $y=k$는 서로 다른 네 개의 점에서 만난다.

$f(x)=|x^2-5x-1|$

$=\left|\left(x-\dfrac{5}{2}\right)^2-\dfrac{29}{4}\right|$

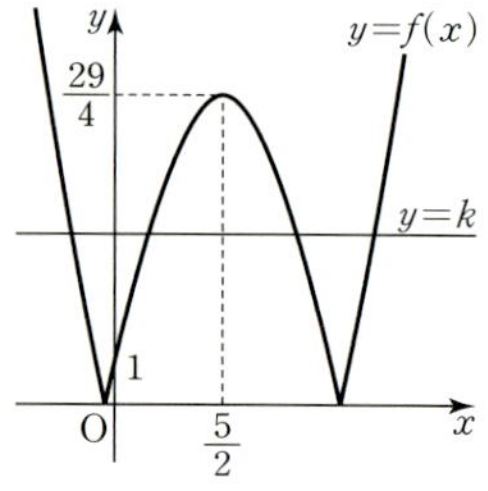

에서 함수 $y=f(x)$의 그래프는 오른쪽 그림과 같다.
이때 함수 $f(x)=|x^2-5x-1|$의 그래프와 직선 $y=k$가 만나는 서로 다른 점의 개수가 4가 되려면 k는 $0 < k < \dfrac{29}{4}$이다.
따라서 정수 k의 값은 $1, 2, 3, \cdots, 7$로 그 개수는 7이다.

답 7

<table>
<tr><td colspan="2">서술형 완성하기   본문 126쪽</td></tr>
<tr><td>01 18</td><td>02 13</td></tr>
<tr><td>03 0</td><td>04 5</td></tr>
<tr><td>05 10</td><td>06 $\dfrac{2}{3}$</td></tr>
</table>

01 $f(x)=g(x)$에서 $2x^3-4x^2=3x^2-3x$
$2x^3-7x^2+3x=0$, $x(2x^2-7x+3)=0$
$x(2x-1)(x-3)=0$에서
$x=0$ 또는 $x=\dfrac{1}{2}$ 또는 $x=3$ ……**❶**

$n(X)=2$이므로 집합 X는 $X \subset \left\{0, \dfrac{1}{2}, 3\right\}$이고, 원소 2개로 이루어진 집합이다.

$f(0)=0$, $f\left(\dfrac{1}{2}\right)=\dfrac{1}{4}-1=-\dfrac{3}{4}$, $f(3)=54-36=18$

이므로 함수 f의 치역은 $\left\{-\dfrac{3}{4}, 0, 18\right\}$의 부분집합 중 원소 2개로 이루어진 집합이다.   ……**❷**

따라서 함수 f의 치역의 모든 원소의 합 S의 최댓값은 정의역이 $\{0, 3\}$, 치역이 $\{0, 18\}$일 때이므로 $0+18=18$이다.   ……**❸**

답 18

단계	채점 기준	비율
❶	$f(x)=g(x)$를 만족시키는 x를 모두 구한 경우	50 %
❷	함숫값을 모두 구한 경우	30 %
❸	S의 최댓값을 구한 경우	20 %

02 $2f(x)+f(-x)=2x+1$ ……㉠
㉠에 x 대신 $-x$를 대입하면
$2f(-x)+f(x)=-2x+1$ ……㉡   ……**❶**
$2 \times$㉠$-$㉡에서
$3f(x)=6x+1$, $f(x)=2x+\dfrac{1}{3}$ ……**❷**

따라서
$f(1)+f(2)+f(3)=\left(2+\dfrac{1}{3}\right)+\left(4+\dfrac{1}{3}\right)+\left(6+\dfrac{1}{3}\right)$

$=13$ ……**❸**

답 13

단계	채점 기준	비율
❶	$-x$를 대입한 식을 구한 경우	30 %
❷	$f(x)$를 구한 경우	50 %
❸	함숫값의 합을 구한 경우	20 %

03 $(g \circ f)(x) = g(f(x)) = g\left(\dfrac{1}{2}x+1\right)$

$$= \dfrac{1}{2}x^2 - x - 1 \quad \cdots\cdots \text{㉠} \qquad \cdots\cdots ❶$$

$\dfrac{1}{2}x + 1 = t$로 놓으면 $x = 2t - 2$이고, 이를 ㉠에 대입하면

$g(t) = \dfrac{1}{2}(2t-2)^2 - (2t-2) - 1$

$\quad = 2t^2 - 4t + 2 - 2t + 2 - 1 = 2t^2 - 6t + 3 \quad \cdots\cdots ❷$

$g(x) = 2(x^2 - 3x) + 3$

$\quad = 2\left(x - \dfrac{3}{2}\right)^2 - \dfrac{9}{2} + 3 = 2\left(x - \dfrac{3}{2}\right)^2 - \dfrac{3}{2}$

따라서 이차함수 $g(x)$는 $x = \dfrac{3}{2}$일 때, 최솟값 $-\dfrac{3}{2}$을 갖는다.

$a + m = \dfrac{3}{2} + \left(-\dfrac{3}{2}\right) = 0 \qquad \cdots\cdots ❸$

답 0

단계	채점 기준	비율
❶	합성함수를 이용하여 ㉠의 식을 구한 경우	30 %
❷	$g(t)$를 구한 경우	40 %
❸	함수 $g(x)$의 최솟값을 구한 경우	30 %

04 함수 f가 역함수를 가지므로 함수 f는 일대일대응이다.

즉, $x \geq 1$에서 함수 $y = f(x)$의 그래프는 오른쪽 그림과 같아야 한다.

$y = ax^2 + bx + 5$

$\quad = a\left(x + \dfrac{b}{2a}\right)^2 - \dfrac{b^2}{4a} + 5$

에서 $a > 0$, $-\dfrac{b}{2a} \leq 1$ $\qquad \cdots\cdots ❶$

$-\dfrac{b}{2a} \leq 1$에서 $-b \leq 2a$, $b \geq -2a$ $\quad \cdots\cdots \text{㉠}$

또한 치역이 공역과 같아야 하므로

$a + b + 5 = 3 \qquad \cdots\cdots ❷$

$b = -a - 2$를 ㉠에 대입하면

$-a - 2 \geq -2a$, $a \geq 2$ $\qquad \cdots\cdots ❸$

따라서 a의 최솟값은 2이고 이때 b의 값은 -4이므로

$g(x) = \begin{cases} x + 2 & (x < 1) \\ 2x^2 - 4x + 5 & (x \geq 1) \end{cases}$

따라서 $g(2) = 8 - 8 + 5 = 5$ $\qquad \cdots\cdots ❹$

답 5

단계	채점 기준	비율
❶	함수 f가 일대일대응일 조건을 구한 경우	30 %
❷	치역이 공역과 같을 조건을 구한 경우	30 %
❸	a의 값의 범위를 구한 경우	20 %
❹	$g(2)$의 값을 구한 경우	20 %

05 $f = f^{-1}$에서 $f \circ f = f^{-1} \circ f = I$ (I는 항등함수)

이므로 정의역의 임의의 원소 x에 대하여

$(f \circ f)(x) = x$

$(f \circ f)(x) = f(f(x)) = x$를 만족시키려면 정의역의 임의의 원소 a에 대하여 $f(a) = a$ 또는 $f(a) = b$ $(b \neq a)$이면 $f(b) = f(f(a)) = a$ 이어야 한다.

따라서 정의역 $X = \{1, 2, 3, 4\}$의 원소 중에서

$f(a) = b$ $(b \neq a)$이고, $f(b) = a$인 순서쌍 (a, b)에 대하여

(ⅰ) 순서쌍의 개수가 0일 때,

정의역의 모든 원소에 대하여 $f(x) = x$이어야 하므로

함수 f의 개수는 1 $\qquad \cdots\cdots ❶$

(ⅱ) 순서쌍의 개수가 1일 때,

1, 2, 3, 4 중에서 서로 다른 두 수를 택하는 경우의 수는

$_4C_2 = \dfrac{4 \times 3}{2 \times 1} = 6$

택한 두 수는 서로 대응하고, 나머지 두 원소는 자기자신에 대응되어야 하므로

함수 f의 개수는 $6 \times 1 = 6$ $\qquad \cdots\cdots ❷$

(ⅲ) 순서쌍의 개수가 2일 때,

1, 2, 3, 4를 두 개의 순서쌍으로 나누면

$_4C_2 \times {}_2C_2 \times \dfrac{1}{2!} = \dfrac{4 \times 3}{2 \times 1} \times 1 \times \dfrac{1}{2} = 3$

순서쌍에 따라 대응시키면 함수 f의 개수는 3 $\qquad \cdots\cdots ❸$

(ⅰ), (ⅱ), (ⅲ)에서 조건을 만족시키는 모든 함수 f의 개수는

$1 + 6 + 3 = 10$ $\qquad \cdots\cdots ❹$

답 10

단계	채점 기준	비율
❶	순서쌍의 개수가 0일 때, 함수의 개수를 구한 경우	30 %
❷	순서쌍의 개수가 1일 때, 함수의 개수를 구한 경우	30 %
❸	순서쌍의 개수가 2일 때, 함수의 개수를 구한 경우	30 %
❹	모든 함수의 개수를 구한 경우	10 %

06 함수 $f(x) = x^2$ $(x \geq 0)$에 대하여 함수 $y = f(x)$의 그래프와 그 역함수 $y = f^{-1}(x)$의 그래프의 교점은 함수 $y = f(x)$의 그래프와 직선 $y = x$의 교점과 일치한다.

함수 $y = f(x)$의 그래프와 직선 $y = x$의 교점 A의 좌표는

$x^2 = x$에서 $x(x-1) = 0$

$x \neq 0$이므로 $x = 1$

즉, $a = b = 1$이므로 A$(1, 1)$

$\qquad \cdots\cdots ❶$

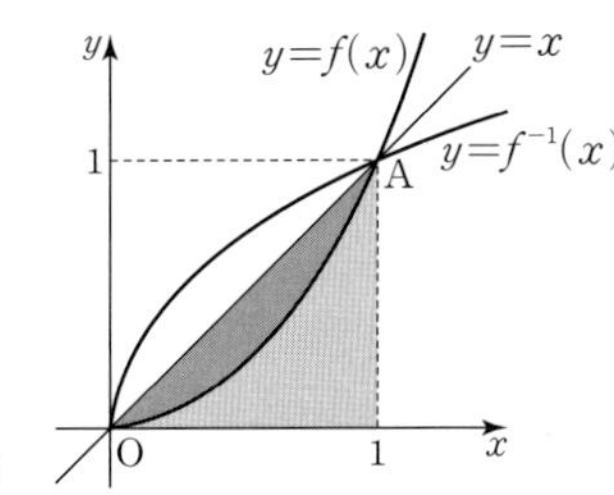

두 함수 $y = f(x)$, $y = f^{-1}(x)$의 그래프는 직선 $y = x$에 대하여 대칭이므로 함수 $y = f(x)$의 그래프와 함수 $y = f^{-1}(x)$의 그래프로 둘러싸인 부분의 넓이는 함수 $y = f(x)$의 그래프와 직선 $y = x$로 둘러싸인 부분의 넓이의 2배이다. 즉,

$S_1 = 2 \times \dfrac{1}{6} = \dfrac{1}{3}$ $\qquad \cdots\cdots ❷$

함수 $y = f^{-1}(x)$의 그래프와 직선 $y = b = 1$ 및 y축으로 둘러싸인 부분의 넓이는 함수 $y = f(x)$의 그래프와 직선 $x = 1$ 및 x축으로 둘러싸인 부분의 넓이와 같으므로

$$S_2=\frac{1}{2}\times1\times1-\frac{1}{6}=\frac{1}{3}$$ ...... ❸

따라서 $S_1+S_2=\frac{1}{3}+\frac{1}{3}=\frac{2}{3}$ ...... ❹

답 $\dfrac{2}{3}$

단계	채점 기준	비율
❶	점 A의 좌표를 구한 경우	30 %
❷	S_1의 값을 구한 경우	30 %
❸	S_2의 값을 구한 경우	30 %
❹	S_1+S_2의 값을 구한 경우	10 %

내신 + 수능 고난도 도전   본문 127쪽

01 ④   **02** 12
03 ①

01

Step 1 일대일함수임을 알고 $n(X)$의 범위 구하기

집합 X의 임의의 두 원소 x_1, x_2에 대하여 $x_1\neq x_2$이면 $f(x_1)\neq f(x_2)$를 만족시키는 함수는 일대일함수이다.
그러므로 $n(X)\leq n(Y)$이다.
(가)에서 집합 Y는 $Y=U-X$이므로 $n(X)\leq3$
(나)에서 $\{1,\,2\}\subset X\subset\{1,\,2,\,3,\,4,\,5\}$이므로 집합 X를 정하는 경우는 $n(X)=2$, $n(X)=3$일 때이다.

Step 2 $n(X)=2$일 때 함수의 개수 구하기

(i) $n(X)=2$일 때:
    $X=\{1,\,2\}$인 경우 $Y=\{3,\,4,\,5,\,6\}$이고 집합 X에서 집합 Y로의 일대일함수의 개수는
    $_4\mathrm{P}_2=4\times3=12$

Step 3 $n(X)=3$일 때 함수의 개수 구하기

(ii) $n(X)=3$일 때:
    집합 X가 될 수 있는 경우는 $\{1,\,2,\,3\}$, $\{1,\,2,\,4\}$, $\{1,\,2,\,5\}$의 3가지이고 각 경우 일대일함수의 개수는
    $3!=3\times2\times1=6$
    이므로 이 경우 함수의 개수는
    $3\times6=18$

Step 4 조건을 만족시키는 함수의 개수 구하기

(i), (ii)에 의하여 구하는 함수의 개수는
$12+18=30$

답 ④

02

Step 1 방정식 $f(x)=0$의 두 근을 α, β라 할 때 $f(x-1)=\alpha$ 또는 $f(x-1)=\beta$임을 구하기

방정식 $f(x)=0$의 두 근을 α, β라 하면 $\alpha>0$, $\beta>0$이다.

$(f\circ f)(x-1)=f(f(x-1))=0$에서
$f(x-1)=\alpha$ 또는 $f(x-1)=\beta$

Step 2 방정식 $f(x)=k$ $(k>0)$의 두 근의 합 구하기

함수 $y=f(x)$의 그래프는 직선 $x=2$에 대하여 대칭이므로 방정식 $f(x)=k$ $(k>0)$의 두 근의 합은 4이다.

Step 3 방정식 $f(x-1)=k$의 두 근의 합 구하기

방정식 $f(x)=k$의 두 근을 p, q라 하면 $p+q=4$이고, 함수 $y=f(x-1)$의 그래프는 함수 $y=f(x)$의 그래프를 x축의 방향으로 1만큼 평행이동한 것이므로 방정식 $f(x-1)=k$의 두 근은 $p+1$, $q+1$이다.
그러므로 방정식 $f(x-1)=k$의 두 근의 합은
$(p+1)+(q+1)=p+q+2=4+2=6$

Step 4 방정식 $(f\circ f)(x-1)=0$의 모든 근의 합 구하기

따라서 방정식 $(f\circ f)(x-1)=0$의 서로 다른 모든 실근의 합은 $k=\alpha$일 때와 $k=\beta$일 때의 서로 다른 모든 실근의 합이므로
$6+6=12$

답 12

03

Step 1 방정식 $\{f(x)\}^2=f(x)f^{-1}(x)$를 만족시키는 경우 구하기

$\{f(x)\}^2=f(x)f^{-1}(x)$에서 $f(x)\{f(x)-f^{-1}(x)\}=0$
$f(x)=0$ 또는 $f(x)=f^{-1}(x)$

Step 2 $f(x)=0$일 때 x의 값 구하기

(i) $f(x)=0$일 때
    $\frac{1}{4}x-1=0$에서 $x=4$이고 $4>0$이므로 주어진 조건을 만족시키지 않는다.
    또, $2x-1=0$, $x=\frac{1}{2}$이고 $\frac{1}{2}\geq0$이므로 주어진 조건을 만족시킨다.
    그러므로 $x=\frac{1}{2}$

Step 3 $f(x)=f^{-1}(x)$일 때 x의 값 구하기

(ii) $f(x)=f^{-1}(x)$일 때
    방정식 $f(x)=f^{-1}(x)$의 실근은 두 함수 $y=f(x)$와 $y=f^{-1}(x)$의 그래프의 교점의 x좌표와 같다. 또한 함수 f에 대하여 두 함수 $y=f(x)$와 $y=f^{-1}(x)$의 그래프의 교점은 함수 $y=f(x)$의 그래프와 직선 $y=x$의 교점과 일치한다.
    $\frac{1}{4}x-1=x$에서 $x=-\frac{4}{3}$이고 $-\frac{4}{3}<0$이므로 주어진 조건을 만족시킨다.
    또, $2x-1=x$에서 $x=1$이고 $1\geq0$이므로 주어진 조건을 만족시킨다.
    그러므로 $x=-\frac{4}{3}$ 또는 $x=1$

Step 4 모든 실수 x의 값의 합 구하기

(i), (ii)에서 $x=-\frac{4}{3}$ 또는 $x=\frac{1}{2}$ 또는 $x=1$
따라서 모든 실수 x의 값의 합은
$-\frac{4}{3}+\frac{1}{2}+1=\frac{1}{6}$

답 ①

07 유리함수와 무리함수

01 ㄱ, ㄴ, ㅂ   **02** ㄷ, ㄹ, ㅁ   **03** $\dfrac{1}{x+1}$ **04** $\dfrac{1}{x-3}$

05 $\dfrac{x-1}{x-4}$ **06** $\dfrac{x^2+3x-2}{(x-1)(x+1)}$

07 $\dfrac{4}{(x-2)(x+2)}$ **08** $\dfrac{x-4}{x+1}$

09 ㄱ, ㄷ, ㄹ   **10** ㄴ, ㅁ, ㅂ

11 $\{x\,|\,x\neq 2$인 실수$\}$ **12** $\{x\,|\,x\neq -3$인 실수$\}$

13 풀이 참조   **14** 풀이 참조   **15** 풀이 참조   **16** 풀이 참조

17 $x\geq 3$ **18** $3\leq x\leq 4$ **19** $3\leq x<4$ **20** $\dfrac{\sqrt{2x+1}}{2x-1}$

21 $\dfrac{\sqrt{x+1}+\sqrt{x-1}}{2}$ **22** $\dfrac{x+2\sqrt{x-1}}{x-2}$

23 ㄱ, ㄴ   **24** $\left\{x\,\middle|\,x\geq \dfrac{3}{2}\right\}$

25 $\{x\,|\,-2\leq x\leq 2\}$ **26** ①   **27** ④

28 ⑤   **29** ⑧   **30** 풀이 참조   **31** 풀이 참조

32 풀이 참조   **33** 풀이 참조

---

01   **답** ㄱ, ㄴ, ㅂ

02   **답** ㄷ, ㄹ, ㅁ

03 $\dfrac{x}{x^2+x}=\dfrac{x}{x(x+1)}=\dfrac{1}{x+1}$

답 $\dfrac{1}{x+1}$

04 $\dfrac{x+2}{x^2-x-6}=\dfrac{x+2}{(x+2)(x-3)}=\dfrac{1}{x-3}$

답 $\dfrac{1}{x-3}$

05 $\dfrac{x^2+x-2}{x^2-2x-8}=\dfrac{(x+2)(x-1)}{(x+2)(x-4)}=\dfrac{x-1}{x-4}$

답 $\dfrac{x-1}{x-4}$

06 $\dfrac{x}{x-1}+\dfrac{2}{x+1}=\dfrac{x(x+1)}{(x-1)(x+1)}+\dfrac{2(x-1)}{(x-1)(x+1)}$

$\qquad =\dfrac{x(x+1)+2(x-1)}{(x-1)(x+1)}$

$\qquad =\dfrac{x^2+3x-2}{(x-1)(x+1)}$

답 $\dfrac{x^2+3x-2}{(x-1)(x+1)}$

07 $\dfrac{1}{x-2}-\dfrac{1}{x+2}=\dfrac{x+2}{(x-2)(x+2)}-\dfrac{x-2}{(x+2)(x-2)}$

$\qquad =\dfrac{(x+2)-(x-2)}{(x-2)(x+2)}$

$\qquad =\dfrac{4}{(x-2)(x+2)}$

답 $\dfrac{4}{(x-2)(x+2)}$

08 $\dfrac{(x-1)(x+4)}{(x+1)(x+5)}\times\dfrac{x-4}{x-1}\div\dfrac{x+4}{x+5}$

$\qquad =\dfrac{(x-1)(x+4)}{(x+1)(x+5)}\times\dfrac{x-4}{x-1}\times\dfrac{x+5}{x+4}$

$\qquad =\dfrac{x-4}{x+1}$

답 $\dfrac{x-4}{x+1}$

09   **답** ㄱ, ㄷ, ㄹ

10   **답** ㄴ, ㅁ, ㅂ

11   **답** $\{x\,|\,x\neq 2$인 실수$\}$

12   **답** $\{x\,|\,x\neq -3$인 실수$\}$

13 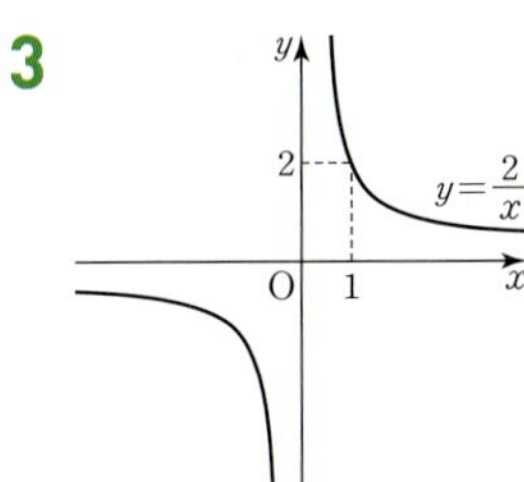

답 풀이 참조

14 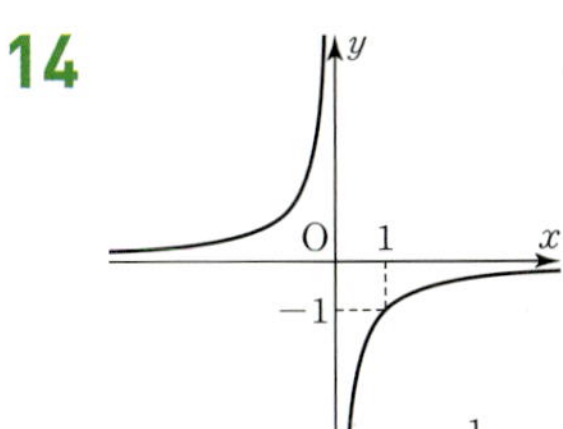

답 풀이 참조

15 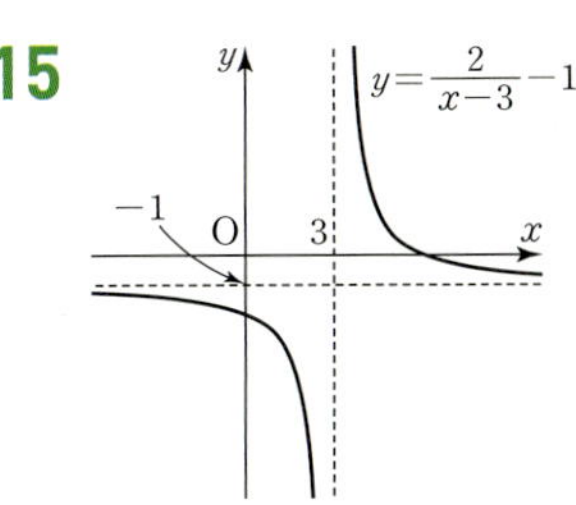

점근선의 방정식: $x=3$, $y=-1$

답 풀이 참조

16 $y=\dfrac{2x-3}{x-1}=\dfrac{2(x-1)-1}{x-1}=-\dfrac{1}{x-1}+2$

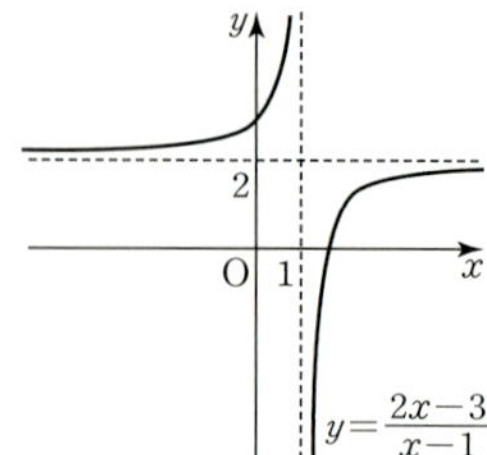

점근선의 방정식: $x=1$, $y=2$

🅐 풀이 참조

17

🅐 $x\geq3$

18 $x-3\geq0$이고 $4-x\geq0$이므로 $3\leq x\leq4$

🅐 $3\leq x\leq4$

19 $x-3\geq0$이고 $4-x>0$이므로 $3\leq x<4$

🅐 $3\leq x<4$

20 $\dfrac{1}{\sqrt{2x}-1}=\dfrac{\sqrt{2x}+1}{(\sqrt{2x}-1)(\sqrt{2x}+1)}$

$\qquad\qquad =\dfrac{\sqrt{2x}+1}{2x-1}$

🅐 $\dfrac{\sqrt{2x}+1}{2x-1}$

21 $\dfrac{1}{\sqrt{x+1}-\sqrt{x-1}}$

$\quad =\dfrac{\sqrt{x+1}+\sqrt{x-1}}{(\sqrt{x+1}-\sqrt{x-1})(\sqrt{x+1}+\sqrt{x-1})}$

$\quad =\dfrac{\sqrt{x+1}+\sqrt{x-1}}{(x+1)-(x-1)}$

$\quad =\dfrac{\sqrt{x+1}+\sqrt{x-1}}{2}$

🅐 $\dfrac{\sqrt{x+1}+\sqrt{x-1}}{2}$

22 $\dfrac{\sqrt{x-1}+1}{\sqrt{x-1}-1}=\dfrac{(\sqrt{x-1}+1)^2}{(\sqrt{x-1}-1)(\sqrt{x-1}+1)}$

$\qquad\qquad =\dfrac{(x-1)+2\sqrt{x-1}+1}{(x-1)-1}$

$\qquad\qquad =\dfrac{x+2\sqrt{x-1}}{x-2}$

🅐 $\dfrac{x+2\sqrt{x-1}}{x-2}$

23 ㄷ. $y=\sqrt{x^2+4x+4}=\sqrt{(x+2)^2}=|x+2|$이므로 무리함수가 아니다.

이상에서 무리함수인 것은 ㄱ, ㄴ이다.

🅐 ㄱ, ㄴ

24 $2x-3\geq0$에서 $x\geq\dfrac{3}{2}$

따라서 정의역은 $\left\{x\,\middle|\,x\geq\dfrac{3}{2}\right\}$이다.

🅐 $\left\{x\,\middle|\,x\geq\dfrac{3}{2}\right\}$

25 $4-x^2\geq0$에서 $x^2-4\leq0$

$(x+2)(x-2)\leq0$

$-2\leq x\leq2$

따라서 정의역은 $\{x\,|\,-2\leq x\leq2\}$이다.

🅐 $\{x\,|\,-2\leq x\leq2\}$

26

🅐 ①

27

🅐 ④

28

🅐 ⑤

29

🅐 ⑧

30

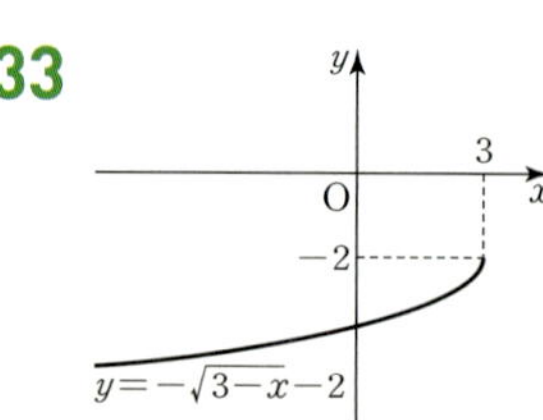

정의역: $\{x\,|\,x\geq3\}$, 치역: $\{y\,|\,y\geq0\}$

🅐 풀이 참조

31

정의역: $\{x\,|\,x\geq0\}$, 치역: $\{y\,|\,y\geq-2\}$

🅐 풀이 참조

32

정의역: $\{x\,|\,x\geq1\}$, 치역: $\{y\,|\,y\leq1\}$

🅐 풀이 참조

33

정의역: $\{x\,|\,x\leq3\}$, 치역: $\{y\,|\,y\leq-2\}$

🅐 풀이 참조

01 $\dfrac{2x-1}{x^2-1}$	**02** $\dfrac{x+1}{x(x+2)}$		**03** 4
04 ③	**05** ⑤	**06** ③	**07** ②
08 ③	**09** 31	**10** ③	**11** ④
12 14	**13** $\dfrac{6}{13}$	**14** ①	**15** $-\dfrac{5}{3}$
16 ②	**17** ④	**18** ③	**19** 15
20 ⑤	**21** ①	**22** ③	**23** ②
24 ②	**25** ㄱ, ㄴ, ㄷ	**26** -3	**27** ①
28 ②	**29** -6	**30** ④	**31** ④
32 ②	**33** ①	**34** 제 1, 2, 4사분면	
35 ③	**36** $-2<a<0$		**37** ①
38 ④	**39** ②	**40** -8	**41** ④
42 ④	**43** ①	**44** $x=4, y=0$	
45 $h(x)=\dfrac{-3x+2}{x+2}$	**46** $-\dfrac{1}{3}$		**47** ②
48 ①	**49** ①	**50** ①	**51** 5
52 ③	**53** ②	**54** $\dfrac{5}{3}$	**55** ④
56 ⑤	**57** ①	**58** ②	**59** ①
60 ②	**61** ①	**62** ②	**63** ②
64 ④	**65** -6	**66** ②	**67** ③
68 ④	**69** ①	**70** ②	**71** ③
72 ⑤	**73** ③	**74** 3	**75** ②
76 제1, 2, 3, 4사분면		**77** 제1, 2, 4사분면	
78 ①	**79** 제1, 2사분면		**80** ①
81 ⑤	**82** ④	**83** $-\dfrac{1}{3}\leq k<\dfrac{7}{6}$	
84 $k<2$ 또는 $k=\dfrac{5}{2}$		**85** ④	**86** ②
87 254	**88** ⑤	**89** $\dfrac{45}{4}$	**90** ③
91 ③	**92** 27	**93** ②	**94** $\dfrac{85}{2}$
95 ②	**96** 24	**97** $\dfrac{1}{8}$	

01 $\dfrac{1}{x+1}+\dfrac{1}{x-1}-\dfrac{1}{x^2-1}$

$=\dfrac{x-1}{(x+1)(x-1)}+\dfrac{x+1}{(x-1)(x+1)}-\dfrac{1}{x^2-1}$

$=\dfrac{x-1}{x^2-1}+\dfrac{x+1}{x^2-1}-\dfrac{1}{x^2-1}$

$=\dfrac{x-1+x+1-1}{x^2-1}$

$=\dfrac{2x-1}{x^2-1}$

$\qquad\qquad\qquad\qquad\qquad$ 답 $\dfrac{2x-1}{x^2-1}$

02 $\dfrac{x-1}{x^2+2x-3}\times\dfrac{x^2-9}{x+2}\div\dfrac{x(x-3)}{x+1}$

$=\dfrac{x-1}{(x-1)(x+3)}\times\dfrac{(x+3)(x-3)}{x+2}\times\dfrac{x+1}{x(x-3)}$

$=\dfrac{x+1}{x(x+2)}$

$\qquad\qquad\qquad\qquad\qquad$ 답 $\dfrac{x+1}{x(x+2)}$

03 $f(x)=\dfrac{2-\dfrac{2}{x-1}}{1+\dfrac{1}{x-1}}=\dfrac{\dfrac{2(x-1)-2}{x-1}}{\dfrac{x-1+1}{x-1}}$

$=\dfrac{\dfrac{2x-4}{x-1}}{\dfrac{x}{x-1}}$

$=\dfrac{2x-4}{x-1}\div\dfrac{x}{x-1}$

$=\dfrac{2x-4}{x-1}\times\dfrac{x-1}{x}$

$=\dfrac{2x-4}{x}$

$f(a)=\dfrac{2a-4}{a}=1$에서

$2a-4=a$

$a=4$

$\qquad\qquad\qquad\qquad\qquad\qquad$ 답 4

04 $\dfrac{a}{x-1}+\dfrac{b}{x+2}=\dfrac{a(x+2)+b(x-1)}{(x-1)(x+2)}$

$\qquad\qquad\qquad\quad=\dfrac{(a+b)x+(2a-b)}{x^2+x-2}$

이므로 $\dfrac{4x-1}{x^2+x-2}=\dfrac{(a+b)x+(2a-b)}{x^2+x-2}$에서

$a+b=4$ $\qquad$ …… ㉠

$2a-b=-1$ $\qquad$ …… ㉡

㉠, ㉡을 연립하여 풀면 $a=1,\ b=3$

따라서 $ab=3$

$\qquad\qquad\qquad\qquad\qquad\qquad$ 답 ③

05 $\dfrac{a}{x+1}+\dfrac{bx-1}{x^2-x+1}$

$=\dfrac{a(x^2-x+1)+(bx-1)(x+1)}{(x+1)(x^2-x+1)}$

$=\dfrac{(a+b)x^2+(-a+b-1)x+a-1}{x^3+1}$

이므로 $\dfrac{x-2}{x^3+1}=\dfrac{(a+b)x^2+(-a+b-1)x+a-1}{x^3+1}$에서

$a+b=0,\ -a+b-1=1,\ a-1=-2$

따라서 $a=-1,\ b=1$이므로

$ab=-1$

$\qquad\qquad\qquad\qquad\qquad\qquad$ 답 ⑤

06 $\dfrac{a}{x-1}+\dfrac{b}{x}+\dfrac{c}{x+1}$

$=\dfrac{ax(x+1)+b(x-1)(x+1)+cx(x-1)}{x(x-1)(x+1)}$

$=\dfrac{(a+b+c)x^2+(a-c)x-b}{x^3-x}$

이므로 $\dfrac{4x-2}{x^3-x}=\dfrac{(a+b+c)x^2+(a-c)x-b}{x^3-x}$ 에서

$a+b+c=0$ $\cdots\cdots$ ㉠

$a-c=4$ $\cdots\cdots$ ㉡

$-b=-2$ $\cdots\cdots$ ㉢

㉠, ㉡, ㉢을 연립하여 풀면

$a=1$, $b=2$, $c=-3$

따라서 $abc=-6$

답 ③

07 $\dfrac{1}{(x+2)(x+4)}+\dfrac{1}{(x+4)(x+6)}$

$=\dfrac{1}{2}\left(\dfrac{1}{x+2}-\dfrac{1}{x+4}\right)+\dfrac{1}{2}\left(\dfrac{1}{x+4}-\dfrac{1}{x+6}\right)$

$=\dfrac{1}{2}\left(\dfrac{1}{x+2}-\dfrac{1}{x+6}\right)$

$=\dfrac{1}{2}\times\dfrac{(x+6)-(x+2)}{(x+2)(x+6)}$

$=\dfrac{2}{(x+2)(x+6)}$

따라서 $a=2$

답 ②

08 $\dfrac{1}{x(x+1)}+\dfrac{2}{(x+1)(x+3)}+\dfrac{3}{(x+3)(x+6)}$

$=\left(\dfrac{1}{x}-\dfrac{1}{x+1}\right)+\left(\dfrac{1}{x+1}-\dfrac{1}{x+3}\right)+\left(\dfrac{1}{x+3}-\dfrac{1}{x+6}\right)$

$=\dfrac{1}{x}-\dfrac{1}{x+6}$

$=\dfrac{(x+6)-x}{x(x+6)}$

$=\dfrac{6}{x(x+6)}$

따라서 $a=6$

답 ③

09 $\dfrac{1}{f(x)}=\dfrac{1}{4x^2-1}$

$\qquad=\dfrac{1}{(2x-1)(2x+1)}$

$\qquad=\dfrac{1}{2}\left(\dfrac{1}{2x-1}-\dfrac{1}{2x+1}\right)$

이므로

$\dfrac{1}{f(1)}+\dfrac{1}{f(2)}+\dfrac{1}{f(3)}+\cdots+\dfrac{1}{f(10)}$

$=\dfrac{1}{2}\left(1-\dfrac{1}{3}\right)+\dfrac{1}{2}\left(\dfrac{1}{3}-\dfrac{1}{5}\right)+\dfrac{1}{2}\left(\dfrac{1}{5}-\dfrac{1}{7}\right)+\cdots+\dfrac{1}{2}\left(\dfrac{1}{19}-\dfrac{1}{21}\right)$

$=\dfrac{1}{2}\left(1-\dfrac{1}{21}\right)=\dfrac{10}{21}$

따라서 $p=21$, $q=10$이므로

$p+q=21+10=31$

답 31

10 $x+\dfrac{1}{x}=-1$이므로

$\left(x^2+\dfrac{1}{x^2}\right)-\left(x^3+\dfrac{1}{x^3}\right)$

$=\left(x+\dfrac{1}{x}\right)^2-2-\left(x+\dfrac{1}{x}\right)^3+3\left(x+\dfrac{1}{x}\right)$

$=(-1)^2-2-(-1)^3+3\times(-1)$

$=1-2+1-3=-3$

답 ③

11 $x^2-4x+1=0$에서 $x\neq0$이므로 양변을 x로 나누면

$x-4+\dfrac{1}{x}=0$, $x+\dfrac{1}{x}=4$

따라서

$x^2-2x+3-\dfrac{2}{x}+\dfrac{1}{x^2}$

$=\left(x^2+\dfrac{1}{x^2}\right)-2\left(x+\dfrac{1}{x}\right)+3$

$=\left\{\left(x+\dfrac{1}{x}\right)^2-2\right\}-2\left(x+\dfrac{1}{x}\right)+3$

$=(4^2-2)-2\times4+3$

$=14-8+3=9$

답 ④

12 $x^2+2xy-y^2=0$에서 $xy\neq0$이므로 양변을 xy로 나누면

$\dfrac{x}{y}+2-\dfrac{y}{x}=0$, $\dfrac{y}{x}-\dfrac{x}{y}=2$

따라서 $\dfrac{y^3}{x^3}-\dfrac{x^3}{y^3}=\left(\dfrac{y}{x}-\dfrac{x}{y}\right)^3+3\left(\dfrac{y}{x}-\dfrac{x}{y}\right)$

$\qquad\qquad=2^3+3\times2=14$

답 14

13 $\dfrac{x}{2}=\dfrac{y}{3}=k\,(k\neq0)$이라 하면

$x=2k$, $y=3k$이므로

$\dfrac{xy}{x^2+y^2}=\dfrac{2k\times3k}{(2k)^2+(3k)^2}=\dfrac{6k^2}{13k^2}=\dfrac{6}{13}$

답 $\dfrac{6}{13}$

14 $x:y=1:2=3:6$, $y:z=3:5=6:10$이므로

$x:y:z=3:6:10$

이때 $x=3k$, $y=6k$, $z=10k\,(k\neq0)$이라 하면

$\dfrac{x+3y}{2y-z}=\dfrac{3k+18k}{12k-10k}=\dfrac{21k}{2k}=\dfrac{21}{2}$

답 ①

15 $x:(y-3):2z=1:2:3$에서

$x=k$, $y-3=2k$, $2z=3k\,(k\neq0)$이라 하면

$x=k$, $y=2k+3$, $z=\dfrac{3k}{2}$

따라서 $\dfrac{y+2z-3}{3-x-y}=\dfrac{(2k+3)+2\times\dfrac{3k}{2}-3}{3-k-(2k+3)}$

$\qquad\qquad=\dfrac{5k}{-3k}=-\dfrac{5}{3}$

답 $-\dfrac{5}{3}$

16 함수 $f(x)=-\dfrac{2}{x}$의 그래프는 그림과 같다.

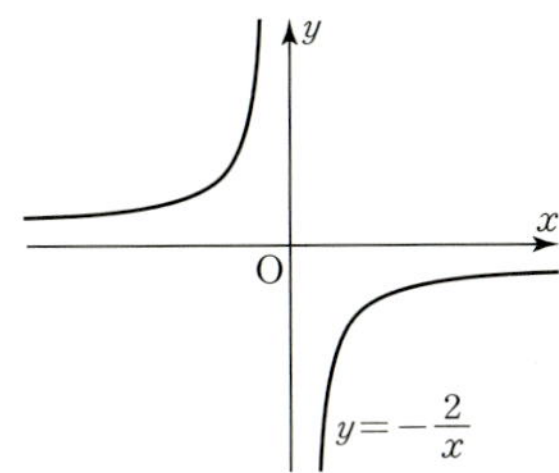

ㄱ. 제2사분면을 지난다. (참)

ㄴ. 점근선은 x축과 y축이다. (참)

ㄷ. 함수 $y=-\dfrac{2}{x}$의 그래프를 원점에 대하여 대칭이동하면

$-y=-\dfrac{2}{-x}$, 즉 $y=-\dfrac{2}{x}$이다. (거짓)

이상에서 옳은 것은 ㄱ, ㄴ이다.

답 ②

17 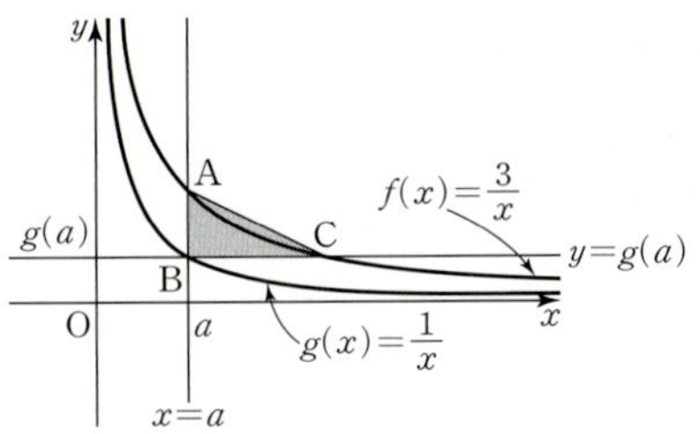

두 점 A, B는 두 함수 $f(x)=\dfrac{3}{x}$, $g(x)=\dfrac{1}{x}$의 그래프와 직선 $x=a$

가 만나는 점이므로

$A\left(a,\ \dfrac{3}{a}\right)$, $B\left(a,\ \dfrac{1}{a}\right)$

또, 점 C는 직선 $y=g(a)$와 함수 $y=f(x)$의 그래프가 만나는 점이고,

$g(a)=\dfrac{1}{a}$이므로

$\dfrac{3}{x}=\dfrac{1}{a}$에서 $x=3a$

즉, $C\left(3a,\ \dfrac{1}{a}\right)$

따라서 삼각형 ABC의 넓이는

$\dfrac{1}{2}\times(3a-a)\times\left(\dfrac{3}{a}-\dfrac{1}{a}\right)=\dfrac{1}{2}\times2a\times\dfrac{2}{a}=2$

답 ④

18 함수 $f(x)=\dfrac{1}{x}$ $(x>0)$의 그래프와 원 $x^2+y^2=4$가 만나는 두

점을 각각 $\left(\alpha,\ \dfrac{1}{\alpha}\right)$, $\left(\beta,\ \dfrac{1}{\beta}\right)$ $(0<\alpha<\beta)$라 하면

$\alpha^2+\dfrac{1}{\alpha^2}=4$, $\beta^2+\dfrac{1}{\beta^2}=4$

한편, 함수 $f(x)=\dfrac{1}{x}$의 그래프와 원 $x^2+y^2=4$가 모두 직선 $y=x$에

대하여 대칭이므로 두 점 $\left(\alpha,\ \dfrac{1}{\alpha}\right)$, $\left(\beta,\ \dfrac{1}{\beta}\right)$은 직선 $y=x$에 대하여 대

칭이다.

즉, $\alpha=\dfrac{1}{\beta}$이므로 $\alpha\beta=1$

따라서 두 점 $\left(\alpha,\ \dfrac{1}{\alpha}\right)$, $\left(\beta,\ \dfrac{1}{\beta}\right)$ 사이의 거리는

$\sqrt{(\beta-\alpha)^2+\left(\dfrac{1}{\beta}-\dfrac{1}{\alpha}\right)^2}$

$=\sqrt{\beta^2-2\alpha\beta+\alpha^2+\dfrac{1}{\beta^2}-\dfrac{2}{\alpha\beta}+\dfrac{1}{\alpha^2}}$

$=\sqrt{\left(\alpha^2+\dfrac{1}{\alpha^2}\right)+\left(\beta^2+\dfrac{1}{\beta^2}\right)-2\left(\alpha\beta+\dfrac{1}{\alpha\beta}\right)}$

$=\sqrt{4+4-2\times2}$

$=\sqrt{4}=2$

답 ③

19 $y=\dfrac{5}{2x+3}-4=\dfrac{5}{2\left(x+\dfrac{3}{2}\right)}-4=\dfrac{\dfrac{5}{2}}{x+\dfrac{3}{2}}-4$

이므로 이 함수의 그래프는 함수 $y=\dfrac{\dfrac{5}{2}}{x}$의 그래프를 x축의 방향으로

$-\dfrac{3}{2}$만큼, y축의 방향으로 -4만큼 평행이동한 것이다.

따라서 $k=\dfrac{5}{2}$, $p=-\dfrac{3}{2}$, $q=-4$이므로

$kpq=\dfrac{5}{2}\times\left(-\dfrac{3}{2}\right)\times(-4)=15$

답 15

20 함수 $y=\dfrac{1}{x}$의 그래프를 x축의 방향으로 c만큼, y축의 방향으로

-2만큼 평행이동하면

$y=\dfrac{1}{x-c}-2$

이때 $\dfrac{a}{x+1}+b=\dfrac{1}{x-c}-2$이므로

$a=1$, $b=-2$, $c=-1$

따라서 $abc=1\times(-2)\times(-1)=2$

답 ⑤

21 함수 $y=\dfrac{3}{x+2}-1$의 그래프의 정의역은 $\{x\,|\,x\neq-2$인 실수$\}$,

치역은 $\{y\,|\,y\neq-1$인 실수$\}$이므로

$p=-2$, $q=-1$

또, $x=0$일 때 $y=\dfrac{3}{0+2}-1=\dfrac{1}{2}$

이므로 이 함수의 그래프는 점 $\left(0,\ \dfrac{1}{2}\right)$을 지난다.

즉, $a=\dfrac{1}{2}$

따라서 $p+q+a=-2+(-1)+\dfrac{1}{2}=-\dfrac{5}{2}$

답 ①

22 점근선의 방정식이 $x=-1$, $y=2$이므로 함수의 식을

$y=\dfrac{k}{x+1}+2$ $(k\neq0)$이라 하면 이 그래프가 점 $(0,\ -3)$을 지나므로

$-3=k+2$, $k=-5$

즉, 주어진 함수의 식은 $y=-\dfrac{5}{x+1}+2$이다.

따라서 $k=-5$, $p=-1$, $q=2$이므로

$k+p+q=-5+(-1)+2=-4$

답 ③

23 함수 $f(x)=-\dfrac{3}{x-2}-1$의 그래프는 그림과 같다.

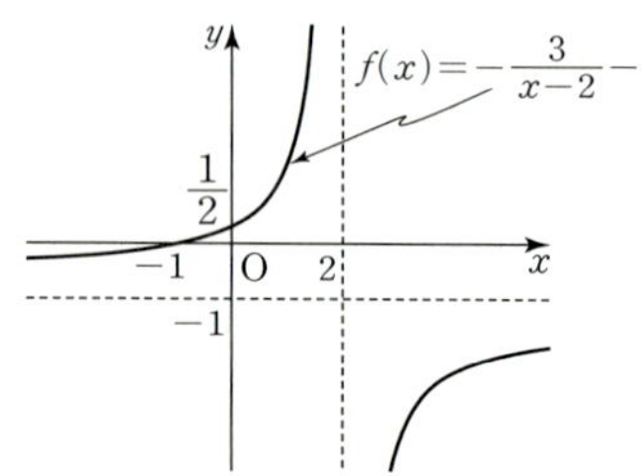

ㄱ. 정의역은 $\{x \mid x\neq 2$인 실수$\}$, 치역은 $\{y \mid y\neq -1$인 실수$\}$이다. (거짓)

ㄴ. $f(-1)=-\dfrac{3}{-1-2}-1=0$이므로 그래프는 점 $(-1,\ 0)$을 지난다. (참)

ㄷ. 함수 $f(x)=-\dfrac{3}{x-2}-1$의 그래프는 함수 $y=-\dfrac{3}{x}$의 그래프를 x축의 방향으로 2만큼, y축의 방향으로 -1만큼 평행이동한 것이다. (거짓)

이상에서 옳은 것은 ㄴ이다.

답 ②

24 ㄱ. 함수 $y=-\dfrac{1}{x-1}$의 그래프를 x축에 대하여 대칭이동한 후, x축의 방향으로 1만큼 평행이동하면 함수 $y=\dfrac{1}{x-2}$의 그래프와 일치한다.

ㄴ. 함수 $y=\dfrac{1}{x+2}-1$의 그래프를 x축의 방향으로 4만큼, y축의 방향으로 1만큼 평행이동하면 함수 $y=\dfrac{1}{x-2}$의 그래프와 일치한다.

ㄷ. 함수 $y=\dfrac{3}{x-1}-1$의 그래프를 평행이동 또는 대칭이동하여 함수 $y=\dfrac{1}{x-2}$의 그래프와 일치시킬 수 없다.

이상에서 옳은 것은 ㄱ, ㄴ이다.

답 ②

25 $y=\dfrac{3x+2}{x+4}=\dfrac{3(x+4)-10}{x+4}=-\dfrac{10}{x+4}+3$

ㄱ. 정의역은 $\{x \mid x\neq -4$인 실수$\}$, 치역은 $\{y \mid y\neq 3$인 실수$\}$이다. (참)

ㄴ. 함수 $y=-\dfrac{10}{x}$의 그래프를 x축의 방향으로 -4만큼, y축의 방향으로 3만큼 평행이동한 것이다. (참)

ㄷ. $y=\dfrac{3x+2}{x+4}$에서

$y=0$일 때 $3x+2=0$, 즉 $x=-\dfrac{2}{3}$

이므로 그래프는 점 $\left(-\dfrac{2}{3},\ 0\right)$을 지난다.

또, $x=0$일 때 $y=\dfrac{0+2}{0+4}=\dfrac{1}{2}$

이므로 그래프는 점 $\left(0,\ \dfrac{1}{2}\right)$을 지난다. (참)

이상에서 옳은 것은 ㄱ, ㄴ, ㄷ이다.

답 ㄱ, ㄴ, ㄷ

26 유리함수 $y=\dfrac{ax+3}{x+b}$의 그래프를 x축의 방향으로 -1만큼, y축의 방향으로 2만큼 평행이동한 그래프의 식은

$y-2=\dfrac{a(x+1)+3}{(x+1)+b}$에서

$y=\dfrac{ax+a+3}{x+b+1}+2$

$\quad=\dfrac{ax+a+3+2(x+b+1)}{x+b+1}$

$\quad=\dfrac{(a+2)x+a+2b+5}{x+b+1}$

이 함수의 그래프가 원점에 대하여 대칭이려면 $y=\dfrac{k}{x}$ $(k\neq 0)$의 꼴이어야 하므로

$a+2=0,\ b+1=0$

$a=-2,\ b=-1$

따라서 $a+b=-2+(-1)=-3$

답 -3

유리함수 $y=\dfrac{ax+3}{x+b}$의 그래프를 x축의 방향으로 -1만큼, y축의 방향으로 2만큼 평행이동한 그래프가 원점에 대하여 대칭이므로 유리함수 $y=\dfrac{ax+3}{x+b}$의 그래프는 점 $(1,\ -2)$에 대하여 대칭이다.

따라서 점근선의 방정식이 $x=1$, $y=-2$이므로

$x=-b=1,\ y=a=-2$

$a=-2,\ b=-1$

따라서 $a+b=-2+(-1)=-3$

27 $y=\dfrac{5-2x}{x-1}=\dfrac{-2(x-1)+3}{x-1}=\dfrac{3}{x-1}-2$

에서 점근선의 방정식이 $x=1$, $y=-2$이므로 두 점근선의 교점의 좌표는 $(1,\ -2)$이다.

$y=\dfrac{2x-3}{x-3}=\dfrac{2(x-3)+3}{x-3}=\dfrac{3}{x-3}+2$

에서 점근선의 방정식이 $x=3$, $y=2$이므로 두 점근선의 교점의 좌표는 $(3,\ 2)$이다.

그래프의 평행이동에 의하여 두 점근선의 교점도 x축의 방향으로 m만큼, y축의 방향으로 n만큼 평행이동한다.

즉, 두 점 $(1+m,\ -2+n)$, $(3,\ 2)$가 일치하므로

$m=2,\ n=4$

따라서 $m+n=2+4=6$

답 ①

28 점근선의 방정식이 $x=2$, $y=-1$이므로

$p=2,\ q=-1$

또, 함수 $y=\dfrac{k}{x-2}-1$의 그래프가 원점을 지나므로

$0=\dfrac{k}{-2}-1$에서 $k=-2$

따라서 $kpq=-2\times2\times(-1)=4$

답 ②

29 점근선의 방정식이 $x=-2$, $y=-3$이므로 함수의 식을

$f(x)=\dfrac{k}{x+2}-3\,(k\neq0)$이라 하면

이 함수의 그래프가 점 $(0,\ -2)$를 지나므로

$-2=\dfrac{k}{2}-3$, $\dfrac{k}{2}=1$

$k=2$

즉, $f(x)=\dfrac{2}{x+2}-3=\dfrac{2-3(x+2)}{x+2}=\dfrac{-3x-4}{x+2}$이므로

$\dfrac{-3x-4}{x+2}=\dfrac{ax+b}{cx+2}$에서

$a=-3$, $b=-4$, $c=1$

따라서 $a+b+c=-3+(-4)+1=-6$

답 -6

30 점근선의 방정식이 $x=-1$, $y=2$이므로 함수의 식을

$f(x)=\dfrac{k}{x+1}+2\,(k\neq0)$이라 하면

이 함수의 그래프가 점 $(-2,0)$을 지나므로

$0=\dfrac{k}{-2+1}+2$

$-k+2=0$, $k=2$

따라서 주어진 함수는 $f(x)=\dfrac{2}{x+1}+2$이고 이 함수의 그래프는 함수

$y=\dfrac{2}{x}$의 그래프를 x축의 방향으로 -1만큼, y축의 방향으로 2만큼 평

행이동한 것이다.

답 ④

31 $y=\dfrac{ax+4}{x-3}=\dfrac{a(x-3)+3a+4}{x-3}=\dfrac{3a+4}{x-3}+a$

이므로 점근선의 방정식은

$x=3$, $y=a$

이때 유리함수 $y=\dfrac{ax+4}{x-3}$의 그래프가 직선 $y=x+1$에 대하여 대칭이

려면 직선 $y=x+1$이 두 점근선의 교점인 점 $(3,\ a)$를 지나야 한다.

$a=3+1=4$

답 ④

32 $y=\dfrac{ax+2}{x-1}=\dfrac{a(x-1)+a+2}{x-1}=\dfrac{a+2}{x-1}+a$

이므로 점근선의 방정식은

$x=1$, $y=a$

주어진 함수의 그래프가 두 직선 $y=x+3a$, $y=-x+b$에 대하여 모
두 대칭이려면 두 직선은 모두 두 점근선의 교점인 점 $(1,\ a)$를 지나야
한다.

직선 $y=x+3a$가 점 $(1,\ a)$를 지나야 하므로

$a=1+3a$, $a=-\dfrac{1}{2}$

직선 $y=-x+b$가 점 $(1,\ a)$를 지나야 하므로

$a=-1+b$

$b=a+1=-\dfrac{1}{2}+1=\dfrac{1}{2}$

따라서 $ab=-\dfrac{1}{2}\times\dfrac{1}{2}=-\dfrac{1}{4}$

답 ②

33 $y=\dfrac{ax+b}{x+c}=\dfrac{a(x+c)+b-ac}{x+c}=\dfrac{b-ac}{x+c}+a$

이 함수의 그래프가 점 $(-3,\ 2)$에 대하여 대칭이므로 두 점근선의 교
점의 좌표가 $(-3,\ 2)$이다.

이때 점근선의 방정식이 $x=-c$, $y=a$이므로

$-c=-3$, $a=2$에서

$a=2$, $c=3$

한편, 유리함수 $y=\dfrac{2x+b}{x+3}$의 그래프가 점 $(1,\ -2)$를 지나므로

$-2=\dfrac{2+b}{1+3}$, $b=-10$

따라서 $a+b+c=2+(-10)+3=-5$

답 ①

34 $y=\dfrac{2x-1}{x-1}=\dfrac{2(x-1)+1}{x-1}=\dfrac{1}{x-1}+2$이므로

점근선의 방정식은 $x=1$, $y=2$

또, $x=0$일 때 $y=1$이고 $y=0$일 때 $x=\dfrac{1}{2}$이므로 이 함수의 그래프는

그림과 같다.

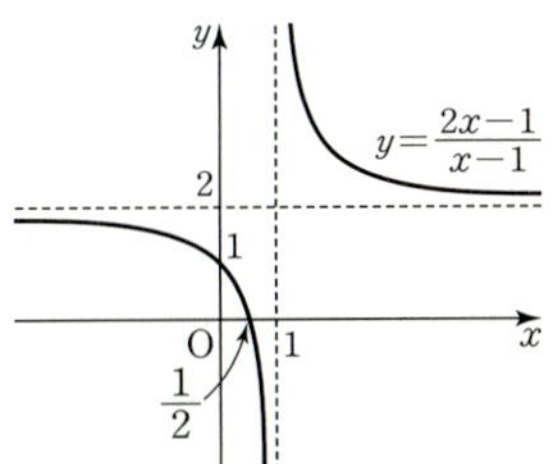

따라서 함수 $y=\dfrac{2x-1}{x-1}$의 그래프는 제 1, 2, 4사분면을 지난다.

답 제 1, 2, 4사분면

35 함수 $f(x)=\dfrac{k}{x-2}+1\,(k\neq0)$의 그래프의 점근선의 방정식은

$x=2$, $y=1$

이때 $k<0$이면 함수 $y=f(x)$의 그래프는 제3사분면을 지나지 않으므로
그래프가 모든 사분면을 지나려면 그림과 같이 $k>0$, $f(0)<0$이어야
한다.

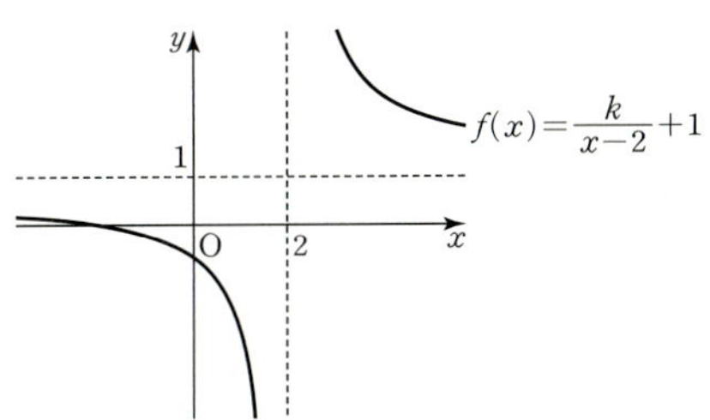

따라서 $f(0)=-\dfrac{k}{2}+1<0$에서 $k>2$이므로 구하는 정수 k의 최솟값은 3이다.

답 ③

36 $f(x)=\dfrac{2}{1-x}+a=-\dfrac{2}{x-1}+a$

이므로 이 함수의 그래프는 함수 $y=-\dfrac{2}{x}$의 그래프를 x축의 방향으로 1만큼, y축의 방향으로 a만큼 평행이동한 것이다.

이때 함수 $y=f(x)$의 점근선의 방정식은

$x=1$, $y=a$

이므로 이 함수의 그래프가 그림과 같이 모든 사분면을 지나려면

$a<0$, $f(0)>0$이어야 한다.

따라서 $f(0)=2+a>0$에서 $a>-2$이므로

$-2<a<0$

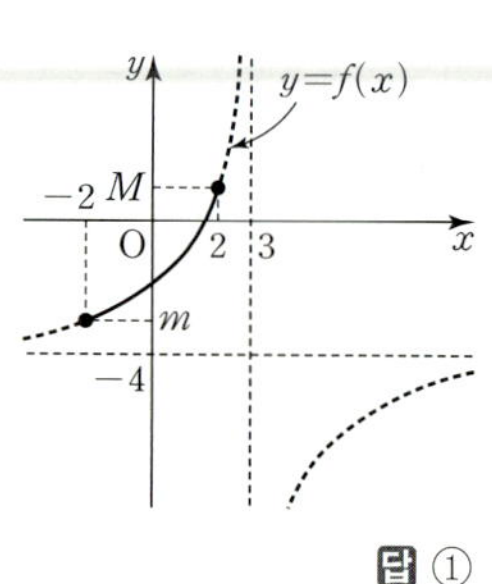

답 $-2<a<0$

37 함수 $f(x)=-\dfrac{5}{x-3}-4$의 그래프는 그림과 같다.

$-2\leq x\leq2$에서

$M=f(2)=1$,

$m=f(-2)=-3$

따라서 $M+m=1+(-3)=-2$

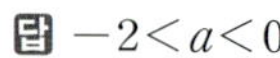

답 ①

38 $f(x)=\dfrac{x+a}{x-1}=\dfrac{(x-1)+a+1}{x-1}=\dfrac{a+1}{x-1}+1$

이므로 이 함수의 그래프는 함수 $y=\dfrac{a+1}{x}$의 그래프를 x축의 방향으로 1만큼, y축의 방향으로 1만큼 평행이동한 것이다.

이때 $a+1>0$이므로 함수 $f(x)=\dfrac{x+a}{x-1}$의 그래프는 그림과 같다.

$2\leq x\leq4$에서 함수 $f(x)$의 최댓값은 $f(2)$, 최솟값은 $f(4)$이다.

최솟값이 2이므로

$f(4)=\dfrac{4+a}{4-1}=2$에서

$4+a=6$, $a=2$

따라서 $f(x)=\dfrac{x+2}{x-1}$이므로

최댓값은 $f(2)=\dfrac{2+2}{2-1}=4$

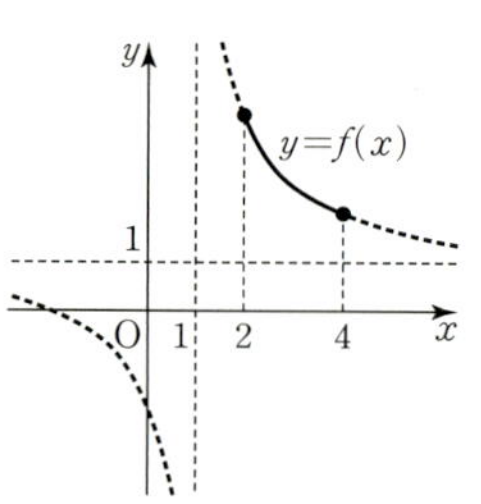

답 ④

39 $f(x)=\dfrac{ax-7}{x-b}=\dfrac{a(x-b)+ab-7}{x-b}=\dfrac{ab-7}{x-b}+a$

이고 이 함수의 그래프의 점근선의 방정식이 $x=5$, $y=2$이므로

$b=5$, $a=2$

즉, $f(x)=\dfrac{2x-7}{x-5}=\dfrac{3}{x-5}+2$이므로 이 함수의 그래프는 그림과 같다.

$0\leq x\leq2$에서 함수 $f(x)$는

$x=0$일 때 최댓값 $\dfrac{7}{5}$,

$x=2$일 때 최솟값 1을 갖는다.

따라서 $M=\dfrac{7}{5}$, $m=1$이므로

$M-m=\dfrac{7}{5}-1=\dfrac{2}{5}$

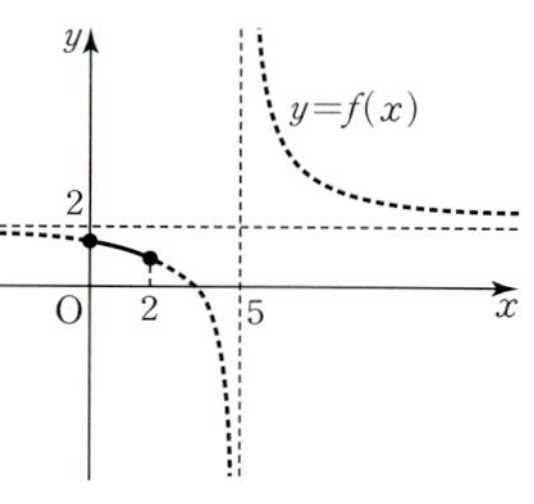

답 ②

40 (ⅰ) $m=0$일 때

직선 $y=1$은 함수 $y=\dfrac{2}{x}+1$의 그래프의 점근선이므로 만나지 않는다.

(ⅱ) $m\neq0$일 때

함수 $y=\dfrac{2}{x}+1$의 그래프와 직선 $y=m(x+1)+1$이 한 점에서 만나려면 x에 대한 방정식 $\dfrac{2}{x}+1=m(x+1)+1$이 0이 아닌 오직 하나의 실근을 가져야 한다.

$x\neq0$이므로 양변에 x를 곱하면

$mx^2+mx-2=0$

이 이차방정식의 판별식을 D라 하면 $D=0$이어야 하므로

$D=m^2+8m=m(m+8)=0$

이때 $m\neq0$이므로 $m=-8$

답 -8

41 함수 $y=\dfrac{2x-7}{x-2}$의 그래프와 직선 $y=3x+k$가 만나지 않으려면

x에 대한 방정식 $\dfrac{2x-7}{x-2}=3x+k$가 2가 아닌 실근이 존재하지 않아야 한다.

$x\neq2$이므로 양변에 $x-2$를 곱하면

$2x-7=(3x+k)(x-2)$

$3x^2+(k-8)x+7-2k=0$

이 이차방정식의 판별식을 D라 하면 $D<0$이어야 하므로

$D=(k-8)^2-4\times3\times(7-2k)<0$

$k^2+8k-20<0$

$(k+10)(k-2)<0$

$-10<k<2$

따라서 조건을 만족하는 정수 k의 개수는 -9, -8, $\cdots$, 1의 11이다.

답 ④

42 (ⅰ) $m=0$일 때

$y=\dfrac{x+2}{x-2}=\dfrac{(x-2)+4}{x-2}=\dfrac{4}{x-2}+1$

이므로 이 함수의 그래프의 점근선의 방정식은

$x=2$, $y=1$

즉, 직선 $y=1$은 함수 $y=\dfrac{x+2}{x-2}$의 그래프의 점근선이므로 만나지 않는다.

(ii) $m\neq0$일 때

함수 $y=\dfrac{x+2}{x-2}$의 그래프와 직선 $y=mx+1$이 만나지 않으려면

x에 대한 방정식 $\dfrac{x+2}{x-2}=mx+1$이 2가 아닌 실근이 존재하지 않아야 한다.

$x\neq2$이므로 양변에 $x-2$를 곱하면

$x+2=(mx+1)(x-2)$

$mx^2-2mx-4=0$

이 이차방정식의 판별식을 D라 하면 $D<0$이어야 하므로

$\dfrac{D}{4}=m^2+4m=m(m+4)<0$

$-4<m<0$

(i), (ii)에서 $-4<m\leq0$

따라서 조건을 만족하는 정수 m의 개수는 -3, -2, -1, 0의 4이다.

달 ④

43 $f(x)=\dfrac{2x}{x+1}$, $g(x)=\dfrac{x}{x-1}$이므로

$(g\circ f)(x)=g(f(x))=g\left(\dfrac{2x}{x+1}\right)$

$=\dfrac{\dfrac{2x}{x+1}}{\dfrac{2x}{x+1}-1}$

$=\dfrac{\dfrac{2x}{x+1}}{\dfrac{x-1}{x+1}}=\dfrac{2x}{x-1}$

이때 $\dfrac{2x}{x-1}=\dfrac{ax+b}{x+c}$에서

$a=2$, $b=0$, $c=-1$

따라서 $a+b+c=2+0+(-1)=1$

달 ①

$\dfrac{\dfrac{A}{B}}{\dfrac{C}{D}}=\dfrac{A}{B}\div\dfrac{C}{D}=\dfrac{A}{B}\times\dfrac{D}{C}=\dfrac{AD}{BC}$

44 $f(x)=\dfrac{x-1}{x-3}$이므로

$g(x)=(f\circ f)(x)=f(f(x))$

$=f\left(\dfrac{x-1}{x-3}\right)=\dfrac{\dfrac{x-1}{x-3}-1}{\dfrac{x-1}{x-3}-3}$

$=\dfrac{\dfrac{x-1-(x-3)}{x-3}}{\dfrac{x-1-3(x-3)}{x-3}}$

$=\dfrac{\dfrac{2}{x-3}}{\dfrac{-2x+8}{x-3}}$

$=\dfrac{2}{-2x+8}=-\dfrac{1}{x-4}$

따라서 함수 $y=g(x)$의 그래프의 점근선의 방정식은

$x=4$, $y=0$

달 $x=4$, $y=0$

45 $f(x)=\dfrac{2}{x}$이므로

$(h\circ f)(x)=h(f(x))=h\left(\dfrac{2}{x}\right)$

$(h\circ f)(x)=g(x)$에서 $h\left(\dfrac{2}{x}\right)=\dfrac{x-3}{x+1}$

이때 $\dfrac{2}{x}=t$ $(t\neq0)$이라 하면 $x=\dfrac{2}{t}$이므로

$h(t)=\dfrac{\dfrac{2}{t}-3}{\dfrac{2}{t}+1}=\dfrac{\dfrac{2-3t}{t}}{\dfrac{2+t}{t}}=\dfrac{-3t+2}{t+2}$

따라서 $h(x)=\dfrac{-3x+2}{x+2}$

달 $h(x)=\dfrac{-3x+2}{x+2}$

46 $f(x)=\dfrac{x-3}{x+1}$이므로

$f^1(2)=\dfrac{2-3}{2+1}=-\dfrac{1}{3}$,

$f^2(2)=f(f^1(2))=f\left(-\dfrac{1}{3}\right)$

$=\dfrac{-\dfrac{1}{3}-3}{-\dfrac{1}{3}+1}=\dfrac{-\dfrac{10}{3}}{\dfrac{2}{3}}=-5$,

$f^3(2)=f(f^2(2))=f(-5)=\dfrac{-5-3}{-5+1}=2$,

$f^4(2)=f(f^3(2))=f(2)=-\dfrac{1}{3}$,

$\vdots$

따라서 음이 아닌 정수 k에 대하여

$f^{3k+1}(2)=-\dfrac{1}{3}$, $f^{3k+2}(2)=-5$, $f^{3(k+1)}(2)=2$이므로

$f^{10}(2)=f^{3\times3+1}(2)=-\dfrac{1}{3}$

달 $-\dfrac{1}{3}$

47 $y=\dfrac{x+3}{1-x}$에서 x를 y에 대한 식으로 나타내면

$(1-x)y=x+3$

$y-xy=x+3$

$(y+1)x=y-3$

$x=\dfrac{y-3}{y+1}$

x와 y를 서로 바꾸면

$y=\dfrac{x-3}{x+1}$

즉, $\dfrac{x-3}{x+1}=\dfrac{ax+b}{x+c}$이므로

$a=1$, $b=-3$, $c=1$

따라서 $a+b+c=1+(-3)+1=-1$

달 ②

48 $f^{-1}(4)=a$라 하면 $f(a)=4$

$f(a)=\dfrac{2a}{a+1}=4$에서

$2a=4a+4$

$-2a=4$

$a=-2$

따라서 $f^{-1}(4)=-2$

답 ①

49 $y=\dfrac{2x+5}{x-a}$에서 x를 y에 대한 식으로 나타내면

$(x-a)y=2x+5$

$xy-ay=2x+5$

$(y-2)x=ay+5$

$x=\dfrac{ay+5}{y-2}$

x와 y를 서로 바꾸면

$y=\dfrac{ax+5}{x-2}$

즉, $\dfrac{ax+5}{x-2}=\dfrac{3x+c}{x+b}$이므로

$a=3,\ b=-2,\ c=5$

따라서 $a+b+c=3+(-2)+5=6$

답 ①

50 $y=\dfrac{2x-3}{x+a}$에서 x를 y에 대한 식으로 나타내면

$(x+a)y=2x-3$

$xy+ay=2x-3$

$(y-2)x=-ay-3$

$x=\dfrac{-ay-3}{y-2}$

x와 y를 서로 바꾸면

$y=\dfrac{-ax-3}{x-2}$

즉, $f^{-1}(x)=\dfrac{-ax-3}{x-2}$

이때 $f=f^{-1}$이므로

$\dfrac{2x-3}{x+a}=\dfrac{-ax-3}{x-2}$

따라서 $a=-2$

답 ①

$f(x)=\dfrac{2x-3}{x+a}=\dfrac{2(x+a)-2a-3}{x+a}=\dfrac{-2a-3}{x+a}+2$

이므로 이 함수의 그래프의 점근선의 방정식은

$x=-a,\ y=2$

따라서 역함수의 그래프의 점근선의 방정식은

$x=2,\ y=-a$

이때 $f=f^{-1}$이므로 점근선의 방정식도 서로 같아야 하므로

$-a=2$에서 $a=-2$

51 $(f\circ g)(x)=x$, 즉 $f(g(x))=x$이므로 함수 g는 함수 f의 역함수이다.

$g(3)=a$라 하면 $f(a)=3$이므로

$\dfrac{5a-1}{a+3}=3$

$5a-1=3a+9$

$2a=10$

따라서 $a=5$

답 5

52 $(g\circ f)(x)=x$, 즉 $g(f(x))=x$이므로 $g=f^{-1}$이다.

$y=\dfrac{3x-4}{x-1}$라 하고 x를 y에 대한 식으로 나타내면

$(x-1)y=3x-4$

$xy-y=3x-4$

$(y-3)x=y-4$

$x=\dfrac{y-4}{y-3}$

x와 y를 서로 바꾸면

$y=\dfrac{x-4}{x-3}$

즉, $g(x)=\dfrac{x-4}{x-3}$

한편, $f(x)=\dfrac{3x-4}{x-1}=\dfrac{3(x-1)-1}{x-1}=-\dfrac{1}{x-1}+3$,

$g(x)=\dfrac{x-4}{x-3}=\dfrac{(x-3)-1}{x-3}=-\dfrac{1}{x-3}+1$이므로

함수 f의 그래프를 x축의 방향으로 2만큼, y축의 방향으로 -2만큼 평행이동하면 함수 g의 그래프와 일치한다.

따라서 $a=2,\ b=-2$이므로

$a+b=2+(-2)=0$

답 ③

53 ㄱ. $f(x)=-\dfrac{1}{x-4}-2$에서

$$f(5)=-\dfrac{1}{5-4}-2=-3$$

따라서 함수 $y=f(x)$의 그래프는 점 $(5,\ -3)$을 지나고 역함수 $y=f^{-1}(x)$의 그래프는 점 $(-3,\ 5)$를 지나므로 점 $(-1,\ 5)$는 지나지 않는다. (거짓)

ㄴ. 함수 $y=f(x)$의 그래프의 점근선의 방정식은

$x=4,\ y=-2$

이므로 역함수 $y=f^{-1}(x)$의 그래프의 점근선의 방정식은

$x=-2,\ y=4$이다. (참)

ㄷ. 역함수 $y=f^{-1}(x)$의 그래프의 두 점근선의 교점의 좌표는 $(-2,\ 4)$이므로 역함수 $y=f^{-1}(x)$의 그래프는 점 $(-2,\ 4)$에 대하여 대칭이다. (거짓)

이상에서 옳은 것은 ㄴ이다.

답 ②

$y=-\dfrac{1}{x-4}-2$라 하고 x를 y에 대한 식으로 나타내면

$\dfrac{1}{x-4}=-y-2$

$x-4=-\dfrac{1}{y+2}$

$x=-\dfrac{1}{y+2}+4$

x와 y를 서로 바꾸면

$y=-\dfrac{1}{x+2}+4$

즉, $f^{-1}(x)=-\dfrac{1}{x+2}+4$

ㄱ. $f^{-1}(-1)=-\dfrac{1}{-1+2}+4=3$

이므로 역함수의 그래프는 점 $(-1, 3)$을 지난다. (거짓)

ㄴ. 역함수의 그래프의 점근선의 방정식은 $x=-2,\ y=4$이다. (참)

ㄷ. 두 점근선의 교점의 좌표가 $(-2, 4)$이므로 역함수
$y=f^{-1}(x)$의 그래프는 점 $(-2, 4)$에 대하여 대칭이다. (거짓)

이상에서 옳은 것은 ㄴ이다.

54 함수 $f(x)=\dfrac{5}{x}$의 그래프는 직선 $y=x$에 대하여 대칭이므로 함수

f의 역함수 f^{-1}는 자기자신이다.

따라서 $f=f^{-1}$이므로

$$(f^{-1}\circ f^{-1}\circ f^{-1})(3)=(f\circ f\circ f^{-1})(3)$$
$$=f(3)$$
$$=\dfrac{5}{3}$$

탭 $\dfrac{5}{3}$

55 $h=f\circ(g\circ f)^{-1}$
$$=f\circ(f^{-1}\circ g^{-1})$$
$$=(f\circ f^{-1})\circ g^{-1}=g^{-1}$$

$h\left(\dfrac{1}{3}\right)=g^{-1}\left(\dfrac{1}{3}\right)=a$라 하면 $g(a)=\dfrac{1}{3}$

즉, $\dfrac{a-1}{2a+1}=\dfrac{1}{3}$에서

$3a-3=2a+1$

$a=4$

따라서 $h\left(\dfrac{1}{3}\right)=4$

탭 ④

56 두 무리식 $\sqrt{x+2}$, $\sqrt{8-2x}$의 값이 모두 실수가 되려면

$x+2\geq0$에서 $x\geq-2$ $\qquad$ ······ ㉠

$8-2x\geq0$에서 $-2x\geq-8$, $x\leq4$ $\qquad$ ······ ㉡

㉠, ㉡을 모두 만족시켜야 하므로

$-2\leq x\leq4$

따라서 구하는 정수 x의 개수는 $-2, -1, 0, 1, 2, 3, 4$의 7이다.

탭 ⑤

57 두 무리식 $\sqrt{4-x^2}$, $\dfrac{1}{\sqrt{x+1}}$의 값이 모두 실수가 되려면

$4-x^2\geq0$에서 $x^2-4\leq0$

$(x+2)(x-2)\leq0$

$-2\leq x\leq2$ $\qquad$ ······ ㉠

$x+1>0$에서 $x>-1$ $\qquad$ ······ ㉡

㉠, ㉡을 모두 만족시켜야 하므로

$-1<x\leq2$

따라서 구하는 정수 x의 개수는 $0, 1, 2$의 3이다.

탭 ①

58 $\sqrt{2x^2+3x+a}$의 값이 항상 실수가 되려면 모든 실수 x에 대하여

$2x^2+3x+a\geq0$

즉, 이차방정식 $2x^2+3x+a=0$의 판별식을 D라 하면 $D\leq0$이어야 하므로

$D=3^2-4\times2\times a\leq0$

$a\geq\dfrac{9}{8}$

따라서 조건을 만족시키는 정수 a의 최솟값은 2이다.

탭 ②

59 $\dfrac{1}{1+\sqrt{x+1}}+\dfrac{1}{1-\sqrt{x+1}}$

$$=\dfrac{(1-\sqrt{x+1})+(1+\sqrt{x+1})}{(1+\sqrt{x+1})(1-\sqrt{x+1})}$$

$$=-\dfrac{2}{x}$$

탭 ①

60 $\dfrac{1}{\sqrt{2-x}+\sqrt{x+2}}+\dfrac{1}{\sqrt{2-x}-\sqrt{x+2}}$

$$=\dfrac{(\sqrt{2-x}-\sqrt{x+2})+(\sqrt{2-x}+\sqrt{x+2})}{(\sqrt{2-x}+\sqrt{x+2})(\sqrt{2-x}-\sqrt{x+2})}$$

$$=\dfrac{2\sqrt{2-x}}{2-x-(x+2)}$$

$$=\dfrac{2\sqrt{2-x}}{-2x}$$

$$=-\dfrac{\sqrt{2-x}}{x}$$

탭 ②

61 $f(x)=\dfrac{1}{\sqrt{x+1}-\sqrt{x}}+\dfrac{1}{\sqrt{x+1}+\sqrt{x}}$

$$=\dfrac{(\sqrt{x+1}+\sqrt{x})+(\sqrt{x+1}-\sqrt{x})}{(\sqrt{x+1}-\sqrt{x})(\sqrt{x+1}+\sqrt{x})}$$

$$=2\sqrt{x+1}$$

이때 $f(a)=2\sqrt{a+1}>7$이므로 양변을 제곱하면

$4(a+1)>49$

$4a>45$

$a>\dfrac{45}{4}$

따라서 조건을 만족시키는 자연수 a의 최솟값은 12이다.

탭 ②

62 $x=\sqrt{2}$이므로

$\dfrac{x+2}{x+1}=\dfrac{\sqrt{2}+2}{\sqrt{2}+1}$

$$=\dfrac{(\sqrt{2}+2)(\sqrt{2}-1)}{(\sqrt{2}+1)(\sqrt{2}-1)}$$

$$=\dfrac{2+\sqrt{2}-2}{2-1}=\sqrt{2}$$

탭 ②

63 $\sqrt{x}+\dfrac{1}{\sqrt{x}}=\sqrt{5}$의 양변을 제곱하면

$x+2+\dfrac{1}{x}=5$

$x+\dfrac{1}{x}=3$

따라서 $x^2+\dfrac{1}{x^2}=\left(x+\dfrac{1}{x}\right)^2-2$

$\qquad\qquad\quad =3^2-2=7$

目 ②

64 $x+y=2\sqrt{3}$, $x-y=2$이므로

$\dfrac{\sqrt{x}-\sqrt{y}}{\sqrt{x}+\sqrt{y}}+\dfrac{\sqrt{x}+\sqrt{y}}{\sqrt{x}-\sqrt{y}}$

$=\dfrac{(\sqrt{x}-\sqrt{y})^2+(\sqrt{x}+\sqrt{y})^2}{(\sqrt{x}+\sqrt{y})(\sqrt{x}-\sqrt{y})}$

$=\dfrac{2(x+y)}{x-y}$

$=\dfrac{4\sqrt{3}}{2}=2\sqrt{3}$

目 ④

65 함수 $y=\sqrt{ax+b}+3$의 정의역이 $\{x\,|\,x\leq 1\}$이므로

$ax+b\geq 0$에서 $a<0$이고 $x\leq -\dfrac{b}{a}$이므로

$-\dfrac{b}{a}=1$, 즉 $a=-b$

또, 치역이 $\{y\,|\,y\geq 3\}$이므로

$b=3$

따라서 $a=-3$, $b=3$이므로

$a-b=-3-3=-6$

目 -6

66 함수 $y=\sqrt{5x+6}-3$의 정의역은

$5x+6\geq 0$에서 $x\geq -\dfrac{6}{5}$이므로 $a=-\dfrac{6}{5}$

또, 치역은 $\sqrt{5x+6}\geq 0$에서 $\sqrt{5x+6}-3\geq -3$이므로

$b=-3$

따라서 $a-b=-\dfrac{6}{5}-(-3)=\dfrac{9}{5}$

目 ②

67 함수 $y=-\sqrt{ax+7}+3$의 그래프가 점 $(-1,\,2)$를 지나므로

$2=-\sqrt{-a+7}+3$

$\sqrt{-a+7}=1$

양변을 제곱하면

$-a+7=1$

$a=6$

함수 $y=-\sqrt{6x+7}+3$의 정의역은

$6x+7\geq 0$에서 $x\geq -\dfrac{7}{6}$이므로

$b=-\dfrac{7}{6}$

치역은 $-\sqrt{6x+7}\leq 0$에서 $-\sqrt{6x+7}+3\leq 3$이므로

$c=3$

따라서 $a+b+c=6+\left(-\dfrac{7}{6}\right)+3=\dfrac{47}{6}$

目 ③

68 $y=-\sqrt{6-3x}+2=-\sqrt{-3(x-2)}+2$

이므로 이 함수의 그래프는 그림과 같다.

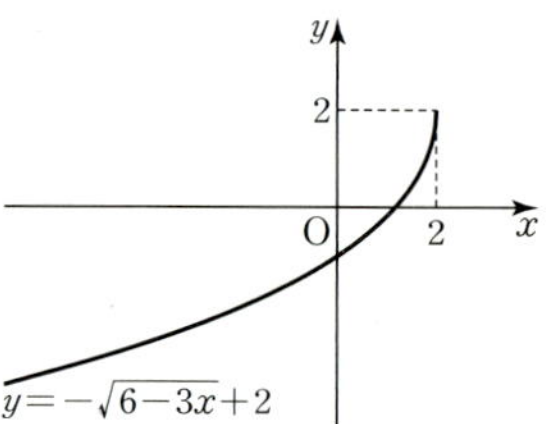

ㄱ. $y=-\sqrt{6-3x}+2$의 그래프는 $y=-\sqrt{-3x}$의 그래프를 x축의 방향으로 2만큼, y축의 방향으로 2만큼 평행이동한 것이다. (거짓)

ㄴ. 정의역은 $6-3x\geq 0$에서 $x\leq 2$이므로

$\{x\,|\,x\leq 2\}$,

치역은 $-\sqrt{6-3x}\leq 0$에서 $-\sqrt{6-3x}+2\leq 2$이므로

$\{y\,|\,y\leq 2\}$이다. (참)

ㄷ. $y=-\sqrt{6-3x}+2$에 $y=0$을 대입하면

$0=-\sqrt{6-3x}+2$

$\sqrt{6-3x}=2$

양변을 제곱하면

$6-3x=4$

$x=\dfrac{2}{3}$

따라서 그래프는 x축과 점 $\left(\dfrac{2}{3},\,0\right)$에서 만난다. (참)

이상에서 옳은 것은 ㄴ, ㄷ이다.

目 ④

69 함수 $y=\sqrt{ax}$의 그래프를 x축의 방향으로 b만큼, y축의 방향으로 c만큼 평행이동한 그래프의 식은

$y=\sqrt{a(x-b)}+c$

이때 $y=\sqrt{a(x-b)}+c=\sqrt{ax-ab}+c=\sqrt{2x+3}+5$이므로

$a=2$, $-ab=3$, $c=5$

따라서 $a=2$, $b=-\dfrac{3}{2}$, $c=5$이므로

$a+b+c=2+\left(-\dfrac{3}{2}\right)+5=\dfrac{11}{2}$

目 ①

70 함수 $y=\sqrt{2x+5}$의 그래프를 x축의 방향으로 3만큼, y축의 방향으로 2만큼 평행이동한 그래프의 식은

$y=\sqrt{2(x-3)+5}+2=\sqrt{2x-1}+2$

이 함수의 그래프를 x축에 대하여 대칭이동한 그래프의 식은

$-y=\sqrt{2x-1}+2$

즉, $y=-\sqrt{2x-1}-2$

이때 $-\sqrt{2x-1}-2=-\sqrt{ax+b}+c$이므로

$a=2$, $b=-1$, $c=-2$

따라서 $a+b+c=2+(-1)+(-2)=-1$

目 ②

71 함수 $y=\sqrt{3x+1}-2$의 그래프를 y축의 방향으로 a만큼 평행이
동한 그래프의 식은
$y=\sqrt{3x+1}-2+a$
이 함수의 그래프를 원점에 대하여 대칭이동한 그래프의 식은
$-y=\sqrt{-3x+1}-2+a$
즉, $y=-\sqrt{-3x+1}+2-a$
이 함수의 그래프가 원점을 지나므로 $x=0$, $y=0$을 대입하면
$0=-\sqrt{0+1}+2-a$
$a=-1+2=1$

달 ③

72 ㄱ. $y=2\sqrt{x-1}=\sqrt{4(x-1)}$
이므로 이 함수의 그래프는 함수 $y=\sqrt{4x}$의 그래프를 x축의 방향
으로 1만큼 평행이동한 것이다.

ㄴ. $y=\sqrt{2-x}+1=\sqrt{-(x-2)}+1$
이므로 이 함수의 그래프는 함수 $y=\sqrt{x}$의 그래프를 y축에 대하여
대칭이동한 후, x축의 방향으로 2만큼, y축의 방향으로 1만큼 평
행이동한 것이다.

ㄷ. $y=-\sqrt{2x+1}-3=-\sqrt{2\left(x+\dfrac{1}{2}\right)}-3$

이므로 이 함수의 그래프는 함수 $y=\sqrt{2x}$의 그래프를 x축에 대하여

대칭이동한 후, x축의 방향으로 $-\dfrac{1}{2}$만큼, y축의 방향으로 -3만

큼 평행이동한 것이다.

ㄹ. $y=-\sqrt{3-2x}+1=-\sqrt{-2\left(x-\dfrac{3}{2}\right)}+1$

이므로 이 함수의 그래프는 함수 $y=\sqrt{2x}$의 그래프를 원점에 대하

여 대칭이동한 후, x축의 방향으로 $\dfrac{3}{2}$만큼, y축의 방향으로 1만큼

평행이동한 것이다.

이상에서 **|보기|**의 함수 중 그 그래프를 평행이동 또는 대칭이동하여
함수 $y=\sqrt{2x}$의 그래프와 일치하는 것은 ㄷ, ㄹ이다.

달 ⑤

73 함수 $y=\sqrt{x+4}$의 그래프는 함수 $y=\sqrt{x}$의 그래프를 x축의 방향
으로 -4만큼 평행이동한 것이다.
함수 $y=\sqrt{x+4}$의 그래프는 y축과 점 $(0, 2)$에서 만나므로 이 함수의
그래프와 x축 및 y축으로 둘러싸인 부분의 넓이는 함수 $y=\sqrt{x}$의 그래
프와 x축 및 직선 $x=4$로 둘러싸인 부분의 넓이와 같다.

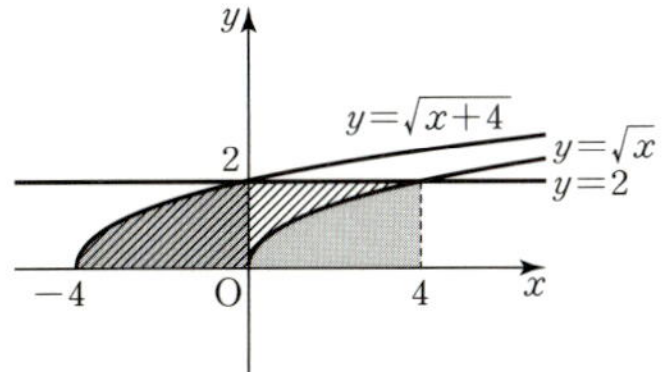

따라서 구하는 넓이는 $4\times2=8$

달 ③

74 주어진 함수의 그래프는 $y=\sqrt{ax}$ $(a>0)$의 그래프를 x축의 방향
으로 -2만큼, y축의 방향으로 -3만큼 평행이동한 것이므로 함수의
식을
$y=\sqrt{a(x+2)}-3$ $(a>0)$이라 하자.

이 함수의 그래프가 점 $(0, -1)$을 지나므로
$-1=\sqrt{2a}-3$
$\sqrt{2a}=2$
양변을 제곱하면
$2a=4$
$a=2$
즉, $y=\sqrt{2(x+2)}-3=\sqrt{2x+4}-3=\sqrt{ax+b}+c$이므로
$a=2$, $b=4$, $c=-3$
따라서 $a+b+c=2+4+(-3)=3$

달 3

75 함수 $y=f(x)$의 정의역이 $\{x\,|\,x\geq b\}$, 치역이 $\{y\,|\,y\leq c\}$이므로
$a>0$, $b<0$, $c>0$
따라서 함수 $g(x)=\sqrt{c(x-b)}+a$의 정의역은 $\{x\,|\,x\geq b\}$, 치역은
$\{y\,|\,y\geq a\}$이므로 이 함수의 그래프의 개형은 ②와 같다.

달 ②

76 함수 $f(x)=\sqrt{a(x-b)}+c$의 그래프에서
정의역은 $\{x\,|\,x\leq b\}$, 치역은 $\{y\,|\,y\geq c\}$이므로
$a<0$, $b>0$, $c>0$
$g(x)=\dfrac{ax+b}{x+c}=\dfrac{a(x+c)+b-ac}{x+c}=\dfrac{b-ac}{x+c}+a$
이므로 점근선의 방정식은
$x=-c$, $y=a$
이때 $b-ac>0$이고, $g(0)=\dfrac{b}{c}>0$

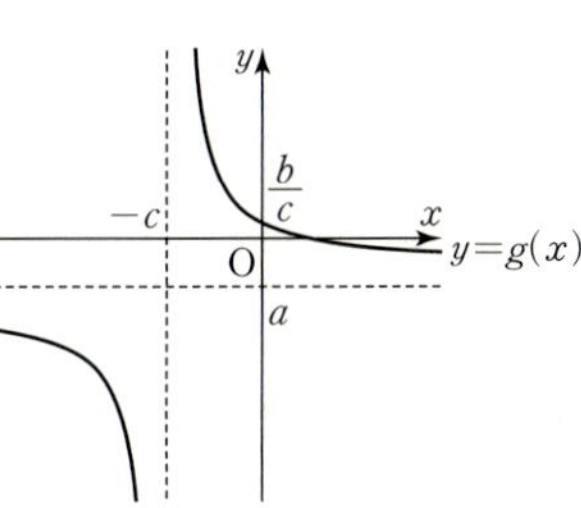

이므로 함수 $y=g(x)$의 그래프의
개형은 그림과 같다.
따라서 그래프가 지나는 사분면은
제1, 2, 3, 4사분면이다.

달 제1, 2, 3, 4사분면

77 $y=\sqrt{4-2x}-1=\sqrt{-2(x-2)}-1$
이므로 이 함수의 그래프는 함수 $y=\sqrt{-2x}$의 그래프를 x축의 방향으
로 2만큼, y축의 방향으로 -1만큼 평행이동한 것이다.
또, $x=0$일 때
$y=\sqrt{4-0}-1=1$
이므로 함수 $y=\sqrt{4-2x}-1$의 그래프
는 그림과 같다.

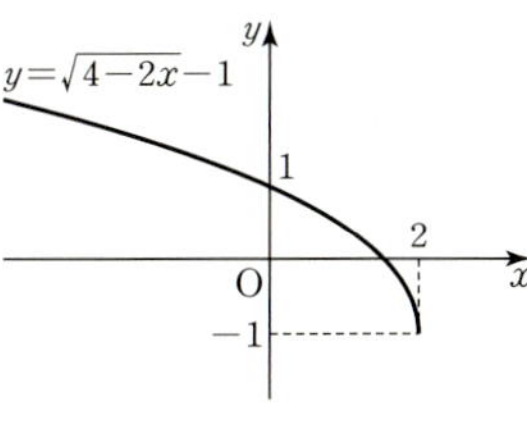

따라서 그래프가 지나는 사분면은 제1,
2, 4사분면이다.

달 제1, 2, 4사분면

78 함수 $f(x)=\sqrt{x+3}+a$의
정의역은 $\{x\,|\,x\geq-3\}$, 치역은 $\{y\,|\,y\geq a\}$
(i) $a\geq0$일 때
함수 $y=f(x)$의 그래프는 제1, 2사분면을 지난다.

(ii) $a<0$일 때
  $f(0)=\sqrt{3}+a>0$이어야 함수
  $y=f(x)$의 그래프는 그림과 같이
  제1, 2, 3사분면을 지나므로
  $-\sqrt{3}<a<0$
  따라서 정수 a의 개수는 -1의 1이다.

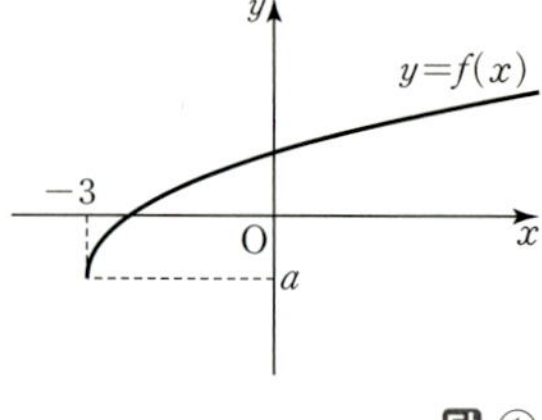

답 ①

79 주어진 함수의 그래프에서 점근선의 방정식이 $x=-1$, $y=2$이므로 유리함수의 식을 $y=\dfrac{k}{x+1}+2\,(k\neq0)$이라 하자.

이 함수의 그래프가 점 $(0,1)$을 지나므로
$1=k+2$, $k=-1$

즉, $y=-\dfrac{1}{x+1}+2=\dfrac{2x+1}{x+1}$

이때 $\dfrac{2x+1}{x+1}=\dfrac{ax+b}{x+c}$에서

$a=2$, $b=1$, $c=1$

따라서 $y=\sqrt{ax+b}+c=\sqrt{2x+1}+1=\sqrt{2\left(x+\dfrac{1}{2}\right)}+1$

이므로 이 함수의 그래프는 함수
$y=\sqrt{2x}$의 그래프를 x축의 방향으로
$-\dfrac{1}{2}$만큼, y축의 방향으로 1만큼 평행
이동한 것이므로 그림과 같다.
따라서 함수 $y=\sqrt{2x+1}+1$의 그래프
가 지나는 사분면은 제1, 2사분면이다.

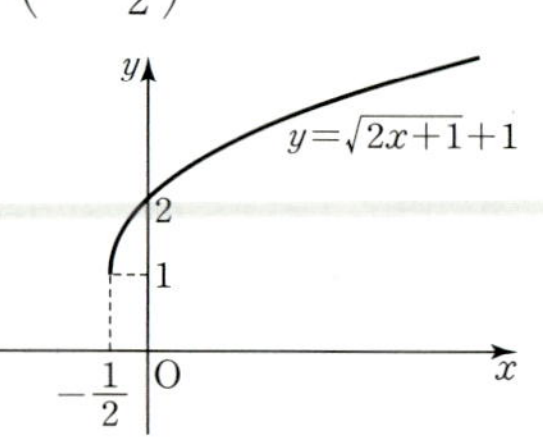

답 제1, 2사분면

80 $y=-\sqrt{2x+7}-3=-\sqrt{2\left(x+\dfrac{7}{2}\right)}-3$

이므로 이 함수의 그래프는 그림과
같다.
정의역 $\{x\,|\,1\leq x\leq9\}$에서
함수 $y=-\sqrt{2x+7}-3$은
$x=1$일 때 최댓값
$y=-\sqrt{9}-3=-6$,
$x=9$일 때 최솟값
$y=-\sqrt{25}-3=-8$을 갖는다.
따라서 $M=-6$, $m=-8$이므로
$M-m=-6-(-8)=2$

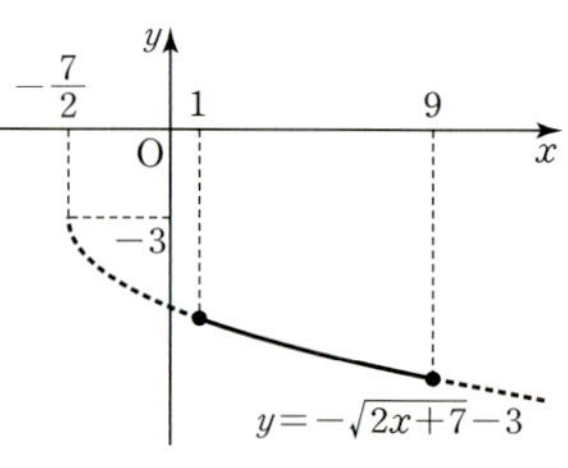

답 ①

81 $f(x)=\sqrt{a-x}+5=\sqrt{-(x-a)}+5$

이므로 이 함수의 그래프는 함수 $y=\sqrt{-x}$의 그래프를 x축의 방향으로 a만큼, y축의 방향으로 5만큼 평행이동한 것이다.

이때 정의역 $\{x\,|-1\leq x\leq4\}$에서 함수 $f(x)$는 $x=-1$일 때 최댓값 $f(-1)$, $x=4$일 때 최솟값 $f(4)$를 갖는다.
최댓값이 8이므로 $f(-1)=\sqrt{a+1}+5=8$에서
$\sqrt{a+1}=3$
양변을 제곱하면
$a+1=9$
$a=8$

따라서 $f(x)=\sqrt{8-x}+5$이므로 최솟값은
$f(4)=\sqrt{8-4}+5=\sqrt{4}+5=7$

답 ⑤

82 $f(1)=2$이므로
$f(1)=\sqrt{a+b}=2$
$a+b=4$ $\cdots\cdots$ ㉠
이때 $a<0$이므로 함수 $f(x)$는 $-4\leq x\leq2$에서 감소하므로
$x=-4$일 때 최댓값 $f(-4)$,
$x=2$일 때 최솟값 $f(2)$를 갖는다.
최솟값이 $\sqrt{2}$이므로
$f(2)=\sqrt{2a+b}=\sqrt{2}$
$2a+b=2$ $\cdots\cdots$ ㉡
㉠, ㉡을 연립하여 풀면
$a=-2$, $b=6$
따라서 $f(x)=\sqrt{-2x+6}$이므로 최댓값은
$f(-4)=\sqrt{-2\times(-4)+6}=\sqrt{14}$

답 ④

83 $y=\sqrt{3x-2}=\sqrt{3\left(x-\dfrac{2}{3}\right)}$

이므로 이 함수의 그래프는 함수 $y=\sqrt{3x}$의 그래프를 x축의 방향으로 $\dfrac{2}{3}$만큼 평행이동한 것이고, 직선 $y=\dfrac{1}{2}x+k$는 기울기가 $\dfrac{1}{2}$이고 y절편이 k이다.

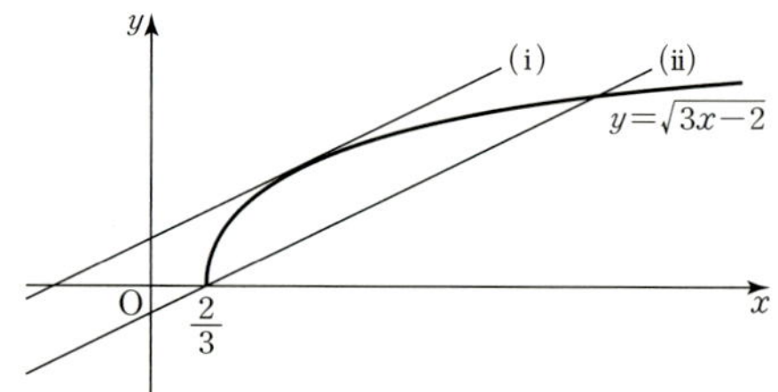

(i) 함수 $y=\sqrt{3x-2}$의 그래프와 직선 $y=\dfrac{1}{2}x+k$가 접하는 경우

$\sqrt{3x-2}=\dfrac{1}{2}x+k$

양변을 제곱하면

$3x-2=\dfrac{1}{4}x^2+kx+k^2$

$\dfrac{1}{4}x^2+(k-3)x+k^2+2=0$

이 이차방정식의 판별식을 D라 하면 $D=0$이므로
$D=(k-3)^2-(k^2+2)$
$\quad=-6k+7=0$

$k=\dfrac{7}{6}$

(ii) 직선 $y=\dfrac{1}{2}x+k$가 점 $\left(\dfrac{2}{3},\,0\right)$을 지나는 경우

$0=\dfrac{1}{2}\times\dfrac{2}{3}+k$

$k=-\dfrac{1}{3}$

(i), (ii)에서 함수 $y=\sqrt{3x-2}$의 그래프와 직선 $y=\dfrac{1}{2}x+k$가 서로 다

른 두 점에서 만나도록 하는 모든 실수 k의 값의 범위는

$$-\frac{1}{3} \leq k < \frac{7}{6}$$

$$\boxed{답} \ -\frac{1}{3} \leq k < \frac{7}{6}$$

84 $y=\sqrt{4-2x}=\sqrt{-2(x-2)}$

이므로 이 함수의 그래프는 함수 $y=\sqrt{-2x}$의 그래프를 x축의 방향으로 2만큼 평행이동한 것이고, 직선 $y=-x+k$는 기울기가 -1이고 y절편이 k이다.

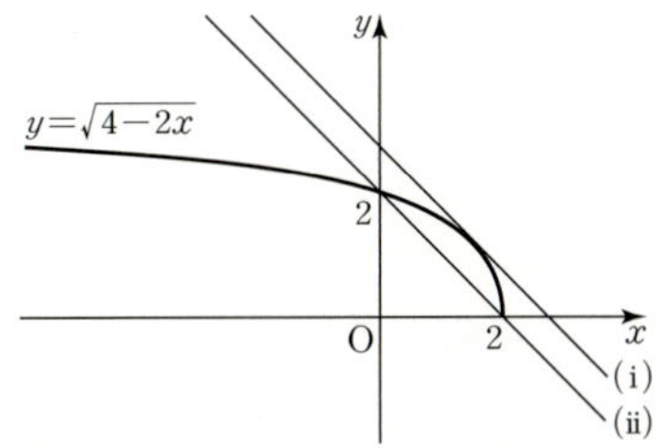

(i) 함수 $y=\sqrt{4-2x}$의 그래프와 직선 $y=-x+k$가 접하는 경우

$$\sqrt{4-2x}=-x+k$$

양변을 제곱하면

$$4-2x=x^2-2kx+k^2$$

$$x^2-2(k-1)x+k^2-4=0$$

이 이차방정식의 판별식을 D라 하면 $D=0$이므로

$$\frac{D}{4}=(k-1)^2-(k^2-4)$$

$$=-2k+5=0$$

$$k=\frac{5}{2}$$

(ii) 직선 $y=-x+k$가 점 $(2,\ 0)$을 지나는 경우

$$0=-2+k$$

$$k=2$$

(i), (ii)에서 함수 $y=\sqrt{4-2x}$의 그래프와 직선 $y=-x+k$가 오직 한 점에서만 만나도록 하는 상수 k의 값의 범위는

$$k<2 \ \text{또는} \ k=\frac{5}{2}$$

$$\boxed{답} \ k<2 \ \text{또는} \ k=\frac{5}{2}$$

85 $y=-\sqrt{3-2x}+4=-\sqrt{-2\left(x-\frac{3}{2}\right)}+4$

이므로 이 함수의 그래프는 함수 $y=-\sqrt{-2x}$의 그래프를 x축의 방향으로 $\frac{3}{2}$만큼, y축의 방향으로 4만큼 평행이동한 것이고, 직선 $y=k(x+1)+2$는 실수 k의 값에 관계없이 항상 점 $(-1,\ 2)$를 지난다.

$x=-1$일 때

$$y=-\sqrt{3-2\times(-1)}+4=-\sqrt{5}+4<2$$

이므로 그래프는 그림과 같다.

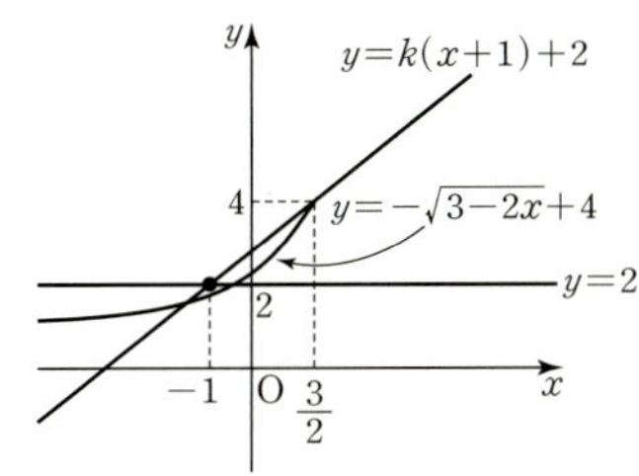

직선 $y=k(x+1)+2$가 점 $\left(\frac{3}{2},\ 4\right)$를 지나는 경우

$4=k\left(\frac{3}{2}+1\right)+2$에서

$$2=\frac{5}{2}k$$

$$k=\frac{4}{5}$$

이므로 함수 $y=-\sqrt{3-2x}+4$의 그래프와 직선 $y=k(x+1)+2$가 서로 다른 두 점에서 만나도록 하는 모든 실수 k의 값의 범위는

$$0<k\leq\frac{4}{5}$$

따라서 $a=0$, $b=\frac{4}{5}$이므로

$$b-a=\frac{4}{5}-0=\frac{4}{5}$$

$$\boxed{답} \ ④$$

86 $f(10)=\sqrt{10-1}-2=3-2=1$이므로

$$\begin{aligned}(g\circ f)(10)&=g(f(10))\\&=g(1)\\&=\sqrt{3+6}+4\\&=3+4=7\end{aligned}$$

$$\boxed{답} \ ②$$

87 $(g\circ f)(a)=g(f(a))=2$에서 $f(a)=t \ (t\geq-1)$이라 하면

$g(t)=2$이므로

$$\sqrt{t+1}-2=2$$

$$\sqrt{t+1}=4$$

양변을 제곱하면

$$t+1=16$$

$$t=15$$

즉, $f(a)=15$이므로

$$\sqrt{a+2}-1=15$$

$$\sqrt{a+2}=16$$

양변을 제곱하면

$$a+2=256$$

$$a=254$$

$$\boxed{답} \ 254$$

88 $f(3)=\sqrt{2\times3-4}=\sqrt{2}$이므로

$$\begin{aligned}(f\circ f)(3)&=f(f(3))\\&=f(\sqrt{2})\\&=\frac{\sqrt{2}}{\sqrt{2}-2}\\&=\frac{\sqrt{2}(\sqrt{2}+2)}{(\sqrt{2}-2)(\sqrt{2}+2)}\\&=\frac{2+2\sqrt{2}}{2-4}\\&=-1-\sqrt{2}\end{aligned}$$

$$\boxed{답} \ ⑤$$

89 $y=-\sqrt{-2x+4}+3$에서

$$y-3=-\sqrt{-2x+4}$$

양변을 제곱하여 x를 y에 대한 식으로 나타내면

$y^2-6y+9=-2x+4$

$2x=-y^2+6y-5$

$x=-\dfrac{1}{2}y^2+3y-\dfrac{5}{2}$

x와 y를 서로 바꾸면

$y=-\dfrac{1}{2}x^2+3x-\dfrac{5}{2}$

이때 함수 $y=-\sqrt{-2x+4}+3$의 치역이 $\{y\,|\,y\leq3\}$이므로 역함수의 정의역은 $\{x\,|\,x\leq3\}$이다.

즉, 역함수는 $y=-\dfrac{1}{2}x^2+3x-\dfrac{5}{2}\;(x\leq3)$

따라서 $a=-\dfrac{1}{2}$, $b=3$, $c=-\dfrac{5}{2}$, $d=3$이므로

$abcd=-\dfrac{1}{2}\times3\times\left(-\dfrac{5}{2}\right)\times3=\dfrac{45}{4}$

🄐 $\dfrac{45}{4}$

90 $y=\sqrt{2x+6}$의 양변을 제곱하여 x를 y에 대한 식으로 나타내면

$y^2=2x+6$, $2x=y^2-6$

$x=\dfrac{1}{2}y^2-3$

x와 y를 서로 바꾸면

$y=\dfrac{1}{2}x^2-3$

이때 함수 $f(x)=\sqrt{2x+6}$의 치역이 $\{y\,|\,y\geq0\}$이므로 역함수 $g(x)$의 정의역은 $\{x\,|\,x\geq0\}$이다.

즉, $g(x)=\dfrac{1}{2}x^2-3\;(x\geq0)$

한편, 함수 $y=g(x)$의 그래프와 직선 $y=\dfrac{1}{2}x$의 교점의 좌표를 구하면

$\dfrac{1}{2}x^2-3=\dfrac{1}{2}x$

$x^2-x-6=0$

$(x+2)(x-3)=0$

이때 $x\geq0$이므로 $x=3$

$x=3$을 $y=\dfrac{1}{2}x$에 대입하면 $y=\dfrac{3}{2}$

따라서 구하는 교점의 좌표는 $\left(3,\,\dfrac{3}{2}\right)$이므로

$a=3$, $b=\dfrac{3}{2}$

즉, $ab=\dfrac{9}{2}$

🄐 ③

91 함수 $f(x)$의 그래프와 그 역함수 $f^{-1}(x)$의 그래프는 직선 $y=x$에 대하여 대칭이고, 함수 $f(x)=\sqrt{3x+6}-2$는 x의 값이 증가할 때 y의 값이 증가하는 함수이므로 함수 $f(x)$와 역함수 $f^{-1}(x)$의 그래프의 교점은 함수 $f(x)$의 그래프와 직선 $y=x$의 교점과 일치한다.

$\sqrt{3x+6}-2=x$에서

$\sqrt{3x+6}=x+2$

양변을 제곱하면

$3x+6=x^2+4x+4$

$x^2+x-2=0$

$(x+2)(x-1)=0$

$x=-2$ 또는 $x=1$

따라서 두 교점 P, Q의 좌표는 각각 $(-2,\,-2)$, $(1,\,1)$ 또는 $(1,\,1)$, $(-2,\,-2)$이므로

두 점 P, Q 사이의 거리는

$\sqrt{(-2-1)^2+(-2-1)^2}=\sqrt{18}=3\sqrt{2}$

🄐 ③

92 $(f\circ(g\circ f)^{-1}\circ f)(3)$

$\qquad=(f\circ f^{-1}\circ g^{-1}\circ f)(3)$

$\qquad=(g^{-1}\circ f)(3)$

$\qquad=g^{-1}(f(3))$

이고, $f(3)=\dfrac{2\times3+1}{3-2}=7$이므로

$g^{-1}(f(3))=g^{-1}(7)$

이때 $g^{-1}(7)=a$라 하면 $g(a)=7$이므로

$\sqrt{a-2}+2=7$에서

$\sqrt{a-2}=5$

양변을 제곱하면

$a-2=25$

$a=27$

따라서 $(f\circ(g\circ f)^{-1}\circ f)(3)=27$

🄐 27

93 $f(4)=\sqrt{3\times4+4}=\sqrt{16}=4$이므로

$(g^{-1}\circ f)(4)=g^{-1}(f(4))=g^{-1}(4)=a$라 하면

$g(a)=4$이므로

$\sqrt{2a+1}-1=4$에서

$\sqrt{2a+1}=5$

양변을 제곱하면

$2a+1=25$

$2a=24$

$a=12$

따라서 $(g^{-1}\circ f)(4)=12$

🄐 ②

94 $(f^{-1})^{-1}=f$이고, $f(3)=\dfrac{2\times3+5}{3-2}=11$이므로

$(f^{-1}\circ g)^{-1}(3)=(g^{-1}\circ f)(3)$

$\qquad\qquad\qquad=g^{-1}(f(3))$

$\qquad\qquad\qquad=g^{-1}(11)$

$g^{-1}(11)=a$라 하면 $g(a)=11$이므로

$\sqrt{2a-4}+2=11$에서

$\sqrt{2a-4}=9$

양변을 제곱하면

$2a-4=81$

$2a=85$

$a=\dfrac{85}{2}$

따라서 $(f^{-1}\circ g)^{-1}(3)=\dfrac{85}{2}$

🄐 $\dfrac{85}{2}$

95 $y=\dfrac{x+2}{x-1}=\dfrac{(x-1)+3}{x-1}=\dfrac{3}{x-1}+1$

이므로 이 함수의 그래프는 함수 $y=\dfrac{3}{x}$의 그래프를 x축의 방향으로 1

만큼, y축의 방향으로 1만큼 평행이동한 것이다.

또, 함수 $y=\sqrt{x+k}$의 그래프는 함수 $y=\sqrt{x}$의 그래프를 x축의 방향

으로 $-k$만큼 평행이동한 것이므로 두 함수 $y=\dfrac{x+2}{x-1}$,

$y=\sqrt{x+k}$의 그래프가 서로 다른 두 점에서 만나려면 그림과 같이

$-k\leq -2$이어야 한다.

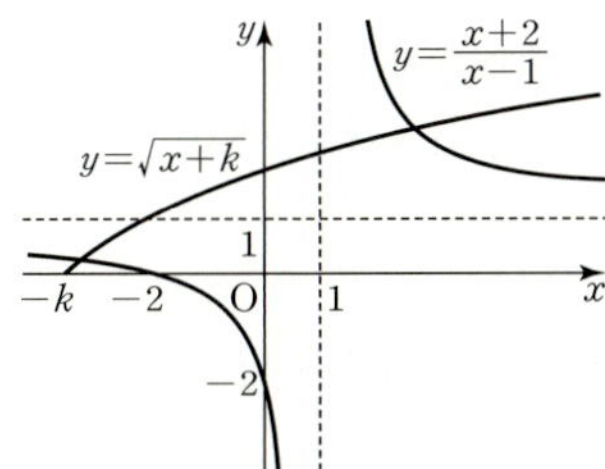

따라서 $k\geq 2$이므로 k의 최솟값은 2이다.

답 ②

96 함수 $f(x)=\sqrt{x+2}-3$의 그래프는 함수 $y=\sqrt{x}$의 그래프를 x

축의 방향으로 -2만큼, y축의 방향으로 -3만큼 평행이동한 것이다.

또, 함수 $g(x)=\sqrt{-x+2}+3=\sqrt{-(x-2)}+3$의 그래프는 함수

$y=\sqrt{-x}$의 그래프를 x축의 방향으로 2만큼, y축의 방향으로 3만큼

평행이동한 것이다.

따라서 두 함수 $y=f(x)$, $y=g(x)$의 그래프와 두 직선 $x=-2$,

$x=2$로 둘러싸인 도형은 그림과 같다.

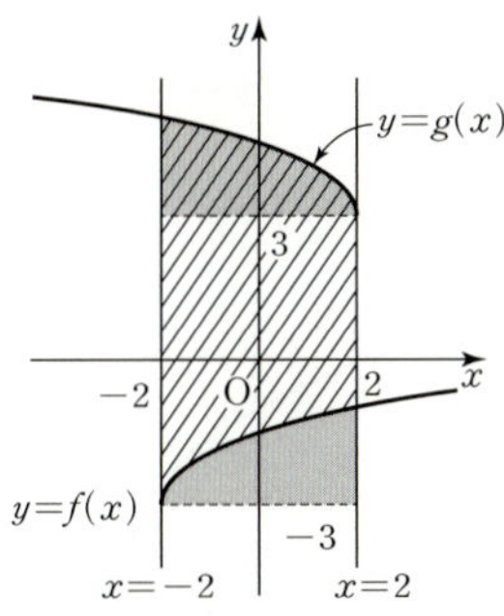

이때 어둡게 칠한 두 부분의 넓이가 서로 같으므로 구하는 도형의 넓이

는

$4\times 6=24$

답 24

97 직선 PQ의 기울기는

$\dfrac{d-b}{c-a}$ ...... ㉠

이때 두 점 $P(a,\ b)$, $Q(c,\ d)$는 함수

$y=\sqrt{x}$의 그래프 위의 점이므로

$b=\sqrt{a}$에서 $a=b^2$ ...... ㉡

$d=\sqrt{c}$에서 $c=d^2$ ...... ㉢

㉡, ㉢을 ㉠에 대입하면

$\dfrac{d-b}{c-a}=\dfrac{d-b}{d^2-b^2}=\dfrac{d-b}{(d-b)(d+b)}=\dfrac{1}{b+d}=\dfrac{1}{8}$

따라서 직선 PQ의 기울기는 $\dfrac{1}{8}$이다.

답 $\dfrac{1}{8}$

01 $10\sqrt{2}$

02 그래프는 풀이 참조, 제1, 2, 3사분면

03 4　　　　　**04** 1

05 -1　　　　　**06** 2

01 $x>0$이므로 $x^2-2x-1=0$의 양변을 x로 나누면

$x-2-\dfrac{1}{x}=0$

$x-\dfrac{1}{x}=2$ ...... ❶

$\left(x+\dfrac{1}{x}\right)^2=\left(x-\dfrac{1}{x}\right)^2+4=2^2+4=8$

이때 $x+\dfrac{1}{x}>0$이므로 $x+\dfrac{1}{x}=2\sqrt{2}$ ...... ❷

따라서

$x^3+\dfrac{1}{x^3}=\left(x+\dfrac{1}{x}\right)^3-3\left(x+\dfrac{1}{x}\right)$

$\qquad =(2\sqrt{2})^3-3\times 2\sqrt{2}$

$\qquad =16\sqrt{2}-6\sqrt{2}$

$\qquad =10\sqrt{2}$ ...... ❸

답 $10\sqrt{2}$

참고

$a^3+b^3=(a+b)^3-3ab(a+b)$

$a^3-b^3=(a-b)^3+3ab(a-b)$

단계	채점 기준	비율
❶	$x-\dfrac{1}{x}$의 값을 구한 경우	20 %
❷	$x+\dfrac{1}{x}$의 값을 구한 경우	40 %
❸	$x^3+\dfrac{1}{x^3}$의 값을 구한 경우	40 %

02 $f(x)=\dfrac{3x+7}{x+2}=\dfrac{3(x+2)+1}{x+2}=\dfrac{1}{x+2}+3$ ...... ❶

에서 함수 $f(x)=\dfrac{3x+7}{x+2}$의 그래프는 함수 $y=\dfrac{1}{x}$의 그래프를 x축의

방향으로 -2만큼, y축의 방향으로 3만큼 평행이동한 것이므로 그림과

같다.

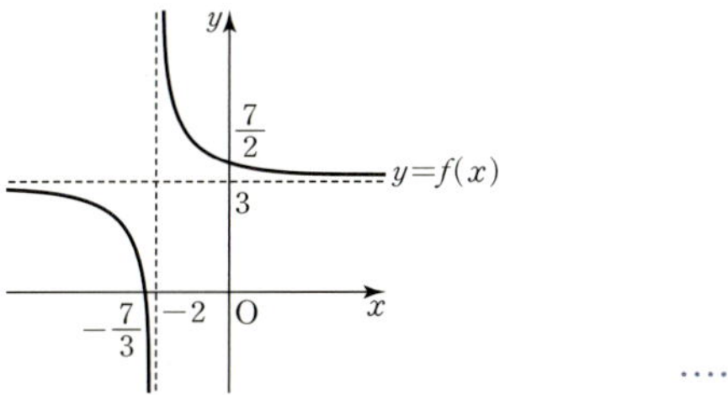

...... ❷

따라서 함수 $y=f(x)$의 그래프는 제1, 2, 3사분면을 지난다. ...... ❸

답 그래프는 풀이 참조, 제1, 2, 3사분면

단계	채점 기준	비율
❶	식을 바르게 변형한 경우	30 %
❷	그래프를 바르게 그린 경우	50 %
❸	그래프가 지나는 사분면을 모두 구한 경우	20 %

03 $f(x)=\dfrac{bx+c}{x-a}=\dfrac{b(x-a)+c+ab}{x-a}=\dfrac{c+ab}{x-a}+b$

이므로 함수 $y=f(x)$의 그래프의 점근선의 방정식은

$x=a,\ y=b$

역함수 $y=f^{-1}(x)$의 그래프의 점근선의 방정식은

$x=b,\ y=a$

이때 $f=f^{-1}$이므로

$b=a$ $\qquad\qquad$ …… ㉠ $\qquad\qquad\qquad$ ……❶

한편, 함수 $f(x)=\dfrac{bx+c}{x-a}$의 그래프가 점 $(0,-2)$를 지나므로

$f(0)=-\dfrac{c}{a}=-2$

$c=2a$ $\qquad\qquad$ …… ㉡ $\qquad\qquad\qquad$ ……❷

㉠, ㉡을 $f(x)=\dfrac{bx+c}{x-a}$에 대입하면

$f(x)=\dfrac{ax+2a}{x-a}$

또, 함수 $y=f(x)$의 그래프가 점 $(4,2)$를 지나므로

$f(4)=\dfrac{4a+2a}{4-a}=2$

$6a=8-2a$

$8a=8,\ a=1$ $\qquad\qquad\qquad\qquad\qquad$ ……❸

따라서 $a=1,\ b=1,\ c=2$이므로

$a+b+c=1+1+2=4$ $\qquad\qquad\qquad$ ……❹

$\qquad\qquad\qquad\qquad\qquad\qquad\qquad\qquad$ 답 4

단계	채점 기준	비율
❶	b를 a에 대한 식으로 나타낸 경우	30 %
❷	c를 a에 대한 식으로 나타낸 경우	30 %
❸	a의 값을 구한 경우	30 %
❹	$a+b+c$의 값을 구한 경우	10 %

04 함수 $y=\sqrt{ax+b}+c$의 그래프에서 정의역은 $\{x\,|\,x\le 2\}$이다.

즉, $ax+b\ge 0$에서

$a<0$이고 $x\le-\dfrac{b}{a}$이므로 $-\dfrac{b}{a}=2$

$b=-2a$ $\qquad\qquad\qquad\qquad\qquad$ ……❶

또, 치역이 $\{y\,|\,y\ge-1\}$이므로

$y\ge c$에서 $c=-1$ $\qquad\qquad\qquad\qquad$ ……❷

이때 함수 $y=\sqrt{ax-2a}-1$의 그래프가 점 $(0,1)$을 지나므로

$1=\sqrt{-2a}-1,\ \sqrt{-2a}=2$

$-2a=4$

$a=-2$

따라서 $b=-2a=4$이므로 $\qquad\qquad\qquad$ ……❸

$a+b+c=-2+4+(-1)=1$ $\qquad\qquad$ ……❹

$\qquad\qquad\qquad\qquad\qquad\qquad\qquad\qquad$ 답 1

단계	채점 기준	비율
❶	정의역을 이용하여 $b=-2a$를 구한 경우	30 %
❷	치역을 이용하여 c의 값을 구한 경우	20 %
❸	$a,\ b$의 값을 각각 구한 경우	40 %
❹	$a+b+c$의 값을 구한 경우	10 %

05 함수 $y=-\sqrt{a-bx}$의 그래프를 x축의 방향으로 a만큼, y축의 방향으로 4만큼 평행이동한 그래프의 식은

$y=-\sqrt{a-b(x-a)}+4=-\sqrt{-bx+ab+a}+4$

이 그래프를 y축에 대하여 대칭이동한 그래프의 식은

$y=-\sqrt{bx+ab+a}+4$ $\qquad$ …… ㉠ $\qquad\qquad$ ……❶

한편, 함수 $y=\sqrt{2x+3}+c$의 그래프를 x축에 대하여 대칭이동한 그래프의 식은

$-y=\sqrt{2x+3}+c$

$y=-\sqrt{2x+3}-c$ $\qquad$ …… ㉡ $\qquad\qquad$ ……❷

이때 두 함수 ㉠, ㉡의 그래프가 일치하므로

$-\sqrt{bx+ab+a}+4=-\sqrt{2x+3}-c$에서

$b=2,\ ab+a=3,\ 4=-c$이므로

$a=1,\ b=2,\ c=-4$ $\qquad\qquad\qquad$ ……❸

따라서 $a+b+c=1+2+(-4)=-1$ $\qquad$ ……❹

$\qquad\qquad\qquad\qquad\qquad\qquad\qquad\qquad$ 답 -1

단계	채점 기준	비율
❶	평행이동과 대칭이동을 이용하여 ㉠의 식을 구한 경우	30 %
❷	대칭이동을 이용하여 ㉡의 식을 구한 경우	30 %
❸	$a,\ b,\ c$의 값을 각각 구한 경우	30 %
❹	$a+b+c$의 값을 구한 경우	10 %

06 $y=\sqrt{3-2x}=\sqrt{-2\left(x-\dfrac{3}{2}\right)}$

이므로 이 함수의 그래프는 함수 $y=\sqrt{-2x}$의 그래프를 x축의 방향으로 $\dfrac{3}{2}$만큼 평행이동한 것이고, 직선 $y=-x+k$는 기울기가 -1이고 y절편이 k이다.

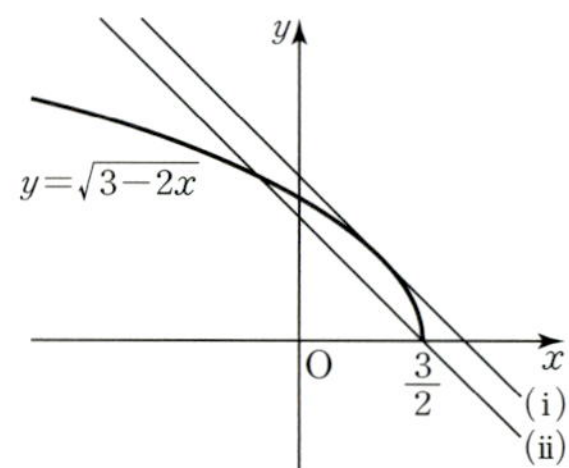

(i) 함수 $y=\sqrt{3-2x}$의 그래프와 직선 $y=-x+k$가 접하는 경우

$\sqrt{3-2x}=-x+k$

$3-2x=x^2-2kx+k^2$

$x^2+2(1-k)x+k^2-3=0$

이 이차방정식의 판별식을 D라 하면 $D=0$이므로

$\dfrac{D}{4}=(1-k)^2-k^2+3$

$\qquad =-2k+4=0$

$k=2$ $\qquad\qquad\qquad\qquad\qquad$ ……❶

(ii) 직선 $y=-x+k$가 점 $\left(\dfrac{3}{2},\,0\right)$을 지나는 경우

$0=-\dfrac{3}{2}+k,\ k=\dfrac{3}{2}$ $\qquad\qquad$ ……❷

따라서 $g(k)=\begin{cases}1 & \left(k<\dfrac{3}{2}\ \text{또는}\ k=2\right)\\[2mm] 2 & \left(\dfrac{3}{2}\le k<2\right)\\[2mm] 0 & (k>2)\end{cases}$ $\qquad$ ……❸

이므로
$$g(1)+g(2)+g(3)+\cdots+g(10)$$
$$=1+1+0+\cdots+0$$
$$=2 \qquad\qquad \cdots\cdots\, ❹$$

📘 2

단계	채점 기준	비율
❶	함수 $y=\sqrt{3-2x}$의 그래프와 직선 $y=-x+k$가 접할 때 k의 값을 구한 경우	30 %
❷	직선 $y=-x+k$가 점 $\left(\dfrac{3}{2},\,0\right)$을 지날 때 k의 값을 구한 경우	30 %
❸	함수 $g(k)$를 구한 경우	20 %
❹	$g(1)+g(2)+g(3)+\cdots+g(10)$의 값을 구한 경우	20 %

내신 + 수능 고난도 도전   본문 149~150쪽

01 ②		**02** ③	
03 ③		**04** ③	
05 ③		**06** ②	

01

Step 1 ㄱ의 참, 거짓 판별하기

ㄱ. $f(x)=\dfrac{3x}{x-3}=\dfrac{3(x-3)+9}{x-3}=\dfrac{9}{x-3}+3$

이므로 함수 $y=f(x)$의 그래프를 x축의 방향으로 -3만큼, y축의 방향으로 -3만큼 평행이동하면 함수 $y=\dfrac{9}{x}$의 그래프와 일치시킬 수 있다. (거짓)

Step 2 ㄴ의 참, 거짓 판별하기

ㄴ. 함수 $y=f(x)$의 그래프의 점근선의 방정식이 $x=3$, $y=3$이고 $f(0)=0$이므로 그래프는 그림과 같다.

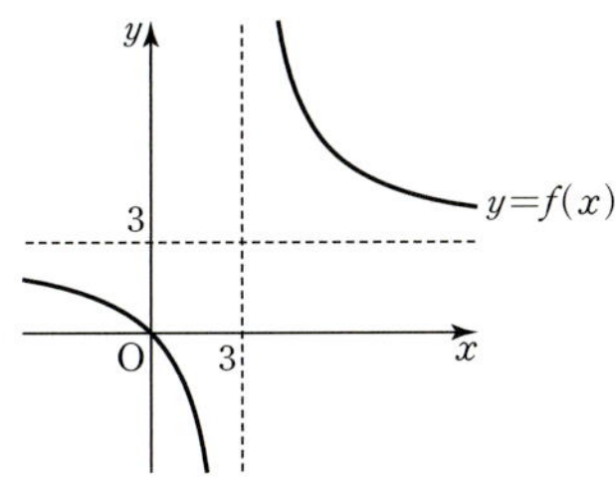

따라서 제3사분면을 지나지 않는다. (참)

Step 3 ㄷ의 참, 거짓 판별하기

ㄷ. $y=\dfrac{3x}{x-3}$라 하고 x를 y에 대한 식으로 나타내면

$$(x-3)y=3x$$
$$xy-3y=3x$$
$$(y-3)x=3y$$
$$x=\dfrac{3y}{y-3}$$

x와 y를 바꾸면 $y=\dfrac{3x}{x-3}$

즉, $f^{-1}(x)=\dfrac{3x}{x-3}$

따라서 함수 $y=f(x)$와 그 역함수 $y=f^{-1}(x)$가 서로 같은 함수이므로 교점의 개수는 무수히 많다. (거짓)

이상에서 옳은 것은 ㄴ이다.

📘 ②

02

Step 1 $\overline{PQ}$, $\overline{PR}$의 값 각각 구하기

점 P는 함수 $y=\dfrac{2}{x-1}$ $(x>1)$의 그래프 위의 점이므로

$P\left(a,\,\dfrac{2}{a-1}\right)$ $(a>1)$로 놓으면

$a-1>0$이고, $\overline{PQ}=\dfrac{2}{a-1}$, $\overline{PR}=a$

Step 2 산술평균과 기하평균의 관계를 이용하여 $\overline{PQ}+\overline{PR}$의 값의 최솟값 구하기

산술평균과 기하평균의 관계에 의하여

$$\overline{PQ}+\overline{PR}=\dfrac{2}{a-1}+a$$
$$=(a-1)+\dfrac{2}{a-1}+1$$
$$\geq 2\sqrt{(a-1)\times\dfrac{2}{a-1}}+1$$
$$=2\sqrt{2}+1$$

$\overline{PQ}+\overline{PR}$의 최솟값 $m=2\sqrt{2}+1$이다.

Step 3 a, m의 값을 구한 후 $a+m$의 값 구하기

이때 등호는 $a-1=\dfrac{2}{a-1}$일 때 성립하므로 양변에 $a-1$을 곱하면

$$(a-1)^2=2$$
$$a-1=\sqrt{2} \text{ 또는 } a-1=-\sqrt{2}$$

$a-1>0$이므로 $a=1+\sqrt{2}$

따라서 $a=1+\sqrt{2}$, $m=2\sqrt{2}+1$이므로

$$a+m=(1+\sqrt{2})+(2\sqrt{2}+1)$$
$$=2+3\sqrt{2}$$

📘 ③

03

Step 1 f^1, f^2, f^3 각각 구하기

$$f^1(x)=\dfrac{x}{1-x}$$
$$f^2(x)=(f\circ f^1)(x)=f(f^1(x))$$
$$=\dfrac{\dfrac{x}{1-x}}{1-\dfrac{x}{1-x}}$$
$$=\dfrac{\dfrac{x}{1-x}}{\dfrac{1-2x}{1-x}}=\dfrac{x}{1-2x}$$

$$f^3(x)=(f \circ f^2)(x)=f(f^2(x))$$
$$=\dfrac{\dfrac{x}{1-2x}}{1-\dfrac{x}{1-2x}}$$
$$=\dfrac{\dfrac{x}{1-2x}}{\dfrac{1-3x}{1-2x}}=\dfrac{x}{1-3x}$$

Step 2 f^{10} 추측하기

$$f^{10}(x)=\dfrac{x}{1-10x}$$

Step 3 $f^{10}(-1)$의 값 구하기

$$f^{10}(-1)=\dfrac{-1}{1-10\times(-1)}=-\dfrac{1}{11}$$

답 ③

04

Step 1 함수 $y=\sqrt{2|x-1|}$의 그래프와 직선 $y=x+k$를 좌표평면 위에 나타내기

$$y=\sqrt{2|x-1|}=\begin{cases}\sqrt{2-2x}\ (x<1)\\ \sqrt{2x-2}\ (x\geq1)\end{cases}$$

이므로 함수 $y=\sqrt{2|x-1|}$의 그래프와 직선 $y=x+k$는 그림과 같다.

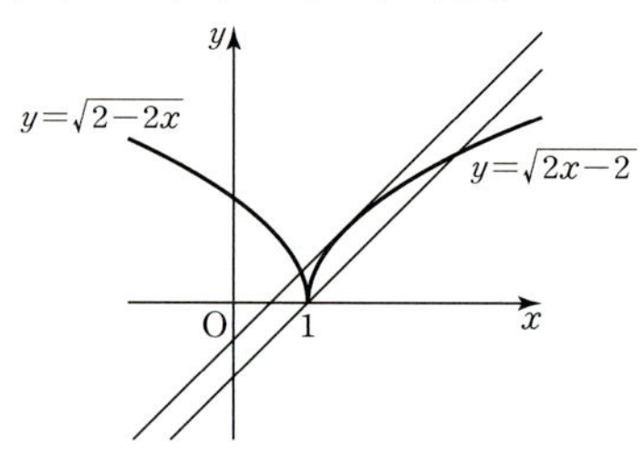

Step 2 함수 $y=\sqrt{2x-2}$의 그래프와 직선 $y=x+k$가 접할 때, k의 값 구하기

함수 $y=\sqrt{2x-2}$의 그래프와 직선 $y=x+k$가 접할 때

$$\sqrt{2x-2}=x+k$$

양변을 제곱하면 $2x-2=(x+k)^2$

$$x^2+2(k-1)x+k^2+2=0$$

이 방정식의 판별식을 D라 하면 $D=0$이므로

$$\dfrac{D}{4}=(k-1)^2-(k^2+2)=-2k-1=0$$

$$k=-\dfrac{1}{2}$$

Step 3 직선 $y=x+k$가 점 $(1,\ 0)$을 지날 때, k의 값 구하기

직선 $y=x+k$가 점 $(1,\ 0)$을 지날 때

$$0=1+k,\ k=-1$$

Step 4 서로 다른 세 점에서 만나도록 하는 k의 값의 범위 구하기

함수 $y=\sqrt{2|x-1|}$의 그래프와 직선 $y=x+k$가 서로 다른 세 점에서 만나도록 하는 모든 실수 k의 값의 범위는

$$-1<k<-\dfrac{1}{2}$$

따라서 $a=-1,\ b=-\dfrac{1}{2}$이므로

$$a+b=-1+\left(-\dfrac{1}{2}\right)=-\dfrac{3}{2}$$

답 ③

05

Step 1 두 점 C, D의 y좌표가 같음을 이용하여 a와 k 사이의 관계식 구하기

두 점 C, D의 좌표를 각각 구하면

$$C(2a,\ \sqrt{2ka}),\ D(a,\ \sqrt{3a+4})$$

이때 사각형 ABCD가 정사각형이므로 두 점 C, D의 y좌표가 같다.

$\sqrt{2ka}=\sqrt{3a+4}$에서

$$2ka=3a+4\quad\cdots\cdots\ \bigcirc$$

Step 2 $\overline{AB}=\overline{AD}$임을 이용하여 a의 값 구하기

또, $\overline{AB}=2a-a=a$, $\overline{AD}=\sqrt{3a+4}$이고 선분 AB의 길이와 선분 AD의 길이가 같으므로

$$a=\sqrt{3a+4}$$

양변을 제곱하면

$$a^2-3a-4=0$$

$$(a+1)(a-4)=0$$

$a>0$이므로 $a=4$

Step 3 k의 값을 구한 후 $a+k$의 값 구하기

$\bigcirc$에 $a=4$를 대입하면 $16=8k$

$$k=2$$

따라서 $a+k=4+2=6$

답 ③

06

Step 1 $a+b$가 최솟값을 가질 조건 구하기

$a+b=t$라 하면

$$b=-a+t$$

직선 $y=-x+t$가 $y=f(x)$의 그래프와 접할 때 실수 t는 최솟값을 가진다.

이때 최솟값이 3이므로 직선 $y=-x+3$은 무리함수 $f(x)=k\sqrt{x-1}+3$의 그래프에 접한다.

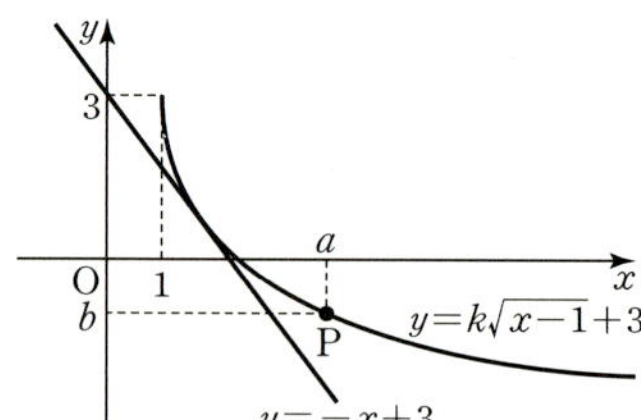

Step 2 판별식을 이용하여 상수 k의 값 구하기

$$-x+3=k\sqrt{x-1}+3$$

$$-x=k\sqrt{x-1}$$

양변을 제곱하여 정리하면

$$x^2-k^2x+k^2=0$$

이 이차방정식의 판별식을 D라 하면 $D=0$이므로

$$D=k^4-4k^2=k^2(k^2-4)$$

$$=k^2(k+2)(k-2)=0$$

$$k=0\ \text{또는}\ k=-2\ \text{또는}\ k=2$$

이때 $k<0$이므로 $k=-2$

답 ②

올림포스
유형편

공통수학 2

올림포스
고교 수학
커리큘럼

내신기본	올림포스
유형기본	올림포스 유형편
기출	올림포스 전국연합학력평가 기출문제집
심화	올림포스 고난도

고1~2, 내신 중점

구분	고교 입문 >	기초 >	기본 >	특화	+ 단기
국어	고등예비과정	윤혜정의 개념의 나비효과 입문 편 + 워크북 / 어휘가 독해다! 수능 국어 어휘	**기본서** 올림포스 / 올림포스 전국연합학력평가 기출문제집	**국어 특화** 국어 독해의 원리 / 국어 문법의 원리	단기 특강
영어		정승익의 수능 개념 잡는 대박구문 / 주혜연의 해석공식 논리 구조편	— **유형서** 올림포스 유형편	**영어 특화** Grammar POWER / Listening POWER / Reading POWER / Voca POWER **영어 특화** 올림포스 고급영어독해	
수학		**기초** 50일 수학 + 기출 워크북 / 매쓰 디렉터의 고1 수학 개념 끝장내기		**고급** 올림포스 고난도 **수학 특화** 수학의 왕도	
한국사 사회			**기본서** 개념완성	고등학생을 위한 多담은 한국사 연표	
과학		50일 통합과학	개념완성 문항편	**인공지능** 수학과 함께하는 고교 AI 입문 / 수학과 함께하는 AI 기초	

과목	시리즈명	특징	난이도	권장 학년
전 과목	고등예비과정	예비 고등학생을 위한 과목별 단기 완성		예비 고1
국/영/수	내 등급은?	고1 첫 학력평가 + 반 배치고사 대비 모의고사		예비 고1
	올림포스	내신과 수능 대비 EBS 대표 국어·수학·영어 기본서		고1~2
	올림포스 전국연합학력평가 기출문제집	전국연합학력평가 문제 + 개념 기본서		고1~2
	단기 특강	단기간에 끝내는 유형별 문항 연습		고1~2
한/사/과	개념완성&개념완성 문항편	개념 한 권 + 문항 한 권으로 끝내는 한국사·탐구 기본서		고1~2
국어	윤혜정의 개념의 나비효과 입문 편 + 워크북	윤혜정 선생님과 함께 시작하는 국어 공부의 첫걸음		예비 고1~고2
	어휘가 독해다! 수능 국어 어휘	학평·모평·수능 출제 필수 어휘 학습		예비 고1~고2
	국어 독해의 원리	내신과 수능 대비 문학·독서(비문학) 특화서		고1~2
	국어 문법의 원리	필수 개념과 필수 문항의 언어(문법) 특화서		고1~2
영어	정승익의 수능 개념 잡는 대박구문	정승익 선생님과 CODE로 이해하는 영어 구문		예비 고1~고2
	주혜연의 해석공식 논리 구조편	주혜연 선생님과 함께하는 유형별 지문 독해		예비 고1~고2
	Grammar POWER	구문 분석 트리로 이해하는 영어 문법 특화서		고1~2
	Reading POWER	수준과 학습 목적에 따라 선택하는 영어 독해 특화서		고1~2
	Listening POWER	유형 연습과 모의고사·수행평가 대비 올인원 듣기 특화서		고1~2
	Voca POWER	영어 교육과정 필수 어휘와 어원별 어휘 학습		고1~2
	올림포스 고급영어독해	영어 독해력을 높이는 영미 문학/비문학 읽기		고2~3
수학	50일 수학 + 기출 워크북	50일 만에 완성하는 초·중·고 수학의 맥		예비 고1~고2
	매쓰 디렉터의 고1 수학 개념 끝장내기	스타강사 강의, 손글씨 풀이와 함께 고1 수학 개념 정복		예비 고1~고1
	올림포스 유형편	유형별 반복 학습을 통해 실력 잡는 수학 유형서		고1~2
	올림포스 고난도	1등급을 위한 고난도 유형 집중 연습		고1~2
	수학의 왕도	직관적 개념 설명과 세분화된 문항 수록 수학 특화서		고1~2
한국사	고등학생을 위한 多담은 한국사 연표	연표로 흐름을 잡는 한국사 학습		예비 고1~고2
과학	50일 통합과학	50일 만에 통합과학의 핵심 개념 완벽 이해		예비 고1~고1
기타	수학과 함께하는 고교 AI 입문/AI 기초	파이선 프로그래밍, AI 알고리즘에 필요한 수학 개념 학습		예비 고1~고2